死亡学

张继宗 等◎著

科学出版社
北京

内 容 简 介

死亡是人类及一切生命体的宿命，死亡学是一门探讨关于人类死亡方面有关问题的科学。狭义的死亡学研究与医学有关的问题，如死亡诊断方面的脑死亡问题，确定死亡原因的法医病理学等。人类的死亡问题涉及社会科学、自然科学的方方面面，仅探讨与医学有关的问题是不够的。本书是中国工程院重点项目"我国人体死亡认定、尸体处置现状对公共安全的危害及对策的研究"科研成果的一部分。本书全面探讨了有关人类死亡的问题，主要内容包括死亡哲学、死亡伦理学、死亡医学、死亡教育学、死亡法学等。本书较全面地探讨了与人类死亡有关的问题，是关于死亡问题的综合研究，在国内外都是开拓性的研究，很多观点是首次提出。

本书可作为对人类学、伦理学、教育学等领域的研究人员的参考书，对死亡研究感兴趣的人也会从中得到帮助。

图书在版编目（CIP）数据

死亡学 / 张继宗等著. —北京：科学出版社，2018.11
ISBN 978-7-03-057873-0

Ⅰ. ①死… Ⅱ. ①张… Ⅲ. ①死亡-研究 Ⅳ. ①Q419

中国版本图书馆 CIP 数据核字（2018）第 126427 号

责任编辑：李 敏 王 倩 / 责任校对：彭 涛
责任印制：张 伟 / 封面设计：无极书装

科学出版社 出版
北京东黄城根北街 16 号
邮政编码：100717
http://www.sciencep.com

北京九州迅驰传媒文化有限公司印刷
科学出版社发行 各地新华书店经销

*

2018 年 11 月第 一 版　开本：787×1092 1/16
2025 年 2 月第二次印刷　印张：24 1/4
字数：700 000

定价：268.00 元
（如有印装质量问题，我社负责调换）

本书撰写者名单

第一篇 死亡问题研究

张继宗　公安部物证鉴定中心　第一章

张继宗　公安部物证鉴定中心　郭相洁　山西医科大学　第二章

于晓军　汕头大学　第三章

张继宗　公安部物证鉴定中心　刘玉勇　北京警察学院　第四章

第二篇 死亡法学

陈　颖　昆明医科大学　第五章、第七章

吴　坚　昆明医科大学　第五章

杨　瑞　昆明医科大学　李晓堰　昆明医科大学　第六章

程　欣　昆明医科大学第一附属医院　第八章

王海容　西南医科大学　第九章

李　桢　昆明医科大学　何宇婷　云南警官学院　高　省　云南警官学院　第十章

高丽萍　昆明医科大学　第十一章

周雅婷　昆明医科大学　第十二章

前　言

　　死亡是人类及一切生命体的宿命，死亡学是一门探讨关于人类死亡方面有关问题的科学。狭义的死亡学仅限于研究与医学有关的问题，如死亡诊断方面的脑死亡问题，确定死亡原因的法医病理学等。人类的死亡问题是人类社会的核心问题之一，涉及社会科学、自然科学的方方面面，仅探讨与医学有关的问题是不够的，需要从人类文化的多个方面进行讨论。

　　中国传统文化主流方面对死亡问题是回避的，中国人普遍对死亡存在恐惧的反应。在中国工程院重点项目"我国人体死亡认定、尸体处置现状对公共安全的危害及对策的研究"的课题调研过程中，课题组成员与殡葬管理人员及一线工人接触，考察了中国 20 余省份的火葬场及墓地，获得了大量的第一手材料。在调研的过程中，我们深深地感到关于死亡问题的研究，仅限于医疗机构及民政部门是不够的。在山西省太原市殡仪馆的调研座谈中，殡仪馆的领导提出，要重视死亡教育问题，我们国家没有进行死亡教育的科学研究，应该引起重视。在调研过程中，很多专家对解决中国与死亡有关的问题，提出了很好的建议。出版关于死亡问题的专著是课题成果的一部分。如何全面探讨有关人类死亡的问题，是一个需要进行摸索的创新研究，既要考虑社会科学问题，也要考虑自然科学问题，主要内容包括死亡哲学、死亡伦理学、死亡医学、死亡教育学、死亡法学及死亡美学等。

　　哲学问题的核心是世界观及方法论，死亡哲学是关于死亡问题的世界观及方法论。对待死亡问题唯物主义与唯心主义的观点是不同的。死亡的表现形式多样，其结果是相同的，都是生命活动终止。不同的世界观对死亡的态度是不同的，"或重于泰山，或轻于鸿毛"是耳熟能详的著名论断，是唯物主义的死亡观。

　　死亡伦理学是探讨与死亡有关的伦理学问题。伦理学研究的核心是在符合传统的道德规范下，如何平衡社会与个人及个体之间的利益均衡分配问题，以和谐社会的不同阶层的关系。死亡问题与个人及社会的各方利益均有关系，需要死亡伦理学的研究，探讨如何处理与死者有关的各个方面的利益关系。

　　死亡医学是探讨与死亡有关的医学问题，如临终关怀、死亡认定、尸体处置等。例如，脑死亡问题与器官移植有密切关系，如何认定脑死亡，合法地提取移植器官；安乐死问题在医学方面的科学依据，在临床实践中如何执行；等等，都需要进行认真的探讨。人类的死亡是一个过程，机体的器官组织在何种状态下，不可逆地走向衰竭，导致个体死亡；在机体的器官组织进入不可逆地走向衰竭的状态下，医疗机构、医护人员及患者家属需要进行哪些工作，就是死亡医学需要探讨的问题。

死亡教育学是探讨如何对社会成员进行死亡教育，让大家认识死亡、理解死亡，正确处理死亡事件中遇到的问题。对儿童、成年人及老年人都需要进行死亡教育，正确理解死亡是一个民族成熟的标志。

死亡法学是探讨与死亡有关的立法问题。关于死亡的立法问题，很多方面在中国都是空白。例如，关于尸体的属性问题，尸体的使用是否可以依据《中华人民共和国物权法》的有关条款；尸体话语权的归宿是死者，还是死者的亲属；对尸体的处置是由谁来决定；尸体如何保存、运输；有关尸体、死亡的信息如何发布；对发布个体的死亡信息，是否需要监管，如何监管；等等，都需要进行立法去规范。

本书的编写人员有高等院校的教授，也有从事法医工作多年的有丰富经验的法医学家。大家以不同的专业视角，看待死亡问题，相同的问题可能会有不同的解读。

需要说明的是本书中很多问题是重复的，如脑死亡、安乐死的问题，在不同的章节中都有讨论，主要是因为这些问题是死亡问题中的重要问题，涉及社会科学及自然科学的多个方面，不同的学科是从不同的角度对这些问题进行探讨，结论是不同的。由于本人的学术水平及知识面的限制，在统稿时尽量尊重原作者的观点，没有进行较多的修改。

在本书的写作过程中，参考、引用了一些网络资料，如360百科、百度、佛弟子及一些对死亡问题的网友的留言，因无法联系到这些网友征求意见，得到恩准，在此深表歉意。

刘耀院士、丛斌院士对本书的完成给予巨大的支持，使我能够坚持下来，没有放弃本书的写作。这是一本专门探讨死亡问题的专著，对死亡问题的很多方面的研究是很肤浅的，希望获得有识之士的批评指正。死亡是痛苦的，写死亡学也是痛苦的，交出书稿是死后重生般的解脱。

本书在编写过程中得到了很多朋友的支持与帮助，谢谢！

张继宗
2017年9月

目 录

前言

第一篇 死亡问题研究

第一章 死亡哲学 ………………………………………………………………… 3
 第一节 概述 ………………………………………………………………… 3
 第二节 唯物主义的死亡哲学 …………………………………………… 13
 第三节 唯心主义的死亡哲学 …………………………………………… 22

第二章 死亡伦理学 …………………………………………………………… 35
 第一节 概述 ………………………………………………………………… 35
 第二节 死亡医学与伦理学 ……………………………………………… 39
 第三节 死亡医学的分类及伦理学 ……………………………………… 44
 第四节 非正常死亡的伦理学 …………………………………………… 56
 第五节 对尸体的礼仪 …………………………………………………… 78

第三章 死亡法医学 …………………………………………………………… 83
 第一节 概述 ………………………………………………………………… 83
 第二节 法医死亡学 ………………………………………………………… 86
 第三节 小结 ………………………………………………………………… 108

第四章 死亡教育学 …………………………………………………………… 110
 第一节 死亡教育学概述 ………………………………………………… 110
 第二节 死亡教育学 ………………………………………………………… 113
 第三节 尸体的安葬仪式 ………………………………………………… 123
 第四节 死亡恐惧 …………………………………………………………… 130
 第五节 死亡与教育的关系 ……………………………………………… 140
 第六节 儿童的死亡教育 ………………………………………………… 141
 第七节 成年人的死亡教育 ……………………………………………… 156

第八节　建立死亡教育体系 ·· 165
　　第九节　青少年的死亡教育 ·· 172

第二篇　死　亡　法　学

第五章　死亡法学概述 ·· 197
　　第一节　死亡中的法律问题 ·· 197
　　第二节　死亡法学的概念、研究对象和研究意义 ······················· 199

第六章　特殊死亡方式的法律制度 ·· 200
　　第一节　安乐死 ·· 200
　　第二节　死亡判定的法律制度 ·· 204

第七章　临终关怀与生前预嘱的法律制度 ································ 212
　　第一节　临终关怀的界定 ··· 212
　　第二节　临终关怀的起源 ··· 214
　　第三节　当代中国建立临终关怀法律制度的重要性 ·················· 215
　　第四节　域外临终关怀法律制度 ··· 216
　　第五节　我国临终关怀的发展现状和法律制度 ······················· 225
　　第六节　生前预嘱法律制度 ·· 231
　　第七节　死亡教育制度 ·· 239

第八章　器官移植的法律制度 ·· 243
　　第一节　器官移植概述 ·· 243
　　第二节　器官移植立法 ·· 246
　　第三节　器官移植涉及的伦理 ·· 250
　　第四节　器官移植与相关法律 ·· 253
　　本章附件 ·· 257

第九章　死者及其家属的法律权利 ·· 261
　　第一节　尸体的法律保护 ··· 261
　　第二节　死者的法律权利 ··· 269
　　第三节　遗体捐献权 ··· 278

第十章　尸体处置的法律制度 ·· 285
　　第一节　尸体处置概述 ·· 285
　　第二节　我国尸体处置的法律制度 ······································ 288
　　第三节　尸体检验的法律制度 ·· 303

第十一章　殡葬法律制度 ············ 311
第一节　殡葬文化 ············ 311
第二节　殡葬法律渊源 ············ 312
第三节　我国的殡葬立法的思考 ············ 313

第十二章　关于死亡的国内外经典案例评析 ············ 320
第一节　国外经典案例 ············ 320
第二节　国内典型案例 ············ 325

参考文献 ············ 329
附录　我国人体死亡认定、尸体处置现状对公共安全的危害及对策的研究报告 ············ 338

第一篇　死亡问题研究

对死亡问题的系统研究,国内外很少报道。第一篇主要探讨关于死亡的基本问题及在日常生活中人们遇到死亡事情发生时,应该如何面对。因为死亡问题是不可避免的,那么人们对待死亡问题应该有所准备。第一篇的内容包括死亡哲学、死亡伦理学、死亡法医学及死亡教育学。

第一章 死亡哲学

哲学是人类生活中涉及的关于世界观及方法论的社会科学。哲学是一切科学的基础，以哲学的观点探讨学科问题是科学家的重要工作之一，其目的是指导本学科的研究工作。死亡是人类社会必须面对的自然过程，生与死是一枚硬币的正反面。关于生与死的哲学问题，千百年来一直是困扰哲学家的重大问题。在哲学领域提出死亡问题的哲学家众多，但对死亡问题进行专门研究的哲学家较少。本章对死亡的有关哲学问题进行探讨。

第一节 概 述

一、哲学的概念

如果说哲学是指导人们日常生活的世界观及方法论，人们很难理解这一笼统的说法。很多学者被回答"哲学是什么？"的问题困扰多年。这是哲学家不能回避的问题。古希腊哲学家亚里士多德提出：哲学是爱智慧。关于爱智慧的含义，在哲学领域有很多说法，笼统地讲就是人类的关于爱、关于智慧的学问。人类的爱包罗万象，涉及人类生活的方方面面，包括精神的、物质的。

爱的反面是恨，但从哲学的辩证思维角度分析，恨也是爱的别样的表现形式，爱到深处便是恨。恨铁不成钢其实是一种变相的爱。在哲学领域，智慧的内涵则更加复杂。根据古希腊哲学家亚里士多德的思想，可以包含两个主要的方面，对未知世界的探讨及自由地对人类生活的方方面面的研究。亚里士多德提出，"由于惊异，人们开始了哲学思考"，"哲学是唯一的一门自由的学问"。好奇是人类的天性，天马行空地对未知事物的研究、探索则是取得重大科学发现的基本前提，哲学因此成为人类探讨人生事物的基础。

人类的文明发展到一定的阶段后，古今中外很多圣贤，从对人类自身生存状态的深入思考，提出了关于人生的哲学问题，阐述了千姿百态的哲学理念。中国历史上的圣人，应该认为他们都是哲学家。孔子的"中庸"，老子的"道"，王阳明的"心学"及中国传统文化《易经》等，其核心都是探讨人类的生活与生存环境的相互依存、转化规律的哲学问题。今天，中国社会的主导哲学主流，是马列主义哲学思想体系，是历史唯物主义的、系统化、理论化的世界观及方法论，是自然知识与社会知识的总和。与之对立的是唯心主义哲学思想，强调的是事物存在的精神世界，人类活动的先天性及经验性。在对待人类自身及未知世界的看法上，前者强调的是唯物主义辩证法，后者强调的是形而上学。哲学是一个庞大的知识体系，流派众多，学说纷呈，真理与反真理，现实与超现实，精神与物质，林林总总、反反复复，没有正确与错误，没有明确的界限，导致了哲学问题探讨的独特性，即自由思辨与包容互通。

哲学中关于人类自身的问题，一直困扰着哲学家。我是谁？我从哪里来？我到哪里去？关于人类起源的探讨，关于人类自身的探讨，关于人类未来的探讨，从来没有停止过。哲学、科学及神学，从各自学科角度，对这一问题进行了深入研究。如果说哲学是人类对宇宙、人类起源与归宿进行的思考，那么科学则是对人类关于宇宙、人类起源与归宿问题进行的求证。例如，生命科学、天文学的发展，开始解释关于生命的起源及地球的起源，具体的讲就是DNA（脱氧核糖核酸）遗传物质解释了生命的起源与进化，天体物理学"大爆炸"的理论解释了地球起源时，有关的哲学命题开始转化为科学问题。神学对宇宙、人类起源与归宿进行的研究是人类对自身困惑的问题进行的另一个方面的思考，是独立的，是形而上学的，但对哲学及科学的有关问题都产生了深远的影响。

在当代科学技术高度发展，人类的生活方式发生了巨大改变的背景下，现代哲学探讨的问题依然是人类思考了多年的基本问题，即人类的本身起源、生存及发展问题，表现为传统哲学探讨的本体论、认识论、价值观及人生哲学。由于科学技术高度发展，人类的生活方式及价值观都发生了很大的变化，西方有哲学家提出了关于哲学的毁灭的论点。在新的时代背景下，哲学是否会毁灭，是关于哲学问题新的思考。由于科学技术水平的提高，在一定程度上模糊了科学与哲学的界限，如生命的克隆技术、器官的移植技术，当今的科学技术水平完全可以实现，但科学技术的成果，使哲学领域"我是谁"的问题很难有解。临床医学领域心脏移植技术已经是成熟的技术，现在有科学家提出了更加大胆的"换头手术"的设想，即将头脑健康四肢瘫痪的患者的头移植到因交通事故死亡的四肢健康的人的躯体上。如果"换头手术"成功，那么"我是谁？"的问题一定会成为哲学家、社会伦理学家头疼的问题。类似的因科学高度发展产生的技术成果，是传统哲学思想、理论不能进行完美解释的，新的哲学家需要提出新的理论进行说明。所谓哲学的毁灭是新的哲学思想取代旧的哲学思想的必然过程，不是哲学的毁灭，而是哲学的新生。

哲学对人类自身问题的思考，不能回避的核心问题是关于死亡问题的思考。华中科技大学哲学研究所所长欧阳康，在教学公开课《哲学导论》的演讲中曾经表示，他选择了哲学研究作为职业，是源于对死亡的恐惧，进而带来了对于摆脱死亡、期待永远的思考。关于死亡的哲学思考与人们期望长生不老的生活目标的追求是不同的。

哲学家对人类死亡的思考是超现实的思考，是对生与死、死亡的表象与本质等有关问题的哲学探讨，与秦始皇寻找长生不老药、道教炼仙丹传播长生不老丹进行的原始研究与探讨，有本质上的区别。前者是通过对人类死亡的思考，获得人类对于死亡问题的正确观点，对人们如何面对死亡问题指引方向，引导人们在现实生活中正确对待死亡问题，指导人类摆脱死亡问题带来的困扰。这些关于死亡问题的高境界的探讨是由哲学学科的本质决定的。后者则完全不同，源于人们对死亡恐惧的自然属性，摆脱死亡问题的困扰是人类的期望，是世俗的思想，是人们对死亡恐惧的具体表现。因为害怕死亡而盲目追求长生，尤其是采取各种各样的非正常的行为幻想长寿，是一种非理性的荒唐行为。人们要了解死亡，正确地面对死亡，妥善地处置死亡，需要从认识人类自身的特征开始，这是哲学家必须面对的哲学问题。

网名为 ST 唯我独尊的作者写了一篇 1500 字的短文，探讨有关哲学的问题，精辟而精彩，其中的一段文字与死亡有关。"自由、宽容是哲学的终极。自由就是某一主体在不伤害其他正当利益、不侵犯公共正常秩序的前提下，自主做出的任何选择。包括选择活着或者死去，对于这些选择，我们应给予足够的宽容，而不是以任一教条去做貌似客观的分析和定性。"活着的人，即将死去的人，有关的人，无关的人，对死亡及死亡方式的宽容，是一种很高的哲学境界。哲学境界的死亡观，会指导人们正确地面对死亡，摆脱死亡恐惧给自身带来的困扰。

二、关于人类自身的哲学问题

从哲学的角度，探讨人类关于死亡的问题，首先要从人类自身特有的生命科学及社会科学的特征开始。最终回答：我是谁？我从哪里来？我到哪里去？

（一）我是谁？

关于人类自身的定义，很多哲学家试图进行解释说明，但没有一个哲学家能够给出清晰的概念。古希腊的哲学家在辩论"人"是什么东西时提出，人是没有体毛的双足动物。第二天就有人提了一只褪了毛的鸡提问，这个是"人"吗？现代的人类学家对人类的特征进行了综合描述，人类是动物界的一个物种，人类具有生物属性及社会属性。

1. 人类的生物属性

人类的生物属性是指人类本身是一种生物。在地球上至今人们还没有清楚的种类繁多的生物中，人类不同于地球上现生的任何生物。如果回答人类的生物属性问题，需要将人类放在自然界的宏大体系中，找到人类所处的位置后给予说明。根据现代体质人类学的研究发现，现代人类是通过相当长的历史时间，在复杂的生活环境中，不断适应环境的变化，经过相当长的历史时期进化形成的。因此，全面地了解地球上生物的演化过程，才能理解现代人在生物分类系统中的位置，进而理解人类的生物学属性。

现代科学研究表明，地球的历史大致有 46 亿年。地球上生命出现的时间大约有 40 亿年。生命的出现是由简单的生命体开始，如病毒、细菌及原虫等，进化到复杂的生命体。简单的生命体，有遗传物质，有供应自身复制及简单新陈代谢需要的能量的线粒体。线粒体是一种供应细胞能量的细胞器，有了这种结构，简单的生命体自身能够吸收能量，进行新陈代谢，繁殖后代。简单的生命体进化成复杂的生命体，经历了十分漫长的时间。简单的生命体——无脊椎动物——脊椎动物的进化，最初是缓慢的，而后陆续加快。在地球上，有化石证据表明，原始哺乳类动物的出现，距今不到 1 亿年。目前已经发现的化石证据的研究结果提示，人类的出现距今仅有几百万年。现代地质学的研究成果，有助于理解人类起源与进化的过程。

地质学家将地球的历史，按照特定的时间单位，分为代（era）、纪（period）和世（epoch）。地质时代的划分，主要是根据生物发展史来划分的，地质年代的界线，标志着生物进化中的重大转折，与地质年代相对应的地层，分别称为界、系、统。它们与代、纪、世等名称平行使用。例如，可以将古生代的地层称为古生界，将寒武纪的地层称为寒武系。将不同地质时期的地层内发现的生物化石，按时间顺序排列起来，用于推断古生物化石出现的地质年代，将不同地质年代的古生物化石进行比较研究，可以显示出生物进化的趋势。

在动植物的形态学研究中发现，古生物化石及现代生物物种，数量巨大种类繁多，不同地区的科学家对同一生物可能有不同的称谓，必须进行科学的分类才能对其进行区分。现代生物分类方法是由瑞典博物学家林奈（Linnaeus，1707～1778年）建立起来的。1735年，林奈的著作《自然系统》（*Systema Naturae*）出版，为生物分类方法奠定了科学基础。林奈创立的双名制命名法，即每一物种的学名是由其属名和种名两者共同构成，结束了世界不同地区、国家的科学家在物种命名方面的混乱。按照现代生物学的分类体系，首先将物种分为动物界和植物界。界以下依次分为门、纲、目、科、属、种。

当上述分类单位不能表述亲缘相近的物种时，常在门以下的各级单位前加亚字或超字，如亚门、超科等中间分类单位，进行亲缘相近的物种分类。

种，又称物种，是生物学分类的基本单位。物种是经过一系列自然选择的一群基本性状相同个体的总和，同一物种的生物可以互相交配，并产生有繁殖能力的后代。种和种之间生殖上是相互隔离的，即彼此不能交配，或交配产生的后代没有生殖能力。例如，马与驴交配产生的后代骡，就没有繁殖能力不能生产后代，马与驴之间存在生殖隔离，属于不同的物种。在种的基础上，分类学把类似的物种归纳为属，类似的属归纳为科，类似的科归纳为目，近似的目归纳为纲，近似的纲归纳为门。最高的分类是界，即植物界、动物界。

按照现代生物学的分类原则，现代人在自然界中的位置，可以简单地概括如下：

界　动物界（Animalia）
　　门　脊索动物门（Chordata）
　　　　亚门　脊椎动物亚门（Vertebrata）
　　纲　哺乳纲（Mammalia）
　　　　目　灵长目（Primates）
　　科　人科（Hominidae）
　　　　属　人属（*Homo*）
　　　　　　种　智人种（*Homo sapiens*）

人属的特点是脑容量比其他动物更大，主要依靠种群的文化，而不是依靠生物本能来适应环境。目前发现的古人类化石中智人种，是最接近现代人类的人类祖先的古人类，他的特点是脑容量比人属的所有成员明显增大，已经达到现代人水平，与其他人属一类的古人类成员相比，面部在整个头颅上所占比例相对缩小，脑颅明显增大。此外，直立行走、手脚分工（尤其是灵活的双手）、可以完成抓握等各种精细的运动等也是其重要的特点。现代人体质特征，决定了现代人在生物系统中的位置。文化方面，火的使用与管控，是人类完全不同于动物的根本性转变。考古的证据表明距今约80万年出现的直立人开始使用火。在古人类的遗址中发现了用火的遗迹，古人类使用火源驱寒，照明，防范动物的攻击，加工食物。用火加工食物，是人类进化史上的里程碑。熟食促进了人类对食物养分的吸收，促进了大脑的发育。火的管控，导致了社会劳动的性别分工，女性在居所管理火塘，加工食物，男性外出狩猎，捕获猎物。大型猎物的猎杀，需要多人合作，语言交流能力的提高是必要条件。人类语言的复杂性，是其他社会性很强的动物不能相比的。人类通过语言将生活经验传给下一代，传给不同的群体。人类甚至可以通过语言控制个体或群体的行为，形成一个不是通过直接撕咬、打斗便可有效控制的有序的社会群体。动物群体内个体互相合作猎杀动物与人类社会成员共同劳动的分工与合作有本质的区别。人类完成有目的的劳动，有计划、有组织、有预测，达到有效的合作。性别不同的个体在劳动过程中承担不同的责任，女性在抚养后代和维护族群稳定的所起的作用与其他生物的明显差别，成为人类的基本特征。

2. 人类的社会属性

人类的生活方式表现出的社会属性区别于任何生物。人类具有任何动物都不具备的对外界环境的适应能力。人类居住的范围从赤道到极地，甚至延伸到宇宙太空。人类创造出的文化极为复杂，不同的族群有不同的文化传统、不同的历史传统、不同的社会制度。

人类利用自然力量，改造自然环境的能力是任何物种不能比拟的。今天由于人类的活动，甚至影响了地球的自然环境，造成了极端气候的频繁出现，反作用于人类的生存状况。《联合国气候变化框架公约》是全人类共同努力应对气候变化的行动，这是人类社会的复杂行为。

人类具有的复杂的社会结构，传统的文化继承，使用、制造工具，学习、思考及解决问题的能力等，都是人类特有的社会属性。尽管如此，对人类的社会属性给予一个明确的定义仍然很难。如果以生存能力、生存范围、繁衍后代的能力综合分析，似乎很多动物的能力也很强大，尤其是在极端严酷的自然环境中生存的动物，它们对环境的适应能力，甚至人类也望尘莫及。人类在海洋及高山等极端环境中生活的动物、植物体内提取有效成分制造药物，提高人类的抗病能力及对受损伤组织器官的修复能力，就是利用动物、植物在极端严酷的自然环境中生存的能力所依赖的特殊因子为人类服务。

随着人类对自然生态环境的研究深入，科学家发现，上述所谓的人类特有的社会属性及一些行为特征，在很多动物世界中同样存在。蚂蚁、蜜蜂有复杂的社会结构，为了生存及繁衍后代，它们在群体生活中，不同的个体有严格的分工及合作，完成同一个任务。蚂蚁、蜜蜂的复杂社会行为是如何实现的，很多细节问题至今仍然是个谜。

乌鸦是很聪明的鸟，它们会互相学习，会使用简单的工具，会通过思考解决生活中遇到的问题。不同的乌鸦群体，生活方式不同，有不同的文化。每个乌鸦群体在解决生活中遇到的问题时，使用的方法是不同的，而且这种方法会在本族群中一代一代地传播下去。德国的科学家研究发现，不同乌鸦群体之间存在着文化交流。他们设计了一个实验，一个戴面具的人在乌鸦群体旁边行走，不骚扰乌鸦群体，乌鸦对他没有反应。另一个戴面具的人，在一个乌鸦群体里捕获一只乌鸦，然后再将捕获的乌鸦放生，乌鸦大叫着飞回群体，这一群乌鸦喋喋不休，大叫不停。以后戴面具的人，出现在这群乌鸦栖息的树林时，乌鸦就纷纷逃窜，惊恐万分，聒噪不停。有趣的现象出现了，在远离实验乌鸦群的另一群乌鸦，它们没有见过戴面具的人。当没有戴面具的人在乌鸦群栖息的树木周围活动时，它们没有反应，活动如常。当戴面具的人出现时，乌鸦群躁动不安，聒噪不停，纷纷逃离飞到高高的树上。两个看似无关的乌鸦群体，它们是如何进行信息交流的，它们又是如何识别戴面具的人的，科学家仍然不清楚，但不同乌鸦群体的信息交流是一定存在的。在其他的实验中表明，乌鸦在使用工具获得食物方面确实有超乎人类想象的智商。

对其他动物的实验研究表明，很多动物都具有使用工具获得食物的能力。对大象的实验表明，大象可以借助工具获得食物；此外，在必须有其他大象配合才能获得食物的实验中表明，大象会主动与其他大象配合获得食物。例如，在测试大象是否会主动合作设计的实验中要求，在不同通道的两只大象必须用象鼻子同时拉动绳索，才能得到远离它们的食物。实验人员先放出一只大象，这只大象走到绳索前不会拉动绳索，它会等待，直到第二只大象走来，它们会一起拉动绳索，获得食物。这种行为不是动物靠本能获得食物，需要学习及相互配合。大象是如何交换信息进行密切合作的，科学家至今仍然不清楚。

动物的社会属性也会改变动物自身。鼹鼠是啮齿类动物，生活习性与老鼠相似，在地下生活，以家庭为单位，昼伏夜出。在非洲撒哈拉沙漠生活着一种鼹鼠，称为裸鼹鼠，与它们的亲戚完全不同，撒哈拉沙漠的极端环境，使得它们的生活发生了巨大的改变。裸鼹鼠几乎完全生活在地下，它们全身赤裸，没有皮毛，很像刚刚出生的小老鼠。由于完全在地下生活，它们进化出了类似于蚂蚁或蜜蜂一样的生活方式。蚁后和蜂王是它们群体的核心，它们的臣民高度分化，形成了不同分工的群体，各司其职，维系王国的正常运转。蚁后和蜂王的职责就是繁殖后代。裸鼹鼠的地下王国也是由一个女王统治，她的主要职责也是不停地繁殖后代，其他裸鼹鼠也是按照功能分类。群体过大时，一只雌性的裸鼹鼠会脱离群体，爬出洞穴寻找一只雄性的裸鼹鼠，成为女王，建立一个新的裸鼹鼠王国。环境因素造就了一个以蚂蚁、蜜蜂方式生活的鼹鼠王国。

灵长类动物更加聪明，如猴子及猩猩则有与人类更为接近的行为特征，因此动物学家将它们与人类划分在一起，统称为灵长类。关于灵长类动物行为研究的实验材料更加丰富。灵长类动物至今也是地球上进化十分成功的动物，它们的分布很广，能很好地适应不同的生存环境。它们能够使用工具，群体内个体间有着明确的等级制度，能够彼此分工合作，完成狩猎等复杂的行为。尽管如此，灵长类动物与现代的人类相比，仍然很幼稚、笨拙，但我们的祖先是否跟它们一样笨拙，至少在没有使用火之前，应该与它们差不多。

早期的人类，使用火来照明、取暖，加工食物，可以居住山洞，以及制造简单的居所，这些是人类与动物的本质区别。火使人类开始食用熟食。熟食使人类可以更加有效地吸收食物中的营养，促进了人脑的发展。人脑的发达使得人类能够更加有效地利用环境资源，促进语言的产生。语言的产生，使社会成员之间的合作更加高效，同时形成了更加复杂、先进的文化。人类的祖先在一系列正能量的促进下，从动物界脱颖而出，进化成为地球的主宰。

随着人类对外太空的研究深入，地外星球上是否有生命是很多人感兴趣的问题，这一问题实际上是人类探讨自身问题的延伸。是否存在外星人的研究很多，地球人遇到外星人的报道也很多。尽管外太空是否存在生命，科学界尚不能证实，但相信外太空存在智慧生命的人大有人在，地球人就是相对于外星人的称谓。至今天文学家仍在锲而不舍地努力寻找外太空人，或外太空的生命迹象。外星人常被称为外太空的智慧生命。但智慧生命是什么？智慧本身就是一个深奥的哲学问题。好奇、解决问题的能力是智慧吗？动物都是有智慧的。人们为了防止蚊虫的叮咬，在自家的门窗上安装防蚊的纱窗。有的蚊子会收缩翅膀先将头伸进纱窗的网格，侧身抖动一只翅膀进入纱窗的网格，另一只翅膀很自然地滑进来。

它进入了有鲜美食物的空间，多么聪明的蚊子。在科幻作品中，将外星生命设计成昆虫形象的情况并不少见，在科学幻想的作品中，他们的智慧和能力远超人类。

人类社会及自然科学的发展，并没有解决人类关于"我是谁？"的问题，似乎使这一问题更加复杂。

（二）我从哪里来？

关于人类起源的问题，人类学家、哲学家、神学家都进行了广泛的研究。关于人类起源的著名学说有两个，有达尔文的进化论及基督教的创世论。达尔文的进化论的核心是适者生存，物种进化，从猿到人。创世论的核心是上帝造人。关于人类起源的问题是人类社会普遍关心的问题，有的民族认为自己的祖先是某种动物或与某种动物有关，氏族的图腾崇拜是关于民族起源的重要线索，可以从民族的传说及图腾崇拜物的造型中找到痕迹。民族传说表明远古时代人与动物的关联关系。将人与动物联系起来是全人类关于祖先问题在内心深处的共鸣，在全世界不同民族的文化传说，以及传世的艺术作品中，人首与动物身体或兽首与人类身体结合在一起的雕像，在不同种族的神话传说中普遍存在。古埃及金字塔前的狮身人面像是一个世人皆知的例子。中国神话传说中的人文始祖之一的女娲，其形象是人首蛇身的图腾像，在很多汉代画像砖及石雕作品都可以看到这样的画面。蟒蛇崇拜在世界上很多民族都存在，源于蟒蛇的神秘与超强的繁殖能力。兽首人身或人首兽身的艺术作品在世界各地的文化遗址中，是普遍存在的。这一现象表明，人是由动物演化而来的思维，深深地印刻在人类的潜意识中。

人是物种进化中的一环，已经成为学术界的共识。地球蛮荒时代没有生命，在雷电的作用下，出现了以碳原子为骨干链状结构的大分子有机物，为生命的出现，即有机物多肽类大分子的出现提供了前提。有机大分子的出现使蛋白质肽链的形成成为可能。蛋白质的形成为生命的出现奠定了基础。当蛋白质分子排列成膜结构时，蛋白质膜结构卷曲、包绕形成了生物膜分隔的特定空间。这些特定的空间中含有特定的蛋白质。这样含有特定的蛋白质在相对独立的空间发挥特定的功能。这些相对独立的空间中的蛋白质发生生物化学反应，完成特定的功能时，真正具有生命意义的单细胞生物开始横空出世。这是多种因素在各种偶然出现的机缘巧合的情况下，经过漫长的历史时间形成的。从单细胞生物到多细胞生物，从无脊椎动物到脊椎动物，从鱼类到两栖类动物，到爬行类动物，到鸟类、哺乳类动物，到灵长类动物，人类进化的轮廓大致是清晰的。但人类如何在动物界脱颖而出，进化过程中的很多细节问题，仍然困扰着人类学家。

迄今发现的最早的人类化石在非洲，在人类学界有人类起源于非洲的学说，现代DNA的研究，也支持人类起源于非洲的学说，认为现今人类的遗传基因均起源于非洲的一个女性，她是人类共同的祖先，也就是关于人类起源的夏娃理论。人类出非洲的学说是现代考古学界的主流意识。非洲大量的古人类遗址发掘的成果表明，人类体质特征及文化特征，在全世界各地的考古遗址中都有发现。人类体质特征是指人类身体形态的原始性状，如眉弓形态，原始人类粗壮发达，现代人表现细小退化，但今天的人类在眼眶上方仍然存在这样的结构，男性表现得更加明显。古人类的文化特征主要表现为旧石器时代的特点。非洲考古遗址发现的旧石器在世界各地均有发现，时代越来越晚，表现了当地文化与非洲的传承关系。

但关于人类起源的很多问题没有解决，与非洲古老人类化石同时代的人类化石在现在世界的不同地点均有发现。2015年11月，中国科学院古脊椎动物与古人类研究所研究员刘武的研究团队在中国的湖南发现了直立人的牙齿化石，与DNA关于人类起源的分布研究时间序列明显不同，研究提示人类是多地区平行进化的，人类应该有一个更加古老的共同祖先。20世纪60年代以来，在幅员辽阔的中国大地上，发现了众多的古人类遗址，其中很多地点都发现了古人类化石，包括陕西蓝田、云南元谋、山西许家窑、陕西大荔、安徽和县、安徽巢县、辽宁金牛山、湖北郧县、南京汤山，还有近年在广西崇左智人洞、湖北郧西黄龙洞、河南许昌、河南栾川等地发现的古人类化石。这些古人类的化石地质时代跨度非常大，从更新世早期至晚期，古人类的化石种类也非常丰富，包括直立人、古老型智人及晚期智人。中国大陆古人类化石的大量发现使得中国与非洲大陆同样成为古人类化石发现最多的地域。中国古人类化石的发现，使得中国古人类演化的情景逐渐清晰起来。中国不同地点生活的古人类，与外来迁徙的古人类之间的基因交流，以及不断适应当地的生存环境，经过漫长的进化过程，形成了今天中国大陆的人群。人类的多地区平行进化的理论，是中国科学院古脊椎动物与古人类研究所吴新智院士很多年以前提出的，现在大量的古人类化石的发现，有力地证明了吴新智院士的理论。目前，由于中国大量的直立人遗址的考古发现，现代人出东亚、出中国的学说越来越得到世界人类学专家的认可。

中国的这些遗址的发现还表明，当时与古人类同时生存的还有古老的灵长类动物，如巨猿等。那些古老的灵长类动物，在进化的过程中没有很好地适应环境，最后种群灭绝了，今天只能通过发现的化石来了解他们的形态及生活的环境。当然，也有很多灵长类动物，适应了各自的生存环境，成为进化过程的胜利者。它们今天与我们人类共同生活在地球上，包括原始的灵长类，如狐猴、指猴、眼镜猴等，也包括先进的灵长类，如猩猩、黑猩猩及大猩猩等。通过对现生的灵长类动物的研究，可以使我们窥见远古人类祖先生活的影子，也是人类是由古老的灵长类进化而来的有力佐证。

创世论的核心是上帝用了7天的时间创造了世界。上帝创造人类是上帝创世的最后一道工序。上帝依据自己的模样用泥土先造出一个男人，然后在泥人的鼻孔中吹气，泥人便有了生命。上帝给他起了一个名字叫亚当。亚当生活在伊甸园里，上帝感觉亚当很孤独，决定给他造一个配偶。上帝让亚当沉睡，取下亚当的一条肋骨造了一个女性，上帝称她为夏娃。上帝命名亚当的含义是"人类"，夏娃的含义为"生命之母"。亚当、夏娃成了人类的始祖。上帝将男人、女人放到伊甸园里，那里是天堂，他们无忧无虑地生活。但他们没有遵从上帝的旨意，在蛇的诱惑下，偷食了禁果。人类开始辨别善恶、美丑，开始忧虑、烦恼。上帝为了惩罚人类，将他们下放到人间，让他们承受生、老、病、死的痛苦。这就是人类的原罪，即人类生来就是有罪的，人们要经受各种苦难赎罪。

上帝创造世界、创造人类也是一个庞大的理论体系，这些可以从《圣经》的故事中读到。在人类进化的理论体系中，有很多问题仍不能得到很好的解释，这时很多人会从上帝创世的理论中去寻找答案。我从哪里来？是寻找人类生命起源的答案。我到哪里去？则是回答人类生命终结的问题。生命与死亡是一枚硬币的正面与反面。生命的起源是人类探讨的永恒的问题之一，生命终结同样是人类探讨的永恒话题。

（三）我到哪里去？

"我到哪里去？"是人类关于自身本质探讨的终极问题，是人类关于个体死亡后的思考。人死亡后不能复生，人类对于死亡的研究是一个未知的领域。人类面对一个茫然无知的世界的反应，要么充满了好奇，要么充满了恐惧。好奇或恐惧的心理状态，都会驱动人类关注死亡现象。人类死亡后的情况如何，由于死亡现象研究的特殊性，人类对死亡的了解仅仅停留在事物的表象上。好奇与恐惧，本来就是哲学家热心关注的东西，古往今来很多圣贤对这个问题都有深入的研究，提出了很多思考，并用各种方式表达出来。

人类对自己未来的关注是一种本能，对死亡的关注就是对自己未来的关注。由于对死亡的未知，解释死亡的现象时，人类将死亡进行分解，提出人体本身是由肉体及精神两个部分组成的。人类死亡是躯体的死亡，而精神是不能死亡的。精神离开了肉体，人的躯体就死亡了，精神变成了灵魂，到另一个世界重新开始生活。灵魂存在的观念，实际上是人类试图摆脱死亡困扰的一种努力。视死如生是中国人的传统观念，至今仍然根深蒂固地存在于中国人的头脑中。中国古代墓葬的格局及陈设，可以清楚地看到墓主人生前的生活状况。今天如果到殡仪馆、火化场仍然可以看到五花八门的殡葬用品，有大面值的冥币，有传统的纸人、纸马，还有现代化的豪车、别墅。这些都是在预设了人死亡后有灵魂存在，在另一个世界以与我们相似的方式生活的前提下，活着的人们按照自己的想象，安排了死者在另一个世界的生活。

尽管对人类死亡后是否有灵魂及灵魂归宿的问题争议颇多，但在现代生活的很多人愿意相信有灵魂存在，这样可以减少对死亡的恐惧。有了灵魂的存在，就要有对灵魂的安排。天堂与地狱是人类最终为灵魂安排的归宿。人们通过对灵魂的存在状况的说明，将人类个体的在日常生活的表现归纳为今生，将死亡后的世界定义为来世，而来世的最美好的境界是生活在天堂，并设法通过天堂或地狱将个体的今生与来世结合起来。各类宗教都是根据个体在现实生活中的行为，是否符合群体的道德规范或基本教义，作为个体死亡后灵魂去天堂或下地狱的判定条件。灵魂是超自然的，宗教是规范灵魂存在状态的最好工具。如何引导人类的灵魂，规范人们的行为，佛教中的菩萨讲因果，上帝讲的是对原罪的救赎。让活着的人相信灵魂的存在，并愿意遵循神的指引，需要让人们理解天堂与地狱。关于天堂的具体描述比地狱多，各个民族都有，有代表性的有如下几个。

伊甸园是来自《圣经》的名称，是上帝在东方为人类建造的乐园，与佛教中西方的极乐世界相同，都是意为"天堂"。

《圣经》的故事中，对伊甸园有详细的描述。伊甸园的地上洒满了黄金、珍珠，以及红玛瑙等宝石。地上长满了各种奇花异草，各类果树。果树上结满了美味可口的果实。伊甸园中流水潺潺，滋润着伊甸园的土地。伊甸园中的流水分为四条。一条称为比逊，环绕哈邦拉；一条称为基训，环绕称为"古实"的全地；还有两条河流，一条称为希底结，环绕亚述；另一条称为伯拉河，滋润其他地区。由于有上帝恩赐的四条河流，滋润着伊甸园的大地，虽然没有雨水，大地仍然五谷丰登。

伊甸园中的果树分为两种，一种是生命之树，一种是分辨善恶的树。上帝告诉亚当、夏娃，生命之树上的果子可以吃，分辨善恶的树上的果子不能吃。夏娃在蛇的诱惑下，偷食了分辨善恶的树上的果子。从此人类的始祖失去了纯真,知道了善恶、美丑。人类有能力把握善恶、美丑吗?人类开始了无尽的烦恼与忧愁。上帝愤怒了,要惩罚人类,将人类逐出了伊甸园,来到了充满纷争、战乱的人类家园。

上帝将他的天堂放在了东方,佛祖将他的极乐世界放在了西方。佛教徒将人类的死亡称为往生,去西方极乐世界。西方的极乐世界是什么情况,没有类似伊甸园那样的描写,多数说法都很空洞,极乐世界,无忧无虑,快乐永生。在中国佛教世俗化后,按照中国人视死如生的生死观,中国人会按照现世人们的生活想象人们死亡后的生活情景,设计人们死亡后的美好生活。古典名著《西游记》孙悟空大闹天宫的故事,对天庭的描写就是按照当时人们的现实生活以皇宫为模板拷贝的。中国的文人对超现实的理想生活有自己的看法,他们纷纷描述自己心目中的理想的生活,称为人间天堂。

桃花源是中国古代文人构建的理想的人类社会,是中国人对向往天堂的状态的描述。魏晋时代,陶渊明写下了著名的文字《桃花源记》。

"晋太元中,武陵人捕鱼为业。缘溪行,忘路之远近。忽逢桃花林,夹岸数百步,中无杂树,芳草鲜美,落英缤纷,渔人甚异之。复前行,欲穷其林。

林尽水源,便得一山,山有小口,仿佛若有光。便舍船,从口入。初极狭,才通人。复行数十步,豁然开朗。土地平旷,屋舍俨然,有良田美池桑竹之属。阡陌交通,鸡犬相闻。其中往来种作,男女衣着,悉如外人。黄发垂髫,并怡然自乐。

见渔人,乃大惊,问所从来。具答之。便要还家,设酒杀鸡作食。村中闻有此人,咸来问讯。自云先世避秦时乱,率妻子邑人来此绝境,不复出焉,遂与外人间隔。问今是何世,乃不知有汉,无论魏晋。此人一一为具言所闻,皆叹惋。余人各复延至其家,皆出酒食。停数日,辞去。此中人语云:'不足为外人道也。'

既出,得其船,便扶向路,处处志之。及郡下,诣太守,说如此。太守即遣人随其往,寻向所志,遂迷,不复得路。

南阳刘子骥,高尚士也,闻之,欣然规往。未果,寻病终,后遂无问津者。"

从桃花源中可以理解中国人的天堂观。《桃花源记》讲的是,约1600年前的东晋太元年间,武陵郡有一个渔夫,一天驾船沿着一条溪流而行,看到溪流两岸生长着片片桃林,桃花盛开,美不胜收,渔夫见此好景十分好奇,沿着两岸桃林一直前行,行之到桃林的尽端,发现一座小山,山上见有一小洞口,似有光从洞口发出。渔夫便弃船上岸,进入山洞中。山洞十分狭小,仅仅能通过一个人。渔夫侧身而行,前进几十步以后,眼前豁然开朗。渔夫看到了一个新世界,土地广阔,房屋整齐,良田鱼池,桑园竹林,道路纵横,鸡犬相闻,田间劳作,人来人往,儿童嬉戏,怡然自乐,好一个平和祥瑞的世界。

桃花源是陶渊明理想中的世界,他在桃花源中表述,去过桃花源的人已经是过世之人,今生今世有人去寻找桃花源,没有人再发现桃花源。陶渊明描述的桃花源是超现实的,是天堂,是极乐世界。中国人的天堂表现的是人,不是神仙、圣人,强调的是生活安宁、快乐,人人自由平等,是伊甸园中没有吃禁果纯真的人类始祖。

西方人同样会想象自己心目中的天堂。1934年,英国伦敦麦克米伦出版公司出版了小说家詹姆斯·希尔顿的小说《消失的地平线》,在西方及日本,引起了轰动。小说引起轰动的原因是,详细讲述了一个称为"香格里拉"的神秘国度。"香格里拉"一词源于藏地经典中的香巴拉王国，其含义是指净土，是人类生活的最高境界所在，当今成为"伊甸园""世外桃源"及乌托邦的代名词。

小说家詹姆斯·希尔顿在小说《消失的地平线》，讲述了一个传奇的故事。在20世纪30年代战争期间，小说的主人公康伟等四人在南亚次大陆的一个称为巴司库的地方，乘飞机转移去白沙瓦时，被一名神秘的东方人劫持。他们被劫持到称为香格里拉的蓝月亮山谷。

小说对香格里拉的描写，反映了作者对人间最美好事物的向往。作者笔下的香格里拉就是人间天堂。香格里拉自然景色优美，有雪山、冰川、峡谷、森林、草甸、湖泊、蓝天、白云，空气清新，有富饶的金矿。那里不仅富饶美丽，而且安宁和谐，各种信仰和平共存。在香格里拉到处遍布基督教堂、佛教寺庙、文庙、道观，不同宗教信仰的人，和睦相处共同生活，各自朝拜自己心目中的神灵，没有冲突。人们需要保持一种适度的生活状态，消费不能过度，欢乐也不能过度。提倡的是中庸之道，天人合一，行为举止要内敛。

香格里拉成了西方世界的理想国度，人们对美好事物的向往，尤其是希望有超现实的人间天堂存在，死亡后仍然可以在那里过上美好的生活，成了《消失的地平线》在西方及日本，引起轰动的重要原因。

关于地狱的描述不少。

西方宗教对于地狱的描述较简单。地狱有十八层，每层都有永不熄灭的火焰在燃烧，下地狱的灵魂会被地狱之火不停地焚烧。灵魂在炼狱中挣扎、嚎叫，不得逃脱。地狱的简单描述，反映了人们内心深处对地狱的抵触，认真地想象地狱的情景，一定是一个虐心的过程。

佛教的因果表述为六道轮回，有罪的要下地狱，而且地狱分为十八层。人死亡后，躯体留在人间，腐烂，最后化为泥土。人的灵魂走向天堂或地狱。汉传佛教对地狱的描述更加具体。从开始走向地狱，到阴间的判官会对个体生前的所作所为进行裁决，或上天堂，或下地狱。对因不同原因下地狱的人有不同的处置方式，上刀山、下火海、五马分尸等，可以有无限的想象力。

人真的有灵魂吗？人的灵魂的本质是什么？灵魂的归宿在哪里？如何抚慰人类的灵魂？宗教对这样的问题有系统的理论。从哲学的角度如何解释这些问题，引导人们正确理解包括现实的及超现实的死亡问题，是死亡哲学探讨的核心内容。

哲学的核心是世界观与方法论，唯物主义及唯心主义如何认识死亡，如何面对死亡，如何处置死亡，需要进行认真的讨论。

第二节 唯物主义的死亡哲学

唯物主义哲学观对死亡问题的探讨是一个全新的领域。以唯物主义的哲学观点探讨死亡问题，对于人们如何正确地理解死亡现象，正确处置生活中出现的个体死亡过程、死亡事件等，有积极的指导作用。

一、唯物主义的死亡观

死亡观是指人们对死亡的看法。唯物主义哲学的死亡观是从唯物主义者的角度看待死亡。唯物主义者看待死亡事件的态度是积极向上的，是促进社会向健康的方向发展的，有利于社会的和谐与稳定。同时，可以引导人们树立正确的死亡观。

毛泽东曾经在两篇著名的文章中全面地阐述了唯物主义的死亡观，既有内容，也有形式。在毛泽东撰写的《为人民服务》和《纪念白求恩》两篇文章中，号召人们向两个英雄人物学习，一个是中国人，名字叫张思德，另一个是外国人，名字叫白求恩，这两篇文章在"文化大革命"期间是人人都会背诵的文章。这两篇文章实际上是两篇祭文。张思德是四川仪陇县人，是当时中共中央警卫团的战士。1944年9月5日，张思德带领4名战士在陕北安塞县山中烧炭，因炭窑崩塌，不幸遇难，时年29岁。1944年9月8日，中共中央直属机关为因公死亡的战士张思德召开了追悼会，《为人民服务》是在追悼会上毛泽东同志讲话的祭文。《纪念白求恩》是毛泽东为悼念国际主义战士白求恩写的纪念文章。在这两篇文章中，毛泽东全面地阐述了唯物主义的死亡观。"人固有一死，或重于泰山，或轻于鸿毛。""要奋斗就会有牺牲，死人的事是经常发生的，但是我们想到人民的利益，想到大多数人们的痛苦，我们为人民而死，就是死得其所。"毛泽东的对于人类关于死亡观念的思考，强调了人本身的死亡是有价值的。死亡是生命体发生、发展、最后终结的自然过程，是一个不可更改的必然结果。人类的死亡同样是一个必然结果，生死面前人人平等。莎士比亚曾经说，"胖胖的国王与瘦瘦的乞丐，对于蛆虫来说不过是一个餐桌上的两道菜。"莎士比亚讲的是，无论是谁，生前如何荣华富贵，死亡后其结果都是一样的。

毛泽东认为，人的死亡结果相同，但内涵是不同的，造成个体死亡性质，决定了死亡的价值。在《为人民服务》和《纪念白求恩》的文章中，毛泽东清晰地表明，人的死亡，有的重于泰山，有的轻于鸿毛。毛泽东给刘胡兰烈士的纪念碑题词"生的伟大，死的光荣"，对个人的死亡价值观有更进一步的表述。死亡的价值观是人们对英雄表达的敬仰之情，今天在世界各地，为英雄的死亡举行国葬的情景时有发生，实际上同样都是对不同人死亡价值的评价。英雄的大无畏的精神，为国家、民族利益的英勇就义，得到了活着的人们的尊重，是文艺作品中最为常见的主题。

死亡的性质表现出的价值观是由不同的政治集体、不同的民族、不同的文化传统等多因素决定的。一个群体中的英雄，可能是另一个群体的敌人，但这并不否定死亡本身具有的价值。中华民族关于死亡的价值取向是有传统的，著名的爱国诗人文天祥曾经留下了著名的诗句"人生自古谁无死，留取丹心照汗青"，讲的也是关于死亡的价值取向问题。中国人关于死亡的价值取向与儒家的传统价值观有密切的关系。"舍生取义""杀身成仁"等有关死亡的儒家思想，决定了士大夫阶层在大是大非面前对死亡的态度。他们为国家、为民族、为大义而死亡，义无反顾，名垂青史，得到后人的敬仰。"士为知己者死"是江湖侠义之士的死亡价值取向，是为朋友两肋插刀的最高境界。

死亡是不可避免的，人生的价值观不同，死亡的价值被赋予了不同的内涵。死亡被赋予不同内涵的深层原因，是人类对死亡这样的结果不能掌控的恐惧。贪生怕死是生物面对死亡威胁时的正常反应，动物世界里的猎杀与逃脱，天天都在重复。人类面对死亡的正常反应，同样是逃跑求生，同样是生物本能的反应。当人们能够克服死亡恐惧时，是文化因素作用的结果，因此人的精神境界便提高了。老子在《道德经》中提出，"民不畏死，奈何以死惧之"。一个被压迫的民族，面对统治者视死如归的时候，统治者的末日就到了。

唯物主义者在死亡性质的认知方面的价值观认为，死亡是必然的，是客观存在的。在特定的社会历史条件下，死亡的性质是不同的，取决于死者的死亡原因及死者对待死亡的精神境界，以及以生命为代价维护的所在利益集团利益的牺牲精神。

二、灵魂是不存在的

唯物主义的哲学认为，世界是客观的，是物质的。灵魂是人们想象出来的，灵魂没有物质基础，灵魂是不存在的。因此，马克思列宁主义的唯物主义世界观的核心之一是无神论。无神论者彻底否定了超自然世界的存在、灵魂的存在。

在现实生活中，很多现象的物质基础是不清楚的。古人关于灵魂存在的观念，与人类的梦境有关。古人在梦境中会与死去的亲人见面。因此，他们认为人类有灵魂存在。白天灵魂在人的躯体内，支配人们的行为，晚上灵魂离开躯体，到另一个世界与死亡的亲人会面。梦境是客观存在的，但灵魂是不存在的。人类在睡眠中出现的梦境的物质性，至今没有完全清晰的科学解释。因此，对梦境的内容，尤其是与死亡的亲友有关联的，对未来生活有预言性的梦，没有得到科学的解释，使得人们对未知情况产生了各种各样的猜想。

今天在世界上的很多原始民族中，都存在着一种原始的关于灵魂的解释。甚至在科技发达的社会中，很多人仍然相信人是有灵魂的。他们认为灵魂存在于人体当中，人活着的时候，可以思维、可以想象，晚上睡觉时可以进入梦境。人死亡以后，灵魂离开人体，就变为鬼魂。鬼魂可以进入人体与人类的灵魂进行交流，如此人类可以在梦境中与死去的亲人或朋友进行交流。

随着心理学的研究深入，以及神经电生理学的研究深入，人们对思维及认知的研究有了很多成果。对原始人类关于灵魂与鬼魂的解释，其中含有朴素的唯物主义原理。人类的思维活动是人类大脑活动的结果。人类的外周神经系统具有感知功能，即接受外界的信息，具有传导信息的功能，将外周神经感受的信息，传入大脑中枢神经系统。人类的中枢神经系统具有接受感知信息、存储信息、分析信息、发出信息指令的功能。这些功能是通过神经系统中不同种类的神经细胞的相互连接，通过生物电的活动实现的，人类的脑电图是人类高级神经活动的外在表现。尽管人类大脑活动的很多细节仍然不清楚，但人类对很多神经的功能及作用机理已经有了很深入的理解。例如，瘙痒是人类普遍经历过的一种令人不愉快的外界刺激，现代科学通过标记神经细胞确定了瘙痒的神经通路及大脑中枢核团的位置。确定了神经结构以后，分析大脑中决定瘙痒的基因位点，分析基因的分子结构，然后将基因移植到小白鼠体内进行基因表达。移植了瘙痒基因的小白鼠就会表现出特定的瘙痒行为。

关于行为认知的研究也取得了巨大的进展，现在人们可以通过大脑的思维向计算机发出指令。通过认知心理学及神经电生理学的研究，人们对思维的物质基础及生物细胞分子结构与功能的关系的了解更加深入，将会揭开人类大脑思维活动的秘密。思维活动产生精神结果之间的关系得到了科学的解释，灵魂是否存在的问题基本上就解决了。

人类大脑的思维活动表达人们的意愿，并支配人们的日常行为。人类睡眠时，大脑的活动并没有停止。人类睡眠时，大脑中枢神经系统向外周神经系统传导的神经通路锥体束的功能被阻断,这时大脑的思维活动便以梦境的方式表现出来。如果锥体束的功能没有完全阻断,大脑的思维活动会传导到外周神经系统,个体就会有梦游的表现。同时,睡眠时外周的环境对梦境也会产生影响。例如,睡眠的环境温度降低了,个体可能就会梦见在冰雪世界的环境中活动。如果睡眠的环境有鲜花的气味,可能会梦到在鲜花丛中活动。晚上水喝多了,可能会在梦里到处不停地寻找厕所。

人类的情绪也会影响梦境。有研究表明,心情压抑时,梦境的内容多数是自己被困在一个危险的环境中,为了摆脱困境不停地在挣扎、逃避,而且梦境画面的颜色是类似黑白的电影。心情快乐时个体的梦境,多数是愉快的场景,游山玩水,情人约会,个体与他人交往是快乐的,与周围的环境是和谐的,梦境画面的颜色也是彩色的。

唯物主义者认为,人类的思维活动是有物质基础的,是大脑神经细胞活动的结果。灵魂,所谓死亡后出现的鬼魂,都是由于人们科学知识贫乏,对有关精神活动的客观事物的曲解,有了对思维活动的科学解释、证明,所谓的灵魂、鬼魂是不存在的事实就会被人们接受。

超自然世界是人类为了安置灵魂创造出来的另一个世界,唯物主义者认为灵魂是不存在的,那么超自然的世界没有存在的必要了。任何人类社会关于超自然事物的说法,都是违反自然科学规律的,是不能接受的。

三、思维活动与思想

大脑的思维活动是脑组织的正常生理功能,是动物的本能行为或经验行为。思想是大脑思维活动的升华,是大脑思维活动的总结与提高,是一个不断改进的、指导群体行为的理论体系。

(一)大脑的思维活动

人类的思维活动是大脑组织生命活动的结果,是有物质基础的,但如果仅有脑组织的结构,对于完成大脑的思维活动是远远不够的。在动物界的脊椎动物都有脑组织,都是用大脑支配肢体的行动。在动物世界中,很多动物的捕猎行为十分复杂,尤其是群居的动物,在捕猎时需要团队的配合才能成功地猎杀动物,动物群体的协调配合需要有很高的智商。非洲塞伦盖蒂草原上的狮群,在猎杀水牛时,就有很好的团队配合。它们常常尾随牛群,寻找猎杀目标。一旦发现落单的水牛,它们就会发起攻击。没有机会时,它们还会主动骚扰水牛,创造猎杀水牛的机会,一旦发现适当的目标,它们就会发动攻击。为了避开水牛锋利的牛角,常常会有一头母狮,从水牛的后部开始撕咬水牛的尾巴,其他母狮立刻会从两侧扑到水牛的背上撕咬,把水牛扑倒。水牛倒地后,马上会有母狮咬住它的喉咙,使其窒息死亡。其他群体生活的动物,如狼群、非洲鬣狗等,在猎杀动物,获取食物时,表现出的智慧及群体配合,团队作战的方式,更是令人惊叹。动物的捕食行为,一定存在复杂的大脑的思维活动,捕食动物成功是大脑思维的结果。

群体生存的动物种类繁多,不同的种类动物群体有不同的文化特征,同一种类的动物的不同群体也有不同的文化特征。在非洲塞伦盖蒂草原上有多个狮群,不同的狮群各自都有自己的猎杀动物的方式，而且这种行为会在狮群中，一代一代的传承。狮群的这种传承是经验性的，是幼狮在狮群中成长的过程中，从长辈那里通过学习获得的。无疑这种行为的传承是通过复杂的大脑思维活动完成的。

动物大脑的思维活动与人类是完全不同的。人类能够用脑分析问题，解决问题，对客观事物进行主动改造以利于自己生产、生活的大脑思维活动，是对客观环境信息的采集分析后，提出问题解决方案，包括团队合作、创造及使用各种工具，遇到问题调整方案等，最终达成目的，这与动物的大脑思维活动是完全不同的。人类的脑组织结构与地球上所有动物的脑组织相比是最复杂的，这是人类能够进行复杂思维活动的基础。

人类完成逻辑思维，得到观点、理论，并进行表达的复杂的思维活动，脑组织结构的完整是必备的条件之一。大脑的正常思维活动，一定要通过思维支配肢体活动产生的结果表现出来，如食肉动物合作猎杀食草动物，动物幼崽学习猎杀技巧等。颅脑受到损伤时，脑组织结构被破坏，人类大脑的正常思维活动便不能进行。轻微的脑组织损伤，可以造成人类昏迷。人类在昏迷状态下，不能进行正常的思维活动。脑组织的损伤恢复后，人类可以恢复正常的思维活动，完成日常生活的各种行为，如吃饭、穿衣，与他人进行语言交流等。如果脑组织的损伤很严重，人类的思维活动会受到很大的影响。如果脑组织的损伤不能恢复，人类的思维活动不能恢复。很多人脑组织受到损伤后，留下后遗症，如半身不遂、走路不便、语言交流障碍等。这类患者的临床表现千差万别，不用去医院的脑外科，在我们生活的周围的人群中，经常可以看到。严重的颅脑损伤，可以使伤者长期昏迷，表现为"植物人"状态，甚至造成脑死亡，只能用人工辅助装置维持呼吸和心跳。

如果仅有脑组织结构的完整，脑组织构成的细胞活动异常，人类的思维功能也不能完成。在医院对患者进行较大的手术时，如开胸、开腹手术，需要对患者进行全身麻醉，这时人脑组织结构并没有破坏，但患者的大脑不能进行正常的思维活动。麻醉剂阻断了神经细胞的传递功能，当麻醉剂被排泄掉后，神经细胞的功能恢复正常，患者的思维活动恢复正常。大脑中枢神经系统的功能是十分复杂的，人类的思维活动也是非常复杂的，很多因素都可以影响人类大脑的思维活动。醉酒是乙醇分子与神经系统结合影响了神经细胞的正常活动，可以使人的思维奔逸，也可以造成人的思维抑制，使个体不能进行正常的思维活动。醉酒对神经系统的作用是先兴奋后抑制，先中枢神经系统后外周神经系统。醉酒的人常常是语言清晰，腿脚已经不听使唤了。最后，醉酒的人开始进入睡眠状态，如果再进一步，进入昏迷状态就是严重的酒精中毒，需要去医院进行治疗、抢救。轻者输液补充水分，重者需要进行肾脏透析尽快清除体内的乙醇，酒精中毒本身完全可以致人死亡。

吸毒人员在毒品的作用下，会产生异常的欣快感，使个体不能进行正常的思维活动，严重的吸毒人员还会产生幻觉，导致严重的后果。毒品对人体的影响也是通过作用人类的神经系统实现的。

脑组织结构完整，脑神经细胞功能正常，在特定的情况下，人类的思维也不能进行正常的思维。在精神病院可看到各种各样的精神病患者，有青春型、木僵型等。每种精神病患者的表现不同，但他们都有一个共同的特点，就是不能进行正常的思维活动。精神病患者的脑组织结构是正常的，脑神经细胞的功能也是正常的，即用现代的医学及生命科学的检测方法，仍不能发现脑组织及神经细胞功能的异常。因此，对精神病的发病原因至今没有科学的解释。一般认为导致精神病的原因是智慧、感情及意念的分离，精神病患者的思维活动不能组织成为有意义观念，以及有逻辑思维的情感表达。智慧、感情及意念都是脑组织思维活动的结果，只能感知，不能用客观指标进行检验。精神病患者的脑组织结构没有外伤，没有麻醉剂、兴奋剂的作用，脑组织的结构是正常的，神经细胞及神经纤维的功能检测是正常的，但是大脑的逻辑思维是不能完成的。

人类的思维活动是脑组织结构与功能的统一，是生命存在的前提。个体的生命终止了，人类的思维活动随之终止。原始人认为，个体死亡了，灵魂离开了躯体，变成了鬼魂，游荡于乡野，活着的人可以在梦境中与死亡的亲人与朋友相见。这种朴素的观点，有一部分有一定的合理性，可以理解为个体活着的时候，是有灵魂的，是可以进行正常思维的，死亡后灵魂没有了，不能进行正常的思维活动了。这与现代医学的研究结果并不矛盾，个体死亡后，首先大脑的神经细胞的功能受到影响，而后脑组织结构被破坏，人类思维活动的基础没有了，人类不能进行正常的思维活动了。脑死亡的个体，尽管生命特征存在，即个体有呼吸、心跳的存在，但脑组织的结构及中枢神经系统的功能受到了不可逆转的损伤，不能进行正常的思维活动，不能进行思维活动也就等于没有灵感了。

脑组织正常的结构与功能是人类精神活动的物质基础，人类的精神活动及精神活动的结果是客观存在的。人类死亡后，精神活动的物质基础消失了，精神活动停止了，个体通过生前的精神活动的结果影响后人。唯物主义者认为灵魂没有物质基础，没有客观表现，灵魂是不存在的；上帝及各类神灵没有物质基础，没有客观表现，他们也是不存在的。

尽管灵魂是没有物质基础的，唯物主义的哲学观认为生命活动是有物质基础的，生命的表现形式是能量的消耗。生命活动表现为物质的摄取、能量的转换及能量的消耗。人类通过摄取以糖、脂肪、蛋白质为主体的营养物质，通过在体内复杂的生化反应生成体内可以转化使用的能量维持生物体的生命过程，心跳维持血液循环，呼吸维持气体交换，肌肉运动是生命体运动的基础。人类是恒温动物，维持体温的恒定是需要消耗能量的，通过调节排汗量维持体温的恒定。大脑的思维也是通过消耗能量消耗完成的，大脑思维活动消耗的能量是由葡萄糖提供的，血糖低的时候，人的大脑活动受到限制，人们就会感到头晕。人类生命过程中消耗的能量是可以计算的，在生理学上称为基础代谢率。生命运动消耗的能量，人们折合为热量计算。热量的单位是焦耳，人们将食物的种类及数量换算为焦耳，指导人们健康的饮食方式。当人类的能量消耗停止了，生命同时终结。

按照热力学第二定律的原理，人类的死亡是一种必然的结果。自然界的一切事物，从有序必然向无序发展。如果维持事物的秩序，必须有能量的输入。生命发生、发展的方式，似乎是由无序到有序的过程。从无机物到有机物，从无生命到有生命。而且，生命的发生、发展有严格的秩序。生命的活动、包括新陈代谢及繁殖的过程，必须有一定的秩序。生命的秩序，似乎与热力学第二定律不符。这些只是生命的表象，生命的秩序是靠大量的能量输入为条件的。生命体在完成生命活动的任何阶段，都需要能量的输入。人类的生命维持，需要能量的输入，当人体的能量输入及转化，不能维持生命秩序时，生命便终止了。生命体的生命活动停止，机体开始分解，大分子变成小分子。生命最后回归于无序、混沌的宇宙中。这是死亡的物质基础。

（二）思想的产生

大脑的思维功能的原理并没有完全被揭示，很多问题人类仍然不能理解。人类的睡眠过程是保证大脑的休息。在睡眠状态下，人类是不能进行正常思维活动的，清醒后人类即可以进行正常的思维活动。实际情况是在睡眠状态下，人脑的思维活动并没有停止。梦境是人类常见的一种生活经历，梦境的内容与现实生活的关系，以及梦境产生的机制，尽管有各种各样的解释，但很多问题是不清楚的。梦游是睡眠情况下，人类出现的更为复杂的行为，其中的机理也没有完全搞清楚。大脑的完整，大脑功能如何正常地发挥作用是不能表述的。伟大的物理学家霍金先生，除大脑之外没有正常的部位，但他对天体物理的研究达到无人比肩的境界。他成功解释了广义相对论，推演了大爆炸的理论，证明了黑洞的存在。霍金的大脑是什么样的，他是如何完成逻辑思维的，没人知道。有生命存在，大脑的结构与功能正常，是人类进行逻辑思维的基础。尽管有的人，有生命存在，大脑的结构与功能正常，却不能进行正常的逻辑思维，如精神病患者；但有生命存在，大脑的结构与功能不正常，也是不能进行正常的逻辑思维的。人类大脑逻辑思维产生的结果是思想。

大脑是人类精神活动的物质基础，精神活动除指导人们的日常生活外，上升到逻辑思维的层面的成果就是观念、学说、理论。精神活动的成果需要特定的载体表达，如文字、影像、音响、行为等，并在人群中传播。一个伟大的人物死亡了，但他的精神、理念、观点、学说、理论及各种各样的艺术作品，仍在世界上流传。先贤的精神与理念的传播与死亡的人的灵魂影响人类不同，前者的精神财富是客观存在的，是后人可以学习、可以理解、可以传播的，而后者是虚无缥缈的，是后人无法理解，无法在个体间传播的。

思维活动是脑组织的生理活动，思想是脑组织一系列思维结果的总结。思想的产生需要思维活动的积累，同时需要对积累的信息进行有效的梳理、分析，最后上升到理论。任何思想的产生都需要一个过程，即实践到理论的过程。这个过程常常需要一定的时间，需要不断地在实践中总结经验，找到事物的发展规律后提出理论，提出的理论得到实践的验证后，最后上升为思想。思想是一个事物发生、发展规律的理论体系，可以用于解决该事物的普遍存在的问题。毛泽东思想的产生就是在长期的中国社会主义革命的实践中，不断地总结经验，不断地改进失误，最后找到了适合中国社会主义发展的理论方针，并用于指导中国的社会主义革命，建设强大社会主义国家。

中国古代的伟大的思想家的产生，同样经历了一个漫长的过程。《论语》是儒家的经典，《道德经》是道教的经典，其都是中华民族文化传统的经典著作，在几千年的历史中，对中国人的生活产生了深远的影响，至今仍在中国人的日常生活中发挥重要的作用。儒家及道教的思想体系除其特有的经典著作外，在文化的传承过程中，后人在生活实践中不断地完善、充实其理论，使其适应当时的社会需要，为规范人们的行为发挥作用。儒家思想的核心之一"中庸之道"，在今天中国人的日常活动中，仍在发挥巨大的作用。道教的"天人合一"的思想，对人类如何与自然界和谐相处，仍有指导意义。这些对于全人类都有影响的思想家，他们的思想理论对全人类的行为都有借鉴。

思想与思维不同的是，思维是暂时的个体对周边环境的反应，思想会成为影响后代的行为规范，并且在具有相同文化特征的群体中传播。家书是中国人写给家人的书信。家书是中国人维系家人亲密关系的重要方式之一，家书一封抵万金。家书不仅传递亲情，在长辈写给晚辈的家书中，教育指导的作用是非常重要的内容。《曾国藩家书》是曾国藩教育其家庭成员的经典著作，今天一些人把它当作家庭教育的蓝本。《傅雷家书》是傅雷先生写给儿子的家信，对今天我们如何教育子女有重要的参考作用。曾国藩的治家思想，傅雷先生的教育子女的思想，都不是简单的思维活动，是对这类活动的认真思考，提出了具有普遍指导意义的行为准则，而其他人在社会实践中可以借鉴。

家规、祖训是中国乡村宗族的行为规范。中国乡村今天很多大的家族仍然存在，流传多年的家规、祖训，后代常常要认真学习、背诵。中国乡村村民的日常生活是通过村民自治管理的，在法律法规外的村民行为是通过公序良俗、村规民约规范的。白纸黑字，写在墙上的公序良俗、村规民约，是中国农村传统文化的集大成者，简单易懂，大家自愿接受并遵守。一个村庄建立了，其他的村庄就会效仿。时代发展了会有新的村规民约出现，并与旧的村规民约有传承关系。这就是农村生活历史文化传统观念的思想体系，不是简单的农民日常生活的思维方式。思维活动是思想产生的基础，但仅有简单的思维活动是不能产生思想的。

四、唯物主义死亡哲学存在的意义

唯物主义的死亡哲学对人们正确的生死观的形成有积极的作用，正确地认识生物死亡的客观性，不可避免性，在现实生活中，对指导人们摆脱死亡恐惧的困扰有疏导、解困的作用。

（一）无神论的基础

唯物主义死亡哲学的核心强调了人类思维活动的物质基础，否定了没有物质基础的精神活动，否定了灵魂及神灵的存在，克服了虚幻精神世界中超自然的力量对人类生活的干扰。精神活动的物质基础也是无神论的理论基础。

唯物主义者对死者举行的悼念活动与唯心主义者是完全不同的。唯物主义者对死者举行的悼念活动是以慰藉生者为核心的。唯物主义者对死者举行的悼念活动，强调的不是安魂，强调的是慰藉生者。这是唯物主义者对死者举行的悼念活动与唯心主义者对死者举行的悼念活动的本质区别。

唯心主义者对死者举行的悼念活动安魂是核心部分。安抚灵魂的前提是人类存在灵魂，死亡后死者的灵魂会在生前活动的地方游荡，这时死者的灵魂成为鬼魂，会对生者造成危害，其本质是人们内心深处对死亡的恐惧。中国人的传统认为，生者要为死者的鬼魂安排好居所，使其在阴间能够衣食无忧，并能够顺利投胎，完成生死的轮回。失去亲人的生者慰灵主要的表现行为是守灵、哭丧、安葬尸体。不同的民族有不同的文化传统，守灵、哭丧、安葬尸体的表现方式差别也很大。中国人传统的丧葬习俗是视死如生，对死者的安葬是以其生前的生活方式进行设计规划。在墓葬考古挖掘的现场，可以看到古人的安葬死者方式及他们当时的想法。在科学技术飞速发展的今天，人们的丧葬习俗仍然保留了很多传统的内容，这在中国的广大农村地区表现得尤为突出。守灵、哭丧、焚烧陪葬物，埋葬尸体或骨灰，仍然是处置死亡个体的核心内容。

无神论者对死亡个体的处置与传统的观念不同，提倡薄葬，更加重视个体生前的生活状态。毛泽东在《为人民服务》中提出，"村上的人死了，开个追悼会。用这样的方法，寄托我们的哀思，使整个人民团结起来。"在当时的历史及生活状态下，用开追悼会的方式为死者送葬是新生事物。今天为死者开追悼会，进行遗体告别仪式，是人们对失去亲友表达哀思的方式，与传统的安魂、慰灵完全不同，不是害怕死者的鬼魂伤害自己，而是寄托哀思，和睦乡邻。开追悼会常常是死者的单位或某个团体组织的，大家一起回忆死者生前的事迹，分享曾经在一起的美好时光，表达生者对他的怀念之情，社会名流的追悼会，增加的公众参与分享死者生前的荣光，表达对死者的哀悼，死者的葬礼更加文明，对社会风气起到了积极引导的榜样作用。

唯物主义的死亡观，对移风易俗改变中国传统落后的丧葬习俗，提倡文明殡葬，有着重要的作用。文明丧葬是政府大力推广倡导的，简单的葬礼，不提倡守灵、哭丧、焚烧陪葬物，以及埋葬尸体的落后的、封建迷信的丧葬行为，新式葬礼，如树葬、海葬等，日益得到广大人民群众的欢迎。清明节是中国人祭奠祖先、亡故亲人的传统节日，清明时节祭扫陵墓的活动在中国已经延续了几千年，近年来网上祭奠的活动广为流传，方便、文明、快捷，而且无论在世界的哪一个地方，都可以在网络上与自己的亲人一同祭奠自己的先人。这将改变中国人的生活方式，对中国人的生活产生深远的影响。在中国进入老年社会的背景下，提高老年人的生活水平，健康文明地安排好身后事，利己、利民、利国。唯物主义的死亡哲学观点，对指导现代人们正确对待死亡事件，将发挥重要的作用。

（二）丰富了人类的精神成果

唯物主义死亡哲学存在的意义，强调了人类个体死亡的价值。个体死亡价值的确定是客观存在的，是死亡发生后的必然结果，呈现出五彩缤纷的表象。人类死亡是一个自然的过程，个体死亡的结果是相同的，莎士比亚曾经说过，"胖胖的国王与瘦瘦的乞丐，对于蛆虫来说不过是一个餐桌上的两道菜"，莎士比亚表达的观点是死神面前人人平等，个体死亡后，尘归尘，土归土，对谁都一样。生物的自然死亡，是种群延续的要求，种群中个体的死亡过程及生命的终结状态，大致是相同的。对于物种来说，个体的死亡是不重要的，个体的基因是否流传下来是问题的关键所在。对人类个体的自然死亡过程及结果，与莎士比亚所说相同，但个体的非自然死亡，不同的个体则有明显不同的价值取向。

中国的历史文化中，正能量的死亡价值取向是有传统的。"风萧萧兮易水寒，壮士一去兮不复还"，荆轲刺秦王成为千古绝唱。"士为知己者死"是江湖人士推崇的精神境界，至今对中国社会仍有很大影响，不仅是流行的武侠小说的主题，很多青少年犯罪都是受江湖义气的影响。革命先烈的英雄主义精神表现为，为国家、为人民的利益慷慨赴死，重于泰山的死亡，在今天的影视作品中，随时可以看到。有价值取向的死亡，忽略死亡的结果，强调死亡行为的价值取向，这种唯物主义的死亡观，在国外的影视作品中也很常见。对有正面价值取向的死亡进行褒奖，是对社会有表率作用的，对歹徒为江湖义气触犯法律的死亡价值观的表现进行批判，则对社会起到警示的作用。

唯物主义死亡哲学存在的意义，强调了人类精神思维的物质基础，表明了思维活动的客观性，是生物的自然属性之一。人类死亡后大脑思维活动的基础没有了，人类大脑的思维活动停止了，生命的其他一切活动也停止了，人类的精神财富的创作同样终止了。唯物主义者表达自己的观点，需要在生命终结前提出，最后完成自己的精神作品。因此，唯物主义哲学的死亡观对人类生活有励志的作用。

很多学者，当知道自己在世界上的时间不多时，便会激发出生命的潜能，完成常人难以想象的工作。在这样的过程中，个体在精神与肉体方面的努力，包含两方面的内容。其一为理解死亡，进而战胜对死亡的恐惧，克服精神上与肉体上的痛苦，做好完成目标工作的准备。其二为高度的责任感及使命感，要完成自己的工作，为后人留下精神财富，与死神抗争。李开复先生的《向死而生：我修的死亡学分》，既有理解死亡，战胜对死亡的恐惧，克服精神上与肉体上的痛苦的心路过程，也有启发人们如何理解死亡，战胜死亡恐惧，最后达到向死而生的境界，是人们如何理解死亡，战胜死亡恐惧，应对死亡做好工作的最好教材。

唯物主义死亡观是人们面对死亡从容应对的精神保证，不相信灵魂，不寄希望于神灵，主动地挑战死神，积极安排人生的最后时光，为人类留下自己最后的精神财富，是唯物主义者对待死亡的态度，是积极的、正面的，与唯心主义者的死亡观是完全不同的。

第三节 唯心主义的死亡哲学

唯心主义的死亡哲学的核心是肯定灵魂的存在，肯定超现实世界的存在。在这样的前提下，唯心主义者的死亡观与唯物主义者的死亡观完全不同。

一、唯心主义的死亡观

唯心主义的世界观认为，主观对外部世界的认知的作用是重要的，事物是否存在取决于人们对事物的感知，事物是否真实存在是次要的。主观能够感知的东西就是存在的，就像上帝无处不在一样。客观存在的东西，你不能感知到是没有意义的，你家的屋子后边确实有一棵树，你从来没有见到过，你也不知道它的存在，对于你来说，树是不存在的。当你信仰上帝，去教堂颂扬上帝，让上帝安抚自己的心灵时，上帝是存在的，上帝就在你的身边。当你在佛前虔诚地点燃一炷香，祈祷佛祖保佑时，佛祖是存在的。蓝天、白云映衬着雪山，红墙金顶的寺院周围飘扬着五色的经幡，虔诚的人们手摇着经轮转山，大山那里是神灵所在的福地。唯心主义者用心灵感知世界，认识世界，他们是有神论者。唯心主义者认为，有神灵与我们同在，就会有天堂及地狱，有超自然的力量。

探讨关于神灵的起源问题，似乎可以在很多原始民族的生活状态中，找到一些线索。万物有灵是世界上原始民族都存在的原始信仰与禁忌。很多人怕血，有的人甚至晕血，他们对血液很敏感，看到血就会晕厥。血液禁忌在很多原始民族中都存在。他们认为血液有某种超自然的作用，会给人带来危险。原始人狩猎的时候，常常会受到动物的攻击受伤，人体损伤会造成流血，血流多了就会造成个体因失血性休克而死亡。原始人对失血性休克造成死亡的原因不清楚，他们本能地就会对血液的颜色产生敬畏。

在新石器时期的墓葬中发现，在尸骨的周围有很多赤铁矿的红色铁粉。因为赤铁矿的铁粉是红色的，原始人希望用象征血液的红色赤铁矿粉，能够使死去的亲人复活。原始人的部落，有很多动物崇拜的习俗。他们对动物崇拜的原因是多种多样的，有的是因为动物凶猛，给人类造成危险，如对虎、熊等的崇拜；有的是因为对动物生殖能力的崇拜，如对蟒蛇、青蛙崇拜。在人类的原始社会阶段，动物的繁殖能力及植物的繁殖能力，都是人们赖以生存的基础。因此，生殖力强的动物成为人们崇拜的对象，如对蛇、青蛙等的崇拜就会出现。在科学不发达的原始社会，自然界动物、植物对人类思维活动的影响，是人类认为超自然世界存在的基础。

在古代社会，人在死亡后，对很多动物会有禁忌。中国农村在守灵期间，严格禁止任何动物接近灵柩。他们认为动物接近灵柩，动物的气息会传给死者造成诈尸。诈尸的情况很恐怖，传说诈尸发生时，尸体会从棺木中坐起来，或拍打棺木。现代科学证明，诈尸是不存在的。法医学研究发现，在现实生活中，假死的情况是存在的，个体因各种原因会出现暂时的呼吸间断或仅有极其微弱的呼吸，人们误判，以为其已经死亡。在各种外界因素的刺激下，假死的个体复苏了，做出求救的行为，人们误以为诈尸了，传出各种流言。在法医尸体检验实践中，十分罕见地会遇到诈尸的情况，个体死亡后，在尸体停放的环境中，动物与尸体接触，会使尸体表面附着静电，在外界因素的刺激下，尸体表面的静电会突然释放，尸体会直挺挺地起身，静电消失后会直挺挺地躺倒。这就是人们常说的诈尸，也是诈尸在农村出现的原因。因为那里自由活动的带皮毛的动物比城市多，尸体表面产生静电的情况比城市多。

很多人认为，死者的灵魂会依附在某种动物身上，对人类施加影响，或某种动物的灵魂也可以附加在人的身体上，对人类施加影响，于是有"借口传音""借尸还魂"的说法。传说中对人影响最大的动物是黄鼠狼（黄鼬），人们称为"黄大仙"，香港就有一个黄大仙的庙，非常著名，香火鼎盛。在现实社会中，据说有的人亲身经历过鬼魂附体的情况，或亲眼看到过类似的情况，科学界对这种现象的出现，没有很好的解释。这种情况如果存在，应该是一种自然现象。对不常见自然现象的迷茫，对人类自身的认知不够，是人们认为存在超自然的世界，有神灵主宰，有人类的灵魂存在的重要原因之一。

人们对未知世界或现象的恐惧及迷茫同样是认为存在灵魂的因素。在人类的潜意识中，本能地存在一种强烈的归宿感。落叶归根，魂归故里，是人类普遍存在的心理情结。人类为自己寻找心灵的归宿，是人类的出于本能的一种行为。在对高级动物的行为学研究中发现，有迁徙行为的群体动物也有这种行为。科学家在对失去父母的小象的研究中发现，在野生动物保护站被救助的小象，长大后逃离了动物保护中心，最后它掉进了人类废弃的枯井中死亡。它颈部的无线电追踪的电子轨迹表明，它独自前行数千公里，是沿着它的母亲带领它曾经走过的路线行进的。它在寻找什么，寻找亲人，寻根问祖。人类的类似行为，表现得更加明显。寻根祭祖的大型祭典，以及电视台热播的寻亲节目，人们可以强烈地感受到人类寻找心灵归宿的需求。这种需求使人们更愿意认为有超自然的另一个世界的存在，那里有逝去的亲人，在那里灵魂有了归宿。

人类对死亡的神秘感与恐惧感，在于对死亡来临的无助与绝望。在体验死亡来临时，人们发出的感叹惊人的相似，活着真好，哪怕是承受生活中的苦难。当死亡不可避免地要发生时，人们宁愿相信灵魂的存在，很多科学家在死亡即将来临这一刻相信了上帝，相信了天堂的存在，希望自己以另一种方式继续活着。宗教在某种程度上，满足了人们寻找心灵归宿的要求。这是人们信仰宗教的原因之一。

佛教信仰在中国有着广泛的群众基础。佛教对中国人的影响是多方面的。佛教也影响了中国人对死亡的看法。视死如生是中国人对待死亡的传统观念。中国人希望死者在另一个世界，如同在他生前的世界中一样的生活着。即使在今天，人们的这种观念，仍然根深蒂固。在全国各地的殡仪馆周边，都可以看到五花八门的冥品售卖店，在商贩兜售的五花八门的随葬品中，仍然可以看到中国人视死如生的传统习俗。现在人们送给死者的随葬品，多数是用纸扎的象征性的物品，而不是像古代随葬品，都是真金白银。五六十年以前，人们随葬的纸制品大多是童男、童女、纸牛、车马等，现在随葬品的内容更加丰富，冰箱、彩电、电脑、洗衣机各种家用电器一应俱全，别墅、轿车也不能少，死者在另一个世界的生活，与时俱进，同样丰富多彩。所有陪葬的纸制品，在尸体火化后烧掉，焚烧纸钱是不可少的，有冥币现金，也有阴曹地府发放的信用卡，死者在那边可以尽情享受。这是有唯心主义死亡观念的人的想法，是愚昧落后的行为。

佛教信徒对死亡有不同的看法，他们将死亡称为往生。人的死亡是另一种生活方式的开始，六道轮回，因果报应。死亡不再是个体生命的终结，而是新的生命形式的开始。为了来世的幸福，人们必须行善以赎罪，即不修今生修来世。其他宗教对待死亡也有类似的观点，天堂或地狱都是人们为死者灵魂安排的场所，是督导人们在现实生活中不能违背社会公德的心理约束。生离死别是生者面对亲人死亡的痛苦，孤魂野鬼则是死者不能安息的巨大悲哀。个体在活着的时候，考虑死亡后灵魂的安定，是人类本能的一种心理状态。落叶归根、狐死首丘，这样的表现在农耕文化主导的社会表现得更加明显，定居的农耕文化与流动的游牧文化相比，更加注重寻根的心灵需要。

唯心主义的死亡观与唯物主义的死亡观完全不同，唯心主义的死亡观认为，灵魂存在、超自然的世界存在。人死亡后，灵魂会在另一个世界继续生活，这样的观念使得唯心主义者对死亡会有与唯物主义者完全不同的观念。

二、灵魂的存在

当人们认为有灵魂存在时，人们本能地就会探讨关于灵魂的问题。有关人类灵魂问题的探讨，古今中外从来没有停止过。

（一）灵魂的存在方式

唯心主义的哲学观点以精神体验感知世界，必然会认为人类是存在灵魂的。人类死亡后，人类的灵魂的归宿只有两条路，要么上天堂，要么下地狱。灵魂归宿的方向清楚了，目的地也明确，天堂、地狱的情景很多人都有过描述，如人们熟知的伊甸园及佛教称为西方极乐世界的地方，如何达到天堂或地狱，就成了人们思考的问题。

人们根据自己的经验和想象，认为灵魂是看不见，摸不到的，灵魂很轻，飘浮在空气中，灵魂会飞。关于灵魂，人类最直接的感知就是梦，尤其是跟死去亲人或朋友相见的梦，使得人们朴素地认为,死者的灵魂回来了,在梦中与自己相见。

人们希望死者的灵魂上天堂,天堂是上帝、是众神的居所。西方人认为,人的灵魂有重量,还具体地认为人类灵魂的重量是 21 克。人类灵魂的重量是如何测量的,如何得到的数据,没有出处,可能是基督教经院哲学的研究成果。早期的经院哲学家就曾经讨论过,一个叉子尖能站多少灵魂。这是玄学,非七窍流血、脑洞大开的人方可入门,一般有科学思维的人不懂。

中国人认为,人类的灵魂去天堂,要搭乘交通工具,习惯的说法是驾鹤西归,或者驾船去海中的仙境,即慈航普度。驾鹤的缘由应该是源于黄鹤楼的传说,昔人已乘黄鹤去,此地空余黄鹤楼。神仙的坐骑为鹤,人的灵魂应该可以乘鹤。八仙过海各显神通,神仙过海可以显神通,普通人的灵魂只能乘船了。

中国人也认为有地狱存在,生前作恶多端的人,死后要下地狱。中国人设想的地狱,与酷吏采用的各种严刑拷打的手段差不多,不过对违反习俗的人如何惩罚,有更丰富的想象力,如上刀山、下火海,再嫁的女子要用大锯将人体分成两半,分给其生前的丈夫。去地狱没有交通工具,阴阳两界的分界线是一条河,南岸是阳间,北岸是阴间,有的殡仪馆的设计者让河流拐一个弯,设计成东岸是阳间,西岸是阴间,连接两岸的是奈何桥。下地狱的人,走上奈何桥时,被索命的小鬼推下河去,接受审判,打入地狱。中国人死后的灵魂遭遇的情况更为复杂,有进不了天堂,也下不了地狱的情况,那就是在荒野游荡的孤魂野鬼,都是人们想象出来的东西。

人们希望死者的灵魂上天堂,也希望自己在活着的时候,得到上帝或神灵的保佑。于是,活着的人们试图通过各种手段与上帝或神灵接触。朴素的想法可以在宗教的建筑方式上得以体现。教堂是人们与上帝沟通的场所,牧师、神父是上帝的信使。教堂的尖顶高耸入云,是因为人们期望处在高的地方距离上帝更近一些。在玛雅文明中高高的祭坛,以及高高的方尖碑表达的是相同的心理预期。东正教洋葱头样的屋顶,表现形式不同,但表达的是同样的思想。这样的屋顶是天的象征,与中国传统的天圆地方的观念如出一辙。中国人对神灵的接触方式与西方人不同。中国古代建筑多为土木结构,很难建成哥特式建筑那样高高的尖顶结构。中国古代典型的结构是飞檐斗拱,是庙宇与殿堂使用的主要结构,这种建筑结构的特点除中国典型的木结构特征外,其表面的形态特征表现的是飞鸟张开的翅膀,是一个向上飞翔的行为,相当于小天使的翅膀,人们似乎通过飞翔的想象,离天堂更近,与神灵近距离的接触。

人们对神灵敬畏的同时,也特别害怕神灵的惩罚。各种宗教的教义,规定了信徒的行为准则,违背教义的行为,会受到神灵的惩罚。中国乡俗民约对村民的行为有很大的约束力,源于宗族关系的影响。在中国农村家法对家族成员的影响更大,其深层次的原因是对祖先的崇拜,中国的很多节日的核心活动都是祭祖。祭祖时希望得到祖先的护佑。祭祖活动有很多的禁忌,鲁迅先生在著名的小说《祝福》中对祭祖中的禁忌有详细的描写,通过人们对自己行为的约束,可以感到人们对祖先神灵的敬畏。中国人在亲人死亡后,要守灵、要披麻戴孝、要痛哭流涕、要折磨自己,通过苦行表达对失去亲人的痛苦,求得死亡人灵魂的宽恕,防止死者的灵魂对自己的伤害。

在很多民族中,传统上不仅认为人类有灵魂,他们还认为万物有灵,这不仅是原始宗教的特征，还有其他的含义。中国的道教认为，万物有灵不仅包括动物、植物，当一个物品成形了，便具有了生命。泥土没有生命，当泥土通过火的洗礼，升华成为杯、碗、瓶的时候，便具有了生命。当一个器皿被损坏时，器皿的生命就没有了，器皿被杀死了，道士会将碎瓷片收集起来埋葬，如同佛教信徒看到动物的尸体时要将其掩埋，念经超度一样。从人到物，灵魂无处不在。

万物有灵的思想在今天仍然存在。在俄罗斯近北极圈冻土地带生活的少数民族，他们虽然饲养驯鹿，仍然过着狩猎与采集的传统生活。他们与中国东北的少数民族，如鄂伦春族、鄂温克族相似，对熊崇拜。北方的少数民族，包括俄罗斯远东地区的少数民族，尽管他们都崇拜熊，但崇拜的方式差别很大。中国北方的少数民族对熊的崇拜，表现为对熊进行树葬，他们把熊的头颅挂在树上，以便熊的灵魂快速升入天堂。他们在狩猎中，如果杀死了一头熊，会剥离熊的皮，然后肢解熊。被剥掉皮毛的熊头，会单独处理。一方面将熊的眼睛剜掉，在眼窝及耳朵里面塞上茅草，在熊头骨的上、下颌骨之间横放一根两头削尖的树枝，这样熊便听不到猎人说的话，看不到猎人的面孔，不能撕咬猎人了；另一方面祭奠熊的头颅，将熊的头骨放在树上，插上树枝、茅草及彩色的幡，让熊的灵魂升天。

俄罗斯远东地区的驯鹿人，放养驯鹿，狩猎、采集至今仍然是他们的生活方式。他们对熊的崇拜更加具有特色。在传统观念中，他们认为熊是神的儿子，神派他的儿子来到人间帮助人类生活。熊在人间饿了，杀死了人们驯养的驯鹿，人类愤怒了，杀死了熊。那里的猎人狩猎，捕获熊是他们的目标，他们在猎获黑熊以后会举行隆重的仪式祭奠。他们会将熊的头颅处理好，制成标本安置于深林里的木屋中。每年都会到深林中的木屋那里祭奠熊，他们会杀掉一只驯鹿，将驯鹿的血，涂抹在熊的鼻子上，然后再涂抹在自己孩子的额头上，每个孩子与自己相对应的熊头亲吻后，人们开始供奉酒水。他们认为杀死一头熊，把熊的头颅安置在自己家的深林木屋中，被杀死的熊便成为自己家中的一员，根据熊的性别，可能成为自己儿子的弟弟，或自己女儿的妹妹。在森林的木屋中祭奠熊是家庭的大事件，很多亲戚、朋友远道而来，吃驯鹿的肉，喝酒，并表演舞蹈，表现他们生产、生活的场景。人们敬畏熊的灵魂，让灵魂快乐，不伤害自己。

今天生活在世界不同地区的人们，有着各种各样的节日，其中很多节日都是以祭奠先祖为核心的。中国的清明节，就是祭奠先人的节日。在菲律宾当地的人们有一个祭奠亲人的日子，称为亡灵节。在节日到来之前，人们提前很多天，会到亲人的墓地，将墓地旁的杂草清理干净，擦洗墓碑。节日到来的黄昏，人们在墓地聚集。夜晚是亡灵的世界，太阳落山后，天黑了，人们在死去亲人的墓地点起篝火，述说对亲人的思念，也述说他们现在的生活。他们感觉到死去的亲人的灵魂就在他们周围，与他们交流沟通。墓地的篝火映红了天幕，人影在篝火周边晃动，恍如隔世，是生者与死者共存的时空。

在今天高度发达的科技时代，无论社会科学，还是自然科学，在人类的发展史上都达到了前所未有的程度。科学水平的提高，并没有消除人们关于灵魂存在的思考。美国拍摄的专题片《医学探案》（*Medical Detective*）介绍了一起谋杀案的侦破过程。当地一个有两个孩子的母亲失踪了。为了寻找失踪人的尸体，当地政府动员了一切可以动员的力量，在失踪人员可能存在的地方拉网式搜寻。他们甚至动用了军队的士兵，在灌木丛、树林进行搜寻，没有结果。当地警方甚至请教心灵分析师，分析死者尸体可能存在的地方。所谓心灵分析师的工作是完全没有科学依据的一种超能反应，类似中国曾经流行一时的人体特异功能。心灵分析师用死者曾经用过的物品，感应、想象死者尸体可能存在的地方。当地的牧羊人在一条小河边放牧时，发现河边有一堆树枝不太对劲，他拨开树枝发现了死者的尸体。他立刻报警，通过检验确定发现的尸体正是失踪者。警方做了大量的工作，最后将死者的丈夫绳之以法。警方的有关人员说，很巧合的是发现尸体的地点与心灵分析师说的情况吻合，尸体在离水不远的地方，在树下。美国的心灵分析师的话语，听起来与中国摆地摊算卦的人，口气十分相似。这件事说明在科学高度发达的今天，人们的内心深处对灵魂的存在，深信不疑。

（二）灵魂的本质

人们感觉到灵魂的存在，自然就会探讨灵魂的本质。尽管灵魂是唯心主义者想象出来的，同时人们对是否有灵魂存在是广泛质疑的，但现代的科学家根据人们关于各种灵异事件的描述，开始推论灵魂的特征，包括物理的、化学的，并进行有现代科学特征的研究。

古往今来描写神仙、鬼怪的传说及各种表现形式的作品层出不穷。今天各类八卦新闻，仍有很多"见鬼"的报道。如果想探讨灵魂或各种超自然现象的本质，首先需要了解各类灵异事件的表现形式。

总结各类灵异事件中的情况，灵魂主要的表现形式大致如下。灵魂可以是有形的，以某一具体的形象，展示在人们面前。灵魂也可以是无形的，人们可以感觉到其存在，但看不到具体的形象。灵魂可以用声音的方式，与人们交流，但人们看不到它的形象，类似于幻听的感觉。灵魂很轻，可以飘浮在空中，可以穿过门、窗、墙壁等障碍物。灵魂可以进入人体或动物的体内，通过人体或动物的身体，显示其存在，并表达其想法，即人们常说的鬼魂附体，借口传音。有过鬼魂附体经历的人说，鬼魂来的时候，会感觉到周围温度的降低，会感到浑身发冷。还有经历过类似事件的人说，当鬼魂来的时候，会伴有一种难闻的气味，类似于腐败尸体的味道。

由于现代各种媒体十分发达，人们感受到的灵异事件，或者人们自编自导、故意恶搞的各类"见鬼"的段子，常常出现在各类媒体上，成为人们茶余饭后的谈资。这些东西从不同的角度对灵魂的描述都自然而然地会引起一些科学家的兴趣，毕竟探讨未知世界，是人类的本能之一。于是通过了解鬼魂的表现形式，现代的科学家开始假设构成鬼魂的可能的性质。

有的科学家认为，灵魂或鬼魂可以自然地穿过障碍物，灵魂应该是一种电磁波。因为没有人知道灵魂或鬼魂在何时、何地出现，目前还没有检测到属于灵魂或鬼魂的特有的电磁波特征。在世界各地的古战场附近居住的人们，传说常常会听到人的喊杀声，听到战马的嘶鸣，甚至有人声称看到身穿古代战衣的两队人马，在空中厮杀。因此，有人推断灵魂或鬼魂应该是某种磁场，存储在自然界的某种介质中，类似于现代的音像磁带记录了各种信息。在特定的环境中，存储在自然环境中的灵魂或鬼魂的磁场信息释放出来，人们就看到了古代军队的形象，听到了古代军队的喊杀声。也有人认为，灵魂或鬼魂是一种超自然的存在，是一种现代人们还不能理解的物质形式。

在国外拍摄的驱鬼类的专题片中，科学家使用了最新的各种设备，来检测灵魂或鬼魂的存在。在英国有一座废弃的古老的监狱，那里曾经关押、处死了很多臭名昭著的罪犯。

据说那里常常有鬼魂出现，人们会听到行刑的声音，看到人影穿过石头砌成的墙壁。科学家在这座监狱里安装上测量磁场、测量声波的仪器，以及红外夜视监控录像装置，24小时多角度、全方位地检测。所有的设备都正常运转，他们什么也没有发现。人们信誓旦旦的传说，没有得到科学的证明。

没有科学的方法证明鬼魂的存在，并没有影响人们关于鬼魂存在的看法。在美国甚至有专门的捉鬼的公司，而且生意还不错。捉鬼或驱鬼的方法与原始的萨满教差不多。驱鬼公司的客户，常常是被鬼魂附体的孩子或体弱的老人。遭遇鬼魂侵扰的家庭，往往十分痛苦，向驱鬼公司求助。驱鬼公司的人会带上电场、磁场的测量设备，录像监控设备，对事件发生的房子进行全方位监控。同时，宗教用品，如十字架、《圣经》也都是必备的法宝。发生这种情况的房子，常常都是人们所说的凶宅，在那里发生过凶杀案件。驱鬼公司的人到达现场后，工作方式与萨满教巫师驱鬼的方法相似。他们会大喊、大叫地呵斥鬼魂，挥舞着十字架让鬼魂离开。他们有时也会和风细雨地与鬼魂讲道理，劝说鬼魂离开，不要骚扰可怜的孩子。驱鬼对策的选择，取决于凶宅的种类，即房间中曾经的死者的性别与年龄。驱鬼公司的仪器设备不会记录到特别的数据，但这并不妨碍他们的生意，很多客户对驱鬼的效果表示满意。时至今日，那些对灵魂或鬼魂进行科学探索的群体，仍然没有找到灵魂或鬼魂存在的证据。

关于灵魂、鬼魂的体验或对灵魂、鬼魂的检验，都体现了唯心主义者的典型特征，即只强调内心的感受，不关注事物的客观存在。很多关于灵魂或鬼魂存在的体验，可以用心理学的研究进行解释。科学的解释，不会动摇认为存在灵魂、存在天堂、存在上帝的人们的信仰，这是一种精神寄托。

三、唯心主义死亡哲学存在的意义

尽管唯心主义死亡哲学的基础是没有客观存在支持的，很多人仍然相信灵魂、相信超自然现象。在现实生活中，唯心主义死亡哲学的存在也有一定的意义。

（一）敬畏生命

唯心主义死亡哲学的核心是认为人是有灵魂的，人死亡后灵魂是继续存在的。唯心主义死亡哲学的观念，在现实社会中普遍存在，对人们生活的影响很大。人们接受唯心主义的死亡观念，是通过宗教活动完成的。大的宗教，佛教、基督教、伊斯兰教在宗教界占主导地位，世界不同地区的各种区域性的宗教也会影响人们的信仰。宗教的基础是有神论，是相信存在超自然的力量。生活在今天的一些人们，信仰缺失，没有道德底线，反而信仰宗教从某些方面讲是有积极意义的。

佛教是信众分布广泛，人员众多的宗教。佛教起源于印度，至今在全世界的范围内广泛流传。宗教信仰可以约束人们的行为，中国人常说，头上三尺有神灵，人在做，天在看，讲的就是人要遵守法律、法规，遵守公共道德，不能违背社会秩序。在基督教也有上帝无处不在的说法。有宗教信仰的人，在日常生活中对自己的行为会有一定的约束。

佛教在传播的过程中，信徒在世界各地宣讲佛法，为了使听众能够理解佛教经典，高僧需要用当地群众能够理解的语言及实例来说明教义，佛教精神与当地人群的世俗生活结合，佛教的本土化就不可避免地发生了。佛教在传播的过程中，不同的高僧，在宣讲佛教经典时，会阐述本人对佛教经典的理解，于是佛教的不同分支、不同教派出现了。在中国佛教主要分为南传佛教、藏传佛教及汉传佛教三大分支。例如，藏传佛教与汉传佛教不仅传播的地域不同，而且传播的形式也不同。信徒对佛教的理解及对佛陀的信仰和表达方式差别很大，但对佛教的核心内容的传承是一脉相承的，如因果报应、生死轮回、不杀生等。素食主义者在世界各地都存在，敬畏生命是普世价值，是一个社会稳定的基础。

敬畏生命在藏传佛教流行地区表现得更加明显。那里的民族对生命的态度是虔诚的，一切生命都是平等的，他们真诚地爱护各种动物，包括昆虫，由于自己不小心造成小动物的死亡，他们会真诚地忏悔，对受伤的动物他们会毫不犹豫地进行救助，包括吃了他们饲养的羊只的小狼。中央电视台热播的纪录片《第三极》讲了一个非常感人的故事。世界上著名的研究雪豹的专家夏勒博士到西藏自然保护区研究雪豹，在他开车离开西藏自治区的羌塘自然保护区，返回驻地的路上，看到很多藏族群众停下车，在路上捡小虫子。他们将小虫子放在容器里，再放生到草地上。夏勒博士停车，加入他们的队伍，放生这种飞蛾的幼虫。他被热爱生命的藏族群众感动。藏族群众不仅热爱生命，同时敬畏大自然，崇拜雪山、湖泊，认为那里是神仙的居所。西藏是世界上没有污染的、圣洁的地区之一，是世界上生活在不同地区的人们神往的地方。

素食主义者大多数是佛教徒，这与佛教不杀生的教义有关。敬畏生命在不同的宗教教义里，有不同的表现方式。游牧民族饲养牛羊目的是获得动物的肉食，但宰杀动物是有严格的程序和要求的，这样做是对动物的尊重，是对生命的敬畏。很多民族都存在着同样的观念，他们在宰杀动物时，要祈祷请求动物原谅。

敬畏生命的进一步表现是敬畏自然。在中国人的传统观念中，雷公、电母、山神、土地，各路神仙无处不在，表达了对自然的敬畏。对自然的敬畏是人类与自然和谐共存的基础，天人合一是一种境界。

（二）对个人行为的约束

人类的本性存在善、恶两个方面，在日常生活中，两个方面的本性会以不同的方式表现出来。"祸由恶积，福源善庆"。各路宗教都有戒律，指导信徒的日常生活，限定了信徒的行为底线。认为有神灵的存在，在个体的心灵深处多了一条约束，在放纵自己的欲望伤害他人、伤害环境时，多了一份恐惧，害怕遭到上天的惩罚，而不敢妄想。约束恶习，弘扬善举。

佛教信徒，甘心奉献。他们将收获奉献给佛祖，布施给庙宇、僧人及需要帮助的人们。藏传佛教，在这方面的表现更加明显，寺庙前长跪不起的人们，衣衫褴褛的牧民，将他们一年的收获，虔诚地奉献于佛前，身无分文的他们，欣慰地走向阳光、大地。他们的虔诚及奉献，感动了无数进藏的人们。他们不贪婪地占有财物，源于不修今生修来世的观念。他们获得了生活的祥和及心灵的平静，令在闹市生活的人们，被各种欲望诱惑的人们，在各种烦恼中不能自拔的人们，艳羡不止。不贪恋世俗的财物，是源于对佛祖的信仰，源于对天堂的向往，源于在日常生活中宗教活动的教化及宗教精神的熏陶。这些活动对个体的教育，对影响个体的人生，无疑是有积极意义的。

生前多做善事，死后去天堂，是各种宗教的基本思想。基督教要求人们以爱心对待他人，对待世界，布施行善，禁欲苦行，是要赎罪，救赎人类在天堂犯下的原罪。这样的结果是教导人们多做好事，不做坏事，对促进社会的和谐，有积极的作用。人们每周去教堂，在那里聆听神的教诲，忏悔自己的过失，改善自己的行为。基督教教义的宣传，在约束个人行为、改掉个体的不良习惯方面，发挥了重要的作用。

因果报应是佛教的核心价值观之一。凡事都有因果关系，佛教的因果关系是将现实世界与超自然的世界联系起来的桥梁、纽带。因果报应以非常浅显的道理，让人们理解自己的行为与行为造成后果的关系，以有效地约束信徒的行为。你在现实生活中，做了损人利己的事情，一定会得到报应，今生没有得到报应，在来世也要得到报应，不在你的身上得到报应，也要在你的子孙后代身上体现报应。报应就是佛祖对违反教义人员的惩罚，惩罚的方式是多种多样的，主要取决于个体作恶的程度，可以五雷劈死，可以断子绝孙，可以瘫痪在床等。

在佛教传播的过程中，中国信仰佛教的文人，编了很多通俗易懂的故事，宣讲佛教的道理。一个农家住在小河边，他家养了一只小狗。每天晚上小狗游过河，到河对岸的另一个农家去值夜。日复一日，狗的主人感到十分奇怪，我养的狗，为什么到别人的家里去看家护院。晚上，他养的狗给他托了个梦，我生前欠他家主人钱，再有三天我的钱就还完了。果然，三天以后，狗就不再去河的对面去守院去了。这就是因果报应，前世今生。在中国类似的佛教故事还有很多，这些故事对教育人们多行善事，约束自己的不良行为是有积极意义的。这些关于佛教的故事，也表现出了佛教在中国本土化的过程中，古代知识分子发挥的作用。

其他宗教的教义也是类似的，也会对信徒的行为有约束作用。宗教的基本教义，约束个人行为，对社会群体的团结、稳定有重要作用。宗教的普世价值基本相同，正是因为宗教在人类社会中发挥的作用相同决定的。

宗教信仰对信徒的教育是对神或上帝的感恩，在此基础上形成个体对人类社会的普世价值观，并指导、约束信徒在日常生活中的行为。感恩的情怀，对个体处理与社会其他成员与自然环境的关系方面更加和谐。以感恩的情怀工作，就会敬畏工作，更加认真工作。以感恩的心情接触自然，就会敬畏自然，友好地对待自然环境，而不会去破坏自然环境。以感恩的情怀对待亲友、同事，就会热心地帮助别人及接受别人的帮助，生活在亲密友善的气氛中。博爱、友善、怜悯、感恩，惩恶扬善的普世价值观，与任何政治制度都不会冲突，对促进社会的稳定、和谐发展，有积极的正面效应。

（三）增加克服困难的精神力量

宗教是一种精神力量。当人们身处困境时，需要得到精神支持，增加克服困难的勇气。对于身处困境的个体，宗教信仰在帮助他们克服困难方面是有帮助的。在巨大的灾难面前，人类的力量是渺小的。在大地震的废墟中，人们扶起倒塌的佛像，摆正土地爷的雕像，仍在焚香膜拜。不幸的人们说，天地不和，佛有佛难，大难没有动摇神佛在人们心目中的地位，人们仍然祈求神灵的保佑。在大难面前人们需要精神上的安慰，需要在佛祖那里得到精神力量，渡过难关。

教堂默默祈祷的人们，在佛祖前供奉香、灯，顶礼膜拜的人们，在清真寺跪拜诵经的人们，他们在祈求什么。人生不如意的事情，十有八九，人们在实际生活当中，会遇到各种各样的困难。如何面对困难，如何克服困难，是每一个人需要经常面对的。当个体遇到的困难不能与别人诉说，他个人觉得自己的能力难以克服面对的困难时，常常会感到茫然无助，他需要神灵的帮助克服困难。当人们对一件事情需要抉择，他又不能下决心时，常常会犹豫不决，他需要神灵帮助决断。当人们有美好的愿望时，会期望得到上苍的关照。他们会走进寺院、教堂、清真寺祈祷。

当巨大的灾难来临时，尤其是人类不可抗拒的自然灾害，地震、洪水、海啸、瘟疫，人类感到自身的渺小，无法面对灾难，他们开始祈求神灵的庇护。在法国里昂市区内的山顶上有一座非常著名的教堂，是为了纪念圣母玛利亚而建立的。在100多年前，法国里昂地区瘟疫流行，当地的医生对发生的灾难束手无策，很多人在病魔的折磨下痛苦死去。当时法国里昂的山上有一座小教堂，面对灾难束手无策的人们到教堂去祈祷，祈求圣母玛利亚，帮助他们摆脱病魔的折磨，并虔诚地许愿，灾难过后一定为圣母玛利亚修建一座大教堂。人们不停祈祷，似乎圣母玛利亚被人们的诚意感动，很多患者的病奇迹般地好转，最后康复了。疾病不再流行，里昂城市又恢复了往日的宁静与美丽。当地的民众为了感谢圣母玛利亚，他们开始捐款，筹建大教堂。他们请来著名的设计师，从意大利进口名贵的石料，建设大教堂。他们请来著名的艺术家装饰大教堂。今天，对于从世界各地来到法国里昂的游客来说，山顶上的大教堂是一定要膜拜的地点。宗教赋予人们的精神力量，在帮助人们战胜病魔方面，发挥了重要的作用。

当人们遇到困难时，没有对象可以倾诉时，人们到教堂去祈祷，到庙宇去礼佛，祈求神灵的帮助，然后再将自己的想法付诸行动。哲学的辩证法讲的，精神变物质，物质变精神，就是这个道理。在宗教方面，人们在精神与物质的互动方面的表现更加明显。

（四）心灵的慰藉

死亡是人类不可逃脱的宿命。对死亡的恐惧是人类普遍存在的一种心理反应。中国人在文艺作品中，常常批评贪生怕死的人，但战胜死亡的恐惧，绝非常人所能完成。人们常说生死关头无英雄，面对恐惧死亡的人不应该斥责，对将面临死亡的个体，人们在内心深处是同情的。蝼蚁尚且贪生，况且人类。

人类对死亡的恐惧，一方面源于对现实生活的眷恋，包括各类的感官刺激产生的欲望，生离死别的亲情的割舍，永远失去拥有的财富等。人类对死亡的恐惧的另一方面是对未知世界的恐惧。对陌生的事物、陌生的环境，人们本能地存在恐惧感。个体死亡前，无法预知死亡后情况，前途的不可预知性，加剧了人们对死亡的恐惧感。

探讨未知是人类的本能之一，在广阔的宇宙中，人类是渺小的，天上、地下人类有很多的领域是未知的。有的领域可以通过人们的思维或想象去探讨，有的领域需要人们的行动去探索。人们通常将探索未知的领域的行为称为探险。探险是有危险的，是勇敢者的游戏。死亡是未知的领域，哪个勇敢者愿意参加死亡游戏呢？人们在接触未知领域时存在天然的恐惧感。在现实生活中，如果遇到未知的有危险的情况，人们可以回避，可以逃离，甚至可以在精神及物质两个方面做好准备，对抗存在的危险。对于人类来说，死亡是人生的最大威胁，任何人终将有一天会面对死亡，无法逃脱，死亡便更加恐惧。

中国人对死亡的恐惧表现得会更加明显。死亡恐惧对个体的折磨有精神与肉体两个方面，似乎精神折磨给人们带来的痛苦更大。对死亡的恐惧与性别及受教育的程度似乎没有关系。一个人的生命受到威胁，当现代科技手段无能为力时，人们自然而然地会求助于神灵。

一位在 1977 年第一批全国统一招生的医科大学毕业的学生，被分配到国家政府管理部门工作，负责医院管理工作，工作几年后发现有便血，到医院检查后，被确诊为直肠癌，经过放射疗法及化学疗法等抗癌治疗，没有好转。不到一年开始出现腹水，血性腹水已经发展到癌症晚期。医学上只能采取对症治疗的方法，效果不好。最后，她只能回家疗养。在家里她特别痛苦，提出各种各样的非理性的要求，闹得家里鸡犬不宁，孩子、老公没有办法应付。她老家的亲戚在农村请来一位"大仙"，开始在她的家里布阵作法，在她的身上开始驱魔。这是最为古老的治疗疾病的方法，在原始社会巫医是普遍存在的，而且在部落社会中有很高的地位。在如今的边远地区，用巫术治疗疾病的情况并不罕见。"大仙"的行为在她的身上产生了效果，她的精神状态明显好转，她对到家里看望她的同学说，她感觉好多了，能吃一点东西了，身上也不那么难受了。看望她的同学也都附和她，让她好好疗养，奇迹会发生的。但不久，她便离开了人世。

有一位学工科的老大学生，在单位是技术革新的能手，有很多小发明，解决了工作中遇到的问题，在工作单位人缘很好。很不幸在单位对职工的年度体格检查时发现肝脏的功能不正常，进一步检查发现为肝癌晚期。他对检查的结果根本不相信，因为他平时并没有什么异常的感觉。他开始找亲戚、朋友，请医学专家对他的病情进行诊断，他的亲戚、朋友对医院的检查结果，没有提出异议。他开始接受这个痛苦的现实。他完全变了一个人。他精神萎靡，开始接受放疗、化疗，头发掉光了，人开始消瘦。抗癌疗法本身是很痛苦的，精神的折磨更是难以忍受的。通过朋友介绍，他也请了一位"大仙"在家里为他作法。他的同学、同事到他的家里去看望他，看到他家里摆设的各类迷信的用品。他说他查阅了很多医学材料，目前治疗肝癌全世界都没有什么有效的方法，只能靠神灵保佑了。他在"大仙"身上花了很多钱，同学、同事劝他不要相信封建迷信，要相信科学，要依靠医学手段抗拒癌症。他对同学、同事的劝告十分不满。第二天，"大仙"来到他家，他立刻跪倒在"大仙"面前，磕头求救。他说，我的亲戚、朋友昨天来到这里，他们不相信你，说你是骗人的，我不听他们的，我听你的，我有钱，我给你钱，求求你，救救我。他跪在地上，拉着"大仙"的衣服，苦苦哀求。"大仙"拿走他的钱，并没有能够救他的命，很快病魔就取走了他的性命。

由于死亡恐惧的研究具有特殊性，个体一定是处在死亡威胁的条件下，而且无法摆脱死亡时，才能作为研究对象。符合科研条件，有一定样本量的个体是很难找到的。因此，面临死亡威胁的个体的心理反应的科学研究至今没有报道。关于死亡恐惧的个别案例的研究报告也很少。

在个体面对死亡的威胁感到无助时，开始求助神灵、巫医，是原始宗教中常见的现象。巫医对患者进行治疗的基础，是认为所有的疾病都是因为鬼魂缠身的结果，因此可以通过驱鬼来治疗疾病。在科学技术高度发展的今天，人们的潜意识里仍然认为有灵魂的存在。

对灵魂的存在认可的前提下，慰灵可以减轻对死亡的恐惧，也可以减轻生者失去亲人的痛苦。对死者的安葬仪式是在全世界任何民族中都存在的，尽管表现方式不同，核心内容都是安抚死者的灵魂，防止死者的灵魂对生者不利。在原始宗教中，安抚死者的慰灵仪式是由巫医完成的。当社会发展到一定的程度，有完整教义、教规及组织体系的宗教形成时，对死者的安葬仪式开始规范，并由专职的神职人员完成，灵魂的归宿从理论上就完善了。

当个体的灵魂有了归属时，人们对死亡的恐惧就会减轻。中国人传统的观念中，视死如生，认为人们死亡后会到另一个世界生活，民间称为"阴间"，是与生活现状"阳间"相对应的。人死后在"阴间"与在"阳间"过着同样的生活。中国很多文学作品中都有对地主面对死亡的描写，他们在自己活着的时候，给自己准备一副好的寿材，最好是柏木的，每年涂一到两遍生漆。硕大的棺木放在厢房里，他们经常到房间里看看自己的寿材，心里都是满足感，对死亡的恐惧自然没有那么大。相信人类是有灵魂的，人类死亡后灵魂是有归宿的，对安抚死亡造成的人们的心灵创伤是有帮助的。

佛教徒称死亡为往生，即死亡是一个新的生命形式的开始，生命是一个轮回的过程。佛教理论是一个博大精深的理论体系，普通的信徒通过高僧的讲经布道理解了佛教的基础理论。人们通过对佛教基本教义的理解，规范日常生活中的行为，理解死亡的意义。佛教徒理解了佛教对死亡的解释，可以减轻对死亡的恐惧，也可以减轻亲友对死去亲人带来的痛苦。中国当代的佛教高僧弘一大师，在圆寂之时写了四个字"悲欣交集"，表达了弘一大师对死亡的理解及感受。弘一大师悲的是即将离开与自己朝夕相处亲友，离开丰富多彩的现实世界，告别自己跌宕起伏的一生。弘一大师喜的是即将往生西方极乐世界，与佛祖相见，亲历佛祖教诲。当生命的大限将至时，弘一大师没有任何恐惧的想法。当代很多高僧、主持在圆寂的时候，都能清楚地交代安排后事，安然坐化。他们效法佛祖涅槃，淡然面对死亡，平静离去。

基督教、天主教信奉上帝的信众，相信上帝的存在，相信人类是有灵魂的，对天堂、地狱有自己的理解。他们认为主是万能的，上帝无处不在，人类在世间生活会遇到各种苦难，受到苦难的折磨以救赎在伊甸园犯下的原罪。信奉上帝的信徒要遵守上帝的教诲，《圣经》是金科玉律，规范他们的行为。教堂是他们与上帝交流的场所，牧师、神父是传达上帝声音的使者，每周他们都要到教堂去做礼拜，他们可以在教堂聆听上帝的声音，向上帝表达他们的心事。成熟的宗教，对信徒的要求在内容及形式上达到统一时，信众就会产生强烈的归属感，当危险降临时，会有精神力量帮助他们战胜困难。当死亡来临时，他知道这是宿命，是上帝的意愿，知道自己灵魂的归宿。他会坦然面对死亡，平静地告别人生，离开人世。有很多世界上的著名人物，在生命的晚期，都是在家里，在亲人的陪伴下安静地离开。

基督教、天主教的信众，有了信仰上帝的力量，会让他们坦然面对死亡。在西方的很多文艺作品中，可以看到艺术家对死亡的理解。在很多文艺作品中，主人公进入弥留阶段时，大脑中的画面显示的常常是人生中最美好的时刻，他最亲密的人，多是已经死去的亲人，如妻子、儿女等，他们相互挽着手，消失在一片耀眼的光芒中。他们表达的不是死亡恐惧，而是一个自然过程。人们对死亡理解了，死亡恐惧也就不存在了。泰坦尼克号游轮的沉没，是人类航海史上最大的海难，在巨大的危险来临时，是对人性的考验。死神面前人人平等，男女老少、贫富贵贱，都站在了同一起跑线上，有拼命逃生的，有舍生取义的，也有坦然面对死亡的。美国著名电影人詹姆斯·卡梅伦对《冰海沉船》重新编剧，亲自导演、制片、剪接了《泰坦尼克号》，使其成为经典的好莱坞电影作品，一经公映，风靡全球，获得第 70 届美国电影艺术及科学学院奖（奥斯卡奖），获得 11 项奥斯卡金像奖。电影中的经典镜头仍然令人难忘，当这艘巨大游轮即将沉没时，一对老人静静地躺在床上，手挽手等待着最后的时刻；一位老奶奶，将孙女拥在怀里，轻轻地拍抚孩子，似乎哼唱着摇篮曲，等待孩子入睡。他们在等待上帝的招呼，平静地等待死亡的到来，没有恐惧。

宗教可以减轻对死亡的恐惧是有现实意义的。美国的军队中有随军的牧师，他们会为死去的士兵举行葬礼。在执行作战任务之前，随军的牧师也会为执行作战任务的士兵祈祷，祈求上帝保佑他们胜利归来。这样的活动无疑会减轻执行作战任务的士兵面对死亡时的紧张与恐惧。

第二章　死亡伦理学

　　伦理学是哲学的一个分支。伦理学与人们的日常生活关系密切。通俗来讲，伦理学是规范人们日常生活行为的基本规则，伦理学表现为一个群体的基本价值观，即人们在现实生活中获得的利益，与社会及环境的关系。生与死，新陈代谢是生物体及社会群体组成及繁衍的基本要素，死亡是出生的开始，出生是死亡的开始。生与死对于生物来说，既是个体行为，也是社会行为。在人类社会中，对于生与死的问题，既涉及个人利益也涉及群体利益，如何规范这些利益是伦理学需要认真考虑的问题。本章探讨有关死亡的伦理学问题。

第一节　概　　述

一、概　　念

　　伦理学是人类社会发展到一定阶段，哲学思想对人类社会的发展产生重大影响的前提下出现的。伦理学作为哲学的一个分支，是探讨关于人生观的哲学，是关于人类生活的道德哲学，探讨个体的生存目标，达成生存目标的手段、效果，以及人类群体与自然环境的相互关系如何达到和谐统一。

　　在自然界中，趋利避害是生物的本能。一个健康的生态系统中，各种各样的生物，相互依存、相互制约，形成一个完整的食物链，保证了生态系统的稳定与健康发展。一个健康的人类群体，可以是一个部落，一个村镇，一个城市，甚至是一个国家。人类社会为了生存，在获得利益时，必须保证群体内部的个体之间、不同的群体之间的利益平衡，以及群体与所处自然环境的和谐稳定。一旦个体或群体获得利益的平衡被打破，群体与所处自然环境的和谐稳定的关系被打破，必然会引起个体或群体之间，爆发各种各样的矛盾与冲突，以及自然环境的破坏。用偷盗、抢劫的方法获得财富，在任何人类社会，不论政治制度如何，都是要受到惩罚的。无限制地从大自然中提取资源，满足人类的各种欲望的行为，必然导致自然环境的破坏，这种行为已经被人类社会唾弃。为了获得利益，将山上的树木砍伐殆尽，即使有砍伐的许可证，人们也会认为这种行为"缺德"，就是缺少道德。道德包括道德理想、道德修养及道德评价。这些就是伦理学要研究探讨的主要内容。那么，关于人类的道德意识是如何形成的？

　　人类道德意识的形成，有唯物主义与唯心主义两种解释。

唯物主义认为，人类的道德意识是由人类的物质利益或者物质生活的水平决定的。人类社会的物质生产及消费的能力，对人类道德意识的形成发挥了重要作用。同时，对道德意识起到制约作用，调节个人利益与社会利益的关系。

在原始社会，生产力水平很低，人们获得及消费的物质水平很低，维持社会团体的稳定与生存，人们必须同心协力互相帮助，才能获得维持生活的必需材料，并在社会成员之间平均分配。人类社会发展到封建社会阶段，生产力的水平提高了，人类在自然界中，获得生活用品的能力增加了，生活、生产资料都有了剩余，私有财产就出现了。在社会集团内部，由于对生产资料的占有及使用的方式不同，人与人之间的关系发生了改变。生活、生产资料在社会成员之间平均分配的情况消失了，人与人之间的平等关系就不存在了，社会成员有了私有财产。私有制、家庭及国家的社会形态以多种形式出现了，根据个体及群体占有社会财富的不同，与之相适应的不同群体的道德意识就形成了，以规范、调节个人利益与社会利益分配的关系。道德意识的形成，构成了一个社会的基本伦理要求的行为规范。

唯心主义认为，人类道德规范的人类行为是由精神因素决定的，先天存在于人类大脑中的道德意识，确定了人类的物质分配关系。不同的人类社会团体，存在不同的道德意识。不同的道德意识，决定了人们在现实生活中取得物质利益的方式。

原始人群的自然崇拜，确定了原始人群取得物质的方式。在万物有灵的思想观念的支配下，原始人群对自然界的动物、植物充满了敬畏意识，他们在自然界获得生活物质时，要祭拜天、地、山、树木、河流、湖泊，不敢随意索取。原始人群在猎杀动物时，要祈祷，请求动物的原谅，不敢滥杀动物，对猎杀的动物要顶礼膜拜。原始人群的思想决定了原始人群获得食物的方式。

上帝传播的博爱精神，让人们帮助需要帮助的人。马太福音中表达的，让富有的人更富有，让贫穷的人更贫穷的理念，不用对富有的人是如何富有的，贫穷的人是如何贫穷的原因进行人类学、社会学、经济学的研究，人们对贫富差距的道德意识已经形成了。这种观念的形成，使得不同的社会群体，在不同的传统道德观念的影响下，对贫富差距的反应完全不同。在西方仇恨富人的心理反应没有东方人强烈，嫉妒、攀比是仇恨富人的心理状态的直接反应。

人类道德意识的形成，文化传统发挥了重要的作用。春秋战国时期，周天子对诸侯国的控制能力下降，各个诸侯国纷纷崛起。政治格局的变化，形成了中华民族思想的大解放，诸子百家，百花齐放，百家争鸣，影响中华民族几千年的儒家学说就是这个时期形成的。儒家思想的创始人孔子，哀叹"礼崩乐坏"表达的是当时传统的道德行为的沦丧的悲叹，强调"克己复礼"是要恢复以"礼"为核心的道德规范。诸子百家的思想理论，涉及社会生活的诸多方面，哪一位思想家的学说更容易被统治者及民众接受，决定了中华民族的道德取向。以"忠""孝"为核心的儒家思想，提出"中庸之道"的处世哲学，利于社会的和谐与稳定，可以齐家、治国，进而平天下，得到了中国历朝历代统治者的欢迎，也得到了中华民族民众的认可。因此，儒家思想成为中华民族伦理道德的基础，在中华民族文明的发展过程中，不断地被后来的儒学先贤丰富发展。"忠孝节义""礼义廉耻"是中华民族基本的道德思想，是儒家思想的高度概括，并为广大的民众接受。在中国的传统社会中，君子是大家尊重的，小人是大家鄙视的。君子是有标准的，行为以"仁、义、礼、智、信"为准则，小人的行为也是种类繁多的，"君子喻于义，小人喻于利"，损人利己，损人不利己，都是小人的行为，受到社会民众的鄙视。"君子佩玉，小人藏刀"，对他人构成威胁，也是小人的行为。如何成为君子，不堕落为小人，教育发挥了重要的作用。《三字经》《弟子规》等中华民族的启蒙读物中，将儒家思想灌输到中国人的血液中。

儒家思想是中国人伦理道德的基础，对今天中国人的日常生活中的行为规范影响很大。科学技术的发展带来社会结构的变化，人们的生活方式也发生了很大的变化。当前在世界上，人与人之间，国家与国家之间，为了各自的利益冲突不断。人与人之间，国家与国家之间如何平衡各自的利益，使人类和平相处，世界和谐，很多社会学家认为，解决这些问题需要东方的智慧，"新儒学"提出在当今如何用儒家思想解决全人类矛盾、冲突的理念，对维护世界和平是一种新的思想。

儒家学说在死亡伦理方面的贡献，表现在"孝"方面，集中体现在对亲人、祖先的丧事处理及祭奠方面。中国传统的死亡伦理方面的内容很多，披麻戴孝、哭丧守灵，形式重于内容，中国传统的丧葬习俗，今天在农村及偏远山区仍然可以看到。传统丧葬习俗的形式，很多内容已经与现代文明发生了冲突，如当街焚烧纸钱，祭奠先人。这种行为与今天的社会格格不入，是危险而且不文明的行为，在很多城市会受到处罚。传统的死亡伦理观念，与今天的法律发生冲突，需要建立新的死亡伦理观念，规范现在的当事人，在死亡问题处理时的行为，照顾有关当事人各方的利益。

很多老人在面临死亡时，处理财产方面，不论是谁在照顾他，只管在儿子中间分配，不分给女儿一分钱。嫁出去的女儿，泼出去的水，是典型的中国人的传统观念，女儿是外家的人，不能继承娘家的财产。在遗产继承方面，女儿被剥夺继承权，是违背《中华人民共和国继承法》的。死亡伦理学涉及的内容很多，需要认真的思考。提倡现代文明，普及法律知识，为解决与死亡有关的矛盾与冲突，建立新的道德、行为规范，平衡当事人有关方面的利益，找到解决矛盾与冲突的方案。

在一个人的人生旅途中，从出生到死亡，终其一生都不能缺少对生命的伦理关怀。甚至在个体的生命终止之时或死亡之后，这种伦理的关怀仍应存在。对死亡伦理学涉及的范畴有狭义和广义两个层面：狭义的死亡伦理学，关注的是人类的生存，与人类自身发生的死亡事件的关系，考察人类的生存是否对死亡有伦理义务；而广义的死亡伦理学，还关注人类以外生命的死亡，包括动物、植物及微生物的死亡，考察人类生存与其他生物死亡的关系。从广义的死亡伦理层面出发，说明死亡伦理学，是以人类的生为研究的出发点，以生命的死亡（包括"非人类"的"死"和"人类"的"死"）为研究的终点。死亡伦理学研究的核心问题，是死亡价值观问题，即如何对待死亡，如何处置死亡事件。死亡伦理学体现了不同阶级、不同民族，对待生命不同的伦理观念、道德规范和利益原则。

二、死亡伦理学研究的对象与内容

死亡伦理学的研究，围绕人类的死亡现象，对死亡的过程、结果及善后，所涉及的相关人员、机构、社会团体等各方的伦理观念、道德规范及利益原则，进行梳理分析，提出符合社会基本道德规范的，与死亡有关的各方权利及利益的分配原则，规范死亡善后处理的操作方案及有关人员行为。

根据个体死亡的原因，人类的死亡可以分为两大类，正常死亡与非正常死亡。在中国在正常死亡与非正常死亡之外，还有一类与死亡原因无关，但个体的死亡引起了社会的广泛关注，或与死者有关的人员，对个体的死亡原因，提出五花八门的疑问，对有关部门做出的死亡原因不予认可，称为有争议的死亡。

正常死亡是指个体由于疾病、衰老等自然原因导致的死亡。正常死亡的情况大多数发生在医院内。发病急、病情危重的患者，如脑出血、急性心脏病发作，也可能在医院外死亡。由于现代医学科学的发展，正常死亡的个体也可能出现伦理、道德问题，如脑死亡、安乐死等，如何处置这样的患者，不仅是平衡各方的价值取向，更加难以面对的是如何对待个体的生命，这在全世界范围内，都是有争议的。

非正常死亡是个体由于非自然的原因导致的死亡。根据死亡的性质分类，非自然死亡，可分为自杀、他杀及意外死亡三大类。导致自杀、他杀及意外死亡的原因及手段是多种多样的，涉及的人及有关单位也是多方面的。因此，个体的非正常死亡的情况十分复杂，在处置这类死亡事件时，会产生涉及不同个体及多个方面参与的伦理、道德问题。

死亡伦理学涉及的对象包括尸体、与尸体有关的亲属及朋友，与死亡过程及后果有关的单位与个人。

正常死亡的个体，没有医疗纠纷，尸体的处理和善后涉及亲属、医疗机构、公安机关及民政部门。尸体的善后，亲戚、朋友常常会有遗体告别仪式，处置遗体时，需要医疗机构出具的死亡证明，死者的户籍注销需要由公安机关依据死亡证明完成，尸体的火化由民政部门完成。正常死亡的尸体，如果死者生前有遗嘱提出捐献遗体，需要红十字机构参与。如果正常死亡的个体，家属对死亡原因及医疗治疗过程有争议，需要进行医学伤害的司法鉴定。医学伤害的司法鉴定由在司法部统一领导下的社会第三方鉴定机构完成。

非正常死亡的个体情况复杂。自杀的个体，善后涉及死者亲属、公安机关及民政部门。他杀的个体，尸体由公安机关管控，根据案件侦破的情况，通知亲属处置尸体。意外死亡的尸体，由公安机关对尸体进行检验后，通知家属处置尸体。如果尸体的死亡原因有争议，多由检察机关组织有关专家进行尸体检验、鉴定，提出解决方案。在国外对个体的死亡原因有争议，由检察机关组织有关专家进行尸体的检验、鉴定，由法官对案件的有关问题进行审判。

无名尸体是尸体处理的特殊情况。无名尸体的尸体处置，尸体检验由公安机关完成后，确认死者的死亡不是由凶杀造成的，由媒体公告寻找死者的身源。无人认领的尸体，提取必要的检材存档后，由民政部门处理尸体。无名尸体的处置在有的地方是由慈善机构帮助处理的，处理尸体的经费来源于募集，对尸体的善后服务由义工完成。此类情况在中国的广东、福建的沿海地区常见，义工多有宗教信仰的背景。

个体死亡后，存在一个具有普遍意义的问题，就是尸体的归属权的问题。尸体处置的话语权属于谁，死者的遗产可以根据遗产继承的相关法律处置，尸体本身存在的物权性质如何处置是需要认真研究的。尸体的器官可以用于器官移植，拯救其他患者。尸体可以用于医学研究、医科学生的教育培养。在中国对无名尸体的使用是十分敏感的，即使无名尸体是用于医学研究、医学教育的情况，仍会有人提出非议。保留全尸的迂腐观念妨碍尸体的科学使用，有关尸体使用的伦理学问题需要进行认真的研究，制定相应的法律、法规。

伦理学规范的是人们在日常生活中获得利益的道德行为，"君子爱财，取之有道"，讲的不是以偷盗、抢劫、诈骗等非法获得利益的行为，强调的是在取得个人利益时，要符合道德、良俗，不能损害他人的利益及群体的利益。死亡伦理学是围绕与死亡个体有关的个人、机构、政府及社会传媒，在对待死亡事件及死亡个体的行为取向，内容包括目的、行为、选择余地、后果、责任、知情权、公正性及同情心等，以及其中的特殊关系，如亲子关系、医患关系、雇佣关系等，应负的伦理、道德责任。

第二节 死亡医学与伦理学

死亡医学是指客观因素使个体进入濒临死亡状态，濒临死亡状态的情况持续发展，最后导致死亡结果的发生，其全过程涉及的医学行为。在本节中，重点探索一些有关死亡与伦理的内容。从死亡伦理学的狭义理解出发，主要涉及死亡标准、临终关怀、安乐死等方面内容。

一、死亡标准

死亡对每个人来说都是必然会发生的事情，死亡的本质是个体生命的终结和自我意识的丧失，个体进入濒临死亡状态，启动死亡程序是一个不可逆过程。例如，个体进入老年期，全身多器官功能衰竭，是任何先进的医学技术都无能为力的，这时任何对身体不利的因素启动，都会引发机体向死亡发展的不可逆的过程。最终的结果是个体生命的终结、死亡。衡量死亡的标准是什么？

目前，世界范围内对如何确定死亡，尚没有形成统一的标准，争论主要发生在用传统心肺死亡标准和脑死亡标准两大阵营之间。大多数国家仍以心肺死亡标准来界定死亡。然而，美国、日本、西班牙等80多个国家，已经就脑死亡标准，制定了相应的法律法规。我国对脑死亡标准的应用，是否立法，尚处于分析论证之中，并未推出成熟的法律法规。在中国临床应用的死亡标准仍然是心肺死亡标准。

（一）心肺死亡标准

在传统的死亡概念中，长期以来都是把心肺功能看作生命最本质的东西。生命结束、死亡来临的时刻，就是心脏停止跳动、呼吸停止。古代和现代医学对如何确定个体死亡，都是如此认识。死亡成为心跳、呼吸停止的代名词。这种看法在人类历史上沿袭了数千年，无论是在医学界还是在大众的传统观念中，直到20世纪50年代还是如此。

1951年，美国《布莱克法律词典》定义死亡为："生命之终结，人之不存；即在医生确定血液循环全部停止，以及由此导致的呼吸脉搏等生命活动终止之时。"从病理学角度，把血液循环的停止代表心脏跳动的停止，并置于呼吸心跳（脉搏）之前的地位。这是对死亡定义，从个体的体表征象，向生理病理学转变实质的一种进步。我国出版的《辞海》，也把心跳、呼吸停止作为死亡的重要标准。在临床医学中，实用的传统死亡标准，是个体出现脉搏、呼吸、血压的停止和消失，接着的表现是体温的下降。

在死亡过程中，个体的心脏跳动的停止，先于肺呼吸运动和脑机能活动完全停止而死亡的，称为心性死亡。心性死亡多由心脏的原发病变、功能障碍或外因损伤所致，如过度的体力活动使心脏负荷急剧加重引起心脏缺血死亡；狂喜、愤怒或恐惧等情绪激动，引起交感神经兴奋性增高，致心力衰竭或严重律失常，而引发的猝死等。

在死亡过程中，呼吸停止先于心跳停止的死亡称肺性死亡，也称呼吸性死亡。呼吸中枢麻痹、胸腔病变、各种呼吸道及肺部病变等，均可引起呼吸性死亡。呼吸停止之后，个体并不会马上发生死亡。因为，此时个体的心脏常常仍能跳动。心脏功能继发出现室颤、无效的心脏室性自搏，直至完全停止跳动，才发生死亡。所以，个体的呼吸性死亡，必须在引起心跳停止之后才能发生。

（二）脑死亡标准

20世纪50年代以后，由于医学水平的提高，心肺死亡标准在实践中屡次受到动摇。在临床对一些危重患者的抢救过程中，出现了不少心脏已经停止跳动，通过积极救治，患者可以恢复心跳，维持生命体征的病例。现代科学技术的发展，由于人工维持心脏血液循环和肺呼吸功能的技术已经很有成效，往日由于心跳和自主呼吸停止而必然要死亡的人，今天却可能在价格高昂的机械设备的帮助下维持生命，使得"心肺死亡状态"不会发生。

现代医学研究发现，人类大脑的功能丧失是完全不可逆的。在人工方法维持下的类植物人的生命，是否具有人的生命特征，或者说是不是具有真正人的生命，是需要医学伦理学进行认真探讨的。并且，在临床医学实践中，维持这种类植物人的生命是否有价值？谁有权利确定，维持这种类植物人的生命或放弃。问题很复杂，涉及社会学、宗教、文化传统、家庭伦理学等。这些问题的产生，归根结底是对死亡概念的认识。解决这些问题的关键，在于建立关于死亡新的医学概念和诊断标准。由此，人们提出了脑死亡的概念。

脑死亡（brain death）是指全脑的不可逆的功能丧失，包括大脑、小脑和脑干的功能。人脑的功能和心肺功能，本来是密切联系的。人脑功能的不可逆停止，必然导致心肺功能的丧失。然而现代医学技术的发展，却可以把它们的功能分离。在人脑功能丧失后，临床上仍可以用人工装置维持心肺功能。这种心肺功能与脑功能分离的技术，使得临床上传统的死亡标准，在确定个体是否死亡方面受到了冲击。

从现代医学研究积累的大量医学基础研究和临床治疗的实验资料来看，个体的死亡，并不是瞬间来临的事件，而是一个连续发展的过程。生命的主导器官脑组织主宰整个生物的机体。人类脑组织对缺氧的耐受性非常低，大脑皮质完全缺氧6~8分钟，就可以使脑皮质坏死到不可逆转的程度。广泛脑细胞坏死一经形成，自主呼吸就不能恢复，即使心跳、血压仍可维持，但患者实际已经进入一种死亡状态。从病理生理学角度来讲，在脑死亡的过程中，机体的新陈代谢分解要大于合成，组织细胞的破坏要大于修复。一旦脑死亡确定，那么人的机体便处于整体死亡阶段，作为人的特征性的东西完全消失，即自主活动，信息交流不能实现，那这个人存在的社会意义也就不复存在。因此，脑死亡的概念的提出，成为必然。

目前，世界上较有权威性的脑死亡判定标准是，1968年美国哈佛医学院特设委员会提出的标准（简称哈佛标准），已成为医学界大多数专家公认的标准。具体标准如下：

1）对外部刺激和内部需要无接受性和反应性，即患者处于不可逆的深度昏迷，完全丧失了对外界刺激和内部需要的所有感受能力，以及由此引起的反应性全部消失；

2）自主的肌肉运动和自主呼吸消失；

3）诱导反射消失；

4）脑电图示，脑电波平直。

对以上四条标准还要持续 24 小时连续观察，反复测试其结果无变化，并排除体温过低（<32.2℃）或刚服用过巴比妥类药等中枢神经系统（nervous system）抑制剂的病例，即可宣布患者死亡。

现在，不少国家（地区或组织）接受了脑死亡的概念和标准，有的国家还对此进行了立法。目前，我国的脑死亡标准正在制定之中，在器官移植方面开始使用有关脑死亡的标准，但尚未对脑死亡立法。

二、与死亡标准有关的伦理学问题

危重患者在医院的抢救过程中，发生死亡后果，是医疗过程中十分常见的情况。在发达国家发生类似的情况，很少产生争议，但在国内医院内发生死亡后，医患之间发生矛盾并不少见，有的时候甚至会引发社会群体事件，这就是人们常说的"医闹"。在中国发生的医患纠纷，原因有行政管理方面的，有社会经济方面的，也有很多关于死亡的医学伦理学问题需要探讨。

1. 死亡标准在死亡伦理学中的意义

死亡伦理学的核心，是和谐地处理与死亡个体有关的各个方面的相关利益与关切，包括精神方面与物质方面。处理个体的死亡事件，首先要确定死亡标准。死亡标准明确了个体死亡确定的客观指标。

心肺死亡的医学伦理学意义。心肺死亡以循环、呼吸终止为个体死亡、生命结束的客观指标。在临床医学实践中，现代的医疗设备可以清晰准确地记录个体循环、呼吸终结的过程。在媒体上，经常会有由于个体死亡而引起的群体事件。河南省某县医院的妇产科，产妇在分娩的过程中，婴儿不幸死亡后，家属情绪失控，逼迫护士抱着婴儿的尸体示众。北京某单位一高龄产妇，在北京大学第一医院死亡，家属情绪失控，冲击妇产科室。类似的事件，国内多地时有发生，严重影响了医院的正常工作，侵犯了医护人员的人身权利。这些肇事者，除自身的法制观念淡漠的问题外，有关个体死亡的医学伦理学问题也需要认真分析。

在医院内发生死亡的个体，正常情况下，有关死亡的医学伦理学问题，主要涉及以下方面。

在医院就医的患者。在医院内死亡的个体与医生、护士及医疗救治部门之间的关系是医患关系，是有约定的服务与提供服务的合同关系。既然医患关系是一种契约关系，那么医患双方之间的责、权、利的关系需要明确。具体内容包括双方的目的、行为、后果、风险及对策。医患双方的责、权、利的关系需要文字明确记录，作为发生死亡事件时，解决争议的法律依据，最常见的医患之间的法律文书是病历。

死者的家属。死者的家属到医院，求得医疗服务，治疗疾病，减轻痛苦，延长生命。在接受医疗服务的过程中，他们需要服从医嘱，遵守医院的规章，支付医疗费用。他们有知情权，包括病情、医疗过程、医疗方案及预后情况。出现医疗意外，他们有申诉权，有提出医疗损害技术鉴定的权利。存在医疗损害情况时，有获得赔偿的权利。所有的行为必须在法律的框架下进行。对医院的服务有争议时，要通过司法程序，使用法律手段解决，不能无理取闹，殴打医护人员，冲击医院，打砸医疗设施，否则相关人员需要承担法律责任。

医疗机构。医疗行为的目的是治疗疾病，减轻痛苦，延长生命。医生对患者的医疗行为负责。医生对患者及亲属，有关于病情及医疗行为的告知义务。医生对医疗过程需要进行客观记录。发生医疗意外后，医生或所在医疗对死者的亲属有告知义务。死者的亲属对死亡原因及医疗过程提出异议时，医护人员及医疗机构，需要配合第三方的调查，提供所有医疗记录及协助调查工作。医院及医护人员，在对患者的医疗服务过程中，存在医疗过错，需要承担相应的法律责任。在对发生医疗事故的医院的管理方面存在问题时，医院的上级主管部门，需要负担相应的法律责任。

在发生医疗意外时，如何对死者家属进行告知，在内容及形式上，需要有明确的要求。在医疗意外发生时，死者的家属情绪激动，医生处在劳累与紧张等复杂的情况下，让主要负责治疗的医生及直接参与抢救治疗的医护人员，直接面对死者的亲属说明患者死亡的情况是不恰当的。医院需要有专门的部门及人员，进行事件的危机公关，以及对医护人员、死者亲属进行心理疏导。病危通知书是按常规发放的，需要对发放的病危通知书的副本存档或记录备查。根据患者的病情，适时地对其亲属发放病危通知书，可以使家属对患者的死亡有心理准备，可以减轻亲友失去亲人的痛苦，对死者的善后处理有所准备。

在患者死亡后，医院应有专门的人员向死者的亲属告知患者的死亡。医院的工作人员，告知患者死亡的地点应有专门的场所，向死者的亲属展示个体死亡的客观指标，心电图为直线，需要持续观察两分钟，需要有客观的记录。同时，告知患者的死亡原因，有条件的医院应有对死者亲属的心理安抚。死亡通知书的发放需要办理规范的发放手续，死亡认定的医护人员的签字，包括有关管理部门的审核、签发。

医院需要有对患者死亡可能产生其他后果，如死者亲属情绪激动发生的身体不适，或情绪失控导致的过激行为，有处置预案。所有预案是以安抚死者亲属的情绪为中心，保证事件处置的局面可控。死者的尸体需要尽快妥善处置，主要包括尸体的安放，尸体的火化等，医院要配合有关单位工作。

政府机关。当医院自身能力不能解决医院内患者死亡引起的医患纠纷时，主管医院的医疗主管部门等行政部门的有关领导需要出面协调，组织、协调有关部门，按照法律程序解决问题。

法律部门。当医患纠纷不能调节时，需要通过司法机构裁决。医患双方聘请律师，司法机关对事件进行立案、进行案件调查、对医患双方进行争议调解。不能调解的案件，进行审理、宣判。医患双方必须执行法院对案件的最终审判。

媒体与社会舆论。医疗意外造成患者死亡引起的争议，常常会引起媒体的广泛关注。在互联网发达的今天，媒体的导向往往会诱导网民想象，使一个简单的患者在医院死亡的正常现象，演变成一个激烈的社会事件。

对媒体关于死亡信息的报道，在国外很多国家都需要有严格的审批程序。在法国对个体死亡事件报道的审批，由主办案件的第三方中对有关媒体披露信息的专门小组进行审核。审批报道是否能发表的权衡标准，重点针对是否对死者及其亲属的隐私构成侵害，以及披露的内容是否对社会有不良影响。

中国的媒体对有关死亡事件的报道并没有具体、严格的要求，媒体多数是从新闻事件的角度对社会中发生的有关死亡事件进行报道。在新闻报道中，常常会有主持人或记者的感受及评论。这些带有浓重的个人观点的报道，有的时候会影响事件的发展，不利于死亡事件的妥善解决。

个体的死亡事件是非常复杂的，其中有很多内容不仅涉及死者的隐私，而且涉及的医学科学问题也是很专业的问题，非专业人员有时是很难理解的。不能全面地掌握事件的信息，仅仅从新闻的角度进行报道，加之非专业的感性评价，常常会误导舆论，起到非常负面的影响。在新媒体时代，网络对信息的传播更加迅速，涉及的人群也更加广泛。网民对了解事件的真实信息欲望很大，但了解真实信息的渠道有限。网民会依据来自媒体的有限的信息，或媒体追踪报道的阶段性信息，提出质疑或发出包括自己想象在内的说法。为了吸引眼球，有的网友常常会表述一些过激的语言，各种信息汇总在网络上，不断地震荡发酵，使得事件变得复杂，牵扯的单位增加，导致事件的处理难度加大，解决问题的成本增加。对待死亡问题，网民表述的是同情心。同情心是社会道德的一种表达形式，是一种爱心，是正能量，一定要客观地了解情况后，才能发表善意的信息，不能用过激的语言表达同情心，形成网络暴力，造成不良后果。网民不负责任的行为，造成不良后果，需要承担相应的法律责任。

2. 脑死亡的医学伦理学意义

脑死亡在中国没有成为确诊个体死亡的标准，脑死亡在临床方面已经引起广泛的关注，尤其在器官移植方面已经发挥重要作用。在中国有关脑死亡与器官移植方面医学专家有专著进行了全面的探讨。患者生前有捐献器官遗嘱的，经家属同意，可以按程序及有关要求，进行器官捐献。关于脑死亡的诊断标准与医院常用的、人们习惯接受的心肺死亡诊断标准不同，在医疗设备的支持下，患者的心、肺的功能仍能维持。人为地终止患者的心、肺的功能，医学伦理学方面，对患者的亲属及操作的医生会产生心理压力。他们的内心深处需要承担对停止患者的心、肺功能的责任。

今天的医学技术可以使以往必死的人，继续维持生物学角度的生命现象，即个体仅仅存在呼吸、心跳的生命现象。然而，有时耗费大量人力物力去维持的仅仅是处于无意识状态下的"植物性生命"，是否符合科学的人文精神值得商榷。用伦理学功利主义的理论分析，或从生命的质量与价值的观点来看，这种人工维持下的"生命"其质量是很低的。他们不仅不会为社会创造任何财富，也不会为他人、为社会尽义务，而只会增加他人、家庭、医院和社会的沉重负担。这种生命只能是无价值的或者是负价值的。中国现有的经济总量在世界属于领先，但人均水平不高，用于每个人的基本卫生经费相对较低，能够向每个人提供服务的医疗资源有限，全国人民的卫生保健水平还有待于大大提高。在这种情况下，用昂贵的医疗设备人工维持一个"脑死亡"个体的心跳、呼吸，而消耗大量的人力、物力、财力，对医疗单位及患者家属都带来了极大的心理压力和体力、财力、生活及工作上的负担。可以说是代价甚巨，收益甚微。对濒临死亡的患者来说，不是享受生活，而是生不如死的痛苦煎熬。

死　亡　学

　　如果放弃这种无意义的治疗，患者家属在心理上是有压力的。放弃对亲人的治疗手段，体验生离死别的人生痛苦，是需要勇气的。尤其是多子女家庭，必须家庭的主要成员参与达成共识，做出决定。家庭成员的放弃治疗的决定，常常是在维持脑死亡生命状态的高昂的医疗费用难以承担，以及对其进行看护的身心疲惫的双重压力下，做出不得已的选择。如果有公费医疗的支撑，经济负担压力的减轻，家属常常不会做出放弃治疗的选择。今天，很多有识之士，对机械维持生命状态的情况表示负面态度。在台湾，很多社会名流，书写生前预嘱，放弃机械维持生命，选择自然死亡。

　　所以脑死亡标准的确定，无疑会转变人们对死亡标准传统的习惯认识。一旦达到脑死亡标准，就是患者实际的死亡。以此为根据，医生或医学不去拖延对这些脑死亡患者的治疗，以达到心跳呼吸停止的标准，终止医学操作结束个体的生命。这个标准对我们传统的道德观念的冲击是巨大的，和以往医务界提倡的"不惜一切代价挽救患者生命""尽量让患者多活一分钟"的口号是相违背的。

　　医生的人道主义同情心是很有必要的，医生在说服患者家属放弃治疗时必须进行理性的思考，以达到患者家属主动放弃治疗的效果。放弃对脑死亡患者的医疗救治，对患者、患者的亲属，解脱痛苦是有益的，对医疗机构更有效地使用医疗资源，将医疗设备用于更需要的患者是有益的，对国家卫生部门可以节省医疗费用的支出是有益的。所以脑死亡标准的确立，在我国需要进行全面的论证，与心、肺的死亡标准，同时在临床医学上使用，需要尽快组织医学专家、法学专家，进行全面综合研究实施方案，尽快立法。

第三节　死亡医学的分类及伦理学

　　死亡医学是一个医学领域的新课题。死亡医学与现存的所有医学学科不同，其关注的医学内容重点不是救死扶伤，尽一切可能维持患者的生命，而是尽可能保证患者有尊严的，以最小的痛苦终结生命。死亡医学对应在医学学科的分类上，没有相应学科。

　　死亡医学有社会医学的特点，关注人类的生命活动，同时关注人类的死亡。死亡医学完全不同于医学领域里的其他的医学分支学科。传统的医学分科中，特别是临床学科中，其分类是以患者的症状及体征为基础的，结合特定群体的多发病及常见病进行分科，如内科、外科、妇产科、儿科等，或者以特定的疾病为分科的基础，如皮肤科、血液病科、肿瘤科等。死亡医学的分类则完全不同。死亡医学的分类，是根据对患者的护理及治疗方法为依据的，如患者的脑死亡，可以由多种原因引起，可以涉及不同性别及不同年龄组的个体。尽管脑死亡的个体千差万别，但脑死亡的医学处置程序即方法是相同的。临终关怀服务对象是一个特殊的医患群体，特别是患者，他们可以是不同性别，不同年龄，患有不同的疾病，他们的共同点是必须面对日益临近的死亡。对于死亡医学如何分类，在全世界的医学领域里没有系统的研究，初探如下。

一、临　终　关　怀

　　人类出生后，就不可避免地走向死亡，我们知道会死亡，但不知道死期。需要临终关怀的患者，他们知道死期将至，等待死神的来临，与死神的相约，那是一个难熬的过程。对死亡的恐惧，是人类本能的心理反应，他们需要关怀。

社会的老龄化是人类社会发展的大趋势。医学科学技术的飞速发展，使得人类抵御疾病及损伤的能力大大提高。以往被视为绝症的疾病，由于新的医疗设备，新的诊断技术，新的治疗技术广泛应用，绝症患者的寿命大幅度延长。尽管有了先进的医疗技术，在人类老龄期，人体器官机能的下降，抵御疾病的能力下降，死亡迟早会不可避免地发生。

早年人类的平均寿命较短时，人类依靠医疗技术延长生命的能力不强，造成人类群体的平均寿命较短。当医疗技术发展，人们依靠医疗技术延长生命时，新的问题出现了。长生不老是人类的美好愿望，人们希望尽可能地延长生命，又要像年轻人一样生活。今天的医疗技术使个体的生命延长了，生命的延长与生活质量之间的相互关系如何协调的问题出现了。患者身患绝症，现代医疗技术没有有效治疗绝症的办法，医疗技术仅仅是减轻痛苦、延长生命及对患者进行心理疏导，缓解个体对死亡的恐惧，这样的医学活动称为临终关怀。

中国正规的分级考核的医院中，如三级甲等医院，没有对患者的临终关怀的服务。中国医院的分级考核中，病床的周转率、住院患者的死亡率等，都是重要的考核指标。提供临终关怀医疗服务的医院，患者多是身患绝症的晚期患者，病床的周转率肯定很低，患者的死亡率则肯定很高。对医院的管理水平而言，按照现行的考核标准进行，是不可能达标的。在目前医疗体制管理下的中国，能够对身患绝症已经走到生命晚期的患者，提供临终关怀服务的大多数是民营医院。

临终关怀的英文是"hospice"，原义是"招待所""济贫院""小旅馆"。现代意义上的临终关怀，是指一种新兴的医疗保健服务项目。它是由多学科、多方面人员组成的团队，对临终患者及其家属提供全面的医疗服务，以使临终患者得以舒适、安宁地度过人生最后的旅程，患者的家属尽可能地得到对患者有帮助的医疗方面的建议，缓解由于亲人可能离开造成的心理压力，并尽可能地提供其他方面的帮助，包括患者死亡后的尸体处置。

临终关怀所倡导的是一种人性化的关怀观念，通过提供临终关怀，帮助临终患者对生命、对死亡及生活价值的认识，协助他们在生命最后阶段得到医护人员及社会服务人员的支持安慰和鼓励。因此，临终关怀是为临终患者及其家属提供生理、心理和社会全面支持与照护的医疗保健服务。

临终关怀分为临终医学、临终护理学、临终心理学、临终关怀心理学、临终关怀社会学、临终关怀管理学等学科分支。

（一）临终关怀的基本特点

1. 服务对象多元化

在医院，家属主要是为患者提供照顾及辅助的医疗服务，但在临终关怀的医疗护理中，家属则是站在医生一边，和医生一起为患者奔波。在临终关怀的医疗服务中，家属则不仅为患者服务，而且也成为医护人员或者说临终关怀团队服务的对象。临终关怀的特点就在于，医护人员在关怀临终患者的同时，也要做好对临终患者家属的关怀照顾工作。特别是在患者死亡过程中和死后的善后处理时期，要使家属能够加强自我护理，承受丧失亲人的打击，接纳"丧失的自我"状态，以适应新的生活。这对保护和增进家属的身心健康具有重要意义。

2. 服务内容全面

临终关怀服务的对象大多数并不是简单的患者，而是现代医疗技术无能为力进行救治的患者，他们随时都可能失去生命，面临疾病对肉体的折磨及死亡恐惧对心理的煎熬。因此，对需要临终关怀的患者进行的救治，并非是单纯的医疗护理服务，而是包括医疗、护理、心理咨询、死亡教育、社会支援和居丧照护等多学科、多方面的综合性服务。

对需要临终关怀的患者的服务范围，包括对疼痛和其他各种症状的控制，如药物止痛、神经阻滞止痛；对临终患者和家属的心理安慰；发动社会各界对临终患者及其家属的物质帮助和精神支持的社会支援；患者死后的尸体处置、注销户口、处理遗产等善后工作，对家属的居丧照顾等。

从事临终关怀的工作人员，有专门的医护人员，进行医疗护理；有对个人的专门服务的病床护工，殡葬服务的工作人员，为患者亲属特殊需要的服务人员。

在临终关怀的医疗服务过程中，患者的最后时光常常需要社会志愿者的帮助。志愿者与临终关怀患者的接触，对缓解因死亡恐惧带来的心理压力，有非常好的疏导作用。

3. 服务形式多样化、本土化

临终关怀的服务在发达国家，是很普遍的。不同的国家，临终关怀的服务形式不同。英国的临终关怀服务以住院照护的方式为主，即注重建立专门服务于身患绝症的患者的临终关怀院。美国则以家庭进行临终关怀服务为主，即开展社区服务为核心的，服务于有临终关怀需求的家庭。我国的临终关怀工作者，正在积极探索适合我国国情的临终关怀服务方式。中国的临终关怀的特点，具有服务方式多样化、本土化的特点。目前，中国的临终关怀服务，主要是民营医院经营，以临终关怀病房的形式为特殊的患者提供服务的情况较为普遍。因为这种形式可以利用医院病房的原有人员和设备，人员经过短期培训，能够较快地开展工作。同时在社区医疗的支持下，居家照护也是具有发展前景的形式，这种形式对在家中照护临终患者就具有特别实用的意义。政府主导的临终关怀医院很少，随着人口的老龄化，政府的医疗管理部门需要补充这个短板。

（二）临终者心理关怀原则及方法

1. 采取缓和的临终心理关怀模式

临终关怀服务的患者罹患的不治之症的临床治愈可能微乎其微，而此时的临终关怀目标就是为患者提供高质量的、缓和性的、全方位的关照。要帮助患者从疼痛和各种不适症状中解脱出来，摆脱心理的不安和精神的阴影，实现生命最后的"健康"状态。

2. 做到无条件积极关怀

这点是对医护人员的要求。对需要临终关怀的患者，重点需要情感的关照，在日常生活中，人与人之间或多或少有这样那样的恩恩怨怨，但当对方身患重病，已经濒临死亡之时，曾经的那些纷纷扰扰又有什么必要再计较呢？更应该尽自己的力量帮助患者感受到人性的温暖。对患者的家属，则需要进行关于患者死亡后，有关善后处理的建议与帮助、理性的思维及心理疏导，避免与死亡有关的情感的激化，不利于死亡事件的正常处理。

3. 做到"四多四少"

"四多"指的是多鼓励、多倾听、多理解、多同理心，"四少"指的是少治疗、少解决问题、少判断、少同情心。对临终患者，治疗已经没有太多作用和意义，所以主要从精神上予以鼓励支持，是患者在最后阶段也能保持一种相对健康饱满的情绪状态；由于临终阶段的不适和焦虑，患者会重复讲述自己的一些愿望和需求，不能因为无法实现这些需求就放弃倾听，而是要在倾听的同时进行耐心安抚；要从总的方面了解患者的痛苦不适，但具体的细节并不需要太多的判断关注；此外，医护人员不应感情用事进行医疗操作，要从理性上多关心患者。

4. 帮助度过危机

临终患者存在 3 种不同水平的痛苦和焦虑。第一级水平，来自对身体与现实分离恐惧和与自己所钟爱的事物相连的期望，以及这种联系可能被破坏或这种联系一定会被破坏的感觉；第二级水平的痛苦与焦虑，来自于对生命活动现象同时存在，随时可能相分离的恐惧；第三级水平的痛苦和焦虑，内心深处来自于对本我和存在本源相分离的恐惧。临终心理关怀需要从不同层次水平提供关怀和帮助，促进临终患者面对危机，发展自我，超越自我。

对临终患者心理关怀的一般方法：对临终患者心理关怀，主要应该根据临终患者的心理发展阶段，给予不同的心理关怀。库伯勒·罗斯的临终心理发展理论为此提供了一定的理论基础。但是患者的心理状况是多变的，并非千人一面。因此，对临终患者的心理关怀还应该有一个概括性的、一般的方法。可以从以下几点考虑。

第一，做好基础护理是心理护理的基础。基础护理是指护士对患者的生活护理等工作而言。对临终关怀院中的临终关怀工作者来说，他们应具有娴熟的护理技术和热情的护理态度，要搞好基础护理，解除临终患者躯体上的疼痛等症状，为做好心理护理打下良好的基础。患者家属在对患者进行心理安慰的同时，也要首先注意到患者的躯体痛苦、疾病状况以及生活需要。

第二，解除临终患者的恐惧与苦闷。临终患者通常因为得知自己不久于人世，而出现对死亡的恐惧和苦闷情绪，家属和护理人员应当根据具体情况，用安慰开导和支持性语言帮助患者解脱出来。让患者感受到爱的温暖，这样即使自己面临死亡，心理也会感到满足，从而减轻痛苦和不安。

第三，满足临终患者的心理需要。一些患者在临终之时有一些特殊的要求和愿望，如想见到某些人，想去某些地方等。此时家属和医护人员应该尽力满足他们的夙愿，并以一种宽恕和谅解的态度对待患者，即使不能满足也要充分倾听患者的倾诉，给予情感温暖。

第四，帮助临终患者正视死亡。帮助患者正视死亡，使之平静地度过临终阶段，就必须适时地进行死亡教育，使临终患者面对现实，安然自若。如果效果得当，他们就可能口头叙述遗嘱，或者以书面文字的形式吩咐各种事情，其坦然平静的态度超乎往常。家属应该对这种表现予以理解和欣慰，并积极配合患者走完人生最后一段旅程。

（三）临终关怀的伦理学意义

1. 彰显人道主义的关怀与真谛

随着人们对物质和精神文明需要的日益提高，临终问题益加受关注。每个人都希望安详地死去。当患者处于治疗无效的疾病末期或其他状况下的濒死阶段时，临终前的这一阶段特别需要他人的温情、社会的尊重、精神的照护及亲情的关怀。临终关怀使患者能够感受到自己生命的尊严与价值，体会到人道主义关怀的温暖。

2. 有利于社会精神文明的全面进步

临终关怀可以说是人类现代社会最具有人性化的一种发展，它顺应了医学模式转变的趋势，符合老龄化国家的客观要求，人类自身生存发展的要求，也是我国卫生保健体系自我完善的必然要求，是符合我国国情和社会道德要求的，是中国几千年尊老敬老优良文化在新的历史条件下的体现，是更容易为人们所接受的一种临终处置方法。

二、安 乐 死

临终关怀和安乐死的对象大多都是临终患者，但两者仍存在区别。安乐死是一种死亡方式，出于解除患者的身心痛苦，偏向于对患者死亡尊严的尊重。然而安乐死忽略了对患者的全面关怀，这种终止患者生命的行为是不可逆的。所以安乐死理论上虽为大多数人所接受，但在现实生活的实施过程中困难重重。我国不仅尚无法律的标准，而且还受到传统道德观念的层层束缚，这不是一朝一夕能解决的。而临终关怀更偏重于活的尊严，以减轻痛苦来提高生命质量，以求得安逸的死亡。一方面通过帮助临终患者了解死亡，从而接受死亡的现实，有尊严地生活和死亡；另一方面，给予患者和家属精神上的支持，从而坦然的接受一切。临终关怀所采取的是缓和性和支持性的照顾方法，对临终患者疼痛的控制，对患者家属情绪的支持，目的是使每一个患者安逸地活，安逸地死，延长生命的同时提高生命的质量。临终关怀中，如何提高生活质量，不是以人们善良的愿望为转移的，癌症患者晚期，尿毒症患者晚期的痛苦，重症肌无力患者晚期的痛苦，是患者自己承受的。不仅是患有绝症的患者到了生命的后期，在现实生活中，很多遇到各种挫折的个体，当他们忍受不了"生不如死"的痛苦折磨时，他们会选择自杀，以结束自己的生命来摆脱痛苦。当患者没有能力自杀时，为了最后的尊严，他们寻求安乐死。

安乐死（euthanasia）原义为善终，即无痛苦、快乐地死亡，或有尊严地死亡。现代意义上的安乐死是指，在患者身患现今医疗技术无法治愈的疾病，已处于不可逆的濒临死亡状况，且备受剧烈病痛折磨的状态中，为消除肉体和精神痛苦，在自己或其家属的要求下，应用医学手段使其无痛苦地结束生命的死亡方式。

（一）安乐死的分类

1. 广义安乐死和狭义安乐死

广义的安乐死是指因为"健康"的原因给予致死、任其死亡或自杀，甚至把远古时期对老、弱、病、残的"处置"也列入安乐死的范围。狭义的安乐死则是前面概念中所定义的安乐死。

2. 主动安乐死与被动安乐死

主动安乐死是指医护人员或其他人在无法挽救患者生命的情况下，主动采取措施和手段，结束患者的生命或加速患者的死亡的过程。结合患者的意愿和执行者的不同，又把主动安乐死划分为三类。

第一种是自愿,自己执行的安乐死。即当患者得知自己所患的疾病在现有的医疗条件技术下不能得到根治,病情又在进一步恶化,死亡的来临已经成为无法避免的事实,为了缩短死亡过程和减少死亡中的痛苦,患者依据自己的意愿,并由患者自己执行加速死亡的方式,来结束自己的生命。

第二种是自愿,他人执行的安乐死。这是一种患者在无法忍受病魔折磨,而医学又对此疾病无可奈何的情况下,由患者自己提出要求,借助某些无痛苦的医学手段和措施、主动进行医疗操作,结束其痛苦的生命或加速死亡进程,由医护人员或法律规定的其他人员执行。

第三种是非自愿,他人执行的主动安乐死。患者没有许诺,完全是由医护人员或法律规定的人员执行的主动安乐死。采取这种主动安乐死,常常以患者的生命不再有意义为前提,或认定患者若有表达自己意愿的能力或是对自己行为选择有判断力,他一定会表达出求死的愿望为前提。

被动安乐死又称消极安乐死,是指对那些确实无法挽救其生命的患者,终止维持患者生命的一切治疗措施,使其自行死亡。消极安乐死的操作,应该是对患者给予适当的维持方法,减轻其痛苦,任其自然死去,不过绝不能采用药物或其他方法加速其死亡。

3. 自愿安乐死与非自愿安乐死

依据患者是否有安乐死的意愿,被动安乐死又分为两种:

第一种是自愿被动安乐死,即濒死患者有安乐死的意愿,并正式向家属和医护人员提出以安乐死的状态加速其死亡进程,经医护人员的认可,然后停止一切治疗和抢救措施,任其死亡。

第二种是非自愿被动安乐死,即在濒死患者始终未表示要求以安乐死的状态加速其死亡过程、实际上患者在无法表示意愿的情况下,停止一切治疗和抢救措施,任其死亡。

关于自愿和非自愿安乐死的问题首要先区分两种情况:一是对有行为能力或者意识清楚的患者,自愿与非自愿安乐死的区别是有重要意义的,必须得到他们自由表示的愿望或知情同意。在没有得到患者同意的情况下实行安乐死在道德上是绝对不允许的。二是如果生命对于患者除了痛苦已无意义,而本人又没有表达愿望的行为能力,则由家属代表他做出安乐死的决断不但是允许的,而且是必要的。

(二)安乐死的发展历史

安乐死并不是新问题,在史前时代就有加速死亡的措施。在古希腊、古罗马普遍允许患者及残疾人"自由辞世"。中世纪基督教绝对禁止结束患者的生命。13世纪的罗吉尔·培根主张战胜衰老。17世纪以前,euthanasia 是指"从容"死亡的任何方法。17世纪法国哲学家弗兰西斯·培根在他的著作中则越来越把 euthanasia 用来指医生采取措施让患者死亡,甚至加速患者死亡。他认为,长寿是生物医学最崇高的目的,安乐死也是医学技术的必要领域。科罗纳罗在历史上第一个主张被动安乐死,或"任其死亡"。摩尔在《乌托邦》中提出,有组织的安乐死。此外,还提出了"节约安乐死"的概念。休谟说,如果人类可以设法延长生命,那么同理,人类也可以缩短生命。尼采提倡在适当的时候自杀。19世纪中叶,蒙克把安乐死看作是一种减轻死者不幸的特殊医护措施,但反对加速死亡。20 世纪 30 年代，欧美各国都有人提倡安乐死，英、美等国先后成立了"自愿安乐死协会"或"无痛苦致死协会"，并谋求法律认可。英国最先开展过安乐死成文法的运动。1936 年，英国议会上院曾经提出过安乐死的法案。1937 年，美国的内布拉斯加州立法机关，讨论了一个关于安乐死的法案。同时，波特尔牧师建立了美国安乐死协会。1938～1942年，由于纳粹的兴起，希特勒以安乐死的名义，杀死了慢性病、精神病患者及非雅利安种族的人，达数百万人，致使安乐死销声匿迹。

第二次世界大战以后，主要是 20 世纪 60 年代以来，人们又重新提出安乐死的问题，有关安乐死立法的运动也重新兴起。1967 年，美国成立了"安乐死教育基金会"。1969 年，英国国会辩论安乐死法案，但被否决。60 年代末至 70 年代前期，美国有 40 个州都曾提出，辩论过有关安乐死的法案，但未获通过。至 1985 年，美国已有 35 个州及哥伦比亚特区，在立法会议上通过了关于死亡之前生效遗嘱的法令，承认在法律上患者有权对自己未来的治疗做出书面指示。1974 年，澳大利亚、南非等国成立了自愿安乐死组织。1976 年，在丹麦、瑞典、瑞士、比利时、意大利、法国、西班牙等国，涌现出大量志愿安乐死的团体。1976 年 9 月 30 日，美国加利福尼亚州州长签署了第一个"自然死亡法"（《加利福尼亚健康安全法》），这实际上是使被动安乐死取得了合法地位。1976 年，日本东京举行了"安乐死国际会议"，在其宣言中强调指出：应当尊重人"生的意义"和"庄严的死"。日本是世界上第一个有条件承认安乐死的国家。在丹麦，1992 年 10 月也颁布并实施了一项有关安乐死的新法。乌拉圭已立法，允许主动安乐死但并没有在社会中实施。英国一项民意调查表明，72%的公民赞成某种情况下的安乐死。法国一项民意测验表明，85%的人赞成安乐死。世界著名学者汤因比和池田大作，也曾在他们展望 21 世纪的对话录中使用很大篇幅讨论这一问题。可见，接受安乐死这一"优死方式"已成为世界趋势。

这里，有必要单独提一下荷兰。荷兰是世界上可以进行主动安乐死，并得到社会承认的唯一国家，其皇家医学会也是世界上唯一支持主动安乐死的医学会。1992 年 2 月，荷兰议会通过了安乐死法案，这为解决安乐死这一伦理学难题，提供了法律依据。荷兰曾在 20 世纪 70 年代，对安乐死问题进行了激烈的争论，并于 1985 年，根据荷兰安乐死国家委员会提出的关于安乐死的定义，达成了一致意见：安乐死是由别人根据患者要求，而有意采取的结束生命的行动。这样，主动安乐死，也就不包括了被动安乐死，他人不能不提供治疗或手动撤除治疗。安乐死的定义就是"主动的"和"自愿的"两个核心。在荷兰这个拥有 1500 万人口的国家，安乐死的规模有多大，没有精确的统计数字，也没有一致的意见。非专业机构通常引用的实施安乐死的例数是，全国每年 5000～8000 例。荷兰皇家医学会估计，荷兰医生每年实施安乐死 500～1000 例，大多数是临终患者。荷兰 81%的全科医生对患者实施过安乐死。大多数公众支持自愿安乐死，选择自由死亡权利。根据民意测验，荷兰接受安乐死的人数在增加，1985 年和 1986 年赞成接受安乐死的人数分别为 70%和 75%。1995 年，荷兰拍摄了第一部真实的有关安乐死的纪录片《请求死亡》，并在英国等 14 个国家放映。2002 年 4 月 1 日，荷兰成为世界上第一个安乐死合法化的并在社会中实践的国家。

（三）安乐死的伦理之争

有关安乐死的伦理学之争，主要集中在三个方面。

1. 患者的权利

患者是否有自己决定死亡的权利。患者对自己的病情是否真正了解，患者对自己的疾病的预后是否真正了解。患者是否有机会表达自己的意愿。患者是否建立了生前预嘱。当患者没有能力表述自己的愿望时，是否指定了代理人全权代表处理有关问题。

2. 家属的权利

家属对患有绝症的亲属的病情是否真正的了解，是否对预后真正了解。家属对被疾病折磨的亲属，当医生告知亲属目前的医疗手段对患者已经无能为力的时候，患者亲属对医疗方法是否有选择权。患者家属中，谁有话语权。家属的意愿如何表达，是否需要所有的直系亲属在医疗处置通知书统统签字。在"孝"文化有着深厚传统的中国社会，确定对亲属实施安乐死，亲属在道德层面承受很大的压力。

3. 医生的责任与权利

医生有救治患者的责任，对身患绝症的患者实施的医疗措施是减轻痛苦，延长生命。医生有责任向患者及家属告知病情及预后，为家属提出医疗方案。家属及患者同意医疗方案后，医生有权利实施医疗方案。医生有权利告知患者及亲属，国外医疗技术先进的国家对同类疾病是如何处置的。医生以爱心及同情心为基础采取的医疗方案，符合医生的道德准则。

中国提出安乐死的问题是人类文明发展到一定阶段的必然结果。医疗技术的发展，人口老龄化的到来，医疗资源的限制及服务于庞大群体的医疗保障体系，迫使中国的有关部门及专家，必须认真考虑安乐死的问题。

中国的一个典型案例，可以清楚地体会到方方面面关于安乐死的纠结。

1986年6月23日，王明成的母亲夏素文因肝硬化晚期腹胀伴严重腹水，被送往汉中市传染病医院。当天，医院下达了病危通知书。看到母亲痛不欲生的惨状，王明成和妹妹向主治医生蒲连升询问病情，医生说，治疗已经没有希望，同时向他们介绍了国外安乐死的情况。

1986年6月28日，在王明成和妹妹一再请求对母亲实施安乐死的要求下，蒲连升开了100毫克复方冬眠灵（氯丙嗪）处方一张，注明"家属要求安乐死"，王明成签了字。当天中午到下午，医院实习生蔡某和值班护士分两次给夏素文注射了冬眠灵。次日凌晨5时，夏素文离开人世。

后来，王明成的大姐把蒲连升告上法庭。汉中市公安局遂立案侦查。随后，公安机关将医生蒲连升、医生李某、王明成和其妹收审。同年9月，汉中市人民检察院以故意杀人罪，将蒲连升和王明成批准逮捕，并于1988年2月向汉中市中级人民法院提起公诉。当时此案在国内法学界和新闻界引起强烈反响，并引发了一场关于安乐死是否违法的大讨论。

汉中市中级人民法院于1990年3月对此案进行了公开审理，并报至最高人民法院。在最高人民法院"不作犯罪处理"的批复下，汉中市中级人民法院于1992年3月做出终审判决：王明成及蒲连升无罪。

《中华人民共和国刑法》明确规定表明，犯罪的本质是一定的社会危害性，而社会危害性的内容是对公民合法权益的侵犯。安乐死不仅不具备犯罪所要求的社会危害性，反而对社会有利，行为人不仅没有主观恶性，反而是处于人道和善意。安乐死合法化的最大障碍在于安乐死问题的提出与传统的伦理道德、医德及人道主义原则相背离。然而众所周知，伦理道德是一种意识形态，属于社会上层建筑，是人们关于善与恶、是与非的观念和行为的总和。在一定社会中人们由于所处社会地位不同会形成不同的道德。而社会历史条件的不同，人们的道德评价标准也会发生相应的变化。因而，现代社会中，随着科学的发展和社会的进步，当人们道德观念不断发生变化时，评价安乐死的社会价值和道德标准也不能僵化不变。

赞成安乐死的主要伦理依据如下：

第一，安乐死体现更高层次的人性关怀。安乐死的对象限于死亡不可避免且陷入极端身心痛苦之中的临终患者。对这些患者来说，作为生命的社会存在已经消失，或者生命的质量与价值都失去意义，延长他们的生命实际上是延长他们的死亡痛苦，与其如此不如遵从死神的召唤，主动结束生命，以换取人格上的尊严和面对死亡的凛然。从这个角度来说，安乐死实际上是对人性更深层次的注解，是对人权更高层次的尊重。毕竟，人有"择吉而生"的权利，也有"择时而死"的自由。

第二，安乐死对患者家人及社会有利。安乐死可以使社会有限的卫生资源得到合理应用，减轻社会和家属的经济负担。虽然社会和患者家属对死者负有救治的义务，但是为了一个饱受病魔痛苦折磨而且生命已经失去社会价值的患者付出高昂的代价，乃至最终家人负债累累却仍无法避免患者的死亡，这显然不符合医学伦理学原则。从这个角度来讲安乐死不仅是对患者更高层次的人性关怀，对于家属和社会也是一种解脱。

第三，安乐死不会与救死扶伤的职责相悖离。如果疾病可救治，治疗就是主要矛盾，医生在治疗中即使暂时增加患者痛苦也是符合社会道德的。当疾病完全控制了人体，死亡不可避免时，主要矛盾就转换为患者死亡过程中的痛苦。这时，全力解除这种痛苦才是人道主义的体现，才是道德的，这不会与医生救死扶伤的职责相悖离，而安乐死是最好的方法之一。

反对安乐死的主要理论依据如下：

第一，安乐死是一种消极对待人生的态度。每个人的生命只有一次，而安乐死反映了一种消极对待生命和人生的态度。只要有生命现象就有被救活的可能，医学的发展会治愈一些顽症、绝症。从医学发展的历史角度来看，没有永远根治不了的疾病，医学研究的目的就在于揭示疾病的奥秘并逐步攻克之。现在的不治之症可能成为将来的可治之症。认为不可救活就不去救治，是不可取的一种观点，无益于医学和人类社会的进步。

第二，安乐死会导致社会道德的沦丧。一个社会如果允许或鼓励安乐死，那么安乐死的实施就会从有行为能力的患者开始，发展到无行为能力的患者、昏迷患者、儿童以及有精神缺陷的人，就会导致医生在人道主义的意义上滑坡，从而逐渐导致整个社会道德的滑坡乃至沦丧。

第三，会为医务人员摆脱职责提供借口。从医生在安乐死中所扮演的角色考虑，安乐死如果合法化，就会破坏医患之间传统的信任关系；削弱对临终患者的同情和关怀。面对痛苦不堪的患者，医生会觉得实施安乐死更容易有效，久而久之就会改变医生对医学目的的理解。如果医生开始把杀死一个请求安乐死的患者看成是医生自己的责任，医生治疗和解除痛苦的责任或许就会被一种以杀死作为治疗的观点代替。

有人反对任何形式的安乐死，认为这是见死不救，是与人道主义相悖的。安乐死会导致医生放弃控制疼痛和发展临终护理措施的努力。但是，大多数人认为某种形式的安乐死是符合伦理道德的，事实上某种形式的安乐死是许多国家的医务界早已采取的常规措施。

（四）安乐死的伦理学依据

安乐死对于患者的权益保障，在伦理学上是能够得到证明的：

1）有利原则，即安乐死有利于保证患者的最佳利益，即减少患者的痛苦，有尊严的死亡。

2）自主原则，即尊重患者有选择死亡方式的权利。而未经患者同意把患者作为医学进步的标本，在患者不能表达自己意愿的情况下，使用医疗技术延长患者的生命，是违反患者自主原则，也不符合患者利益的。

3）公正原则，即把不足的医疗资源，过多用于这类患者，而使其他人得不到应有的治疗是不公正的。

三、生命的人工辅助状态

生命的人工辅助状态是指疾病、外伤、意外，或者实施某种医疗手段后，患者失去了自主呼吸能力，完全依靠呼吸机维持呼吸功能，不能恢复自主呼吸的生命状态。

生命的人工辅助状态对患者来说，是要忍受极大的痛苦；对患者的亲人来说，面对濒临死亡亲人无能为力，不仅要承受极大心理压力，还有由于医疗过程带来的巨大的经济负担。

当患者处在生命的人工辅助状态下时，如何选择治疗方式，实际上就是患者、亲属及医疗机构是否实施安乐死的问题。在做出实施安乐死的决定时，各方都会感到伦理、道德方面的压力。

（一）患者的选择

一般来说，患者处在生命的人工辅助状态，呼吸、心跳的功能是依赖呼吸机维持的，患者已经没有了表达自己意愿的能力，也就没有能力决定自己的命运了。有民间组织宣传，个体要有尊严死亡。为了达到这一目的，他们提倡死亡是人生的必然结果，是一个自然过程。因此，他们提出拒绝使用维持生命的机械装置。为了实现这一目标，他们用生前预嘱的方式，表达这一愿望。

台湾有慈善组织宣传这一观点。很多义工，特别是参与临终关怀慈善活动的义工，他们中间的很多人，都签署了生前预嘱，表明当自己处在生命垂危的状态，需要使用呼吸机等机械设备，用人工的方法维持生命时，拒绝使用机械设备维持生命，选择自然的方式死亡。生前预嘱清晰地表达了患者的愿望，减轻了亲属放弃用人工方法维持生命的心理压力。

（二）患者亲属的选择

当患者处在使用机械设备人工方法维持生命时，亲属常常面临两难的选择，继续治疗不仅有巨大的医疗费用的压力，还有看着亲人身上插着各种管道用机器维持生命，承受肉体的痛苦自己却无能为力而身心憔悴，放弃治疗自己会承受"不孝""不亲""不负责任"的道德谴责的压力。患者的亲属，常常会在反复的思想斗争之后，权衡各方面的因素才能做出最后的选择。

台湾彩虹公园举行迎接 2016 年新年到来的露天音乐派对，刺耳的音乐，雪亮的射灯，狂欢的人群，不幸突然降临。乐队疯狂地演奏时，台上的人员向空中抛洒彩色面粉。粉尘在空气中达到一定浓度时，遇到高温或明火就会引起爆燃。不知道是高温的射灯，还是现场有人抽烟，音乐会现场发生了爆燃。满天都是火光，人们四散逃命。彩色面粉在空气中燃烧，烧伤了人们的皮肤，吸入的热空气烧伤了人们的呼吸道。有的人被当场烧死，有的人被烧成重伤，送到医院抢救。随着时间的推移，死亡的人数在增加。

新闻媒体在报道烧伤人员的死亡信息时提到，有伤者的亲属在与医院的治疗医生反复讨论后决定，拔管、停止治疗，宣布伤者死亡。重症的烧伤患者，尤其是空气爆燃引起烧伤的重症患者要在超净的治疗室，防止感染。昏迷的患者，身上要插各种维持生命的管道，气管切开插入的呼吸管，通过鼻孔插入的鼻饲管，导尿管，插入静脉的补糖补水的针管等。伤者的亲属选择拔管，就是选择被动的安乐死，亲属的承担的伦理道德压力与选择安乐死是相同的。

在中国人们的传统观念中，对待死亡的内心反应是"好死不如赖活"，这样人们对失去生命的恐惧更加强烈，对失去亲人的痛苦反应也更强烈。中国人亲属常常参与家族事务的决策。因此，医疗纠纷常常会成为多人参与的群体事件。这种情况也增加了直系亲属决定依赖机械装置人工维持生命情况患者是否放弃治疗的难度。直系亲属中，决定是否放弃医疗的话语权应该如何确定，应该有一个符合法理的操作方法，如夫妻一方健在，其中一方有绝对话语权；仅有独生子女的，子女有绝对话语权；多子女家庭在选择方案时，少数服从多数。如果多子女家庭，对治疗方案的选择有争议，持不同意见的双方人数相当时，请家族中旁系亲属参与，少数服从多数。对于此类患者如果有子女，但子女拒绝与医院及有关方面联系，处在失联的情况下，谁来决定使用机械设备人工方法维持生命的患者，是否放弃治疗的决定，是非常困难的。谁来支付由此而产生的巨额医疗费用，也是需要认真考虑的。这些问题需要在国家的层面上，通过立法来统筹解决。

（三）政府、医疗机构的选择

2014 年，有一个引起世界关注的新闻，以色列前总理沙龙，昏迷 8 年后，离开人世。沙龙的逝世标志着以色列一个时代的结束。以色列用国葬的最高礼仪，安葬了这位以色列的民族英雄。昏迷 8 年，使用机械设备人工方法维持生命，是一个漫长而痛苦的过程，沙龙是属于以色列的，人们在期盼奇迹的出现，没有人能决定停止使用机械设备人工方法维持生命，只能等待。这是一个国家的选择。

使用机械设备人工方法维持生命，患者的生命延长了，但生活质量是很低的，患者应该是很痛苦的。"如鲠在喉"是中国的一个成语，形容一个人非常不舒服的状态，一根鱼刺卡在喉咙里，咽不下，吐不出。有肺部感染经历的人都知道，要将气管里的痰咳出来有多么难受。使用机械设备人工方法维持生命的人，身上插了很多管子，不用说其他管子在人体里的感受，单说插在气管里的那根管子，医生通过这根管子保证患者呼吸道的通畅。呼吸道受到异物的刺激会有分泌物，医生会通过这根管子将分泌物吸出。而且，这个过程反反复复，直至患者死亡。为了维持生命，在患者身上插的每一根管子，都要完成一定的功能，都需要医护人员反反复复的操作，这些操作带来的肉体痛苦可想而知，只是患者不能言表而已。

中国的医疗保障体系尚在完善中，在医院或民政部门的养老院，当患者处在病危状态时，常常会遇到意想不到的困难。

在公共场所有时会遇到昏迷的患者，或意外受伤的人，好心的人会将这样的患者、伤者送到医院。医院会发扬救死扶伤的人道主义精神全力救治，同时通过各种渠道寻找患者、伤者的亲属。有的时候，尽管通过媒体发出寻人信息，通过公安机关进行人口信息的查询，甚至通过网络寻求网友的帮助，但是患者、伤者的亲属，仍然没有找到。患者、伤者的病情发展到使用机械设备人工方法维持生命的阶段，问题出现了。继续治疗由谁来支付巨额的医疗费用，中国的医院是要通过医疗服务收取费用维持医院运转的，这种情况发展下去，医院将不堪重负，不能维持正常的运行。如果停止使用机械设备人工方法维持生命，医院方面由谁决定停止使用医疗设备，终止患者、伤者的生命。如果医院停止使用机械设备人工方法维持生命，医院将承担巨大的道德压力。

如果医院通过媒体或公安机关找到患者家属，但家属出于各种原因不到医院来办理各种手续，如支付医疗费用，对是否放弃使用机械设备人工方法维持生命做出决定。医院仍然处在困境中，医院没有精力派专门的人员去寻找患者的亲属。公安机关也没有权力强迫患者的亲属到医院来履行责任。寻求司法途径解决也有很大的困难，由谁来起诉，以什么名义起诉，谁来负担医疗费用，患者、伤者是在公共场所发现的，伤病的性质，如意外，还是有其他原因等。医院的临床治疗终结后，哪一个部门完成接续工作，如康复、出院进行家庭护理等，要解决的问题十分困难。目前，中国急需完善医疗保障体系，对死亡医学领域的工作，组织多学科的专家进行调研，提出解决方案。

四、植物人状态

植物人状态是重度脑损伤后的一种临床表现。植物人状态实际上是一种重度昏迷状态。植物人状态的大脑功能丧失，与脑死亡完全不同。植物人的大脑功能丧失，是可逆的。在特定的条件下，处置植物人状态的患者，可以恢复或部分恢复大脑功能。但是，植物人患者在什么条件下，什么时间，能够恢复大脑的功能，现代医学水平是无法确定的。

在很多情况下，植物人状态的患者，是用医疗辅助设备维持生命，亲属用亲情感召患者，他们在期待奇迹的出现，希望在某一天看到植物人患者对亲人的呼唤的反应。等待是漫长的，医疗费用的消耗是巨大的，是否终止对患者的治疗，对亲属来说是一个艰难的决定。

植物人的处置方式牵扯到很多医学伦理学问题。父母有权决定子女的死亡吗？妻子或丈夫有权决定配偶的死亡吗？没有监护人的情况下，医院有权决定患者的死亡吗？谁来支付植物人巨大的医疗费用？各种问题需要认真思考，提出符合死亡医学伦理学的解决方案。

第四节　非正常死亡的伦理学

个体非正常死亡的情况是指发生在医院外死亡。个体在医院外死亡，不同于医院内死亡，个体的死亡认定、尸体处置等与死亡有关的问题，死者亲属面对的问题与医院内死亡完全不同，涉及个体死亡的有关问题处理，涉及的政府部门也不同，死亡事件善后处置的有关伦理学问题也不同。非正常死亡常见的情况有以下几种。

一、医院外疾病死亡

（一）医院外疾病死亡的分类

1. 住所内死亡

很多老年人患有慢性病，如心脏病、高血压、糖尿病等，随着年龄的增大，病情的控制难度增大，周围环境变化，如气候改变，冬天天气急速变冷，病情会加重。很多老年人不愿意在医院里住院治疗。住院治疗时，他们的饮食、睡眠等条件与居家治疗不同，他们常常不习惯医院的作息环境。

在家里居住的老年人，疾病发作来不及救治，可能在家中死亡。国内外老年人在家里死亡的情况都不少见。在住所内死亡的老年人，所处的环境不同，在善后处理方面差异很大。住在城市的老年人，有的身边有子女照顾，有的身边没子女照顾，他们去世后，需要不同的帮助。在农村家中死亡的老年人，也存在子女在身边与不在身边的情况。

在居住环境中死亡的情况，并非只发生在老年人群体。由于不健康的生活习惯，包括饮食、工作及休息，很多人处在亚健康的状态。年轻人和一些中年人，这种状况更为常见。猝死在年轻人及中年人的群体中并不少见。过劳死在媒体上有时会有报道。过劳死的个体在法医尸体解剖检验中，常常没有阳性的检验结果，即尸体的大体解剖在肉眼观察下，没有发现明确的死亡原因，在显微镜下做法医病理学检验，也没有发现有致命性的疾病。排除中毒死亡及其他外界因素作用致死后，定为过劳死。过劳死的情况，多发生在青壮年群体，他们的劳动强度大，或精神压力大，死亡常常发生在休息场所。

近年来，青少年在网吧发生猝死的案件时有报道。有网瘾的青少年，常常在网吧里通宵达旦地玩电子游戏，有时候会持续几天几夜，造成猝死。青少年的死亡涉及的问题更加复杂，后果也更加严重。一个未成年人的死亡，可能造成一个失独家庭，对家庭成员的打击更大。对社会的影响是多方面的，网吧管理人员、医疗机构、司法机关、有关政府部门都会牵扯其中，涉及的利益面更广，死亡事件的善后处理更加复杂。

2. 公共场所内死亡

现在的法医尸体检验发现，冠心病的发病年龄日趋低龄化，20多岁的年轻人，冠状动脉堵塞在三级以上的并不少见。冠状动脉堵塞在三级以上的个体，在很多情况下都会诱发冠心病发作，如劳累、饮酒、剧烈运动、高度兴奋、过度悲哀等。年轻人的冠心病发作，常常是突然发病，抢救不及时，很快就会导致死亡。冠状动脉堵塞在三级以上的冠心病发作，很多情况下都来不及抢救，患者很快就会死亡。尤其是平时没有注意到，自己患有心脏病的中青年个体，死亡发生得更加突然。冠心病发作引起的猝死，可以发生在家里，也可以发生在公共场所。

患有其他疾病的患者，在特定的情况下，也可能出现疾病突然发作，在公共场所内死亡。个体在公共场所内死亡的情况很复杂，如室内、室外，商场、公园等，不同的公共场所发生个体死亡，尸体需要处置的情况不同。通常的情况下，在公共场所发现尸体需要报警，由警方按程序处置尸体，法医进行解剖后确定死亡原因，才能按照常规程序处置尸体。

（二）医院外疾病死亡的处置

医院外死亡的个体，善后事宜的处置，主要有以下方面。

1. 居所内死亡

居所内死亡的情况，多是在家养病的老年人。过劳死的年轻人，常常发生在工人居住的集体宿舍。

在家里病死的老年人，身边有子女或其他亲属照顾的，可以立即拨打本地急救中心的电话。死者身边的子女等亲属有医学常识的，可以进行一些简单的医疗救治措施。同时，子女或其他亲属应开始准备老人的后事。为老人养老送终，是基本的道德规范。

中国传统的丧葬习俗是入土为安。在中国绝大多数地区，已经禁止土葬，实行火葬。在城市，丧事从简，已经成为一种风尚，更加环保的丧葬方式也开始被人们接受，如将骨灰撒入大海的海葬，将骨灰埋葬在树下的树葬等。死者的家属这时需要对死者的善后工作有一个方案。通知死者的亲属，与死者告别。很多家庭会在殡仪馆进行一个遗体告别仪式。在中国的农村，很多古老的丧葬习俗仍然存在。如果不按照传统的习俗操办丧事，当地人会认为死者的子女不孝。丧事操办的形式，城市、农村差别很大，发达地区与欠发达地区差异也很大，要尊重传统，也要移风易俗逐步引导新的、文明的丧葬方式。

老人"在天之灵"，希望家庭和睦。分配遗产不要产生纠纷。老人生前有遗嘱的按照老人的遗嘱执行。没有遗嘱的按照《中华人民共和国继承法》的有关条款，进行财产的分配。分配遗产有争议时，要协商解决，或通过司法程序解决这也是基本的道德规范。

在城市，家里有人疾病发作，人们常常会拨打急救电话。急救中心的救护车到来后，首先要确定患者是否死亡。急救中心的医生对确定死亡要有规范的医学操作，并且要有客观的记录。国内对死亡认定的操作，没有具体的规定。在实际工作中，要用仪器检验确定死亡有记录，并且请家属在场见证、签字。急救中心的医生要给死者的家属出具死亡证明。死者的家属需要使用死亡证明，办理注销户口、注销银行的账号等事宜。

死者的尸体处置，由民政部门完成。丧葬服务是一项由民政部门进行行业管理的社会服务事业，包括进行与尸体处置及丧葬习俗有关的各项活动。尸体处置包括尸体整容、清洁，尸体的运输与存放，火化，以及骨灰的安放。丧葬服务包括提供守灵的场所、操办遗体告别仪式、销售陪葬用品、葬礼用品等。殡葬服务已经成为商业行为，国家民政部的有关单位，制定了多项与殡葬有关的行业标准，基本上是以提供服务的规范为中心的。死者家属与提供此类服务的商家联系，也可以与殡仪馆联系，即可以得到全面的服务。

　　老人身边没有子女、亲属的情况，更加复杂一些。单身的老年人在家中死亡没有人知道，直到屋子里有了异味引起邻居的警觉报警的情况，国内外的媒体都有报道。关注独居的老年人成为社会关注的问题。

　　中国面向老年人的养老保健体系仍在建设中，能够向老年人提供服务的养老院数量很少，远远不能满足老年人的养老需要。为了解决这一问题，老年人居家养老是现在政府推荐的一种方式。对于身边没有子女照顾的老年人，居家养老问题更加突出。对于这样的老人，由谁向他们提供帮助，尚没有完善的体系。

　　中国社会基层的公民自治组织，在城市里是居民委员会，在农村是村民委员会。居民委员会通过居民居住小区的物业管理机构及小区的业主委员会，完成对小区的日常生活管理。公安机关的派出所的辖区管片的民警负责对小区的治安管理。农村的村民委员会是对村民进行全面管理的机构，包括衣食住行、生老病死及社会治安等方方面面。在边远山区，有的村民委员会会管理几个自然村，情况会复杂一些。居民委员会、村民委员会的有关管理人员会代行老人子女的责任及义务，帮助照顾身边没有子女的老年人，包括就医用药、死后送终。

　　当独居的老人去世时，常常是居民委员会、村民委员会的工作人员帮助料理后事。有很多情况下是老人居住地的街坊、邻居帮助料理后事。也有的是老人身边的好心人，帮助照料老人，老人去世后，帮助料理后事。在中国目前没有相关的法律、法规，如何在体制、机制方面，保障老人安度晚年，经费、人员等全面落实。没有子女，没有什么财产的孤独老人身后事的处理相对简单一些，由一直照顾老人的人员与单位商定即可。老人有点财产，子女却从来不管老人的生活，老人死亡后前来争财产的不是少数，有的前来争财产的不是老人的子女，而是老人的远房的亲属。这样的人，社会道德低下，于情于礼都说不过去，需要通过法律程序解决问题。

　　对于身边没有子女照料的老年人在家中死亡的情况，在城市由居民委员会报 120（急救中心）或 110（报警中心）进行救助，由急救中心的医生或公安机关的法医确定老人的死亡，并出具死亡证明。在农村情况较复杂，村民委员会负责治安的人员、乡村医生、村民委员会的其他领导，都可以出具死亡证明。有的地方甚至不要死亡证明，村里的人，做一口棺材，帮忙埋葬即可。在这方面的死亡管理，需要国家立法，统筹解决。

　　过劳死多发生在工人的集体宿舍。发生这样的情况，通常是死者所在单位的负责人报警。公安机关的法医通过尸体检验确定死者的死亡原因，确定死亡的性质。如果排除自杀，排除他杀，不是治安案件，不是刑事案件，死者的善后工作由所在单位负责。一般情况下，死亡证明由公安局的法医出具。

　　死者单位通知死者亲属来处理死者的善后事宜。根据国家尸体运输的有关规定，尸体不能运回老家。尸体必须在当地火化，骨灰可以带回老家安葬。死者单位可以根据国家有关规定，对死者家属给以抚恤。死者亲属不能以尸体为要挟的条件，提出不合理的要求，更不能聚众闹事，扰乱社会治安。

　　在用工单位发生这种情况时，死者的亲属会来很多人，尤其是农村来的务工人员很多同村的村民也会同死者的亲属一起来到事发单位。人命关天，死人是大事，亲朋好友出面帮助死者家属处理后事，是人之常情。如何帮助死者的家属，如何表达对死者家属的同情心需要理性思维，不能违法，不能超出公序良俗。要安慰死者的家属，减轻他们失去亲人的悲伤，要帮助他们做好处置尸体的准备，办理好各种手续。照顾好他们的起居，让他们尽量休息好。帮助死者的家属，料理好后事，才是同情心最好的表达。

过劳死的情况，常常会引起媒体的关注。中国对于死亡的报道没有法律方面的限制，应该参照发达国家的有关规定，制定在中国进行死亡信息报道的规定。在当今的情况下，媒体对死亡的报道，要客观冷静，不能增加死者家属的悲伤痛苦，不能增加死者单位与死者的矛盾，不能为博眼球按照自己的想象添油加醋地增加报道内容，这也是媒体报告死亡信息的道德底线。

2. 公共场所死亡

在公共场所突发人员死亡的情况时有发生。在公共场所死亡的情况，大多是疾病突然发作，来不及进行抢救发生的突发事件。处置类似的突发事件，涉及的部门及人员，较个体死亡发生在家庭的情况复杂。死者周边的人员都有道德义务帮助死者善后。

公共场所大多是人员密集的地区，有人突然发病时，患者身边常常会有热心人对发病人员进行救治，其中也可能有医护人员对患者进行紧急救治。同时，拨打120急救中心等待救援，或者就近送医抢救。患者发生死亡时，对患者进行救治的好心人常常需要进行进一步的后续工作。

由于死亡是突然发生的，死者正常出行携带的物品中，可以找到个人的身份信息。在有人见证的情况下，参与救治的人，可以找到死者的手机，根据手机中的号码，联系死者的家人。同时，在最短时间内，拨打110向公安机关报警。

死者死亡的地点，在人员集中的地区，一定是社会生活的功能区，如旅游景点、交通枢纽、购物中心等。死者所处的地点的管理部门，如景区的管理单位、地铁的运营单位等，必须在第一时间到现场，保护现场维持秩序，联系死者的家人、死者的工作单位及尸体善后处置的有关部门，如急救中心，公安机关的派出所等。在有关部门的人员没有到来之前，一定要有人值守，妥善处置现场情况，直到家属及有关部门将尸体运走。

如果死亡是在街面上发生的，临街的商铺有责任、有义务对死者提供帮助。中国在街面管理上，门前三包是惯例。对在自己经营的店铺门前发生的意外事件，经营者要在第一时间，拨打120急救中心、110报警中心的电话，并对死者提供自己力所能及的帮助。

政府部门在处置此类突发事件中，最好等待120急救中心的救护车到达，即使死者已经死亡，仍然需要急救中心的医护人员进行确定患者死亡医学操作，出具死亡证明书。死者的尸体可以运到急救中心的太平间，也可以由殡仪馆出面，运到殡仪馆。

死者家属与急救中心及殡仪馆联系办理相关手续后，可以按照个体死亡的正常程序及当地风俗习惯，办理死者的善后事宜。

二、意外死亡

意外死亡是指个体在日常生活中，由于自己不小心造成的死亡。在中国北方冬季家庭取暖，在室内烧煤炉常常发生煤气中毒，导致室内人员死亡。在南方游泳戏水是人们喜爱的户外运动，游泳的人有时候会发生溺水死亡的意外。交通事故是在人们日常生活中最常见的意外死亡。好奇心是智慧动物的本能，探讨未知是人类的本能，户外探险、极限运动等富有挑战性的活动，吸引了很多人参加，尤其是年轻人的兴趣更大。这些运动是有风险的，常常会导致参与者的意外死亡。意外死亡有关的伦理学问题，也可以从目的、行为、后果、风险及对策等方面，对有关人员的行为进行分析探讨。

（一）意外溺水死亡

1. 溺水急救失败

游泳戏水是广受大众喜爱的体育运动。溺水死亡可以发生在有个体游泳戏水的任何地点。游泳意外最常见的是自然环境的水体中的游泳活动，偶尔也会发生在正规的游泳池中，以及不深的水体中。

在自然水体的游泳运动，常常是很多人聚集在一起，如海滩、江河等，一旦发生危险情况，很多人都会伸手救援。在公共海滩或游泳池游泳，会有专职的救生人员，对溺水的伤者进行救治。出现溺水者救治失败的情况，急救中心的人员也会很快到达。死者的善后处理可以按照常规程序进行。

很多人到自然水体游泳的环境野泳，是野外环境，不是适合游泳的地点，有江、河、湖、海的水边，常常会有人自发地在一些地点聚集野浴。这些地方水下情况复杂，没有专门的救生人员，常常会有溺水意外死亡的情况发生。在这些地方，当地政府的有关部门，都会设置警示牌，内容基本都是"禁止钓鱼、游泳"或"水深危险，禁止游泳"。但在那里游泳的人，对这类警示牌都视而不见，我行我素。

在野外游泳意外溺水死亡的个体，在善后事情的处理方面，会涉及以下方面。

溺水死亡的死者，如果是成年人，自己要对自己的行为负责。尽管他本人已经死亡，仍然要对死亡的后果负责。如果有同伴相约共同去游泳，根据相互约定的情况，溺水发生时大家的表现，以及救治、报警的情况综合分析，同伴可能会承担《中华人民共和国民法通则》有关条款规定的连带责任。

溺水死亡的人，如果是未成年人，根据溺水死亡发生的时间、地点，有关单位及人员应负担相应的责任。溺水死亡的未成年人，如果年龄很小，如学龄前儿童，家长要负担监管不利的责任。溺水事件发生的水体，如果是人为造成的，如工地施工形成的水坑、人工开挖的鱼塘等，没有围栏等防护设施，没有提示危险的警示标志，相应的部门应承担相应的连带责任。未成年的学生是容易发生意外的群体，每年学生假期，教育主管部门都会发出通知，要求加强对学生的假期管理，防止发生意外，尤其强调不能私自到野外去游泳。学生到野外私自游泳，在学期间根据学校的管理情况及学生的自身情况，发生溺水死亡后，学校可能需要负担对学生监管有疏忽的连带责任。

2. 打捞尸体

在野外游泳的地点是开放的水体或水域的面积很大，意外溺水发生时，尸体会被水流冲走，需要对尸体进行打捞。在有的地方，水域面积很大，水上活动较多，常有溺水情况发生，在那里会有专门进行溺水尸体打捞的人员。打捞尸体的人员中，有的人依靠这项劳动作为经济收入的来源。在媒体的报告中，也有斥责打捞尸体的人冷血，不给钱不下水打捞尸体，看着死者的家属在岸上痛哭，无动于衷。尸体打捞工作艰苦，水下搜寻专业性强，作业人员还要克服对尸体恐惧的心理障碍。中国没有专门的尸体打捞队伍，在大江、大湖岸边的城市，有一些志愿者，在溺水意外发生时，会自发地组织人员去救援，包括打捞尸体。

对个人打捞溺水的尸体，收取劳务费用，是可以理解的。从国家层面，应对有关尸体打捞方面提出有法可依的方案，当地政府部门，尤其是管辖地域有大面积水体的地方政府，要建立专门的尸体打捞队伍，以应对此类事件。

3. 责任与义务

死者如果是成年人，溺水意外死亡死者本人负担主要责任。死者如果是未成年人，家长负担监管不利的责任。死者是在校生，在校学习期间发生溺水死亡，学校负担一定的连带责任。学生放假期间，离开学校发生意外溺水死亡，家长负担监管不利的责任。溺水意外死亡发生后，家属配合有关单位处置尸体，妥善进行善后事宜，是死者家属应该履行的基本义务。

水域管理部门对所管辖的水域的安全负责，其中避免无关人员进入所管辖的领域造成意外溺水死亡，是重要的工作内容之一。合理地设立禁止游泳的警示牌，定期对警示牌进行维护，对遭到破坏或字迹不清的警示牌要及时更新、修补。在重点部位要设置围栏，防止无关人员随意进入。对设置的围栏也需要定期检查维护，对遭到破坏的围栏及时修补，保证围栏功能的正常发挥。有条件的单位，最好设置专职人员负责围栏及警示牌的巡查维护。自身的管理到位后，如果发生意外溺水死亡的事件时，利于事件的妥善处理，使借意外溺水死亡事件提出无理要求的人，无空子可钻。

意外溺水死亡是治安事件，发生此类事件，群众或有关单位在第一时间会拨打110报警。公安部门的工作人员，到现场后，首先确定死者身份，联系死者家人，联系民政部门派车，将尸体运送到尸体解剖室，进行法医检验。对意外溺水死亡的尸体，法医通常仅进行尸体表面的检验，出具死亡证明书。如果死者家属对死亡原因有异议，需要提出书面的申请对尸体进行解剖检验，出具法医尸体检验报告。意外溺水死亡的尸体，一定要尽快地运送到法医尸体解剖室，或殡仪馆。意外溺水死亡的尸体，打捞上岸放在水边，常常会引起群众的围观，影响社会的治安状况，对死者是极大的不尊重。死者家属在现场，看到众多的围观者会感到十分反感。人群聚集会产生各种推测，流言蜚语不利于死者的善后工作，甚至会引发群体事件。

处理意外溺水死亡的事件，公安机关责任重大，常常要协调与事件有关的各个部门的关系。每个案件都是不同的，需要面对的人群是不同的，面对的有关部门是不同的，负责处理意外溺水死亡的民警，要有高度的责任心，做耐心细致的工作，避免因有人溺水死亡引起的上访事件及群体事件的发生。

中国的民政部门对尸体运输的有关规定要求，民政部门负责管理规范尸体运输的车辆。尸体的清洗、防腐、尸体火化等，由民政部门管辖的殡仪馆负责。殡葬服务已经成为市场行为，在每个规模较大的医院附近，都有提供殡葬服务的店铺。对于意外溺水死亡的尸体，民政部门的领导要有国家安全的理念，要从保证社会稳定的大局意识出发，对意外溺水死亡的尸体的运送，必须使用正规部门的有许可证的专门车辆，对尸体的存放、保管需要在正规的殡仪馆完成，全面配合死者的善后工作。

（二）煤气中毒死亡

在意外死亡事件中，煤气中毒死亡是在日常生活中经常发生的，更加常见，也更难防范。人们常说的煤气中毒，实际上主要有两种情况：一种是管道输送的天然气使用不当引起的，如煤气热水器没有按照生产厂家的要求安装，将煤气燃烧装置与淋浴装置同置一室，洗浴时发生意外死亡；另一种是北方冬天常用烧煤的炉子，室内通风不畅，烧煤取暖、做饭时，煤炭燃烧不完全，释放出一氧化碳引起的。两种方式，一种后果，都会造成正常个体的意外死亡。如果有此类事件发生，按下列方式办理。

1. 死者及家属

煤气中毒意外死亡的个体，如果是成年人，对自己的死亡负主要责任。如果死者是未成年人，其监护人需要对死亡的个体负主要责任。燃烧煤炉产生煤气造成的中毒死亡，主要是由于燃煤或煤粉制成的蜂窝煤，燃烧不完全产生的一氧化碳引起的。一氧化碳无色、无味，昏迷前个体会有头痛、头晕、呕吐的反应，但已经不能靠自身的能力脱离危险，如果有人及时开窗通风，可以化险为夷。

有时，燃气热水器安装的位置不当，也可以造成个体的意外死亡。常见的原因有两个：一是燃气热水器安装的位置与洗澡的淋浴器安装在一个房间里，燃气热水器燃烧时，耗尽了房间内的氧气造成个体的窒息死亡；二是燃气热水器漏气，天然气泄漏造成个体的意外死亡。

死者的家属或邻居发现有人煤气中毒，要立即打开门窗通风，同时拨打120急救电话。燃煤中毒多发生在北方的冬天，在急救中心的医护人员到来之前，要将煤气中毒的人，放置在通风处，并注意保暖，有助于煤气中毒者的复苏。同时，家属要及时报警，以便死者的善后事宜的处理。

2. 煤气来源

发现个体煤气中毒死亡，一定要查清煤气中毒的原因。在北方对发生煤气中毒的房间要认真检查，烧煤的炉具是否有破损，烟筒是否通畅，风斗安装是否合理。对燃气热水器使用引起的个体意外死亡，要认真检查燃气热水器安装的位置是否合理，通气的管道是否有泄漏等。如果发现问题，要拍照保留证据，对安装单位及安装人员，或燃气热水器装置的生产厂家，追究责任。

3. 医疗及政府部门的责任与义务

煤气中毒事件的发生多是在密闭的空间，死亡人数常常在两人以上。急救中心的医护人员，在死者家属求救到达事发地点时，一定要按照医疗操作常规的要求严格操作。尤其在确定个体是否死亡时一定要有客观的指标及记录，以避免发生不必要的纠纷。在急救中心抢救煤气中毒的患者时，曾经发生过类似的事件。

在北方的一个城市郊县的一个村镇，发生过一起煤气中毒事件，一对新婚夫妇在新房里煤气中毒，家属向急救中心请求抢救时，认为一对新人已经死亡，非常悲痛。急救中心的医护人员到达后，对死者进行了检查，认为其中的女性有抢救的可能性，将其快速地运到医院，放入高压氧舱进行救治。很幸运，煤气中毒的女子脱离了生命危险。但让人们意想不到的事情发生了，死者的家属大闹医院，质问参加对煤气中毒人员进行抢救的医护人员，为什么不把两个人都拉到医院进行抢救。医护人员表示，不把男性死者拉回医院进行抢救是因为他已经死亡没有抢救价值了。家属提出，你们凭什么说他死亡了，你们用什么设备检查的，有证据吗？

当时，因为还有一个人有救治的希望，时间就是生命，医护人员希望尽快赶回医院，有些必要的程序可能忽略了。医护人员不会见死不救的，这是他们职业的道德要求。事后认真地反思这件事，能否救护车先将需要抢救的人，先送医院，留下一个医护人员对死者进行死亡认定的医学操作。如果急救车上的设备都是固定在车上的，是否在急救车上装备一套便携式的必须医疗设备，如便携式的心电图机。死亡两人以上，或有两人以上需要急救的是否派两台急救车。如果这些条件都没有，是否将两人都运回医院进行抢救。

对医护人员来说，这是两难的选择。两个遇难者同时运回医院，占用了宝贵的医疗资源（指医院的高压氧舱设备短缺，不能满足医疗服务的需要）。而且，这样做，是否有过度医疗的嫌疑，借机收取医疗费用，医护人员也存在医德被质疑的风险。但这样做，对死者家属是一个安慰，他们尽心尽力了。这种情况是否向家属进行说明，对死者进行各种抢救的条件及后果，征求家属的意见后进行操作。医疗急救是争分夺秒的事情，医护人员在高度紧张的情况下，没能考虑周全是可以理解的。医疗急救对死亡认定方面，在制度建设及操作方面都有很多事情需要认真考虑。

煤气中毒是治安事件，公安机关需要到场理清情况。特别的煤气中毒意外死亡的事件，公安机关需要进行大量的调查工作。有时候本人没有使用煤气，或没有烧燃煤炉子，却被发现煤气中毒死亡。在实践中会遇到，有人烧煤炉，造成邻居煤气中毒死亡。燃煤燃烧不全产生的一氧化碳，顺着烟道跑到邻居家里去了。这种情况在一幢平房住多个家庭的房子中会发生，这种样式的房子，在中国的东北地区很常见。在城市的塔楼也会出现，低楼层的住户烧燃气洗浴，造成楼上住户死亡的事件。因为塔楼的排烟道各个楼层都是相通的。发生这样的案件，需要公安机关的刑事技术人员进行认真的调查分析，查明原因。

公安机关刑事技术人员介入的煤气中毒案，需要对死者的尸体进行法医解剖，提取检材进行毒物化验，确定死者的死亡原因。死者的死亡证明书应该由公安机关的法医出具。死者的家属需要配合调查，协助公安机关处理善后工作。

当发生死亡多人的煤气中毒意外事件时，涉及的人员较多。民政部门要及时到位，组织有关部门将尸体尽快运送到殡仪馆，以便对尸体进行检验确定死亡原因及死亡性质。中国人祭奠死者是常常会有很多亲戚、朋友进行守灵，很多人在不同的地点设置灵堂守灵，各方需求的信息不易沟通，不利于善后工作的处理。在处理众多人死亡的事件时，民政部门需要对死者及死者家属祭奠亲人的要求提供方便，对死者灵牌集中统一设置有利于安抚死者家属的情绪，使事件的善后处理更加顺利。同时，民政部门要做好火化尸体的准备工作。

中国国际航空股份有限公司韩国釜山空难时，韩国对空难进行善后的工作人员，很快就布置了一个很大的灵堂，每个空难的遇难者都有一个灵位，写着遇难者的名字，灵位前有一个桌子，上有供品及香、烛。供桌前有垫子，供亲属跪拜使用。这些行为体现了人性化的服务，符合中国人祭奠死者的道德规范，对缓解受难者亲属的悲痛是有积极意义的。

（三）交通事故死亡

在意外因素造成的死亡中，交通事故是最常见的原因之一，也是造成死亡人数最多的。在现代信息化的背景下，大数据时代在互联网上很容易查到世界各地由于交通事故造成个体死亡的统计数据。在交通事故造成个体死亡案件中，涉及死亡伦理的问题最多，情况也很复杂。从目的、行为、后果及风险等方面围绕利益如何分配，与死者有关的各方常常会发生激烈的博弈。

1. 死者家属与交通肇事方

交通事故善后事宜，最显著的特征是死者的死亡赔偿金如何分配。在大多数交通事故的案件中，赔偿金的支付基本上是有保障的。在明确交通事故的责任方后，即使是死者在违反交通规则的情况下，造成的交通事故，也会有出于人道关怀的资金补偿。即使在死者应负担全部事故责任的情况下，中国的法庭在审理此类案件时，常常会要求交通工具的所有者，出于人道的角度，给死者家属一定的经济补偿。在补偿金额的多少方面，家属与交通工具的所有者，常常会纠缠不休，使交通事故的善后工作很难进行。

很多时候，交通事故死者的家属之间，对死者的补偿金如何分配，争吵不休。如何分配赔偿金，婆媳之间，兄弟姐妹之间常常会有纠纷，有时甚至远方的亲属也来搅和，导致死者的善后工作无法进行。在发达国家，行人违反交通规则造成死亡，行人负全部责任，没有补偿，有可能还要赔偿他人损失。中国在这方面没有法律明确规定行人的责任，法庭审判以同情弱者的角度出发，要求对死者进行人道补偿。因此造成需要补偿金额多少，补偿金如何分配等会产生纠纷，不利于死者的善后处理。

交通事故逃逸的情况在中国并不少见。交通事故逃逸对司机及交通工具的所有者，可以按照有关法律追究刑事责任。但由于没有找到交通肇事方，赔偿金无法落实，家属常常不同意处置尸体，死者的尸体常常会在殡仪馆的尸体冰柜存放很长时间，不仅造成人力及资源的消耗，而且是社会的不安定因素，需要在国家层面提出解决方案。

刑事案件的侦破，有很多不确定因素，指定时间侦破案件是不科学的。不能没有找到肇事司机及肇事车辆，就不处理尸体，这样死者家属不能尽早摆脱失去亲人的痛苦，给殡仪馆的日常工作也带来困难。中国关于这类情况尸体如何处理，如何保证死者家属的权益，保证尸体保管、处理单位的合法权益，没有相关的法律规定，需要尽快完善。

在对交通事故的处理方面，提出各种各样要求的常常是死者家属。有的时候，在处理交通事故的听证、协商会上，家属方面会来几十人，吵吵嚷嚷、乱成一团，场面常常失控，与交通事故有关的各方无法达成协议。有时即使交通肇事方与家属已经达成一致意见，但有一个家属没有参加，随后这个人提出异议，使已经达成的协议无法执行。甚至有些案件，法院已经审理完成，这个人或类似的人，还会到法院起诉家里人，要求表达自己的想法。家属中谁有权利决定交通事故的处理权，如何确定家庭成员司法诉讼的表决权这方面没有明确的法律、法规，常常造成交通事故有关案件久拖不决。

死者家属的争吵，常常是以个人利益为核心的，即不考虑国家及有关单位的利益，也不顾及家庭成员之间的利益，是整个社会长期忽视伦理、道德教育造成的，没有博爱精神，没有中国传统的"孝悌"美德。社会以同情弱者的角度，对违反社会道德的行为，不进行坚决的斗争，对在公交车上打骂司机，抢夺方向盘的人，也是说服教育，有的人甚至同情有违法行为的人，其结果造成社会道德无底线，受伤的是社会上的每一个人。在国外，关于交通事故的处理，法院宣判后，必须按照法院的宣判结果执行，违法者无论是谁，都要追究责任，使得此类事件处理有章可循，不会产生异议，对国内有关事件的处理应该有借鉴作用。

2. 尸体的所有权

尸体具有物权的性质，这一点被人们长期的忽视了。交通事故中家属关于死者赔偿金的争吵，实际上源于尸体的物权性，即死者的尸体产生了经济价值。既然尸体有物权的性质，那么谁应该掌握尸体的物权，包括尸体产生的经济利益及尸体的使用权。尸体的物权性质，在其他事件中也会发生，如工伤事故造成死亡，死者家属也会得到经济补偿，交通事故中尸体的物权性，由于有相对固定的赔偿金，体现得更加明显。

人类尸体本身就是一种宝贵的资源，交通事故造成死亡的个体，常常是青壮年健康的个体，事故发生后立即送往医院，都是新鲜尸体。交通事故尸体是器官移植最好的来源。如何有效利用交通事故的尸体，是中国医学界、法学界及死亡伦理学方面都需要认真面对的，也是需要尽快解决的问题。

中国器官移植的医疗技术在世界上处于领先的地位，制约器官移植医学的瓶颈是器官来源问题。中国已经向世界宣布，在器官移植方面，不再使用死刑犯的器官，全部使用自愿器官捐献者，满足需要进行器官移植的患者。据不完全统计，中国器官移植的捐献者（供体）与需要进行器官移植的患者（受体）的比值大约是 1∶250 人次，与发达国家相比，差距很大，这一比例在英国约为 1∶5 人次，美国不同的州因有关法律不同，约为 1∶3 人次。在中国很多需要进行器官移植的患者，在死亡日益逼近的痛苦煎熬中等待需要进行移植的器官。很多患者由于各种各样的原因，没有等到自己所需要的器官，在等待中死亡。巨大的市场需要，催生了器官的非法交易，倒卖人体器官，走私人体器官，甚至会有杀人谋取人体器官的案件发生。

在慈善事业发达国家，捐献遗体、器官的志愿者较多，捐献遗体、器官的手续简洁，对志愿者死亡或意外死亡，使用遗体及提取器官也很方便。其国家有关于遗体和器官捐献及使用的一系列法律、法规，明确了捐献人员与家属的责任、权利与义务，明确了遗体与器官的使用、提取及保管的机构（大学的医学院），明确了器官与遗体的使用及分配的方法。以美国加利福尼亚州为例，旧金山的器官移植的捐献者发生死亡时，由斯坦福大学医学院的器官移植中心提取死者的器官，对提取的人体器官进行 DNA 配型分析后存入人体器官银行保存，人体器官的种类及配型在互联网上向全世界发布，配型成功的患者可以提出要求，进行器官移植手术。器官移植可以是无偿捐献，可以是有偿捐献，也可以是部分有偿，依据器官捐献的志愿者的要求来定。

在德国，发生交通事故后，死者的遗体被送到法医鉴定所，很快就会有医生来提取各种器官，不仅有脏器，也有皮肤及骨骼。在国外司机进行驾驶执照的领取时，会填一份自愿捐献遗体与器官的表格，表格可以在网络上领取及申报，十分方便。

中国如何有效利用交通事故尸体的资源，需要全社会的努力。中国人对死者躯体的重视源于中国的传统文化，几乎是病态的，在临床医学上为了确诊病因，对尸体的解剖在今天各大医院几乎没有。

在"文化大革命"以前，医生为了确诊病因，验证治疗方法，征得死者的家属的同意，会对尸体进行医学解剖，做出最后的病理学诊断。在国外正常的临床医学解剖很常见。中国人对尸体的传统观念，制约了中国医学科学的发展。调查发现，很多从事遗体捐献宣传的志愿者，对捐献遗体是支持的，对自己亲人的遗体、器官捐献的态度也是有保留的。今天在中国医院的临床病理学的解剖数量，远远低于"文化大革命"之前的水平，值得深思。

中国目前遗体捐献的政策是，无偿、自愿。调查发现，遗体与器官的无偿捐献，降低了很多有器官、遗体捐献意愿人员的积极性。有关调查发现，人们更加倾向的观点是，有偿、自愿。关于遗体捐献补偿的价格，群众更希望是协商解决，最后政府定价。遗体、器官捐献不是市场行为，政府部门的管理重点，是类似国外的方法，是机制建设。很多专家认为有偿捐献，会导致黑色交易，导致犯罪。因此，他们反对有偿捐献。实际的情况是无偿捐献，并没有阻止黑色交易的发生。交通事故尸体、器官的有偿使用，对缓解中国人体器官捐献与需求的巨大矛盾，有着不可替代的作用，需要认真研究，制定相应的法律、法规，统筹解决。

三、自　杀

人类自己用极端的方式结束自己的生命称为自杀。动物的自杀行为是人类定义的，如大量的海豚在海滩上搁浅死亡，对海豚这种聪明的海洋哺乳动物来说，是非常罕见的现象，媒体在进行新闻报道时，常称为海豚集体自杀。经海洋生物学家研究发现，海豚大量集体死亡是有原因的，与很多因素有关，包括疾病、异常的气候、人类活动造成的海洋污染等。动物的所谓的自杀是有客观原因的。人类的自杀，与动物的自杀有本质的区别。人类自杀是主观行为，是人类一种有准备地终结自己生命的行为。

（一）自杀的分类

1. 成年人的自杀

成年人是社会的主体，承担着家庭生活供养及社会服务工作的主要责任。他们肩上的担子更重，生活的压力更大。引起成年人自杀的原因很多，个人的心理素质，经济负担能力及社会传统影响等都有着重要的作用。

1）疾病引起的自杀

疾病引起的自杀，可以有多种表现形式。有的心理疾病本身发展的结果就是自杀。抑郁症、自闭症等患者，如果治疗效果不好，护理不到位，患者自杀的情况是经常发生的。有的患者罹患了现代医学不能治愈的疾病，如癌症晚期、肌肉萎缩神经侧索硬化症等，不能忍受病痛的折磨，不堪医疗费用的重负，不忍给子女增加负担等，患者可能会选择自杀。

2）婚姻家庭矛盾引起的自杀

婚姻家庭引起的矛盾导致自杀的情况在农村发生的情况比城市多。婚恋阶段常常因为男女双方的彩礼费用问题引发矛盾。婚后男女之间的家庭矛盾，也常常是因为经济问题引起的。离婚在农村，尤其边远落后地区，会被村里人耻笑。因此，有的人会选择自杀。在农村发生的自杀案件,女性多于男性,以喝农药、上吊的行为多见。

3)生活、工作压力引起的自杀

现代工作及生活的节奏加快,人们的生活压力很大。有的人不堪忍受生活压力的重负,选择自杀。有的人生活的环境突然改变,如投资失败、企业破产等,心理的承受力较弱的人,可能会选择自杀。

有的领导干部,掌握一定的权力,在岗位上组织日常工作,身边的干部、群众对他们毕恭毕敬,他们习惯了众星捧月,习惯了身边有人不停地溜须拍马。当他们离退休以后,手中的权力没有了,身边溜须拍马的人也消失了。他们耐受不了寂寞,世态炎凉对他们的心理冲击太大了,尤其是看到接替他的新领导身边聚集了曾经对他阿谀奉承的人时,有的人因此生病,有的人会走极端,选择自杀。中国很多单位有自己的住宅小区,新老干部都住在一个小区里,低头不见抬头见,退休干部会触景生情,引发不幸的事件的发生。

4)畏罪自杀

犯罪嫌疑人实施犯罪后,无力承担自己的犯罪行为带来的后果,有时会选择自杀。畏罪自杀的案件中,常见的案件是杀人自杀。这类情况常见于家庭矛盾的激化,犯罪嫌疑人杀死亲属后,选择自杀。近年来,由于经济状况突然改变,家庭矛盾冲突升级,家庭成员被家庭成员杀死的情况时有发生。此类案件,常常是在城乡结合部发生。由于城市空间扩大,郊区的农村居住区会被占用进行拆迁。通常,拆迁补偿款数额巨大,在家庭成员之间的分配,会引发家庭矛盾。当这种矛盾不能调和时,家庭成员会走极端。因此,灭门的案件时有发生,自己将妻子、儿女、父母杀死后,犯罪嫌疑人的心理压力很大,可能会选择自杀。

职务犯罪的罪犯,多是国家的公务员,文化程度较高,掌握一定的权力,在群众及身边的朋友圈中,有很高的威信。他们很看重自己的荣誉,很爱面子。当他们的职务犯罪被揭露时,他们的无法承受失去金钱、失去荣誉的打击,无颜见江东父老乡亲,可能会选择自杀。

5)信仰问题引起的自杀

信仰问题是很复杂的问题,有的人会因为信仰问题选择自杀。早年,在德国慕尼黑大学法医研究所曾经遇到一宗自杀的案件,死者在当地很有影响,引起了当时媒体的关注。死者是当地一个有名的家族的唯一的继承人,年轻、富有,是当今典型的高、富、帅。他酷爱旅游,到过世界很多地方,他选择了自杀,没有人知道确切的原因,调查案件的警察说,他对生活失望了,没有兴趣活下去了。宗教信仰对人们的生活影响很大,有宗教信仰的人是相信有来世的,相信与我们现实生活的世界相对应,存在一个超现实的世界,佛教称为西方极乐世界。

有的人虽然生活在现实生活中,有妻儿,有别人看来很美满的家庭。他们对现实生活并不厌倦,但对超现实的世界更加向往。他们会妥善地安排好家里与朋友的事情后,平静地选择自杀。他们往往会留下遗书。遗书的内容很阳光,并不厌倦现实生活,对亲戚、朋友会留下感激的语言,会表达对另一个世界的向往,会明确地表达,自己的死亡与任何人没有关系,要求对自己的尸体不要进行法医解剖。他们走得很轻松,但给亲人留下的伤痛仍然是巨大的。

在今天的世界上，确实有很多人为了自己的信仰，永远地走了。

2. 未成年人的自杀

中国由于城乡的二元结构，很多农民离开乡村，到远离家乡的城市里打工挣钱养家，成为农民工。很多农村的常住人口只有老人与儿童。关怀缺失引起的自杀在农村的空巢家庭时有发生。空巢儿童的自杀，大多数不是因为经济原因，而是缺少关爱。

2015年下半年，有媒体报道在贵州的山区，有4个留守儿童一起自杀。他们自杀时，手里有在外打工的父母寄给他们的钱，家里有米，灶里有柴，并不是生活没有着落，村委会也时常有人到家里去看望他们。缺少家庭的温暖是他们自杀的主要原因。父母对孩子的情感是不能替代的，孩子需要的是父母给以的爱。每年春节短暂的相聚，随后而来的是长时间的分离。每一次的生离死别，对孩子心灵的折磨，可想而知。他们的自杀，引起了广泛的生活关注，农民工回乡创业，减少农村的空巢家庭，才是解决问题的根本所在。

很多农民工为了解决与子女分离对孩子成长的不利影响，他们会将子女带到他们打工谋生的城市。农民工在城市的生活成本很高，即使将孩子带到身边，他们起早贪黑地奔波，很少能够照顾孩子，会有新的问题困扰着他们。在城里他们遇到的最大问题是子女的教育问题，正规的学校不让他们的子女入学，民办的打工子弟学校，大多数因为教室、教师等条件，不符合国家的要求，而被迫关闭，农民工的子女在城里入学的尴尬境地，是国内城市普遍存在的问题。尽管国家有关部门在努力解决这一问题，但并没有取得显著的成效。农民工子女的教育问题，引发了很多社会问题，如青少年犯罪问题。在城里农民工尽管将孩子带着与他们住在一起，但对孩子关心不够，同样会引起儿童自杀的问题。前几年，北京的媒体报道了一起儿童自杀事件。农民工夫妇在北京卖菜为生，早出晚归常常将自己五岁的小女儿独自一人留在家里。他们的租住的房子附近有一所小学校。小女孩每天趴在学校的围墙外，看学校里读书的孩子，她非常羡慕他们。一天，她向父母表明，她想上学。父母没有理她，她每天仍然趴在学校的围墙外看别的孩子读书。有一天，她在父母租住的房子里，上吊自杀了。

在城里，儿童自杀的事件时有发生。城里儿童的自杀原因与农村儿童完全不同。城里儿童的自杀大多数是由于网络及社会环境等多种原因引起的。在网络的虚拟空间，儿童能够充分发挥各种想象，实现自己的梦想。随着互联网技术的飞速发展，互联网的应用领域更加广泛。线上与线下，虚拟与现实之间的界限越来越模糊。未成年人对虚拟与现实的理解能力更弱，当他们混淆了虚拟与现实的界限时，常常会导致犯罪，有可能引起自杀。网络导致儿童的不良行为，网络游戏起到了推波助澜的作用。几年前，在青少年之间有一种叫穿越的游戏十分流行，青少年常常通过穿越游戏，使自己回到很久以前，或者前往未来世界。当青少年深陷其中时，常常会有悲剧发生。在北方的一个大城市，曾经发生一起中学生跳楼的事件。一个学生对同学说，今天我要穿越到未来世界。同学说，好啊。我们同你一起去，看你穿越。要完成穿越的学生，爬上当地一个大饭店的顶楼，向在楼底下看他穿越的同学挥手，楼底下的同学同样向他挥手。穿越的学生，来了个小鹰展翅，从楼顶飞了下去。楼底下的同学轻松地回了家。当公安民警找到看穿越的同学时，问他们，你们同学跳楼，你们为什么不报案，也不同家长说。同学说，他穿越了，到未来世界去了，有什么可说的。

很多年后，看了美国的电影《盗梦空间》，才恍然大悟，为什么玩穿越的人，选择跳楼去未来世界了。在很多儿童自杀的案件中，在他们的电脑里，经常会发现，很多关于穿越一类的游戏，或他们自己写的关于穿越的作品。

3. 相约自杀

相约自杀可以发生在任何年龄组，但以年轻人居多。在网络上流行的"烧炭党"，常常会通过网络相约，组织群体自杀。通常相约自杀的人，彼此之间并不认识，他们在网上相约确定时间、地点。他们会买一些食品，酒类及饮料，然后准备一盆炭。他们会用不干胶，封死门窗的缝隙。他们寻欢作乐后，会点燃木炭，最后大家都会一氧化碳中毒而死。有的人很幸运地被人发现，及时抢救挽回了宝贵的生命。媒体采访他们时，问他们，为什么要相约自杀。他们有的说，活着没意思；有的说，人怎么都是活一生，自杀也没什么；有的说，我不想同其他人一样的生活。现在的年轻人，接触的信息量大，想法多。由于大多数年轻人都是独生子女，承受生活压力的能力较低，遇到困难时，他们有时会选择不理智的行为解决面对的困难。生命是宝贵的，任何时候都不能轻易地放弃自己的生命。

（二）死者与家属

自杀行为的死者对自己的死亡负担主要责任。如果是被他人逼迫自杀的，相关的人员需要负担法律责任。家属要配合公安机关的办案人员做好死者的善后工作。家属要及时、准确地向公安机关的办案人员提供有关死者生前的情况，包括是否有精神方面的异常，死亡前是否有反常行为，与社会上各种人员的交往情况等，以便公安机关的办案人员妥善处理有关死者的问题。

如果死者的家庭成员较多，需要妥善处理家庭成员之间的关系。首先要考虑未成年的的生活问题，死者配偶的问题，以及死者老人的赡养问题。家庭成员对死者的善后处理问题要尽快达成一致意见，有争议的问题一定要协商解决，以慰藉死者的灵魂。家丑不可外扬，是中国人传统的道德观念之一，因为家里的钱财分配问题，一家人闹上法庭，常常会遭到外人的耻笑。中国文化是以农耕文化为主体的，土地是不能移动的。因此，在土地上劳作的人，生活状态也是稳定的，彼此相邻的人们的邻里关系相对稳定。远亲不如近邻，中国人很在意邻居的评价及看法。

自杀案件的尸体大多数情况下，如自杀现场有遗书，家属对死者的自杀行为没有异议，法医进行尸体表面的检验就可以出具死亡证明书了。如果自杀现场没有遗书，死者的家属对死者是否为自杀存在异议，则需要对死者进行尸体解剖确定死亡原因后，由公安机关的法医出具死亡证明书。对自杀的死者进行解剖时，家属需要提出申请，并签字确认。家属要配合公安机关的工作。对自杀事件的异议是家属提出的，并因此导致事件不能及时解决，家属需要支付验尸费、殡仪馆保存尸体及其他服务的费用。

（三）公安机关

自杀属于治安事件，公安机关的办案人员一定会介入调查。大多数自杀的人都会留下遗书。人之将死，其言也善，自杀的人，常常会有一些反常的行为，如给亲朋好友交代后事，偿还向别人借的东西，向自己曾经无礼对待人赔礼道歉，请求原谅等。在日常生活中，经常会流露出轻生的念头。有写日记习惯的人，会在日记里表达轻生的想法。

在信息化的今天，网络是一个规模庞大的平台。人们可以在网上查找关于自杀的信息，购买自杀的用品。自杀者也会在网络上留言，表达自己的想法。电子信箱、QQ群、朋友圈，常常会找到自杀者的有关信息。在第一时间查封死者的电脑、手机，常常会得到有关死者的有价值的信息。家属也要协助公安机关的办案人员，保护好死者使用过的手机与电脑。

在实际办案中发现，并不是所有的自杀的人，都会留下遗书、遗言。有的自杀人员自杀的时候，什么都没有留下。在平时的日常生活中没有反常行为，也没有表现出轻生的想法，亲朋好友对他的自杀表示不可理解。在实际办案中，死者的家属常常会询问公安人员，他活得好好的，为什么要自杀。这个问题办案的公安人员很难回答。

在这类自杀案件中，公安机关的工作很复杂。公安机关的核心工作是，排除他杀、排除意外死亡后，确定自杀死亡。以自杀现场为核心，首先确定现场是否有除外死者的其他人进入。调查人员可以从现场痕迹入手，寻找除外死者后，其他人留下的痕迹。现场的门窗是否关闭，是否有他人进入的痕迹等。自杀现场周边的监控录像对了解自杀事件的经过是有帮助的。自杀死者的死亡时间对事件的调查也是有帮助的，除法医解剖确定死亡时间外，死者手机的最后通话时间，最后关机时间，对案件的调查也是有帮助的。

对死者家属有疑问的自杀案件，公安机关需要对尸体进行解剖检验，以确定死者的死亡原因。对服毒自杀的死者，都需要进行尸体解剖，提取检材进行毒物检验，确定中毒致死的毒物，以及是否到达致死量。在进行尸体解剖时，需要认真检查尸体上是否有他人形成的损伤，损伤的数量、分布及类型，确定损伤形成的机制，现场没有发现他人进入，尸体上没有他人造成的损伤，现场没有意外死亡的条件。这时，公安机关的办案人员，在没有发现死者的遗书等支持死者自杀的物证时，也可以确定死者是自杀死亡。中国很多地方都安装了监控录像设备，但监控录像设备的日常维修工作有时做得不好，很多情况下是出了事，调监控录像时，才发现监控录像有问题，没有案发时的影像了。这种情况常常会引起社会的质疑，不利于事件的处理。监控录像设备的日常维护是很重要的。

（四）民政部门

自杀案件的尸体处理与常规的尸体处理有所不同。自杀案件在处理期间，尸体由殡仪馆保存，或由公安机关指定的保存尸体的单位保存。对尸体的任何变动，如更换尸体保存地点，有家属来看尸体进行祭奠，均需要得到公安机关办案人员的许可。这样的安排是公安机关的工作人员，便于了解事情的发展，防止由于尸体保管不善出现的问题。

民政部门需要安排亲属对死者进行祭奠的场所，便于死者亲友对死者表达怀念的情感，以减轻亲友失去亲人的痛苦。祭奠场所的设立，是一种殡葬的服务行为。民政部门应对提供该项服务内容的基本情况进行规范，包括场所的大小，祭奠用品数目及内容，表现形式等，需要政府部门制定规范。

民政部门有对尸体保存及提供服务、收取费用的权利。殡仪馆是企业，殡仪馆有很多工人从事火化尸体及尸体处置、殡葬服务等工作，他们提供劳动获取报酬是他们的正当权益。对死者家属应该支付的费用，如尸体整容、尸体保存费等。中国很多死者的家属将死者的尸体扔到殡仪馆就不管了。火化尸体是要家属签字的，家属不签字不能火化。有的时候，由于各种原因死者家属死活不签字，造成殡仪馆的工作不能正常进行。有的殡仪馆对不能处理的尸体，登报广而告知后火化。家属来闹事，声称没有了探视权，这类不良家属弃死者尸体不管，不交纳死者尸体的保管费，反咬一口，还要索赔的情况在国内不同地区时有发生。在这方面如何管理，国家没有明确的法律、法规，规范死者家属的不良行为，需要在国家层面立法，彻底解决此类问题。

（五）媒体

2016年3月10日，香港凤凰卫视中文台新闻报道栏目，采访了香港记者协会主席岑倚蓝女士。近期香港频繁发生学生跳楼事件，引起媒体的广泛关注，香港很多平面媒体都有大标题的报道。对此香港的民众表示担忧，媒体的报道会引起有类似经历的学生效仿，引发新的自杀行为。

岑倚蓝女士表示，香港媒体对自杀行为的报道是谨慎的，对此类新闻的报道不能煽情。对社会没有影响的自杀事件不宜报道。在有关自杀行为的报道时，要尽可能减少对社会的负面影响。

早年，香港影视巨星张国荣跳楼自杀，媒体进行了大量的报道，很多人效仿张国荣跳楼自杀。中国的大部分媒体管理者，对有关自杀死亡的事件的报道，从来没有明确的要求，很多有关自杀死亡的报道，都带有编者主观想象的成分，以及道听途说的内容。没有经过证明的死亡事件的报道，给社会带来很多负面影响。在这方面，媒体人应该很好的反思，政府部门也需要尽早建立法律、法规，规范有关死亡信息新闻的发布及报道的行为。

四、他　　杀

他杀就是人们常说的凶杀案，是指个体的生命被他人剥夺。他杀的情况复杂，任何人类社会，任何时代都存在他杀案件。按照案件发生的原因，凶杀案可以分为情杀、仇杀、谋财害命、嫉妒及随机杀人。情杀包括争夺配偶的杀人及奸情杀人。情杀，多见于热恋中的年轻人，与动物世界中发情的雄性动物争夺交配权的搏杀情况类似。奸情杀人，多见于已婚的成年人，是婚外性行为造成的最坏的后果，形式五花八门，结果相同酿成命案。这只是简单的分类，实际的情况很复杂，如雇凶杀人，可以是仇杀，可以是谋财害命，也可以是情杀。随机杀人的情况很特殊，凶手与被害人，没有任何关系。有的罪犯预谋杀人，想先杀一个人，练习胆量，准备好凶器，恰巧碰到一个人过来，就将来人杀死了。也有的罪犯是验证一下凶器的威力，随机找人来试枪，造成他人死亡。按照案件发生的方式，可以分为激情杀人、预谋杀人。激情杀人是个体的情绪失控导致他人的死亡，常见的情况是伤害致死，两人打架场面越来越激烈，随手抄起能致命的家伙，将他人打死，或两人喝酒，话不投机，动起手来，将他人打死。

他杀的死亡伦理学问题，从未见有人专门探讨，本章从伦理学的基本原理角度，对他杀涉及的人员及有关部门的行为、目的及后果等方面进行探讨。

（一）死者

在他杀案件中，死者是受害者，大多数情况下，死者是不承担责任的；但有时死者是要承担责任的。正当防卫致死的不法侵害人要负担全部责任。死者生前横行霸道，欺压相邻，将受害人逼上绝路，被迫反抗造成死者死亡。死者死有余辜，自己负责。受害人防卫过当，造成加害人死亡，具体情况具体分析，死者负担主要责任。死者在案件中，存在明显过错的，死者也要对自己的死亡承担一定的责任。

（二）死者家属

刑律有两个功能，一个是惩戒功能，另一个是教育功能。从以牙还牙的惩戒功能向开导循化的教育功能转化，是法律的进步。惩戒与教育两者应该是同一的。20世纪90年代初，美国的一所大学发生了一起悲剧。悲剧的主角是一个中国留学生。在学校的年终聚会上，对一年中对学校有贡献的人颁奖，奖项给了另一个中国留学生，嫉妒心理令他无法控制自己，他持枪杀死了同事、系主任及校长等，最后开枪自杀。这件事当时在国际上都引起了很大的反响。校长的夫人给远在中国的凶手的母亲写了一封信，信中她真诚地表示，她原谅了她的儿子，同是母亲的她理解她失去儿子的痛苦，希望她节哀，希望她坚强，希望她早日从痛苦中摆脱出来。那封信感人至深，是通过理解凶手的母亲的感受实现感化的典范。

前几年，挪威发生了一起骇人听闻的案件。犯罪嫌疑人布雷维克是一位极端的民族主义者，他先引爆了汽车炸弹，然后持长枪、短枪，驾车到一个码头，乘船去了一个露营地。那里是一个小岛，几十名小学生在那里露营。他乘船到了岛上，向露营的学生开枪射击，逃离到海水里的学生也被他追杀。他杀死了77人，大多数是学生。他被警方逮捕并交法庭审判。这个国家没有死刑，对罪犯的最高刑期是20年。死亡学生的家长十分愤怒，感觉刑罚过轻。案件表明，以教育为主导的法律体系的设置是有缺陷的。更为让人不可理解的是，2016年3月14日，布雷维克向法庭申述，要求改善他的囚禁条件。他的律师提出，单独囚禁已经给他的当事人造成了身心伤害，法庭已经受理了杀人凶徒的申述。所谓人权的过度滥用，使人类社会付出了惨痛的代价。对布雷维克执行死刑，对他、对社会可能是一个更好的选择。目前，世界上的社会群体，都有一个趋势，就是民众大多数似乎更同情破坏社会规则的人。为了取悦大众，媒体人推波助澜，破坏社会规则的人常常迫使大众中理性的观念退让，使社会的道德底线下行无边界，也使社会的极端事件、个体的极端行为时有发生。

他杀案件的死者家属在接到公安机关可以处理尸体的通知后，家属应该协助有关部门尽快处理尸体，使死者早日入土为安。家属要求继续保留尸体，需要提出理由，写出书面申请，并负担相应的费用。

他杀死者家属对待死者尸体处置方面的观念与行为的道德底线在哪里，是需要认真考虑的。同时，也应该从法律的角度进行规范。

（三）公安机关

他杀案件都是凶杀案件，凶杀案件在侦查阶段是保密的，与案件侦查有关的材料，除办案人员外其他人是不能接触的。在这一阶段，家属是不能了解案情的，也不能了解死者的情况。这是侦破案件的基本条件，死者家属需要理解并配合公安机关的工作。

公安机关的法医有权对死者的尸体进行解剖，以及提取相关的检材进行检验，不需要得到死者家属的同意。公安机关办案人员对死者生前的情况进行排查，有关人员必须配合调查，提供真实信息。提供虚假信息，误导侦查破案，需要负担相应的法律责任。

公安机关进行尸体检验后，认为尸体对案件的侦查与起诉已经完成了必要的检验，可以通知家属处理尸体，并告知家属对案件侦破没有影响的有关尸体检验的信息，告知的方式依据案件的情况酌定。

如果凶杀案件发生在野外，公安机关的办案人员需要封闭现场，并派人保护现场。对现场发现的尸体，需要运送尸体解剖室进行尸体解剖，不得在野外就地对尸体进行解剖。以前，在边远地区有在露天进行尸体解剖的现象，引来众多的群众围观，不仅造成不良的社会影响，对死者也不尊重，不符合中国人对待尸体的传统习惯。

凶杀案件可能长时间对现场进行封闭。在侦破凶杀案件的过程中，案发现场常常需要反复勘查。没有公安机关的同意，死者家属不得进入现场。家属如果有必须要办的事情需要进入现场时，须在公安机关的人员陪同下，采取现场保护措施后方可进入现场。公安机关的办案人员，应尽快完成现场的勘查，解除对现场的封闭限制，将现场交还死者家属。

对凶杀案件发生在野外的现场，需要尽快勘查。勘查完毕后，需要尽快解除对现场的封闭。野外的现场勘查，需要动用多种警力，如警犬等，有关部门要配合公安工作。

公安机关办理凶杀案件的工作人员，在案件的侦破过程中，常常会接待死者家属，他们关心案件侦破的进展，希望早日将凶杀缉拿归案。他们的想法与公安干警的想法是一致的。公安干警要理解死者家属的心情，尽力做好死者家属的情绪疏导工作。

（四）民政部门

1. 尸体保管

凶杀案件的尸体保存通常由殡仪馆负责。凶杀案件的尸体在案件侦破的过程中是属于案件侦查及诉讼的重要证据的载体，需要由专门的人员进行监管。对尸体的任何变动情况，需要在办案人员的陪同下进行。对凶杀案件的尸体保管需要特别注意尸体冰柜的停电情况，保证尸体不发生腐败、变形及生长霉斑。

复杂的凶杀案件，有时候死者的尸体会被反复检验。在进行尸体复检时，要有检验尸体处置的操作环境，保证水电的供应及通风、照明设备的正常运行。

在公安机关完成对尸体的检验以后，需要及时与民政部门沟通，以便尽快对尸体进行火化处理。凶杀案件尸体的保存期间，尸体的保管费及其他尸体处理的费用，需要与公安机关或当地政府的有关部门，包括民政部门、死者单位等协调，妥善解决。

2. 家属的劝解工作

凶杀案件的死者家属与其他案件不同，他们受到的心理打击更大。由于死者的尸体上，存在犯罪分子留下的大量的信息，是案件侦查与起诉的关键证据，在案件的侦查阶段时保密的。因此，在此阶段，死者家属是不能接触尸体的。这一点需要向死者家属说明，当死者家属来看尸体时，需要向死者家属做好解释说明工作。家属有特殊情况需要见死者时，可以与公安机关的办案人员联系，在不暴露案件的保密信息的情况下，尽量安排家属与死者见面。

当公安机关对尸体的法医检验完成后，认为尸体已经没有保存的必要时，殡仪馆需要及时与公安部门联系，办理与尸体有关的交接手续。同时，通知死者家属到殡仪馆办理死者尸体火化的相关手续。目前，关于此类案件尸体如何移交，需要办理哪些手续，国内没有统一的规定，但公安机关解除尸体的监管，同意死者家属处理尸体的文字说明是必须存在的。殡仪馆需要将有关的文字材料保管好，以便有问题时备查。

公安机关同意对凶杀案件的尸体火化，殡仪馆应通知死者家属处理尸体。如果死者家属不同意火化尸体，需要家属提出书面申请。殡仪馆的有关人员需要向家属说明，从公安机关同意处理尸体，殡仪馆有关人员通知死者家属处理尸体之日起，如果家属不同意火化尸体，以后与尸体保管的有关的费用，如尸体保管费、尸体防腐费等，需要由家属负担。如果家属不提交申请，也不签字时，在与家属交代问题时，最好有录音、录像备案，以便日后产生争议时，能够提供证据。对有争议的尸体如何处置，中国没有明确的法律规定。一具有主的尸体，不可能在一家殡仪馆永久地存在下去，处置是必然的，需要建立明确的法律、法规，规范有关的行为。

五、无 名 尸

（一）无名尸的检验

无名尸是个体伤、病死亡后，没有发现个人身份信息的尸体。无名尸可以是在公共场所发现的伤、病个体，被好心人送到医院后死亡，也可以是在公共场所死亡的个体，群众报警后，警方调查人员没有得到死者的个人身份信息，死者的身源无法确定。无名尸的检验由公安机关完成。

无名尸的检验首先是确定死者的死亡原因，排除他杀、自杀与意外死亡。确定无名尸为他人致死，系为凶杀案件，公安机关将启动刑事案件侦破方案，开展工作。个体系自杀死亡，公安机关将按照治安案件的处置程序安排工作。意外死亡的个体要对死亡的原因进行调查，确定是死者自身原因造成的意外死亡，还是有其他原因，以便采取措施，防止类似的事件发生。

无名尸的常规检验，按照法医的尸体解剖要求进行。法医需要解决个体的死亡原因，拍照、提取生物检材存档，对死者出具死亡证明书。无名尸体在公安机关的法医检验完成后，尸体交由殡仪馆保存。公安机关需要对无名尸的基本情况在媒体上进行公告，确定死者身份，寻找死者的亲属。明确死者身份信息的工作没有结果，公告3个月后，仍然没有找到死者的身源，可以按照相关规定处置尸体。

（二）无名尸的处置

在殡仪馆保存的无名尸，经媒体公告后，可以火化尸体。殡仪馆火化尸体时，需要有公安机关可以对无名尸进行火化的证明。无名尸火化后的骨灰，由殡仪馆保存。无名尸的有关文字资料与骨灰同时保存，以便日后死者家属取走骨灰安葬处置时，作为死者身份认定的凭证。死者的家属是否需要支付有关民政部门处置尸体的费用，需要协商解决。大多数情况下，尸体的火化费用由国家补贴，民政部门出钱，殡仪馆使用。但3个月的保存尸体的费用，尽管各地收费标准不同，对死者家属而言，都是一笔很大的支出。

公安机关对民政机构管理的殡仪馆，如何完成无名尸的移交，公安机关应提供的可以进行尸体火化的文件的内容与格式，目前国家没有统一的格式及所有移交的程序规定。对此类事件，各地殡仪馆的处置方法也不同。甚至，对无名尸的尸体处置的费用，包括尸体保管费、火化费等，应该由哪一个政府部门支付，也没有统一的说法。有很多殡仪馆，由于有无名尸不能处理，甚至影响了殡仪馆正常工作的开展。殡仪馆在人们的心目中很少被关注，家里不死人，朋友都健康，日常生活灯红酒绿时，没有人考虑殡仪馆的事情。与柴米油盐酱醋茶不同，是人们日常生活的必需品，但火化场在一个城市里是一天也不能停业的地方。

关于无名尸的处理，有关部门包括公安机关、医疗机构及民政部门，需要协调有关部门，建立长效机制，制定规章制度，明确责任人，明确所需的资金来源及使用办法。

（三）无名尸的应用

在中国现有的情况下，无名尸公告3个月后，没有人认领，很快就会被火化处理。无名尸本身是一种宝贵的资源。无名尸的科研及教学的价值是无可替代的，由于尸体标本的缺乏，很多医科大学已经不能开设局部解剖学课程。局部解剖学是外科学的基础，没有局部解剖学的培养，如何进行外科手术。虚拟解剖技术可以帮助学生理解人体局部的骨骼、神经、肌肉、血管等彼此之间的相互关系，但在人体上做手术不能虚拟，还需要大量的实践。尸体上的模拟手术就是最好的医学实践。

在现代医学奠基的初期，人们使用尸体进行医学研究会受到宗教法庭的审判。文艺复兴时期的很多著名作品，都是以医学生盗取尸体，医学教授在隐蔽的场所进行尸体解剖教学为题材的。目前仍在使用的很多解剖学的图片及资料，都是用当时盗墓及购买的尸体为标本进行创作完成的。无名尸的科研及医学教育意义是不言而喻的。

中国人对尸体的近乎病态保护，使得对尸体的科研、教学受到的极大的阻碍，严重影响了医学科学的发展。现在在中国临床教学医院，临床病理学解剖几乎没有，即使在中国著名医院，如北京的协和医院也几乎没有临床病理学的尸体检验。在发达的国家，这是不可想象的，一个人病了，经过医生、护士的精心治疗，没有能够挽救其生命，对于病情诊断、治疗方案应该有哪些改进，需要对死者的尸体精心解剖才能发现真相，提高医疗水平，救治以后的患者。国外医院的临床病理解剖是由医院的教授决定的，不需要家属的认可。

尸体用于临床教学与医学科学研究，是一件理直气壮的事情，全世界的医学科学界都是如此。有关尸体是否可以用于医学研究的调查问卷的统计结果表明，绝大多数受访者都支持医科院校及医院的教学、科研使用无名尸。

有媒体为引起关注，对有关人体标本的科普展示进行夸张的报道，有"尸体工厂"，宣扬"淫秽"的报道，产生了非常负面的影响。科学、理性地看待尸体解剖问题，仍然是中国人需要补课的内容。

无名尸用于医学科学的科研及教学，需要在严格的监管下进行。监管的内容包括尸体的来源、尸体的使用、尸体的处置。为了促进中国医学科学的发展，需要在医学解剖、尸体科学使用方面制定法律、法规，以替代陈旧的原卫生部门的有关尸体解剖的条例。有关部门，包括公安机关、医学教育与科研机构，应共同完善有关管理方案。国家的有关部门，应该早日组织有关的各方面专家进行论证，从立法的角度提出议案，使有关单位可以合理合法使用尸体，进行有关的科学研究及医学教学活动。

（四）慈善团体的作用

在广东、福建沿海地区，有一种专门为收敛无名者尸体、骨骼，进行安葬的慈善组织。这种组织的志愿者，大多有信仰佛教的背景。佛教徒以慈悲为怀，他们遇到动物的尸体都会认真安葬，对人类的尸骨更加重视，不仅要安葬，还会诵经超度。

广东、福建沿海的居民，传统上多以出海打鱼为生。出海打鱼，尤其是出远海打鱼，风险很大。渔民每次出海都要祭拜妈祖，祈求平安。在出海起航的当天，在船上要祭拜海龙王，要鸣放鞭炮。但风浪无情，古往今来有数不清的渔船葬身海底，有多少渔民出海以后再也没有回来。他们的亲人在大海的岸边，呼喊着他们的名字，但不见他们的身影。最后，只能安放他们的灵位，在墓穴里安葬他们的衣物。但他们的亲人不会忘记他们，他们发现人类的尸骨，无论在大海里，还是在海岸上，都会将尸骨认真地收敛、安葬。那是他们的亲人。

今天，在广东、福建的沿海地区，仍有民间的慈善团体，专门从事收敛尸体、尸骨的慈善活动。他们的资金全部来源于社会捐助，服务的人员全部是志愿者。管理方法是团体自治，包括财务管理，日常工作。有的地方慈善团体有自己的土地及专门的建筑，包括灵堂、安放骨灰的骨灰堂，有的慈善团体甚至有自己的火化设备。他们处理的尸体，多数是乞丐等无家可归的人，有志愿者无偿地为他们料理后事。

这种慈善组织的公益行为是地方性的一种传统，是对政府处置无名尸工作的一种有效的支持，也是对这方面政府工作不足的一种补充。在调查中发现，这种慈善组织安葬的人员，多是当地的孤寡老人，他们为这些老人办理了后事。还有的死者是常年在当地乞讨的人员，他们死后，身边没有亲人，慈善组织的志愿者为他们料理后事。由于慈善组织的行为感动了很多人，很多人慕名而来参观考察，同时也带来了更多的慈善捐款，他们的事业进入了良性循环。

六、有争议尸体的处置

有争议尸体的处置是在尸体处置过程中，有关各方的利益分配问题不能妥善解决，与尸体处置有关的各方通过解决尸体的处置过程遇到的问题中讨价还价，以满足自己的利益最大化。

（一）死者亲友

有关尸体处置的争议，多数是死者的亲属及相关人员提出的。有关尸体的争议，可以发生在尸体处置的各个阶段，从开出死亡证明开始，到尸体火化，甚至到最后阶段对骨灰保管权的争夺。

北京《京华时报》在2016年3月23日，报道了亲人为争夺死者的死亡证明，结果造成男子死亡两年后，未能下葬的案例。该案例非常具有关于有争议尸体处置的核心问题的代表性。

男性死者52岁，2013年底，因肝衰竭在北京首都医科大学附属医院死亡。截至发稿时间止，死者仍躺在北京地坛医院的太平间里。死者的女儿、死者的外甥，都要求医院将死者的《居民死亡医学证明（推断）书》开给自己。《居民死亡医学证明（推断）书》是医生开出的，一个死者只能开一份《居民死亡医学证明（推断）书》。死者的女儿，在向医院讨要死亡证明遭到拒绝后，将北京地坛医院告上法庭。死者的女儿、死者的外甥及地坛医院的代表，在法庭的调查、质证的过程中，表达了各自的诉求。

死者病重的时候，是其外甥送他到医院的。死者临终前，对外甥说他有一个女儿，他与妻子在女儿两岁时离婚，他没有别的子女。北京地坛医院从死者外甥那里得知死者女儿的信息，在死者临终前通知了死者的女儿到医院，与父亲见最后一面。此后，发生的事情对医院来说完全是意外。

死者的女儿称，父亲死亡两年了，仍然没有火化，是因为医院拒绝给开《居民死亡医学证明（推断）书》。因此，女儿向法院提起诉讼，要求法院判令北京地坛医院向其开具《居民死亡医学证明（推断）书》，并承担患者死亡之日起至开具《居民死亡医学证明（推断）书》之日止，遗体冷冻保藏费3.6万余元。

医院辩称，按照国家的有关规定《居民死亡医学证明（推断）书》只能开出一份，死者的外甥也要求医院开具《居民死亡医学证明（推断）书》。因此，医院不能将《居民死亡医学证明（推断）书》开给死者的女儿。死者在住院期间，死者的外甥办理的死者入院手续，并交付医院住院押金及医药费20余万元，并称他是死者最亲的人，死者的女儿是做工程项目的，本身有很多欠款。如果他拿不到死者的《居民死亡医学证明（推断）书》，死者的女儿就不会还给他交给医院的费用。他还对医院说，如果医院给死者的女儿开具《居民死亡医学证明（推断）书》，就要退回自己为死者交纳的医疗费。医院询问死者的女儿是否能够补交医疗费，遭到死者女儿的拒绝。所以，医院只能等待死者的外甥与女儿的矛盾协商解决后，医院才能出具死者的《居民死亡医学证明（推断）书》。

死者的女儿称，死者住院期间的费用，是死者的外甥从自己的银行卡上划走的。原告与被告就对死者应该如何开具死亡证明的问题进行了激烈的争论。法庭没有当庭宣判。庭审结束后，原告表示接受调解，被告表示需要与死者的外甥商量后决定。法官决定对该案进行庭外调解。

医院得知死者有女儿时，在死者临终通知死者的女儿与自己的父亲见最后一面，合情合理没有任何过错。女儿的出现造成的结果医院是始料不及的。如果医院不通知死者的女儿，直接将死者的《居民死亡医学证明（推断）书》开给死者的外甥，死者的女儿也会将医院告上法庭，诉没有尽到告知义务，使自己最后没有能够与父亲见一面。医院的处境是两难的。造成不能出具《居民死亡医学证明（推断）书》的原因不是医学方面的问题，是亲属围绕死者死亡证明的经济纠纷。尸体处置的话语权属于谁，出现问题由谁来裁决是我国法律的空白，需要有关专家认真研究。

有争议的尸体处置，可能在各种各样的死亡案件中都会发生，后果是死者的尸体长期不能火化，成为社会的不安定因素。交通事故尸体不能火化，常常是因为亲属之间关于赔偿金的纠纷。有的尸体火化后，也会引发矛盾，核心问题是骨灰的保管权。死者家属对骨灰的争夺常常与死者的遗产争夺有关。

（二）政府及有关部门

医疗机构常常会遇到有争议的尸体处置的情况。医院是救死扶伤的地方，在医院也是发生死亡较多的地方。人的寿命是有限的，人类现有的医疗技术水平也是有限的，医院有患者死亡是正常的，是可以理解的。有时，患者家属对自己亲属的死亡不理解，与医院产生纠纷。医闹现象的出现，在中国是不少见的现象。造成医闹出现的原因是复杂的，有医疗水平的问题，有医院管理的问题，也有患者家属的问题。解决医闹问题的唯一手段是通过法律解决。对死者进行尸体解剖，明确死亡原因是解决问题的关键，家属需要认真配合，不能拒绝尸体解剖，用尸体胁迫医院达到索要巨额金钱的目的。医护人员及医疗管理机构必须提供真实的医疗信息，配合调查，查明患者的死亡原因，明确责任。

民政部门对有争议的尸体，需要理清各方诉求。正常进行尸体的处置是殡仪馆的日常工作，有争议的尸体的原因是多种多样的，但在殡仪馆产生的后果是相同的，就是尸体长期放置不能火化。对有争议的尸体在殡仪馆如何处置，需要在法律层面提出解决方案。目前，我国在这方面，很多法律法规还不完善，需要进一步立法解决。为了解决目前问题，有的地方人大出台地方法规，通过媒体公告及法庭诉讼，两个渠道使殡仪馆能够处置有争议的尸体。

有争议的尸体出现，常常是社会上引起广泛关注的死亡事件，媒体常常会关注此类事件。媒体对死亡事件的报道，对死亡事件的解决常常具有导向作用。对死亡事件有关方面的具体诉求需要全面了解，在法律规定的框架内进行客观报道。同时注意在报道中，保护死者的隐私，引导舆论遵循社会的公序良俗促进事件妥善解决。

第五节　对尸体的礼仪

死亡后对尸体护理是对人的整体护理的继续和最后完成，是临终关怀的一部分。死者应该得到人们的尊重，保持个人的尊严。因为这是最后一次得到护理，更应该受到人们的同情和爱护，得到人间的温暖，受到最后一次社会公正仁慈的待遇。日本的艺术家，曾经拍摄过一部专门表现对尸体礼仪的影片《入殓师》。通过对入殓师及有关殡葬行业工作人员的生活描述，表达了人们对生与死的思考，对死者的尊重及对人生的理解。

一、个体死亡后尸体的料理

个体死亡后，尸体需要进行一系列的料理程序。尸体料理，不仅是一种必要的医学护理学操作手段，也是涉及死者、亲属、家庭、医院等方方面面的相互关系，以及心理学、社会学、宗教学、民俗学等多方面的问题。在医院里，医护人员相当重视尸体的料理工作，这不仅是对死者的尊重，也是对生者的支持和安慰。而家属大多数情况下特别是有在家中死亡的亲人，需要亲自对尸体进行料理，所以更应当掌握一些尸体料理方面的知识。

（一）尸体料理的准备工作

在医院里患者如果死去，医生会对患者做出死亡诊断，填写死亡通知单，通知亲属及有关单位。护理人员则会首先做好相关准备工作，这包括环境的准备和用物的准备。环境准备的过程中，他们会说服死者家属不要在病房中大声啼哭，以免影响其他患者的情绪，家属也应主动配合，暂时抑制心中的哀痛，协助护理人员料理尸体。处置尸体使用物品的准备，在病房中包括尸体鉴别卡、包尸单、药棉、擦洗用具等。在家庭中准备清洗尸体的用品及需要穿戴的衣物即可。

（二）擦洗清洁尸体

尸体的清洁方法视具体情况而定。一般是首先撤去治疗用物，如撤去输液管、氧气管等，然后擦净尸体，胶布的痕迹可以用有机溶剂拭去。让死者平卧，双手放在身旁，双目应紧闭。对不闭目的死者可用棉拭子浸湿放在患者眼睑上擦拭，使其闭目。若有假牙应尽量戴好以维持死者面部容貌。如果嘴巴合不上，可在颈下放一枕垫之类的物件使其闭合。应把死者的头发梳理好，将面颈部的污渍清洗干净，尤其是血渍应清理干净。对腔隙如鼻、耳、口腔、肛门、阴道等仍可能流血或仍有液体渗出者可用棉球、凡士林纱布等填塞，但应防止堵塞过多而引起容貌改变，更忌讳毁容。必要时请化妆师给死者美容，以尽量保持生前的容貌，给生者留下好的记忆。

家属在家中，应该参照医院中医护人员的做法，尽力而为。也可请医护人员或殡葬服务所的人员帮助，让亲人干干净净、舒舒服服地离去。

（三）给死者穿寿衣

在医院病房，医护人员会撤去盖被，给死者穿好衣服，再用被单包裹尸体。包裹尸体时，以被单两端盖好头、脚，两边整齐的装好包紧，用绷带束紧肩、腰、小腿部分，并将尸体鉴别卡用大头针别在包尸单上，然后用平车送至太平间。但现在多有穿上寿衣再送往太平间的习俗，各地风俗不同，城市里处置简单，农村相对烦琐。

（四）做好死者的善后服务工作

死者的善后服务，包括尸体的火化、安排丧葬仪式等一系列工作，有时需要医护人员或丧葬人员协助家属完成。当死者送往火化场火化后，房间应做好清洁消毒工作。如果是传染病患者，更需要按照消毒隔离技术进行操作，以防止感染。

（五）尸体料理中的注意事项

料理尸体的时候，家属和医护人员应始终保持尊重死者的态度，不随便摆弄、不随意暴露尸体，严肃认真地按操作规程进行料理。既不能畏缩不前，也不能轻浮乱语。动作要敏捷果断，抓紧时间，以防尸体僵硬造成尸体处置的困难。在具体环节上，医护人员会尊重家属的意见，并注意到死者的宗教信仰和民族习惯。

假如患者是在医院病房中死去，为避免惊扰其他患者，条件许可的话，患者临终前应移至单间或抢救室，以便死后在此处进行尸体料理。如果床位紧张，也可以用屏风隔离遮挡。对此，家属应该积极配合医护人员，不要固执己见。若在家中死去，更要注意尽量减少对邻居的影响，避免对邻里的不良刺激。

对死者的穿戴用物等，应予以彻底的消毒再抛弃处理。特别是患有传染病的死者，其尸体料理更应该按照严格的隔离消毒常规进行料理，这些事宜由防疫部门完全，以防止传染病的传播，以免给家属自己、给社会带来危害。

患者死在医院里，医护人员会妥当地清点和保管死者的遗嘱、遗物，及时移交给家属或所在单位领导。在家中料理死者也要妥善处理遗嘱或遗物，以免以后亲属之间发生矛盾，同时也是对死者的纪念。

二、死亡动物的尸体处置

在很多发达国家，人口老龄化日趋严重，老年人的孤独感是普遍存在的。饲养宠物是排解老年人因孤独而产生的心理压力的有效方法。中国已经进入老年社会，中国的计划生育政策使得很多家庭只有一个子女，子女在老人身边照顾老人的家庭很少。如果失去子女的家庭，老人会更加孤独，很多家庭宠物成了老人唯一的亲人。宠物的死亡对老人的打击很大，宠物尸体的处置是应该考虑问题。

（一）宠物尸体的处置

在社会文化发展到一定高度时，宠物的饲养成为人们生活的一部分。宠物形成了一个巨大的产业链，成为一个具有巨大经济效益的市场。宠物今天已经不仅仅局限在中国传统文化中"花、鸟、虫、鱼"的局限，内容更多、范围更广，昆虫不再局限于蟋蟀、蝈蝈、油葫芦等中国人传统饲养的品种，还包括蚂蚁、独角仙等，除苍蝇、蚊子外，饲养的种类超乎想象。其他的宠物更是门类繁多，大的有狮子、老虎，小的有青蛙、蜥蜴。

人们饲养的宠物，一般来说都没有它的主人寿命长。自己饲养的宠物死亡了，它的主人如何处置，体现了个体对生命的态度。中央电视台拍摄的纪录片《第三极》中，众多的人在公路上，将车子停下来，把路上的小虫子捡起来，放生在路边的草地上的画面，感动了很多人。他们表现的是对生命的尊重。你饲养的小宠物死亡了，你怎么办，将它丢垃圾桶，弃之不管。显然，你对你曾经你喜爱的小生命漠不关心。

那些曾经给你带来欢乐的小精灵，一只蟋蟀、一条小鱼、一只小乌龟等，它们离开了你,你一定不开心。你将它们带回大自然,在一片小草丛,一棵小树下,一条小河边,将它们安葬。让它们回归大自然,它们一定会感激你,你一定会心安。如果你同你的孩子一起去完成你的小宠物的最后的一段路,同时也让孩子学会了尊重生命。

饲养宠物已经成为一种文化,中国人将这种文化发挥到了极致。例如,如何饲养蟋蟀、品评蟋蟀、斗蟋蟀,相关历史、典故及系列的衍生品,足可以写成厚厚的巨著。在今天的中国,经常在路上可以看到被汽车碾压致死的狗,有新鲜的尸体,也有的被压得扁平,最后压紧在路面与路面成为一体,被永远地碾压。它可能是一条宠物狗,也可能是一条流浪狗。主人为什么不能善待它。那些在高速公路拦车救狗的人,救下来的狗怎么办,到哪里去了?在很多庙宇旁,很多情况是,积累罪孽的人将动物关进笼子,有善心的人花钱将动物买了放生,他们在玩什么游戏?

爱狗的人有爱狗的权利,喜欢吃狗肉的人有吃狗肉的权利。爱狗的人,没有拦车不准其他人吃狗肉的权利,大家都要在法律的框架内生活,不能侵犯他人的合法权利。饲养宠物的人,不能只爱宠物的前半段,到了宠物的临终关怀阶段,就弃之不理。在如何对待宠物的死亡方面,更能体现出对生命的尊重。

宠物文化,宠物产业,宠物服务,是一个系统工程,在中国是一个新的命题,很多相关的人员,需要各方人士共同努力完善这一系统工程。饲养宠物的人,率先应该成为一个有爱心的人,负责任的人,有文化修养的人。满地狗屎,是狗的问题,还是人的问题,需要认真思考。

尽管作为世界主宰的人类,在社会制度的建设中,各种不同文化传统的群体,都将保护社会成员的自身生命安全和全社会稳定发展视为首要目的。因此,随着社会文明的进步,国家、政府组织,制定了越来越多、越来越完善的维护公民生命健康权益的法律、法规及其相应的司法体制。但是,死亡的问题不仅仅发生在人类社会,动植物由于各种各样的原因也会发生死亡。今天,越来越多的人认识到,维护人类赖以生存的生态环境及其生物多样性,亦与人类种族和社会可持续发展密切相关,出于"为保护、拯救珍贵、濒危野生动物,保护、发展和合理利用野生动物资源,维护生态平衡"的目的,国内外均有《环境保护法》和《野生动物保护法》等相关法律,对于严重破坏和污染环境,造成人畜死亡,以及非法猎杀野生动物(特别是濒危和珍稀动物)的案件,要追究肇事者的法律责任。国内已有对于猎杀大熊猫、藏羚羊等珍稀动物的捕猎者判刑的案例。同时,出于避免竞争生存空间和自然资源而引发的人类对于野生动物的杀戮,法律规定了在自然保护区内东北虎、大象等国家级保护动物,造成人畜伤亡和农作物毁损的,可给予相应的国家赔偿。此外,在日常生活中,还时有饲养的藏獒等宠物咬死咬伤人的案件,以及因宠物医院对前来就医的宠物,在医疗服务的过程中造成珍贵宠物的死亡而引发宠物的医疗损害责任纠纷案件。这类案件亦均需要对死去的宠物进行相应的法医病理学检验鉴定,确定宠物的死亡原因,才能为相关案件审理提供科学依据。

(二)宠物尸体的安放

动物尸体的处置已经引起国家有关部门的重视。在国家的公共卫生部门有专门的机构对动物的尸体处置进行管理,具体的工作由中国动物卫生监督部门完成。在北京各区都设有动物卫生监督所，如北京市西城区动物卫生监督所，地址是北京市西城区白纸坊西街17号院9号楼，并有联系电话。今天，饲养宠物的人很多，抛弃宠物的人也不少，街上的流浪猫、流浪狗就是佐证。流浪猫、流浪狗死亡谁来管理。个人家里的宠物死亡，随意丢弃的情况也时有发生。随意丢弃动物的尸体，不仅是对生命的轻视，对公共环境卫生的危害也很大。

对动物尸体处置，主要是农业部门介入，并负责管理的。前几年，长江漂流的死猪，曾经引起媒体的广泛关注。饲养生猪是归农业部门管理的，随意丢弃死亡的生猪，表明动物尸体的无害化处理存在问题。禽流感暴发流行时，对感染禽类大规模的扑杀，是由防疫部门在应急状态下完成的。在日常生活状态下，饲养动物的零星死亡，尸体如何处理，需要建立长效机制。

中国人对吃的研究登峰造极，无论什么动物，先问能不能吃，然后问好不好吃。在广东更有"两条腿的不吃梯子，四条腿的不吃板凳"的说法。有的人可能认为病死的畜、禽扔掉可惜，会将死亡的动物吃掉。曾经有不良商家用死亡的畜、禽加工成熟食品销售被判刑的报道，这是最没有道德底线的对动物尸体的处理办法。病死的动物是绝对不能食用的。

关于宠物死亡的尸体无害化处理，北京的动物卫生监督所是按照北京市农业局关于《北京市建立病死动物无害化处理长效机制试点实施方案》的要求操作的。北京市西城区动物卫生监督所在辖区内6家动物诊疗机构建立了动物尸体暂存点，承担北京市西城区的宠物及其他动物尸体的接受及暂存工作。动物卫生监督所统一免费处理动物的尸体。

动物卫生监督所公费处理宠物的尸体，是一个简单的、程序性的方案。人类与宠物的感情，尤其是与宠物狗的感情，是很深的。狗是人类最忠实的朋友，人与狗之间很多感人的故事，不止一次地出现在银幕上。宠物狗死亡后，狗的主人是很痛苦的，他们要安葬宠物的尸体，以减轻失去宠物的痛苦。

如何人性化地安葬自己的宠物，目前没有正规的公司提供该项服务。以北京为例，一般的宠物医院都有为死去的宠物火化的服务，收费600元。宠物的主人可以得到若干宠物的照片及骨灰。北京有一家以慈善为依托的宠物墓地，可以提供宠物的火化及安葬服务。被火化的宠物可以有自己的墓园。一具宠物尸体的火化及安葬费用为1080元，每年交100元的维护费，保存17年。火化动物过程应该没有进行环境评估。

宠物尸体的处理，应该提出人性化的解决方案。可以参照现代文明的丧葬方式，在不污染环境的前提下，对宠物的尸体进行人性化的处置。国外的宠物墓园是与人类的墓园在一起的，中国土地资源紧张，不能提倡建立类似人类墓园式的动物墓园，要建立生态型宠物墓园，进行商业化管理。

第三章 死亡法医学

常言道"人命关天"。就是说，在人们心目中，生命是最重要的和最受关注的。从联合国《人权公约》，到《中华人民共和国宪法》《中华人民共和国刑法》《中华人民共和国民法通则》《中华人民共和国侵权责任法》，再到各部门和各行业法律法规，均毫无例外地将公民的生命健康权作为最基本人权而首要保护。正是人类社会法制的这一最基本需求，促进了以死者尸体检验为主要任务的法医病理学（medicolegal pathology）发展，成为最早和最重要的法医学骨干学科。甚至，迄今许多国家只将法医病理学家（medicolegal pathologist）看作真正的法医（forensic medicine）或医学检察官（medica lexaminer）。我国古代曾将尸检工作者称为仵作，历史上英联邦国家则称为验尸官（coroner），一些国家和地区仍沿用这一传统的法医称谓。

第一节 概 述

一、法医病理学对死亡原因的确定

简言之，法医病理学是一门研究和解决涉及法律的死亡案件中相关尸体组织病理证据检验鉴定的科学。个体死亡原因的最后确定需要由死亡病理学家完成。司法部发布的《司法鉴定执业分类规定（试行）》，根据当前我国司法鉴定的专业设置情况、学科发展方向、技术手段、检验和鉴定内容，参考国际惯例，确定的面向社会服务的司法鉴定人职业（执业）资格和司法鉴定机构鉴定业务范围中规定，"法医病理鉴定：运用法医病理学的理论和技术，通过尸体外表检查、尸体解剖检验、组织切片观察、毒物分析和书证审查等，对涉及与法律有关的医学问题进行鉴定或推断。其主要内容包括：死亡原因鉴定、死亡方式鉴定、死亡时间推断、致伤（死）物认定、生前伤与死后伤鉴别、死后个体识别等。"

与法医学的其他分支学科一样，法医病理学是社会法学和生物医学一门交叉学科，具有法律证据和医学知识双重属性。从社会需求及其法律功能角度，法医病理学主要研究和解决人身死亡案件中有关生物医学证据的检验鉴定方面的问题，法医病理学鉴定意见属于八类法定证据之一，必须遵循一般法律证据的规则和程序，决定了其证据法学的本质属性。从科学理论及其技术应用角度，法医病理学主要是以生物医学理论和技术作为科学依据，对尸体器官组织的相关证据进行识别、提取、固定、保存、检验和鉴定，必须遵循一般生物医学的思维和方法，决定了其自然科学的技术属性。因此，法医病理学的理论与实践，是以服务社会司法实践为宗旨，以遵从证据法律法规规则为要义，以生物医学理论为依据，以生物医学技术为手段，解决个体死亡过程中涉及的死亡原因确定的问题。

正如法学家索顿（Thornton）所指出的，"正是法律实践的需要，而不是科学本身，决定了科学如何应用于法庭。反之，正是科学应用的实践，而不是法律本身，决定了什么是好科学，什么不是。"

二、法医病理学的任务

基于法律的客观性、科学性、公平性、公正性，以及"正义不仅要实现，而且要以看得见的方式实现"的社会需求，决定了法医病理学的任务就是为各类暴力性死亡（violent death）或非正常性死亡（unnatural death）案件，提供相关生物医学方面的客观证据和科学意见，作为立案依据、侦查线索、司法审判的证据。因此，法医病理学的主要研究对象，就是人尸体器官组织的各种伤、病，在个体生前和死后变化征象及其检验方法。

因此，广义地讲法医病理学的社会任务和鉴定对象，涉及所有的日常生活中违法的人及其他动物的死亡案件。但是，在法医病理学实际工作中，最主要的任务还是人类死亡案件的检验鉴定。

2015年司法部发布的《法医学尸体解剖规范》规定，法医学尸体解剖的适用范围包括：他杀或怀疑他杀，存有疑义或争议的猝死，侵犯人身健康权益（如怀疑人身伤害或任何形式的虐待等行为），涉及患者死亡的医患纠纷，意外死亡（交通事故、工伤事故、家中意外死亡等），职业性疾病或损伤、工业或环境灾害、烈性传染病死亡，监管期内死亡，无名尸体或白骨化尸体，明确或可疑的对公共健康有危害的疾病所致的死亡，其他涉及法律问题的死亡等非自然死亡。这一点与传统的法医病理学是不同的。

三、法医病理学的研究范围

任何一门学科的产生和发展必然依赖相关社会需求及其所需的科学理论和技术进步。司法案件发生于社会生活的各个方面，涉及的不同学科领域专门性问题多种多样，特别是随着人类社会物质生活和精神生活内容的发展进步，不断地催生和增加司法鉴定内容和门类。基于各类死亡案件的司法证据要求，法医病理学的主要研究范围包括尸体器官组织的各种生前死后变化及其检验技术，研究包括死亡原因、死亡性质、死亡方式、死亡时间和损伤时间、死亡现场、个人识别、致伤物及其成伤机制推断等相关证据的鉴定技术和呈现方式。

生物进化赋予人类感应最迅速、辨别最精细、色彩最鲜明、形态最真实、认知最可靠的双眼作为认识客观世界最重要感觉的器官，中国自古就有"百闻不如一见"和"耳听为虚，眼见为实"的民间格言，英国亦有"正义要以看得见的形式实现"的法律名言。19世纪德国病理学家菲尔绍（Virchow）（1821~1902年）创立了"以显微镜方式思维"的细胞病理学，将古代的仅靠肉眼查验尸体及其脏腑伤病的宏观形态水平，提升到应用显微镜检验组织细胞病变的微观形态水平，为医学认识疾病的原因、发生、发展及其转归机制，奠定了现代医学唯物主义疾病观的理论基础，即任何疾病均是在相应器官组织细胞病理形态学的物质基础上，发生的病理生理学代谢功能变化及其临床表现。尽管，当今几乎所有大中型医院均普及了MR（核磁共振）、CT（电子计算机断层扫描）、B超等先进影像学仪器和各种实验室辅助检验等先进诊断技术，但仍然属于"隔着肚皮的"间接的组织病变影像和物质代谢反映，临床疾病确诊率仍有平均50%~70%不尽如人意，而组织病理学诊断的确诊率可达95%以上。

可见，正是病理学检验提供了不可替代的直接可视的组织细胞病变，作为疾病的客观物质依据，临床医学已将尸体病理解剖学和组织病理学诊断作为器质性疾病的确诊"金标准"。而基于医学病理学理论和技术的法医病理学，既可满足人们认知客观事物的科学需要，又能符合法律认定证据的公理准则，世界各国均将法医病理学尸检鉴定作为各类非正常死亡和可疑暴力性死亡案件的最核心法定证据。例如，2012年《中华人民共和国刑事诉讼法》第129条规定"对于死因不明的尸体，公安机关有权决定解剖，并且通知死者家属到场"。2002年卫生部《医疗事故处理条例》第18条规定"患者死亡，医患双方当事人不能确定死因或者对死因有异议的，应当在患者死亡后48小时内进行尸检；具备尸体冻存条件，可以延长至7日。尸检应当经死者近亲属同意并签字。……拒绝或者拖延尸检，超过规定时间，影响对死因判定的，由拒绝或者拖延的一方承担责任。"个体死亡原因的最后结论，必须是尸体解剖后进行病理学检验确定的。

现阶段国内外临床病理学和法医学病理学建立了许多尸体检验方面的行业技术标准、规范，制订了较完善的总体原则、一般注意事项、现场勘验、尸体解剖程序、尸检验方案和尸体解剖报告格式等，并随着相关医学理论和技术的发展而不断完善。例如，2015年司法部就制定、发布了最新的《法医学尸体解剖规范》等有尸体检验有关的一系列国家标准。

需要指出的是，辩证唯物主义认识论认为，任何具体真理都不是绝对的，而是随人类科技水平进步及其推动的社会物质和精神文明不断发展、不断完善的，甚至是可以转变的，如从有神论到无神论，从唯心论到唯物论的根本性转变。因此，人们世界观、认识论和方法论都是一定时期内的相对性真理。包括法医病理学及其他所有科学的理论和技术，近百年来得到了突飞猛进的发展，甚至呈现人们难以承受的"知识爆炸"程度，特别是进入"生物医学时代"21世纪以来，国际合作共同完成了人类基因结构测序，开展了基因检测的"精确疾病诊断"和"个体化医疗"。但是，医学上，仍有一些器官组织病理形态改变不明显的损伤和疾病，如轻微损伤的神经源性休克、功能性毒物的中毒、遗传性心脏的猝死和药物的过敏性休克等，仍难以单独依赖常规尸检所见的器官组织瘀血水肿等非特异性病变，直接确定死因，还必须结合常见毒物检验、现场案情和医疗病史等相关证据，进行符合现代基本医学原理和公理常识的逻辑排除法进行分析判断。

2010年国家颁布的《中华人民共和国侵权责任法》中规定，依据医疗纠纷"当时的医疗水平"判断医疗过错及其医疗损害责任，而不应是代表后来医疗水平的新版医疗规范、教科书和权威专著的观点，就以法律形式科学地体现了医学发展的真理相对性及其时效性。法医病理学虽然是确定个体死亡原因的"金标准"，但由于科学发展的阶段性、局限性，有的案件中个体的死亡原因仍然是不能确定的，这时使用排除法确定相对可靠的死亡原因是必要的。

第二节　法医死亡学

生老病死是每个人都不可逾越的人生经历。日常生活中，人们都要或多或少地面对亲朋故友乃至自身的死亡，亦可能卷入各类死亡案件的诉讼和纠纷之中。因此，了解死亡及其相关法医学问题，应是每个人必不可少的常识。

一、死亡的概念

有关人死亡过程中的心理历程及人们对患者临终关爱的行为方面的研究称为死亡学（thanatology）。鉴于各国、各地区和各民族的风俗习惯、宗教信仰、历史文化等存在明显的差异，特别是我国地域辽阔、民族众多，不同地域的人文习惯差异很大，殡葬礼仪五花八门，甚至存在许多封建迷信风气。因此，死亡学的研究还应把现代科学指导下的尸体殡仪管理和移风易俗等相关社会性问题，作为重要的内容，加以深入研讨。

为保护人类生命健康权，防止危害人们生命行为或事件的法律需要，特别是各类死亡原因及其死亡机制，以及千差万别而又错综复杂的具体案情，迫切需要综合生物医学和证据法学相关理论和知识，研究死亡相关的生物医学问题，并简单明了地阐释给非专业的社会公众和法律工作者。因此，国内外关注死亡学的法医学者认为，非常有必要发展一门研究死亡案件相关法律问题，既要依据自然科学的生物医学理论知识和技术手段，又要遵从人文科学的社会法学的法律思维和证据规范的法医死亡学（forensic thanatology），主要内容包括死亡标志、死亡原因、死亡机制、死因分析、死亡过程、死亡性质、死亡方式、死亡证明，以及死亡概念和安乐死的相关立法等理论问题。这些研究内容应成为法医病理学死亡鉴定问题的重要知识体系。

目前，世界各国仍普遍沿用《布莱克法律词典》的死亡定义："死亡（death）是指生物个体的生命和存在的终止，表现为循环、呼吸、脉搏等生命功能的丧失。"死亡概念反映人们对生命本质的科学认知及其哲学观念。近年来，随着科学技术进步，特别是临床救治的对有死亡征象患者的复苏、器官移植和人工器官、人工生殖，以及生物医学工程等医学技术的进展，引发了人类生死观，乃至世界观的社会学、哲学、伦理学关于生命问题的反思和争论。

二、死亡的类型

理论上，由于人类在自然界和社会中的特殊地位，人的生命具有双重属性：即生物进化树上种属个体（human）的生物学生命和生活人群中充当一定角色个体（person）的社会学生命，以至于人类存在两种死亡类型（types of death）。

（一）细胞死亡（cellular death）

作为生物个体，死亡是机体的器官组织物质代谢水平上由量变到质变的渐进性功能停止过程，直至机体的全部组织细胞生命活动全部停止的过程，所谓渐进性死亡或生物学死亡（biological death）。由于不同组织细胞对缺血缺氧及其他致死因素的耐受性不同，各自的死亡速率不尽相同。一般地，胚胎发育越晚的细胞耐受能力越差，常温下缺血缺氧后脑组织不可逆损害的极限为5～6分钟（大脑壳核神经元又比其他神经元更敏感），肝细胞的约30分钟，心肌和肺泡细胞的约60分钟，肾小管上皮细胞的约180分钟，精子的活动和受精能力可达72小时。除非在极端剧烈的原子弹爆炸中心现场，机体所有组织细胞可瞬间同时死亡，即使剧烈爆炸致肢离体碎的组织细胞亦不会同时死亡。因此，很难根据不同器官死因病变的机体组织细胞水平上不同时间内相继死亡的过程，判定个体死亡发生准确时间。

（二）个体死亡（somatic death）

作为社会成员，死亡应是充当一定社会角色的个体，在某一时刻不可逆地丧失意识和个性，即不能感知任何刺激，又不能承担社会功能，所谓即刻性个体死亡或社会学死亡（sociological death）。由于脑组织对于各类死因的耐受时限最短，同时，脑功能决定着人的意识及其个性，具有个体生命的不可替代性，所以确定个体死亡的标志，公认的是以自主呼吸和心跳同时停止超过脑缺血缺氧的耐受时限，及其所致的全脑功能不可逆的丧失的时间，作为人体死亡的判断标志和死亡时间的计算起点，从而确定死亡时间。

至20世纪60年代，现代医学一直将心跳和呼吸停止作为死亡的唯一诊断标志。目前，世界上包括我国在内的多数国家，仍沿用这个标准作为确诊个体是否死亡的征象（signs of death）。但是，自从临床医学普及了人工呼吸机、人工心脏、心脏起搏器等医学技术后，特别是医疗技术发展到除人脑外其他所有器官组织均可成功地移植和使用压力仪器可以替代器官组织的功能，而使用人工方法延续个体的生命。因此，单纯的心跳和呼吸停止，不再意味着个体死亡。生物医学技术的这些新发展，从观念上和法律上对传统的心肺功能停止作为死亡诊断标准提出了挑战，并已在临床医学和法律实践中，引发了相关死亡概念及其定义的争论案例。鉴于此，1968年美国哈佛大学医学院首先提出了脑死亡概念："脑的严重外伤或疾病，使脑的全部功能不可逆地停止而导致的人体死亡。"

从生理解剖方面讲，脑死亡尚可分三种情况：大脑死亡（cerebral death）、脑干死亡（brain-stem death）和全脑死亡（whole-brain death）。由于一些大脑皮质广泛功能性抑制或代偿性功能恢复的患者，可长期处于深昏迷的所谓植物状态（vegetative state）或植物人（vegetative patient）情况。临床上，时常难以从病因和症状上，将植物人与不可逆性意识丧失的大脑死亡鉴别，故已有的共识是不将大脑的死亡诊断为脑死亡。脑干组织严重损伤导致的呼吸中枢、心血管运动中枢和网状激活系统功能丧失者，中枢神经系统功能亦不可逆性丧失，尽管可以使用人工呼吸机和相关药物等医疗手段，持续性数月或更长时间地维持个体的呼吸和循环功能活动，实际上也只是在已经丧失了个体根本生命功能的尸体上，维持所谓"充氧循环"。而且，这样的患者的心跳，多数情况下在72小时内停止。故目前普遍将脑干死亡作为典型的脑死亡情况。同理，包括脑干功能在内的全脑损害所致的中枢神经系统功能丧失，理所当然地可诊断为脑死亡。

迄今，世界上已有许多国家立法接受了脑死亡作为判定死亡的标志，比较一致的脑死亡诊断标准（criteria of diagnosing braindeath）：

1. 不可救治的脑损害

不可救治的脑损害包括各种严重颅脑外伤和中枢神经系统疾病，特别是脑干严重损害。必须排除其他各种可逆转的深昏迷原因，如中枢镇静药物中毒、内分泌代谢性疾病（糖尿病、甲状腺功能低下和肾上腺皮质功能低下等）和低温麻醉等。

2. 意识丧失

意识丧失呈不可逆的深昏迷状态（irreversible coma），无任何自发性运动，强烈疼痛刺激等外界刺激无反应，不能发声和言语等。

3. 无自主呼吸

无自主呼吸即脑干呼吸中枢化学感受器功能丧失，必须依赖人工呼吸机维持呼吸，关闭呼吸机3分钟仍无反射性自主呼吸活动，凡存在即使是极表浅的自发呼吸活动，都不属于脑死亡。

4. 脑干反射消失

脑干反射消失包括中脑、脑桥、延脑三个脑干层面的神经反射功能丧失：①中脑水平，如瞳孔散大固定、光反射等消失；②脑桥水平，如角膜反射、前庭-眼球反射等消失；③延脑水平，包括呃逆、吞咽、咳嗽等咽喉反射消失。去大脑强直状态仍视为存在脑干神经反射功能。

此外，一些医疗条件好的发达国家还要求其他仪器辅助检查结果支持确诊中枢神经系统功能丧失的脑死亡：①头部超声多普勒检测，无脑血流及其血管波动影像反映，所谓"静脑"；②脑血管造影检测，无脑血流的颅内血管显影，所谓"冷脑"；③脑电图或脑干诱发电位检测，无脑电波活动及其刺激反应，所谓"寂脑"。

日常生活中，人们往往难以区别脑死亡和植物状态或植物人。大脑新皮质区损伤导致的单纯意识丧失而处于长期的昏迷状态，脑皮层下呼吸中枢和心血管运动中枢仍维持自主的呼吸、血压和脉搏生理功能活动的情况称为植物状态，处于这种状态的患者即为植物人，因此，脑死亡与植物状态存在本质的区别（图3-1、表3-1）。

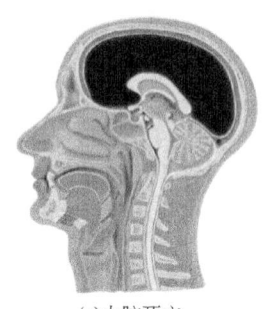

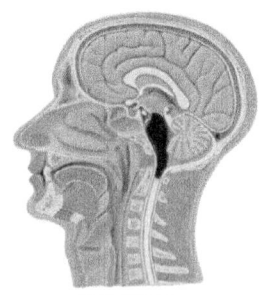

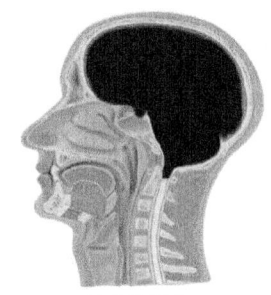

(a)大脑死亡　　　(b)脑干死亡　　　(c)全脑死亡

图3-1　三种脑死亡情况的脑组织损害部位模式图

注：黑色表示损害部位

表 3-1　脑死亡与植物状态的鉴别

项目	脑死亡	植物状态或植物人
概念	全脑功能丧失	大脑认知功能丧失
病理基础	脑干或全脑中枢损害	大脑皮质广泛损害
意识状态	意识丧失	无意识醒觉状态
自主呼吸	无	有
脑干反射	无	有
复苏可能	无	有
维持心跳	<72 小时	>3 个月

我国目前尚未正式批准临床上使用脑死亡的诊断。但是，无论从医学、法学和社会学等各方面讲，脑死亡概念及其诊断标准的实施均具有广泛而深远的意义：第一，如同细胞学说、能量守恒与转化定律和进化论三大自然科学发现成为马克思主义的自然科学哲学基础一样，再次经典地体现了现代医学发展推动人们世界观、生死观、伦理观，乃至法律观的发展和转变，即认为全脑功能丧失，人的生命本质属性就不复存在，救治脑死亡者，无异于维持毫无社会价值的生物个体躯壳。第二，减少救治脑死亡者所耗费大量的社会资源和人财物力，节约日益枯竭的自然资源，亦可减轻死者亲友和社会医保的沉重精神和经济负担。第三，脑死亡者的脑外其他器官组织可作为良好的移植供体，促进移植器官医疗发展，拯救更多可救治的和有社会价值的生命个体。

需要指出，脑死亡的诊断标准不是取代传统心肺死亡的诊断标准，而是基于医疗救治技术发展的新情况，对于传统死亡诊断标准的补充。一般情况下，心跳呼吸停止后 5～6 分钟即可导致全脑功能不可逆性丧失的脑死亡。因此，在临床实践中，原发脑外其他器官病症的心跳呼吸停止超过脑组织耐受时限的情况下，传统心肺死亡的诊断标准仍不失为一种简单而有效的确定死亡的标志。只有在原发脑干或全脑的致命性伤病时，患者处于除中枢神经系统功能不可逆性丧失之外，其他器官生理功能仍持续存在的情况下，才适用脑死亡的诊断标准。

因此，1983 年，美国医学会、美国律师协会、美国州际法律统一协调委员会，以及美国医学和生物学及行为研究伦理学问题总统委员会建议采纳的死亡诊断："一个循环和呼吸功能不可逆停止，或全脑，包括脑干的一切功能不可逆停止的人，就是死人。死亡的确定必须符合公认的医学标准。"目前，关于脑死亡的标准，世界公认的是哈佛医学院的标准。

三、死亡的过程与假死

（一）死亡过程

日常生活中，可致人死亡的原因可谓难以穷尽，而且随着社会科技进步，特别是微生物病原体不断变异和生物医学研究不断地揭示新病种，以及新药物和新有毒化合物不断出现，新死因亦层出不穷。但是，无论何种死因作用于人体，机体进入生命功能衰竭的最后阶段，即为死亡过程（death process）。一般情况下，死亡过程的临床表现均基本相同，可分三个阶段：濒死期、临床死亡期、生物学死亡期。

（1）濒死期（agonal stage）又称临终状态，为死亡过程的开始阶段，主要病理基础为各种死因作用所致的脑、心、肺重要生命器官病变及其功能衰竭的致命性病理生理过程。其中，主要是生命中枢功能失代偿性衰竭及其器官系统整合失调的紊乱状态，表现为意识模糊或消失的不同程度昏迷状态，各种反射减弱或消失，心率、血压、呼吸、脉搏、体温等生命体征不稳定或周期性波动，如病理性周期呼吸、心率明显加快或减慢、心律失常、血压明显降低、体温降低等。濒死状态的生理和生化反应可持续到死后，如尸体痉挛、血液肾上腺皮质激素水平增高、血氧分压低等。有时各项生命功能活动全面抑制而表现为极度微弱和难以察觉，而呈现假死状态。濒死期持续时间长短不一，可从数分钟至数小时，甚至更长。一般地，同样死因，年轻体壮者较长，衰老体弱者较短；不同死因，心脏性猝死和机械性窒息等仅数分钟时间，所谓即时死。而肝肾等其他器官衰竭过程较长。濒死期各项生命功能尚处于可逆性阶段，若及时发现和有效救治，可复苏。反之，则过渡到临床死亡期。

（2）临床死亡期（clinical death stage）为死亡过程的第二个阶段，主要病理基础为脑干呼吸中枢和血管运动生命中枢功能抑制或停止，表现为呼吸、心跳同时或短时间内相继停止，血压和脉搏等基本生命活动消失。临床死亡期持续时间即为中枢神经元的缺血缺氧耐受时限，即 5~6 分钟。一般地，濒死期长者此期短，反之，此期可长些。临床低温麻醉情况下，机体器官组织代谢和氧耗明显降低，脑组织耐受缺血缺氧时限可延长 1 小时或更长，可支撑较长时间血液断流的心脏和大血管手术。若在脑生命中枢不可逆性损害时限前及时有效救治，此期亦可复苏，因此，临床上患者呼吸心跳停止后，医生必须立即在所谓"黄金四分钟"时限内，现场进行心肺复苏抢救。若超过这一生死时限，心跳呼吸未恢复，机体就过渡到生物学死亡期，即可宣布个体临床死亡。

（3）生物学死亡期（biological death stage）为死亡过程的最后阶段，主要病理基础为全脑或脑干生命中枢不可逆性损害和功能丧失，整体生命功能和各器官系统生理功能整合机制停止，呈脑死亡的临床表现，即可宣布个体死亡或脑死亡。此期不可逆转，由于不同器官组织耐受缺血缺氧时限不尽相同，相继进入细胞死亡之前，仍可保留一段时间各自分离的基本代谢功能和生活反应，即所谓超生反应。

由于受死因、体质和救治等诸多因素影响，死亡过程各阶段的具体表现、持续时间不尽相同。濒死期、临床死亡期和生物学死亡期相继转归的死亡过程，为一般脑外器官病变的致死性功能衰竭表现过程，适用于传统的呼吸心跳停止的死亡诊断标准。但是，有一些死亡过程缺乏濒死期和临床死亡期，一开始就直接进入生物学死亡期，如严重原发性脑干挫裂伤、砍头或断颈、主动脉破裂等情况，属于现代医疗水平不能救治的绝对性致命伤。此外，较多见的心脏性猝死的死亡过程极短，几乎缺乏濒死期而直接进入临床死亡期，并很快转入生物学死亡期。因此，理论上，以脑死亡为死亡过程最后共同通路的标志，可将死亡过程分为间接脑死亡过程和直接脑死亡过程两种情况。前者是指一般通过脑外器官或多器官衰竭而较缓慢发生发展的渐进的致死性病理生理过程，经过完整的濒死期、临床死亡期和生物学死亡期三个阶段的经典死亡过程；后者是指一些急剧发生发展的死因瞬间的致死性脑干生命中枢功能停止,缺乏濒死期和临床死亡期或者两期时间极短,而直接进入脑死亡的生物学死亡期。

(二) 假死

有些濒死期患者的生命功能活动呈现极度抑制的微弱状态,一般的临床体表检查方法难以察觉生命指征的存在,称为假死(apparentdeath)。实际上,假死状态的心跳、呼吸和循环等生命机能是处于类似于"冬眠式"的维持机体最基本组织细胞代谢功能活动的状态。生活中或临床上,时有将尚可救治复苏的假死者错误地判断为真死,而送入殡仪馆或入殓出殡处理。因此,对于具有潜在假死可能的情况,需要认真进行甄别假死。

假死的常见原因有机械性窒息、溺死、电击、中暑、脑震荡、癫痫、大失血、糖尿病昏迷、镇静安眠药中毒、酒精或一氧化碳中毒、严重脱水或饥饿和强烈精神刺激等诸多伤病情况,此外,早产儿易发生假死情况。假死主要机制是脑干生命中枢处于非器质性或轻微器质损害的功能性抑制:①颅脑创伤性或强烈精神性刺激致中枢神经系统呈扩散性抑制(spreading depression);②中枢抑制药物或缺血缺氧致大脑皮质和脑干生命中枢功能深度抑制。因此,从发生机制和临床表现方面看,假死者主要是中枢神经系统功能普遍性抑制的一种濒死期特殊表现,若经及时识别和救治可复活,有些假死者亦可经过一段时间自然复苏。因此,应注意假死情况的甄别。一般地,临床上只要仔细检查脑心肺三大器官功能,均可识别假死。

(1) 心脏功能:①心前区听诊或心腔注射药物时,感觉心跳存在;②心电图观察心电活动;③X线透视观察心跳。

(2) 呼吸功能:①喉部听诊支气管呼吸音;②气管插管或咽喉镜面,观察呼吸的湿热气体哈气雾附着。

(3) 血液循环:①检眼镜观察视网膜血管搏动、动脉和静脉血液不同含氧量的色差;②眼球张力和眼压正常;③压迫眼球致瞳孔变形,解除压迫后,瞳孔很快恢复正常的瞳孔变形试验;④1%荧光色素钠滴眼结膜囊,2~5分钟结膜黄染褪色,提示存在血液循环。

(4) 不符合脑死亡的诊断标准。

(5) 出现肌肉迟缓、尸斑、尸僵、尸冷等早期尸体现象为确定死亡的绝对指证。

四、死亡原因的法医学分类

(一) 死亡原因的概念

世界卫生组织(World Health Organization,WHO)《疾病和有关健康问题的国际统计分类(第10次修订版)》(*International Classification of Disease*,ICD-10)定义的死亡原因(cause of death):"所有导致或促进死亡的疾病、不健康的情况或损伤,以及任何产生这类损伤的事故或暴力的情况。"并按死因与死亡的相关度,将死因分为:直接死因、根本死因、中介原因、辅助死因四大类。

鉴于WHO的这个死因定义涵盖了几乎所有涉及死亡的因素,既有具体疾病和损伤及其并发症,又有产生这些伤病的原发事件或情况,特别是还包含了可能出现的医疗过错或医源性疾病等情况,保证了记录人不可自行选入或摒弃相关信息,为目前最为完善、规范、科学和权威的死因概念及其分类。因此,有学者主张将其作为法医病理学死因分析理论基础。

理论上,临床医学各专科涉及的病种均可能构成死因,具体的死因情况难以穷尽。但是,可以从法医学角度分析,患者的死因可以概括为疾病、损伤和中毒三大类。法医病理学鉴定实践中,个体死亡由单一死因所致的情况,基本都容易达成有关各当事方共识,不会引起争议。常引发司法争议的死亡原因,大多涉及损伤、中毒或疾病,及其原发疾病或损伤引起的一系列并发症。有时,还可能有医疗过错等,多种情况同时存在,需要依据尸体解剖、病理学检验和毒化检验等检验结果,综合有关案情或病史等证据资料,综合分析辨明疾病、损伤、中毒等与死亡相关因素之间的相互作用,这一分析辨明与死亡相关因素的因果关系的思维过程称为死因分析(analysis of cause of death)。

(二)死因和伤残原因分类的统一

正确的死因分析,对于科学地阐释死亡案件及其相关责任人的司法审判量刑属于重要的科学证据。同时,对于涉及医疗损害案件,总结医疗经验和教训,发现医疗缺陷,提高医疗质量,亦是不可多得的科学资料。但是,迄今,有关多因素致死案件的死因及其因果关系分析的理论,尚未达成法医界内部共识、法医学与医学之间的协调衔接,特别是生物医学对于一些死因及其死亡机制,特别是多种与死亡相关因素并存时的量化作用关系,尚不十分清楚,以至于时常出现死因分析中的争议,即所谓死因竞争(contend of death cause)。

尽管 WHO 自 1952~1979 年已连续四版发布了《死因的医学证明:死因医学证明国际表格的医师应用指南》,遗憾的是迄今国内外临床医学尚无共识的理论研究和实践应用。但是,由于死因分析对于阐释与死亡相关因素及其相互关系在死亡后果发生过程中作用不可或缺,为法医病理学死因和死亡方式鉴定的必然需要,经过多年的理论探讨和鉴定实践,在 ICD-10 死因分类基础上,结合符合我国国情的法医学鉴定实践及其司法审判量刑的实际需要,我国已形成一套较全面完整的和独特的法医学死因分析体系,并在 WHO 的 ICD-10 四类死因分类基础上,又加四类情况,即直接死因、根本死因、中介原因、辅助死因、死亡诱因、协同死因、联合死因、无关因素八大类。

基于医学理论和法医学实践,无论是机体死亡还是伤残,从原因方面都无外乎各类损伤、中毒和疾病三种情况,从导致死亡或伤残的病理学和病理生理学机制方面亦无外乎器官组织的代谢、功能和形态三方面变化,所以,死亡和伤残的原因及其机制具有客观本质的统一性。两者的区别仅在于原因的程度及其作用部位不同,即若伤病严重或作用于生命重要器官部位,就导致死亡。反之,若伤病不严重或作用于非生命重要器官部位,就导致不同程度的伤残,甚或完全康复。同时,死亡和伤残亦同样存在一因一果、一因多果、多因一果、多因多果等单一原因或多个因素相互协同或共同作用导致伤亡后果的各种机制情况。因此,为真正体现死亡和伤残原因及其后果的生物医学客观统一性,便于死亡和伤残案件法医学鉴定及其司法审判量刑证据的规范化和标准化,避免人为的主观性认识分割和分析混乱,统一死亡和伤残的因果关系分析思维模式十分必要,完全可以将各类死亡和伤残的相关因素统一归为八大类：根本原因、中介原因、直接原因、辅助原因、诱发原因、协同原因、联合原因和无关因素。

（1）直接原因（immediate cause）指直接导致损害后果的最后病理情况及其病理生理机制，属于各种损害因素导致不良后果的最后通路。例如，6岁白血病患儿，医生取胸骨髓检验的穿刺术时误伤主动脉，致心包填塞死亡，主动脉破裂及其心包填塞应属于直接原因。

（2）根本原因（underlying cause）指引起一系列直接导致伤亡事件的疾病或损伤，或者产生致死损伤的事故或暴力的情况。例如，阑尾炎手术过程中误切扎输卵管，医疗过错行为应为根本原因，切扎输卵管的残疾应为直接原因。

（3）中介原因（intervening cause）指根本原因与直接原因之间转归过程中的病理并发症或外部介入的不利因素情况。例如，交通伤患者，医生漏诊骨股颈骨折，继发股骨头坏死而后遗残疾，交通事故、医生漏诊和股骨头坏死分别属于根本原因、中介原因和直接原因。

（4）辅助原因（contributory cause）指与直接导致一系列伤病过程及其伤亡后果无必然因果关系的其他促进后果发生的因素。例如，高血压病脑血管硬化和高脂血症患者，脑挫裂伤数天后出现迟发性脑血栓而致瘫痪的残疾后果，脑挫裂伤及其事件属于根本原因，迟发性脑血栓及其瘫痪属于直接原因，高血压病脑血管硬化和高脂血症属于辅助原因。取胸骨髓穿刺术误伤主动脉的医疗过错及其主动脉破裂，心包填塞应分别属于根本原因、直接原因，而患儿的白血病属于辅助原因。

（5）诱发原因（inductive cause）亦简称诱因，指引起患者潜在的原发性疾病发作或恶化的一过性轻微损伤或身心性应激反应的因素。即不引起严重的病理性损伤的、一般正常人均可耐受的生理性或轻微的损伤情况，则属于诱发原因。例如，冠心病或高血压病患者与他人口角的情绪激动生理性反应，引发心室纤颤致心脏性猝死，或者脑出血死亡，均应分别属于根本原因、诱因、直接原因。

（6）协同原因（synergetic cause）指同时存在两种以上单独不足以致死致残后果的因素，同时存在并相互或共同作用，导致伤亡后果的相关因素。这些相关因素对于后果的发生，难分轻重或主次，而起到"1+1＞2"协同效应。同一伤亡案件，可有协同诱因、协同中介原因和协同辅助原因，但是，理论上，不应存在协同根本原因和直接原因。例如，某腰背疼痛患者，先到某医院门诊，未常规系统检查，诊断"腰肌劳损"，予口服止痛药，次日病情加重又到某诊所，予口服活血化瘀药，数小时后死亡，尸检证实为DeBakey type IIIB型主动脉夹层动脉瘤破裂，左胸腔大出血、失血性休克，应分别属于根本原因和直接原因，医院和诊所漏诊误治属于协同辅助原因。

（7）联合原因（combined cause）同时存在两种以上单独即足以导致同一伤亡后果的因素。即这些因素各自分别就可造成后果，并难分轻重或主次。基于一个根本原因必须对应一个直接死因的病理过程，同一伤亡案件若有两个或多个根本原因-直接原因系列，需阐释。虽然协同原因和联合原因均是处于同一个体的多因素，但是，两者的概念和相互原因力均具有明显区别，协同原因属于不同原因、同一后果；联合原因属于不同原因、伤亡机制不相关、不同后果情况。理论上，协同原因和联合原因均可有多种组合情况，如①伤-伤、伤-病、病-病；②中毒-损伤、中毒-疾病、中毒-中毒；③伤-病-毒等。

（8）无关因素（irrelevant factor）指与伤亡的发生、发展及其后果均无任何因果关系，并无任何不利影响的其他独立情况,如医方胸外按压抢救,致肋骨骨折,应属于医疗救治的副损伤,与死亡后果无关。

理论上,在同一损害案件中,必然存在根本原因和直接原因,其他6类原因不一定同时存在。除根本原因、直接原因可以单独导致伤亡后果外,诱发原因、辅助原因、中介原因和协同原因,均必须在根本原因基础上,与其他原因相互作用情况下,导致相应的后果,不能作为独立的原因(图3-2)。

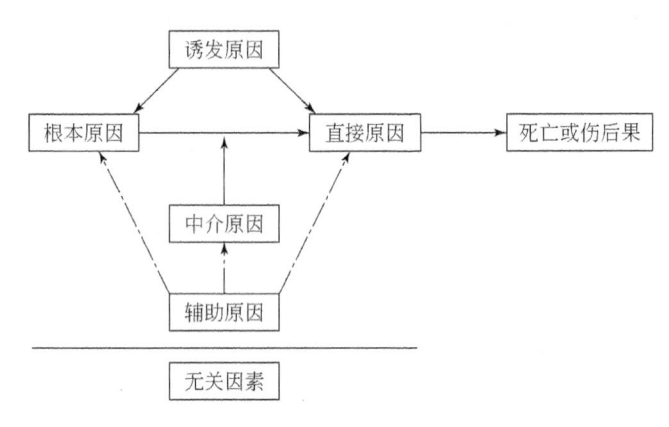

图 3-2 各类伤亡原因的相互关系示意图

(三)死亡因果关系原因力的划分

上述的法医学死亡和伤残原因(简称伤亡原因)分类,属于相关因素的定性分析。在法医鉴定实践中,基于司法审判量刑和赔偿调解协商的实际需要,办案机关、律师及各当事方均要求法医鉴定人,评估多因一果案件中,具体的相关原因,对于伤亡后果的发生、发展和转归过程所起作用大小和影响程度,即所谓原因力或参与度的定量分析。

> **原因力的概念**
>
> 这是一个源自法学理论术语,属于侵权法学理论上的概念,主要是指同一损害结果的发生上有多个可能的原因存在时,各个原因在损害结果的发生或扩大所发挥的作用力。发生上各自的作用大小,称为原因力(causative potency)。从其逻辑学的内涵和外延方面,均与法医学的因果关系参与度(contributive degree)概念基本相同,因此,基于法医学属于为法律服务的宗旨,提供司法案件中生物医学证据的任务,即从属于法律需求的学科,建议应将法医学的参与度归属于法学的原因力,或者说两者统一为广义的原因力,以避免双重概念的混淆。

关于这类多因素,不同程度的相互或共同作用,导致死亡和伤残后果的所谓量化法医病理学和法医临床学研究的实验研究报道很少,难以简单地以量化的方式,划分多因素相互或共同的病理生理机制。因此,目前的法医学关于死亡原因的因果关系及其原因力分析,多数情况下是综合依据临床医学基本理论知识、单病种的伤病原因、发病、转归的病理生理学机制及其并发症的常规临床路径,以及其他外部介入因素与伤亡后果的时空关系等相关证据,进行符合公理的思辨性逻辑进行推理和评估。

法医学关于死亡原因的因果关系及其原因力分析,包含两个方面的情况:①基于医学原发性和继发性伤病的客观病理变化情况,由法医鉴定人进行的伤亡后果相关因素的事实因果关系(factual causation)及其原因力的定性定量分析和评估;②基于法学价值观、主观恶性度和赔偿能力的社会法律考量情况,由法官、律师,以及各当事方控辩的法律因果关系(legal causation)及其原因力的定性定量分析和评估。理论上,法医的事实因果关系及其原因力鉴定意见,应作为司法审判量刑及其赔偿调解协商的法律因果关系及其原因力的确定的科学证据。两者属于对立统一关系,如警察为保卫公民生命安全击毙犯罪分子,从法医鉴定的事实因果关系角度,死者的枪弹创属于根本死因及其60%以上原因力,但是,法庭可以依据正当防卫之法律规定,予以免责,或者需要记功和嘉奖(表3-2)和(表3-3)。

表3-2 事实因果关系与法律因果关系的区别

内容	事实因果关系	法律因果关系
概念	客观因素的医学内在联系的规律分析	主客观因素的法律外在联系的综合评判
依据	ICD-10、病理和临床医学的理论知识	事实因果关系基础上,综合法律、伦理和价值观的"自由心证"
属性	自然科学,客观、具体、系统	人文科学,主观、综合、分散
定性	当前医学水平"究因式"病理因果关系的客观性判断	社会法学常理"纠错式"责任因果关系的表观性推断
定量	病理机制及其原因力的或然性推定	自由心证及其原因力的裁量性赋值
计算	相对客观性多因素构成比计算法	相对主观性单因素等差数列赋值法
适用	法医学的伤亡原因及其原因力分析	司法的审判量刑及其原因力判定

表3-3 人身伤亡的事实因果关系与法律因果关系的定性定量解析表

事实因果关系	原因力	取值权重的参考案情 上限	取值权重的参考案情 下限	法律因果关系	原因力
直接原因	0	违法/违规 主动性 故意性 疏忽大意 主观性 消极性 主动性 必然性 可预见 常态性 恶性 富强者	合法/合理 被动性 意外性 谨慎注意 客观性 积极性 被动性 偶然性 不可预见 危重性 良性 贫弱者	全部关系/责任	96%~100%
根本原因	≥60%			主要关系/责任	56%~95%
中介原因	≤40%			次要关系/责任	16%~44%
辅助原因	≤30%			部分关系/责任	5%~15%
诱发原因	≤20%			轻微关系/责任	0%~4%
协同原因	100%/n			同等关系/责任	100%/n
联合原因	100%×n			累计关系/责任	100%×n
无关情况	0			无关/责任	0

注:①直接原因作为伤亡后果的最后共同机制,不参与原因力赋值值;②%表示相应因素的原因力参与度;n表示相应因素的数量。

|死 亡 学|

需要指出，基于现代医学科学发展的真理相对性与现实社会的法律时效性之间不可回避的矛盾性，难以实现法医学的事实因果关系与法学的法律因果关系完全统一，而只能在现实生物医学和法医学的科技水平情况下，依赖于法律的统一性和强制性，最大限度地体现社会公平公正的平衡努力。

五、死亡机制的法医学分析

临床和法医实践中，具体的死因可以是千千万万种难以穷尽。但是，这些死因作用于机体引发的致死性病理生理学变化，主要集中于脑、心、肺等维持生命活动的重要器官的代谢功能失代偿，即原发性疾病或损伤引起的导致个体死亡的病理生理过程，称为死亡机制（mechanism of death）。理论上，死亡机制与死亡原因完全不同，但是，目前许多医学生，甚至临床医生，仍不清楚两者的区别，常将死亡机理当作死因诊断，如在病历上或死亡证明上的死因栏中，只写"呼吸循环衰竭"等。

死亡机制的概念及其与死亡原因的区别

死亡机制（mechanism of death）指各种死因作用于机体靶器官组织或生物代谢功能靶点，引发的致死性病理生理功能紊乱情况。死亡机制与死因的区别，从概念上，已有明确的定义。这里从两方面实例加以区别：

（1）同一死亡原因可以通过不同的死亡机制导致死亡，如同样都是机械性损伤的死因，可以通过引起：①创口大血管破裂出血，继发失血性休克；②创口组织感染或坠积性肺炎等感染，继发感染性休克；③广泛组织挫伤坏死，继发创伤性休克；④自主神经和心血管中枢功能紊乱，继发神经源性休克等不同的死亡机制途径，导致个体死亡。

（2）不同死亡原因可以通过同一死亡机制导致死亡，如①内脏或大血管的机械性损伤；②消化性溃疡；③宫外孕；④大动脉瘤破裂等伤病原因，均可引起体内外大出血，继发失血性休克的同一死亡机制途径，导致个体死亡。

常见的死亡机制有循环衰竭，呼吸衰竭，肝功衰竭，肾功衰竭，中枢神经功能衰竭，多器官功能衰竭，水、电解质、酸碱平衡紊乱等。

基于临床医学上，明确潜在的具体死因伤病诊断，可以指导医生对因治疗，同时，帮助法医明确产生或造成死因的案情及其相关责任方。明确可能致死的生理代谢功能衰竭诊断，可以指导医生对症治疗，同时，帮助法医解释不同的死因通过何种途径导致个体死亡。因此，一个完整的医学和法医学死因诊断至少都要包含符合医学原理的死因和死因机制两部分内容，体现对于死者的死因及其死亡机制的科学理解。当然，在涉及医疗损害责任纠纷的死亡案件中，病历中一个完整科学的、正确动态的病因（即疾病诊断）及其相关重要的病理生理学转归机制诊断（即功能诊断），以及死因和死亡机理，可反映出经治医生的标本兼治和救死扶伤之专业素质，以及是否存在所谓"头痛医头脚痛医脚"的误诊误治或

漏诊漏治的医疗过错情况。可见，医学和法医学区别死因和死亡机制的概念及其实际应用均十分重要。合乎医学理论和逻辑的分析死亡机制，对于解释和印证死因引起的一系列致死性病理生理变化及其相应的临床表现，指导相关医疗纠纷及其死亡案件的法医学鉴定案件，均必不可少。理论上，不同疾病可以引起机体不同器官系统的代谢功能衰竭，并不是机体所有器官衰竭都一定导致死亡，对于一些非生命重要器官，机体可以通过自身整合调节及其其他器官功能代偿，或者现代医学的特效药物治疗和人工器官替代，得以维持较长时间的生命或生活。但是，一般情况下，心、肺、脑三个重要生命器官功能衰竭，以及多器官衰竭，则大多难以自身功能代偿而短时间内导致死亡。因此，法医学死因鉴定的因果关系及其原因力的分析过程中，主要讨论循环死、呼吸死、脑死亡和多器官衰竭的四种死亡机制情况。

传统的法医学教材中，往往把死亡概念分类为心脏死、肺脏死和脑死亡三种情况，但是，基于WHO的死亡定义，这三种情况不属于死因范畴，而更符合死亡机理情况。同时，从解剖生理学方面讲，心、肺、脑分别为三个重要生命器官，其各自发生致死性功能衰竭的表现分别为循环衰竭、呼吸衰竭、中枢衰竭，以及同时出现不同组合的多器官衰竭。

（一）循环死

人体从中晚期胚胎开始，心脏就通过自身不停地舒缩活动发挥"水泵样"作用，推动血液循环、维持血压脉搏，向全身各器官组织供应营养物质，保障机体新陈代谢，为公认的不可或缺的生命重要器官。传统上，从器官角度将心跳停止先于呼吸停止而导致的死亡称为心脏死（heart death）。但是，现代医学认为，心脏与其结合的动脉、静脉和毛细血管，及其心脏神经传导系统和血管神经共同构成的相对闭合性心血管系统中，任一部分发生伤病都可破坏循环功能而导致死亡，故从系统功能衰竭的角度称为循环死（circulatory death），更符合死亡机理的内涵。常见循环死的原因及其机制可概括为：各种心脏疾病（如冠心病、心肌炎、心肌病，以及心脏传导系统和心肌离子通道异常的心脏猝死等）、血管疾病（如主动脉夹层动脉瘤等）、心和血管外伤（如心震荡、心脏破裂、血管破裂出血等）、酸碱和电解质平衡失调（如高钾血症、低钾血症等）、中毒（如乌头碱、夹竹桃、利多卡因等中毒）、电击（经过心脏电流损伤）、循环超负荷（如医源性过度输血输液）、自主神经功能极度紊乱（如外伤刺激颈动脉窦压力感受器、喉返神经、骶神经丛等）等原因，均可通过引起心律失常、心包填塞、心血管运动中枢功能紊乱和血液动力障碍等循环系统病理生理学功能紊乱，进而心功能衰竭、心源性休克、失血性休克、神经源性休克和血液分布性休克，以及过敏性休克等死亡机制，导致死亡。

（二）呼吸死

人体从出生开始，肺脏就通过呼吸肌不停地舒缩活动发挥"气囊样"作用（包括肋间肌的胸式呼吸和膈肌的腹式呼吸），驱动呼吸道通气、保障肺泡腔换气，再通过与心血管系统的肺循环和体循环血液运输，向全身各器官组织供应 O_2 和排除 CO_2（即所谓气体交换），保障机体各器官组织的需要新陈代谢，亦为公认的不可或缺的生命重要器官。传统上，从器官角度将呼吸停止先于心跳停止而导致的死亡称为肺脏死（lung death）。但是，现代医学认为，肺脏与其结合的呼吸道和胸膜腔及其呼吸肌神经共同构成的相对闭合性呼吸系统中，任一部分发生伤病都可破坏其呼吸功能而导致死亡，故从系统功能衰竭的角度称为呼吸死（respiratory death），更符合死亡机理的内涵。常见的呼吸死原因及其机制可概括为：各种呼吸道、肺脏、胸膜腔和呼吸肌神经的疾病（如各类肺炎、咽喉炎、胸膜炎脓胸等），机械性窒息（如捂死、缢死、勒死、憋死、溺死），外伤（如肺震荡、外伤性血气胸、高位截瘫等），中毒（如 CO、有机磷、士的宁、箭毒等中毒），电击（经过高位脊髓的电流损伤）等，均可通过引起呼吸道通气、肺换气障碍和呼吸机麻痹，以及血氧运输和交换障碍等呼吸系统病理生理学功能紊乱，进而发生呼吸衰竭或呼吸停止等死亡机制，导致死亡。因此，呼吸死多呈明显的窒息尸体征象，血气分析 PaO_2（动脉血氧分压）明显降低、$PaCO_2$（动脉血二氧化碳分压）明显增高，可与心脏死相鉴别。

（三）脑死亡

从人体生物学生命角度，脑-脊髓中枢神经系统中，调控机体呼吸和循环功能的所谓生命中枢均位于脑干，包括呼吸中枢、心血管运动中枢，及其脑干-脊髓神经传导束的中枢整合功能丧失而导致的死亡，从器官角度称为脑死亡，从功能角度称为中枢死。相对应地，循环死和呼吸死均属于外周死（peripheral death）。常见的中枢死原因及其机制可概括为：各种中枢神经系统的原发性疾病（如脑炎、脑膜脑炎、脑出血、脑梗死等），颅脑外伤（如脑挫裂伤、各类外伤性脑出血等），高位颈髓损伤（位于发出支配膈肌的膈神经和支配肋间肌的肋间神经的第 3～4 颈髓之上部位损伤），以及中毒（如酗酒的酒精中毒、各类安眠镇静药物中毒等），均可引起脑干生命中枢组织结构破坏及其功能不可逆性丧失，导致死亡。此外，由于中枢神经系统神经元对缺血缺氧和毒性物质最敏感，心、肺、肝、肾等脑外器官系统功能衰竭（如心-脑综合征、肺性脑病、肝性脑病等），进而通过中枢神经系统功能不可逆性损害，导致死亡。

（四）多器官功能衰竭死

在讨论死亡机制时，以往多集中于单个生命重要器官和系统的功能衰竭，分别进行死因及其死亡机制分析。但是，近年来，随着医疗救治技术不断发展和完善，各种伤病引发的单器官功能衰竭死亡率已明显下降。而严重的创伤和疾病等危重患者，特别是多发伤和复合伤，往往继发多器官功能衰竭综合征（multiorgan dysfunction syndrome）的并发症导致死亡，故从临床功能诊断角度可称为多器官功能衰竭死。据统计，目前医疗救治水平情况下，单个器官衰竭的死亡率为 15%～30%，2 个以上器官衰竭的死亡率为 40%～60%，3 个器官衰竭的死亡率可达 80%，4 个及以上器官功能衰竭的死亡率几乎为 100%。因此，多器官功能衰竭已成为不容忽视的一类死亡机制。

在法医学实践中，时常遇见某单一死因者，尸检所见同时存在多个脑心肺肝肾等全身多器官组织不同程度病变，且往往原发性伤病或其他器官组织病变程度均不甚严重，不足以解释死亡，而需从机体神经体液整调节不同器官系统功能之间，相互关联、相互代偿机制失调方面，全面综合地阐释死亡机理，如常见心源性肺水肿、神经源性肺水肿、肺心病、肝性脑病，以及全身炎症反应综合征、库欣氏综合征（Cushing's syndrome）和席汉氏综合征（Sheehan's syndrome）等。鉴于此，因法医病理学尸检时已不可能再进行临床上各项生理学和生物化学的功能检测，只能根据各器官组织形态学变化做出病理学诊断，故应将多器官功能衰竭综合征，称为多器官衰竭（multiple organ failure）。同时，应强调法医病理学尸检必须由专业法医病理学家进行，一次不彻底的尸表检验或者仅检查个别明显伤病器官的尸检，企图孤立地依据尸表和个别器官病变，解释死因及其死亡机制是不可取的，其潜在的法律后果甚至比不作尸检更坏。因为，科学完整的死因及其死亡机制诊断和分析，必须依赖全面系统的法医病理学尸体剖验和各重要器官组织病理学检验，结合临床案情资料，获得病理-临床死因、死亡机制及其所有相关因素的因果关系及其原因力分析的结论意见。

六、死亡方式的法医学鉴定

在法医病理学鉴定实践中，如果仅单纯进行死因及其原因力分析，不能明确原因及其死亡后果的责任来源，还需要结合现场和案情等证据资料，特别是案发过程中现场录像的客观证据，进一步明确死亡方式和案件性质的鉴定意见，为司法侦查机关、律师和各当事方决定是否立案并提供侦查线索。

（一）死亡方式

WHO 的 ICD-10 记录了可构成死亡原因的疾病、损伤和中毒，以及医疗损害等具体情况共 21 大类数千余种（4 位数编码），对于非医学和非法医学专业法官、律师和当事人，以及普通公民和媒体人员等，很难正确识别和理解如此多的案件情节。因此，采用死亡方式的概念简明地概括性表述产生各种死因的案情。

> **死亡方式的概念及意义**
>
> 无论对于同一来源的单一死因，还是不同来源的多种死因的案件中，凡产生根本死因的案情或情况，均称为死亡方式（manner of death）。确定死亡方式目的就是简明地概括产生死因及其事件情节，以确定案情性质及其是否司法立案和追究相关责任人。理论上，死亡方式可概括为疾病、衰老、自杀、他杀、事故、灾害、死刑、战争死、安乐死、不确定十大类。

（1）疾病（disease）指因自然发生的疾病及其一系列病理并发症作为根本死因而致死的情况。由疾病引起的死亡称为疾病死或病理性死亡（pathological death）。这类死亡方式，应属于符合医学理论和常识的可理解的疾病发生、发展和转归的自然规律，多不引起争议和涉及法律问题。

（2）衰老（senility）指因人到老年或衰老期，机体器官组织及其生理功能退化或衰竭作为根本死因而致死的情况。由此引起的死亡称为衰老死或称为生理性死亡（physiological death）。但是，实际生活中，理论上"无病而终"的衰老死几乎不存在，而多为衰老个体遭受一般正常人可耐受的轻微疾病等自身所致的不良因素作用引发的死亡。

因此，在法医鉴定中，一般不需严格区分疾病和衰老的死亡方式，而统称为自然死（natural death）。

（3）他杀（homicide）指因他人以暴力手段加害作为根本死因而致死的情况。由他杀导致的死亡称他杀死（homicidal death）。根据不同的案件情节，可有几种他杀情况：①蓄意谋杀（murder）；②过失杀人（manslaughter）；③正当防卫（self-defence）。他杀手段及其具体死因可不同，多为钝器伤、锐器伤枪弹创、投毒等。

（4）自杀（suicide）指因死者本人蓄意地以暴力手段作为根本死因而致死的情况。由自杀引起的死亡称自杀死（suicidal death）。自杀手段及其具体死因可多种多样，如缢死、服毒、跳楼、溺死、割腕、枪击等。全世界每年自杀人数约 50 万人，日本人自杀率最高。2002 年我国首次大规模调查显示，每年约 28.7 万人死于自杀，已构成第五大死亡原因。

（5）事故（accident）指因非故意的人为因素作为根本死因而致死的情况。可分为：交通事故、工伤事故、医疗事故（或医疗损害责任）、意外事故（自己不小心造成的伤害死亡）和环境污染等事件。由事故所造成的事故死（accidental death），须法医学鉴定，追究有关过失责任人。

（6）灾害（disaster）指因自然灾难作为根本死因而致死的情况。例如，风暴潮、地震、山体滑坡、洪水或泥石流、雪崩、火山爆发等。由灾害所造成的死亡称为灾害死（disaster death）。

（7）安乐死（euthanasia）指患不治之症或严重患者，由于精神和躯体极端痛苦而不愿再受病痛折磨，在患者和/或其亲友的要求下，经医生认可，以无痛楚或尽其量减小痛楚的方法致死的情况。有两种方式：主动安乐死（active euthanasia）即按患者要求，主动为患者注射大剂量镇静安眠药结束生命的方式；被动安乐死（passive euthanasia）即对于丧失意识的患者，按患者既往意愿及其家属意愿停止救治而结束生命的方式。国内外许多学者从社会效益和理性思考角度，主张安乐死。已有一些国家立法院允许安乐死。英国、法国、丹麦、挪威、瑞典、比利时、日本、意大利、法国和西班牙都成立了自愿实行安乐死协会，宗旨在使安乐死合法化。英国、美国的安乐死协会还起草了防止发生谋杀、欺骗、操之过急的提案。但是，由于安乐死问题比较复杂，涉及道德、伦理、法律、医学和宗教等诸多方面，中国尚未为之立法，图 3-3 是网络上关于中国一般人群关于对安乐死认知的网络调查的案例。

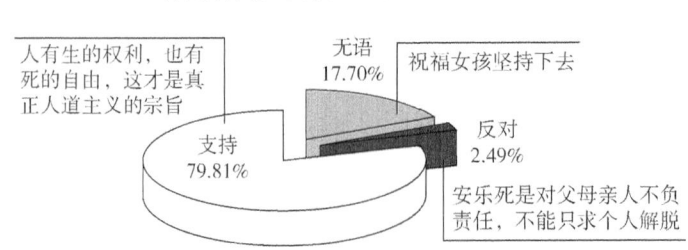

图 3-3 2016 年最新中国人安乐死认知的调查案例

（8）死刑（justifiable homicide）指国家法律规定的对于死刑犯处死的情况。现今，包括中国在内，世界上仍有许多国家保留死刑法律。尽管，处死方法（即死因）不同，如注射药物、电死、绞刑、枪毙等，但均属于同一类死亡方式。一般情况下，执行死刑时，需要法医人员现场验明正身和确认死亡。

（9）战争死（war operation）指各类国际和国内的战争中死者，包括正规军人和非战斗平民，特别是使用生化武器等国际禁止的方式致死者。迄今，自第二次世界大战以后，国际上，已有多起依据《日内瓦公约》和《国际刑事法院罗马规约》起诉和审判不同国家战犯的案例，而组织各国法医人员现场勘验、鉴定死因和死亡方式，在战争后对大量死者确定战争死没有可操作的范例。

（10）不确定（undetermined）指因某些特殊情况而导致难以鉴定死因和进行死因分析，以及相关因素的案情不清，而不能确定死亡方式，亦称不能分类（unclassified）。一般有三种情况：①尸体严重毁坏，不能鉴定死因，如尸体高度腐败、尸体火化等；②案情不清或和现场破坏，存在多种死亡方式的可能性，而没有优势性证据；③现代医学尚未清楚的新病种或不能解释病理情况。死亡方式不确定的情况，应是法医、法律、死者亲友，以及公众最不愿意看到的，特别是前两种情形是可以避免的：一是加强公民法律意识教育，对于不明原因死者，必须及时向辖区公安机关报案。二是尽快将尸体送到当地殡仪馆或医院太平间（或民间善堂）按规定冷冻尸体，防止或减缓尸体自溶腐败。另外，除非发现伤者仍存在生机，可自行现场救治和呼叫120到现场，否则，一旦确定伤者已死亡，就不得触摸和搬动尸体。三是依据法律，任何公民都有义不容辞的法定义务，对于遇到的死亡现场注意保护，特别是绝不能擅自进入现场区域，随意触碰和搬动现场的所有物品，以保持现场原貌。

在日常生活中，绝大多数伤病者均第一时间送往附近医院救治，接诊医护人员具有获取伤亡原因及其案情等相关证据资料的优越性：①最早接触伤病者，往往入院初期意识清楚，尚可表述首发的伤病症状；②就医求助的心理下，病员及相关人员均会认真陈述最真实的案情；③医疗因素及其他继发并发症之前，可获得最准确的原发性伤病检验结果。因此，最初接诊医生应注意采集病史或案情并简单地记入病历，如何时、何地、何因发病，或者遭遇车祸、工伤或被人何物打伤等，以备一旦患者死亡，或者当事人、嫌疑人、现场证人因故反悔或翻供时，提供判断死亡方式的第一手证据。根据《中华人民共和国刑事诉讼法》第五十条"可以用于证明案件事实的材料，都是证据。证据包括：（一）物证；（二）书证；（三）证人证言；（四）被害人陈述；（五）犯罪嫌疑人、被告人供述和辩解；（六）鉴定意见；（七）勘验、检查、辨认、侦查实验等笔录；（八）视听资料、电子数据。……"第六十条"凡是知道案件情况的人，都有作证的义务。生理上、精神上有缺陷或者年幼，不能辨别是非、不能正确表达的人，不能作证人。"因此，医疗病历属于法定的书证范畴，作为救死扶伤的医学专业工作者，医护人员对于各类潜在案件伤病者的第一专业见证人，具有不可多得的优势。同时，也具有不可替代的取证义务。

人们也不能期望法医仅根据有限的或不充分的案情资料，就确定死亡方式。有些情况下，若勉强要求法医判断死亡方式，仅是依靠优势证据（可能性大于51%的）的倾向性意见。并且，应允许法医及其侦查人员在获得更充分的案情资料后，修正死亡方式。为了避免可能引起的相关法律问题，在尚未掌握确定或优势证据之前，建议如美国法医那样先填写"待定"（pending），留待获得充分和必要的案情证据之后再补填，或者，留到法庭审判时，交由控辩各方当庭质证，再由法官和陪审员（团）决断。

（二）案件性质

通过同一根本死因导致死亡的不同案件，决定不同的死亡方式；通过不同根本死因导致死亡的相同案情，构成相同的死亡方式。例如，同样是心脏枪弹创的根本死因引发胸腔大出血的直接死因导致死亡，但是，基于产生枪弹创的案情，可有多种死亡方式：①他人蓄意造成的他杀；②本人有意造成的自杀；③擦枪走火造成的事故。即使同样是他杀的死亡方式，根本死因可以是枪创、机械性勒死、捂死和刀刺创、中毒等。

在司法实践中，时常限于现场、案情、尸检及其其他实验室检验等各方面证据尚不充分，案发后一段时间内暂不能确定死亡方式。但是，可以先基于法医尸检死因分析所确定的根本死因意见笼统地判断死亡性质（quality of death），或者先基于现场和案情笼统地判断案件性质（quality of case），以期指导司法办案机关立案和决定进一步侦查方向，获得确定死亡方式的充分证据。

（1）疾病和衰老两种死亡方式，一般多有相应的医疗病史和医生死亡证明，但是，一些猝死情况，往往因为突然、意外和死因不明，而引发猜疑，需法医鉴定，特别是与可疑的中毒死相甄别。因此，从案件性质上讲，此两类由内在的健康原因致死的死亡方式属于自然性死亡，或非暴力性死亡（non-violent death），或正常死亡（normal death）。

（2）他杀、自杀、事故和灾害四种死亡方式，均为公众、司法机关和政府部门特别关注的涉及法律的案情。同时，死因均为外部因素强加于机体的多种多样、相互重叠，均属于国家相关法律要求查明死因及其死亡方式，追究相关违法者（凶手或责任人）法律责任的暴力性因素。因此，从案件性质来说，此四类由外部因素作用致死亡的死亡方式属于暴力性死亡或非正常死亡（abnormal death）。

尽管死亡方式主要是依据产生根本死因的现场和案情事实（facts concerning the circumstances）。但是，判断死亡方式不能简单地依据侦查员的现场勘验和案情调查，必须结合全面系统的法医尸检所见和毒化分析等实验室检验结果，相互印证形成符合公理和法律的完整证据链。例如，枪弹创死亡案件，现场僻静、整洁，死者倒地手握枪。表面上看，符合自杀的现场情况，但是，①尸检所见枪弹创的射入口位于尸体背部和远距离射击形态，呈现死者不可能自己完成的损伤状态，提示为他人蓄意谋杀后，伪装自杀现场，死亡方式应为他杀。②若致死性枪创位于死者便利手易于触及的部位，且为接触射击，但是，现场没有枪支，故不能判定为自杀。③即使枪弹创的射入口位于死者握枪的便利手可达到的部位（如头颞部），可是死者胃内容物和血液含有致死浓度的剧毒物，故不能排除被他人投毒致死后，伪造自杀现场。

（3）死刑、战争死、安乐死三种死亡方式均属于多个国家相关法律允许的，不需常规法医学鉴定的情况，亦属于各国和联合国的死亡统计范畴。尽管，目前我国尚未允许安乐死，但亦时有个别安乐死案件的情况，需要防止发生假借安乐死之名，行谋杀和欺骗之实的案件。此外，一般情况下，战死虽无须日常司法审理和法医鉴定，但已有军队内部伤亡事件而由军队内部法医鉴定和军事法庭审理，以及国际特别战争法庭聘请各国法医鉴定相关非正常战死的情况。因此，理论上，从案件性质来说，此三类死亡方式属于社会性死亡（social death）。

七、死亡证明和死亡管理

国家卫生和计划生育委员会、公安部、民政部发布《关于进一步规范人口死亡医学证明和信息登记管理工作的通知》（国卫规划发〔2013〕57号）明确指出："人口死亡医学证明和信息登记是研究人口死亡水平、死亡原因及变化规律和进行人口管理的一项基础性工作，也是制订社会经济发展规划、评价居民健康水平、优化卫生资源配置的重要依据。为加强部门协作，规范工作流程，实现信息共享，提高管理水平。"因此，要求相关人员以严肃、认真、科学的态度对待死亡证明的工作。

（一）死亡证明的相关规定

简单地讲，死亡证明就是指国家的人口户籍和尸体殡葬管理需要的证明公民死亡的法律文书。可作为办理死者户籍注销、尸体安葬，以及终止死者承担社会义务的行为能力和责任能力的法律依据。同时，可为国家统计死因，制定相关人口管理和发展政策的重要资料来源，亦可作为死者可能涉及的刑事、民事、行政、保险等案件审理的法律证据。

基于现在国家医疗卫生机构的普及，一般情况下，绝大多数死者均死于各级医疗机构，而由医疗卫生机构负责救治的执业医师填写和出具的医学证明[即《居民死亡医学证明（推断）书》]，说明居民死亡及其原因，包括中国关境内正常死亡的公民、台港澳居民和外国人，以及未登记户籍的新生儿。

对于医疗卫生机构不能确定是否属于正常死亡者，需经公安司法部门判定死性质，公安司法部门判定为正常死亡者，由负责救治或调查的执业医师填写死亡证明。或者，对于死亡地点为来院途中、家中、养老服务机构，以及其他场所的，医生可以填写相关的"死后推断"性的死因证明。

对于未经救治的非正常死亡，包括火灾、溺水等自然灾难致死，或工伤、医疗事故、交通事故、自杀、他杀、受伤害等外部人为因素作用致死（含无名尸）的所谓暴力性死亡，应由公安司法部门按照现行规定及程序办理，进行法医病理学尸检和案情调查，明确死因和死亡方式后，由主检法医填写死亡证明。

一些医疗卫生普及和政府直管司法鉴定机构的发达国家，甚至要求在死者生前2周内持续诊治患者的、死因诊断明确或医患相关当事方对于死亡和死因均无意义的经治医生，才有资格和权力填写和签署死亡证明。否则，均应交由公安机关及其法医处理。

此外，目前国家允许对于在家中、养老服务机构及其他场所的死者，可由辖区村民委员会或社区卫生服务中心负责，根据死亡申报材料、调查询问结果，填写和签发进行死因推断性死亡证明。但是，这种规定由不了解死者生前情况的人，甚至是非医务工作者，填写死亡证明，存在一定的争议，特别是时有养老院虐待老人和家庭雇佣保姆用注射毒药杀害老人的案件报道，更应得到有关部门关注。相关人员如果担心判断死因错误要承担责任，或者如果觉得死者为非正常死亡，家属及相关人员都可以报警，由公安部门处理。即使尸体运送到殡仪馆后,殡仪馆人员、家属和相关人员仍对死因认定或推断等有疑问的,还可以通过报警进行法医鉴定。申请《居民死亡医学证明(推断)书》的人员应为签字家属或委托人并出具有效身份证件。

死亡证明对于国家人口户籍管理、尸体安葬和死因统计,以及制定相关国计民生政策,特别是可能涉及的刑事、民事、行政和保险等案件的审理,均具有重要的法律效力。但是,时有报道,各地出现虚开或出售假死亡证明的现象。其主要目的有:①欠他人债务外逃者,伪称死亡躲避追讨;②伪造或篡改死因,骗取保险赔偿的保险欺诈案;③犯罪负案在逃者,逃避通缉追捕;④子女亲友争夺家产,用虚假死亡证明提前更名过继遗产;⑤隐瞒犯罪或死亡责任事实,逃避法医尸检,提前销毁处理尸体等。因此,广大民众和有关部门必须提高警惕,认真对待和严格管理死亡证明的申请、签发和使用的全过程,并制定相关政策和法律严禁非法开具和买卖死亡证明。

(二)死亡证明书的填写

早在100多年前,就产生了《疾病和有关健康问题的国际统计分类》(ICD)。世界卫生组织成立后于1948年接手负责周期性修订,至今已发布第十版(ICD-10)。1993年国家技术监督局发布了等效采用ICD编制的"疾病分类与代码"国家标准,标志着我国应用ICD法制化的开始。同时,WHO早在1952年就出版了《死因的医学证明:死因医学证明国际表格的医师应用指南》,建议各国统一医学死亡证明表格(图3-4),并给予相关应用指导。

INTERNATIONAL CLASSIFICATION OF DISEASES

INTERNATIONAL FORM OF MEDICAL CERTIFICATE OF DEATH

	Cause of death	Approximate Interval between onset and death
I Disease or condition directly leading to death *)	a)................... due to (or as a consequence of)	....
Antecedent causes Morbid conditions, if any, giving rise to the above cause, stating the underlying condition last	b)................... due to (or as a consequence of) c)................... due to (or as a consequence of) d)...................	....
II Other significant conditions contrbuting to the death, but not related to the disease or conditions causing it	....	....

*This does not mean the mode of dying, e.g. heart failure, respiratory failure. It means the disease, injury, or complication that caused death.

图3-4 国际医学死亡证明表(源自WHO-ICD-10)

我国的死亡证明相关规定，明确要求：①填写4位ICD编码及其死因诊断模式；②最高疾病诊断机构二级及以上医疗机构由医疗机构编码人员填写，其他医疗卫生机构由县（区、县级市）疾病预防控制中心编码人员网上填写；③填写生前主要疾病最高诊断单位和生前主要疾病最高诊断依据。其中，诊断依据分级顺序为：尸检、病理、手术、临床+理化、临床、死后推断、不详（图3-5）。

居民死亡医学证明（推断）书

______省（自治区、直辖市） ______市（地区、州、盟） ____县（区、旗） 行政区划代码：□□□□□□□ 编号：□□□□□□□□□□□□□□□□□□□□□

第一联 填写单位存根

死者姓名		性别	1. 男，0未知的性别 2. 女，9未说明的性别	民族		国家或地区		死亡调查记录
有效身份证件类别	1.身份证2.户口簿3.护照4.军官证5.驾驶证6.港澳通行证7.台湾通告证9.其他法定有效证件	证件号码		年龄		婚姻状况	1. 未婚 2.已婚 3.丧偶 4.离婚 9.未说明	死者生前病史及症状体症：
出生日期	年 月 日	文化程度	1. 研究生 2. 大学 3. 大专4. 中专 5. 技校 6. 高中 7. 初中及以下	个人身份	11. 公务员 13. 专业技术人员 17. 职员 21. 企业管理者 24. 工人 27. 农民 31. 学生 37. 现役军人 11. 自由职业者 54. 个体经营者 70. 无业人员 80. 离退休人员 90. 其他			
死亡日期	年 月 日 时 分	死亡地点	1. 医疗卫生机构 2. 来院途中 3. 家中 4. 养老服务机构 9. 其他场所 0. 不详	死亡时是否处于妊娠期或妊娠终止后42天内		1是，2否		
生前工作单位		户籍地址		常住地址				
可联系的家属姓名		联系电话		家属住址或工作单位				
致死的主要疾病诊断		疾病名称（勿填症状体征）		发病至死亡大概间隔时间				以上情况属实，被调查者签字：
Ⅰ. (a) 直接死亡原因								被调查者姓名：
(b) 引起 (a) 的疾病或情况								与死者关系：
(c) 引起 (b) 的疾病或情况								联系电话：
(d) 引起 (c) 的疾病或情况								
Ⅱ. 其他疾病诊断（促进死亡，但与导致死亡无关的其他重要情况）								联系地址或工作单位：
生前主要疾病最高诊断单位	1. 三级医院 2. 二级医院 3. 乡镇卫生院/社区卫生服务机构 4. 村卫生室 9. 其他医疗卫生机构 0. 去就诊			生前主要疾病最高诊断依据	1. 尸检 2. 病理 3. 手术 4. 临床：理化 5. 临床 6. 死后推断 9. 不详			死因推断：
医师签名		医疗卫生机构盖章		填表日期： 年 月 日				调查者签名：
证明书领取人姓名：				领取人与死者关系：				调查日期： 年 月 日
以下由编码人员填写 根本死亡原因：				ICD编码：				注：①此表填写范围为在家、养老服务机构、其他场所正常死亡者；②被调查者应为死者近亲或知情人；③调查时应出具以下资料：被调查者有效身份证件，居住地居委会或村委会证明，死者身份证和/或户口簿、生前病史卡。

图3-5 我国统一居民死亡证明书（源自《关于进一步规范人口死亡医学证明和信息登记管理工作的通知》）

但是，医学死亡证明书中，未要求填写死亡方式的内容。而且，目前国内外法医学死因鉴定意见书中，亦未统一要求按照ICD和国家医学死亡证明的死因分析格式，以至于两者之间存在一定的不协调和不同步情况。鉴于司法机关及其他司法鉴定机构的法医均具备获得死因及其相关案情的权力和时间，可获得更全面的死因诊断和死亡方式的证据。因为只有综合各类死亡相关因素及其证据资料，严格按照基于WHO-ICD的法医学因果关系及其原因力分析，才能获得最接近客观事实的死因及其死亡方式的结论意见。所以，法医病理学鉴定人有责任和义务在鉴定意见书中体现出法律需要的死因事实因果关系及其原因力分析、死亡方式的完整死亡证明。单纯的功能诊断或死亡机制诊断，虽可反映致死性病理生理学原因，但不能明确特定的具体死因及其来源事件。因此，WHO-ICD对死因分类的根本死因、中介原因、直接死因、辅助死因，建议不包含死亡机制诊断。然而，从系统完整地解析和理解各种死因及其引发的系列病理情况，以及指导临床医生救治方面综合分析，学术界认为可以将最终的死亡机制作为直接死因，纳入死因诊断和死亡证明。

作为临床医生应重视政府和人民的信任，珍视出具死亡证明书的权利。一般情况下，医生出具死亡证明必须满足以下要求：第一，死者的经治医生，至少死前2周内诊治过患者。第二，明确死于疾病，无暴力性或者无可能涉及法律的其他情况。相反，有些情况下，医生应拒绝开死亡证明，并有义务向公安机关报案，或者动员当事者报案：①涉及刑事、民事、事故、自杀等案件的；②死因可疑或案件性质不确定的；③突然意外的猝死，对死因有争议的；④其他任何不是死于自然性疾病的情况。ICD-10制定了一个表格式死亡证明书，建议各国参照采用。此外，美国、英国和日本等国家均有统一的死亡证明书格式。因此，结合我国情况，考虑基本的医学和法医学的需要，以及与国际接轨，建议制定我国统一的死亡证明书格式（表3-4）。

表3-4　基于WHO-ICD的法医学事实因果关系及其原因力分析表

	死亡原因	距死亡的间隔时间	因果关系	原因力
直接原因方面	1）脑死亡，呼吸循环衰竭	短时间	直接原因	
	2）颅内高压，脑疝	20多小时	中介原因	20%
	3）交通事故，颅脑损伤，硬脑膜下血肿，蛛网膜出血	28多小时	根本原因	60%
辅助原因方面	多处骨折，左肺挫裂伤，血胸200毫升	28多小时	辅助原因	20%
	死亡方式：交通事故			

（三）尸体管理

法定的尸体（corpse）笼统地指人去世后的遗体及其器官组织标本。我国是一个疆域辽阔的多民族大国，不同民族和地区均有各不相同的对于死者尸体殡葬处理方式，许多地方丧葬活动中，充斥着迷信和铺张浪费的陋俗。为此，2015年国家发布了最新的《殡葬管理条例》，以加强殡葬管理，推进殡葬改革，促进社会主义精神文明建设和自愿改变丧葬习俗，鼓励实行火葬，改革土葬，节约殡葬用地，革除丧葬陋俗，提倡文明节俭办丧事，维护社会治安秩序。殡仪馆、火葬场、骨灰堂、公墓建设纳入城乡建设计划。任何单位和个人未经批准，不得擅自兴建殡葬设施。农村的公益性墓地不得对村民以外的其他人员提供墓穴用地。禁止建立或者恢复宗族墓地。除受国家保护的具有历史、艺术、科学价值的墓地予以保留外，应当限期迁移或者深埋，不留坟头。遗体处理必须：①运输遗体进行必要的技术处理，确保卫生，防止污染环境。②火化遗体凭公安机关或者国务院卫生行政部门规定的医疗机构出具的死亡证明。③办理丧事活动，不得妨害公共秩序、危害公共安全，不得侵害他人的合法权益。④禁止制造、销售宣传迷信的丧葬用品。⑤严禁进行尸体及其器官买卖，严禁利用尸体进行商业性活动。

医疗机构要积极协助殡葬管理部门加强医院太平间的尸体管理。严禁私自接运尸体。患有烈性传染病者的尸体要进行检疫，督促死者家属在24小时内报告殡葬管理部门处理。几种特殊情况的尸体管理：

（1）非正常死亡的尸体，包括他杀、自杀、意外、事故及各类突发事件致死的尸体，或者经尸检及相关调查不能明确死因和死亡方式的尸体。根据《中华人民共和国刑事诉讼法》《公安机关办理行政案件程序规定》《公安机关办理刑事案件程序规定》，发现者应立即拨打110报警，辖区派出所接报后应立即出警保护现场、初步进行有关人员调查和搜集现场情况，制作发现人的询问笔录。同时，上报分局刑侦大队组织侦查人员、刑事技术人员赶赴现场进行现场调查、现场勘验、尸体检验等相关工作。

按《公安部刑事案件管辖分工规定》初步认定，①因犯罪致死的，由刑侦大队立案侦查。②因交通事故致死的移交交管部门调查；因火灾致死的由消防部门负责调查。③其他原因致死的由辖区派出所负责调查并通知相关单位。④因自杀、意外、事故、突发事件和猝死致死的，为明确死因，避免因死因问题导致上访事件，应动员家属书面申请尸体解剖，并在《尸体解剖检验申请书》签字。死者家属不同意解剖的，要求说明理由，并在《拒绝尸体解剖检验申请书》上签字，承担相应的法律后果和责任。同时，辖区派出所已履行告知义务，死者家属要求对遗体进行火化处理的，由辖区派出所组织刑侦民警对案（事）件情况分析、讨论，最终达成一致意见，形成会议记录，出具火化处理遗体证明，交予医生出具《居民死亡医学证明（推断）书》。⑤可疑他杀致死的，或者经调查、尸表检验不能明确死亡原因和死亡方式的，依据《中华人民共和国刑事诉讼法》第131条、《公安机关办理刑事案件程序规定》第199条，由法医安排具体解剖时间。解剖时，应通知家属到场并填写《解剖尸体通知书》交与死者家属签名，死者家属无正当理由拒不到场或者拒绝签名，不影响法医尸检。尸检鉴定后，出具《法医学尸体检验鉴定书》和《居民死亡医学证明（推断）书》，交办案部门填写《鉴定结论通知书》送达死者家属和犯罪嫌疑人签名，制作告知笔录。经尸检查明死因和提取相关物证工作后，家属对死因鉴定结论无异议，要求对遗体进行火化处理的，辖区派出所办案民警签名，履行相关审批手续后交与死者家属。⑥死者家属对死因结论有异议的，经分局领导批准，报请上一级公安机关重新鉴定。重新鉴定期间尸体存放和火化费用仍由死者家属承担。⑦公安机关执法过程中的非正常死亡，由检察机关法医组织尸检鉴定。死者家属要求委托公安机关以外的鉴定机构尸检的，由死者家属承担检验费用。（附注：《中华人民共和国刑事诉讼法》第131条："对于死因不明的尸体，公安机关有权决定解剖，并且通知死者家属到场。"《公安机关办理刑事案件程序规定》第199条："为了确定死因，经县级以上公安机关负责人批准，可以解剖尸体或者开棺检验，并且通知死者家属到场，并让其在《解剖尸体通知书》上签名或者盖章。死者家属无正当理由拒不到场或者拒绝签名、盖章的，不影响解剖或者开棺检验。"《公安机关办理刑事案件程序规定》第200条："对于已查明死因，没有继续保存必要的尸体，应当通知家属领回处理，对无法通知或者通知后家属拒绝领回的，经县级以上公安机关负责人批准，可以及时处理。"）

一般情况下，法医系统尸检后，应做好死者家属思想工作，尽快火化处理。死者家属要求保留尸体的，在不影响社会治安和公众利益的前提下，自死亡之日起，保留日期最多不得超过十天。因尸体检验和鉴定需要，必须延长尸体保留期限的，须由有关部门决定：因单位发生火灾、工伤事故造成死亡的，由发生事故单位的主管局和市劳动局决定，报公安机关备案；因医疗事故死亡的，由市级卫生主管部门和市医疗事故鉴定委员会决定，报公安机关备案；因自杀、他杀、伤害和交通事故及其他原因死亡的，由市级公安局决定。

对各种尸体，一经检验和鉴定完毕，要立即进行火化处理。

对于逾期没有火化的尸体，或虽未逾期，但保留尸体有碍社会治安、危害公众利益的，要动员死者家属及时火化。如家属拒绝火化，由政府主管部门写出强制火化报告，送市公安局审查批准，由公安局下达《强制火化通知书》，殡葬部门执行火化。对阻挠强制火化的，公安机关依法处理。情节恶劣、触犯刑律的，提请司法部门，追究刑事责任。

(2) 道路交通事故造成人员死亡的尸体，应当经急救的医疗人员确认，并由医疗机构出具死亡证明。尸体应当存放在殡葬服务单位或者有停尸条件的医疗机构。先勘查现场，尸体检验，火化尸体，再处理善后。需要进行检验、鉴定的，公安机关交通管理部门应当自事故现场调查结束之日起三日内委托具备资格的鉴定机构进行检验、鉴定。尸体检验应当在死亡之日起三日内委托，需要解剖尸体的，应当征得其家属的同意。

《道路交通事故处理工作规范》检验尸体结束后，应当制作《尸体处理通知书》，书面通知死者家属在十日内办理丧葬事宜。无正当理由逾期不办理的应记录在案，由公安机关处理尸体，逾期存放的费用由死者家属承担。尸体检验、鉴定结论确定后，"通知死者家属在十日内办理丧葬事宜。无正当理由逾期不办理的，由公安机关处理尸体，逾期存放尸体的费用由死者家属承担。"

解剖未知名尸体，应当报经县级以上公安机关或者上一级公安机关交通管理部门负责人批准。对未知名尸体，由法医提取人身识别检材，并对尸体拍照、采集相关信息后，由公安机关交通管理部门填写未知名尸体信息登记表，并在设区市级以上报纸刊登认尸启事。

现场勘查调查与善后处理是两个不同的工作阶段。前者，为查清事实，弄清原因，分清责任；后者，根据"以责论处"原则，确定各方当事人应承担事故损失赔偿责任。已查明死因的尸体进行火化与事故的善后处理，没有必然内在联系，要教育死者亲友，不要"挟尸勒赔"，对肇事方和事故处理机关施加压力，以求额外的索赔要求。否则，妨碍交通事故的正确处理，败坏社会风气，扰乱社会治安，妨碍社会管理秩序，视情节轻重，将受法律制裁。

(3) 除医疗机构、医学院校、医学科研机构以及法医鉴定科研机构因临床、医学教学和科研需要外，任何单位和个人不得接受尸体捐赠。接受尸体的单位使用完毕的尸体情况下，负责进行尸体殡葬的最终处理。违反规定的，由有关主管部门按照相关规定查处；构成犯罪的，依法追究刑事责任。异地死亡者原则上就地、就近尽快处理尸体，如特殊情况确需运往其他地方的，死者家属要向县以上殡葬管理部门提出申请，经同意并出具证明后，由殡仪馆专用车辆运送。凡无医院死亡证明、无公安派出所注销户口证明、无殡葬管理部门运尸证明将尸体运往异地的，铁路、交通和民航部门不予承运，公安部门有权禁止通行。

此外，国家多部门根据《中华人民共和国国境卫生检疫法》《中华人民共和国海关法》《殡葬管理条例》等有关法律法规制定《尸体出入境和尸体处理的管理规定》，保护社会公共利益，维护社会公共道德，防止传染病由境外传入或者由境内传出。

第三节 小 结

法医死亡学是研究涉及法律的死亡检验鉴定的科学，主要内容包括死亡标志、死亡原因、死亡机制、死因分析、死亡过程、死亡方式、死亡性质、死亡证明，以及尸体变化和尸体管理等方面。

（1）随着现代医学救治复苏和器官移植技术的发展，根据心跳呼吸停止的传统死亡诊断，不能适应全脑功能首先不可逆丧失的死亡情况，提出脑死亡诊断标准是对传统心肺死亡标准的补充。

（2）死因的法医学鉴定，应基于WHO-ICD死因定义及其死因分类方法，更全面客观地反映与死亡有关的所有疾病和损伤以及相关事件或情况，指导确定涉及死亡的相关因素及其责任认定。

（3）区分死亡原因与死亡机制的概念，有助于正确地诊断死因，提高临床诊断和法医鉴定的司法证据价值。基于现代医学理论，熟练地掌握死亡机制，可更好地解释各种死因如何引发致死性病理生理功能紊乱而导致死亡，正确地进行死亡相关因素及其原因力分析。

（4）统一死亡和伤残后果的相关因素及其原因力分析，符合机体伤病原因、机制、转归的客观统一性、科学性。区别法医学鉴定的事实因果关系与司法审判的法律因果关系，符合自然科学与社会法学的辩证主义的统一性和实用性。

（5）死亡方式的判断取决于产生根本死因的案情或情况。尽管全面系统的尸体剖验可明确死因诊断，但是，不应期望法医仅根据尸检所见和不充分的案情确定死亡方式。死亡性质是在不具备不充分必要的相关案情证据条件下，单纯依据死因判断的案件性质，可简明地指导和作为司法机关立案的依据，进一步补充相关证据。

（6）制定一个全国统一的、规范的、与医学死亡证明接轨的法医学死亡证明书格式，包含整合WHO-ICD死因分类的法医学八大类因果关系及其原因力分析、死亡方式内容，十分迫切而必要。临床医生和法医应负责任地严格按照有关要求出具死亡证明。

第四章　死亡教育学

死亡教育学是一个新的领域，国外教育学界对死亡教学非常重视，在国内死亡教育是一个空白，本章节对死亡教育的有关内容，进行一些初步的探讨。

第一节　死亡教育学概述

教育学属于社会学范畴，是教育科学体系中的一门基础科学。教育学是研究人类教育现象、解决教育问题，揭示一般的教育规律的科学。教育是个体一生都不可停止的社会行为。教育学是一门独立的学科。教育学是研究人类的教育现象、解决有关教育过程中发生的问题、揭示教育的普遍规律的社会科学。教育学是教育体系中的一门基础科学。死亡教育是人类应该接受的教育。

一、概　念

对人类进行死亡教育，是人类生长发育过程中有认知能力后，从儿童阶段到老年阶段，都需要的学习活动。如果阐述如何进行死亡教育的内容，必须从了解教育学开始。

教育学（pedagogy）一词源于希腊，其原意为教仆（pedagogue）。教仆一词的原意是对儿童的看护，包括对儿童的护理与教育。19 世纪末，英语国家开始使用教育一词（education），更加强调对儿童知识及儿童素质的培养。中国的教育学一词，是在 20 世纪初从日文转译过来的，其本意已经除去了对未成年人护理的含义，强调的是对未成年人的传授知识，培养未成年人良好的生活习惯。教育学作为一门学科，至今已经有约 200 年的历史。

教育学的目的是通过一种人们普遍接受的社会活动方式，为了适应社会的需要，培养对社会有用的人。社会需要的是多方面的，对人们的教育内容是多方面的，教育的方法及手段是多种多样的。

教育学探讨对人类如何进行教育的规律，是研究教学活动的方式、社会团体及人之间的相互关系，研究教育学体系构成，内部各因素之间的本质联系。

教育活动、社会团体及人之间的相互关系，表现为教育活动与社会的政治、经济、文化的关系，具体反映在教育与社会制度、历史文化、人口生育、媒体宣传等上层建筑，与股市、房市、银行、企业、市场交易等经济基础等方面的相互关系。

教育学体系构成，其内部各因素之间的本质联系表现为教育活动与个人发展之间的相互关系。教育体系内部强调的是学校教育，包括幼儿教育即学龄前教育、小学教育、中学教育、大学教育、研究生教育等。构成教育学体系的不同层次教育之间的相互关系，以及校内教育与校外教育、社会教育与家庭教育的关系，是覆盖整个大的社会的教育学体系。

教育活动是动物除本能之外的学习行为，是将人类积累的文化，通过教育活动进行传承，包括精神文明及物质文明两个方面。这是人类的教育活动与动物生存技能的模仿式教育的根本区别。

动物在养育后代的过程中，父母会不停地教授孩子捕猎及躲避天敌的方法，孩子不停地模拟父母的行为进行学习，并在嬉戏打闹中，实践完善自己的学习成果。学习成绩优秀的后代，在适者生存的竞争环境中得以生存，学习成绩差的后代，要么被天敌吃掉，要么在残酷的自然环境中死去，自然淘汰。

人类的情况不同，由于文化的发达，教育活动表现得更加复杂。从动物及人类的教育活动中，可以看到教育本身的基本特征，即客观性、必然性、考核性及重复性，在人类与动物中传授技能知识有不同表现。教育的基本特征，客观性、必然性，主要表现在获得生存技能方面，是所有高等动物都存在的，而考核性及重复性在人类的教育活动中体现得更加明显，主要是提高受教育者适应社会需要的能力。

考核性是指对教育效果的评估，通过考核评估，才能达到教育的目的。自然界高等动物的教育评估是一次性的，逃过天敌追杀的动物，是对父母的教育成果考核通过，没有考核通过的动物，成为天敌的点心，考核不及格。天敌是动物的教育考核通过与否的总考官，铁面无私。

重复性是指教育行为需要重复进行，中国人常说的"活到老，学到老"。教育的重复性表现在两个方面，其中，最基本的是对生存技能的反复练习，使生存技巧不断提高。在自然界中，猴子用石头砸开坚果的行为是反反复复学习的结果。

它们要选择适当大小的坚果，找到可以作为砧板的石头，找到可以用于砸开坚果的石头，用适当的行为方式砸开坚果。猴子完成这样复杂的行为要练习无数次。从出生开始，一只猴子完全掌握用石头取食坚果的技巧需要8年。人类群体中的工艺美术大师，制作出精美的工艺美术作品，需要师徒传承，以及自身不断的努力学习才能实现，也需要很长的时间反复练习才能成为艺术大师。

教育的重复性在人类中体现得更加独特的是，随着人类科技文化的飞速发展，人类重复教育的内容是不断变化的。无论地域、种族及文化类型，人类的文化都是不断积累，不断发展的结果。人类的文化不停发展，新知识、新技术，要求社会成员必须不停学习。同时，人类在不同的生活阶段，需要不同的生活知识，迫使人类不同的学习。因此，教育的重复性在人类中体现得更加明显。

二、教育的性质

教育的基本性质有三个方面，生成性、社会性及价值性。

教育的生成性是指，教育对个体成长培养的结果。动物对幼仔的教育从出生就开始了，要通过对幼仔的不断教育，将幼仔培养成能够独立生存的个体，同人类要将后代抚养成人的目标是完全相同的。动物教育的生成性很好评价，幼仔能够长大，独立生存并繁殖后代就合格了。人类的情况则复杂得多。人类社会的初期阶段，个体获得知识是通过群体内部年长者向年幼者传授，以及群体内部各个成员之间的相互学习完成的。当时，人类的生活方式简单，生产技术落后，满足人类生活基础要求的水平较低，人类的教育养成相对容易完成。

今天，在城市里，学生年满18周岁时，要进行"成年礼"，这是一个象征性的仪式，在法律层面有意义，表明个体需要承担法律责任了。但此时教育的任务远远没有完成，举行了"成年礼"的孩子，仍然不能独立在社会上生存。现在中国个体完成高等教育，从小学到大学毕业，至少需要15年。大学毕业后的个体能否在社会上独立生活，可以作为教育生存性是否成功的一个标志。在网络世界高度发达的今天，人们的生存方式发生了很多变化，网络可以满足人们生活的各种需要。宅男、宅女在大学毕业以后，不去工作，也不找工作，在家里甘当啃老族。对这些年轻人来说，肯定是教育生成性方面的培养失败了。

教育的社会性是指在人类社会中教育活动是普遍存在的。个体所处的社会，经济活动越发达，教育活动就越活跃，形式也越多样。今天，我们身边的人，大学毕业以后，参加各种职业教育的现象很普遍。退休以后，他们参加老年大学的人也很多。素质教育的内容与形式更是五花八门，音乐班、美术班、舞蹈班等，层出不穷。另外，教育的活动是有社会需求的，教育活动本身成为社会服务的一部分，或者教育活动是为社会服务的。社会发展的不同阶段，以及个体的年龄不同处在社会的不同组织结构中，需要的社会教育服务及能够向社会提供的服务是不同的。

教育的价值性是指，教育活动本身是有价值的。在商品经济社会，有价值的东西都可以用价格来表示。教育本身处处都能体现出其价值所在，在个体的成长过程中，教育支出是个体培养成本的重要部分。在西方发达国家，教育分为公立教育与私立教育两大部分，前者在教育经费的支持方面有国家或地方政府的补贴，后者的教育经费则完全是私人提供的。即便如此，在公立学校接受教育的个体，仍然需要支付一定数量因教育需要的费用，在私立学校接受教育需要支付的费用更高。支付教育费用越高，享受的教育服务水平越高，包括教学设备、图书馆、实验室、著名的教师等。教育服务的对象是学生，将学生培养成合格的社会成员后，转变成为一种特殊的"商品"。当学生毕业，找到工作开始拿到薪水时，"商品"的价值实现了，教育的投资开始有了回报。这种价值投资的回报，不仅是对个体家庭投资的回报，也是对社会教育体系的投资回报。如果一个学生，成绩不好不能毕业，或者毕业后没有工作、不能参加工作，教育体系加工出来一个"废品"，不仅是家庭投资的失败，也是教育工作的失败，个体成长的投资回报率为零，因为其消耗了很多优质资源，投资回报率或为负数。

教育对国家、家庭及个人来说，都是非常重要的事情。当我们为吃、喝、拉、撒、睡等动物层次的基本需要而放弃、轻视教育时，当我们为纸醉金迷沉没在欲望之城而忽视教育时，其后果对一个民族来说不言而喻，代价是惨痛的。不良教育更是对一个民族的直接杀伤。放弃教育，对一个民族来说就是自杀。

第二节 死亡教育学

死亡事件是人类不可避免的一件大事。死亡事件常常涉及社会的方方面面，死亡事件处置不当，会引起很大的矛盾，成为社会的不安定因素。因此，进行死亡教育，对个人、对社会都是非常重要的。

一、死亡教育的目的

死亡教育是人类特有的一种教育，在发达国家人们已经开始关注死亡教育。死亡教育是教育学领域需要认真探索的新课题，使每个人理解死亡，减轻个体对死亡的恐惧。我从哪里来？我到哪里去？我从那里来，我到那里去。尘归尘，土归土，路漫漫，很遥远。

死亡教育学是通过学习，使个体理解死亡，减轻死亡恐惧，心理坦然的接受死亡的结果。教育有关人员，理性、科学地处置尸体，完成与死亡个体有关司法程序。最后，处置死者的尸体，死者入土为安，生者回归正常生活。

按照教育学的基本原理，如何实现死亡教育的目的，是现代教育应该考虑的问题。中国传统的教育体系中，没有关于死亡教育的专门内容。

在中国的传统文化中，人们非常忌讳谈论死亡，甚至提到死亡的词语，在很多场合都是不可以的。中国的清明节是祭奠先人的节日，家家都会准备祭品、烟、酒祭奠死者的亡灵，这是专门的针对死者的节日。除此之外的节日，都不能提及关于死亡的事，在重要的节日更是如此。在以喜庆基调为主的春节，这种忌讳更是夸张到极端。鲁迅在小说《祝福》中对这一现象有细致的描写。尽管如此，在中国的传统教育中，也不是一点也没有死亡教育的内容，守灵、哭丧、埋坟、树碑，都属于死亡教育的内容。中国传统文化中的死亡教育常常是与伦理道德教育混合在一起的。

儒家文化的核心内容"忠、孝、节、义"中，都涉及有死亡教育的问题。忠君思想的核心是面对死亡时，对君主、对国家要尽忠，要毫不犹豫地奉献自己的生命。"孝"是对父母、对长辈，要赡养、尊重、关心，父母死亡后，子女要守孝。"节"是讲夫妻之间的关系，丈夫死亡后，妻子不能改嫁他人，要为丈夫守节。鲁迅小说中的愚夫子讲，"饿死事小，失节事大"讲的就是中国传统中，夫妻一方死亡时，妻子要守节的道理。"义"讲的是在社会上，人与人之间的关系，就是现在的同事关系。大家在一起共同某事，不论大事，还是小事，都要讲信义，遇到危险时需要舍生取义，士为知己者死，为朋友两肋插刀。

儒家的死亡教育的目的，是为了维护国家、家庭及社会的秩序，一个人面对死亡的威胁时，要义无反顾地舍掉自己的生命，保证"杀身成仁"。这样的死亡教育，包含在一个大的思想体系中，没有涉及死亡发生时对个体的影响，没有考虑个体面对死亡时的感受。这就是中国古代社会士大夫阶层的"家""国"情怀。

中国的道教文化，似乎更关注死亡对个体的影响。道教的核心思想是顺其自然，天人合一是道教的最高境界。尽管道教提倡个人修炼，以到达长生不老的目的，但并不否认，人类死亡是一个自然的过程。各类宗教宣扬人死亡后，人类的灵魂或上天堂，或下地狱，宗教教义的宣传是对信徒进行人生教育，也是进行死亡教育。宗教的死亡教育，是服从宗教教义的，客观上对安抚个体、减轻对死亡的恐惧是有帮助的。

现代教育学需要探讨的死亡教育，要遵循教育学的规律，探讨教育与死亡之间的关系，在死亡事件发生时，理解涉及的人、社会关系、经济利益等各方面的相互关系，培养有关人员正确面对死亡事件，遵守各种与死亡活动有关的行为规范及道德理念，保证处理死亡事件时，社会关系的和谐，有利于全社会的和谐与安定。

二、死亡教育的年龄区分

死亡是客观存在的，死亡教育也是客观存在的。死亡现象普遍存在于生物世界，在高等动物中，亲子之间传播的如何躲避天敌的行为，是传授如何逃避死亡的行为，是一种本能行为。死亡现象存在于人类的不同的年龄阶段，不同的年龄阶段，面临死亡时，需要进行教育的内容不同。死亡教育是人类社会特有的行为。人类的死亡教育大致可以分为以下几个方面。

（一）未成年人的死亡教育

未成年人的死亡教育是人类死亡教育的基础。现代教育如何对未成年人进行死亡教育，是现代教育学领域探讨较多的。尽管如此，对未成年人如何进行死亡教育，仍然是需要认真研究的领域，尤其是对儿童的死亡教育。根据教育学的基本特点，对儿童的死亡教育主要集中在两个方面。

1. 理解生命的自然过程

对儿童的死亡教育与对儿童的其他方面的综合教育是一体的，两者之间并没有明确的界限。对儿童的死亡教育应该从哪一个年龄段开始呢？

对婴幼儿的认知能力的研究表明，婴幼儿的认知能力在出生后不久就会有明显的表现。婴幼儿心理学的研究表明，出生几个月的婴幼儿对母亲的表情有明显的感知，对成人的行为选择也有一定的判断力。实验表明，在婴幼儿面前摆放一个方盒子及一个圆球体，成人反复抚摸球体，对球体表现出极大的兴趣。但当成年人取走婴幼儿面前的物体，是方盒子而不是球体时，婴幼儿会表现出惊讶。研究学者还发现，1岁左右的婴幼儿，尽管他们的语言表达能力尚未形成，他们在一起对共同感兴趣的事物，仍能进行信息交流，成年人对他们进行信息交流的方式及内容仍然一无所知。对儿童的死亡教育，应该在儿童能够与外界进行流畅的信息交流时开始。

对儿童的死亡教育，其本质内容是关于生命的教育，存在着客观性、必然性及重复性等，教育学固有的属性。儿童对生命本质的追问，在年龄很小时就开始了。儿童很小时，就会问母亲，我是从哪里来的。中国的母亲常常回答，你是我捡来的，或从腋下出来的，很少认真回答儿童的提问。西方的很多母亲则会很认真地回答儿童的问题。很多母亲出于对儿童的关爱本能，对儿童会提出很多关于危险的警示，"大灰狼来了"是全世界母亲对孩子的警告。对儿童有关生命的追问，以及提示儿童规避各种危险的警告，是母亲要不停进行的功课。如何有组织、有计划地对儿童进行死亡教育呢？这方面西方的教育学者已经进行了有益的尝试，并取得了良好的效果。

对儿童的死亡教育是从理解生命开始的。理解生命是古老的哲学命题，成年人对生命现象都没有完美的解释，对儿童如何进行有关生命的教育呢？对儿童关于生命的教育，是从对植物、动物的出生及死亡的自然现象的解释开始。儿童通过观察动物、植物的死亡，理解生命的出生到死亡的过程。带领儿童到教堂参加祭奠死者的弥撒，触摸棺木理解人类的死亡。对儿童进行人类死亡现象的解释，为未来成年人进行死亡教育，奠定良好的基础。死亡教育的重复性，在反复向儿童交代出生与死亡的事物，如何符合教育学的特点。

2. 尊重生命的教育

尊重生命就是教育孩子要对死亡敬畏，可以使孩子远离危险。国家教育部门在学生暑假期间，每年都发出通知要求学校对学生进行假期的安全教育，每年都有令人痛心的事情发生，最多的是青少年在野外游泳时意外溺水死亡。中国人在日常生活中，家长对孩子经常说，不要玩火，不要私自去游泳，要注意安全。家长的教育方式主要是恐吓，告诉孩子你如果到河里去玩水，被水里的鬼怪拖下水，就再也见不到妈妈了。这样的教育，使孩子对死亡产生恐惧，远离危险，对孩子的安全是有好处的。

在儿童群体中，在进行一些游戏时常常会有意外发生，如儿童在玩捉迷藏的游戏时，将自己藏在木箱里造成体位性窒息死亡。在好奇心的驱使下，儿童中常常会流行一些成年人不能理解的死亡游戏。这些游戏会造成儿童的意外死亡。这样的意外事件，并不是偶发事件，媒体常有报道。对儿童进行避免危险的教育十分必要，同时儿童的监护人也应该接受避免儿童意外危险的教育。

在儿童时期，对儿童的死亡教育，强调对生命的理解及对死亡的恐惧，都是有意义的，是儿童时期死亡教育的特点。

（二）成年人的死亡教育

成年人的死亡教育，包括的内容更加复杂。成年人是社会的主体，对个人、对家庭、对社会都负有重要责任。成年人在社会实践中，面临各种挑战，遇到危险因素的概率高于未成年人及老年人。对成年人进行死亡教育也存在客观性及必然性。对成年人的死亡教育与未成年人不同。未成年人处在人生的受教育阶段，对未成年人进行死亡教育，可以与其他学科的教育同时进行，如在生物学的教学中，可以阐述动物、植物生命的开始及终结，使学生理解死亡的意义。对成年人的死亡教育，应该包含在社会的活动中，如申领驾驶执照、照顾孤寡老人、参加亲朋的葬礼等，在社会活动中理解自己的责任与生命的意义。

对成年人的死亡教育大致包括，应对自己意外死亡的准备，在生活中远离危险环境，对成年人进行死亡的教育，还包括培养应对突发的死亡事件的能力，了解死亡事件的处置过程。

全世界各地，每年都会有很多人死于意外。每个人对自己可能发生的意外死亡要有清醒的认识。在经商的朋友圈中，很多家族式的企业，在商业谈判中，往往很多家庭成员会共同参加。他们在乘飞机到谈判地点时，不会全家人乘同一航班的飞机到达谈判地点。他们会分别乘坐不同起飞时间的航班，飞往同一谈判地点，防止发生意外全军覆没。这是生活的常识。

在西方发达国家，在申领机动车驾驶执照的时候，常常会填一个自愿捐献遗体与器官的申请表。填报遗体自愿捐献表的个体，在填写表格时，会阅读很多关于如何填写表格的说明。对这样个体来说，他经历了一次死亡教育。填写了自愿捐献遗体与器官的个体，在发生交通事故意外死亡时，在最短的时间内，医生、护士可提取他的可进行移植的器官及组织，存放在器官与组织的库中，进行器官、组织的配型检验，并在全世界范围内公布，与需要进行器官与组织移植的个体，进行器官与组织的交叉配型检验。如果交叉配型成功，器官、组织可以提供给需要的人，进行器官、组织的移植手术。这样的行为不仅是对捐献者进行死亡教育，也是对他的亲属进行死亡教育，在遗体、器官的捐献志愿书上，需要直系亲属的签字。亲属的签字表明对捐献遗体、器官亲人的行为的理解，在意外事件发生时，在为死亡的亲人履行遗体及器官的捐献行为时，会感受到亲人行为的高尚，减轻失去亲人的痛苦。

对成年人进行死亡教育的一个重要方面是明确成年人的家庭及社会的责任。成年人在家庭及社会中，都是中坚力量，他们远离生活中的危险环境，是对个人、家庭及社会负责。很多成年人因自己的过失或失误，造成了严重的后果，对家庭及社会造成了巨大的伤害。最明显的、也是最常见的就是酒后驾车。酒后驾车的危害是显而易见的，但酒后驾车又是全世界都普遍存在的问题。除惩戒外，对酒后驾车的司机进行死亡教育是非常重要的。在对酒后驾车的司机进行教育时，请酒驾司机观看酒后驾车造成的事故现场照片，看酒后驾车造成交通事故死亡的司机的尸体检验照片及亲属的痛苦记录。这些警示教育对酒后驾车的司机效果良好，很多司机改掉了酒后驾车的不良习惯。明确个人的家庭及社会责任，是对成年人进行死亡教育的重要内容。网络青年相约自杀，就是对自己、父母、社会极端不负责任的行为。死亡是无法挽回的后果，对父母、社会造成的伤害是巨大的。远离毒品也是全社会一直在宣传教育的活动，很多人不计后果仍然接触毒品。应该考虑，对那些造成个体生命危险的因素，在进行社会教育时，要增加死亡教育这一重要内容。

教育自己的家人理解生命，远离危险，是成年人进行死亡教育的重要内容，包括两个方面。一方面是要保护自己的家人远离危险，另一方面是教育自己的家人远离危险。这两个方面，我们做得都不够。

有一段时间中央电视台一直在播放一则公益广告，是关于家用轿车安放儿童座椅的。广告中表现了家长对孩子的无限关爱，包括父母及祖父母。孩子说，"爸爸妈妈、爷爷奶奶，当交通事故发生时，你们能保护我吗？"画面显示每年有几千名儿童，由于家庭轿车没有安装儿童座椅，在交通事故中死亡。保护家人的安全是成年人的责任。在媒体中，经常会看到关于酒后驾车发生交通事故的报告。酒后驾车会引发交通事故是日常生活中的常识，在餐厅、汽车行驶的路边，经常会看到，酒后不能驾车的警示标志。在已经发生的交通事故中，可以看到司机酒后开车的，车上坐的是一家老小；可以看到朋友酒后驾车的，车上坐的是一桌酒友。如果家人、朋友劝阻司机不要酒后驾车，很多悲剧就可以避免。还有很多情况，如高空作业的工人，他们在安装空调、擦洗楼面的玻璃时，常常不系安全带，偶然会发生高空坠落的事故。这些成年人，他们应该知道他们的行为面临危险，他们身边的人也知道他们处境的危险，但都没有采取必要的措施，导致悲剧的发生。有的事故会成为工友中茶余饭后的谈资，但在实际工作中常常不会引起同行工友的重视，同类的事故会重复发生。死亡教育对成年人来说是非常重要的。

成年人对自己及家人有了关于生命的保护外，面对突然来了的死亡事件，需要有从容应对的能力。逃离死亡是死亡教育的重要内容。在入住宾馆、饭店时，要认真熟悉宾馆的逃生通道，了解灭火器的位置和房间内救生用品的放置位置及使用方法。外出露营时，停放车辆的车头方向，一定要摆放在朝向道路的方向，一旦发生意外便于迅速逃离。遇到危险时，一定要冷静的处置，不要盲目逃生，要保护好自己，等待救援。多年以前，中原某城市平安夜的一场大火导致300多人死亡。起火的位置在地下一层，人员集中的位置在顶楼的KTV歌厅。遇难者的死亡原因，主要是踩踏及浓烟引起的窒息死亡。在包厢内，用衣物堵塞门缝、开窗呼救、等待救援的人，均被消防人员解救。

任何生物从出生开始，就踏上了奔向死亡的道路。人类出生的日期可以推算，死亡的日期却没人知晓。成年人在家庭的责任，自古以来就有两项，儿女抚养成人，父母养老送终。成年人理解死亡事件的处置过程是非常重要的，便于处置死亡事件。处置死亡事件，主要包括三个方面的内容，安葬仪式、尸体处置及善后事宜。安葬仪式古往今来都是必不可少的，城市、农村差异很大；不同宗教信仰对遗体的安葬仪式差异很大；不同地区、不同文化传统安葬仪式差异很大；死者的身份对安葬仪式的影响也很大，国家政要的安葬仪式是国葬，影视明星的安葬仪式大多隆重，普通人的安葬仪式就较为简单。尸体处置的方式也是多种多样，有土葬、火葬、树葬、海葬等。死者的善后事宜涉及的内容也很多，包括遗嘱的执行，遗产的分割，死者身份的核销等。

（三）老年人的死亡教育

老年人到了人生的最后阶段，对人生的理解比年轻人更加深刻，江河入海牺牲了自己，进入更加广阔的世界。中国的老年人似乎更加忌讳谈论死亡。因此，在中国对老年人的死亡教育更少，也更加难以开展。在中国很多老年人面对死亡时，会表现得极端恐惧。老年男性对死亡的恐惧似乎比老年女性表现得更加强烈。这与男性在家庭及社会上承担更多的责任，对生活中的各种事情的割舍不下，眷恋及思考的问题太多有关。相反老年女性面对死亡时，似乎更加坦然。她们似乎经历了更多的苦难，她们默默地承担了太多的家庭责任，生儿育女给她们带来了太多的痛苦。很多女性老年人在回忆人生的往事时，大多数讲述的生孩子时的痛苦，以及日常生活中发愁没有柴米油盐酱醋茶的痛苦。很多老年女性在生命的最后阶段，似乎很平静地等待死神的到来，她们中的很多人似乎表示，早已经没有继续生活的愿望了，活够了，生活在世上已经没有什么值得眷恋的东西了。在医院的重症监护病房，患者大多数处在医生、护士抢救的过程中，患者没有能力，没有机会表达自己的意愿。这个过程常常是对患者家人的煎熬。在临终关怀医院则不同，患者都知道自己已经患有不治之症，死期将至。在医院的病房中，当身边的病友死去时，对同病房的人们的心理冲击更大。患者在临终关怀医院则不同，他们更有机会表达对死亡的理解。老年人无论在哪种医院里，对他们进行死亡教育是十分必要的，可以减轻他们对死亡的恐惧。

对老年人进行死亡教育，除排解心理焦虑，减轻死亡恐惧之外，还需要交代如何办理后事，减少因死后财产纠纷引起家人矛盾及其他可能产生的纠纷。产生纠纷的原因是多种多样的，最常见的是经济纠纷。对于老人死亡后，其后人为争夺遗产产生的纠纷，在名人、有钱人及普通人之间多有发生。在老年人清醒的时候，与老人协商，召集有关人员一起草遗嘱，并进行公证。如果没有遗嘱，可以按照《中华人民共和国继承法》，对财产进行分配。没有后人的老年人死亡后，照顾老人的邻居、朋友，对如何处置老人的财产，如果没有老人的遗嘱，或有遗嘱没有进行公证，更加容易引起纠纷。在中国老人活着的时候，就开始谈论财产的分配问题，会被社会认为是不孝的行为，会招致社会舆论的非议。人们需要摒弃传统的观念，用新观念解决关于遗产分配的问题，会减少很多不必要的麻烦。老人本人没有提出立遗嘱，由谁提出。尤其是没有后人的老人，由谁替老人操办类似遗嘱的问题，是需要认真考虑的。村民委员会或居民委员会等公民自治组织，应该出面组织、协调这方面事情，妥善处理孤寡老人的后事。

老年人的死亡教育的一个重要方面，是对死者配偶的心理疏导。老年人的生活是相对简单的。少年夫妻老年伴，在老年时期配偶常常是他身边最亲近的人。一旦老年人死亡，他的配偶受到的打击更大。失去配偶的老年人，孤独感会更加强烈，常常会有深深的自责，对他们进行死亡教育，重要的是让他们理解死亡，理性面对死亡，尽快从失去亲人的痛苦中解脱出来。

（四）死亡服务人员的职业教育

1. 殡葬服务人员的职业教育

对殡葬人员的职业教育包括两个方面。其一是关于殡葬礼仪方面的教育，其二是关于殡葬方面有关国家法律法规方面的教育。

殡葬礼仪的教育，有关于传统的死亡文化的内容，也有在新的环境下出现的新的殡葬礼仪及风俗习惯。殡葬礼仪有尊重死者的礼仪行为，也有对生者参加殡葬活动的礼仪规范。这些关于殡葬活动的礼仪与行为规范，是对成年人进行死亡教育的重要内容。殡仪馆的服务人员的职业教育，我国已经有专门的院校，对从事殡葬服务的人员进行全面教育。对从事殡葬行业的专业教育是民政部下属的院校通过全国招生进行的，学生毕业后多数在国内较大的正规的殡仪馆工作。国内的殡仪馆有的是民营的，有的是混合所有制经营的，在这些单位的工作人员，大多数是社会招聘的个人，文化程度较低，没有受到专门的职业教育。

从事殡葬工作的人员，由于工作的特殊性，常常不会被社会的大多数人接受，有的人会有自卑的心理。朋友一起聚会，在殡仪馆工作的人员，对不是很熟悉的人，他们不好意思主动地说"你好""再见"一类的客套话。这种情况是普遍存在的，由于人们在内心深处对死亡的恐惧，对从事殡葬服务的人员，人们在心理上会产生排斥。在国外，包括美国及西欧等发达国家地区，从事殡葬服务的工作人员的朋友圈也很小。在美国进行殡葬服务考察时，负责接待考察小组的司机，是从事殡葬工作的男性。尽管他的年龄已经很大了，但仍没有结婚。当然，这只是个例。

2. 有关医务人员的职业教育

有关医务人员的职业教育在医疗行业没人引起足够的重视。人生只有生死是大事。医院是救死扶伤的地方，但医生不是万能的，世界上没有包治百病的灵丹妙药，在目前的医疗技术条件下，医生对很多疾病并没有有效的治疗手段，患者去世在医院里是不可避免必然会发生的事件。医院里发生死亡的事情，医生、护士如何面对，如何通知患者的家属，在中国的医院里显然没有合情合理、行之有效的工作程序。在患者死亡时，由于医生、护士与患者不能进行有效的信息沟通,很多医闹事件发生了。如何将患者死亡的信息传达给患者家属,是对医院管理人员进行死亡教育的重要内容。对于医务人员如何进行死亡教育,有关部门应该组织有关专家,包括医院管理人员、心理学家、社会学工作者、患者家属等,共同研究一个行之有效的方案,将患者死亡的信息平和地通知患者家属。

3. 临终关怀的医疗工作者的死亡教育

中国的临终关怀医院的中心工作是对身患绝症的进行护理。对生活不能自理的老年人主要进行生活方面的照顾。无论是对从事临终关怀工作的医护人员,还是对身患绝症的患者,都没有进行相关的死亡教育。

从事临终关怀医疗工作的人员,工作重心是延长患者寿命,提高生活质量。在实际工作中,他们的主要工作是照顾患者的饮食起居。在心理学层面对于患有绝症的患者没有进行有关死亡的教育,包括理解生命的过程,进行心理疏导,减轻患者的死亡恐惧,对患者及亲属进行有效沟通,帮助安排患者的后事,尤其是对没有亲属的老人,协调安排好后事,这方面的工作临终关怀医院需要加强。有很多经营管理临终关怀医院的管理者,会认为安排患者的后事与自己无关,但有很多患者死亡后,由于后事没有妥善安排,产生了经济纠纷,死者的尸体不能火化。还有的死者家属,在患者死亡后,不再与临终关怀医院联系,造成死者的尸体长期不能火化。关于对此类死者的尸体如何处理,目前国内没有明确的法律规定,死者的家属不配合,临终关怀医院及殡仪馆都不能处理尸体。目前,国内很多殡仪馆都遇到过类似的问题,不仅造成有关单位与个人不必要的经济负担,而且也是可能引起社会的不稳定因素。有家属的死者与无名尸不同。国家有关部门制定了处置无名尸的相关工作规范,有关部门可以根据规范处置无名尸。但有家属的死者,家属不与殡仪馆及有关单位联系,其尸体不能依据无名尸的相关规范处置,造成死者的尸体不能处理。国家需要在这方面制定有效的法律、法规,使得此类问题得到妥善解决。

三、死亡教育的内容与方式

(一)死亡教育的内容

自然界的生物皆有生命,所有的生命无论是植物还是动物,都是有始有终,都会有死亡的那一时刻。因此,死亡是人人都需要面对的,对个体进行死亡教育是不可避免的。

人与动物皆有一死,不同的是,人因为有灵性、有意识,所以比其他的动物多了一层不幸——不得不承受畏死的焦虑。即便对死亡的恐惧会衍生种种人间丑态,那也并非死亡的罪过。实际上,恰恰是死亡凸显了生命的价值和人生的意义。正因为生命来之不易又如此短暂,它才会令人倍加珍惜,否则,岂知人不会因为不死而视生命如草芥?而假若能长生不死,则生命又有何尊贵可言?因为终有一死,人意识到了生命的有限性,所以才会有生活的紧迫感,才会努力抓住生命时光的每分每秒,去实现自己的人生价值。更因为死亡令人惧怕,所以,为了抗拒死亡、超越死亡,人们才会不断地创造,力图以不朽的创造赋予生命以永恒的价值。所以哲学家说:"人生的一切努力,人类的所有文明成果的创造。目的就是一个——对抗死亡。"如此看来,人因为意识到终有一死,因为意识到死亡随时可以降临，所以人们要思考人生的意义，追求生命的价值，企望死亡的超越。对死亡的积极认识促使人努力去实现自己的价值，赢得人的尊严。反过来说，假若没有死神的步伐在后面追赶，人们就可能以为一切都可以从长计议，不再积极地筹划人生。然而，上述的死亡对人生的积极影响只是就总体而言。就每个个体的人来说，死亡对其人生的影响是不完全一样的。大凡真正思考过死亡的人，对死亡持积极态度的人，明白死亡之于自己生命的意义的人，总能分外珍惜自己的生命，督促自己在有生之年多做点有意义的事情，而在生死交关的时刻，又能为正义、为民族、为国家、为他人而舍弃自己的生命，从而赋予短暂的生命以永恒的价值。反之，就有可能要么虚度光阴，糊里糊涂度过一生；要么不思进取，游戏人生，直等死之将至才知悔恨。

死亡是有所有生物生命中止的实存，而死亡问题则是人对死亡这种现象的性质与状态的看法、评判和观念，即便是人类，也不是所有的死亡现象、死亡的状态和死亡的事件都构成了所谓死亡问题；只有那些死亡的状态、死亡的事件和死亡的性质与我们所期待的状态与性质不符，有差距或差距甚大时，才构成了死亡的问题。例如，在想象中自己会有高寿，可人们也许在五六十岁时便要面对死亡的降临，这就构成了死亡问题；而若人们活了八九十岁，与其想象中的寿命差不多，甚至还更长，那就不构成死亡的问题。又如，我们每个人皆希望自己死前不要受到严重疾病的折磨，可结果我们却遭受到这一状况的侵害，这也构成了死亡问题；而若我们真的在临终前无甚痛苦，无疾而终，那么，便不成其为死亡问题。可见，人类的死亡事件和死亡的状态与其他任何有生之物的死一样，是一种客观的实存现象，只是因为人类有思维、有观念、有判断，在人的这些主观评价之中，死亡的实存才转变为某种死亡的问题。

当死亡的性质与我们主观评价的差距越大时，死亡问题就越大；当死亡的状态与我们主观评价之间的差距较小时，则死亡问题就越小。可实际上，生物、动物可以没有死亡问题（它们只有死前的疼痛），而人则不可能没有死亡问题，因为无论死亡的性质与状态多么得好，皆不可能完全满足人们所有的企盼。故而，在死亡的问题上，不同人那里的区别不在有与无，而仅仅在于其问题的大小和程度如何。一般而言，现代人较之古代人有着更大更深更重的死亡问题，这又是因为什么呢？

（二）人类的死亡教育方式

现代人对寿命的预期要大大高于古代人，可与实际上的寿命相距甚远，这就形成了严重的死亡问题。中国古人有句老话叫："人到七十古来稀"，生命的预期约70年，实际上，古人活到所谓一个"甲子"（60岁）便能满足了。现代人依靠不断发达的科技、医疗保健、体育锻炼等的帮助，寿命已经大大超过了古人，人活到 70 岁已经不稀罕了。但这并没有消弭人的死亡问题，相反却加大了死亡问题的程度。因为科学常常宣称人的生理性机体可以存活 120~150 年，这就大大地激起现代人对生命的预期，可实际上能活到 100 岁的人就可说是少之又少了，而活到 150 岁者就根本闻所未闻。在发达国家，只有万分之一的人活过 100 岁。经过查实的最高年龄是 114 岁。有趣的是，这个数字来自日本，日本国民比其他国家的国民寿命长一些，妇女平均寿命为 82.5 岁，男子平均寿命为 76.6 岁。美国白种人与日本人相对照，妇女为 78.6 岁，男子为 71.6 岁。这样，死亡的实存与人们死亡的预期间的距离比之古人大多了，这就造成现代人的死亡问题范围更大，内容更深刻了。

医学科学的发展，人类生命的延长，并没有减轻对死亡的实存引发的死亡恐惧，反而由于人们对长寿的期待，死亡问题更多地表现为人死前的躁动不安。因为临终者觉得自己这个时候就要上路，实在是不应该，本应多活一段时间，还要多多享受一些人间之福；现在却不得不上路，实在是于心不甘！这样，在精神上和心理上，临终者皆不能接受死亡的来到，临终前的不安状态形成了现代人严重的死亡问题。

现代人已无所谓正常的死亡，它形成了人们死前的强烈悲伤，在古代社会，死亡每时每刻都在发生，这让人们逐渐地把大多数的死亡事件当成某种正常和必然之事。中国古人常以春夏秋冬四季的自然变化喻人之生死，认为人从生到死犹如四季的更替一样是自然而然的："察其始而本无生，非徒无生也而本无形；非徒无形也而本无气。杂乎芒芴之间，变而有气，气变而有形，形变而有生。今又变而之死。是相与春夏秋冬四时行也。"既然如此，人们又何必喜生厌死呢？对如此自然之事（死亡），我们又何必心生悲伤呢？

此外，具有宗教信仰者，更是能把死亡视为人生必经的一个阶段，是人生最后一个成长的机会，甚至还能因为憧憬死后更幸福的生活而欣然地进入弥留阶段。特别是在古代社会，疾病虽然早就被人所认识并进行了许多的治疗活动，但大多在患病状态下去世者并不知晓其病，而被视为正常的因衰老而亡。现代人则不同，虽然对人之必死有着比古人更为理智的认识，但却并没有因此而对死亡的降临有一个更为安详的接受态度，反而产生更为强烈的死亡悲伤。原因是，现代人无论是不是在一个自然而然的状态下去世，皆被视为非正常。人们大都是在医院中经过各种治疗（有许多是非常折磨人的治疗），然后才被宣告医治无效而死亡的。即便不是在医院中死去，人们也习惯地将死者视为因某种疾病所致。美国著名医生舍温纽兰指出：在现代社会，老年人无疾而终的事是不被承认的：美国联邦政府发表它的死亡统计预测报告，从该报告的前15项死亡原因中，或从其他任何情况的一览表中，都找不到一个项目适合某些刚过世的人。报告异常整齐，它把80~89岁、90~99岁的人所患的特有的一些致命疾病在病因栏中列出来。即便死亡年龄为3位数的人也逃脱不了制表人的分类术语。作为一名具有行医执照35年的医师，从未鲁莽地在死亡证明书上写过年老一词，因为他知道，如果这么填写，这份表格将被退回并有某位官方记录保管人的简要附注，通知他已违反了法律。世界上任何地方，无疾而终都是不合法的。这样，在现代社会，正常死亡的观念实际上已经从人的头脑中被驱逐出境了。那些年龄非常大，显然是衰老而死者，人们也不认为是正常的死亡，因为所谓的衰老在现代社会的医疗体系中，也是某种或某些病症造成的（如心血管的疾病、中风等）。由于现代人之死皆被视为一种非正常的现象，对临终者而言，死亡的悲伤也就更大了，因为他或她觉得自己在这样一种状态下死去实在是不应该，怎么这样发达的医学科技就治不好自己的病呢？而死者的家属之内疚心理和痛苦也更深了，因为他们觉得自己没有照顾好死者，为何没有早日发现亲人的病并及时治愈它呢？等等，诸如此类的心理活动皆加大和加深了现代人对死亡的悲伤，从而引发深刻的死亡问题。

四、现代人的死亡焦虑

因不知死及死后将何之引发出的现代人更为强烈的死亡焦虑一般而言，死及死后的问题是一种超经验的问题。人的任何知识都来源于经验。而人活着时，他不可能知道死的情况；人死之后，他又不能体验不能言说。所以，死及死后之事在人们的知识范围之外，在任何的年代里人们要从经验中知晓死及死后之事都是不可能的。既然如此，又为何说现代人的死亡焦虑比之古人要更大呢？关键在于，生活在传统社会里的人，没有那么多的科学知识，他们一般要比现代人更关心精神及灵魂之事，且更相信古老的传说、神秘的传统风俗或宗教的教义。所以，他们能够用一些神秘的观念、超验的看法来了解死、来解释死，来知道死及死后的世界究竟是怎么回事。无论这些观念与看法在今天人们的眼中显得是多么的毫无道理，乃至荒唐可笑，可古代人们的确从中获得了对死及死后世界的认识，并可能因此而得到某种死亡的承诺：如因此生的为善而得到死后往生西方极乐世界、天国的保证；因此生有着对他人的深仇，又得知死后可变厉鬼复仇而获得的临终前的喜悦等。这一切都大大减轻了古人的死亡焦虑，当然，这并不是说古人所有的死亡焦虑都可消弭于无形。再看现代人，应该说，那些曾经给古人带来关于死及死后知识的观念都还在，都没有消失，有些观念还因为科学研究的发达和传播的方便而更易于被人们所获取，可这并未给现代人带来消除死亡焦虑的福音，因为我们不相信了。现代人大多在正规的学校接受教育，获得的是科学的观念与实证的精神，凡不能被经验获取及科学实验证明的东西，一概被斥之为假。在科学这面照妖镜下，许多宗教的、民俗的观念皆现出了神秘的原形，被人们归入迷信的范畴。这也许是社会的进步，是科学观念的高歌猛进，但是，在人类之死亡的问题上，超验之死及死后的世界如何让人所知便因此成了一个很大的问题，甚至是一个无法解决的问题。于是，现代人便被抛进一个观念的吊诡之中：一方面，不知死及死后的世界，必然导致强烈的死亡焦虑，所以，人们都强烈地希望去了解死及死后的世界；另一方面，人们因为科学的发展和社会的进步而放弃了传统的认识死及死后世界的工具、桥梁和手段，可又没有找到新的方法与途径，所以也就无法由此岸到达彼岸，知晓死及死后的世界，由此引发出比之古人更大更深的死亡焦虑。

死亡预期痛苦，因死亡而导致的丧失，引起现代人更大的死亡痛苦。人在现实生活中，丢失了心爱之物，一般都会引发精神上的不快；而丧失的东西价值越大，则引发的不快也越大；当人们面临着丧失自己所拥有的一切物，包括自我的躯体，人世间一切的友情、亲情和人情时，其精神与心理上就不是一般的不快了，而必然引发巨大的痛苦。世间上任何一种状态都不能导致我们发生丧失一切的后果，唯独死亡除外。人之死亡是与世间的一切完全脱离的过程，其结果便是丧失掉一切，这在古今中外都是一样的。中国民间有一句非常形象的话很能说明这种丧失的性质，叫"生不带来，死不带去"。世间之物有无限之多，但哪一样东西是我们生时带来的呢？我们生下来长大后，通过奋斗获得并聚集了许许多多的东西，可又有哪一件是我们死时能够带走的呢？因此，所谓人死亡的痛苦大部分源于这种丧失一切的可怕及可悲的状态。既然人之死皆意味着丧失一切，又怎能说现代死亡问题还是有着轻与重、大与小之别的。我们固然可以骄傲地指出，现代人依靠越来越发达的科学技术，获得了更好的生活水平，也因此延长了自身的寿命，推迟了死亡降临的时间，从而也推迟了死亡问题发生的时间。可是，我们同时也必须意识到，科学毕竟不是万能的，它虽然成功地推迟了死亡问题发生的时间，却不能取消死亡问题。实际上，正如以上所分析的，现代人的死亡问题不是减轻了而是加重了，不是少了而是更多了，这就需要我们高度地重视,去寻找各种方法与途径加以解决。

第三节　尸体的安葬仪式

　　死亡是人生必经的阶段之一,它的必然性和神秘性引起了古今中外无数人士对人生的思考。葬礼是人们对死者举行的一种安葬仪式,用以怀念、圣化或者安抚亡灵及安置尸体,各民族传统的殡葬文化则体现了人们对个体的人生价值、意义及死亡的不同诠释。东西方传统的主流殡葬文化也折射出在宗教信仰、价值观念、地域风俗、社会经济地位等社会文化因素影响下的中西生死观的差异,这种差异主要表现在东西方人们对待死亡的态度、对待死者尸体的处理方式、殡葬仪式所反映的宗教情感及对于死者的缅怀形式。

一、东西方丧葬文化差异

　　由于价值观念的不同,东西方殡葬文化体现了各自对待死亡的不同态度。中国人传统的殡葬仪式不仅体现了对待死者的哀思,也体现了中国人对待生死的达观和幽默。中国俗语称结婚和丧事为"红白喜事",其中丧事称为白喜事,把死亡看作是顺应自然界万物生长的客观规律,对待死亡是坦然、从容的。正如李白的诗句"生者为过客,死者为归人";庄子的"生也死之徒,死也生之始""人之生,气之聚也;聚则为生,散则为死"。在农村许多老年人甚至是中年人都早早准备好了自己的棺材,老人们怀着宗教般的热忱或谈论或亲手制作自己的棺材。这种对待生死的达观、幽默也体现在丧葬音乐中。中国传统的丧葬仪式上通常要雇请专门的丧葬礼乐人员通宵演奏、说唱,传统的哭丧音乐曲调悲戚能够烘托出悲伤哀悼的气氛,但同时,这些丧葬音乐也包含了调侃风格的乡村趣事,生活琐事的演绎,这些轻快、幽默的曲目和喧闹的锣鼓、鞭炮声可以冲淡人们悲伤的心情,让人调整心态,坦然接受逝者的离去,也为死者摆脱世界的烦恼。西方主流丧葬文化则表现的是浓重的宗教氛围和哀思肃穆之情。

　　基督教徒的丧葬仪式通常包括对于死者进行唱圣歌的守灵、罪之赦免、奉献祈祷等宗教仪式。在显要人物的葬礼中通常伴随着大笔的钱或者物品的慈善捐赠,这些捐赠是希望对于逝者的灵魂有益。传统的天主教徒葬礼还包括死前受洗、守灵、教堂弥撒仪式、墓地安魂仪式等。这些充满着宗教色彩的仪式主要是用来免除死者的罪孽,防止他们的灵魂受到上帝的惩罚。同时,西方的葬礼也表现了人们的哀悼之情。通常在西方社会政要的丧葬仪式上,灵车前有士兵牵着一匹鞍具披挂齐全的马,没有骑手,但有一双鞋尖向后的马靴挂在马的身上,这个仪式象征着这个逝去的大人物最后一次回望他的属下。没有骑手的马则表达了人们失去领袖的遗憾、哀伤之意。出席殡葬仪式的来宾大多都是仪表整齐、身着深色的礼服以示对于死者的尊重和哀悼。但是基督教要求教徒们不必对于逝者过于悲伤,人们在死者的葬礼或纪念仪式上欢呼"哈利路亚",以欢呼死者将要得到的复活。

　　另外,中西殡葬仪式所反映的宗教情感不同。中国人受佛教和道教以及儒家学说的综合影响形成了自己独有的生死观。佛教认为死后是有来世的,今世的修为表现决定了来世是受苦还是享福,是投胎转世到高等的物种还是低等的物种;道教认为死亡是自然的过程;

而儒家则持中立态度"未知生，焉知死"，孔子提出"生，事之以礼；死，葬之以礼，祭之以礼"。这种视死如生的观点演变成了中国人传统丧葬的基本原则，那就是厚葬和守孝。受佛教的影响中国古人认为神灵鬼魂的世界与人的世界是彼此相通、相互依存的。汉代许慎的《说文解字》对于死的定义是："死，澌也，人所离也。"段玉裁注释："形体与魂魄相离，故其字从歺人。"书中对鬼的定义是："鬼，人所归为鬼。"古人认为人死后要变成鬼魂，鬼可以作祟世人，也可以保佑世人。所以中国传统的丧葬仪式便包含了两个目的，一是对死者的灵魂百般讨好，以求其福佑；二是要力求摆脱死者鬼魂的纠缠，以避其祸害。在丧葬过程中就要向死者提供类似生前的生活条件以安置死者灵魂，现在出土的许多陪葬丰富的古墓便说明了这一点。这种"通过丧葬仪式将现实社会的等级关系移植到了灵魂生活的阴间世界"。

古代汉族丧葬文化的主流形式是传统土葬，通常尸体被放入木质的棺木中，被埋入挖好的地穴中，地面上堆砌成的坟头大小和形式与死者社会地位、财富的多寡有关。古书《礼记》中专门规定了从皇帝到庶民的各种丧葬仪式，其中对于葬礼的用饭、死者的穿衣、棺材重数、坟墓修造等有着不同的等级。另外，自南北朝兴起的对于新近的死者进行七七斋也是人们安置亡灵的很好证明，即人死后每隔七天为一祭日，祭奠一次，到七七四十九天为止，这段时间正是人间的棍打鞭抽之罪的礼数。因此，儿孙想要得到亡灵在阴间寻求生缘的时间，就要供酒、奉食、烧纸钱，这样做一则使新鬼有能力买通旧鬼，在阴间得到妥善安置，免遭挨饿受穷之苦；为确保死者的福佑就要为其选用木质良好的棺材、质量上乘的寿衣、风水好的墓地及虔诚的祭奠，以献媚于死者以求其泽福于生者。二则让新鬼安心于阴间的生活，不再迷恋阳世，影响世人的正常生活秩序。

二、西方殡葬文化

西方的殡葬文化受基督教或天主教的影响，死者要埋葬在"圣地"，即教堂的公墓中，或者接近教堂的地方。这样死者更接近于上帝，以便得到救赎，灵魂得以升天进入天堂。皇室显贵通常埋葬在宫殿旁的小教堂中，他们的尸体被放入棺材中且放置在教堂的地下室的墓穴中，高官富人阶层则埋葬在私人建造的家族地下墓窖中或者教堂墓穴中，与东方习俗不同的是这些墓穴有出口通道连接外面的世界。犹太教和基督教都遵从埋葬的习俗，这样以便尸体复活。

在早期的欧洲大陆，丧葬事宜是由教堂掌管的。当时的殡葬文化中有二次安置骸骨的习俗，尸体首先是埋置在临时的坟墓中，经过一段时间后，再把骨骸拣出二次安放在藏骨堂或者直接埋置在墓地。藏骨堂是西方人用来最后保存去世的人的遗骸的地方，这种方法既能节省死人占据的土地和空间，也能体现宗教意义上的"身体是灵魂的栖身之所"。所以无论是天主教徒还是东正教徒在早期都广泛采用这种方式。这些遗骸骨罐放置在公墓的列拱墙上或墙后。社会显贵们的遗骸也有的埋置在教堂地板下，这些大理石厚板上通常标明死者的名字，死亡日期等信息。那些再次直接埋置在墓地的大多是普通人，穷人通常在坟上立个木头的十字架，为了防止日久腐烂也有立金属十字架的。如果家人负担得起，就在坟墓上立个墓碑，富裕的家庭通常会让墓碑具有艺术气息，设立一些雕像以寄托对死者的哀思，常见的是哭泣的天使等形象。

三、火葬及祭拜

无论在中国还是西方，除了对尸体进行埋葬之外，火葬也是最主要的处理尸体的方法之一。尸体火化是把尸体进行焚烧以代替传统的墓葬方式，这样减少了尸体带来的健康危险及挤占有限的墓地，但是火葬的最初推行在中西方由于有违于人们的殡葬宗教情感而困难重重，火葬让中国人礼制分明的传统土葬文化无法延续，早期的基督教徒和罗马天主教徒曾反对尸体焚化，认为焚化尸体是异教徒的行为。随着社会的发展进步，火葬在东西方都开始被人们接受。

东西方对于死者缅怀方式的不同。中国人对待死去的祖先或者英雄的纪念方式是在固定的节假日对其进行祭拜。在儒家宗族观念的影响下，中国人对于死者的安葬是以家庭为单位的"聚族而葬"。那些生前行为不端的人，对其恶行的最大惩罚便是死后不能被埋入祖坟，受不到子孙的祭拜。有些英雄豪杰由于生前为百姓做了好事，死后被后人尊为神仙，得到了人们的香火供奉，如三国故事中的关云长被民间尊为武财神。人们相信那些被祭拜的祖先的魂灵可以保佑子孙免除祸端、享受人世的福寿康宁。但是，中国人对待鬼神又有敬畏和规避的态度，孔子的"敬鬼神而远之""未能事人，焉能事鬼"，以及俗语"人鬼殊途"都表明了人们对于鬼魂的疏远，不希望与之过于紧密。

西方人对自己的祖先没有强烈的祭拜仪式，但是他们对于那些逝去的圣哲也有虔诚的缅怀之意。基督教认为有德行的人死后可以进入天堂，他们的尸体在经过一系列的宗教仪式之后得到圣化，那些大圣人的尸骸通常埋葬在教堂里以供人们瞻仰、膜拜。通常教堂通道的大理石板下面、教堂的侧面墙壁中及地下室会埋葬着社会显贵的遗骸，或先哲尸体。对西方信徒来讲结婚和死亡一样，都是一种神圣的宗教仪式，他们的婚礼也通常在教堂举行，结婚的新人们在大喜的日子里，脚踏着大理石板上刻着的是死人的生平信息，下面埋葬的便是其骸骨，这让敬畏鬼神的中国人有些毛骨悚然，很难在情感上接受。另外，西方人对于死者的思念情感也表现在用死者的名字来给新出生的婴儿命名以示对死者的怀念，而中国人为了表示对祖宗的尊敬是要避其名讳的。

综上所述，东西方传统主流殡葬文化的差异反映出中西生死观的不同。东方的丧葬文化反映了中国人对待生死的达观、幽默态度，以及传统土葬所涵盖的复杂宗教情感，而西方丧葬文化主要表现的是浓重的宗教氛围，以及西方人圣化尸体的宗教情感。这种不同的生死观也体现在人们对死者的缅怀形式上。

四、中国传统葬礼仪式

丧葬仪式作为农村的红白事之一，历来为世人重视。多数农村地区现今依旧举行一些传统丧葬仪式，请亲朋好友与逝者作最后的告别，以示对亲人的哀悼。在人将死时，通知直系亲属（老人所有儿女及子孙）及老人想见的人到场，见亲人最后一面。死亡后，老人被移至家中正厅，曰"寿终正寝"。确认其死亡后，家属商量下葬日期，通知亲朋好友，为之"讣告"。期间，家属找村里主持仪式的人，一般为德高望重的老人或村干部，确定为死者沐浴更衣、挖掘墓穴及播放和乐队人员等。下葬前一天下午，所有重要亲友必须到场，吃完晚饭后参加晚上"守夜"，又称"守灵"。守夜是一场较为隆重的演出活动，一般持续到零点。过去一般组织放电影，现在大都有专业乐队唱歌、跳舞，和亲朋好友一起与逝者告别。直系亲属和与逝者关系亲近的人要守灵一整夜，以示对亲人离别之情。

安葬当天，一个重要仪式是"起灵"。在亲朋好友见证下，直系亲属在灵前跪拜亲人，然后将装有遗体或骨灰的灵柩缓缓送往墓地下葬。若逝者是40岁以下的人，要快速将灵柩抬至墓地，以免他们留念活着的人。按民间风俗，中午12点阳气重，不利于逝者安息，12点之前遗体或骨灰一定要落葬。落葬后，亲朋好友吃完答谢宴后离开，直系亲属留下来待晚上为逝者"暖坟"，一般要"暖坟"3天，以报答亲人3年抚育之恩。现在，在城里工作的人丧假期有限，只能暖坟1天，第二天由家中其他亲人代劳。大部分农村地区，人死后3天或5天下葬，极少部分7天下葬。逝者直系亲属从和亲人见最后一面，到最后"暖坟"完毕，需要7~10天时间。在下葬前一天及下葬当天的2天时间里，要在家中宴请宾客和协助办理丧事的人员。

五、中国农村丧葬仪式的特点

（1）重视程度高，参与人多。若全村人口为150~300人，按国际通行的年死亡率7‰计算，年均死亡1~2人。一年1~2次的丧事，人们非常重视，仪式显得尤为隆重，参加的人也多。根据社会学理论，参加治丧的人员主要分为服务人员和孝子、姻亲亲属、邻里及宾客四类群体。由于农村有人死亡的信息传递快，参加丧葬仪式除逝者直系和旁系血亲、姻亲、朋友外，还有整个村庄的人，农闲时，甚至外村人也会来。

（2）丧葬服务人员本地化，有专业化乐队。据调查，办一次丧事需26~32人，大都是本地人。随着我国城市化进程加快，农村人口逐渐减少，丧葬服务人员也在减少，人员结构在发生变化：有时全村很难找到合适的8名男性来接运遗体，只好到外村找。专业化程度高的要属乐队唱歌、跳舞人员，都组成专班，实行收费服务。

（3）葬礼主持人员必须德高望重。近年来，尽管服务人员逐渐专业化，但葬礼主持人一直是村中德高望重之人，而且是免费的，这是农村和城市的不同之处。农村更注重地缘关系，每个人死后都会被村民隆重送别，村里德高望重之人也会在农村，红白事是大事，意味着这个村庄从此要添人或者减人，大家都很重视，家属大都贴钱办丧事。一次葬礼是一场生动的演出，诠释个人价值和村庄魅力，发挥着重要的社会功能。中国农村的丧葬特点至今仍有重要的社会价值。

1. 体面地安葬逝者，体现人的社会价值

由于农村条件有限，人们主要靠养儿防老，在有劳动能力时大都自力更生而"薄养"，无劳动能力时，依靠儿孙供养，大都会自责，怕成为后辈的负担；他们辛苦地付出了一辈子，如果死亡后草草了事，对活着的老人们的伤害和打击是巨大的，对村庄的和谐和安宁的破坏也是巨大的。老人辛苦一生，养老育幼，精力耗尽，将一生的积蓄及有限的资源留给后人，这是他传承人类血脉的必然选择。让他风风光光地荣归是后人的责任。所以老人死亡后,全村人出力,家属出钱,将老人安葬。在部分村庄,办丧事时几乎全村人都要"赶礼",帮助家属办好老人的丧事,这种现象反映出农村在经济条件有限的情况下,村民之间互助,保证每个人能够有尊严地离去。村里有人去世,特别是村庄孤寡老人和平时品行不好的人去世时,村干部和村中德高望重的老人也会想尽办法,安排好他们的后事,让他们体面地离去,活着的人亦能感受到生命的价值。

2. 保存民俗文化,教育教化村民

和城市相比,丧葬仪式这种风俗在农村保存相对较好,并随着社会发展不断加入新文化元素。守灵(守夜)、路祭和安葬仪式是丧葬仪式中最重要的仪式,这些仪式在农村和城市有不同之处。在城市,路祭仪式是不允许的,因为阻碍了城市交通,而在家中守灵也很尴尬,如噪声或环境污染而扰民,多数丧葬仪式在殡仪馆和墓地进行,但这些地方因为"邻避"离主城区较远,给市民丧葬仪式带来很多不便。

因此,城市丧葬仪式形式逐渐简单,有些甚至消亡。相比之下,农村基本保持了传统的丧葬仪式,保存了民俗文化。村中老人去世后,守灵(守夜)仪式由原来一场电影发展到歌舞表演,是农村一场丰富的文化大餐,仪式上吹拉弹唱,热热闹闹,一般持续到零点左右,一年 1~2 次,村民也不觉得扰民。歌舞形式也逐渐增多,有的请几班乐队飙歌,图的就是热闹,真正的"白喜事"。当然,对于因意外事故死亡、中年之丧或小孩夭折,人们感到的是震惊、痛苦和无助,不会有这些仪式。路祭仪式和安葬仪式更是丧葬仪式的高潮。安葬当天,逝者在亲朋好友及村民陪伴下,到达最后的安息地。这种活动一般从早上天亮开始,到中午 12 点前结束,持续一上午。路祭时,除念祭文外,主持人及亲朋好友会要求子女做出一些无伤大雅的孝敬葬。随着农村劳动力向城市转移,村庄人口逐渐减少,必须集全村之力才能办妥丧事。办丧事时可能是全村人最团结的时候,一个村的人要是不能齐心协力安葬自己村里的人,会被周围村庄人耻笑,人们可能会选择搬离这个村庄,居住的人会越来越少,村庄就会逐渐失去存在的魅力。

3. 整合村庄资源,促进村庄长远发展

在农村,一旦有村民去世,就要很多人帮忙。所以,即便是农忙,人们也会停止手头的工作,帮忙办丧事。在办丧事时,往往是整个村子里的人帮忙,有人出人、有力出力、有物质出物质。谁要是在这时还斤斤计较,会被认为不得体。丧家也会记住这些人的付出,在以后的日子里以各种形式回报,以表达自己的感激之情。村民之间的感情交流影响以后的日常生活,这些是村民们之间表达感情的一种形式,也是村庄稳定、健康发展的有力支撑。丧葬仪式中生者通过礼物表达自己和丧家的关系好坏、联系紧密程度,人们会通过这个时机扩大自己的关系网。这种分享本质上是村落共同体成员的共同参与创造的,它们反过来共同作用于村落社会,村落成员在丧葬仪式场合中,既作为个体也作为公众参与仪式,使得村落共同意识的基础更加稳固,以及村落的公共舆论和公共行动更为合理合法。

4. 农村丧葬仪式能有效整合社会资源,发现人才,对农村的发展和稳定起到重要作用

一场丧事仪式中帮忙的人很多,每个人的组织能力、观察能力、动手能力和是否热心助人都会在这几天有所体现。村民和村干部在丧事中可以发现人才,培养接班人。同时,办丧事时,即便是平时最飞扬跋扈的人也会有所顾忌,收敛自己。村民们和村干部会在办丧事的特殊时刻,对一些表现不佳的人进行教育,促使他们改正缺点,提升整个村庄人的

素质，使村庄得以长治久安。综上所述，从社会视角看，丧葬仪式体现了人的社会价值，保存了民俗文化，促进了人们之间的沟通与交流，发扬了村民互助合作的精神，加强了村民之间的凝聚力，整合了村庄资源，促进了农村社会的团结和长期稳定的发展。

丧葬仪式为载体指出了仪式的教育功能，该功能虽非仪式构建的初衷和仪式存续的力量，但此功能是仪式客观现象的重要副产品，失却了神圣光环的当代社会背景下扩充其教育功能成为仪式内涵自我更新的依托，以及仪式外延拓展的重要途径。

六、遗体告别仪式

遗体告别仪式是殡葬活动中仪式体系中的重要环节，"遗体告别仪式"之称谓显露了此类仪式的内容——生者借用死者生命遗留物——遗体向虚拟中的死者道别，其功能包括死亡的再次认知、情绪疏导、社交情境载体、精神传承和生死教育等。遗体告别仪式指在特定场合、出殡前、与死者有一定关系的人基于生死的认知虚构所进行的特定诀别行为过程，一般由死者人际关系圈中的重要人物担任仪式的主持人或由殡仪馆专职司仪主持。"告别"的发生基于死者的认知虚拟，"告别"完成由仪式参与者再看死者"最后一眼"界定。不同文化背景下的民族、国民、信徒等群体遗体告别仪式的组织在外在形式上有别，内在的认知基础——死者的认知虚构却都相似，这是考察遗体告别仪式功能的基本出发点。

遗体告别仪式由家庭祭奠背景逐渐转换到殡仪馆的公众环境中，其时间限定由盖棺前转换为火化前，参与者葬礼逐渐泛化。遗体告别仪式与追悼会并行于殡葬服务体系中，遗体告别仪式在参与者数量、参与者身份构成、环节构建等方面上均弱于追悼会而具有简洁感。遗体告别仪式一般由组织、默哀（同时奏哀乐）、死者生平介绍、致辞、三鞠躬、绕行遗体近一周观瞻告别、与丧属握手这几项环节构成。

遗体告别仪式具有多项功能，仪式参与者尤其是与丧属的人际互动促进了社会关系的整合；再者，遗体告别仪式扩充了生者对死亡感知的承载空间而起到了心理缓冲的功能；文化传承功能也被现代殡葬服务继往开来。遗体告别仪式以优秀传统文化、人格风范、社会公德为内容借用致辞、鞠躬等环节达成教育功能，需要着重地加以说明的是遗体告别仪式的生死教育功能。现行殡葬活动中的遗体告别仪式的生死教育功能未能被明确化，未能加以提纯、优化，生死教育功能只是潜移默化地生成，是殡葬社会活动外在行为——遗体处理的功能的精神内核，遗体告别仪式功能确立的原因在于，遗体将以掩埋、火化、移动等方式发生存在形式的转变，直观地破除了死者尚存的幻象。传统殡葬活动借用遗体告别仪式为生者创造死后世界的假象获得死亡教育功能，这种功能的形成基于"善意的谎言"，终究要受到生命现实的伦理谴责。遗体告别仪式教育功能应该转向为死亡本质的揭露和生命意义的澄清。

七、遗体告别仪式的生死教育功能

遗体告别仪式具有多类功能，其中生死教育功能常常被忽视，需要对生死教育功能进行明晰和论证，对该功能的理论研究和实践探索有助于殡葬仪式功能的发挥。

（一）遗体告别仪式的生死教育功能的理论

1. 生命的本质

死亡常常作为生命的否定项用来描述生命的本质，殡葬活动也是人类感知死者、追求"真善美"的途径，"殡葬活动中的善，是指通过组织殡葬活动中达到人的生命的'优死'"，殡葬活动也体现了人类追求善的努力。死亡的证据——遗体是"优死"良好的教育素材，该素材教育功能的发挥还需要基于对生命本质的理解。生命的本质常常从生物学、社会学的两个视角加以描绘而偏于一隅，结合生命本质的生物属性和社会属性我们将生命定义为：具有内在死亡功能、能够保持稳定性并通过子代延续自身稳定性的物质系统。基于此定义，生命获得了生物和社会性的统一，死亡是生命得以自我更新的必然途径。遗体告别仪式教育功能的发挥需要教育者自身对生死的明晰，生命的本质是这种明晰的保障。

2. 仪式的功能

仪式的政治、经济、文化、社会功能被公认为主体内容，展现着人与人、人与自然、人的精神世界的内容。殡、葬、祭的过程，是历代延续的，有着强大的社会教育功能。遗体告别仪式由传统美德、孝文化、祖先崇拜、鬼魂迷信、宗教信仰获得教育意义的展现，其间精华与糟粕共存。可以肯定的是，仪式所具备的教育效用是遗体告别仪式教育功能发挥的基础，对于生死本质的理解及其由之引发的生死教育功能是遗体告别仪式应该推崇的战略，应该作为"取其精华、弃其糟粕"范例来展示。

3. 三鞠躬的载体效应

鞠躬行为源于战俘的身心状态，后来被形象化为祭祀所用，近代又演化为礼仪中的肢体规定。遗体告别仪式中的三鞠躬分别意含着敬畏天地、哀悼死者和抚慰家属之意，是生死过渡的现实化处理。遗体告别仪式是现代殡葬服务体系中的核心内容，三鞠躬作为遗体告别仪式的重要环节可以作为生死教育的载体加以开发和应用。

（二）遗体告别仪式的生死教育功能的实践

1. 仪式指导思想的优化

死亡与生命的期望相背离，是人类不愿面对的属我事件，"人们对死者的眷念，实际上是对生命的眷念，人们对死者的恐惧，实际上是对死亡的恐惧"，常常以他者的形式被感知和处理。死亡被隐蔽，生命意义的澄清受到影响，死亡应该成为生命教育素材，我们称以死亡为素材提升生命质量的教育为生死教育。殡葬活动使得被遮蔽的死亡本质展现，尤其是遗体告别仪式所使用的重要"道具"——遗体成为死亡自白的物化话语，遗体告别仪式异于日常生活死亡被遮蔽状态的认知条件和情感氛围。遗体告别仪式具有多类功能，生死教育功能发挥的优势在于认知死亡的必要和死亡的无所逃避，遗体告别仪式可以、应该将生死教育功能作为主体内容加以认知和实施。

2. 三鞠躬"仪式的变革

"三鞠躬"环节是遗体告别仪式的主要内容，因其具有传统文化的遗传禀赋，参与者对此环节具有高度的社会认同性；其在组织形式上具有人际互动的外在形式，可以在其过程中负载丰富的教育内容；组织者在此环节中获得了秩序权力和示范能力，开展生死教育获得了师生间的关系认同。三次鞠躬被默认为敬畏天地、哀悼死者和抚慰家属的功能,"敬畏天地"因世界观背景的巨变而失去了本身的意义;"哀悼死者"因偏离了人存在的境遇而异化了本身的作用;"抚慰家属"因不能把握生者的根本需要———自我生死认知而淡化了本身的效果。三鞠躬的内涵和形式在生死教育意义的引领下需要进行变革,三鞠躬环节可以做下述变革。保证三鞠躬合理要素和积极功能的前提下,三次鞠躬可以附加教育内容的组织和施教:基于逝者作为社会个体存在着贡献,引入逝者的悼词环节、赞颂逝者的颂词环节等,全体参与者"一鞠躬,谢别故人";殡葬工作者在殡葬服务的其他环节也开展了遗体处理、心理慰藉、生死教育的相关工作,司仪需要引入社会意义和特定效果的陈述等,丧户、丧属和与丧者向殡葬工作者"二鞠躬,谢殡葬工作者";第三次鞠躬的行为人是丧户,丧户不仅仅是感谢殡葬工作者和吊唁者进行对死者"最后的送行",还是感谢吊唁者与殡葬工作者的共同努力促成了丧户的心理恢复和生命领悟,简短地引入吊唁者的作用概述等内容,"三鞠躬,谢吊唁者"。

第四节 死亡恐惧

人与动物的本质区别在于人有自我意识,从自我意识产生死亡意识,由死亡意识导致死亡恐惧。真正意义上的死亡是我死,人怕因失去自我而陷入绝对的虚无是死亡恐惧产生的根本原因,克服死亡恐惧的方法主要有:长生之道、宗教慰藉、哲学思索、成就不朽、及时行乐。死亡是可怕的,因为死亡剥夺了人的主观能动性,使人们丧失了对自己的支配权,丧失了自我存在的尊严。死亡具有总体否定性,它直指失败,它的存在使人们为生存所做的一切努力都显得毫无意义。死亡本身就是虚无,死亡带来了无限的虚无。那么,我们应以什么样的姿态去面对可怕的死亡这一无法避免的宿命呢?巴恩斯以现身说法提示我们应该直面自己对死亡的恐惧。

人与其他生命相同的是都具有求生的本能(动物觅食、植物趋光),而人与其他生命不同的是人能认识到自己会死,而且怕死。临危不惧的人被称为英雄。其实,只要是正常的人,在正常的心理状态下都会惧怕死亡。人的死亡意识和对死亡的恐惧是与人的自我意识紧密相连的,人出生之后,一旦长到懂事的年龄,即有了自我意识之后,就产生了死亡意识,随即死亡恐惧就伴随终生。不过,每个人在人生的不同阶段上自我意识的强弱程度是有所不同的,因此,对死亡的意识及对死亡的恐惧程度也是有强弱之分的。人的死亡意识是如何产生的?死亡到底意味着什么?人为什么会怕死?人靠什么克服死亡恐惧?

一、人的自我意识与死亡意识

人与动物的本质区别在于人有自我意识,人类发展的历史就是一个人类自我意识不断增强的过程(这与个人的成长过程也是一个自我意识逐渐形成并不断增强的过程相似)。自我的意识,是每个人存在的根本,自我意识的丧失(脑死亡)意味着人的死亡。当人的自我意识形成之后(一般孩子在长到五岁左右时开始逐渐形成自我意识),死亡意识也随即产生。或者可以说,真正成熟的自我意识,是以死亡意识的形成为标志的。我们每个人都能清楚地意识到我（自我）的存在，可我是什么？我从哪里来？我将去哪里？要真正说明白我是什么及我的生前死后，即使对于哲学家和神学家来说都非易事。关于自我大致有以下内容：我是人（个人）所特有的一种对自身存在的自觉意识；我是一个活生生的有机体，拥有一个以大脑为主要器官的唯一躯体；我在与他人的交往中感受到我的不可替代的独立性；我是世代连续的人类种群中的普通一员，却又是唯一的一员，因为我的思想（灵魂）唯一地附在了我的躯体之上；我对自己的行为承担责任。我是一种客体，我还是一种过程，我更是一种本体：作为客体，我是人类大脑高度发展的产物，人脑不存在，我也无所依附；作为一种过程，我是一个逐渐形成并不断发展的过程，在这个过程中人不仅认识到真实存在着和变化着的所有事物，而且认识了人自身；作为一种本体，我即是人的上帝，是人存在的根本，世间万物的价值体系和意义体系都取决于它。当人自觉地认识到自我之后，就必然会想到自我的死亡问题。

自我意识的形成是首先以能区分我与他人、他物为标志的，但同时我还能认识到我与他人、他物具有相同性。我也是一个存在物，我也是一个与他人有着相同的生理结构的普通人。当我看到许多他物的消失，许多他人的去世，我就认识到我也将不可避免地消失、死亡。虽然，死亡事件（他人的死亡）是经常见到的，但是死亡意识却是以自我意识为前提的，因为真正意义上的死亡是我的死亡。人们对死亡的理解存在着这样的矛盾：一方面我们见到的和一般谈论的死亡都是他人的死亡，对我的死亡谁也没见过，无任何经验可言；另一方面人们真正关心的死亡却是我的死亡，对我而言，死亡的真正意义是我的永远消失。人的死亡意识就是对这种极端神秘的我的死亡意识。

二、死亡恐惧产生的原因

人认识到自己必死的命运之后，恐惧情感油然而生，而且，这种恐惧感将伴随终生。尽管他物的消亡、他人的死亡是人们认识死亡的一条重要途径，但人们对死亡的恐惧却并不是来源于此。河流干涸，流星陨落不会让人恐惧；鲜花凋零、动物死亡，或许会引发多愁善感者的伤感，但也不会让人恐惧；对于一般他人的死亡，媒体每天报道的死亡事件，还有平时经常出现的周围熟悉的人死亡，会引起人们的特别关注和感叹，但不会有太多的恐惧；至于与自己关系密切的亲朋好友及自己最爱的亲人的死亡，情况特殊，由于这些人已成为自己生活的一个重要组成部分（甚至有人形容为自己生命的一部分），突然的死亡事件会引起我们巨大的悲伤和痛苦，在这种死亡事件来临之前，我们也会有恐惧感，害怕它的突然来临，但对他们必将会死这一点却并不会有恐惧，特别是对寿终正寝的人，我们甚至会认为是一种福分。所以他物的消亡、他人的死亡不是产生死亡恐惧的原因。还有人认为，人们怕死是因为死亡连着痛苦，死者在临死前大多数都经历了肉体和精神上的巨大痛苦，而死者的亲属也会非常痛苦。其实，这种痛苦感也不是人们惧怕死亡的原因。有痛苦感是生的象征，有些痛苦甚至会让人体味到生的快乐（如苦练某项技艺，有时也会很痛苦）。俗话说好死不如赖活着，人即使缺了胳膊少了腿，或浑身是病痛，只要大脑还能正常运转，只要还作为人活着，就不那么可怕了。那么，人为什么怕死？死亡恐惧产生的真正原因是什么呢？自我意识产生死亡意识（我的死亡），死亡意识引起死亡恐惧。死亡恐惧感的真正源头是自我，注定要死去的正是这个具有自觉意识的我，别人的死都是可以理解、不必惧怕的，唯独我的死亡是无法理解、万分恐惧的。因为别人的死，并不会对我的存在构成实质性的影响，而要是我死了，天地万物对我而言就失去了意义。如果你问别人我死了以后会怎样？别人会认为问这样的问题很蠢，他可能会说：你死了以后，地球照样转，我们照样活着。可是如果你让他向自己发问，向自己心中的我发问：我死了以后会怎样？他恐怕就不会那么轻松地回答了，甚至是无法回答了。人人都知道他死之后，我会怎样，我会照常活着，这是经历了许多他人死亡事件之后得出的经验答案，可谁也不知道我死以后我会怎样。因为，我虽见过许许多多的身边其他人的死亡，可我却从来未死过，也没有任何一个死过的人能讲述自己对死亡的感受，所谓我死过好几次的人，其实都未真死过，即死亡是非经验的。我们一般所说的死亡，是指人的心脏停止了跳动，大脑失去意识，肌体正常的生理代谢循环停止并开始全面退化。这种常识性的理解是将死亡看作为一个他在的客观事件，虽然每个我都认为我会死，但现在尚未死，现在见过的谈论的死亡都是别人的死亡，其实这并不是我们真正关心和害怕的死亡，我们真正关心和害怕的是我的死亡。我知道，我必将无可抗拒地丧失我的存在，我的思想（或灵魂）必将永远离开我的躯体，而躯体必将化为乌有，我不知道我来自哪里，我更不知道我将去何方，或者根本没有任何去处，我对我的死亡是绝对无知的，死亡对于我来说是绝对的虚无，正是这种我的死亡意识及对我的死亡的绝对无知性构成了人们对死亡的极端恐惧。当你一个人在寂静孤独之中，偶然试图品味我的死亡之时，一定会让你毛骨悚然、不寒而栗。

三、有无减轻现代人之死亡问题的方法

应该说，完全解决人类的死亡问题，目前及未来都是不可能的。中国古代的道教追求的长生不老、肉身成仙，就是试图一劳永逸地解决人类死亡问题的一种神秘的方式。可是，古今中外毕竟没有任何一个人因练了所谓内丹（气功），或服食所谓外丹（金丹）而永生不死了；人类是否能在未来的年代里依靠完善的克隆技术而实现生理生命的永存还很难说。因此，到目前为止，企图用实现不死来解决人类之死亡问题是不现实的，也是徒劳的，实际上这种方法还加重了人类的死亡恐惧问题。因为，不死之求与必死之现实两者之间产生的紧张冲突太强烈了，其导致的人之死亡的问题也就必然很大。所以，在探讨解决人类死亡问题的途径时，我们必须明白一个道理：我们都是人而非上帝或神仙，只能去寻找减轻（减少）死亡问题的方式，而决然做不到将自身的死亡问题全部抹除掉。

第一，人们因寿命的预期与实际上的生命年限之间的不符所产生的临死前的心理不安与不甘，需要人们从对生死的本质有真正的科学合理的认识来加以解决。人们应该立于宇宙发展和自然大化的角度来看待生死。意识到有生者必有死是这个世界的不移不变的法则，这是一种自然的过程，故而也是一种必然的结果。人们虽然都盼高寿，希望能活得越长越好，但是必须意识到自我的生命总是有限的，无论寿命的长短，人终有一天要面对死神。对这一刻的到来，我们希望越迟越好，但当它来临之际，我们就不必害怕去面对它。死亡的降临不会因为你的不安和心不甘而隐去或退去，它在要来时就必会来到。既然如此，我们就应该尽量地把不安心转变为安心，把不甘心换成甘心。这就叫对生死问题的达观。

庄子云:"父母于子,东西南北,唯命是从。阴阳于人,不翅于父母。彼近吾死而我不听,我则悍矣,彼何罪焉?夫大块载我以形,劳我以生,佚我以老,息我以死。故善吾生者,乃所以善吾死也。"自然大化对于人而言,犹如生我养我之父母一样,我们人类必须完全服从。自然给我生命,让我劳作而生活,又使我老而临近于死,这一切无不是自然造化的巧妙安排,我们怎能强悍而不从呢?怎么能不安于死亡降临的命运呢?由此,我们便能获得面对死亡的心安,寻找到解决死亡问题的途径,并因此提升自我的应对死亡品质。此外,我们现代人要放弃只求生命长短的数量观,置换成刻意提升生命内涵的品质观,认识到一个人的生命价值不在活得是长还是短,而是由其生活是否丰富、人生是否有创造性等生命的内涵所决定的。因此,我们每个人不必盯着寿限不放,一味地追求高寿,低品质甚至无品质的存活又有何意义呢?它不过是增加了自我的痛苦和家庭与社会的负担而已。所以,人们固然是要去关注自我的寿命长短,可更应该操心的还是生命过程中的体验是否丰富和创造是否众多,有了这些,我们便可面对死亡而安然放心,无论死亡来临的时间是在预期寿命之后(寿长)还是在预期寿命之前(寿短)。

第二,人们因为不承认有正常的死亡状态而导致的强烈的死亡悲伤,需要从生物衰老的科学中获得解决的方法。从生物学来说,任一生命的机体都犹如一架不停运转的机器一样,时时刻刻在磨损着。人的生理性器官从形成之日始便处于运动之中,它们当然要被损耗。一旦经过长时间的运转,人的生理性器官便走向不可复原性的衰竭之中,于是,人们就必不可免地步入死亡。虽然这时人们的外在表现是患了这样或那样的病,可在本质上都是因为人的机体在不断地老化所致。此时,从外在的方面来说,人们当然还是应该积极地求助于医学科技,尽量地去医治自我的疾病;可从内心而言,则应该明白自己的身体正在走下坡路,而这是一条一去不返之路,它一直要把我们带往死亡之域。意识到这一点非常重要,只有在思想上有如此的观念准备,我们才能拥有一种正常的死亡意识,以使我们能够接受死亡降临的实存,不把人之死皆归为非正常的现象。如果我们还能进一步,把即便是因疾病而亡也能视其为一种正常,毕竟人会患病也是一种自然且必然的现象,那么,我们就更加能摆脱许多死亡问题。

四、克服死亡恐惧的种种方法

人类在面对不可避免的死亡命运之时,总是想方设法宽慰自己,以尽量克服对死亡的极度恐惧之感。克服死亡恐惧的方法大致有长生之道、宗教慰藉、哲学思索、成就不朽、及时行乐等。克服死亡恐惧最直接的方法是寻求长生不老的灵丹妙药。此种方法在各个国家、各个民族中几乎都经历过,其中以中国古代道家的炼丹术最典型,并形成了集宗教、科学、艺术于一身的丹道仙学。炼丹术中包括外丹和内丹,外丹是指以丹砂、铅、汞与天然矿物石药为原料,用炉鼎烧炼,以图制出服后不死的丹药;内丹是指通过内炼以求养生延年、长生不老的一种修炼方术。毫无疑问所有寻求长生不老的方法都是以失败告终的,不少人还适得其反,过早地死去。中国古代,有记载的因服丹药中丹毒而死的封建帝王有十五六位,至于其他社会阶层的因此丧命者就数不胜数了。现代人中已不再有人相信长生不老之术了,取而代之的是各种延年益寿的养生之道(如各种补药、气功等)。由于这些养生之道无法改变人必死的命运，因此，它们对克服死亡恐惧效果甚微，甚至成为人们惧怕死亡的表现，乐于此道的人正是那些死亡意识和死亡恐惧感较强的人。

摆脱死亡恐惧的困扰，大大减轻自己的死亡悲伤。舍温医师认为，一个人只有接受了寿命有限数的观点，就能体会到生命有对称的美。生活的网络中，既有快乐与成就，也有痛苦。那些想超越寿命活下去的人，会失去对年轻人的正当观感，并对年轻人主事感到不悦。正因为我们的一生只能在有限的时间内去做值得做的事，才有了做事情的迫切感。否则，我们就会滞留在因循之中。这位医生还引用法国伟大的思想家、文学家蒙田的话说："你的死亡是宇宙秩序的一部分，是世界生命的一部分是让你诞生的一个条件。"

研究哲学就是要明白死亡。把地方腾给别人，就像别人把地方腾给了你。这样一些看法，无疑都说明了人由生而之死是一合理又合情的事情，所以，我们不要回避死，相反，应该将其视为迟早要到来的一正常的生命结局。如果能达到这种境界，死亡的悲伤便会远离我们，死亡之问题也就相当程度上得到了缓解。最后，要解决现代人因为不知死及死之后将何之所引发的死亡焦虑的问题，也许应该求助于古老的宗教观念。具有科学思维者，常常只能相信经验范围内的事，那么，他们可以停留在此岸而不必达至彼岸，对死及死后之事不去知晓，做一种存而不论的处理，他们因此也许能避免产生死亡的焦虑问题。但是，对大多数人而言，他们或者不具备科学性思维，或者在科学性思维之外，仍具有那么些神秘性思维，或者本来便文化素养不高，等等。这样，他们都会希望知道死是怎么回事？死之后又会发生什么事？究竟自己面对死亡时应该做些什么？诸如此类的问题困扰着许许多多的人。可以肯定，这部分人的数量要远远大于那些具有完全的科学思维者。对于这大多数人而言，具有一些宗教的观念也许是一种较好的选择。例如，基督教或天主教就告诉人们，上帝创造了整个世界和人类，当人类的始祖亚当和夏娃在幸福的伊甸园内无忧无虑地生活时，受到了一条狡猾的蛇的引诱，吃了上帝不允许他们吃的智慧树上的果子，于是人类这两个始祖便被震怒的上帝赶出了伊甸园，带着原罪生生死死于尘世之中。人类只有虔诚地信仰上帝，仁慈为人处世，才有可能赎去罪过，死后能复返上帝的怀抱，进入那永生的天堂。佛教则教导众生，人生在世，不过就是在生、老、病、死的苦海中挣扎，即便是死亦无法让人脱离这个苦海，因为人死之后，可能堕入更可怕的诸如地狱等恶道中受到更大的痛苦。所以，人生在世，只可虔诚礼佛，行善度人，最终则通过涅槃去往西方极乐，达到永生不死、幸福无限之境。可见，世界各大宗教在教义和教规上的差异虽然非常之大，但它们都不约而同地具备一个相似的观念，那就是：死亡并非人生命的完全毁灭，人只要在生前做出某些特定的操作，便可能达到永生不死之境。所以，死亡并非不可知，它不过就是由此生到下一生的中介；而人死后决非不知何之，而是可能进入更为幸福的彼岸世界。

宗教这样解答人之死及死后的世界为何的问题，当然会有许多人产生困惑，也会有许多人表示不相信；可问题是，到目前为止，科学还无法回答死亡及死后世界的问题。何况许多人处在死亡的边缘上时，并不总是从科学的角度去看问题的，甚至可以说，有相当多的人宁可从神秘主义出发，相信有个来生来世，并热切地企盼自己能够往生于其中，获得比此生更为幸福的生活。对于临终者的家属而言，当然毫无例外地也盼望亲人去世后有个更为幸福的地方在等着他或她。值此之时，我们最好不要去执着于是有还是无、是对还是错的两极判断，而应该从最大限度地安慰临终者的心灵、抚慰逝者亲属之心愿出发，决不去破坏人们对死后世界存在的美好向往，甚至于还可以去鼓励人们拥有这样一些观念。唯有如此，才能将现代人对死亡的焦虑降低或减轻，从而提升现代人的死亡品质。

要解决现代人因为拥有的更多的财富、名誉及生命的时长而产生的死亡痛苦问题，必得极大地改变人们的人生观不可。现代社会及经济的运作，皆以突显个人利益为核心：为激发人最大的体能和智能，必须将个人拥有物的不可侵犯性尽可能地用法律和制度严格地规定下来。由这一经济社会状况所决定，人们也就十分习惯于将你的、我的、他的分得一清二楚，要尽量保持自己已有的，也要尽量将已有的数量和质量不断地增加，这成为现代人几乎全部的生活宗旨。这样一种经济生活与社会生活的现状无疑形成了现代人最为典型的自我主义人生观。也许人们在现实的人生过程中，会觉得这种人生观确实很好很妙，不仅有大用，而且享受无穷。但是，若人们换一角度，不是由生观生，而是由死来观生的话，便可立即发现这种自我主义的人生观有着重大的缺陷。因为这种人生观导致人们产生一种无穷的攫取欲：人们生前无论拥有的是多还是少，皆觉得不够多、不够好。于是，人们耗疲身心于名利场中，陷入无穷无尽的拼斗，而自我之人生便永远处在焦躁不安与无可奈何之中。而当人们面对死神时，会发现问题一下子全部都颠倒过来了：人们无论拥有的是多还是少，都会觉得拥有的很多很多，只是无法消受它们，而且将永远不能消受，这又造成了人们临终前极大的死亡痛苦。可见，自我主义的人生观既不能让我们的生活过得幸福，又使我们走向临终时痛苦万分，实在是应该置于抛弃之列。那么，我们要想解决因丧失而导致的死亡痛苦，应该拥有哪种人生观才最好呢？

首先关键在于，我们不能从经济的运作方式中抽象出安排人生的原则，而应该建构一个由死观生的方式；也就是说，我们要在活着时从观念上和意识上先行到死，立于死后的基点来观照自我的人生。这样，我们便可立即发现：我们生前无论拥有的是多还是少、是优还是劣，我们都拥有得很多很多，因为相比较于死时的完全丧失，我们现在哪怕就只有一文钱，那也是很富有的。如此，我们又何会有人生中总是一无所有的感觉？也就不会产生焦躁不安与无可奈何的负面的心理状态。而人们也可以不斤斤计较于你的我的和他的之区分，非常乐于在现实生活中对他人援之以手，用己之所有尽可能地帮助别人。因为我们每个人都必死，都必会丧失所有的世间之物，那我们为何还要死死地执着于己物与他物之分呢？又有何物不能舍弃以助人呢？有了这样一种人生观，人们那种临终前因对拥有的一切难以割舍造成的死亡痛苦也会自然地消失于无形，因为，持有如此人生观者，根本就没有无法割舍的东西。这不就相当好且又相当妙地解决了现代人的死亡问题了吗？可见，现代人要树立一个健康的人生观，非得从死亡观出发；而死亡问题的最终解决，又必依赖于人们拥有一个好的人生观。只有那些善于将生与死沟通的人，才有可能较好地解决各种人生问题与死亡问题，达到生死品质皆理想的境界。

要消解现代人因对死亡的形貌、死亡的归宿和死亡的处理方式等引发的死亡恐惧，必须学习一些哲学的智慧，伟大的古希腊哲学家柏拉图对哲学与死亡的关系有一个大致的表述，哲学是向死亡的学习，真正哲学家，总是专心致志于从事死亡的探索，因此，他们在一切人中面对死亡时最不惊慌失措。可见，学习哲学，可以最大限度地消解死亡的恐惧，从而对死抱有一种平静接受的态度。

为何学习哲学能达如此功用呢？柏拉图的老师苏格拉底认为，死的境界二者必居其

|死 亡 学|

一：或是全空，死者毫无知觉；或是，如世俗所云，灵魂由此界迁居彼界。如果是前者，既然我们死后一点知觉都没有，我们又何必恐惧死的形貌、死后的归宿、死亡的处理方式呢？实际上，此时之人根本就不可能去害怕，因为恐惧与害怕皆是活人的一种感觉与知觉，人既然死了，也就不可能有感觉与知觉去害怕了。如果是后者，人之死意味着灵魂迁居另一个世界，那死亡更不可怕了；相反，临终者会因为自己的生命将有一个新的发展而充满着无限的憧憬，苏格拉底就想到自己可能在死后，灵魂将与哪些伟人相会而欣喜不已。如此的话，人又何会去恐惧于死呢？所以，另一位哲人伊壁鸠鲁指出，一切恶中最可怕——死亡——对于我们是无足轻重的，因为当我们存在时，死亡对于我们还没有来，而当死亡时，我们已经不存在了。因此死对于生者和死者都不相干；因为对于生者说，死是不存在的，而死者本身就不存在了。当我们存在时，死亡还未到来；而当我们死时，我们又不能感觉到它。所以，死亡对生者而言不存在，死亡对死者而言也不存在。这个人在世间最恐惧的对象死亡原来对于我们是无足轻重的，所以，根本不必去害怕。

中国古代的思想家往往倾向于提倡一种死亡的价值论来消解人们的死亡恐惧。先秦时期的大思想家孟子云："生，亦我所欲也；义，亦我所欲也。二者不可得兼，舍生而取义者也。生亦我所欲，所欲有甚于生者，故不为苟得也；死亦我所恶，所恶有甚于死者，故患有所不辟也。"儒家的创立者孔子则说："志士仁人，无求生以害仁，有杀身以成仁。"在中国古代贤哲看来，活着固然是人们之所欲，但人间之道德的价值义则超过了人对生之所欲，因此，在二者不可同时兼得的情况下，作为人就应该勇于赴死。死亡虽然是世间人人所恶者，但是，人间还有比死亡更为所恶的东西。所以，在特定的情况下，人们是不应该逃避死亡的。这样一种死亡的智慧，明显不同于以上西方哲人从感觉论出发，消解人对死亡恐惧的智慧，而是从人生价值的角度将道德置于比生死更高的位置，让人们在思想观念上认识到生不足惜、死不足畏，只要是为了崇高之道德价值的实现，每个人都应该也必须杀身成仁。立于如此境界，人们不仅能够不怕死，且能面带微笑而就死，又何会去恐惧于死呢？古今中外的哲人们对死亡有许多的论述，人们只要细心地去领会，必可获取高妙的生死智慧，去有效地对付我们必不可免地人生结局死亡的降临，消解死亡的恐惧，由此来提升我们的生死品质。中国古人的理念是克服人类死亡恐惧的第一种方法。

第二种方法，也是历史最悠久、应用最普遍、最有效地克服死亡恐惧的方法，就是各种各样的宗教和迷信。人类最大的精神痛苦就在于认识了死亡，宗教就是主要为了慰藉这种精神痛苦而产生的。宗教的历史几乎与人类的历史一样久远，目前世界人口中三分之二的人是某种宗教的信徒，即使在不信教的人群中，也有许多人有着各种各样的宗教情感，我们有时称为迷信。甚至对许多的科学家也不例外，有人曾对近300年来世界上著名的300名科学家的宗教信仰进行过调查，结果表明，无法知道他们的信仰的科学家有38位，不信神的科学家为20位，相信有神的科学家为242位，即信神的科学家约占82%。他们对神和灵魂的态度是，宁可信其有，而不可信其无。由于无论有神灵还是无神灵都无法实证性的证明，而信其有可以减轻精神痛苦，何乐而不信呢？各种宗教虽各有特色，但它们的本质都是相同的：基督教的死而复活获得永生；佛教的生死轮回、最后达到超越生死的最高境界涅槃；伊斯兰教的灵魂不死；印度教的六道轮回说（天道、人道、阿修罗道、畜生道、地狱、饿鬼）；道教的通过修炼达到长生不老或称得道成仙等，它们都是为了超越生死，实现生命（灵魂）的永恒延续。著名精神分析学家荣格也认为，对待死亡之问题，相信宗教的来生之说最合乎心理卫生，甚至认为，除了宗教信仰之外，解决死亡恐惧问题再也没有其他更好的方法了。

第三种方法是通过哲学思索化解这种恐惧感。人们通过思索认识到死亡的恐惧，也可以通过更加深刻、理智的分析来宽慰自己，只不过一般人很难进行这种深入的思考，甚至还有人愈加思索愈恐惧。因此只有少数人能借助这种方法克服死亡恐惧。例如，古希腊唯物主义哲学家德谟克利特（原子论者）认为，只有愚蠢的人才会怕死，死亡是自然之身的解体，是不可避免的，即使转成灵魂，迟早还是会死（他认为灵魂也是由原子组成的，只不过是由一些精致、光滑、圆形的特殊原子构成，故不像其他物体轻易可见），那又何必再烦恼和恐惧呢？且他还强调逃避死亡的人，反而恰恰在追逐死亡，因为他们患得患失，变得虽生犹死，与其说是活得不好，不如说是慢性死亡。因此，真正聪明的人应该面对自然，追求哲学智慧，才能活得愉快、宁静。古希腊另一位唯物主义哲学家伊壁鸠鲁认为，死亡对人来说是不值得害怕的，因为当人存在时，死亡对人未曾发生，而当死亡发生时，人已经不存在了。因此，死亡对生者和死者都不相干，对于生者来说，死是不存在的（只有他死，没有我死），而对于死者来说，本身就不存在了。

古希腊最著名的唯心主义哲学家苏格拉底是最典型的直面死亡而毫无畏惧的人，在西方文化中，除了基督耶稣的死之外，最为悲壮、最受人敬仰的是苏格拉底之死。他因被控诋毁神明、蛊惑青年，而被判死刑，据说他本来可以有多种方法免于死刑，如悔过、交巨额罚款、越狱等，但他拒绝了所有的可能性，选择一死，临死前他从容地说："分手的时候到了，我现在去死，你们去活，但谁的去处好，只有神知道。"虽然苏格拉底承认自己对死的本性不自命知之，但对死亡却抱着乐观的希望，甚至说死亡可能比生更好，临刑前反而劝慰那些悲痛欲绝的亲友。他坚信灵魂不朽，但只有践行哲学才能使灵魂在离开肉体时得到绝对的净化而获得神性或智慧，他认为真正的哲学家永远忙于死的实践，所以在所有人中，他们对死的恐惧最小。因而柏拉图说："哲学是死亡的练习，只有具有哲学智慧的人才能从容赴死。"

中国历史上，在对待死亡的思考和态度上，可以与苏格拉底相提并论的，可能只有庄子。庄子一生都在思索死亡、理解死亡、练习死亡、并超越死。在庄子看来，死是生命中最重要不过的事了（与伊壁鸠鲁的观点正好相反）。庄子认为，死生命也，万物一府，死生同状，方生方死，方死方生，天地与我并存，而万物与我为一。他以道贯通世间万象，视万物之死生为一体，用死生齐一的精神理念来超越现世生活中的生死烦恼，以智慧的力量来摆脱死亡的恐惧。庄子生前对死亡的态度最典型的表现是在其妻子的死亡之时，庄子不仅没有表现出悲哀哭泣，竟然鼓盆而歌，使前来吊唁的朋友惠子感到意外，并认为太过分了（不合常理），庄子便解释说，他刚开始也很难过，但继而又想，其妻生命原本从无到有，现又回到无，生命变化，正如春夏秋冬四季运行般的自然，现在她正安睡在天地的大宇宙中，我如果还想哭，岂不是太不顺应自然了吗？如此想通，心情就转为平静了。因此，用哲学思索克服死亡恐惧非一般寻常人能做得到。

第四种克服死亡恐惧的方法，是在人的有生之年努力奋斗、成就一番事业，以求青史留名、流芳百世，不朽于世人的心目之中和人类的历史文化之中。这种方法也比较能够接近乎常人的思想。尽管我们一般平常人并不能有幸不朽于人类历史文化中，但人只要有这种理想，有奋斗的目标，就能活得充实，摆脱死的烦恼，并且我们还知道有不少名人是在死后才出名，才不朽的，这多少也能安慰那些现在还没有什么显著的成就，但仍然在不懈努力的人们。成就事业而不朽的途径很多：科学家以其精妙的理论永驻世人心中；艺术家以其杰出的作品永映或永入人们的耳目之中；哲学家以其深邃的学说永留后人的脑海中；政治家以其卓越的政绩永载人类史册。至于其他各行各业之中的佼佼者，也都有可能行行出状元成为人类的精英流芳百世。另外，即使作为一个普通人，如果把自己的一生与人类文明发展的整体联系在一起，把自己的工作和生命看作是人类绵延不断的长河中的一部分，是承接人类历史和未来的一部分，那么，即使看起来自己的工作和生命是那么的微不足道，也可以让人振奋精神，生得平凡，死得安详。

第五种克服死亡恐惧的方法是根本不考虑死的问题，活一天算一天，活一天赚一天，及时行乐，充分享受生活的每一天。这种方法它更适合普通市民阶层，因为死亡问题是个连哲学家和神学家都说不清楚的问题，一般市民何苦要自寻烦恼、日思夜想呢？这是一种看似比较消极但实际上有其积极合理成分的生死观。的确，对一般人而言不去思索死亡问题，以至于忘却死亡，不失为一种克服死亡恐惧的良方，这种方法它强调人应该珍惜眼前的生活，尽情享受生活，以换到死而无憾。人如果有了死而无憾的感觉，就不那么怕死了。否则，整日生活在死亡的阴影之下，该是多么痛苦。克服死亡恐惧的方法很多，不同的方法适合于不同的人。并且各种方法之间也不是完全独立的，而是有一定的相通性和互补性。应该说要真正从心底里克服死亡恐惧是很困难的，有时是需要多种方法并用的。

总而言之，我是要死的。只有我的死，才是真正意义上的死亡。人因为害怕失去自我，所以惧怕死亡。

首先，将个人对死亡的恐惧公之于众。不要将死亡视为一个禁忌性的话题，把自己对死亡的恐惧深深隐藏起来的做法。每个人对死亡的恐惧都是"真实的、正常的、健康的"，对死亡的讨论应该是光明正大的。对死亡话题的谈论，不需遮遮掩掩，倒应该像讨论其他人们喜欢的话题一样公开化，甚至人们可以开一个"柠檬桌"会议，比一比谁对死亡的恐惧更大。在调侃戏谑之中，死亡被去神秘化了；在恐惧死亡这一点上，我们环顾左右，找到了"知音"，也就增添了自身面对死亡时的力量。

其次，时常想到死亡。尽管我们无法积极干预自己的死亡，但可以主动地来思考死亡，使自己在死亡到来之前做好充分的准备，以便能够"死得更好"。俄罗斯作曲家肖斯塔科维奇对死亡的认识："我们应该时常想到死亡，应该使自己习惯这种对死亡的思考。我们不能让死亡的恐惧不知何时悄悄地攻上我们的心头……我想如果人们能早直面死亡，消解虚无点想到死亡，他们就能少犯些愚蠢的错误……对死亡的恐惧是一种最热切的情感。有时，我想，再没有比死亡更深沉的情感了。"直面死亡虽然并不能使死亡得以避免，但这种态度至少能帮助我们获得一些将死之际的从容。那些死亡之际仍然淡定自若、我行我素的人。从某种程度上来说，这就是一直在寻求的"最佳死亡方式"。忠实于死亡就是忠实于自己。很明显，在死亡观中，死与生这对矛盾已经融为一体。对死亡的追问直指生存，对死亡的态度也就是一种生存的态度。"教他人如何死去，就是教他人如何生存"。从表面上看，这是教人如何更体面、更智慧、更忠诚地死去的死亡法则，但实际上它却是在探讨生存，即由对死亡的思考使人们更加深刻地认识生存的目的、意义和价值。以死亡反观生存，这才是死亡观的本意。人类早就认识到了自己要与死亡终生共舞的命运。死亡逐渐成了伴随生存的一门学问，成了许多哲学家苦苦探索的一个重要主题。死亡也是存在主义哲学体系中很重要的一部分内容。

存在主义的奠基人之一雅斯贝尔斯就曾经提出了"从事哲学即是学习死亡"这样一个著名命题，认为"体验死亡这样一种'边缘处境'就是筹划人生，就是在从事哲学思考"。

海德格尔从生存论出发来思考死亡，指出同生存一样，死亡是一种存在方式。"死作为此在的终结乃是此在最本己的、无所关联的、确知的、而作为其本身则不可确定的、不可逾越的可能性。死，作为此在的终结存在，存在在这一存在者向其终结的存在之中。"以此为基础，海德格尔提出了"向死而在"的人生态度，意思是说，"此在这种整体存在，并不是一种活的存在，而是一种莅临着死亡的存在，活着本身也就在死去"。死亡这一最本己却又最不可确定的特征，使我们对它心生"畏惧"，"我们渴求由关爱我们的宇宙所赋予的意义，结果却发现宇宙只是一个空洞的天空"。正是因为死亡意味着此在的终结，它才昭示出生存的荒谬处境，它才消解了人们为生存所做的种种努力的意义与价值。

巴恩斯对死亡的可怕性有着深刻的认识，但他的死亡观却没有海德格尔的"向死而在"那么浓厚的悲观性。巴恩斯更趋向于接受存在主义哲学思想中对死亡进行积极干预的"入世"思想。萨特存在主义者承认死亡是"荒谬的"，但他们主张以有限选择来消解或者说是超越这种荒谬性。人们如何超越死亡、进行有限选择呢？加缪对希腊西西弗斯神话的解释就是对这一主张的具体诠释：西西弗斯被诸神惩罚，每次推巨石到山顶之时，巨石再滚落下来，如此循环往复，无休无止。面对这样一种悲剧性的宿命，加缪声称：西西弗斯在滚动巨石之时是幸福的，"这是因为西西弗斯超越了他的命运，这不是因为消极的放弃，而是仰仗谨慎的选择。他由此表明他自身优于没有生命的巨石。用尼采的话来说，他已把'已然如此'（他的过去，他境遇的已知事实）转变成了'如我所愿'"。"我们并不因为不存在终极希望就失去了所有的希望。西西弗斯的智慧就在于他并没有把石头放那儿原地不动，而是推动石头！这就是鼓励去追寻有限的但可及的善——就像古代的斯多葛主义者那样。"这也就是萨特主张的以"自由选择"或是"行动"来干预命运、面对死亡。萨特认为，人的自由是独立于死亡的，"整个人生就是一个不断选择的过程，没有选择本身也是一种选择，我们同样要对此负责"。不再选择就意味着不再生存，就意味着丧失了自由。因此生命不止，选择不息！

由此可见，相比海德格尔的"向死而在"，萨特存在主义哲学思想的色彩就明亮多了。任何"境遇"中都包含着"超越"的可能性，我们总能"超越"我们的"真实性"，死亡亦不例外。在巴恩斯的死亡观中，死亡就是一种没有选择的选择。面对这一宿命，我们要做推动石头的西西弗斯：正视自己对死亡的恐惧，对死亡问题进行深刻的思考并将个人的认识和思考拿来与人共享，以好好规划"生"的态度来抵制"死"的虚无，这应该是人类在最不可为的事情上所采取的最积极主动的态度和主张了。这是人类最有限也最无畏的"自由选择"，是人类"超越"。

第五节　死亡与教育的关系

　　人的生是一种偶然，死是一种必然。生是相对于死来说的，没有死也就没有生。死的必然性和生的有限性使人无比的珍惜现实的存在，以及现实存在中的活的生命。正如一位哲人曾经说过，生命是如此的美好，以至于怎样度过都是一种挥霍。人不会自发地去理解死亡，只有通过学习体验才能够理解接纳死亡。目前民众的死亡意识由医院、养老院、殡仪馆之类机构代理，但是本应该在人生的各个阶段早应该接受死亡意识及死亡教育，越早接受，越能够理解死亡，接纳死亡，更好体会死，体会生。当我们对死亡愈了解，则对于生命的看法就愈积极，进而能够创造并统整生命的意义。

一、死亡在教育上的意义

　　死亡可以成为教育的一种契机。教育作为一种培养人的活动，其目的是教人求美、求真、求善，是帮助人获得完满的人生，实现生命的价值。然而，教育不是灌输，做人的道理不是教了就懂的，对生命的体悟更不是靠"告诉"就能得到的。这一切只能靠引导和启发。所谓的"引导"，是将人天性中本有的善端牵引出来；所谓启发，也必须在其原有思考的基础上加以点拨才有可能。如若儿童或者学生本身毫无生活的体验，也不曾有对生活的些许思考，要想启发和引导是绝不可能的。作为人生的一个重大事件，死亡给儿童或学生带来的体验的深刻性是前所未有的，所引发的思考也是无穷无尽的。这无疑给教育提供了一个很好的契机。

　　对死亡的探讨和认识是教育的一项重要任务。教育的产生源于社会延续和发展的需要，而社会延续和发展的基础在于生命的延续和发展。所以，教育乃是为人的存在和生存服务的。促使学生的生命获得完满的发展，发挥其生命潜能，提高其生命质量，这是教育义不容辞的任务。而生与死是如此的紧密相关，因此，提高生命质量必然无法回避死亡问题。认识死亡本质，知晓生命规律，人才能更好地呵护生命，保有健康，使生命得其善终；也只有认识死亡本质，揭开其神秘面纱，人才能克服死亡恐惧，进而追寻生命的圆满。因此，探讨死亡、认识死亡，教人正确看待死亡是教育的一项重要任务。

二、教育学探讨的死亡

　　肉体死亡（或医学上的死亡）是教育学探讨死亡的开始。

　　教育作为一种指导生命发展的活动，它的一个重要职能就是教人认识死亡本质，这其中包括什么是肉体死亡，如何避免不必要的肉体死亡，怎样增进身体健康以延缓肉体死亡，怎样看待不可避免的肉体死亡等。从本质上来说，人的生命有多重，包括生物性生命、社会性生命、文化性生命（精神生命）等，而人的社会性生命、文化性生命是以生物性生命的存在为基础的。所以，要促进生命的发展和完善必然要先考虑肉体生命的保存和完善，由此，教育学探讨死亡也必先涉及肉体生命的死亡，这大抵就是指医学上的死亡。

精神之死（心之死）——失去目标和追求之死亡前面已提到，人的生命有三个属性，即生物性生命、社会性生命及文化性生命。而人的宝贵之处并不仅仅在于他的生物性生命，而且还在于他的精神生命（社会性生命和文化性生命），所以，教育学探讨促进生命发展虽是以促进肉体生命发展为基础。但其重点却是人的社会性生命、文化性生命（精神生命）的增进。与此相应教育学更关注的死亡亦非肉体的死亡，而是精神上的死亡，即心之死。孔子曾说，"哀莫大于心死，而人死亦次之"。所谓的心死，就是指一个人要么僵化保守、自我封闭，不肯再求进步，再求超越，失去了精神活动的动力；要么就是一味耽于声色犬马，只追求肉体享受而不思精神的充实、人性的完善，没有理想，亦无追求。这样的人不过是行尸走肉，与死无异或竟比肉体已死更可怕，因为他的存在实际上已玷污"人"这一神圣的字眼。

自我否定之死是精神层面对死亡的思考。

的确，与动物相比，人的命运既是幸运的又是不幸的。幸运的是人有意识，有灵性；不幸的是因这有意识有灵性而知道自己终有一死，由此不得不永远背负着死亡的焦虑。教育学也就不能撇开这一种意义的死亡———自我否定之死。

三、死亡教育的概念及青少年死亡教育的任务

死亡教育与生命教育、生死教育。

目前，各国学者对死亡教育、生命教育、生死教育等概念的定义不完全一致，所以，三者的关系比较复杂。由于生死紧密相关，所以，在某种程度上，不同的学者虽然使用这样三个不同的概念，但他们所表达的意思一样，尤其是"生命教育"与"生死教育"经常通用。笔者认为，将死亡教育作为生命教育的一个部分是可取的。因为，死亡本身就是生命的一部分，它并不外在于生命。所以，谈生命必然要论及死亡，开展生命教育也不能撇开死亡。不仅如此，死亡教育，还应该是生命教育极为重要的一部分。正如前面诸多论述已经提到的，死亡之于生命意义重大，所以，台湾教育理论界经过对生命教育理论问题进行积极探讨得出一致的结论：死亡教育是生命教育最明确的内涵。

第六节 儿童的死亡教育

儿童的死亡教育主要包括两个方面：让儿童理解生命的内容及本质，以及敬畏生命躲避死亡危险。同时，儿童的死亡教育，为人生不同阶段的死亡教育，打下坚实的基础。

一、青少年死亡教育的任务

（一）使学生科学地认识死亡

通过死亡教育，揭开死亡的神秘面纱，让学生认识到死亡乃是自然规律的体现，而非神灵操纵的偶然事件。死与生一样都只是自然变化流转的一个环节。自然赋予我们生命，

又在适当的时候将它收回，只要在世时善待生命，死时亦可无憾，不必无端畏惧。

认识生与死是人生的一个重大的科学命题，很多成年人都不能理解这一问题，如何对未成年人进行死亡教育，很多人进行了有益的探索。在中国这方面仍然是一片空白，在借鉴国外的经验基础上，结合中国的实际情况，完善中国对未成年人进行的死亡教育。

对未成年人的死亡教育不同的年龄阶段，教育方法及内容都是不同的。在儿童学龄前阶段，主要是与家人在一起，以看护、照料为主。这时，儿童的死亡教育以躲避危险为主。在日常生活当中，不同的民族对儿童的教育躲避危险的教育是相同的，关于"大灰狼""狼外婆"的故事，是全世界的外婆讲给孩子的故事。"大灰狼"的故事是告诉孩子们，生活在世界上是有危险的。在海边、河边生活的孩子，家长也会告诉他们，水里有水怪、海里有海神，它们喜欢吃小孩，让孩子对水产生敬畏，远离水给他们带来的危险。对学龄前儿童，可以通过对植物的生长过程，让孩子们理解生命的过程。在小学生的阶段，可以在生物学知识的教学中，介绍生命的过程。在年龄更大一点的小学生，可以带他们到教堂，参加弥撒葬礼，让他们体会人类的死亡。儿童的死亡教育，为以后成年人的死亡教育奠定了基础。

（二）使学生具备相关技能

虽然在对学生的死亡教育中，强调死亡是自然规律的体现，但不可否认，死亡的确有恐怖的一面。因此，面对即将到来的，威胁着自己或亲朋好友生命的死亡，或已成事实的至亲好友的死亡，造成人们内心的恐惧、焦虑、悲痛等消极情绪是空前的。而在此时，他们又有照顾、看护患者，以及丧事处理等棘手的事务。所以，一方面要使青少年增强面对死亡时自身的情绪调适能力，使之能够从恐惧、焦虑、悲痛中解脱出来；另一方面又要使他们具备照顾护理患者及参与丧事处理的初步技能和能力，这是青少年死亡教育的又一项任务。

对儿童进行避险的教育，是死亡教育的重要内容。学校处在地质条件复杂的环境中，学校对学生的避险的教育更加重视，如日本对学生进行发生地震的避险教育是学校的责任，也是学生的必修课。在自然环境较好的学校，人们对这方面的注意力要小一些，但也是必不可少的。家长对孩子的避险教育也是很重要的，让孩子自己知道回避危险，可以减少外界因素对孩子的威胁。在日常生活中，很多发生在儿童身上的意外死亡事件，多数是家长疏于监管的结果。

（三）使学生懂得珍爱生命

死与生本是紧密相依的一个生命过程，通过死亡教育，引导学生思考与死亡相关的各种问题，如死与生的关系，人生的价值与意义，个体与社会及宇宙的关系，生存的短暂性和生命永恒性的关系等，使学生的思想逐渐得到升华，进而明了生命的真谛，懂得珍爱生命，热爱生活，同时不断完善自我、超越自我。

儿童自身因素引起死亡的事件，在媒体上常有报道。儿童自身因素引起死亡的事件，包括儿童自杀、死亡游戏，以及意外死亡。儿童死亡事件，主要原因是社会对儿童的死亡教育不够及家长对儿童监管不够。其中，儿童的死亡游戏，是儿童在好奇心的驱使下，对死亡行为进行模仿，造成意外死亡，是儿童特有的死亡方式。这方面的内容，在以下的章节中会进行论述。

二、儿童对生命理解的教育

儿童死亡教育的核心是认知生命，理解生命的过程，并学会尊重生命。当儿童能够理解成年人的语言含义，如成年人对远近、大小、颜色、声音的描述，理解周围人的情感，如喜、怒、哀、乐等，便可对儿童进行关于死亡的教育。

（一）儿童的死亡教育

生与死，乃是人类生命历程的起点和终结。死亡是人生旅程中不可避免、不可逆转的生物学过程，是一种自然现象，是任何内在的，以及外在力量，都无法改变的必然规律。成人可能会认为，孩子比较年幼，他们根本就不会去关心死亡问题。实际上并非如此，美国儿童教育专家，通过研究早已发现，由于传媒的兴旺发达和信息时代信息流的超速流通，3周岁的幼童大多数已接触到"死亡"这个名词。他们可能会在跟小伙伴的交流中，提及有关"死亡"的内容，并对死亡产生一种既神秘疑惑，又恐惧担忧的认知。幼儿对死亡内容的认知过程，也就是对死亡概念的理解过程。死亡的概念是生命科学领域内，一个非常重要的科学概念。有学者指称，死亡概念是生命中最重要的生存原则，对儿童的人格形成、情绪、心理及认知的发展有深远的影响。近来众多的研究者都发现，儿童死亡概念的发展，有其自身的阶段性、模式性和年龄特征，并受到多种外在和内在因素的影响。

阿索尔富加德说过，"人无论在哪里，也无论干什么，他的忠实伙伴——死亡，都会永远跟着他。"死亡是生命的一个构成性因素，是生命的最终归宿，是一个无法回避的问题。作为生命教育的理论基石，关于儿童死亡问题的研究，始于20世纪30年代的西方发达国家。近些年来，儿童死亡问题的研究，受到很多心理学家、教育学家及社会学家的关注。

儿童对"死亡"的理解，是生命成长过程的一个重要的结构性因素。儿童在很早年龄阶段，已经对死亡概念产生了一定的认知。儿童对死亡概念的认知过程，对儿童的人格形成、情绪、心理及认知的发展，都有深远的影响。儿童对死亡概念的认知，是一个不断发展的过程，有其自身的阶段性、模式性和年龄特征，并受到性别、心理因素、认知能力、家庭社会经济地位、家庭宗教信仰、生活经验及大众传媒等多种因素的影响。

儿童对死亡的认知是一个受到很多心理学家关注的问题。以往的研究认为，年龄在6岁以前的学龄前儿童，把死亡看作是暂时的或可逆的，就像在卡通片里表现的英雄一样，他们常常可以死后复生。这个年龄段的多数孩子，不理解死亡是不可逆转的，死亡是永恒存在的，每个人、每个生物，包括动物、植物，最终都会死亡。

学龄前的儿童认为，生命是不会终结的，死去的人或动物，会继续生活在另一个世界里。皮亚杰的研究发现，这个阶段的儿童的思维有以下特征。

泛灵论。学龄前的儿童认为，世界上的每个东西都是有生命的，它们是不会死亡的。人类是一直活着的，不会死亡。人类的死亡，只是深深地睡眠，生命是一直存在的。因此，他们会担心死去的人，是否舒服，是否饿了、冷了或很孤单。

魔法思维。在学龄前儿童的思维中，他们天真地给人类赋予了一种神秘的力量，在这种神秘的力量支配下，每个人都可以受到别人愿望的控制。个人可以因为别人的愿望而死亡，也可以随时活过来。他们相信神话故事，如相信王子可以变成青蛙，死去的公主，可以由于得到了一个吻而活过来。他们不能明确认识，死亡的过程是不可逆的。

个人为核心主义。学龄前儿童相信，任何事情的存在，都是为了个人的目的。人是一切事物的核心，人类可以控制全世界。如果玩具坏了，人可以将它修好。人死了，应该也能通过救治将他复活。一个人坏的想法和行为，可以导致他人的死亡。因此，他们可能会认为，是因为自己做了坏事才使亲人死亡的。到了入学年龄，6~8岁的儿童认为年轻人和健康的人不会死亡，只有老年人和生病的人才会死亡。在小学的学生，9~12岁的孩子知道所有生物都会死亡。他们知道，死亡的发生是正常的事情，死亡是不可逆转的。不过他们仍认为，自己现在不会死，老了以后才会死。这个阶段的儿童，知道疾病、事故都能导致个体的死亡。

目前的研究普遍认为，皮亚杰的儿童不同年龄阶段理论框架下的研究，低估了儿童对死亡的认知能力。以威廉（Wellman）和格尔曼（Gelman）为代表的儿童认知能力研究的心理学家，进行的儿童朴素理论的研究，大大改变了人们对儿童认知能力的认识。近十余年的研究发现，学龄前儿童，已经有了初步的关于死亡概念。阮氏（Nguyen）和斯劳特（Slaughter）的研究都发现，6岁的儿童，已经知道动物和植物都会死亡。

以上是西方学者，对儿童关于死亡观念的研究结果。萝丝（Ross）等认为，多数有关儿童对生物概念的研究，都忽视了儿童的文化背景，多数研究对象都集中在美国或其他发达工业化国家。

（二）中国对儿童的死亡概念理解程度的研究

在中国文化里，"死亡"是人们很忌讳的一个话题，很少有人研究儿童的对于"死亡"概念。然而，死亡毕竟是一个不能回避的生物现象。研究儿童的对死亡的概念不仅可以丰富人们对儿童认知发展的认识，也可以为那些家庭中发生不幸变故的儿童进行心理咨询和帮助提供心理学依据，还有助于对儿童进行热爱生命的教育。

1. 中国儿童对死亡概念的理解

中国的儿童心理学家，对中国儿童关于死亡的概念进行了研究。中国学者研究、探讨儿童是否能够把"死亡"作为一种生命现象来区分生物和非生物，以及他们是否能够认识到，生物的死亡有不可逆性和普遍性。死亡的不可逆性是指一旦生物死亡就不可能逆转生还。死亡的普遍性是指所有的生物都会死亡。死亡的这两个特征也是有关对死亡认知的研究中的两个主要成分。中国学者的研究发现，对中国儿童的4岁年龄组和5岁年龄组进行关于死亡概念的测试时发现，在随机提取的测试任务中，这两个年龄组的儿童，多数不能以区分死亡为指标的标准，准确区分生物和非生物。

多数6岁年龄组的中国儿童，在关于死亡概念的测试中，能够部分区分或基本区分生物具有的死亡特征，即他们能够把死亡作为区分生物和非生物的一个特征。在死亡概念的分类测试中发现，学龄前儿童的认知成绩呈现随年龄增加持续发展的过程。具体表现在：各年龄组都能够清楚地认识到，非生物体不会死亡，但对于有生命的生物物种能否死亡的认知,有一个发展的过程。学龄前儿童,对动物死亡的知能力,优于对植物死亡的认知能力。

随着年龄增长,学龄前儿童对各类别事物,是否存在死亡的认知差异在缩小,即他们能够越来越准确地判断,各类别的事物是否能够死亡。6岁儿童无论在自由提取任务和分类任务中,都表现出了较高的认知成绩。他们基本上可以以死亡这一生命属性来区分生物和非生物。中国学者的这一研究结果与国外近期一些关于学龄前儿童对各种事物的生物属性认知的研究结果基本相符。这一结果也和国内关于学前儿童对其他生物现象认知的研究结果一致。

2. 中国儿童对死亡概念理解与国外儿童的差别

中国学者对中国儿童关于死亡概念的研究发现,中国的学龄前儿童在对死亡的理解方面,并未表现出皮亚杰对西方儿童关于死亡概念理解的研究中,所发现西方儿童认为的泛灵论和魔法思维。中国已有的关于儿童对死亡概念理解的研究表明,儿童并不认为世界上所有物体都是活的,有生命的。同样,在上述研究中,中国的学龄前儿童,也不认为所有东西都会死亡,他们很明确地知道非生物体不能死亡,但对于生物是否会死亡,还有一个随年龄的认知发展过程。他们也能够认识到,死了的生物不能再活过来,即他们能认识到死亡的不可逆性。在研究者对儿童的询问调查中发现,他们认为人和动物死亡的原因是被杀、生病和衰老等,植物的死亡原因是不浇水,没有学龄前儿童提到,因为个人做了坏事造成生物的死亡。个别儿童会说,死去的人,因为治疗而活过来。但没有儿童认为,魔法会使人死而复生。

在死亡事件的普遍性方面,学龄前儿童的认知能力,低于对死亡不可逆性的认知。一些儿童认为,年轻人和健康人不会死亡,只有老年人和生病的人,才会死。例如,有儿童认为,自己不会死,爸爸、妈妈也不会死,但爷爷、奶奶会死。他们还不能完全认识到,死亡存在的普遍性,即生物没有例外,统统都会死亡。但也有相当的数量的学龄前儿童,能够认识到死亡存在的普遍性。

由此可见,学龄前儿童的认知表现,高于以往传统研究所揭示的认知水平。研究人员认为,主要原因是儿童的知识经验比若干年代前的儿童要多。现在的儿童有更多的受教育机会和获得各类信息的渠道。目前儿童认知发展的研究中,很有影响的"理论"更加重视儿童在各个知识领域积累的知识经验对儿童认知发展的影响。很多人对皮亚杰提出的儿童认知结构变化,导致认知发展阶段性的理论提出了挑战。中国学者的研究也为认知发展的研究中,儿童是否具有朴素生物知识的理论之争提供了实证材料。

三、美国的儿童死亡教育

美国对死亡教育十分重视,尤其是对儿童的死亡教育,形成了一个有效的教育体系。对儿童的死亡教育是未来对成年人、老年人进行死亡教育的基础,也使儿童理解生命,远离危险降低儿童死亡的风险。美国对儿童的死亡教育具有很好的参考价值。

(一)教育儿童正确认识死亡

美国是世界上较早对死亡问题进行科学研究的国家之一。美国很早就将对儿童的死亡教育提到日程,正式提出教育方案,并着手实施对儿童的死亡教育。早在1912年,美国就出版了第一本对儿童进行死亡教育的著作。到目前为止,"死亡教育已经成为美国教育学研究的重要课题之一",也是在家庭,社会和学校各个方面综合教育的不可缺少的内容。

美国社会对于死亡教育的高度重视,原因在于对死亡意义的深刻理解。研究发现,对于死亡问题的不同认识,会对人的心理发展乃至一生的成长,带来重要的影响。对此,教育家曾有过许多论述。死亡教育不仅在于教导人们理解死亡和濒死的问题,更重要的是如何为每个人生命的过程添加丰富的内涵。对死亡问题的禁忌与回避,只能让人们无法了解生命的真相。当人们对死亡的意义愈了解,则对于生命的看法就愈积极,进而能够创造并统一整合生命的意义。

因此,教育的目的是在于协助学生正确面对死亡,从而更加珍惜生命,并在积极的重视生命的意识作用下,努力成就自己的一生。对于幼儿来说,死亡教育的意义更加深远。幼儿一般从四五岁开始对死亡产生好奇与疑问。在这一阶段,如果得不到父母或老师的正确教导,极容易被笼罩在死亡的神秘面纱之下,产生不良后果。孩子们通过电视、电影、报刊、童话故事,乃至神仙、鬼怪的传说等,通过自己的想象理解的死亡,由于无法获知关于死亡的科学知识,不了解死亡的真相,容易受到外界关于死亡的,那些夸大、不实、扭曲及神秘信息的影响,从而产生错误或片面的关于死亡认知。有研究指出,青少年的自杀倾向和其存在的不正确的死亡观念有一定关系。儿童自杀是全世界范围内都存在的社会问题。不同社会、不同地区导致儿童自杀的原因是多种多样的,但没有对儿童进行死亡教育应该是重要的因素之一。

(二) 教育儿童正确面对死亡

有学者研究认为,在死亡悄然进入孩子的生活之前,教师有意识地向幼儿介绍这方面的常识,使得孩子面对死亡时,有相应的心理准备。当孩子真正地接触到不愉快、恐惧或悲伤时,他们就可能提高心理承受能力渡过难关。扩展对死亡的理解,有助于孩子面对更加严酷的生活经历。

死亡教育可以用灵活的方式进行,教室里的动植物标本,都可以用于加强孩子对死亡概念的理解。下面是发生在美国一所幼儿园里的真实案例,可以帮助人们了解如何对孩子进行死亡教育。

在幼儿园里工作的黛尼尔老师,在进行生物教学。他们班上养了四只蝴蝶,其中一只蝴蝶的翅膀天生畸形。孩子对这只蝴蝶充满了好奇。黛尼尔老师由此把孩子的注意力转移到关心残疾人和动物的话题上,并且诱导孩子要格外地关爱身患残疾的人和动物。在黛尼尔老师的教导下,孩子对这只蝴蝶倍加爱护,并给它取了一个名字,孩子都称呼这只蝴蝶为"爆米花"。孩子经常照顾"爆米花",并且用滴管给它喂水。有一天,孩子突然发现"爆米花"不动了,他们将"爆米花"的事情告诉了黛尼尔老师。黛尼尔老师轻轻地把"爆米花"放在纸巾上,并和孩子一起坐了下来。黛尼尔老师对孩子解释说,这只蝴蝶已经死了。然后他们一起回忆与"爆米花"共同生活的快乐日子,以及在照顾"爆米花"的过程中,孩子的体会及获得的关于蝴蝶的知识。在这个过程中,孩子知道他们失去了"爆米花",有些孩子伤心地哭了。后来黛尼尔老师和孩子一起把"爆米花"埋在花园里,每个孩子都与"爆米花"说了自己想说的话。这是对儿童进行死亡教育的很好的例子。

心理学教授华尔顿认为，在对死亡的哀悼过程中，要完成四项任务，包括接受个体丧失生命的事实；承认死亡事情已经发生；逝者不会再回来；经历悲伤痛苦。如果对死亡事件选择逃避和压抑，反而会使个体承受的痛苦延长。有的个体甚至会在死亡事件发生后，经过一段时间的煎熬，引发抑郁症。个体需要重新适应一个逝者不存在的新环境，包括重新面对自己所处环境的改变，能够将情感重新投注到新的社会关系中，继续有效地生活。黛尼尔老师的做法，对儿童很好地实践了这一理论的实践过程，受到了一次很好的关于死亡的教育。死亡教育的结果是积极正面的，在后来的活动中，可以发现在蝴蝶死亡的事件中，孩子学到的不仅是关于蝴蝶的科学知识，他们对周围的事物似乎有了更多的思考，也更加宽容和热爱生活。

教育学家米勒提出，允许孩子观看一些传统上认为是不好的东西，包括一些腐烂的物体，如腐烂的南瓜或者水果。通过对腐烂的南瓜或者水果产生的原因进行解释，也是帮助孩子理解生命体死亡事件的好途径。可以借此消除儿童对死亡的神秘感，对死亡现象猜测、幻想，和由此带来的恐惧。在进行死亡教育时，黛尼尔老师便经常将腐烂的植物放在密封的塑料袋子里，在教室里摆上几天，并引导孩子每天观察它们的变化，并对观察到的变化做记录。在关于腐烂的南瓜或者水果的讨论中，强调生物生长和死亡的自然规律，生物的生命停止后，尸体的自然发展变化过程，对于儿童进行死亡教育来说，这一点是非常可取的。

（三）正确回答孩子们关于死亡的问题

死亡问题是成年人本能回避的问题，这也是一个非常难回答的问题。儿童并不忌讳谈论关于死亡的问题。"死到底是怎么回事？每个人都会死吗？"几乎每个孩子都会提这样的问题。面对孩子的提问，成年人大多数不会认真地对待孩子提出的问题，他们常常会推脱，所答非所问敷衍孩子，甚至会斥责孩子为什么要问这样的问题。对待孩子提出的关于死亡问题的回答，成年人是应该认真对待的，对孩子想知道的死亡问题，尽可能地给出科学的解释。

美国研究死亡教育的专家郑重提醒：教师要提供儿童能理解的事实，给孩子一个关于死亡信息的正确答案，不能回避，不能搪塞，更不能表现出恐惧。因为，教育者如果避讳或显示出恐惧，孩子就会觉得这是一个不受欢迎的问题，是一个很可怕的问题。如果儿童的问题没有得到解决，儿童也不知道在什么地方，哪一位老师能够帮助他，解开这一疑虑。这时，一些涉及死亡的荒谬说法，就会乘虚而入。孩子一旦接受了那些关于死亡的荒谬的说法，极有可能妨害他们正确的死亡观念的建立，从而对孩子未来的成长造成不良影响。为此，老师及家长自己必须对死亡有一个正确的认识，知道死亡是丰富多彩世界的另一个方面，是满足儿童好奇心的一个重要内容。如同幼儿的十万个为什么一样，他们会一遍一遍地询问各种各样的问题。幼儿不停地询问关于死亡的话题也是很正常的事，同儿童一起，通过对与死亡有关的事物进行讨论，让儿童对死亡有初步的认识理解，降低儿童对死亡恐惧感的反映。

有关学者一致认为，教师和家长的体贴、耐心并理解儿童的心理活动，有助于帮助孩子解决众多棘手的情感问题，其中包括死亡问题。教师决不能用分散孩子注意力，或鼓励他们做高兴的活动的方法，把他们的悲伤降低到最低程度。因为对个体成长来说，正常的悲伤是必要的，教师要站在孩子的角度去体会和理解孩子的悲伤，给孩子更多的适合儿童心理发育的安慰。例如，给孩子更多的拥抱，握着孩子的手，用同情的话语，让孩子感到舒适、安慰和安全。如果孩子感到自己是安全的，感到老师是关心自己的，他们就会觉得天下没有什么值得特别悲伤和恐慌的事情了。

除此之外，教师还应努力建立一个有利于儿童感情得以释放的氛围，如柔和的音乐背景，使用温和的话语，儿童同伴间正常的交往，都有助于缓解孩子的悲哀，并帮助孩子尽快恢复到正常的生活状态。做游戏是让孩子克服悲伤的有效方式。孩子在游戏区里表演死亡行为，模拟死亡活动、儿童扮演垂死状态、模拟参加葬礼或与此相关的种种行为及感受，能极大地帮助儿童减轻对死亡的忧虑。死亡游戏是儿童游戏的一个常见的内容，教师没有必要去专门设计死亡游戏，但如果死亡游戏在孩子的游戏中自然出现了，教师也没有必要去阻止它，而应引导孩子将它表演完。教师可以观察儿童的情绪变化，记录儿童情绪的改善情况，以便给予及时正确的引导。

（四）教育者和家长一起帮助孩子走好人生路

对孩子进行死亡教育，家长的帮助及支持是十分重要的。黛尼尔老师与孩子家长的沟通方式，对我们的家长与孩子的沟通是有参考意义的。

1. 黛尼尔老师的活动

黛尼尔老师认为，家长对死亡教育的理解和支持，是儿童消除悲伤的有效途径。在黛尼尔老师的班级里，一次一只孩子精心饲养的小兔子突然死亡了，孩子很悲伤。孩子的情绪波动很大。黛尼尔老师认为，应该及时与家长联系，请家长协助老师，帮助孩子渡过失掉小伙伴的悲痛。黛尼尔老师给家长写了这样一封短信。

致家长的一封信

亲爱的家长：

我很难过地写信告诉你们，我们班里有一只可爱的叫"玫瑰"的兔子昨天死了，它是在动物医院的急诊室里死去的。当大夫和护士给它治疗的时候，我就在它的身边，这里有些事情我要告诉给孩子们，也请您了解我们的工作。兔子"玫瑰"死于肺炎，这是一种肺部感染，人们不会通过动物感染上此病，大夫说这种病的病症很难及时发现并给予治疗。

值得庆幸的是它在医院里没有承受任何的痛苦和不适，当宠物在医院里死后，护士会把尸体埋葬。宠物的死是令人伤心的，老师和孩子会感到悲伤和想念它们。"玫瑰"的死可能会使他们想起他们喜爱的人或宠物的死。我们将在明天集合后告诉孩子"玫瑰"的死讯并邀请他们参加一个讨论会，我们还会与孩子一起制作一本关于"玫瑰"的纪念册，来追忆与"玫瑰"在一起的美好时光和表达对它的思念。在最近一段日子里，有些孩子可能会经常提起"玫瑰"，有些孩子可能会变得沉默寡言，请您体谅孩子的情感表现。当然，我们也会及时与您分享学校的一些讨论内容和我们制作的玫瑰纪念册。

诚挚的祝福

您的朋友黛尼尔老师

2. 关于对孩子死亡教育的思考

死亡是不可抗拒的自然规律，死亡教育的核心就是教育学生用客观的态度看待死亡现象，从而珍惜自己的人生。关于这一点，长期以来在中国被视为禁忌。来自第二届中美精神病学术会议的资料显示：近年来青少年自杀现象，已成为我国青少年非正常死亡的第一杀手，而且呈上升趋势，低龄化严重。中国的儿童、青少年在学习生活中突遇一点挫折、打击，就选择终结生命这样一种极端的方式，可见中国现在的青少年的心理何等脆弱！这与社会、学校，以及家庭对青少年缺乏生命教育不无关系。

死亡教育应当引起学校、家庭及社会重视，应该告诉孩子：死是一切生命不可避免的自然结局，每个人的生命都不仅仅属于他个人。人和植物、动物不一样，人类的生命与动物、植物相比，有更多的内涵。人可以有两重生命，即躯体和精神。对儿童的死亡教育是复杂的，对不同的年龄是有不同的针对性的。简单地讲，死亡的人是睡着了不会醒来，其实并不可怕，是不对的。对儿童讲，死亡可以让痛苦中的人得到解脱，也是不合时宜的。

这些未成年的孩子竟然如此"视死如归"，是一种超脱达观的"无畏"吗？否，实在是一种对生命价值的无知。中国儿童对死亡的理解，作者有亲身的感受。

记得在侄子 6 岁的时候，一次带他去看电影《高山下的花环》。散场后，在回家的路上我们进行了一场有趣的谈话。我问他："这部电影好看吗？"他点了点头。我又问他："长大当不当解放军？"出乎意料的是，他竟然摇了摇头。侄子一向最崇拜解放军叔叔，甚至曾要求把自己的名字改为"兵"。我好奇地问："你不是最喜欢解放军吗？为什么不想当解放军了呢？"侄子说出了一句不争气的话："当解放军要死的。"我不甘心地追问："那你想当什么呢？"侄子说："当医生吧——医生会死吗？"我回答："也会死的，如白求恩大夫，因为抢救患者感染病毒而死。"于是，他又否定了当医生的选择。在后面的对话里，侄子一连换了七八种职业，每换一种都要紧接着问一句"会死吗"，我给他的答案都是"也会死的"。最后，侄子做出让人啼笑皆非的选择："我还是当小朋友吧。"当孩子懂得生命价值和意义时，他才会珍惜生命，热爱生活。对侄子的英雄主义教育以这样的谈话而告终，当时我很有一种失败感。现在回想起来，恐惧死亡其实是人的本性，6 岁的孩子根本还不懂"舍生取义""为国捐躯"的光荣，表现出来的是天真、纯粹的本性。

恐惧死亡、忌讳死亡是人类的普遍本性，在中国传统文化中表现得尤其突出；轻视死亡、轻率赴死，则是现代某种观念影响所致，青少年相约烧炭自杀的事件时有发生。据调查，在此类中毒自杀事件背后，一本探讨自杀方式的"白皮书"曾在这些少年中流传。"畏死"也好，"轻死"也罢，都不是对于人生的积极态度，都会导致对人生的消极操作。告诉孩子什么是"死亡"，就是要教育孩子"重死"。"重死"不是贪生怕死，而是对生命的珍视，看重"生"，也看重"死"，换言之，只有看重"死"才会看重"生"。

正如有位学者所说："没有直接面对死，没有真正思索过死的人，其真正的人生还没有开始。"那么怎样对孩子进行死亡教育？

首先，要让孩子明白，"死"是一切生物不可避免的自然结局，人也是如此。每个人最终都要面临死亡，所以人的生命是十分短暂的，人应该珍惜生命。同时用唯物主义的生死观，告诉孩子，"死"就是生命的寂灭，人最终将归于尘土，没有"阴间"，也没有"来世"，更无所谓"痛苦"或"快乐"。

其次，要告诉孩子，每个人的生命都不仅仅属于他个人，每个人的生命都和周围的亲人、好友，甚至整个社会、民族相联系。世上任何一个人（除了十恶不赦的坏人）的死亡都是人间最大的不幸。轻率地去死，是对亲朋好友最大的伤害，也会给社会带来不利影响。还要告诉孩子，人与植物、动物不一样，人可以有两重生命，一重是躯体生命，一重是精神生命。"有的人活着，但他已死去；有的人死了，但他还活着"。有些人虽然躯体生命已经逝去，但是他们的英名和业绩人们不会忘记，就是因为他们在有限的生命时间里让自己活得更有价值。告诉孩子什么是"死"是一件比较困难的事，怎样避免死亡是很重要事情。对儿童关于死亡的说教，在儿童对死亡的理解方面是否有效果很难说。其实我们生活中这样的对儿童进行死亡教育契机是很多的，下面举一个苏联教育家苏霍姆林斯基引用的例子，对我们如何对儿童进行死亡教育很有参考价值。

在小学二年级的教室里，同学们正在上绘画课。突然有人敲门，老师把门打开一看，是一位哭得泪汪汪的妇女。她是学生娜塔莎的母亲。"打扰您了"，娜塔莎的母亲对老师说，"请您准个假吧，娜塔莎的奶奶去世了。"老师对孩子们说，"孩子们，发生了一件莫大不幸的事情，娜塔莎同学的奶奶去世了。"娜塔莎跟妈妈走了。接下来的活动是老师把余下的两堂课的时间，都用来讲死者的生平。在老师的讲解下，孩子们展现出少有的那种勇敢和不屈不挠战胜困难的精神。其实在我们的生活中，关于死亡的教育资源是很丰富的，只要父母们懂得死亡教育的意义，对于教给孩子怎样的生死观有过认真的考虑，那么就可以使"死亡教育"变得随机自如、雪融无痕，避免显得过分突兀，注意随机渗透，讲解要符合儿童的知识范围心理承受能力。

四、对儿童的死亡恐惧教育

对儿童的死亡恐惧教育，是儿童死亡教育的重要课程。儿童对死亡的恐惧可以使儿童远离危险的环境，对保护儿童的生命是非常重要的。对儿童的死亡恐惧的教育，不能妖魔化，要有科学的精神，正确的引导儿童避免危险。儿童轻视死亡的危险时，会产生严重的后果，主要表现在两个方面，儿童进行的危险游戏及儿童的自杀行为。

（一）儿童进行的危险游戏

恐惧是人类与生俱来的一种本能，是人类在长期进化的过程中形成的。恐惧在动物界是一种普遍存在的行为，对外界的危险保持高度的警惕性，是动物能够生存的必要条件。很多动物，尤其是处在食物链下端的动物，需要时刻保持高度的警惕性，随时准备逃离捕食者的攻击。灵长类动物是群居生活的动物，群体在活动时，会有哨兵观察动静，遇到危险就会报警。

人类在进化的过程中，保留了动物存在的恐惧行为。人类群体中的大多数人，包括成年人与儿童，都会对某种事物，或陌生的环境，产生恐惧感。恐惧实际上是动物对现实存在的危险或对想象中存在的危险的一种正常的反应，包括心理反应及生理反应。面对恐惧时，个体的主观表现有紧张、愤怒，心理反应有两种表现形式，要么是歇斯底里，要么是冷漠、无动于衷。面对恐惧个体的生理反应是面色苍白、冒汗、皮肤充血、毛发竖立、心跳加速、血压增高等。恐惧引起的紧张状态，对个体来说是一个身体机能的综合反应。

紧张状态持续一段时间，危险情况没有发生，个体的心理及生理的恐惧反应就会消失，使个体的身心放松。因此，恐惧引起的紧张状态，可以使人感到愉悦，人们常常会主动地寻求恐惧，将战胜危险的环境，作为一种快乐的消遣方式。成年人会有各种各样的极限运动，很多人自愿地投身到存在巨大危险的活动中，甚至为此牺牲性命。

儿童对能够带来短暂的紧张气氛的行为同样表现出极大的兴趣。婴幼儿喜欢被高高地举起来，暂时脱离母体带来的不安，给儿童带来了愉悦。年龄稍大的儿童也喜欢稍有不安全感的游戏，捉迷藏在躲藏与被发现的紧张气氛中成为全世界儿童最常见的游戏方式。

年龄更大一些的未成年人，为了寻求刺激带来的快乐，会追求更加危险的游戏。游戏常常在少年儿童群体中流行，直到有人发生危险才引起成年人的注意。对未成年人的死亡教育，可以使他们躲避由此造成的危险。

2016年3月30日晚，四川省眉山市12岁的女生严某在宿舍内上吊身亡。北京的报纸《京华日报》4月2日报道这件事，主标题为"12岁女生宿舍内上吊身亡"，副标题为"室友以为开玩笑错失两次施救机会"。根据当地警方的调查，事情的发生经过大致如下。事发当天晚上8点多钟，在眉山市的一所小学的学生宿舍内，9名女同学准备熄灯就寝时，死者严某用其衣帽的紧缩绳，拴在自己床位上铺的床头上，做了个绳套。严某将自己的头伸进绳套内，随后招呼同住在一个宿舍的室友观看自己上吊。室友何某萍认为严某在开玩笑，对严某的行为没有理会。严某的脖子挂在绳套里没有动静时，才被另一个叫严某琪的室友发现，她找另一个叫何某柔的室友借了一把小刀，将套在严某脖子上的绳套割断。绳子割断后，严某的头部后仰，撞击在床边的铁栏上后昏迷。同一寝室的室友，再一次以为严某在开玩笑，大家都没有在意。她们将严某放在床上，盖上被子，都上床休息了。

第二天早上7点多，学校晨跑点名时，学校的人员才发现严某发生了意外。经警方的调查取证及法医的检验推断，严某系机械性窒息死亡，死亡时间在3月30日晚9点左右，系意外死亡，排除他杀。

这是一个偶发的意外事件，教训是十分深刻的。很多青少年的意外死亡，多是青少年自己将自身置于危险的环境中导致了意外的发生。对青少年进行死亡教育十分重要，每年的暑假学校及教育主管部门都会发出通知，要求青少年不得私自到野外去游泳，不得到不熟悉的水域去游泳。发生意外时，要向成年人呼救，不会游泳的不要下水救人。但通知的效果并不理想，每年都会有青少年溺水的意外发生，应该认真思考如何对青少年进行远离生命危险的教育。对发生在儿童、青少年之间的各种各样的死亡游戏，学校及家庭的成年人要及时发现，并引起足够的重视，及时制止危险的游戏行为，防止意外发生。

（二）儿童的自杀行为

青少年自杀问题是全世界的问题，造成青少年自杀倾向的原因是什么，如何破解，需要找到一个有效的途径。青少年的自杀问题主要有两个方面：一方面是青少年在成长过程中遇到的各种各样的烦恼，不能得到有效的帮助及心理疏导，导致了不良后果的产生；另一方面是在成长过程中要承受来自生活中各个方面的压力，当这些压力不能得到有效的缓解，青少年会选择自杀逃避压力。

1. 成长的烦恼

　　成长的烦恼是人类普遍存在问题。人类成长的过程是不断学习的过程，人类通过学习获得生存本领。在动物世界中，可以明显地感受到动物在成长过程中遇到的各种各样的危险。对动物成长过程的观察可以明显地感受到，动物成长过程中的压力，动物的成长过程是克服生存危机的过程，如果不能克服危机，动物就会在生存的过程中死亡。人类的成长情况更加复杂，人类幼年开始的成长过程，受到多种因素的影响，表现得结果也不同。这是由人类社会结构的复杂性决定的。人类成长的烦恼与动物不同，不是直接来自生活环境中的生存压力，更多的是成长过程中的心理问题。"少年维特的烦恼"是成长过程中的烦恼，社会的进步与科技的发展，如今"少年维特的烦恼"的表现更加多种多样，"少年维特烦恼"的解决方案也更加复杂，结果也更加难以把握。关于青少年成长的问题，引起了社会有关人员的关注。青少年的抑郁症、青春型的精神障碍等都是青少年成长过程中出现的问题。很多有问题的青少年如果不进行矫正，发展下去对个人、家庭及社会都会造成危害。如何对这类青少年进行心理及行为的矫正是一个非常复杂的工作。如今心理学领域将这些青少年定义为"边缘性人格障碍"，作为一种精神异常的疾病进行矫正。

　　一些严肃的、有社会责任感的电影工作者拍摄了很多关于精神病患者的电影，这些电影从不同的角度对精神病患者的生活及精神病患者对社会的影响进行了探讨。对青少年成长中遇到的问题的讨论，对个人、家庭及社会的意义更加重要。

　　美国电影《移魂女郎》（*Girl, Interrupted*）通过对一个问题少女苏珊娜在精神病院的遭遇，对很多问题少女存在的精神问题及如何解决这些问题进行了深入的探讨。影片中女主角苏珊娜的精神病诊断为"边缘性人格障碍"。存在"边缘性人格障碍"的问题少女的社会行为表现，在多个方面与普通的青少年特定的生长发育年龄阶段出现的心理及行为方面叛逆行为不同，她们的行为常常超出了社会所能承受的底线，如自残、毁物、酗酒、吸毒、偷盗、攻击他人，自杀倾向，乱交等。这些行为的出现常常会有一些诱因，如生活在不良环境中，交友不当，受他人引诱等。因此，对"边缘性人格障碍"精神病患者的诊断及治疗方法都有一些争议。如果事情发生在未成年人身上时，有关争议表现得更加明显。

　　影片中有很多年轻的精神病患者，导致她们心理障碍的原因千差万别，行为表现由于每个人性格不同也完全不同，她们在精神病院接受治疗，在封闭的环境中，她们的内心深处孤独、寂寞，渴望与社会交流不能实现的痛苦折磨，使她们抵触医生的治疗，对抗医护人员，甚至用自己以假装服药省下来的安眠药，欺骗医院的看护人员服药后，夜晚与社会上的年轻人在医院内狂欢、派对。组织策划医院内狂欢的患者中的"大姐大"受到了惩戒。她被使用电击疗法进行休克治疗，这是一项对精神病患者的治疗方法，很痛苦。影片的核心是苏珊娜与精神病患者中的"大姐大"一起出逃展开的。她们骗过了医院的看护人员，从医院逃出来。她们搭便车来到城市的一个酒吧，与那里的青年人酗酒狂欢，她们在一辆面包车上抽烟、喝酒，当一个青年人提出要与苏珊娜发生性关系时，苏珊娜说她们是从精神病院里逃出来的，年轻人退却了。他知道与女精神病患者发生性关系是要负担法律责任的。狂欢的年轻人离开了她们，鼓动苏珊娜逃出来的"大姐大"乘机偷了狂欢的年轻人的钱包。她们用偷来的钱，乘出租车找到她们曾经的病友——已经出院在社会生活中康复的黛西。黛西对兴奋剂有成瘾性依赖。她们找到了黛西，用兴奋剂诱惑黛西打开房门。黛西要求她们住一夜，第二天早餐后必须离开。她们大声争吵，在争吵中病友中的"大姐大"，无情地揭露了黛西的自残行为及内心深处的恋父情结。黛西绝望了，在浴室内自残，不停地播放带有宗教色彩的音乐，最后上吊自杀。苏珊娜冲上楼上的浴室，打开浴室的房门，发现了自杀的黛西。她哭喊着跑下楼梯，打电话报警、求救，但一切都晚了。黛西的尸体被抬下楼梯，殡仪馆的灵车将她拉走了。

黛西的死震惊了苏珊娜，她陷入了深深的自责情绪中，她后悔没有制止她们的争吵，后悔没有及时上楼解救黛西。她痛苦地向慈祥、耐心的黑人管教倾诉了她内心的痛苦。她转变了，对她以前对黑人管教的粗暴、无礼道歉。她对护理的黑人老妈妈讲，她能够理解黛西的行为，理解她对死亡的感受。对她们来说，死亡并不可怕，死亡是解脱，是没有痛苦的，甚至是愉悦的。她也曾有过这样的感受，有过追求死亡的冲动。黑人管教告诉她，要将这些话告诉医生，医生能够帮助她离开精神病院。医院的医疗委员会通过听证理解了她的想法，认可她的亲人对她出院后的工作及生活安排。同时，认为她能够控制自己的行为，对社会有认知力，一致同意她出院回归社会。在她出院的前一夜，鼓动她出逃的"大姐大"偷了她在医院治疗期间的日记。夜深了，在病院的地下室里，病友集中在一起，"大姐大"大声朗读她的日记，日记记录了在精神病院中她对身边的人的评价及自己对周围事件的一些看法。这时，她的内心深处的隐私被暴露了，她赤裸裸地被暴露在大家面前，她狂怒了，与精神病中的"大姐大"发生了激烈的争吵，她大声地告诉"大姐大"，在现实生活中，她早已经死亡了，她的亲人，她的朋友，没有人理解她，没有人爱她，她只能在精神病院里胡闹，才能找到感觉，她只能生活在精神病院。"大姐大"内心深处的伤疤被揭开了，她歇斯底里的哭叫，要用针管自杀。她的行为被病友制止了，她理解了苏珊娜，祝贺她能够离开精神病院。苏珊娜用爱他人的行为，得到了大家的爱。精神病患者对外部世界的渴望，对希望别人理解与爱的渴望，溢于言表。

对有自杀倾向的患者，如何解救，如何进行心理疏导，是需要认真思考的。局外人对有心理障碍的人讲解，生命如何重要，如何关爱别人，如何实现人生价值，效果往往是不明显的。影片中的主人公苏珊娜的经历使我们理解了如何打开有自杀倾向个体的心结，对社会教育人员及心理治疗医生来说是更重要的。边缘人格状态的形成没有找到明确的原因。幼儿的早期教育，在思维方式及行为模式的形成方面，有着重要作用。幼儿早期的挫折教育、纪律教育、团队的合作教育，对儿童正常的社会行为的形成是非常重要的。当今社会强调关心儿童，对儿童物质的满足占据了主导地位，忽略了挫折教育、纪律教育、团队的合作教育。当儿童进入青春期时，心理上的叛逆行为，导致了行为上与社会主流意识的冲突。这样的青少年如果对自己的行为没有基本的控制，很容易出现表现各异的反社会行为，形成边缘性人格状态。由于边缘性人格障碍，是长时间形成的一种行为模式，矫正起来非常困难。而且，矫正不当可能会造成更严重的后果。

在网络相约自杀的参与者中，很多人有类似于边缘性人格状态的行为取向。青年人网络相约自杀，在中国称为"烧炭党"，网络相约自杀的青年人并没有明显的人格障碍。他们彼此之间通常并不相识，选择的地点也是不熟悉的地方。通常有人在网络上发帖，响应的人预订一个宾馆，买了木炭及食品、饮料等。他们达到宾馆后，会用不干胶将门窗封闭，点燃炭火开始吃喝玩乐，危险也就降临了。"烧炭党"的自杀行为在媒体报道后，引起了社会的关注。很多宾馆的服务员对这类事件有了警惕性，很多提着炭炉进房间的青年人，长时间不出来、敲门没有反应时，服务员就会报警。有的"烧炭党"的活动没有造成后果，就是由于有人及时报警没有造成严重的后果。参加烧炭活动的中国青年人，大多数人没有明显的人格异常，他们的行为常常是随意的、偶发的，但他们对生命的态度是轻率的，对家人的情感是淡漠的，与周围其他人的交往是不畅通的。自杀行为在任何社会都是不能接受的，避免个体的自杀行为，需要社会有关方面认真研究。

2. 生活的压力

儿童是人生的美好时刻，有父母、家庭的关爱，有关法律的保护，无忧无虑的快乐成长，是每一个儿童的生活写照。但很多儿童的生活是有压力的，他们生活的压力是由多种因素造成的。逃往欧洲的难民中，溺水死亡的儿童在海滩上的画面，感动了无数的欧洲人。社会动乱、战争等天灾人祸，受到危害最大的是妇女、儿童。在非正常的社会状态下，儿童是受害者。在正常的社会状态下，儿童的生活压力也是存在的。儿童的生活压力常常是成年人不能察觉到的。因此，儿童感受到的生活压力，常常被成年人忽略，引发严重的后果。

发生于贵州山区的留守儿童相约自杀，引起了媒体的广泛关注。调查发现自杀儿童的基本生活条件是有保证的，他们手中有生活费，瓮中有米，灶中有柴。他们在上学，老师在学习上及生活上也经常关照他们。儿童的自杀引起了广泛的社会关注。他们的父母常年在外地打工，每年只有在春节才能与他们团聚。家长的情况是生活的现状，是很多农村家庭生活的真实写照，社会大众可以理解。学校、村民委员会对留守儿童的工作是否不作为，成了社会关注的重点。学校表明在事件发生的前几天，老师还到学生的住处进行家访，受访的学生并没有异常的反应。村民委员会的工作人员表示，事发前一天村民委员会还派人到这几个孩子家了解生活情况，询问是否需要柴米油盐等生活用品，并没有发现问题。最后，对事件发生的可能原因，归于留守儿童缺失关爱引起的，尤其是缺失父母的关爱。家庭的温暖，父母的关爱，是任何东西都不能替代的，这正是导致儿童自杀的原因。家长的生活状态，家长的生活压力，传导到了儿童身上，儿童感到了生活的压力。儿童对亲情的情感缺失，成为儿童心理不能承受之重。在儿童身边生活的成年人对儿童生活的物质内容更加关注，忽略了他们身心方面的关怀，导致了严重后果。

留守儿童自杀的事情在中国时有发生，不仅引起了社会的广泛关注，更加引起了在外打工的父母对孩子的惦念。很多在外打工的农村家庭的父母，为了能够打工又能照顾孩子，常常会将孩子带到身边。将孩子带到身边，可以随时照顾孩子，但在城市的环境中，打工子弟会有其他的生活压力，如果不能及时疏导也会造成严重后果。

在北京有很多外来务工的人员，为了能照顾孩子，他们中有的人会把孩子带到北京与他们生活在一起。由于工作条件的限制，孩子们常会自己一个人留在家里。在新的环境中，孩子在生活中会遇到新的问题，对孩子会造成新的压力，孩子面对的新的压力不能得到解决，也会引起不良后果。

在北京的城乡接合部，常常是外来务工人员集中居住的地方。尽管那里的生活条件较差，但房租较低，生活成本较低，他们可以承受。在北京的朝阳区发生了一件令人痛心的事情，媒体对此事进行了报道。一对外地来京的夫妇与他们的女儿一起住在北京的城乡接合部，以倒卖蔬菜为生。夫妇二人平时忙着做生意，没有时间照顾孩子，白天常常将女儿独自留在家里。随着年龄的增加，女儿周围的小伙伴都上了学前班。这个孤单的小女孩，跟父母闹着也要去学前班。父母仍旧早出晚归地忙生意，对女儿的要求没有理会。时间一天天过去了，父母仍然早出晚归地忙碌着，女孩在小伙伴上学的时候，常常趴在学校的墙头上看学校里面的小伙伴的活动。他们唱歌、跳舞，做游戏，她每天都在墙头上默默地看着。女孩变得沉默了，父母仍在忙着卖菜，没有理会孩子的变化。有一天，他们接到了派出所的电话，民警告诉他们孩子出事了。他们急忙赶回家，看到的是白布单下一个弱小的身体。他们不在家的时候，女儿在家里上吊了。痛哭、悔恨，一切都来不及了。

（三）对儿童的死亡恐惧教育

对儿童的死亡教育是教育学需要认真研究的方面，使儿童正确的理解生命、理解死亡，避免儿童的危险行为。同时，为儿童成长后进行死亡教育打下一个良好的基础。对儿童进行死亡恐惧的教育，是儿童生长发育特殊阶段的死亡教育，目的是让儿童远离危险，不能进行危险的游戏，不能有自杀的想法和行为。如何对儿童进行死亡恐惧的教育呢？发生在北京芳草地小学的故事，可能对有关教育工作者是一个很好的参考。

父母如何教育、关心孩子，中国的父母与国外的父母相比，无论是在思维方面，还是在行动方面，都有很大的差别。北京的芳草地小学，在北京东二环外的使馆区，很多外国的外交人员的子女，都在那里上学。芳草地小学的学生很多是外国人的孩子，在该小学的教师常常会遇到中国的小学生不会提出的问题。一天，一个父亲是驻华使馆工作人员的孩子，课间休息时对他的班主任说，他现在的心情很不好，真的不想活了。老师问，为什么呀，你哪里不舒服吗。小孩摇摇头，没有说话。班主任在当天下午，给孩子的母亲打了电话，请她到学校来，与她谈谈她儿子的事情。孩子的母亲如约来到班主任的办公室。

班主任告诉孩子的母亲，你的儿子说，他的心情很不好，不想活了。班主任说，在孩子的身上发生了什么事情，需要老师做什么，尽管提出来，她一定尽心尽力地做好孩子的工作。

孩子的母亲说，孩子也同她讲过类似的话，她最近一直都在思考如何解决孩子的问题，但是还没有找到好的办法。她会认真考虑孩子的问题，并随时与老师沟通。送走学生的母亲后，老师的心情仍然很沉重，因为她和孩子的家长都没有解决孩子问题的办法。

这是一个活泼可爱的小男孩。有一天晚上，他灰头土脸地回到家里，两眼发光，十分兴奋。他的妈妈看到他的样子十分生气，你干什么去了，怎么这么脏。他不说话，低下了头。妈妈说，找阿姨，洗澡，换衣服。保姆带他到洗澡间，换衣服，洗澡。保姆问，你到哪里去了，干什么了。小男孩又兴奋了，他手舞足蹈地说，他跟大院里的小伙伴，发现了一座大黑山。他们叫喊着爬上了大黑山，他是第一个爬上山顶的。秋天来了，在院子里的锅炉房旁边，堆放了过冬取暖的煤堆。新出现的煤堆成了孩子们的乐园。一个快乐活泼的孩子怎么会想起自杀呢？孩子的心思成年人不懂。

过了几天，老师发现，同她说不想活了的孩子，又有了天真活泼样子，课堂上积极回答问题，主动地参加各种活动。看到了孩子的变化老师非常高兴，她给家长打电话，告诉了孩子在学校的变化。孩子的母亲笑着给老师讲了，她如何教育孩子的故事。

有一天，孩子放学后，在家里与保姆在一起玩。妈妈抱着一只活鸡进了家门。保姆见到女主人抱着活鸡，惊呆了。她胆怯地说，她可不敢杀鸡。孩子的妈妈对保姆讲，你不用管了，我来处理这只鸡。她将鸡放到厨房里。她对儿子说，跟妈妈来厨房。孩子站在厨房的门边，不知道妈妈要干什么。大公鸡趴在厨房的角落里，看着这一对母子。妈妈抱起了趴在厨房角落的大公鸡，她痛苦地拿起刀，咬紧牙关在鸡的脖子上，割了一刀。血从鸡的脖子上喷出来。受伤的大公鸡咆哮、挣扎，她手中的刀掉在了地上。受伤的大公鸡从她怀中挣脱出来，乱飞、乱跳。她与儿子抱在一起，颤抖着挤在厨房的角落里，不敢动。不知道过了多长时间，厨房里安静下来。鸡飞不动了，躺在地上，扇动翅膀，最后使劲蹬了几下腿，出了最后一口气，死了。她与儿子战战兢兢地看着地下躺在的死鸡。厨房里到处都是血迹，她的身上、脚上也沾满了血迹，空气中弥漫着血腥味。孩子被眼前的景象吓坏了。她蹲下来，拉着孩子的小手，告诉儿子，死亡是人类的宿命，人人都会死亡的。但自杀是非常痛苦的事情，是上帝不容许做的事情。她的儿子说，妈妈我知道了，我再也不想自杀了。

在解决孩子的心理问题上，父母及学校是要认真对待的，尤其是关于死亡方面的教育。如果我们的孩子心理有问题时，家长、老师能够及时地化解，那么很多悲剧就不会发生。

第七节 成年人的死亡教育

成年人的死亡教育核心是理解死亡、面对死亡、应对死亡，在日常生活中远离危险，保护未成年人远离危险，建立死亡教育体系。

成年人的死亡教育的核心之一是理解死亡，面对死亡，尊重生命，敬畏生命，热爱生命。成年人的死亡教育在中国的历史上很多著名的学者都有深入的讨论，对君子的要求是多方位的，善始善终是中国人对完成一件事物的基本要求，其中也包括对死亡观的理解。生是开始，死是终结，善始善终也成为中国人对个体理解生死过程的一个基本的道德规范。中国人古老的生死观与现代人提倡的，"生要优生，死要优死"的生死观是完全相同的。无论古今的生死观，都包含着很多的人生哲学，指导人们的日常生活。

一、庄子的死亡观

随着时代的发展，科学技术的进步，人们工作、生活节奏加快，竞争加剧，压力增大，社会环境变得更加急功近利。于是人们千方百计地敛财，谋求自身地位的提高，有相当多的生活在现代文明高度发达环境中的人，对于生命中物质的层面十分重视，对精神层面在生命中的意义甚少关心。社会上人们对物质层面的追求过度，忽略了对个体精神层面的关注，造成很多不良后果。在培养社会精英的高校里，漠视生命现象时有发生，自杀、杀人事件也时有发生，很多恶性案件常常成为社会关注的焦点。

另外，由于近年来地震、海啸、泥石流等自然灾害频发，很多人员意外死亡。死者已逝，灾难的后果却成为灾难中幸存者和死者亲属，难以承受之伤。很长的一段时间里，人们无法摆脱死亡的阴影，不能回归正常的生活。正如傅伟勋教授所说，人们在"牵涉到死亡、死亡尊严的最深层心理反应，往往是抵抗到底，不甘心接受死亡现实"。可以说究竟应当如何对待生命，当死亡来临的时候个体应该如何面对，已成为一个急需重视的课题，专家应该进行认真的研究，并对公众进行死亡教育。庄子的"善始善终"的哲学思想，在探讨生命的内涵、价值等命题时，值得专家认真思考。"始"是生，是生命的起点，"终"是死亡，是生命的终点。在进行死亡教育时，如何解释生命的善始善终的具体内容，在对成年人进行理解生命，理解死亡的死亡教育时，有很好的借鉴作用。

庄子体会到的生死问题，对人类理解死亡问题，有比较久远的意义。因为，死亡问题是所有追求自我实现者都不能回避的问题，对生活在现实环境中的人，即使是今朝有酒今朝醉的人，对生活的前景不考虑那么多的及时行乐者，也终将要感受死亡的问题。将死亡观问题纳入德育体系，而得到广泛的重视和研究就成为死亡命题中的应有之义。而庄子的死亡观，以其自身的独特，为死亡观的德育研究提供新的视角。庄子死亡观中，善始善终是总体观，具体的关于个体的"死"的思考，是丰富死亡观德育教育的重要内容。

（一）庄子死亡观的基本内涵

庄子认为，"死生，命也"。死亡乃"气"之"聚散"，应"安时处顺"。个人的生死问题是自然规律，任何人不能改变。死亡是人体内元气聚散引起的，要坦然地面对死亡，处理死亡事件应该顺其自然。

以道为基点的自然哲学是庄子思想的理论基础，其死亡观的探讨也正是从这一前提出发，认为生与死都是自然现象。"死生，命也，其有夜旦之常，天也"（《庄子·大宗师》）。之所以死生是命，是因为"身非汝有也……是天地之委形也；生非汝有，是天地之委和也；性命非汝有，是天地之委顺也"。庄子认为，人的生死是自然规律，如同昼夜轮回一样天经地义。你的身体不是你自己的，是天地造化的结果。人或者说人的生命只是道的一种载体，所谓"大块载我以形，劳我以生，佚我以老，息我以死"。因为道法自然的本性，作为道之载体的人的生与死，也就是极为自然的事。庄子又以自然主义的方式，还原了生与死的本质，"生也死之徒，死也生之始，孰知其纪！人之生，气之聚也。聚则为生，散则为死。若死生为徒，吾又何患！"庄子认为，人的生死乃气之聚散，生死如四时运转、昼夜循环，人是自然而生，自然而死的。庄子甚至宣称，死亡不仅是休息，而且是解脱、是安乐。在《庄子·至乐》篇中，庄子通过髑髅之口声称："死，无君于上，无臣于下，亦无四时之事，从然以天地为春秋，虽南面王乐，不能过也。"一个人死后，没有了人事的烦扰，比那些朝南而坐的自称为王的人，还要快活得多。庄子是从宇宙之道这一大背景下来审视个人生与死的，认为死亡是自然现象，是不可抗拒的。认清这一点，就不会对死亡过于悲伤，故而庄子妻死，他能做到鼓盆而歌。庄子既然认为"死乃命"，那么不但"尽天年"的必然之死为命定，而且生命中随时都可能遭遇的偶然之死也是命定的。因此，天下其实并不存在非正常的死亡，意外而死与寿终正寝的死亡，其实没有差别。死生只是自然而然的事情，因此活着要心平气和，死时要顺其自然，这就叫安时处顺。此观点现于《庄子·养生主》篇，其中有一节写的是：老聃死，其好友秦失来吊唁，哭了三声转身就走，对于老聃学生的质疑和不解，秦失解释道："适来，夫子时也；适去，夫子顺也。安时处顺，哀乐不能入也。"意思是：老聃该来时，应时而生；该去时，顺命而死。安于时运而顺应自然，喜怒哀乐的情绪就不会侵入心中。《庄子·大宗师》中再一次强调"得者，时也；失者，顺也。安时而处顺，哀乐不能入也。此古之所谓悬解也"。

庄子要表述的思想是：生死是自然决定的，人力无法改变，如果我们的情绪被人力无法改变的事情所束缚，除了自寻烦恼外，不会有任何实际的意义。对于自己的死，庄子也淡然以待之，庄子将死，弟子欲厚葬之。庄子曰："吾以天地为棺椁，以日月为连璧，星辰为珠玑，万物为赍送。吾葬具岂不备邪？何以加此？"俨然庄子是在把死亡艺术化，赋予死亡本身以美感。总之，庄子的死亡观能帮助人们瓦解对死亡的恐惧，从而以超然的心态面对死亡的来临。死亡降于自己时，不必恐惧；死亡降于他人时，也不必哀痛。……现实中的我们，在面对死亡时，也许达不到庄子的境界，不能鼓盆而歌，不能以死为美，但我们至少应该平静、坦然地面对它、接受它。

（二）反对两种对待生死的态度

庄子否定，悦生恶死，即贪生怕死的观念。受中国传统上主导性儒家文化的影响，中国大多数民众不仅忌讳谈论死，而且在对待死亡的态度上，产生了种种错误的观念，以至于把死亡庸俗化、世俗化和非人性化。

现实中我们常常可以看到，有些人执迷于肉体的长生，极为怜惜自己的身体，更有甚者则是处心积虑、殚精竭虑地购买使用各种形式的药物，以图延伸自己的生命。庄子对这种态度进行深刻批判："一受其成形，不忘以待尽。与物相刃相靡，其行尽如驰，而莫之能止，不亦悲乎！终身役役而不见其成功，苶然疲役而不知其所归，可不哀邪？"这就是斥责，因过分执着于生回避死而导致的生命异化现象。今天各种各样的健康节目泛滥成灾，迎合了人们对于长寿的渴望。"人之生也，与忧俱生。寿者惛惛，久忧不死，何之苦也！"如庄子所说，这都是执着于生所带来的尴尬。

庄子对乐死厌生，即漠视生命的观点，也是反对的。有人基于前面的分析，认为庄子以生为累，以死为乐。因此，得出庄子的死亡观的基本倾向是乐死厌生。有人甚至因此而为漠视生命、轻生自杀的现象找到了所谓的依据。其实这是对庄子死亡观的极大的误读。庄子虽有"厌生"论调，却坚持认为自杀有悖于自然之旨，不值得提倡。因为生命既然是大自然所赐，就有其自然存在的必要性，任何人为了个人的想法而结束生命的行为都是不道德的。庄子认为，尽天年，不能怨天尤人，也不能违天逆命。当生命的自然期限尚未结束时，我们既不应作无谓的牺牲，也不能任意荼毒生灵、滥杀生命。需要说明的是，庄子所谓的厌生是指生活中受到的身心束缚，不得自由的生存状态。据此庄子还提出了"心死""生亡"的死亡观。也正因迷失于现实的物欲世界、精神的缺失而导致的生命分裂，相当一部分人选择结束自己的生命。实质上，庄子最深处的用心并非悦死厌生，而恰恰是要人活着，活出品质来，活出个性与自由来。

（三）庄子的死亡观对"生"的探讨

庄子一生思索的重点是人的生命本质，揭示人类现实生命的种种迷惑，还只是庄子思想的一个起点。他最关心的问题，是人类如何才能从感性文化和理智性文化造成的生命发展过程中的对立与冲突中解脱出来，使人能经历一种真正自由而快乐的生活。庄子的对生的思考，使他在生命世界的荒原里，开辟了一条人类精神超越自身束缚的大道。

庄子的以生观死：珍视生命，"养生""达生"。

庄子哲学的死亡观，直接讨论的是死，实质上是探讨生。庄子的死亡观给我们的深层启示是：我们不仅要善待死亡、正视死亡，还应该以理性审视死亡的态度去生活，也就是要以死的角度去审视人类的生，进而实现"向死而生"。在人类文化的发展进程，教育体系的形成是人类与动物世界的根本区别，在人类的教育体系中，德育教育是人类发展的核心，不同的民族不同的文化传统的族群，有不同的核心价值观，对人生的思考，形成本民族特有的人生观。庄子对人的生与死问题的思考，为人生观教育提供了一个新的思维角度，能促进人们对于人生目的、人生意义、人生价值进行深刻的思考。以往认为庄子消极厌世，对待人生是虚无主义的态度，他的思想与传统的主流德育是背道而驰的。其实，这又是对庄子的误解。庄子以"道"的自然本体论，解读死亡，将个人生死放入宇宙万物、人类世代延续的时空中进行思考，认为只有真正懂得生命的人，才能以正确的态度去对待死亡。反之，只有真正认清死亡的人，才能理解生命的价值。

另外，庄子认为生命是可贵的，不但不应该加以毁坏，而且应予以保全，不过保全的方法仍在能顺乎自然的前提下实现。所以庄子讲，"为善无近名，为恶无近刑，缘督以为经，可以保身，可以全生，可以养亲，可以尽年"（《庄子·养生主》）。"人之所取畏者，衽席之上，饮食之间；而不知为之戒者，过也"（《庄子·达生》）。"吹呴呼吸，吐故纳新，熊经鸟申，为寿而已矣"（《庄子·刻意》）。庄子强调身体和精神的自由，反对违背自然的行为，一切违背自然本性的生活都是凿伤生命以物累心，劳精扰神，何以能保证高质量的生活，已尽天年。

"哀莫大于心死"：强调人的修养与人生境界的提升。

庄子所重的生，不只是生命体的存活，而是强调身心振奋、身心自由、身心协调的生，认为身心陷入困顿的生，则生不如死，即"哀莫大于心死，而人死亦次之"的含义（《庄子·田子方》）。正如庄子在《庄子·至乐》中说，"夫富者，苦身疾作，多积财而不得尽用，其为形也亦外矣！夫贵者，夜以继日，思虑善否，其为形也亦疏矣。"以全性，即人性自由与否为生活的标准，庄子认为，被迫的人生或失去人性的人生，是缺失了品质的人生。完全失性的人生，因为失去了生命的价值，而在痛苦地煎熬中活着，不能自由，不能畅快地按照人的本性生活，所以还不如死作了结，以此解脱人生的痛苦。

庄子的人生态度对于忙碌于现实的现代人实是最好的启示。现代社会人，生活日趋紧张和劳累，生活空间日显狭窄和拥挤，生活在物质上日渐饱满和丰富的同时精神家园却荒芜了。时代的艰苦使人对于日常生活中平凡的琐屑兴趣予以太大的重视，现实上很高的利益和为了这些利益而作的斗争，曾经大大地占据了精神上一切的能力和力量以及外在的手段，因而使得人们没有自由的心情去理会那较高的内心生活和较纯洁的精神活动，以致许多较优秀的人才都为这种艰苦环境所束缚，并且部分地被牺牲在里面。因为世界精神太忙碌于现实，所以它不能转向内心，回复到自身。人们之所以陷入追名逐利的困局中不能自拔，从根本上说也正是因为没有彻底领悟生与死的问题，进而不能超越性地生存。庄子的死亡观再一次提醒忙碌于外在世界，内心失落的人们应当重建精神家园，提升人生境界。

如何提升人的境界，庄子提出了，达生之"心斋""坐忘""洒心去欲"功夫等具体的提高自身修为的方法，完善提高自我修养方法。

死亡学

庄子深刻洞察了欲望对灵魂的干扰,世俗观念对心灵的侵染,他认识到精神健康、愉悦才是生命之本。为了对抗外来物质的诱惑、生活环境的变故、功名利禄、心机专营对人的异化,他提出了"虚、静、损、忘"等各种各样的休养方式和境界体验,以达到个体在精神上的彻底解脱,过上真正逍遥快乐生活。而其中"心斋""坐忘"是庄子"养生""达生"的基本方法,其修养历程是消除外在感官障碍和内在心理障碍,由外而内层层递进的内省过程,主要内涵是虚静空明,终极目标是与道合一。所谓"心斋"就是抛弃了感官,用虚无之心去对待万物,"若一志,无听之以耳而听之以心,无听之以心者,而听之以气。听止于耳,心止于符。气也者,虚而待物者也。唯道集虚。虚者,心斋也"(《庄子·人间世》)。而"坐忘"是通过废除肢体,停止思想,开窍而去真正感知宇宙,与道大通,即"堕肢体,黜聪明,离形去知,同于大通,此谓坐忘"(《庄子·大宗师》)。另外,"养生""达生"还应消除忧喜悲乐的情绪,"洒心去欲"(《庄子·刻意》)"少私而寡欲"(《庄子·山木》)。"故曰,悲乐者德之邪,喜怒者道之过,好恶者德之失""纯粹而不杂,静一而不变,惔而无为,动而以天行,此养神之道也"(《庄子·刻意》)。唯如此,才能排拒贪欲和包括一切的人为造作,由人的自弃忘我而达到的超越和谐。"故曰,夫恬惔寂寞,虚无无为,此天地之平,而道德之质也"(《庄子·刻意》)。庄子所体认的心是引起人烦恼忧苦的根源,它因逐物而"与物相刃相靡"心形并驰,而导致互相斫伤、互相毁灭。人要想过自由快乐的生活必须先认清这一点,"然后经由虚静损忘等修养功夫,彻底从现实的人生中翻上去,所谓'调适而上遂,上遂者,返其本,复其始,不与物迁也'。人到这个境界才能脱离上下因杀的近死之心的阶段,恢复清明大静的灵台。"

以上几种丰富了德育的修养方法,对于紧张而焦虑的现代人来说,这些方法可以使人,尤其是知识分子在名利之外可以有一个奋斗的目标,在心灰意冷、事业、感情受挫之余,重新在这条路上恢复了奋斗的意志。庄子的理念是现代人追求身心健康的一种理想的目标,常人是很难身体力行的。在现代生活环境下,一些人隐居农村、乡野,以期达到这样的境界。这些是极端的行为,在常人的生活状态下,只要能够心平气和,客观冷静地对待身边的人与事就很好了。生命的美好珍贵与死亡的恐怖可怕,让我们这个忌讳谈论死亡的民族,一直在否认与回避死亡,而生活在当今这个具有现代性和全球性的风险社会,如何理性地看待死亡与更好地进行死亡教育,是我们作为教育者应该为之探索的一个方向,因为只有死亡的事实,才能深刻地提出生命的意义问题。

从哲学层面上来讲,生与死是天生的一对,死是对生的否定,死是生的动力。正是由于死亡,才使人的生存具有意义和价值。所谓个体的死亡指的是人的生命的毁灭和不存在。萨特认为,死是一种恶,它残忍、强暴、专横地降临到我们的头上,它根本不管我们的愿望如何。然而,死亡是生命中不可或缺的一部分。死亡并不是一件可怕的事情,对待死亡要像对待生命一样。

人的生命实际上只能是享受生与死之间的这一段短暂的时光。死亡给人以生的可贵和生的尊严,也给人以无尽的思索和深刻的思想启迪。人的价值蕴藏于生与死之中,妥善处理死亡问题,从某种意义上来说就是建立某种人生。死亡面前,人人平等。哲学家认为,人的生是一种偶然,人的死是一种必然。生是相对于死来说的,没有死也就没有生。死的必然性和生的有限性使人无比地珍惜现实的存在,以及现实存在中的活的生命。正如一位哲人曾经说过，生命是如此的美好，以至于怎样度过，都是一种挥霍。我们是一个忌讳言死的民族，中国人对死亡的避讳，不仅表现为日常生活中对死亡和与死亡相关事物描述的多种语言的避讳，还表现为自古缺少对死亡的哲学的探究。中国古人视死如生的观念，表现为厚葬，随葬品多是死者生前的最爱，有如死者在地下会像死者生前一样享受，这种行为实际上是不接受死亡事实的表现。

中国传统的死亡态度主要表现在：死亡的政治化，为君尽忠尽节；死亡的伦理化，个人生命的非个我化，个人生死的家庭家族化；死亡的神秘化，使死亡镶嵌上了极端恐怖的色彩，使生者对死产生害怕、焦虑与痛苦的感受。死的神秘也使得人们更加关注生的不易。"生生不已"使得我们的民族过多地执着于生，片面地否认和回避死亡，由此导致了中国人在面对死亡时的一种极为矛盾的心态，有学者称我们的民族是一个重死、重丧而又忌讳言死的民族。中国传统文化回避死亡，人们常常掩饰生活现实中的苦难，认为生活中充满着乐观祥和的精神，缺乏悲剧意识和危机感，这也是中国传统生死观的巨大缺陷。只有生没有死的文化是不健全的。对一个民族来说，不能正视死亡的民族是心智不够成熟的民族。对于文化而言也是这样，一个成熟发达的文化应有完整的理解生死的人生哲学。一个有着勃勃生机的文化，应该有足够的勇气和力量来直面死亡。

因此，改造传统的生死观，就必须让我们的民族能够具备正视死亡的勇气和面对死亡的理性心态，让我们的文化能够关注超验的彼岸世界，具有一种拿生命是有限的，也是脆弱的，死亡是人的一生中唯一能确定的事情。在死亡面前，更是人人平等。无论你是事业有成、财富无数、功勋卓著，还是年富力强、家庭幸福……当死神来敲门，任何人都逃不过它的"魔掌"。或许，每个人都知道自己有一天会死，但少有人愿意相信这是个事实，也少有人能勇敢地去面对这个必然的现实。他们天真地认为，死亡只是别人的事，不思考死亡到底离我们有多远？每个人都期待自然死亡或寿终正寝是人之常情，但天灾人祸也无处不在。汶川地震，瞬间夺取了成千上万的生命；意外的交通事故，永远终止了一个曾经生活在你身边的人的生命。有时你与某人的一次普通会面，或许就是终身的诀别。当有一天，你看着自己的至亲，痛苦地躺在病榻上，挣扎在生死边缘，你该怎么去减轻他的苦痛，你该学会放下，学会活在当下。你该如何去理解现实，不要成为紧急事件的奴隶。你该如何做，让他安心而有尊严地面对死亡。生命是有限的，也是脆弱的，如何控制自己的悲伤情绪？除了自己会的心悸、持续性的伤痛、疲惫。死亡是每个人生命中都会遇到的，面临丧亲及身边的朋友、曾经一起生活的美好记忆难以磨灭，天人永隔，成为唯一能确定的事情。同样如此，人们常常会处于悲伤痛苦之中，身边的人可能罹患癌症，使人陷入痛苦之中，你该如何去安慰他。无论你是事业有成、拥有财富，还是生活幸福，有生之年，死亡不可避免，有的时候死亡就在身边。

二、现代人的生死观

人们都知道，死亡是人类生命的终点，死亡是每一个人都需要面对的。人们常说，生死无常，黄泉路上无老少。但是在很多人的内心深处，对死亡充满了恐惧，面对死亡事件时，激烈地拒绝死亡事实，反抗死亡的发生。在死神面前人类的能力是微不足道的，面对死亡事件时，人们会迁怒他人，甚至迁怒自己。

医闹在中国已经成了一个社会顽症，人人痛恨，但处理不力。2016年的人大会议上，人大代表提出医闹入刑，并获得人大会议代表的表决通过。医闹事件常常发生在患者死亡以后，表现为医护人员与患者亲朋好友之间的剧烈冲突，表面原因是医患纠纷，其深层次的原因是人们对死亡的恐惧，是对不能接受死亡事实的激烈反应。

医闹事件的基本特征是在死亡事件发生时，人们短时间内丧失理智，导致了极端行为的发生。医院是治病救人的地方，在正常的社会状态下，也是出现个体死亡最多的地方。越大、越知名的医院，在就医过程中，死亡的患者越多，因为大的、知名的医院，救治的多数是病情危重的患者。在大医院里，患者的死亡率相对会高一些。当人们对患者的病情有所了解，对患者可能出现的最坏的结果有心理准备时，即使发生了不幸患者死亡的结果，患者的亲属常常会接受患者死亡的事实，不会产生医患纠纷。产生医患纠纷的情况，常常是在医疗过程中发生了意外事件造成了患者的死亡，患者的亲属不能接受患者死亡的事实，医护人员对患者的死亡也没有心理准备，使的患者死亡的事情不能及时妥善地解决，造成不良后果。造成医患纠纷的情况，在科室门类齐全的大医院及设备简陋的小诊所，都可能发生。

1）小诊所发生的医疗意外

在小诊所内，发生医患纠纷的情况，常常是造成患者的死亡。在小诊所就医的患者，大多数的情况是患者的疾病不是很重，多数为常见病或多发病，患者、医生对发生患者死亡的情况没有心理准备。在很多城市中，小的医疗诊所常常位于城乡接合部，患者的就医条件较差，医学操作常常是测量血压、体温，给患者开一些口服的常用药，对患者进行肌肉注射及静脉注射，伤口包扎等。这些简单的医学操作通常情况下，不会造成患者的死亡。一旦患者死亡的事件发生，对死者的亲属及医院的医护人员的心理冲击都很大。患者的家属通常会讲，头痛脑热的小病，怎么会死人呢？医生通常也认为患者的疾病不严重，如果医护人员诊疗过程中，发现患者的疾病很严重，通常不会接诊，会请患者到大医院去治疗。城乡接合部的小诊所，通常医疗环境较差，医疗结构及医护人员的行医资格没有严格要求，常常涉及非法行医。因此，患者死亡后，应得到的赔偿没有保障。对造成后果的医护人员的追责，常常涉及多个政府部门、医疗机构的管理部门、药品销售的管理部门、公安机关等，调查取证的工作难度很大。

对在城乡接合部小诊所内死亡的患者进行经济补偿是一个很复杂的工作。首先要确定死者的死亡原因。医疗事故的死亡原因，公安机关的法医很难做出鉴定，需要专门的鉴定机构完成。患者的死亡是疾病造成的，是用药不当造成的，还是患者本身身体因素造成的，需要相应的证据。有关证据的取得，需要不同领域的有关专家的共同工作，才能完成。在取得证据的过程中，能否得到科学准确的结果，专家的工作需要很多必要的条件。例如，患者在小诊所静脉注射的过程中死亡，大多数情况是患者对药物过敏引起的。要确定患者是否由于过敏死亡，不仅要对患者使用过的药物进行检验，还需要对患者是否存在过敏反应进行检测。

患者使用过药物的检验，包括药物生产的厂家是否是正规的生产厂家，药物采购的渠道是否符合国家规定，药物的保存条件是否符合要求，药物是否在保质期内等。自己炮制的中药，是否符合国家药典的规定，是否存在有毒、有害物质，炮制的条件是否符合有关医药加工的规定等。如果有毒、副作用的中草药，其毒、副作用的反应，与患者的临床症状及体征是否吻合等。

医护人员的医疗操作是否规范，对患者给药前，是否询问了过敏史，是否给患者做了皮试。诊所内是否有抗过敏的急救药物，患者发生过敏反应时，是否采取了急救措施等，是否就有关问题与家属进行了有效的沟通。

患者死亡后，要患者是否存在过敏反应的检测包括医院病程记录、尸体检验的病理学检验报告、有关的血清学检验。尸体检验的时间与能否发现有关过敏反应的证据具有重要作用。尤其是死者的血液中有关抗体的检验，与个体血液样本采集的时间有密切关系。如果患者死亡后没有及时进行尸体解剖检验，将不能检测到死者由于身体过敏反应而产生的抗体。在与医患纠纷有关的尸体检验，对尸体进行解剖需要死者家属同意才能进行。这一过程往往是家属与医院之间的利益博弈过程，大多数案件的尸体解剖都不会顺利进行。当死者的家属同意对死者进行尸体解剖时，往往都错过了尸体检验的最佳时期。

对在小诊所发生的医疗意外，调查取证、有关人员的责任认定是一个十分复杂的工作。死者的家属对这一过程并不理解，常常会将对失去亲人的悲痛情绪，向医护人员发泄，向医疗管理部门，向办案单位发泄，常常会引起上访事件。

2）医院内发生的医疗意外

医院内发生医疗意外的情况较复杂。正规的医院管理规范，发生医疗意外的情况较少。医院内由于疾病引起的死亡，通常不会引起医患纠纷。由于医学科学技术发展的局限性，很多疾病人类没有有效的治疗方法，只能等待死亡。这样的情况大家是能够理解的。在正规医院里发生的医疗纠纷，有医院管理方面的问题，如片面的追求经济效益，开大处方卖药，开与患者治疗无关检验检查的单子，名目繁多的收费等，但更主要的是造成患者的意外死亡。通常患者就医时，患者罹患的是常见病，医护人员进行的是常规的治疗，这时患者突然死亡，医护人员及患者家属都没有心理准备。患者家属情绪失控，打砸医院，殴打医护人员；医护人员害怕被患者家属殴打，逃离医院，不能与死者家属进行有效的沟通。媒体常常将此类事件作为新闻的热点问题，推波助澜。这种情况发生时，后果可想而知。此类事件发生的深层次的原因，是中国人对死亡的认识。如何解决此类问题，需要从死亡教育入手，同时建立患者意外死亡突发事件的防范处置机制。

北京顺义区北京首儿李桥儿童医院口腔科男童"拔牙死"事件及北京大学第三医院高龄产妇死亡事件，引起了媒体及广大网民关注。

儿童"拔牙死"的事件，发生在2015年10月23日，直到2016年5月中旬事情才有了初步结论，但何时这一问题才能够妥善解决，医患双方需要通过司法机关的最终裁决。

据媒体的有关报道可以明确这是一宗医疗意外死亡事件。事情的大致经过并不复杂，但是事件的发展是人们始料不及的。在2015年10月9日，邢女士带着将近4岁的儿子到北京顺义区北京首儿李桥儿童医院口腔科看牙医。到了医院，牙科医生检查了邢女士儿子的口腔后，说她儿子的口腔有牙龈脓肿，需要在有脓肿的地方引流。医生对有脓肿的牙龈切开排脓，一周后邢女士带着儿子到医院去换药，医生表示牙龈脓肿中的脓液已经排除干净了。但她的儿子的磨牙有两个龋齿的孔洞，10月23日上午，邢女士带着儿子再一次到李桥儿童医院口腔科补牙。据邢女士讲，他的儿子非常不愿意进入治疗诊室，哭闹不止。邢女士要求进入诊室陪护儿子，遭到医院里医护人员的拒绝。他听到儿子大声哭闹，她冲进了诊室，看到儿子被四五名护士按着胳膊、腿，医生将她推出了诊室。又过了一会儿，她又听到了儿子大叫，"妈妈，我怕"，她再一次冲进诊室，又一次被医护人员拒之门外。此后再也没有听到儿子的声音。几分钟以后，一位带着孩子到医院就诊的家长，告诉邢女士，看到医生抱着一个男孩从后门出去了。邢女士再一次进入诊室，她发现给他儿子治疗的牙科医生和她的儿子都不见了。在她反复地追问下，护士告诉她，她的儿子被送到急救室抢救。邢女士立刻跑到急救室，11点10分被告知，她的儿子抢救无效已经死亡。

邢女士和她的丈夫将北京首儿李桥儿童医院告上法庭，要求医院赔偿损失，赔礼道歉。2015年12月25日，该案在顺义人民法院开庭，死者的父母出庭，北京首儿李桥儿童医院医务处主任及代理人出庭。邢女士痛哭不止，多次质问给她的儿子治疗的医生为什么不出庭，要让给她的儿子看牙的医生亲口告诉她，当时到底发生了什么情况。北京首儿李桥儿童医院的代表及代理人在法庭上表示，孩子在医院里死亡是一个意外事件，医院对孩子的死亡也很悲痛，对家属深表同情。医院在事件发生后及时报警，并向上级主管部门报告。由于死者的家属不同意对死者进行尸体解剖，孩子的死亡原因不清楚。如果尸体检验后，确定是医院的责任，医院愿意承担赔偿责任。

2016年5月17日，北京的一家平面媒体，对该案进行了报道。为了弄清楚孩子的死亡原因，邢女士与丈夫最后同意对孩子的尸体进行解剖。2016年3月31日，北京的一家司法鉴定中心出具了尸体检验鉴定报告，鉴定意见表明，被鉴定人符合气道异物（棉球）堵塞所致窒息死亡。案件仍然在审理中，死者的父母已经到顺义区公安局刑侦支队报案，要求追究肇事医生的刑事责任。公安机关表示，未进行责任认定不能立案。医院方称这件事对医生的打击很大，两个月后他才上岗重新工作。如何处理这一医疗事故，需要医生、患者、管理部门及执法部门的有关人员耐心协调。如果对当事的医生进行立案调查，需要医疗伤害的司法鉴定明确责任，公安机关才能立案。医院对死者家属进行赔偿，赔偿的金额必须遵照国家的有关法律、法规进行，漫天要价是不行的。各方利益的综合平衡，在法律的框架下，这样的问题才能得到妥善解决。如果当事的各方，对死亡事件能够客观认识，理解死亡过程，事件的处理会更加顺利。

三、开悟，向死而生

2015年6月，中信出版社出版了李开复写的纪实文学《向死而生：我修的死亡学分》，书中详细描述了一个人面对死亡时的心历路程。李开复先生是事业辉煌的成功人士。李开复先生曾经在美国著名的苹果公司任职，他在北京中关村创建了微软中国研究院，而后又在Google公司任职。2009年，他离开了这个世界著名的大公司，自己创业创办了自己的公司创新工场。他的生活跌宕起伏，丰富多彩，是IT业界的传奇人物。天有不测风云，在他事业有成，风光无限的美好时刻，巨大的灾难降临到了他的头上。一天，他突然感到身体不适，他暂时将手边的工作放下，到医院进行检查。医生开了很多检验的项目，他想有那么严重吗？最后医生告诉他，要留在医院住院治疗。他被告知，患了癌症。他痛不欲生，内心里不承认这个事实。他拒绝，他反抗，他筋疲力尽了。他不得不承认现实，他开始重新审视自己，开始重新认识人生，认真的思考生命的价值。疾病成了他对人生重新认识的机会，痛苦本身就是人生的一种财富。他将自己与癌症搏斗的经历记录下来，《向死而生：我修的死亡学分》问世了。

大苦大难可以影响个体人生的方方面面。不同的人对苦难的理解不同，有的人被苦难击垮了，有的人则被苦难惊醒了，大彻大悟，向死而生。

生前预嘱是人类开始理性地对待死亡发生的自我救赎。生前预遗嘱与个体生前立下遗嘱的情况完全不同。遗嘱主要解决的是个体死亡以后，遗产的分割问题，而生前预嘱解决的不是个体的财产问题，而是个体死亡过程及死亡后，如何善后的问题。死亡的问题很复杂，个体在生命的最后阶段，个体对如何处置自身的事情，已经没有能力表达自己的愿望，如疾病晚期出现昏迷或脑组织损伤无法表达自己的意愿。亲属从自身角度出发，安置濒临死亡的患者，完全忽略了患者本人的意愿与感受。为了避免这种尴尬的事件的发生，人们提出生前预嘱的概念，自己决定自己的生死问题。

提出生前预嘱，在台湾十分流行。很多知识分子提出优生、优死的概念，即生要优生，死要优死。前者很好理解，后者强调的是人在死亡时要有尊严。生前预嘱的主要内容之一就是选择自然死亡，拒绝使用人工装置延长生命。当然还有自愿捐献遗体、器官等内容。生前预嘱在对待死亡问题上，是一个巨大的突破，解决了很多个体进入濒临死亡状态时，死亡医学不知如何采取医疗措施的两难问题，如对使用人工装置维持生命的个体是否停止治疗，由谁提出对患者停止治疗的问题。

对成年人进行死亡教育，除自己要能够正确理解死亡，坦然面对死亡外，还需要进行如何处置死亡事件的教育。人生除去生死无大事，生的事很多人都会管，还会主动的参与，死的事如何管，很多人就不懂了，需要进行有关问题的教育、培训。了解死亡事件的处理过程，承受死亡事件的打击，妥善的处理死亡事件，都是成年人的担当。保护未成年人避免死亡因素的威胁，也是成年人死亡教育的重要组成部分。这方面为我们的下一代做得还不够，很多未成年人由于家长监管不当，失去生命。小孩子随意乱跑，造成交通事故死亡。儿童没有成年人带领，在野外游泳溺水死亡等，都是对未成年人关于死亡问题教育不够引起的。

第八节　建立死亡教育体系

一、死亡教育体系的内容

社会生活中，说明生与死的问题，是我们教育应该完成的必然使命。由于受中国传统文化的生死禁忌和功利主义教育观念的影响，死亡教育在教育体系中，又是最容易受忽视的一个内容。我们的教育在特定的价值取向指导下，死亡教育的缺席与遮蔽，是对学生生命价值的无视与抹杀。正如内尔·诺丁斯所言："死亡问题在学校里，也基本上不被重视，除非有悲剧的事故发生了。"

如果学校不对学生进行死亡教育，就无法消除学生大脑中，缺乏生命意识的现象，而生命意识的缺乏。将会导致学生不能善待自己和他人的生命，不能意识到生命的神圣性、唯一性、崇高性和不可替代性。另外，缺乏生命意识的现象，还会导致学生对死亡的过度恐惧，也会导致我们对生命危险的无限放大和因对死亡危险的恐惧而逃避对社会的责任。

死亡教育是在当代人追问自身的存在意义的过程中产生的，目的在于去除现实生活中，人们有意无意地对死亡的这一客观现象的曲解与遮蔽，得到自身存在意义的证明。人人都会遭遇死亡，因此死亡教育应定位为通识教育，扎根于现实生活世界，通过具体的、历史的、有关死亡教育的实践，帮助人们不断认识和了解死亡现象，在人们对死亡的直觉经验的体悟与理性反思的审视中，生成对生命存在意义的理解，自由且有所担当地向死而生。

对国人而言，死亡是一个严肃并且忌讳的话题。在生活中，人们力图避免理性谈论死亡，拒绝正面遭遇死亡。这种态度和方式使死亡教育失去了在现实生活世界中存在的根基。

开展死亡教育，通过认识死亡来追问生命的终极意义，对于人的生存和发展来讲具有重要的现实意义。面向现实生活世界是死亡教育的应有视野，现实生活世界是重建人生的意义源泉和精神家园。教人在现实生活世界中认识与理解死亡，进而谋求超越死亡，从而确立内在的、坚定的、正当合理的人生意义，是死亡教育得以应运而生的根本所在。然而，死亡教育作为面向大众的人文关怀教育还处于缺失状态，这与现实生活世界中死亡的隐退和曲解密不可分。

（一）摆脱对死亡的逃避心理

遭遇死亡时的"鸵鸟心态"与实践中遇到困难的隐退一样，都是所谓鸵鸟心态。鸵鸟心态是指鸵鸟在遇到危险时，把自己的头埋在草堆里或藏在灌木丛中，以为自己看不见危险，就很安全的消极心态。后来鸵鸟心态被心理学家用来专指，那些逃避现实个体的心理反应，不敢正视问题的懦弱行为。

相信每个人面对死亡时，都会本能地产生鸵鸟心态。所以，人们在现实生活的世界中，有意无意地会将死亡遮蔽起来，使死亡淡出人们的日常生活，让多数个体感觉不到死亡现象的存在。现代社会中，人们使"死亡"练就这种高超的"隐身术"的手段，主要表现在以下几个方面：

（1）在将死亡视为偶然发生的自然事件。不管是因年事太高而寿终正寝的正常死亡，还是因身患绝症、天灾人祸或自绝性命而死于非命，死亡都被认为是一个不确定的时刻发生的不确定的事件。而且，死亡事件的意义，被限制在特定的个体生命中，而不被视为是客观存在，必然会发生的事件。个体死亡于交通事故是意外死亡，但即使没有交通事故，个体总有一天会死亡。鸵鸟心态是对死亡存在意义的否定。

（2）死亡是别人的事。即是说，除了极亲近的人的离去之外，人们对死亡的意义的追问，不会被唤醒，关于死亡的直觉体验也不会被激起。亲戚或余悲，他人亦已歌。因为，除失去亲人而痛苦的人们，旁人是无法直觉体验到的亡者自身的死亡过程带来的心理刺激，所以人们不是缺乏同情，只将死亡视为发生在陌生人身上的事件而漠不关心。

（3）死亡是由医生、护士、警察、神父、殡葬人员等专业人士专门处理的特别事务，从而让死亡远离大众的日常生活。例如，在医院设置重病看护病房并由医护人员专职护理。

将殡仪馆、火葬场、坟地等建在偏僻的地方，并由相关人员主持越来越简化的纪念活动。在快节奏的现代生活中，所谓的专业知识和医疗技术，将人的注意力聚焦某种生命的死亡上特别处置的表层方面，人们无心也无暇追问有关死亡的更深层次的存在意义。

（4）大众媒体频频展示陌生人的死亡使个体趋于麻木。许多媒体高强度地渲染陌生人死亡的事件，并在各种戏剧性的生死场景中忽略对生存意义的追问。生命在事业、爱情、金钱、友谊面前，因种种邪恶目的，人们可以被轻易进行命运交换或牺牲生命，缺少应有的对生命之尊重。而且，人们能在意识很清醒的情况下产生幻觉，认为生生死死不过是陌生人的戏剧，与自己的生活无涉，因而不能被发生死亡事件所震动。

（二）死亡教育应直面现实生活世界

我们现行的学校教育一如社会认识和处理死亡一样，在教育教学活动中专注于考试升学，缺少对死亡的关怀和省思。然而，通过围墙、闭目塞听、遗忘与冷漠营造的"两耳不闻窗外事，一心只读圣贤书"的氛围并不能将校园隔绝为没有死亡的世外桃源。由死亡所引发的人们对生命意义的忧虑透过书籍、电影、传说、实验研究等媒介渗入学校课堂，校园中频频出现的自杀、他杀现象让学习者在死亡面前惊悚伫立，更别提校园之外一刻不停发生着死亡事件。有部分教育工作者试图回应这种惊慌失措的局面，但收效不大。多数情况下除了强调"珍惜生命，注意安全"和开展极为有限的应急演练、追悼仪式之外别无进展。即使是后者，因流于形式而难有实际内容。有的学者认为美国和其他西方国家热心"死亡哲学"的研究，把死亡教育定为中小学生的必修课，这是他们自己的事；国人只要树立爱国主义、集体主义、社会主义的人生观就能处理好生死问题。这种拒绝追问、反思的寄托必将导致对个体个性的压抑，脱离个体生活的具体历史情境的抽象回应并不能解除个体的人对死亡的忧虑。

按照马克思唯物主义哲学的观点，在现实生活世界中，人只有通过具体的实践活动认识和改造世界才能使主客体由潜在状态进入现实状态。除此之外，我们只承认人的实践活动之外的主客体有其存在的优先性，具有潜在意义。换言之，人所处在的现实生活世界是一个被人通过实践活动赋予自身和实践对象以意义的属人世界，人与世界的关系是"为我而存在的关系"。人是自由的、有意识的高等生物，具有能动实现内在尺度和追求美的内在本质，但同时也受到一种生命能否持续存在的肉体死亡威胁。

人首先进行的历史活动是满足物质需要的生产活动，而满足精神需要的精神活动也具有物质性，物质条件对人的需求的满足具有限制性。个体通过劳动谋求自我实现，在各种实践活动中追求更好的生活，生成具体而独特的人生意义。人类对人生意义的追寻无法超越其具体历史生活情境。而当下，"我们生活在一个弥漫着无意义感的时代里。在我们这样的时代里，必须仰赖教育。不仅为增进知识，而且要纯化良心，使得人人皆有足够的聪明，以便能够辨明暗藏在每一个个别情景中的要求。"

马克思曾指出人"把自己的生活活动本身变成自己的意志和意识的对象"。在这种对象性的认识过程中，在人对自身存在意义的不断追问中，死亡学的研究终于兴起，关于死亡的教育姗姗来迟。人类不可能生而知死，只能在后天环境中遭遇死亡事件开始认识死亡，不管是情感上的惊惧与慌乱，还是理智上的诧异与思索。生死本为一体，不可能离开死亡谈论生命，即离死论生。只有把死亡事件领会为贯穿个体全部生命的过程，一个必然会发生的个体不可预知的事件。我们必须面向死亡而存在，即是在死亡中存在，死亡必然发生是确定性的，何时何地发生是不确定性的，才能将"生得清楚，死得明白"。这种是对死亡具有自我意识的意义存在的淋漓尽致的体现。死亡教育是"直面人的生命、通过人的生命、为了人生命质量的提高而进行的社会活动，是以人为本的社会中最体现生命关怀的一种事业"。

死亡教育的根本目的就是，要激起我们自身的死亡意识，树立历史唯物主义的过程性死亡观（即死亡贯穿全部生命过程的向死而在）及时间性死亡观，让我们在历史的具体的实践中不断生成人生的存在意义，在有生之年清楚明白地筹划自己的人生，让自己具有各种可能性的人类生活得以丰富多彩。

事件性死亡观指的是将死亡视为一种生命现象，在某一具体时刻逝去所引发的偶然事件，由此指导的教育实践可以被称为被动的死亡教育。这种事件型的死亡观普遍存在于人们当下的意识中。

此类个体死亡可以分为非正常死亡和正常死亡。现在人们关注死亡教育，很大程度上是源于现实生活世界中非正常死亡事件频繁发生而没有相应的意义支撑。非正常死亡大致有两类：各种天灾，如地震、海啸、泥石流等，让人体验到了人类生命的渺小、脆弱与短暂，遭遇突如其来的死亡不禁惶恐、慌乱和无措；各种人祸，如自杀、他杀、绝症等，让人不敢正视个体欲望的贪婪、狂躁与轻浮，面对生活对生命意义的拷问不禁怯懦、盲目和轻率。死亡教育的被动出场源于人们为减轻对各种非正常死亡事件发生前后的痛苦而做出的努力，是一种有着鲜明工具性价值的教育。对于生命意义的追问而言，这种被动的死亡教育是一种消极的被动防御机制，往往是为了减少消极后果所带来的负面影响，与消防行为类似。

在现代社会中，各种人为的自然的因素交织在一起，造成人的非正常死亡原因越来越复杂。我们可以通过被动的死亡教育认识到生存环境中潜伏的种种危险，为人类社会中个体的生存营造相对而言更为安全的生存环境，为使人成为地球上更加幸福和自由的意义存在创造良好的外在条件。从某种角度来看，这种被动意义上的死亡教育奉行的是一种视死亡为偶然的自然事件的死亡观，而没有明确意识到死亡之于人的意义存在的前提性、过程性和整体性地位。

过程型死亡观指导下的死亡教育呼唤主动出击直面死亡。

海德格尔认为，"死亡是一种生命刚一存在就承担起来的去存在的方式。"过程型的死亡观就是将在现实生活世界中个体的人视为向死而生的存在，通过死亡不断生成新的自我，最终获得完整人生的过程。"作为向其死亡的存在者，此在实际上趋向死亡，并且只要它没有达到亡故之际就始终趋向死亡。"过程型死亡观要求的死亡教育不断审视和反思人类已有的关于死亡的思想成果，通过谈论他人的死亡而将死亡拉近至当下，促进个体在展望生活的前景时对生与死的意义不断生成新的理解。因此，我们将过程型死亡观指导下的死亡教育称为主动的死亡教育。主动的死亡教育在现实生活世界的具体实践中不断否定或调整个体以往形成的对死亡的认识或看法，通过不断否定获得思想的新生，从而有助于个体从更深层次的生存论预先把握整体的人生意义。

若说事件型的死亡观指导下的被动的死亡教育因为面对的是他人的反常的死亡现象或死亡事件，而有可能被认识的主体将死亡的本真异化为各自不同的理解的话，那么主动的死亡教育就是在着力祛除这些可能的异化。因为主动的死亡教育首先将死亡视为个体内部不断赋予死亡以意义的过程，然后在面向未来的筹划中不断通过当事人的实践来检验和丰富这些对死亡意义的理解，最后死亡在被个体充分且清醒地意识到情况下贯穿了人的一生，从而获得了生存论的意义。主动的死亡教育，有助于帮助所有个体应对来自现实生活世界的各种生存挑战，将自己的人生意义独自承担起来，以一种积极的建设性的姿态迎接未来，进而获得人的尊严和自由。

（三）死亡教育的目的

有史以来，人类已有 800 多亿生命走向死亡。据 2015 年的不完全统计，全世界每年死亡人口估计超过 5500 万人，我国平均每年死亡 959 万人（按照 7‰的死亡率计算）。死亡是每个人的必然归宿，而人们对死亡广泛地存在着恐惧和随意；人们重视长寿而不强调生命质量；社会重视人口优生而不重视优死；医学倡导健康教育而忽视死亡教育。怎样教育社会大众科学地对待死亡，是卫生事业发展中必须面对的重要问题。死亡作为出生的对立面，它的意义在于使活着的人们意识到自己的生存时间是有限的，进而更加珍惜生命，采取积极进取，顽强拼搏的人生态度，使自己的余生过得更为健康，更为丰富多彩，更有意义，对他人、集体与社会更有价值，使人们既有一个美好幸福的一生，同时又有一个幸福的安乐之死，死亡教育的目的与宗旨也在于此。

1. 死亡恐惧

死亡恐惧与自我意识相伴而生，成为人类无法根除的永恒性焦虑。它既根源于他人之死呈现出的经验性恐惧，也来自于拒斥死亡的社会文化所导致的认知性恐惧及面临"自我"之死时产生的形而上恐惧。死亡恐惧不能彻底消解只能消减，保持适当的死亡恐惧是必要的，也是有益的，它是人类一切精神性追求的内在动力。人们通常力求通过外向性的追求去摆脱或超越死亡恐惧，然而只有通过反躬自省、不假外求的方式，才能最终完成对生命的觉解与超越。

死亡是一切生命的终极性、唯一性的命运，但唯有人能通过自主意识觉察到自己"向死而生"的命运。因此，对死亡的恐惧与思考将伴随着人类自我成长的始终。保持适当的死亡恐惧是必要的，也是有益的。借着恐惧，人们可以迸发出积极的力量，由此开启对生命意义的觉解，进而寻求和构建理想的超越模式。

2. 死亡恐惧的根源

死亡恐惧乃是一种对于时间上具有不确定性同时又必将到来的死亡命运无能为力、惶恐不安的心理感受和情绪反应。死亡恐惧与自我意识相伴而生，成为人类无法根除的永恒的内在性焦虑。"可以理所当然地认为，死亡恐惧永远存在于我们的精神活动之中。"

死亡恐惧即根源于他人之死呈现出的痛苦体验，也源于社会文化对死亡的回避与排斥，但最为本质的来源则是人类对死亡的形而上学的追问。

他人之死带来的经验性恐惧。

死亡意识的觉醒首先来自于他人之死所形成的直观经验。每个人的生命历程中都会耳闻目睹一些人的离世过程，由此积累了一些直接或间接的经验：即死亡是痛苦的，无论死亡的原因、死亡的过程还是死亡的终结。

死亡教育提高人类的生命质量：人的寿命是否有必要依靠现代医学无限制的延长？一直以来，人们都一味地强调生命延长，而忽略了更重要的生命质量问题。

人是具有生物性的，但还具有社会性，是生物性与社会性的统一。脑死亡患者在心肺功能机的辅助下，其生物性兴许还存在，但是作为更重要的社会性已完全丧失，这种人"活着"毫无生命质量可言，反而拖累家庭和社会。死亡教育可以让医生给重症患者提供多种选择，我们的医生不要一味地强调治病救人，而忽视生命的尊严和质量。在临床工作中，我们常常遇到一些救治无望的重症患者，与其勉强让患者走上手术台，还不如劝慰患者接受现实，坦然面对死亡，愉快地度过仅有的几个月人生，保持尊严走到人生的终点。这与那些刚下了手术台就去世的患者相比，不失为一种更有人文情结的关怀。以正规死亡教育弱化消极的人生观，珍惜生命，放弃随意处置生命的行为；以积极的态度充实人生经历，以理性的态度面对死亡。按预期寿命 75 岁计算，人的一生不超过 3 万天，去除 1/3 的睡眠时间，去除占 1/3 的生长发育和衰老期，人的一生为社会贡献和创造财富的时期仅有 1 万天。前瞻人生的终点是为了珍惜今天的时间、生活和生命，使人们理解生命的客观短时性，更加重视生命质量的重要性。

3. 良好死亡教育可以克服死亡恐惧

死亡的定义是什么呢？死亡是人在自我意识消失基础上的自我生命的终结。死亡教育的定义又是什么呢？1977 年，美国《死亡教育》杂志创刊，列温（levitan）在首期刊登的一篇文章中，将死亡教育定义为："向社会大众传达适当的死亡相关知识，并因此造成人们在态度和行为上有所转变的一种持续的过程。"1804 年全世界人口数量首次达到 10 亿人，而在 2010 年全世界人口数量达到了 68 亿人，短短的 200 年时间内，世界人口数量增加了近 60 亿人之多，伴随世界人口的急剧增加，全世界死亡人口数量也就相应地迅速增加。

全世界各地区死亡登记率差异很大，欧洲、北美、大洋洲等地死亡登记率较高，达 90% 以上；我国目前死亡登记率在 50% 左右。而非洲、南亚的死亡登记率很低，如阿富汗等国家基本上没有进行死亡登记。死亡是人的一种宿命。死亡教育是教育不可或缺的组成部分，通过死亡教育，可以让青少年更加深入地了解生命的真实过程。风险社会并不可怕，只要我们树立正确的生死观，面对死亡要处之淡然，以正确的态度对待。

二、生死教育的历史发展

生死教育在国外更习惯称为死亡教育，源于死亡学的兴起。中国台湾地区的钮则诚博士出版的《生死学》里面介绍，死亡学是 1903 年由法籍俄国生物学家梅欣尼可夫（1908 年诺贝尔生理学或医学奖获得者）所创立的学问。近年来，对于生死观和自杀关系问题的研究日益受到心理学家的重视。国内外的研究表明，生死观在影响人群中的自杀等危险因素上发挥着举足轻重的作用。但是与西方文化源于希伯来文化和希腊文化的理性精神、有着深层的悲剧意识不同，中国文化从古到今有更长的发展历史，古代的儒家思想，有着丰富的感性思想，对死亡采取了回避的态度，这就导致了大部分中国人对死亡的认识与西方的观点不同，认为是应该忌讳的东西，是不幸与灾难的象征，使得死亡教育在中国举步维艰。台湾与大陆的文化有着一样的渊源，生死学的概念最开始是由美籍华裔学者傅伟勋教授在 1993 年提出的，并首先将死亡教育引入台湾，改称生命教育或生死教育。之后南华大学等高校也陆续进入了生死教育行列。

三、生死教育意义

（一）生死教育的意义

在现代人沉溺于声色犬马的物质享受，淹没在夜夜笙歌的酒色中，经常会遗忘人生的终点是什么，死亡教育可以给予他们答案。对我们来说，对学生的生死教育在现在社会中的作用远不止如此，其中包含着更多的内容：

（1）生死教育可以提高大学生整体的生活质量。死亡教育的开展能使大学生们清楚地认识到生命的可贵，在每个人生阶段应该做什么，要珍惜现在所拥有的生命，因此，生死教育应该更多地走向大学的校园，在繁重的学习中可以想到生命宝贵，会更加努力地完成学业；在失恋的痛苦时可以想到生活的精彩，会更容易走出失恋的阴霾；在就业的压力下可以想到死亡的意义，会更加勇敢地面对失败的挫折。

（2）生死教育能够增强大学生的责任感与集体感。大学生是时代的产物，凝聚了现代科学文化，但是责任感并不是随着知识文化的进步而随之增强，却反之，责任感在当代大学生中已经慢慢变淡了，对于社会，对于家庭来说，他们不必付出自己的所有。应试教育培养出一个个优秀的考试机器，却泯灭了一个个真诚的心。生死教育的社会伦理学价值在于，不仅能让我们更好地学习，还让我们知道学习到底是为了什么，其实学习也是一种责任，我们应当勇于去承担。在社会出现各种灾难、亲人病危、朋友离别时，我们应该去关怀所需要照顾的人。

（3）生死教育是大学生价值观和世界观的标准。大学生如何培养自身的素质，其价值观、世界观是最重要的，而他们的形成关键在于生死教育的引导。一个人接受的教育，包括知识教育与思想教育，而生死教育是思想教育必不可少的，现在许多学生就算因为在教育上的偏食导致了许多教育漏洞，21 世纪的大学生更需要完整的教育。

（二）生死教育的必要性

（1）生死教育是完整教育的需要。生死教育作为完整教育体系的一门，在学生们满足社会知识需求的同时，也要跟进社会心理发展的脚步，坚实的知识在脆弱的心灵面前，那么的毫无用处。生死教育在思想引导方面起到了关键的作用，有助于大学生建立完整的人生目标，形成良好的价值观和世界观，树立科学人道的唯物主义生死观。

（2）生死教育是社会进步的需要。死亡是中国社会的禁忌话题，人们常常避忌死这个字眼，因此从内心回避死亡，越是回避的东西，就越容易去做，这是人类的弱点，如何冲破这个禁锢，是现代科学所不能解决的，需要的是心理的通道，生死教育不仅仅是医学院校的必修课，在校大学生的必修课更是整个社会的必修课。

（3）生死教育是人生发展的需要。人生很多时候都需要面对生与死的抉择，如果不能正确地认识到生死，就很难在生活中活出精彩。例如，很多时候并不是疾病打倒我们，而是我们的内心不能承受对于死亡的恐惧而丧失对生活的信心，使我们不堪一击。

第九节　青少年的死亡教育

一、死亡教育势在必行

长期以来，我国各级各类学校教育受文化传统的影响，回避死亡问题的讨论，期望借此拥有吉利和平安，然而校园自杀事件或其他各种自毁行为已经明显地暴露出我国许多青少年学生不能真正地理解生与死，其原因何在。客观地分析我国青少年学生的生活境遇，或可找到他们生命力脆弱的深层原因。物质的丰富与无意义感地产生高科技给人类带来了丰富的物质产品，刺激了人们的消费欲望。人在满足物欲的过程中沦为物质的奴隶，在追求感官享受的过程中遗忘了生命的价值，丧失了生存的意义，人们得到的物质越多，就越感到精神无所归依，生命无处安顿。现在的学生，大都为独生子女，他们物质生活虽然丰富，但家长关心的主要是他们的学习，对他们的精神成长则缺乏关怀，加之儿童生活经验少、心理不成熟，并不真正理解死的含义，甚至以为死就像睡着了，因此极轻率地走上了不归路。

生存压力的增加使人产生了逃避的欲望，现代社会是一个知识爆炸的社会，信息总量以几何倍数在飞速增长。虽然"减负"的呼声不绝于耳，但由于高考指挥棒的作用，学生的学习压力并没有减轻，相反，随着信息的不断涌现，教学内容越来越庞杂，以有限的精力来掌握无限的知识。许多学生深感疲惫不堪，尤其在面临升学无望、前途渺茫时，极易陷入焦虑和绝望的心态，产生心理疾患，假若又没有合适的心理疏导，就会产生逃避的心理。放弃生、选择死空间距离的缩小与心灵距离的疏远，使学生承受孤独和拥挤的双重痛苦。通信工具和交通工具虽然不断更新，人与人之间空间距离却越来越小，人与人的交流越来越方便和快捷。但是心与心的距离却越来越远，表现为人际关系疏离。亲情友情也失去以前的融洽，就学生来讲，他们每天的生活就是循着上学、放学的不变轨迹。上学时一堂课接着一堂课，放学后又马不停蹄地奔波于数不清的补习班。学生之间、师生之间、亲子之间的交流越来越少。学生心中的郁结无处释解。只好在虚拟的网络世界中表达心声，大、中、小学生在网络中迷失自我的现象时有发生。

在这种情况下，学生的孤独感及无意义感就不难理解了。传统教育的理想化和说教方式，使青少年忘却了生命的原初意义，不懂得生、不懂得死。今天的"新生代"崇尚个人奋斗，欣赏个性张扬，比尔·盖茨是他们心中的偶像，追求利益是他们不变的目标，个人主义取代了集体主义，现实主义取代了理想主义，他们关注的不再是社会价值的实现，而是自我价值的彰显，不再固守传统的教育。仅仅从"生"的角度空谈人的理想、信仰、人的义务等已显得空泛。加之传统教育极力宣扬那种"生之伟大，死之光荣"的人生楷模，而没有考虑生命的原初意义,由于对"死"的认识不深刻,不能洞悉生命的意义甚至出现不珍惜自己生命的现象。很明显,我国文化传统中对死亡的回避已经不能解决我国教育中的现实困惑。它甚至已经成为在我国中小学教育中开展生死教育的意识形态方面的阻力。因此,我们必须超越传统文化的某些约束,关注教育的现象层面,借鉴西方死亡教育的有益经验。

在中小学教育中普及生死教育,中西方的死亡观是截然不同的,西方文化有着深沉的悲剧意识,在死亡教育方面有着丰富资源。历代哲人不仅从理论方面对死亡进行了系统的阐释,而且在实践方面也创造了流传千古的典范,如苏格拉底、布鲁姆等。他们以自己的生命丰富了死亡的内涵,尤其是基督教或天主教,它们都是以死亡问题为核心构建起来的宗教。所以西方人更能坦然地讨论死亡的有关问题,死亡教育也较容易推展开来。对于我们来说有许多值得借鉴的经验。

第一,在观念上肯定了死亡教育的价值。大多数教育学者一致认为,当我们对死亡愈了解,则对于生命的看法就愈积极,进而能够创造并统整生命的意义,教育的目的在于协助学生面对现在或未来生活的重大问题。死亡为生命历程中不可避免的一环,故学校教育对于生死的问题应予教导,死亡教育实应纳入教育的范围中。

第二,成立了各种专业协会,出版了许多专业及普及性书籍和杂志。在美国,成立了诸如"死亡教育学会""国际死亡研究所"等机构。成立了与教育辅导最相关的专业组织——死亡教育与咨商学会。该组织会员是国际最大的死亡教育组织,出版了《生死学》和《死》等特别杂志,相关的各种书籍、影片、视听教材更是不计其数。

第三,在大中小学根据不同的年龄开设了死亡教育课程。1946年首次在大学开设死亡教育课程,到2010年大约有2000所大学提供了死亡教育课程,有3000所中小学开设了死亡教育课程。在课程设计上,死亡教育的先驱列温顿曾提出课程设计要考虑6个因素:受教对象、教学取向、情绪取向、认知取向、开设科系健康教育。包括心理学、文学、艺术教学方法及教学目标治疗、知识传递、专业准备等。

第四,学校和社会联手开展多种形式的死亡教育。例如,美国在波士顿为儿童开设的"死亡博物馆"。当儿童一跨进这座博物馆,就能听见阵阵来自不同文化背景的气氛凝重的挽歌,同时看到青蛙的死亡、看到一只老鼠瞬间被无数条虫蛆吃掉的电视画面。这里还展示着各种祭奠仪式,使儿童感受到死与生的某些差异,体验到死亡过程引发的情感冲击。德国也实施了"死的准备教育",出版了专业教材,引导人们以坦然、明智的态度面对死神的挑战。法国则成立总统委员会专门处理有关生与死的社会控制问题。法国前总统密特朗亲任国家生命与健康科学伦理顾问委员会的主席。英国也为年龄低于10岁的在学儿童开设内容与死亡有关的课程,进行死亡教育时,邀请殡葬行业从业人员和医生护士走进课堂,与学生共同讨论人死时会面临什么情况,并且让学生轮流通过角色替换的方式模拟一旦遇到亲人因车祸身亡等情形时的应对方式。

相对于优生教育,有些国家把死亡教育也称为"优死教育"。在生死教育的具体实施上。各国都认为死亡教育仅靠理论的传授和语言的说教不能完成,它必须结合实践才能完成。总的说来,死亡教育的教学方法有以下几种,随机教学法,充分借助于各科教学内容,渗透到各科教学随机进行;亲身体验法,通过直接的参观有关死亡的场所及其展览,如参观美国的死亡博物馆,到殡仪馆参加葬礼等;欣赏与讨论法,通过观看有关的影片和欣赏音乐来加深思考;阅读指导法,通过阅读有关的书籍和故事,进行讨论;模拟想象法,通过角色扮演,加深体验。

最近香港开始借鉴西方死亡教育的经验,在一些中学实施生死教育计划。考虑到我们国家忌讳死亡的文化传统,直接提出"死亡教育"过于突兀,因此,以"生死教育"或"生命教育"取代之,这大概就是国外死亡教育的本土化研究。台湾在20世纪末,在学校也广泛开设生命教育课程,并把2000年定为台湾的"生命教育年"。目前,台湾小学没有单独开设"生命教育课",但是都有"生命教育"的内容,内容包括两方面"生命的旋律"和"温馨你我他"。在"生命的旋律"教学单元中,由教师讲解有关生命起源的问题,让学生了解连接新生命的喜悦、成长、生病、衰老、死亡等现象。在"温馨你我他"中,则主要是通过课外活动来完成,学校组织学生到养老院、孤儿院等机构去参观、访问。台湾中学普遍开设正规的"生命教育"课,编制了生命教育教材及"生命教育教师手册"。从中可以看出,在我国开展和普及死亡教育似乎还存在相当大的心理障碍,它依然是我国教育的禁区。为了切实地推动这一教育活动的开展,我们顺应本民族的文化传统,以"生死教育"取代西方"死亡教育"的概念。我们当然清楚,要突破传统文化中由来已久的禁忌,绝非易事。就当前来看,我们至少应在有关生死教育的目标追求、具体内容和可能有效的途径方面进行先期探讨。这里提出的生死教育,是整合了道德教育、心理教育、伦理学、社会学等多学科内容的概念。目的在于使学生更加珍惜现有的生命,提升生命的价值,对生死问题有更深层的理解。教育中不必回避死亡,因为意识到死,才能自觉地生,对死亡的追问就是对生命意义的解读。在我国开展生死教育的目标主要包括以下几个方面:

第一,帮助学生了解人的生与死以及生命过程。对于青少年学生来说,人的生与死都是很神秘的事件,如人生命的成长过程、人是怎样出生的等。如何去面对成长过程中许许多多的生理烦恼,人如何去面对死亡,死亡是一种什么样的生理过程和心理过程等。一些西方国家从小学一年级就开始对学生进行生死教育,孩子通过抚摸孕妇的肚子,体验生命的奥秘、聆听生命的律动。

第二,降低校园自杀率。如果把一所学校的校园看成是一个文化场域,那么校园自杀行为就是这一文化场域中极不和谐的音符,成为这一场域中非建设性的社会心理因素。大多数自杀者往往把生命的价值与某些具体的、近期的目标紧密结合在一起,一旦这种目标未能实现,便被强烈的无助感、无用感吞噬。通过生死教育,可以让学生了解生与死的关系和各自的意义。生的意义首先就是努力地活着,而努力活着的过程就是一种精神成长的过程。在这一努力的过程中,即使某些具体的目标未能达到,生命也已经具有了价值和意义。

第三,增强学生的生命力和对生命质量追求的意识生命力可以理解为一个人保障自身生存的愿望和能力。只要我们不断地追求生命的质量,充实地过好每一天,生命对于我们就是可爱的,我们的生命力就会越来越强。同样,生命力增强也就意味着有一个高质量的人生,因为人活在世上,就会面临死亡威胁。所以人不仅要活着,而且活着的每一天都要尽心尽责,都要活得有意义。学生必须在知道某一天生命将要结束时如何度过余下的生活。然后,让他问他自己:他活着是为了什么?他是像一个自由人那样充分地活了吗?还是他只是满足于存在着？"活着"和"有意义地活着"是两个不同水平的生命观，而只有通过对死亡的追问才能创造有意义的人生。

这些目标，从根本上是人生观和价值观教育，但是长期以来，基于传统文化而形成的人生观和价值观教育不是建立在生命基础之上，因而显得过于空泛和理想化。所以生死教育要以死亡为切入点，扎根于生命，对以往的德育目标进行结构上的倒置，或许可以扭转我国德育"假大空"的局面。考虑我国的文化传统，进行生死教育可以以"生命教育"的方式传达给学生有关死亡的内容。但是为了突出"死的教育"的重要，我们仍采用"生死教育"这个概念。

二、死亡教育的内容

死亡教育的内容，以三大部分为核心：生命的探索、自我实现与人际交往、婚姻与家庭。生命教育首先要关注生命本身，使学生认识自身，感受生命的神奇和伟大。并进一步由己及人，把自我融入社会关系之中，在关系中认识自我理解生命。在探索生命的奥妙时，必然要涉及自杀、堕胎、安乐死、死刑等与死亡有关的种种法律、政治、道德问题、安身立命和生命的终极解脱问题等。通过这些教育，学生可以系统了解死亡的生理过程。死亡对人的生理影响，自杀的原因及其防止、安乐死、死的权力以及丧葬礼仪等有关知识，从而深化学生对生命意义的理解与珍视。

生死教育的可能方式和途径。

第一，通过课堂讲授、讨论和辩论，使学生了解有关"生"与"死"的知识。学生对于"生"与"死"的困惑，与学生缺乏对生死过程的理性认识有关。因此可以通过课堂讲授，也可以通过讨论和辩论比赛等形式，组织学生对安乐死、捐赠器官等社会热门问题展开讨论，使学生理解生命质量和死亡质量问题。当然在中国文化传统下进行生死教育存在一定的文化焦虑心理，在实践中较难把握，在课堂讲授时也要采取多种灵活方式，如借鉴美国死亡博物馆的做法，把动物或人的生命成长过程制成录影带或光盘。通过多媒体工具给学生以直观感受，唤起其相应的情感体验或者选择一些包含生死过程的影视作品、新闻报道。让学生在心理上卷入有关的故事情节，从中认识生命的价值，以及如何看待死亡问题。

第二，通过生命叙事，讲述学生自己生命中发生的事。生命叙事不同于课堂讲授，后者传达给学生的是关于"生与死"的基本知识，无法关注每个人独特的生活际遇。生命叙事则是讲述个人经历的生命故事，从个体的独特命运出发提出关于生命感受问题，因而具有强大的道德实践力量。通过学生讲述自己生命中发生的故事，再现当时的情景，不仅使自己能加深情感体验，而且能引起情感共鸣。使听者从中受到教益。例如，让学生回忆自己去世的亲人，诉说失去亲人后自己的悲痛，唤起学生真实的情感体验，并通过移情，使别的学生认识到要珍惜生命，避免自毁行为给他人带来的痛苦，树立生命的意义和生存的责任。

第三，开展丰富多彩的活动，重视学生的主体参与。青少年学生一方面对未知的一切产生好奇，渴望探索未知的世界，另一方面，他们普遍对学校枯燥的道德灌输产生厌恶乃至逃避，所以在生死教育中，注重学生作为主体参与到活动中去，在活动中学会体验、珍视和选择，并形成有关生命的价值判断。例如，可以借鉴心理教育的做法，在活动剧中进行角色扮演，所谓活动剧是组织学生自编自演一些小话剧、小品等节目，或组织学生排演一些包含生死情节的经典话剧，使学生成为剧中角色，在体验剧中人物情绪变化中体验生与死的过程可能发生的情绪情感，甚至可以鼓励学生积极地参与到社团临终关怀活动中去，使学生在助人的过程中感悟生命的价值，从而珍惜自己的生命。

三、国内外高校中的生死教育

生死教育在国外多年的发展，逐渐完善了死亡教育体系。死亡教育协会的建立，让更多的群众更清楚地认识到死亡，通过死亡的必然终结性来反思生命的意义及其价值。此后随着科学的飞速进步和人们观念的改变，更多的西方国家也开始大力发展死亡学，使得人们从物质生活转向精神领域，很多国家的生死教育不仅在社会上逐步发展，更是渗入各大高校的教育体系。现在美国大部分学校开展了死亡学教育，学生可以更系统地在学校里学习死亡的相关知识，从而更好地改变自己。

（一）生活态度

德国实施了死亡的准备教育，让人们更加清楚的认识死亡，坦然地面对死亡；法国成立了总统委员会来专门处理有关生与死的社会控制问题，前总统密特朗亲任由 36 名哲学、宗教学、伦理学、生物学和医学专家组成的国家生命与健康科学伦理顾问委员会的主席，其重视程度可见一斑。日本的死亡教育虽然起步比较晚，但其发展速度十分迅速，日本的上智大学每星期举行一次死亡哲学课，特聘德国年过半百的阿尔冯·邓肯教授讲授，并在每年组织一次思考生与死的学术讨论会。同西方发达国家相比，生死教育在我国起步相对较晚，而且也仅仅是从安乐死、临终关怀等社会敏感话题开始的，从 1988 年第一次全国性的安乐死学术研讨、第一家临终关怀研究中心成立开始，人们才逐渐提出并认识了死亡教育。近年来，《医学与哲学》《临终关怀》《中国医学伦理学》等这些杂志陆续刊登了大批专家学者的死亡学研究文章，极大地促进了我国死亡学研究的步伐。生死教育课程的开展对正确引导每个大学生关注健康、关爱生命、珍惜生活是至关重要的。广东某高校生死观研究的结果显示，消极的生死观容易导致学生产生自杀的念头，其比例相当于积极生死观的 2 倍。其主要影响因素有学生每月消费情况、人际关系、自信心、经济压力、学习压力、情绪、交友恋爱和个人信仰等。在大学生中开展死亡教育讲座及选修课，积极向广大师生传递生死教育的信息，从死亡的原因、内容及方式，死亡预防，死亡的标准等方面研究了生死教育的内容，使学生们从死亡的角度看生，十分有效地提高了大学生的生活质量，养成积极向上的生活态度，预防自杀。在以选修课的方式开设生死教育课程，以死亡心理学为核心课程，侧重讲解生命的意义和价值、死亡心理的调试问题、对死亡及濒死的态度、死亡的本质及意义、自杀及其预防问题等内容，教学过程中师生的互动性和学生的主体性可以更好地让生死教育融入现实生活。

(二)国外的死亡教育

1. 国外的死亡教育

早在 20 世纪 60 年代,美国政府已经很重视死亡教育,当时已经成为学校教育中的一门学科,在幼儿园、小学、中学、大学,以及医院、社会服务机构等都开设了死亡教育课程,并编写教材,组织实施。据 1985 年调查已有 61%的大学进行了"死亡教育"专题课;1987 年,全国有 85%的药剂系和 126 个医学院 396 个护理学院及 72 所药学院都已进行了"死亡教育"。德国也很注重死亡教育,教育界从儿童抓起,让小学生在游戏中就接触有关死亡的内容并获得教育上的成功。他们还组织中学生参观殡仪馆,让青年人直观人生的终点。德国出版的《死亡准备的教科书》成为人们欢迎的关于死亡问题的书籍。英国、日本、法国、荷兰等许多国家的大、中、小学也都开设了死亡教育课,并进行了相应的研究。世界发达国家有数以千计的学校将死亡教育列入教学计划,并取得了良好效果。

2. 国内的死亡教育

国内的死亡教育开始得比较晚,基本上是从 20 世纪末开始的。天津医科大学 1988 年成立了"临终关怀研究中心",开创了国内临终关怀研究的先河,目前在全国类似医院已有 20 余所。国内部分院校哲学系也有死亡学学者出版了死亡学的一些专著并开展一些讲座,医学院校的"生命伦理学""护理学"也有相关专题讲授。目前国内也有了一些介绍死亡研究进展的相关刊物,如《中国医学伦理学》《中国社会医学》《中国医院管理》《自然辩证法研究》《医学与哲学》等。它们都刊登了一些死亡教育的研究,并推动着我国死亡教育的发展。一些离退休部门和老年大学也开展了生命观与死亡观教育,帮助老年人正确看待死亡,树立唯物主义的死亡观。

3. 开展死亡教育的意义

死亡教育提高人们面对死亡的心理应激能力,寻求科学的死亡观,实际上就是为死亡寻求心理适应。良好的心理适应不仅对临终者是必要的,对于临终者的家属也同样必要。死亡对于临终者而言,其真正到来之际也就是痛苦解脱之时,但是对于家属来说,却正是更大痛苦的开始。许多人会因为亲人的过世而遭受沉重的心理打击,严重影响工作和生活。有的人甚至会大病一场,精神长期得不到恢复。这些人同样不能正确看待死亡,需要给予死亡教育。

死亡教育的范围很广,目前死亡教育研究比较热门的几个话题:临终关怀、安乐死、现代脑死亡标准。

临终关怀,是对濒死患者进行治疗和护理,使其以最小的痛苦度过生命的最后阶段。临终关怀的本质是对救治无望患者的照护,它不以延长患者的生存时间为目的,而以提高患者的临终生命质量为宗旨;对临终患者主要采取生活照顾、心理疏导、姑息治疗等措施,着重于控制患者疼痛,缓解患者心理压力,消除患者及其家属对死亡的焦虑和恐惧,使临终患者活得尊严,死得安逸。

安乐死,是医务人员应濒死患者或其家属的自愿请求,通过作为或不作为,消除患者的痛苦或缩短痛苦的时间,使其安详地度过死亡阶段,结束生命。

（三）死亡教育优化医疗卫生和环境资源

医疗资源是一个社会发展卫生事业、开展医疗保健服务的物质基础和基本条件，而社会是一部庞大的机器，它承担着社会成员各种各样的责任，为了满足人们各种各样的需要，包括生存需要、发展需要和实现自我价值的需要，社会必须付出极大的努力，运用大量的资源。但是社会在一定时期的资源是有限的，这就涉及对有限的资源如何进行合理的分配问题，如何发挥有限资源的效用价值问题，如果在有限的资源中还有很大一部分比例用于毫无必要的无法创造任何价值的活动中，势必会影响社会的进步和人们合理需求的实现。

尤其值得一提的是一些脑死亡患者。由于人们受传统的死亡观念和标准的影响，当家庭成员中出现脑死亡的患者，要求继续治疗的患者家属占绝大多数。但是脑死亡的患者必须依靠机器和人工营养才能进行基本的生命维持，大量人工护理和仪器支持工作消耗着有限的时间、精力和费用，成本巨大。

（四）死亡教育促进医学科学的发展

我国人口众多，每年人口死亡绝对数量也相对较多，从医学角度上看，这能为我国的器官移植提供较为便利的器官来源。但是由于人们尚缺乏基本的人体死亡相关知识，我国开展器官移植步履艰难。据2015年的不完全统计，我国约有数百万人需要器官移植，但每年实施的手术仅有1.3万例，许多危重患者因不能及时得到器官移植而死亡。我国等待换肾的患者高达30万人，每年也只有2700多位患者等到供体。我国患角膜病的500万人中，有400万人可经角膜移植重见光明，但每年只有700个角膜供体，角膜数量远远不能满足实际的需要。

众所周知，医学科学的发展离不开尸体解剖，尸解始终是医学发展进步的最重要的条件之一。尸解率的高低，不仅反映一个国家的医学科学水平，而且还在一定程度上反映了一个民族的文化素质。在我国，1979年国务院重新公布了《解剖尸体规则》，其中明确指出："公民有按法规在突然死亡、意外死亡、因病死亡之后将遗体、器官供医学利用的义务。"然而，由于社会文化和传统的伦理观的影响，我们国家的尸解率一直很低，平均在10%以下，从一定意义上讲，它已阻碍了我国医学科学的发展。

死亡教育可以让医生给重症患者提供多种选择，我们的医生不要一味地强调治病救人，而忽视生命的尊严和质量。在临床工作中，我们常常遇到一些救治无望的重症患者，与其勉强让患者走上手术台，还不如劝慰患者接受现实，坦然面对死亡，愉快地度过仅有的几个月人生，有尊严地走到人生的终点。这与那些刚下了手术台就去世的患者相比，不失为一种更有人文的关怀。以正规死亡教育弱化消极的人生观，珍惜生命，放弃随意处置生命的行为；以积极的态度充实人生经历，以理性的态度面对死亡。

开展死亡教育，给人们提供更为科学合理的生命价值观和生活价值观，珍惜生命，正视死亡，树立自然归宿理念。开展死亡教育，立足人生的终点反观人生，促进人类珍惜有价值的生存，以积极态度充实人生经历。开展死亡教育，以正规教育代替传媒或陋习的社会负面影响。开展死亡教育，有利于医疗资源的分配，促进医学科学的发展。

（五）世界各国开展死亡教育的情况

学校开设的相关课程，学生自主阅读死亡学、死亡教育、生命教育的相关书籍，观看相关题材的电影、公开课视频，在敬老院、医院做志愿者体会生命的脆弱，参与读书会讨论，去殡仪馆或者墓地观摩葬礼的仪式以及去火葬场感受最直接的过程：人死亡后经火化由躯体变成一堆骨灰的过程。阿尔福雷德·D.索萨（Alfred D.Souza）神父说，生活吧，像今天就是末日一样。

生死哲学，首先必须先知晓死亡学的有关情况。实际上，对死亡问题的关注在西方有着相当长的历史和深厚的思想资源。古希腊哲人苏格拉底面对小人的诬陷和可以逃避之死，反而镇定自若并勇敢地投向死亡，并说出了一番震撼人心的关于死亡的道理；自基督教勃兴后，钉在十字架上之血淋淋的耶稣受难像就把死亡意识深深地嵌入了大众的脑海中；而现代大哲海德格尔对死亡本真之揭示更是让西方人对死亡有了深刻的体认。但是作为一门学科的死亡学的出现则是相当晚近的事。实际上，死亡学在西方的兴起与发展始于20世纪初。根据吴庶深先生在《国内外"死亡学"系所发展之分析》上提供的信息，"死亡学"一词，首先是由生于俄国科学家艾列梅奇尼可夫在1903年提出。他在《人类的本质》一书中指出，以科学的精神及方法研究"死亡学"及"老人学"，可以减少人类承受痛苦的过程，并可改善人类生活的本质。至1912年，美国医学教授罗威·柏克在医学协会的期刊中撰文，认为"死亡学"主要研究"死亡的本质及原因"。虽然死亡学的概念20世纪初即已产生，但有关死亡学的系统而深入的研究，却要到近几十年才得以有较大的展开。

1923年，心理学家赫尔曼出版了《死亡的意义》一书，采用考古人类学、艺术、文学、医学、哲学、生理学、心理分析、精神医学及宗教学等的知识，全面地探讨了死亡现象，可以说是世界上第一本最具代表性的死亡学著作，出版后引起学术界及社会大众对死亡的问题研究的兴趣和关注。

1927年，卡波勒·罗斯出版了名著《生死边缘》，引起更多的人对癌症末期患者的感受、需要的重视及关怀。死亡学的研究发展至今，已有专门的团体、组织的成立和专业刊物的出版。实际上，伴随着死亡学研究的兴起，死亡教育也开始起步。根据纽则诚博士在《从科学观点考察生死学与应用伦理学的关联》一文中介绍，在1950年以后，西方一批有识之士通过撰文和著书的方式推行了一次"死亡觉醒运动"，其中最突出的主题即是"死亡焦虑"。与此同时，第一个正式的死亡教育学课程出现于美国，20世纪70年代死亡教育的实务开始扩充并普及。

1975年，美国又创刊了《死亡教育》杂志，列温顿在首期刊登的一篇文章中，将死亡教育定义为："向社会大众传达适切的死亡相关知识，并因此造成人们在态度和行为上有所转变的一种持续的过程。"纽则诚博士还分析道："死亡教育兴起于美国并非偶然，此与美国文化中的价值取向息息相关。美国人崇尚年轻、成就、健康、个人主义、自我控制等价值，这些观点都无法帮助人们有效地处理死亡问题。尤其当医疗科技在20世纪中叶随着生命科学的突破性发展之后而呈风起云涌之势，却仍对许多疾病束手无策，更为一向相信人定胜天的美国人增添不少死亡焦虑，死亡教育遂在此时应运而生。"

根据美国天普大学傅伟勋教授的《死亡的尊严与生命的尊严》一书的介绍，美国"死亡学"研究与"死亡教育"的勃兴影响到日本,在20世纪60年代,日本开始关注这一课题,并大量引进美国的研究成果。死亡学的研究对象及范围都非常广泛,诸如艾滋病、癌症、心脏病等严重病症患者的观念及心理问题;自杀、堕胎、安乐死、死刑等涉及死亡的种种法律、政治、道德的问题;绝症患者及其家属的精神状态问题;死后生命、安身立命和生命的终极解脱问题;文学艺术中表现的死亡问题;死亡的儿童心理问题;医院设备、临床管理、养老院或绝症患者收容所的设立等问题;世界各地不同背景的人们对于死亡所持有的看法或态度,以及历史上人类对于死亡的看法和态度,乃至对付死亡问题的演变过程问题;集体死亡、自然灾荒、核战争、政治压制等问题。

傅伟勋教授提出:"死亡学不但涉及种种极其复杂的现代人死亡问题,以及与死亡直接有关的诸多问题,也与许多科学问题的研究探讨极有关联。与西方发达国家相比,我们还没有真正开始认真进行死亡学的研究工作。我在这里特别呼吁大家,好好关注,尽早开拓中国的死亡学研究道路出来。"由以上美国为例的西方有关死亡学研究和死亡教育的模式而言,死亡学的兴起是一个相当晚近的事件。

这一学科的产生直接与现代化社会中的人所遇到的生死问题有密切关系,如老龄化问题,癌症、艾滋病等绝症问题,自杀堕胎安乐死问题,核战争威胁和自然灾变问题,等等。尤其是现代人在提升生活品质的同时,也渴望着提升死亡的品质。

因此,死亡学从其诞生之日起,就与医学结下了不解之缘,是从医学的实践中临终者的精神抚慰、引申、催发而出的。而有关死亡的教育,又是在死亡学研究不断拓展和深入的基础上开始的。社会、历史、文化的事件很多可以与个别的人毫无关系,而唯有死亡这种事件与每个人都相关。所以,死亡学的知识应该说有着最为广泛的受众,而死亡教育应该说比之其他任何方面的教育都有着更普遍的对象。

美国有关死亡的教育就达到如此大的普及性,由医学护理性学校向一般普通院校推展,其深层缘由可能就在此了。纽则诚博士在《从科学观点考察生死学与应用伦理学的关联》一文中指出:"死亡学在西方国家以及日本的发展均呈大幅成长之势,20余年来学会、学程一一具足,却鲜见专门系所的设立。相反地,台湾的死亡教育迟至20世纪80年代前后方开始,正式讲授也只散见于少数大学通识课程中。台湾教育主管部门核准了南华管理学院筹设生死学研究所,则不但是台湾首创,也可能是全球仅见。说起这项创举,就不能不论及一位旅美哲学暨宗教学学者傅伟勋的思想,他正是'生死学'一词的发明者,也是生死研究所的创始人和催生者。"

关于生死学研究的内容,傅伟勋教授提出:"广义的生死学应该包括以下三项:第一项是面对人类共同命运的死亡挑战;第二项是环绕着死后生命或死后世界奥秘探索的种种进路;第三项是以'爱'的表现贯穿'生'与'死'的生死学探索,即从'死亡学'即狭义的生死学转到'生命学',面对死的挑战,重新肯定第一单独实存的生命尊严与价值意义,而以'爱'的教育帮助第一单独实存建立健全有益的生死观与生死智慧。"讲述"生死学"的概念时,就是意识到生与死乃不可分离之一体两面,所以,死亡学只是广义的生死学探讨的一部分。但是,仅仅在死亡的层面理解"生命",仅仅从价值的层面理解"生命",仅仅从有机物对外界物质的摄取、吸收、消化、排泄层面来理解"生命",都是不完整的、其外延不够的。因为人之生命与动物之生命不同,不仅仅是维系生存,甚至也不完全局限在处理生存的价值问题，在人之生命的成长过程中，会遇到数不清的生活问题，这些问题的求解都可最终溯源到人之生命的存亡的问题之上。所以，生死学的研究和教学不包括人们的人生问题和生活问题在内，是不够周延和完善的，这实际上会极大地妨碍对人之死亡问题作更深入更细致的探讨。所以，有必要提出发展一门生死哲学的学科来解决这些问题。

只有我们每个现实中的人都具有了一种浓厚的死亡意识，在生前、在活得很好之时，就意识到死亡的必至性，意识到无论你现世的生活状态与性质如何的不同，人人都会死则一样。死亡是对生的超越，是对生命存在普遍性最好的论证。因为死亡的性质告诉我们，每个人的人生状态有不同，生活的性质也不一样，而生命的本质则同一。死亡的存在提醒人们生命存在的普遍性，而这种普遍性是不以人的主观意志为转移的，它也就是我们生命存在的本真，不过因为我们埋首于日常世俗生活而忘记了或体认不到罢了。因此，我们不能等到死神降临时才来被动地求得普遍性，而应该在生前，在我们的日常生活里就去追求普遍性，获得普遍性，实现普遍性。这就要求我们必须不特别看重你我他的物质性功利性的区分，不特别执着自我的一切所有，以共同共通之超越性来对待我们的生活和他人的生存。如此人们就可以有生活中的大气度和生命里的大自由。

达到这样一种境界的关键，正在处于自我化生活中的人要从生命的存在的本真上意识到你我他的一体，视天下人无一人非我。当我们由死亡意识而深深地沉思应当如何生活时，可以获得什么认识呢？我们首先得到的启迪是：我们每个人在现实的生活中是一个一个的个体，人生似乎都是独立的，生活的性质与内容也都是不同的；可是，当我们一想到人人都会走向死亡，都必不可免地丧失掉自己的生活时，那个无法体验的归宿便能让我们意识回归到生命存在的本真状态，那就是：生活是万殊的，而生命则为同一。也就是说，生活是个体之事，而生命则为全体之事；个体之人的生活是千变万化的，而人类生命的存在却是共同的，如在生命存在的分子水平上，人都是由同样的蛋白质等化合物构成；人类的精神意识的形式是多种多样的，但人人都有着人的精神则是共通与共同的。

死亡昭示着我们一个生存的真理：每个人不管他现实的生活是如何的不同，他在生命存在的层面与他人、与整个人类是相通相同和一致的。这样人们就能够而且应该从生活的个别性走向普遍性，并实现最终的永恒性。既然我们每个人在生命的层面上是"一"，那么，我们就应该在日常生活里避免私利的至上，而以爱心、慈心、仁心相对待，去友善地与他人相处，以真心对待别人，必使别人真心地对待你自己。达到了这样一种生活的状态，你就可以摒弃孤独而获得友谊的环绕，从而在生活的个我化中实现生命的永恒。从人之生命存在的永恒性出发，人人都希望实现人生的超越性。一个现实中的人如果意识到生命存在的普遍性才是我们人生活中的真谛的话，就不会完全埋首于现世的物质利益的获取和现代生活的享受，而会去追求超越性的东西，以实现生命存在的永恒性。

有一位25岁的青年，他的生活原本充满着打篮球、听音乐、飞车、舞会、出国游学等一切青春浪漫的生活，这一"青春飞扬的日子"在一次突如其来的大出血后戛然而止。面对医检报告，他无法相信自己得了肝癌，住院三周，他的生命便一去不返。向来视其为己出的叔叔心痛万分，彻悟般地说："生命是这般不能掌握，我每日汲汲营营只顾赚钱，到底所为何来。"一切物质性的东西，如金钱等都是可变的、易逝的、易失的，在人之生活中它们虽然不能少，但却无法使我们获得生命的超越性。所以，人们应该在现实的生活过程中，去多多进行精神性的创造，把自我之生命、心血凝聚成某种永恒性之物，如道德文章，如丰功伟业，如某项发明与创造，等等。当我们的生命必不可免地结束时，这些包含着我们心血的创造物便能够使我们的生命在死后永存。

（六）死亡教育方法

我们每个人必然要遭遇死亡，也没有必要回避死亡。因为"人不仅生存着，而且领会着自己的生存，要赋予自己的生存以意义，人不能忍受无意义的生活"，我们认为死亡教育应该定位为普通大众的通识教育，而非专业人士的私人领地。死亡教育只有植根于现实生活世界，与每一个人的自身的存在意义紧密联系起来，才能摆脱学科专家们各执一词的争论，也才能战胜他人对自身思想的征伐，成为真正能帮助人独自面对和承担存意义的有力媒介。基于此，我们应该了解死亡教育之于个体存在的本质与落实路径。

（1）死亡教育旨在在他者之中进行自我实现的谋划，不管死亡教育通过何种形式教授何种内容，对于教育场域中的个体而言都是对他人的存在意义的理解或诠释。现实生活世界中参与死亡教育的人们是一种彼此之间并没有太大差别的共在，我们通过对话和交往能够尝试去理解或诠释他人死亡对其整体的人生意义的昭示。不过"此在首先通过自身的世界来领会自身"，我们在对他人意义世界的了解过程中始终都在追寻自己的存在意义。因此，我们可以明确地说，每个个体必将因为自身在死亡方面的经验积累、直觉领悟能力、理性反思能力等方面的差异导致对潜在认识对象的个性化理解占支配地位，进而排斥来自他人提供的可能的理解方式。这种将他人的存在意义刻上自身的意向性理解的现实要求死亡教育在实践中增加个体的间接死亡经验积累、引导和提升个体的直觉领悟与理性反思的能力，从而帮助个体通过死亡把握自身的存在意义，肩负起个体在其所生活的具体历史情境中赋予自身的存在意义，最终成为自由和有所担当的向死而生的存在。因此，死亡教育必须对死亡的不同看法保持必要的宽容与开放的姿态。每个人都是现实生活世界里意义洪流里翻腾的水滴，同样的生存境遇因不同的意义赋予而成就个体独一无二的人生。

个人的生活世界中的死亡事件、死亡现象和死亡经验是属于个人的，我们所推崇的死亡教育不是要给个体一个正确的科学的死亡是什么的具体答案，而是教给其树立自身坚信的死亡观的方法。

（2）死亡教育倡导人类在实践中获得直觉的体验与领悟中建立基于现实生活世界的生活方式，是人类在与对自然的认识和改造过程中赋予自身意义和在人类的交往中与他人互动达成意义，共识的"求同存异"的最后结果构建和谐世界。人们对生命存在意义的关注很大程度上源于自然界、社会中生死现象的认识与理解。这种现实生活世界中的认识与理解通过经验构成个体生活的有机组成部分。即使人们对正常的死亡现象熟视无睹，也会被异常的死亡事件唤起对死的好奇心。这种好奇源于主体对生命的怀疑和追问，在这种怀疑和追问中获得对死亡的直觉体验与领悟。

因此，死亡教育首先要通过死亡事件为个体追问存在意义提供条件，然后由非常态的死亡关注过渡到由死亡构成的生命历程。死亡教育并不局限于学校系统的课程教授，而是普遍存在于社会生活中，草木凋零、亲人亡故、战争屠戮、瘟疫病毒等死亡事件在特定的仪式、场地、时间中不断以死亡现象的形式被人们以各种方式重新提起。死亡教育只有在实践中才能彰显其生命力。首先，组织个体参观各种被死亡笼罩的场所，将远离人们日常的死亡故事拉回个体的生活中。

其次，公开讨论生活中的各种死亡事件，个体对死亡的直觉体验和领悟通过对话形成复杂多元的意义之流。再次，个体通过参加各种具有祭奠性质的仪式活动等途径不断加深对死亡的体验和领悟。最后，个体在向死而生的人生过程中亲历并善待死亡的陪伴。

（3）死亡教育强调，"人是一切社会关系的总和"，人通过实践活动达成个体与人类、历史与现实的有机统一。个体的死亡必然造成对他人意义世界的撼动，因此死亡不是个体私事，而是社会生活中主体间的"意义共在"。对死亡的理解不可能进行深入的科学研究，也必须建立在前人的认识成果之上，这样才能寻找到自身存在意义的安身立命之所。

尽管个体的人都不能摆脱其所处的特定现实生活世界，有主体意识的个体仍然可以将他人对死亡的认识和理解所形成的观点，对死亡赋予各种生物的文化的精神的意义逐一拷问一番。死亡作为对人生存在意义的终极追问，如果人缺少这种自觉的理性反思与审视，那么个体的一生即使在别人看来活得再精彩再丰富再虔诚，也不过是经历了茫然不知所终的一生。死亡教育就是在时时提醒人们保持一种对既有死亡意义的怀疑和警惕，避免盲从与沦落，避免被他人奴役，成为别人思想的殖民地。

死亡教育是人在反思和追问自身的存在意义时产生的，希望在这种意义世界中的理性反思与审视中能让人获得对生命存在的价值或意义的洞明，获得心灵的安宁与自由。总之，目前升学应试仍为学校教育的主要目的，缺少对这种实践活动本身的意义或价值怀疑，而超越此种怀疑本身的对人生意义的追问被置若罔闻。这样的学校教育只是教人以压倒一切的效率追求生产力发展带来的优越的物质生活，是一种单向度的制造工具的生产线，而非帮助人的不断追求自我实现的教育实践。作为建基于现实生活世界的以培养对人生意义问题的批判能力为要旨的教育实践探索，死亡教育在国内绝大多数学校的发展都还处于酝酿或者萌芽阶段。我们应将死亡教育建设为呼唤正视现代社会中人的沦落，反思自身的存在价值，寻求人生意义和生活本真的重要实践途径。

（4）改造现实生活世界是死亡教育的宗旨。现实生活世界是在具体的历史情境中不断发展与生成的世界。其拒绝形而上的思辨，强调具体的实践活动是统一主客体的中介，从而在超越了以往以实体为终极存在的观点，将人引到一个动态的不断生成意义的意义世界。纵观历史，不同时代的人们在发现和认识死亡时有不同的态度和意义赋予。段德智教授将西方世界对死亡的哲学认识分为"死亡的诧异""死亡的渴望""死亡的漠视""死亡的直面"四个阶段正是属人的意义洪流不断奔腾向前的结果。

死亡教育之所以会产生并获得发展正是现当代人在"死亡的直面"过程中对现实生活世界的不满和反思的结果。"死亡是人的内在的规定性，它本身就属于生命，就属于今世生活。"对于每个个体而言，如何理解死亡必将受制于其所处的特定历史环境。因此，死亡教育的旨趣在于探讨不同历史环境下人们对死亡的疑问并发现或赋予死亡更适的属人意义，进而改造现实生活世界。

（5）引导正确识读死亡。由于生死教育的缺失，有人把死亡当作一种浪漫行为。他们为表达对朋友、对情感的忠诚，或者面对学习、感情或交往的失败等，会以寻求死亡来解决问题。因此，在中国进行死亡教育迫在眉睫。当然要考虑我国自古的死亡忌讳，死亡教育要注意形式上的循序渐进，避免操之过急而对学生心理产生不良的影响。学校教育应引导学生认识死亡，让学生懂得死亡是人及生物生命的停止，是人生旅途中不可避免的、不可逆转的生物学现象。教师要引导学生对死亡的必然性有正确的认识，对别人的死亡应持同情、尊重、缅怀的虔诚态度，要教育学生以科学的态度正视死亡现象，懂得并掌握保全生命的基本道理。处于死亡随时都可能发生的现代化风险社会，要防止学生在危机时刻，对死亡产生强烈的恐惧，因亲人及朋友的不幸去世而过度悲哀。教师要教育学生死亡并不可怕，因为我们没有经历死亡，也不可能经历死亡。当我们存在的时候死亡就不存在；当死亡存在时我们就不存在。还要引导学生积极地思考死亡，思考死亡让一个人心灵健康全面地成长，也能让我们拥有更好的人生态度，因为经过自省观察的人生才是值得度过的。

（6）学会体验死亡。我国是一个避讳谈论死亡的国度，人们面对死亡，往往会焦虑、恐惧和不安。因此，开展死亡教育一定要审慎。如果过分地忌讳死亡，会让学生对死亡产生神秘感和好奇心；过分讲解死亡，会对人产生负面影响。

死亡是每个生命的必然归宿，人类如何才能以更科学、积极的态度面对死亡，是我们当今研究的一热门课题，进而也促成了死亡教育学的诞生。死亡自古就是令人感到忌讳的词语，可它不会因为人们不去谈论而远离。无论地位高低、财富多少，任何人都难逃一死。避谈死亡，只能让人们更加恐惧和措手不及。如何面对死亡、面对丧亲之痛，大多数人只有在弥留之际才懂得人更好地活，才明白这辈子还有更重要的事需要自己去做。每个人都要面对与这个世界说再见的时候，准备好了吗？它是我们每个人都逃不掉的必修课。

学会面对死亡不是件容易的事情，一旦你学会了怎样去死，你也就学会了一辈子该怎么去生。死亡教育不是我们学校的必修课，可它是我们每个人人生之中的必修课。人只有学会了了解接纳死亡，才能够更好地享受眼下的生活。恰恰是看似冷酷无情的死亡才让证明了我们的生的意义和鲜活。

以循序渐进的方式让人正面体会生命的生、老、病、死等自然规律。学校可以经常组织学生到殡仪馆等地方去参观访问，或是让他们在父母或其他亲人的陪同下触碰尸体，或在教师的辅导下，到生命教育实景基地去体验灾难时的惊险、恐惧场面，提高对意外事故或灾难的认识，以减少意外死亡，也可以邀请一些"劫后余生"的人谈谈他们面临死亡时的心理感受，以及这种"死亡"经历对自己的生命所带来的震撼、恐惧与悲壮和"劫后余生"者对生命的珍爱、眷恋、执着，将会极大地丰富青少年的死亡体验。这样可以让学生获得直接的感性经验，亲身体会到死亡给人带来的悲哀和痛苦，从而更加的珍惜生命，热爱生活。生活在现代风险社会中，随时都有风险发生，教育学生在面对灾难时，学会战胜困难和挫折，学会保护自我从而保护他人。

先进人物事迹的宣传教育也可以培养他们在灾难面前不低头、不屈服的顽强意志力。学校也要引导学生通过对大自然中的万事万物的生灭、聚散、消长的变化有所认识和体验，珍爱生命。生命对于个体来讲，有且仅有一次。认识生命，感知生命的脆弱和可贵，感受到生命的无处不在。从而敬畏生命，珍爱生命。

死亡教育是基于这样的一个前提：所有人一出生就是走向死亡。人都有自己的预期寿命，我们在人生的不同阶段，是可以估计出自己的剩余寿命的。死亡教育不是要人们追求死亡，而是要人们学会认识死亡和正确对待死亡。死亡教育告诉人们在估计剩余寿命的基础上，科学、合理地规划人生，不断提高生命的质量，充分实现生命的社会价值，使唯一的、有限的生命过得有意义。倘能如此，则死亡教育就达到了它的目的。

四、濒临死亡

1. 濒死体验——体验死亡

虽然临终关怀和安乐死在中国曾经被热烈地讨论和被人们倡导过，死亡教育也很受关注，但时至今日，濒死体验问题仍然被视为神秘现象而很少有人涉及。从临终关怀和死亡教育的角度来说，濒死体验十分重要，不应被忽视。

2. 濒死体验的概念

濒死体验（near-death experience，NDE），是指那些已经被判断为临床死亡的人被救活后所报告的他们死亡时的主观体验。按照人们的通常认识，死亡具有非经验性的特征，然而西方一些著作家称，自20世纪70年代以来，有上千人经历过死亡后，又活了过来。这些人告诉了人们他们死后的体验，以及死亡是怎么回事。这就是以伊丽莎白、库布勒、罗斯、雷蒙德及穆迪为代表的医学界人士所开创的濒死体验研究。此后追随他们进行此类研究的人越来越多，并日益受到学术界、媒体和社会公众的广泛关注。在这种关注中，人们常会怀疑NDE是否确有其事。由于能够说出他们体验的那些人都是被医生从垂危状态成功复苏的患者，他们也许并没有真正死亡，他们的体验与那些真正走向彼岸世界的人的主观体验（如果有的话）是一致的吗？激进的研究者往往把NDE作为死后生命（灵魂）存在的证据。他们期望通过NDE研究能够发现人死后的世界是什么样子，而且要证明，人的死亡并不像人们通常想象的那样可怕，相反，死亡其实是值得人们期待的一种舒适的、令人心驰神往的幸福体验。如果这种结论成立的话，那么，人们对死亡的恐惧就是大可不必的，进而可以帮助濒死患者缓解心理压力，改善他们的晚期生活质量。对于患者家属来说，则可以放心地让患者去往他们该去的地方，既不必内疚，也无须悲伤。

3. 典型的濒死体验

研究者报告的NDE个案非常多，其内容差异很大，他们各自经历的阶段也不尽相同。但一般而言，下面的几个阶段是明显的：

突然感觉平和宁静，痛苦不复存在。脱离肉体，飘然而去，从全新的视角（通常是从俯视的角度）看问题。情感上得到解脱。飘向远方，通常到另一房间或大楼，去观察那里的情形。常以令人难以置信的速度被拖进黑暗的隧道，但光明就在前面，感觉越发轻盈，越来越快乐，充满爱意。在隧道出口处碰到某个人，常常是已经死去的亲戚或朋友，但有时也可能是宗教人物和人形光影。此人把他带到一个美丽的大花园内，那里可以听到美妙的音乐，碰见已故的亲人，甚至上帝。有人还称看到过闪着金光的城市。接着可能是回顾一生，有人说他们的一生像放电影一样闪过。他们会看到自己做错了什么，了解他们来到地球上的目的。这并不是裁判性质的，只是全身心沉浸在无限的爱意和理解之中。被告知要返回地球，通常是因为时辰未到，或者还有未竟的事业。他们会请求留下来，但他们的要求被拒绝，他们发现自己又返回凡胎，活了过来，有了意识。

研究者报告说，对绝大多数有过 NDE 的人来说，尽管在濒死之时，他们曾经要求留在他们所到过的地方，但是当他们活回来之后，都认为自己生活得更好了。一般的人会变得更加开通，较少追求物质的东西，转而追求更高的精神境界，而且有些人变得更加信仰宗教。

4. 濒死体验研究的历史

对 NDE 的探索可以追溯到 19 世纪末，先驱者是瑞士地质学家阿尔伯特·哈伊姆教授。哈伊姆曾于 1892 年在攀登阿尔卑斯山的过程中摔落，他以那时经历的 NDE 为基础，开始向有此经历的登山者进行调查。此后美国心灵研究会的希斯洛普（1918 年）、意大利的医生波察（1923 年）、英国物理学家伯特（1926 年）等各自发表的研究曾掀起 NDE 研究的热潮，但是以后的大约半个世纪处于休止期。

20 世纪下半叶，伊丽莎白、库布勒、罗斯和穆迪再次使 NDE 研究引人注目。这些人都是医学界人士，都将曾经作为精神世界的 NDE 研究发展成为包括医学、心理学、生物学、社会学等各学科领域的综合研究，不再是早期所谓的死后世界的探究，更集中注意力于医学，特别是晚期治疗、临终关怀等的影响结果的调查。

目前，NDE 的研究大体上可分为两个流派：一个是仅从濒死的状态或从已认为死亡的状态苏醒的人谈的体验为对象的研究，这个是主流派。另一个是调查实际临死之前患者体验的事情。这两者虽然在对死后表现什么样这一点上意见一致，但是研究内容还是有很大不同。他们分别发现，濒死体验者在苏醒后大多有去到另一个世界的感觉，而临终者的话语中则大多有天使来迎（即死期临近的感觉）。

此外，最近的研究中出现了对 NDE 的证明。而这也正是 NDE 研究面临的新挑战。对 NDE 的研究者来说，收集资料并不困难，据说他们已经搜集到世界各地成千上万的个案。但是怎样让那些一向坚信唯物主义的人们，尤其是科学界同行相信他们的研究是真实的则是个难题。确实，NDE 的研究往往与一向被科学界不屑一顾的通灵主义牵扯不清。况且，有关灵魂的观念早就伴随着中世纪以来上帝死了的哲学反思和宗教批判被人们抛到历史的垃圾堆里。

在当今科学技术发展日新月异的时代，物质的力量、科学的手段似乎成为人们唯一可以信赖的东西。这时再来谈什么灵魂问题，确实似乎不合时宜。不过，许多证明 NDE 现象科学性的实验仍然被研究者们进行着。据说，在德国曾进行过一次死亡试验，参加试验的有 42 位年轻力壮的男女志愿者。死亡试验的办法很简单：利用药物，使 42 位志愿者处于与死亡相似的完全失去知觉的境地。在 22 秒的短暂时间内，志愿者各有所获，他们各自看见了彩光、亲人。美国心脏病专家迈克尔·萨博就曾组织过一次"地狱考察"的活动，方法是用药物使一些人重度昏迷，又以高水平的抢救使他们复活，这些人的经历与上述试验结果相似。

5. 濒死体验的启示

到目前为止，人们已经很难否定 NDE 的存在。人们的疑问在于对它的合理解释。各地 NDE 的相似性说明 NDE 存在的普遍性，不管人类是否能够合理地解释 NDE 现象，只要人们承认 NDE 在人的临终阶段是普遍存在的，那么实际上就给人类征服死亡的恐惧提供了一个心理支柱：死亡并不可怕，而且某种意义上，那是一次奇妙的生命之旅；濒死与死亡都是人类生命的一个必不可少的组成部分。此外，对于多数人来说，NDE 也许是造物主给予他在这个世界的最后一件礼物。

我国从 20 世纪 80 年代就开始关注临终关怀，将这一事业作为医学人道主义的重要体现。但实际上，我国医务人员更多地把临终关怀视为对患者临终前肉体痛苦的控制，而实际上，对于身处生命末期的患者和关爱他们的亲人来说，心理的痛苦更可怕。那是一种身心交瘁的折磨。我国缺乏死亡教育的文化传统和社会环境，缺乏对患者临终状态体验的关注，这些都常常使濒死患者处于孤独之中，产生被抛弃的感觉。而这种状况恰恰和临终关怀的初衷相悖。因此，我们建议在我国医学界开展濒死体验的研究，并在适当的时候应用于临终关怀。

人在世间会遭遇上许许多多的痛苦、灾难和困境，但要指出人生最悲惨之事为何？人们大概都会同意是死亡。死是生之反面，它使我们无时不处于一个生活可能突然中断的危险之中，它引发了我们最大的心理不安，最深的生理上的悲伤，以及最强烈的精神上的焦虑、痛苦和恐惧。因此，世间之人在埋首孜孜为利之时，千万不要忘记要解决的人生问题，就必须要去关注死亡问题。只有将人之死亡问题解决好了，人生的问题才可能得到最终的解决。人之死亡问题的复杂程度应该说要超过人生的问题。

要解决人之死亡问题，不仅要求之于科学观念，更要求之于哲学的智慧、宗教的学说，以及更重要的东西——人们对死亡的深思、静思、沉思，在此基础上才能达到对生死问题的悟解，并最终消解死亡问题。人人皆啼哭着来到这个世界上，因为那时我们天真纯朴，无思想、无观念、无看法表达；可我们每个人皆不希望自己也哭着离开这个世界。

因为，这时的我们不仅有了丰富的社会人生的阅历，还有了文化与知识，形成了思想、观念和看法，拥有了理智与信念。为达到对死亡的安然态度，我们必须去透视死亡、悟解死亡，为死亡的降临作好必要的生理与心理的准备。在那一刻终于到来时，我们就一定能坦然地甚至欣然地投入它的怀抱，获得永久的安息。如此，我们便获得了生死的高品质，实现了人类生死两安的最佳境界。

五、培养学生的死亡悲剧意识

喜剧是将人生有价值的东西撕破给人们看，而悲剧则将人生有价值的东西毁灭给人们看。大师朱光潜曾经说过，中国文学在其他方面都灿烂丰富，唯独在悲剧这种形式上显得十分贫乏。悲剧给人带来的是一种厚重感、悲壮感、崇高感。悲剧之所以具有价值是因为它是人的一种意识，人通过对死亡的悲剧的意识而给自己的生命带来启示和意义。教育中培养学生的悲剧意识是十分必要的，面对死亡这种悲剧性的事件，要做好心理准备。处于现代的风险社会，死亡悲剧的发生是无时无处不在的。在悲剧里面，人生可怕的方面被展示给我们。我们看到了人类的悲哀，机运和谬误的支配，正直的人的失败，邪恶的人的胜利。悲剧就是对于世界和人生的觉醒。

死亡教育就要注意引导学生去追求本真的生存。所谓"本真生存"是指那些明确清醒地知道自己的生存是"向死而生"的生存。学校应该教育学生树立一种"本真生存"的意识，并引导学生积极地去追求本真的生存，过一种"本真生存"的生活。当然还要鼓励学生建构超越死亡的意识。超越死亡首先应建构"超越性的视野",即活着的人要立于死亡的基点来考虑人生问题,来确定自我的生存之道和为人处事之道,并具备"超越性的人生理想",进行"超越性的人生操作",即人们不以物质性享受为最高追求,而是充分发挥自我,创造出某种永恒之物,借助于此,摆脱了死亡的恐惧,从而真正实现了超越死亡。

死亡是人的一种宿命。死亡教育是教育不可或缺的组成部分,通过死亡教育,可以让我们更加深入地了解生命的真实过程。风险社会并不可怕,需要我们树立正确的生死观,面对死亡要处之淡然,以正确的态度对待生命,尊重和热爱生命,并在超越死亡中升华生命的真谛。

死亡教育要达到前者的积极效果,消除后者的副作用,就必须在教学方法上动脑筋。让学生集体写遗书,引起轩然大波。有人称这是引导学生直面生死,消除死亡的神秘感;有的人则认为此举会在无意中诱导学生寻死。其实,这两种观点都有一定道理。在死亡教育课上,老师们总是习惯于让学生们写遗书、墓志铭,并且去殡仪馆触摸尸体及观看火化过程。这种形式固然可以达到"直面生死"的目的,但对于少数心理素质不好的学生来说,则显得残酷了一些,弄不好,就会在学生心中留下阴影,从而引发副作用。其实,死亡教学可以更多地采用讨论的形式或戏剧表演的形式。有些教具则完全可以用植物代替,特别是对于幼儿园与小学的学生或心理素质较差的高年级学生,这种方法是非常可取的。例如,一棵禾苗的"出生"到"死亡"的过程,它可以自然死亡,也可以人为地将其"夭折"。这样展示可形象地诠释这样道理:正常死亡可创造成果,非正常死亡则颗粒无收。此外,我们还应当注意到,死亡教育不能想当然,不能脱离心理教育单独进行。现实中,一些学生之所以轻视生命,有的是因为家庭环境,有的是因为社会压力,有的则是感情纠葛。忽视这些外在因素,仅就事论事地让学生认识死亡真相,必然达不到最佳效果。

中国死亡教育的特点如下:

对死亡学和死亡教育的研究也只是局限于学术界少数专家学者范围内抽象的理论研究,很少涉及教学实践。即便是在中国港澳台等生命教育开展力度相对大一些的地区,死亡教育的发展仍然处于较混沌的状况。可以看出,和西方国家的高校相比,中国的死亡教育实施起步较晚,发展也相对落后。这主要取决于中西方文化背景的差异。在中国先秦至今2000多年的传统文化中,儒家与道家文化相辅相成、互补渗透,构成了中国文化的两翼。虽然在中国漫长的学术发展史上不乏涉及死亡问题的死亡教育,它的开展与一个国家和民族的传统文化及历史观念有着密切的联系。其内容是探讨生死关系,传授死亡知识的一个教学历程,它的开展蕴含在人们的日常生活之中。在我国,人们对于死亡教育的理解正处于"百花齐放,百家争鸣"的状况。一些界定中明显强调对"生"的理解,而轻视对"死"的深思。对"生"的重视和对"死"的忌讳形成的鲜明对比和中华民族的悠久历史和文化传统有很大的渊源。这就决定了起步阶段,我们应用"生死教育"的概念来替代西方的"死亡教育"。把死亡学扩充至生命学,使得活着的人先通过对"生"的体验,然后影射到对"死"的深度了解,逐步唤醒人们内心对死亡教育的潜在意识。随着这种生死教育的扩展,最终用"死亡教育"的概念替代"生死教育"。在各个阶段,通过对生死问题的探讨,形成一套有关死亡教育的理论基础,并把这些理论应用于现实生活中,以期解决目前的种种问题。

六、高校实施死亡教育的对策研究

1. 改变大学生传统的思想观念

一个人的思想观念会直接影响其思维方式和个人价值观的形成，这种思想观念的形成是在特定的时代背景和文化传统下长期习惯性思维的沉淀，它具有相对稳定性。自古以来，我国就有忌谈死亡的民俗习惯和文化背景，把死亡看成是阴森可怕的事情，把谈论死亡当成不干净、不吉利的话题。这种内心对死亡的无知和排斥，引发了对死亡的恐惧感和焦虑感。古老的传统观念的沉积是造成大学生对死亡理性思考的意识淡薄的原因之一。随着科学技术的发展，人们应用高科技处置尸体的能力越来越强，有时死者家属还未来得及对已逝亲人做最后告别，遗体就在几秒钟内化为灰烬，让失去亲人的悲痛在处理后事的忙碌中变得越来越淡。甚至，为了让已逝者的灵魂得以安息，死者家属往往会从多方面进行掩饰，尤其当儿童问起涉及死亡方面的事情，大人们总是闪烁其词，用敷衍的口气和含糊的答案来回避他们的疑问，有时还会用欺骗的方式来扭曲死亡的事实和本质。这种死亡概念的模糊是造成大学生对死亡意识淡薄的原因之二。针对以上两个原因，在高校中实施死亡教育，首先要用死亡知识给学生"洗脑"，转变他们的思想观念，使其敢于公开讨论死亡的话题，采取不避讳、不逃避的态度，正确面对生活中死亡现象的发生，解除对死亡的忌讳和恐惧。了解生与死的不可避免性，体会失去亲情和亲人带来的痛苦与思念，树立正确的死亡观，就像面对生一样坦然地面对死。

2. 开设系统的、完整的、独立的死亡教育课程

对大学生的死亡教育应侧重于理性层面上的思考。通过对学生进行"死亡哲学、社会学、美学"等方面知识的传授，使每个大学生能全面、准确地获得有关死亡方面的知识，当我们对死亡愈了解，则对于生命的看法就愈积极，进而能够真正领悟生命的意义。学校不仅要定期安排讲座、节目，通过专家对死亡知识的传授，进行学术性交流，从更深层次上对死亡教育进行理解；而且要时刻关注世界最新研究动态，翻译介绍有关死亡教育方面可借鉴的理论知识，批判继承地吸收国外经验，并根据我国国情，努力寻求高校开展死亡教育的工作规律，深入探讨高校实施死亡教育的方针和政策，鼓励教师、学者探讨死亡教育问题。

3. 提升学生的人文关怀——如何更好地生活

在当今这个存在风险的社会，死亡问题愈加凸显。人们缺乏对死亡的正确认识，没有树立正确的生死观。生命意识缺失，虐待生命，游戏人生，漠视生命等一系列现象值得我们深思。在面对风险时，如何正确对待死亡及更好地超越死亡。社会生活中生与死的问题是我们教育的必然使命。

由于中国传统文化的生死禁忌和功利主义教育观念的影响，死亡教育又是教育中最容易受忽视的一个内容。我们的教育在特定的价值取向指导下对学生生命价值的无视与抹杀、死亡教育的缺席与遮蔽，正如内尔·诺丁斯所言："死亡问题在学校里也基本上不被重视，除非有悲剧事故发生了。"

如果学校不对学生进行死亡教育，就无法消除学生缺乏生命意识的现象，而生命意识的缺乏将会导致学生不能善待自己和他人的生命，不能意识到生命的神圣性、唯一性、崇高性和不可替代性。对死亡的过度恐惧也导致我们对生命危险的无限放大和对社会责任的逃避,引导学生正确识读死亡。

由于生死教育的缺失,有的青少年把死亡当作一种浪漫行为。他们为表达对朋友、对情感的忠诚,或者面对学习、感情或交往的失败等,会以寻求死亡来解决问题。因此,进行死亡教育迫在眉睫。当然要考虑我国自古的死亡忌讳,死亡教育要注意形式上的循序渐进,避免操之过急而对学生心理产生不良的影响。

学校教育应引导学生认识死亡,让学生懂得死亡是人及生物生命的停止,是人生旅途中不可避免的、不可逆转的生物学现象。教师要引导学生对死亡的必然性有正确的认识,对别人的死亡应持同情、尊重、缅怀的虔诚态度,要教育学生以科学的态度正视死亡现象,懂得并掌握保全生命的基本道理。处于死亡随时都可能发生的现代化风险社会,要防止学生在危机时刻,对死亡产生强烈的恐惧,因亲人及朋友的不幸去世而过度悲哀。

要引导学生积极地思考死亡,思考死亡让一个人心灵健康全面地成长,也能让我们拥有更好的人生态度。因为经过省察的人生才是值得过的。

4. 引导学生学会体验死亡

我们是一个避讳谈论死亡的国度,在现实生活中,人们面对死亡,往往会焦虑、恐惧和不安。因此,开展死亡教育一定要审慎。如果过分地忌讳死亡,会让学生对死亡产生神秘感和好奇心;过分讲解死亡,又会有学生以死亡威逼父母或老师等负面影响。因此,我们要学会以循序渐进的方式让学生正面体会生命的生、老、病、死等自然规律。学校可以经常组织学生到殡仪馆等地方去参观访问,或是让他们在父母等亲人的陪同下触碰尸体,或在教师的辅导下,到生命教育实景基地去体验灾难时的惊险、恐惧场面,提高对意外事故或灾难的认识,以减少意外死亡,也可以邀请一些"劫后余生"的人谈谈他们面临死亡时的心理感受,以及"这种死亡"经历对自己的生命所带来的震撼、恐惧与悲壮和"劫后余生"者对生命的珍爱、眷恋、执着,将会极大地丰富青少年的死亡体验。这样可以让学生获得直接的感性经验,亲身体会到死亡给人带来的悲哀和痛苦,从而更加的珍惜生命,热爱生活。清明节祭扫烈士墓,就是很好的死亡教育。生活在现代风险社会中,随时都有风险发生,教育学生在面对灾难时,学会战胜困难和挫折,学会保护自我从而保护他人。先进人物事迹的宣传教育也可以培养他们在灾难面前不低头、不屈服的顽强意志力。学校也要引导学生通过对大自然中的万事万物的生灭、聚散、消长的变化有所认识和体验,珍爱生命。

生命对于个体来讲,有且仅有一次。认识生命,感知生命的脆弱和可贵,感受到生命的无处不在。从而敬畏生命,珍爱生命。

5. 引导学生追求"本真的生存"

死亡教育就要注意引导学生去追求本真的生存。所谓"本真生存"是指那些明确清醒地知道自己的生存是"向死而生"的生存。学校应该教育学生树立一种"本真生存"的意识,并引导学生积极地去追求本真的生存,过一种"本真生存"的生活。当然还要鼓励学生建构超越死亡的意识。超越死亡首先应建构"超越性的视野",即活着的人要立于死亡的基点来考虑人生问题,来确定自我的生存之道和为人处事之道,并具备"超越性的人生理想",进行"超越性的人生操作",即人们不以物质性享受为最高追求,而是充分发挥自我，创造出某种永恒之物，借助于此，摆脱了死亡的恐惧，从而真正实现了超越死亡。

七、死亡教育的实施

（一）合理设置死亡教育课程

开设独立的生命教育课是学校实施生命教育的最基本的途径。为生命教育设置专门科目和课时，可以使生命教育课程系统化、完整化，有助于课程内容之间的整合和衔接，使学习内容更加系统和集中，降低实施的难度，有利于引起学生对生命教育这门课程的重视。高校的专业课与公共课教学是相辅相成的，因此在进行公共课程改革时，应该把生命科学纳入教学体系中。现在吉林省某些医学院校结合自身特点，已经将生命教育课列为必修课，教育教学成果显著。高校应将死亡教育纳入生命教育之中，或者单独开设死亡教育课程，引导学生正确对待死亡，使学生系统全面地了解死亡的生理过程、死亡心理反应、死亡的本质、生死的内在关系等方面内容，帮助其树立育，以团队辅导的方式带领大家感悟死亡、重新诠释对死亡的理解，以新视角来审视生命。

正确的死亡观，应削弱学生对于死亡的神秘与恐怖感，从而感知时间的紧迫与生命的可贵，由"死"观"生"，自觉地进行自我定位，积极乐观地面对人生。激发教师生命教育情怀教育学家杜威认为，所有教育改革都取决于从事教师职业者的素质和性格的改革。

（二）培养开展死亡教育的教师

第一，高校要强化师资培训，提高教师的专业素质。在生命教育师资选拔上，可借鉴台湾的做法：把教授与生命教育有关学科的教师，如心理学、生理学、伦理学等学科的教师，以及热爱生命教育的教师集中起来，进行生命教育课程的培训。同时要倾向于选拔那些热爱生活、积极向上、充满活力的具有人格魅力的教师，只有教师自身洋溢着对生命的热忱和崇敬，才能够通过自身的人格魅力，言传身教地感染学生，传递积极正向的信息。

第二，教师除具备专业素质外，还要具备敬畏生命意识和关爱生命情怀。教师本身必须提升自己的生命意识，热爱生命、敬畏生命、关怀生命，对自己的生命充满热忱和感激。在自我生命不断完善的基础上用心去感染学生、感动学生、感化学生。

第三，教师在教育过程中创新创造教学方法和模式。这就要求教师在课堂生命教育对于每一个人都是必需的教育，也是终身的教育，而死亡教育只是生命教育的一种表达方式。当代大学生应该意识到生命的短暂，用一种豁达、智慧的态度去看待生活，去实践生命。拥有死亡意识的大学生不仅会将自己的生活安排的有序合理，同时也提示大学生要具有感恩情怀，哪怕对陌生人，也要用友善的态度去面对，这样才能敢于担当，尽情绽放生命之花。

死亡教育依托于死亡学这门新兴学科，而死亡学具有综合性和交叉性的特点。因此死亡教育从内容上看，应该是涵盖面非常广泛的。虽然死亡教育的内容具有广泛性特点，但根据国外死亡教育的理论和方法，并结合我国死亡教育还处在开创时期的具体情况来看，我国死亡教育还只适宜在基本的层面上展开。

死亡基本知识教育。死亡基本知识主要是指，死亡的概念、定义和死亡判断标准，死亡的原因与过程，死亡的不同方式及死亡方式的选择，人类死亡的机理，死亡的社会价值与意义，思想家对死亡问题的基本探讨，与死亡现象有关的人类活动等。死亡基本知识教育可以让人们初步认识和了解死亡，近距离接触死亡，形成对死亡的客观、一般的认识，并在一定程度上消除人们对死亡的恐惧，树立死亡不可怕的观点。

死亡与生命辩证关系教育。人们习惯于把死亡看成外在的、陌生的和对抗生命的东西，但这样的认识割裂了死亡与生命的辩证关系，不能使我们真正认识死亡现象及其本质。正如德国现代神学家云格尔所说，"就人的生存而言，死不仅是全然陌生的，它同时是我们最切身的真实存在。在我们的生命中，也许很多东西甚至一切都不确定，但我们的死亡对于我们是确定的。"生命与死亡是辩证统一的，有多少生命现象，就有多少死亡现象。我们成为人类生命的那一刻，就注定了必死的命运，任何人都无法逃脱。死亡教育帮助人们树立生死辩证统一的观点，以生来看待死，以死来看待生，坦然面对生与死。

（三）死亡心理教育

死亡心理教育主要包括以下几个内容：一是死亡态度的教育，使人们了解不同群体的死亡态度，树立正确的死亡态度；二是临终死亡心理的分析与教育，帮助人们了解人类个体在临近死亡时心理的变化过程，帮助人们顺利走完人生的最后旅程；三是家属居丧悲伤与辅导，帮助死者家属尽快从失去亲人的悲伤中走出来，恢复正常的社会生活；四是对"死后世界"的教育，使人们明白死后世界在物质转换上和在精神上存在的意义，消除人们因为死亡产生人生无意义的心理。

1. 优死教育

死亡是属于生命的，优死与优生是对立统一的关系，优死教育就是要求人们像对待生命那样对待死亡。优死教育一是要帮助人们消除对死亡的恐惧，树立正确的死亡观；二是要人们优化人死后的仪式活动，尽量减轻家庭和社会的负担，避免出现因个人的死亡而损害和降低其他家庭和社会成员生活质量的情况。优死教育要人们以良好的心态来关注死亡现象，正确面对自己和他人的死亡。

2. 死亡权利教育

生命属于个人，也属于家庭和社会，因此人对生命的处置权是相对的，也就是说人的死亡权利是相对的。死亡权利的教育可以使人们了解到，在一般情况下，无论是自己或他人的生命都应该受到尊重和保护，人们不能随意行使死亡权利来处置自己和他人的生命。但在特殊的情况下，人们死亡权利的行使恰恰是对自己和他人生命的尊重。例如，在患严重疾病导致生命质量严重下降，而根据现有医疗条件又无治愈可能的患者，行使死亡权利是维护生命尊严的有效方法；行刑者处置死刑犯人，也是对他人生命和财产的有效保护。

死亡教育的目的指向人的生命。死亡教育"帮助个人了解死亡，增进人们把握生命意义，并提供人们检视死亡的真实性及其在人生当中所扮演的角色与重要性"。死亡教育不仅仅在于要人们认识到死亡对每个人类生命的真实性、客观必然性和不可避免性；还要使人们认识到生命的有限性，促使人们珍惜生命和现在。

死亡教育对于健康的生者有着尤为重要的意义。因为对于临终者来说，死亡教育仅具有"死"方面的意义，而已经无助于他们的"生"；只有对于生者，死亡教育才具有"死"与"生"的双重意义。死亡教育促成人们对死亡本质的正确认识。死亡是什么，这是困扰人类的一个关于死亡本质的难题。原始死亡观把死亡归结为外在于人的东西；自然死亡观把人的死亡等同于其他事物的消亡；宗教死亡观和唯心主义死亡观则否定死亡的终极性，把死亡理解为人的不同生活方式转换的中间环节。马克思以前的唯物主义在回答死亡本质问题上，虽然肯定了死亡的客观必然性和物质消亡性，但他们不能科学地、合理地把握自然与社会、个体与社会的辩证关系，因此也没有正确地回答死亡的本质问题。

马克思主义哲学从物质与精神、社会与的人辩证关系角度出发，主张通过死亡现象去认识和把握死亡的本质，提出了死亡本质社会性的基本观点，为我们认识死亡的本质提供了正确的途径和方法。死亡首先是一种物质现象，但其最重要的却不是物质性，而是社会性。死亡的物质性只是它的表象，社会性才是它最深层的本质。死亡教育使人们正确把握死亡的社会本质，从社会关系的角度来认识生命和死亡现象，从而把死亡理解为一个社会性的事件。死亡教育是使人们完整理解生命和提高生命质量的重要途径。

马克思曾经说过，"全部人类历史的第一个前提无疑是有生命的个人的存在。"对于人来说，生命只有一个。因此人类生活的全部意义就在于使这唯一的生命活得有价值、有意义。在个体的层面上，每个人都有唯一的生命，这唯一的生命都是有限的，并且最终都会面临死亡。在这一点上，生命没有本质的区别，最多只有量的差异。但在社会层面上，人的生命却会呈现出完全不同的社会价值和社会意义。也就是说，人的生命一旦与社会和他人联系起来，是有质量高低之分的。高质量的生命，应该是为社会和他人做出贡献多而大的生命，其社会价值为正；反过来，低质量的生命是个人索取大于个人的社会贡献，其社会价值为负。

死亡教育可以使人们认识到生命是有限的，生命的质量不在于长而在于精，在于对社会的贡献。死亡教育还要使人们明白死亡不是走向寂灭的虚无，而是最终确定一个人生命质量高低的标准和工具。人只有通过死亡，才能凸显生命存在的意义，也才能最终实现生命的价值。死亡教育帮助人们树立正确的死亡观。死亡观是人们对死亡的内容、本质、价值和意义的根本性的观点，它既是世界观和人生观的有机组成部分，又是人类对自身生命和死亡现象认识深化的必然结果。

死亡教育的一个主要目的，就是帮助人们形成正确的死亡观。思想是行动的前提，死亡观是人们正确处理与死亡有关的各种关系的前提和基础。通过死亡教育树立正确的死亡观，人们才能够正确认识死亡，科学把握死亡的本质和内容；也才能真正认识到生命本身的价值和意义，并在此基础上认识到通过社会实践去实现有限生命的价值的重要性和紧迫性。

死亡教育有助于消除和缓解人们对死亡的恐惧。对死亡的恐惧是人类最常见、最深刻的恐惧之一。人类为什么恐惧死亡，最重要的原因是不了解死亡。当我们不了解死亡的时候，它就是悬挂在人们头上的一把达摩克利斯剑，使人们每时每刻都生活在对死亡的恐惧之中。而通过死亡教育使人们认识和把握了死亡的本质后，人们就可以想办法去超越它，否定它，甚至坦然地接受它。死亡不应该是一个人们恐惧的对象，它内在于我们的生命之中，是人类生命中不可缺少的一个组成部分，没有死亡，生命也就不是一个完整的生命。明白了生命和死亡的包含关系，人类也就最终会像对待生命那样来对待死亡。

死亡教育不是针对将死者的临终教育，而是针对每个生命的普遍教育。死亡教育应该成为人生的全景式的教育，因为人在一生中可能只有一次机会面对自己的死亡，但却在人生的所有阶段都要面对无数他人在不同时期的死亡，并且我们也无法预知自己的死亡。因此死亡教育对所有的人来说都是必需的，它是一种准备，可以避免在死亡来临的时候手足无措。

死亡教育既有普遍性，又有特殊的针对性，这也就决定了死亡教育不可能采取单一的形式，而是具有多样化的途径与方法。死亡课程教育。在西方发达国家，有数以千计的大学将死亡教育列入教学课程。死亡课程教育应该是学校开展死亡教育最好的、也是最主要的形式。

（四）学校的死亡教育

在中小学，我们可以开展生命基本知识和死亡基础知识的常识教育，帮助中小学生树立热爱、珍惜生命的生命观和死亡客观性、必然性的死亡观。在大中专院校，我们既可以开设死亡学、死亡哲学和死亡社会学等专门课程，让大中专学生系统地接受死亡教育，也可以把有关死亡教育的内容渗透在思想品德课和马克思主义基本原理等公共课程的教学中，让大中专学生在树立正确世界观、人生观的同时，也树立正确的死亡观。

1. 死亡机构教育

机构教育是死亡教育社会化的主要形式，其对象是广大社会成员。机构教育又可分为两种：一种是官方性质的死亡教育组织，是由国家行政部门建立的死亡教育的管理和宣传机构，并由国家提供资金、人员、物资等开展规范性的死亡教育活动；另一种是非官方性质的死亡教育组织，一般由民间社会团体和社会成员组成，资金主要来源于个人和社会的捐赠。根据教育对象和紧密程度又可分为四类：第一类是针对健康者的死亡教育组织，如日本的"生与死思考协会"；第二类是针对临终者的固定的死亡教育组织，如临终关怀机构；第三类是针对临终者的非固定的死亡教育组织，如民间组织的抗癌组织等；第四类是可以设立死亡教育方面的咨询机构，建立死亡教育电话专线，聘请死亡教育专家提供死亡教育方面的服务。

2. 死亡舆论教育

舆论教育是现代社会死亡教育的主要形式之一。

死亡教育要充分利用舆论的力量，借助于舆论在社会上广泛宣传死亡教育的重要性、必要性，形成死亡教育的舆论阵地。报纸、杂志要约稿或积极刊发有关死亡教育方面的文章，出版社要积极出版死亡教育方面的专著，广播电视也应该制作有关死亡教育方面的专题节目，其目的就是要使更多的现代人接受"死亡学"这一新兴的学科，并同时认识到死亡教育对每个人的重要意义，真正使死亡教育成为现代人受教育内容的重要组成部分。死亡体验教育。体验是最好的教育方法。死亡教育中的体验教育，就是要现代人不要逃避死亡，多参与到与死亡有关的各种活动中去，如参与到患者的临终时刻、殡仪馆的遗体告别仪式等死亡现场，如四川汶川大地震，我们在全国哀悼日参与相关的哀悼活动，在这种凝重的场合，营造一种震撼心灵的气氛，人会亲身感受死亡的庄严和肃穆，从而使人们受到深刻的死亡教育，认识死亡的残酷，感觉到人的生命的珍贵，意识到只有热爱和珍惜生命，在社会中通过实践去实现生命价值，才是真正的有价值、有意义的人生。

第二篇 死亡法学

　　死亡法学是对死亡事件处置有关的法律、法规的建设法学设计的思考。法学内容博大深厚,对死亡事件处置进行有关法学方面的探讨,在国内外属于首创,难度很大,故在写作内容处理方面,独立成篇。

第五章　死亡法学概述

第一节　死亡中的法律问题

20世纪70年代以来，西方发达国家中展开了关于死亡学的研究。死亡学涵盖了死亡哲学、死亡伦理学、死亡社会学、死亡美学、死亡教育学等诸多学科。当死亡问题关系着个体生与死的社会秩序的控制时，死亡问题也成为立法和公共政策关注的对象。脑死亡、安乐死、尊严死、器官捐献、遗体捐献、尸体解剖等概念，渐渐为人们所熟悉，它们不再是医学专家的专有名词，而与个人的命运、社会组织的关注紧密相连，甚至引发了一场场社会运动，改变着人们的生命价值观，也急需立法和司法审判体系做出相应的回应。

现代医学控制死亡技术的发展推动了人们对死亡问题的深入研究。临床医学实践，打破了传统的死亡定义。心脏停止跳动和呼吸停止的死亡标准受到了挑战，技术手段的干预可以延长濒临死亡患者的生命。于是，争议出现了，对不可逆的临终患者生命的挽救，是延长生命，还是延长死亡？

1976年美国著名的"昆兰案"（Karen Ann Quinlan），新泽西州最高法院同意患者家属撤除植物人昆兰的人工呼吸器，这一判决开创了有关人员有选择患者死亡的权利，在美国历史上是空前的。2005年美国又发生了罹患绝症患者是否有权安乐死的"泰莉案"（Terri Scjiavo），联邦最高法院拒绝审理是否同意家属让陷入昏迷多年的妇女泰莉拔除喂食管的请求，等于宣告了脑死亡患者的监护人享有决定患者拔除喂食管的请求，即终止人工维持生命的权利。除了植物人死亡权利行使的判例外，患者自主申请自然死亡的判例也出现了。2002年3月22日，英国高等法院做出判决，一位43岁的女性有权要求医生撤除其维持生存的呼吸机。1年前，她的颈部血管破裂导致瘫痪，在无助的条件下不能呼吸。她认为这样生不如死，便向法院请求判决她有权死亡。这是英国第一例神智完全清醒的患者申请终止其维持生命的治疗。

关于死亡的相关权利，不仅引发了司法判决探讨与实践，同时也推动了相关事物的立法。1976年美国加利福尼亚州通过了《自然死亡法案》（*Natural Death Act*）。该法明确规定了不治之症末期病患有权利做出拒绝治疗的决定。1994年全美各州都通过了类似的立法。1985年美国统一州委员会提出《统一末期疾病患者权利法案》（*Uniform Right of the Terminally Ⅲ Act*），该法允许个人预立遗嘱，在其处于疾病末期或无法参与医疗决定时，可以借助预立的医嘱指示医师保留或撤除其维持生命的治疗。1989年修订时，增加指定医疗代理人的范围，即在欠缺患者预立医嘱时，可以由近亲属在不违背可能得知的患者意愿的情况下，同意主治医师保留或终止维持生命的治疗。2002年荷兰通过《安乐死法案》，成为世界上第一个安乐死合法化的国家。比利时继荷兰之后通过《安乐死法案》成为第二个容许安乐死的国家。我国台湾地区于2000年通过的"安宁缓和医疗条例"是亚洲第一部针对临终关怀和自然死的规定。除了死亡标准和死亡权利的立法外，各国还在死亡认定、尸体处置、遗体和器官捐献等方面进行了立法。

与西方发达国家相比，我国的死亡法学研究起步较晚，1988年我国举办了第一次全国性安乐死学术研讨会，来自全国17个省市的法学、哲学、社会学、医学方面的近百名专家聚集一堂，展开了热烈的讨论，提出了开展死亡教育、更新死亡观念的问题。除了安乐死讨论外，临终关怀也开始了理论讨论与实践。1988年10月天津医学院在我国大陆成立了第一家临终关怀研究中心。1988年10月上海市南汇护理院创建了我国第一家临终关怀医院。1992年北京成立了专门为老年患者服务的"临终关怀机构"——松棠医院。随后，全国各地先后设立了临终关怀机构。但从立法层面看，我国尚无脑死亡立法、临终关怀立法、死亡管理立法，许多规定都分散在部门规章、规范性文件中，且制定年代较早，如1979年的《尸体解剖规则》。近年来，安乐死合法化、脑死亡与器官移植、临终关怀与老龄化社会、尸体处置与遗体捐献等方面的现实需求和社会实践产生的诸多困境，凸显了我国在死亡立法上的滞后与不足。例如，由于人体死亡认定没有明确的标准，在执行死亡认定的操作方面，也没有技术规范或操作指南。在国内医院被认定死亡的个体，到殡仪馆后发现个体并没有死亡的情况并不罕见。又如，由于我国目前没有尸体解剖、防腐、保存、包装、运输、火化、埋葬，有争议尸体的处置，个体死亡信息的发布等尸体处置相关的法律法规，导致一些与尸体有关的事件无法得到有效处置。

死亡与法律的交汇或者说死亡带给法律的挑战与革新，意味着人类如何面对死亡，对死亡进行理智、科学的管控，而这些都是现代医学及社会科学研究的热点和难点，越来越引起社会的广泛关注。古往今来，无论医学科学如何发达、健康保健、疾病诊疗水平先进到何种程度，人类都不可避免地走向终点——死亡，死亡是人类永恒的宿命。人生的价值体现在人的整个生命活动中，从生到死都应受到关注、关怀、重视与保护。随着现代人们权利意识的提高，死亡被赋予了自然生理行为之外更多的社会属性，如死亡的尊严、死亡的自我决定权等几乎成为死亡选择权、遗体处置权等方面的伦理价值和法理基石。因此，患者及其家属如何能够积极对待死亡，豁达而正确地面对死亡，于法有据地处理死亡事件，是死亡成为一种法律行为的重要体现。

死亡中的法律问题按照死亡过程可以分为三个方面内容：①生命末期状态中的法律问题，包括临终关怀的立法与实践、自然死亡或尊严死亡的立法与实践、预立医疗代理人和生前遗嘱、植物人放弃治疗的法律问题、安乐死和医师协助自杀的法律问题等。②死亡时的法律问题，包括死亡标准及其技术的立法、死亡认定的法律程序。③死亡后的法律问题。尸体的法律属性和权益保护、尸体的处置权限、尸体解剖的法定程序、器官和遗体捐献的法定条件和程序、殡葬管理立法等。

每个人的死亡过程及尸体处置，受多种因素影响，虽然表现形式多种多样，但都不可避免地要经历这三个阶段。悠悠万事，生死为大，生要优生，死要优死。死亡问题是一个非常复杂的问题,涉及人类学、社会学、伦理学、医学等多个学科,涉及社会道德风俗、宗教信仰、经济文化、生态文明等诸多方面。死亡问题也是我们目前面临的重大社会问题,不仅对个人和家庭有着重大影响,而且直接影响社会和谐稳定,事关每个人的切身利益,事关经济社会发展及国家长治久安。

第二节 死亡法学的概念、研究对象和研究意义

死亡法学(science of death law)是以研究死亡这一特定社会现象及其发展规律的,以死亡所产生的社会关系作为调整对象的法律规范总和。死亡法学主要围绕三方面展开:第一,人的死亡的法律标准;第二,人的死亡权利和死亡方式的法律认可与制约;第三,人死亡后相关权益的保护。

死亡法学的研究对象存在于现实社会中的死亡行为所引发的影响到人的生命健康权、医疗自我决定权乃至个人自由权利的各种社会关系中。死亡法学以死亡法律规范、死亡司法案例、死亡社会事件及社会运动为研究对象,主要包括以下几方面内容:①死亡判定标准及其立法;②安乐死、尊严死的立法和司法实践;③临终关怀和预立遗嘱的法律制度;④尸体的法律属性和权益保护;⑤死亡认定的法律程序;⑥尸体处置权和尸体解剖法律制度;⑦器官和遗体捐献的法定条件和程序;⑧殡葬管理立法。

死亡法学是卫生法学这一部门法的重要组成部分,但是与医患关系法、医疗损害责任法等内容相比,死亡法学的研究和立法显得薄弱和滞后。然而面对人口老龄化、医疗技术干预死亡自然进程、人们对生命质量和尊严认识的改变等一系列社会现实,死亡法学法也必将要有所作为,体现人类对死亡进行社会控制的智慧。因此,死亡法学的研究意义在于:①依法治国,建设社会主义法治国家的需要;②应对人口老龄化,发展医疗卫生事业的需要;③解决"优死"全新课题,体现人的生命质量和尊严的需要;④通过立法和司法,承载全社会死亡教育的需要。

第六章 特殊死亡方式的法律制度

第一节 安 乐 死

一、安乐死的概述

安乐死作为一种特殊的死亡方式其出现的历史很长,最早可以追溯到古希腊时期,但从其出现的那一天起就伴随着巨大的争议,支持者有之,反对者呼声也甚高。作为人类永恒存在的一个终极命题,"死亡"从来没有淡出过人类的视野。作为有别于正常死亡方式的一种特殊死亡方式,"安乐死"并不单独是一个医学上、生物学上的命题。而是一个涉及诸多学科的社会问题。其中,作为调整社会关系最主要的手段之一的法律在这个命题上从未离开,但又始终未曾亲近。

（一）安乐死的概念

安乐死一词源自于希腊语,在英语中为 euthanasia 一词,这一词汇有"无痛苦的死亡"的含意。在我国相对较早明确定义安乐死这一概念的是邱仁宗（1987）:"安乐死是指,引致一个人的死亡作为提供给他的医疗服务的一部分。"

安乐死又称为"怜杀"（mercy killing）,是指出于人道主义,应不治之症或病危患者的要求,为解除其病苦而采取无痛苦加速其死亡的措施的行为（薛波,2003）。安乐死是指对于身患绝症,治愈无望处于难以忍受的极度痛苦之中濒临死亡的患者,应其本人要求,采取措施,使其死亡或加速死亡（高铭暄,1998）。《中国大百科全书·法学卷》对安乐死的定义是：指对于现代医术无法挽救、临近死亡的患者,医生在患者本人真诚委托前提下,为减少患者难以忍受的剧烈痛苦,而采取措施提前结束患者生命的一种方式。综上所述,对于安乐死这一个概念,来自不同学科的学者从不同的角度对其进行了定义,但纵观这些定义,我们不难发现,大家对安乐死这个概念的态度是较为谨慎的,限制也是较为严格的。

（二）安乐死的分类

根据不同的标准,可以将安乐死做出不同的划分。根据安乐死实施对象的不同将其分为狭义安乐死和广义安乐死。狭义安乐死是指实施安乐死的对象是身患不治之症濒临死亡、遭受极大痛苦的患者。广义安乐死，是指除狭义安乐死的主体之外，其他因健康问题而接受无痛苦死亡的人。两者的区别主要是适用对象的区别，广义安乐死的适用对象的范围大于狭义安乐死的适用对象。但我们一般理解的安乐死是指狭义的安乐死。根据安乐死的实施方法，可以将安乐死划分为主动安乐死和被动安乐死（何悦，2014）。主动安乐死，指采取某种措施（如注射或口服致死药物）导致患者的无痛死亡。被动安乐死，指不给或撤除患者生命支持医疗措施（如撤掉呼吸机、拔掉鼻饲管等）而听任患者死亡。根据授安乐死是否为本人意愿，可以将安乐死划分为自愿安乐死和非自愿安乐死。自愿安乐死是指由具有民事行为能力的患者在其意识清醒或者曾经意识清醒的状态下主动表达对自己实施安乐死的情形。非自愿安乐死是未经患者本人同意而实施的安乐死。

二、安乐死的立法渊源

（一）国外安乐死的立法

早在20世纪30年代，世界上一些国家就开始提出安乐死法案的主张。1935年，英国成立世界上第一个志愿安乐死协会，该协会提出了安乐死法案，但只是一个法案，该法案也未得到通过。此后，世界上一些国家和地区陆续提出关于安乐死的法案，但均未得到国家的正式承认和通过。1996年5月25日，澳大利亚北部地区通过了《临终患者权利法》(The Right of the Terminally Ⅲ Act)，该法从1996年7月1日开始在澳大利亚北部领土生效，该法的生效使澳大利亚成为世界上第一个在本国某地区通过安乐死立法的国家。根据该法的规定：遭受巨大痛苦的晚期患者可以请求实施医学上的安乐死，通过内科医师帮助或者通过药物注射的方式。但是这种安乐死的实施要求一个法定的申请过程，保证患者是自身意识清醒的情况下做出这样的决定。为此，实施安乐死应符合以下几个条件：第一，患者必须年满18周岁并且生理和心理都能认识其自愿接受安乐死的行为；第二，患者的申请必须得到三名医师的支持，其中包含一名专家确认患者为末期患者，同时还必须有一名精神病专家诊断这名患者所患疾病是不可以治愈的抑郁症；第三，一旦所有的文书具备，在实施安乐死之前，患者还必须经过9天的冷静期。这个法案通过以后，世界上第一例合法安乐死的实施者是一名叫鲍勃·邓特的前列腺癌患者。但该法案实施一年后，1997年3月，澳大利亚参议院宣布废除"安乐死法"，在一年的期间内，总共有四名患者合法接受了安乐死。

此后，以色列、美国等相关国家相继通过一些方式允许或者限制安乐死的实施。2000年11月28日，荷兰下议院以104票对40票通过了一项"安乐死"法案，2001年4月10日，荷兰上议院以45票赞成、28票反对、1票弃权通过了"安乐死"法案。荷兰女王贝娅特丽丝签字后，该法案正式生效，这标志着荷兰成为世界上第一个安乐死合法化的国家。2005年，荷兰又以法律形式规定，在特定情况下，允许对患有脊柱裂或染色体异常等不治新生儿实施安乐死。荷兰安乐死合法化实施几年以来，实施安乐死的患者的数量一直处于上升的趋势[①]。

2002年5月，比利时众议院通过一项法案并正式公布，允许医生在特殊情况下对患者实施安乐死。从而使比利时成为继荷兰之后第二个实行安乐死合法化的国家。2006年，美国联邦最高法院作出裁决，将是否允许实施安乐死的权利授予各州。俄勒冈州成为美国第一个允许安乐死的州，随后，华盛顿州、佛蒙特州和蒙大拿州、加利福尼亚也通过立法允许实施安乐死。尽管早在2002年3月22日，伦敦高等法院做出一项裁决，允许一位从颈部以下全部瘫痪的患者有权要求关闭她的生命维持系统以使得她能有尊严地结束自己痛苦的生命。这是英国法院首次作出此类裁决。为此，在英国引起较大的争议，时至今日，英国仍禁止实施安乐死。

（二）我国的相关立法

在理论上，早在20世纪70年代，我国就有学者对"安乐死"进行探讨，在司法实践中也出现一些相关的案例，1986年，某印染厂职工王某在陕西汉中，为其母通过医生开具处方药进行注射的方式实施了安乐死。随后，汉中市公安局经检察院批准以故意杀人罪的罪名逮捕了当事医生及王某。此案经媒体披露后，在全国范围内引起了广泛的讨论。1988年4月，汉中市人民法院受理了此案。1990年3月，历时四年多，该案终于正式开庭。1991年5月17日，汉中市人民法院做出了一审判决，当事医生和王某行为虽然属于剥夺公民生命权利的故意行为，但情节显著轻微，危害不大，不构成犯罪，后本案公诉人不服，依法提起了抗诉，1992年6月25日，汉中市中级人民法院依法驳回抗诉，维持原判。2003年8月3日，本案当事人王某因患胃癌离开人世。在其患病晚期，王某仍然希望能够对自己实施安乐死。1994年9月8日，在河南省又发生了一起实施安乐死的案件。最终法院根据法律的规定，认为当事人虽然是接受他人委托帮助当事人自杀的，仍构成故意杀人罪，判处犯罪嫌疑人有期徒刑三年。2010年，重庆开县一老人因好心帮助邻居自杀，也被判处有期徒刑三年，缓刑四年。纵观我国的司法实践，对安乐死由于没有立法合法化，对实践中出现的安乐死案例仍适用《刑法》相关的罪名，但总体来说，由于这些行为犯罪情节不严重，社会危害不大，所以量刑较轻。与司法实践相比，在理论上，学者也针对安乐死的问题进行了一些探讨，如有学者提出了《安乐死暂行条例（草案建议稿）》[②]。2002年3月13日，全国政协委员田世宜向全国政协第九届五次会议提出一份关于国家有关部门就着手研究与安乐死相关的法律和立法，首先应当允许公民在法律严格界定的条件下有权选择安乐死。同年，有学者建议，在民法典的制定中应当规定安乐死的合法性[③]。日至今日，

[①] 据英国《每日邮报》2014年10月3日报道，荷兰最新的官方数据显示，荷兰选择安乐死的精神病患在一年中增加了两倍。2013年，荷兰共有42人因"严重精神问题"被执行注射死，而2012年和2011年分别只有14人和13人。数据还显示，2013年荷兰安乐死的总人数激增15%，从2012年的4188例上升到2013年的4829例。7年里，荷兰安乐死的人数暴增151%，已占到荷兰人口死亡总数的3%，其中，绝大多数人（约3600人）是癌症患者，但也有97例安乐死是痴呆患者。这些数据还不包括"临终镇静"的情况。http://www.guancha.cn/europe/2014-10-05-273371.shtml[2015-12-05]

[②] 1998年10月，山东中医药大学祝世讷教授领导的课题组，在长期研究的基础上，提出了《安乐死暂行条例（草案建议稿）》，该建议稿为我国第一份安乐死建议稿。

[③] 中国人民大学教授杨立新认为，生命权既然是一个"生"的权利，就应当包含在一定的条件下选择"死"的权利。这就是有限的生命支配权。这不是说轻生是合法的，人没有选择自杀的权利；但是，到了身患绝症、临近死期，正在受"生"的极度痛苦而又不堪忍受，医务部门也认可的时候，人选择宁静、有尊严的"死"，应当符合生命权的定义。这样做，不仅是对个人权利的尊重，而且对公共秩序和善良风俗也均无妨害。他还建议，在民法典中这样规定："自然人有权在身患绝症，不可逆转地临近死期，不堪忍受极度痛苦时，经过医务部同意，选择以安乐死的方式，有尊严地结束自己的生命。""提出前款请求，应当诉请人民法院确认。" 杨立新.重提安乐死.检察日报，2002年4月3日。

我国立法仍然禁止实施安乐死,如医务人员帮助患者实施安乐死,有可能触犯刑法,构成犯罪行为。

三、安乐死与生命权

(一)生命权的概念

生命权是一项基本的人权。世界上只存在一种基本权利(所有其他权利都是其结果或推论),即个人拥有生命的权利。生命是一个自我维持和自我创造的过程,拥有生命权就意味着有权利参与自我维持和自我创造的活动;意味着根据理性人的本性,他可以自由地实施所有支持、促进、完成和享受其生命所需的行动(安·兰德等,2007)。

在民法上,生命权是指以公民的生命安全利益为内容的、独立的人格权。生命权以自然人的生命安全为客体,自然人的生命权益归自己支配,同时,生命权以自然人维护其生命活动的延续为基本内容,任何自然人都有权保护其生命利益不受侵害。生命权隐含了自然人生命应该按照自然界的客观规律延续,禁止他人的非法剥夺。

(二)生命权的特征

生命权具有专属性。生命权专属于拥有生命权的个人所有,任何人不得非法剥夺自然人的生命权。生命权的客体包括自然人的生命安全支配权和生命安全维护权及延续权。生命权益的支配主体是自然人本人,其他人均不能支配。自然人还享有生命安全的维护权,当自然人的生命安全有受到非法侵害的危险或者正在受到侵害时,可以采取自力救济的方式,保护自己,也可以请求公力救济。

(三)安乐死和生命权

安乐死的特征是在自然人基于自然规律生命终结前人为地结束生命。安乐死从出现的那一天起在法律上就面临着和生命权关系的探讨。对于安乐死是否属于侵犯生命权的行为,甚至安乐死是否是属于生命权的范畴,不同的学者有不同的看法。主要包括以下几个方面:

1. 安乐死属于生命权的范畴

安乐死所涉及的权利是生命权的范畴,是自然人对自己生命权益支配的一种体现。这些学者认为,纵观世界上允许安乐死合法化的立法,无不对安乐死的条件和程序做出严格的限定,主要包括对安乐死的实施对象受到严格限制,同时安乐死的申请程序和审查程序非常严格。安乐死的权利包括两个方面:一是选择死亡时间的权利;二是选择理想的死亡状态的权利(李惠,2011)。允许安乐死正是体现的对生命权的尊重。为了尊重生命、尊重人的尊严,应当允许安乐死。

2. 安乐死不属于生命权的范畴

生命权包括生的权利和死的权利。但安乐死不属于死亡权的范畴。其理由为:死亡权一般认为是公民对自己生命的何时结束的选择权和决定权。然而,安乐死本身就包含有一个死亡的病因，病人是必死无疑的，安乐死并没有改变患者必死的命运，而是改变了患者继续遭受和延长无法忍受的痛苦状态。因而，安乐死权应为死亡状态权，而不是死亡权（冯秀云，2006）。而且，从实施的方式来说，安乐死不同于自杀行为，是通过自己的行为结束自己的生命。在安乐死的过程中，虽然绝大多数是体现了患者的自愿，但患者只是表达了这样的愿望，具体的实施还是由别人来进行。如果没有他人的帮助，就无法实现安乐死。但生命权是一种绝对的支配权，只能由权利主体来进行支配，包括结束生命的行为。

第二节　死亡判定的法律制度

一、死亡判定的法律探讨

个体死亡从民法的角度，可以分为生理死亡和宣告死亡。宣告死亡是一种法律拟制的死亡，只要符合民事法律规定的条件和程序，就可以申请宣告一个自然人死亡。而与宣告死亡相对应的另外一个概念，与其说是一个法律概念，不如说是一个生命科学上的概念。因此，判定一个自然人在生理上死亡的标准是自然科学的范畴。在实践中，长期以来，生理死亡的标准由医学科学来进行界定。

（一）关于死亡的概述

死亡作为生命的终点，是生命现象，又是一种法律事实。无论对个体和社会都有不同寻常的意义，同时更具有重要的法律意义。因此，如何判断一个人的死亡，无论在医学、伦理学及法学上，都是一个非常重要的问题。众所周知，现在全世界存在着两种不同的死亡标准，即传统的"心肺死标准"和现代的"脑死亡标准"。

数千年来，"心肺死标准"一直指导着传统医学与法律，但随着医学科技的发展，传统的死亡概念开始受到了挑战，"脑死亡"概念首先产生于法国。1959年，法国学者P. Mollaret 和 M. Goulon 在第23届国际神经学会上首次提出"昏迷状态"的概念，并开始使用"脑死亡"一词（冯秀云，2006）。从1966年开始，法国即确定了"脑死亡"为死亡标志。1967年，南非医生班纳德（Christiaan Barnard）在世界上首次成功地施行了心脏移植术，打破了心肺功能的丧失可以导致整个机体死亡的陈规，也开始迫使人们重新界定死亡的标准及其定义。直到1968年，世界医学大会在悉尼召开了第22次会议，在大会上经过讨论才开始确立，将脑死亡作为新的死亡标准。

（二）死亡的标准

关于死亡标准，我国法律及医学临床上都采用的是综合评判的方式，即自发呼吸停止、心脏停止跳动、血压消失、瞳孔反射机能停止及体温下降。我国将脑死亡立法提上日程已近20年，始终未能在全国人民代表大会获得通过。中国社会对死亡的概念一般是：一个人只要心跳完全停止，自主呼吸消失，就算是死亡，即"心肺死亡标准"，此标准也一直以来指导着我国的临床医疗及法律。由于缺乏法律对脑死亡的承认及明确立法，医生不敢依据"脑死亡"来宣布患者的死亡。

那到底以"脑死亡"作为判定死亡的依据是否更加科学呢？

人脑由延髓、脑桥、中脑、小脑、间脑和端脑6个部分组成，延髓、脑桥和中脑合称脑干。脑干的功能主要是维持个体生命，包括心跳、呼吸、消化、体温、睡眠等重要生理功能，脑干功能如果受损会直接导致呼吸等功能停止。人体某些部位的细胞在受到伤害后可以通过再生来恢复功能，而神经元细胞分化程度高，一旦神经元受伤修复起来十分慢，如果受伤严重，还有可能造成不可修复的伤害，因此，当人的脑干遭受到无法复原的伤害时，脑干就会永久性完全丧失功能，以致呼吸功能不可逆地丧失。随后，身体的其他器官和组织也会因为没有氧气供应，而逐渐丧失功能。

传统概念上的死亡是分层次进行的复杂过程，在医学上死亡过程有三个阶段：①濒死期，主要特点是脑干以上神经中枢功能丧失或深度抑制，表现为反应迟钝、意识模糊或消失。各种反射迟钝或减弱，呼吸和循环功能进行性减弱。②临床死亡期，主要特点是延髓处于深度抑制和功能丧失的状态，各种反射消失、心脏停搏和呼吸停止。后两者认为是临床死亡的标志。③生物学死亡期，是死亡的最后阶段。此期各重要器官的新陈代谢相继停止，并发生不可逆性的代谢。整个机体不可能复活。生物学死亡便是我们通常意义上的"死亡"（death）。

实际上临床死亡期主要还是以心肺功能的丧失作为死亡的标准，但随着现代医学的发展，随着现代生物医学技术的发展，特别是心脏起搏器、人工呼吸机、体外循环机及心脏移植技术这些先进的医疗设备及技术，可以进行长时间的人工维持心肺功能，而且一些因溺水、冻伤或吞食中枢神经抑制剂而呼吸心跳暂停的患者在"死亡"过后重获"复活"的案例也时有报道，传统的心肺死亡标准在医学临床实践中会导致无法鉴别假死状态，而错过甚至放弃及时抢救的时机，因此，把呼吸心跳停止作为死亡的绝对标准显然是不够全面且科学的，不论是在医学临床上还是在司法实践中，传统的心肺死亡标准已日益显现出局限性。而"脑死亡"是指"包括脑干功能在内的全脑功能不可逆和永久的丧失"，这一理论的科学依据在于：以脑为中心的中枢神经系统是整个生命赖以维系的根本，由于神经细胞在生理条件下一旦死亡就无法再生，因此，当作为生命系统控制中心的全脑功能因为神经细胞的死亡而陷入无法逆转的瘫痪状态时，全部机体功能的丧失也就只是一个时间问题了。但也有人认为，只有脑干功能的完全不可逆的丧失才是判断脑死亡的唯一[①]。从对缺氧的耐受能力看，脑干对缺氧的耐受力较其他部分要高[②]，从功能上看，呼吸、心跳等重要生理功能都与脑干功能有关，从解剖位置看，脑干位于大脑最深层，被保护得最好，因此在脑干死亡之前，其他各部分至少已经遭受严重的不可逆的损害[③]。脑死亡标准的确立将更加科学的确定死亡，使医疗行为更加适当的实施以及司法实践工作更加公平合理的开展。

---

① A definition of irreversible coma. Report of the Ad Hoc Committee of the Harvard Medical School to Examine the Definition of Brain Death JAMA , 1968.205:337-340。

② 从对缺氧的耐受能力看，大脑皮质4～6分钟，中脑5～10分钟，小脑10～15分钟，脑干20～30分钟，可见，脑干对缺氧的耐受力较其他部分要高。

③ Lancet，1976,2(7994):1064-1066。

二、脑死亡的诊断标准及立法的必要性

(一) 脑死亡的诊断标准

国际上目前提出的脑死亡标准有数十种之多,但至今尚没有一个为世界各国都接受、为医学、法学、伦理学都承认的、统一的脑死亡标准。

1968年,美国哈佛大学的特别委员会提出了一个著名的脑死亡诊断标准,该诊断标准的主要内容包括:不可逆的深度昏迷,病人完全丧失对外部刺激和内部需要的所有感受能力;自主运动包括自主呼吸运动停止,呼吸机关闭3分钟而无自动呼吸;脑干反射消失,瞳孔放大,瞳孔对光反射、角膜反射、眼运动反射等均消失;脑电沉默脑电图平直记录20分钟。凡符合以上标准,并在24小时或72小时内反复测试,多次检查结果均无变化,即可宣告死亡。但是需要排除两种情况,即如果使用过镇静剂或者在低温情况下导致的昏迷,不能诊断为脑死亡[①]。

1976年1月,英国皇家医学学院会议公布了题为《脑死亡的诊断》(*Diagnosis of Brain Death*)的备忘录,首次确认了脑死亡的概念[③],该备忘录规定了"诊断脑死亡的条件"和"认定脑死亡的诊断方法"。规定在认定脑死亡的时候,医生必须逐一诊断:①瞳孔固定且无对光反射;②无角膜反射;③无前庭-眼反射;④在身体任何区域接受足量强度刺激后,在脑神经分布范围内无运动反射;⑤无对气管刺激的窒息反射;⑥当病人脱离呼吸机达足够的时间,从而使$PaCO_2$上升到足以刺激呼吸的指数时,仍无呼吸运动。医生应间隔一定的时间(具体间隔时间根据个案不同加以确定)重复上述诊断方法以避免错误诊断。1979年1月,英国皇家医学学院又公布了一份《死亡诊断备忘录》(*Memorandum on the Diagnosis of Death*),作为对1976年的备忘录的补充,此备忘录认为不管心肺功能在内的其他器官功能是否通过人工医疗设备得以维持,"脑死亡"即意味着死亡。因此1979年的这份备忘录可被视为英国医学界正式确认"脑死亡即死亡"的标志。1980年《美国统一死亡判定法》规定:自然人符合如下任何一种情形的,即可被认定为死亡:①循环功能和呼吸功能不可逆地停止;②全脑(包括脑干)的所有功能不可逆地停止。它既承认心肺死亡标准也承认脑死亡标准,二者是同等的、平行的。其实脑死亡是心肺死亡的补充和完善,脑死亡标准的提出并不是对心肺死亡标准的排斥和全盘替换,两者在临床实际上是相互补充,同时并用的,而且也有它自身文明性和进步性。

(二) 脑死亡的立法

1. 国外脑死亡的立法

在国际上脑死亡立法是一个趋势,目前脑死亡立法的国家和地区已经有80多个,其中日本、美国、西班牙、英国、德国较为典型。从国际上脑死亡的立法情况看,脑死亡的法律地位主要有以下3种形态:①国家制定有关脑死亡的法律,直接以立法形式承认脑死

---

① 《脑死亡判定标准(成人)》和《脑死亡判定技术规范》征求意见稿.中华麻醉学杂志,2003,(1):76-78

亡为宣布死亡的依据，如芬兰、美国、德国、罗马尼亚、印度等 10 多个国家；②虽然国家没有制定正式的法律条文承认脑死亡，但在临床实践中已承认脑死亡状态，并以之作为宣布死亡的依据，如比利时、新西兰、韩国、泰国等数十个国家；③脑死亡的概念为医学界接受，但由于缺乏法律对脑死亡的承认，医生缺乏依据脑死亡宣布个体死亡的法律依据。

之所以要以立法的形式给死亡下一个定义，是由于它关系到医生什么时候可以宣布停止对病人的一切救治，以及医生什么时候可以摘除病人的器官供移植这两个至关重要的问题。而法律的任务则是给死亡过程定一个终点，一个符合科学与伦理的终点，一个权利与义务关系变更的终点。

2. 国内脑死亡的立法

在死亡标准的认定上，我国一直采用的是心肺死亡的标准，即心跳停止、自主呼吸消失，血压为零的时候宣布该人死亡。但这一标准随着脑死亡认定标准的出现，一直都有学者主张应当采用脑死亡的认定标准而摒弃心肺死亡的认定标准。我们可以查到明确提出脑死亡的概念和认定标准的是在 1986 年 6 月 1～5 日，南京军区南京总医院召开的心肺脑复苏专题座谈会上。共有 150 余位来自全国各地、军内外的专家参加了会议。

在会议上，与会的代表们呼吁制定适合我国国情的脑死亡立法和文件。为此，会议还委托来自上海和南京两地参会的神经内科、神经外科和急救医学及麻醉学专家拟定了我国第一个《脑死亡诊断标准（草案）》。在该草案中，将"脑死亡"定义为：脑死亡是脑细胞广泛地、永久地丧失了完整功能、范围涉及大脑、小脑、中脑、脑桥和延髓。脑死亡的诊断标准包括：深度昏迷，对任何刺激无反应；自主呼吸停止；脑干反射全部或大部消失；阿托品试验阴性；脑电图呈等电位；其他。然而，这个标准制定以后，在立法和实践上一直没有得到突破。直到 2002 年 4 月，卫生部脑死亡标准起草小组制定了《脑死亡判定标准（成人）（修订稿）》和《脑死亡判定技术规范（成人）（修订稿）》。对脑死亡的认定标准包括：①先决条件。昏迷原因明确，排除各种原因的可逆性昏迷。②临床诊断。深昏迷，脑干反射全部消失，无自主呼吸（靠呼吸机维持，呼吸暂停试验阳性），以上三项必须全部具备。③脑死亡观察时间。首次确认后，观察 12 小时无变化，方可确认脑死亡。

2002 年 8 月，卫生部副部长黄洁夫第一次公开表示对脑死亡立法的支持，黄洁夫副部长明确表示中国制定脑死亡法是十分必要的，这是卫生部官员第一次对脑死亡立法明确表示支持。2003 年 4 月 10 日，经过家属的同意，武汉同济医院专家宣布了首例"脑死亡"患者。这位患者于 2003 年 3 月 23 日因脑出血入住武汉同济医院，经过神经内科的多方抢救，仍深度昏迷。25 日，患者虽仍有心跳，但瞳孔散大，光反射、角膜反射、睫毛反射消失，疼痛刺激无反应，没有自主呼吸。经患者的家属同意，医院专家对患者先后两次进行了脑死亡检测，结果显示脑干反射全部消失，无自主呼吸，心电图平直，结合颅脑多普勒呈脑死亡图形，武汉同济医院的专家参考世界上脑死亡的定义和卫生部脑死亡起草小组制定的《脑死亡判定标准（成人）（修订稿）》及《脑死亡判定技术规范（成人）（修订稿）》，认定患者脑死亡。但在立法上仍然没有明确脑死亡的立法。

2004 年 4 月 21～23 日，在南京召开了中华医学会第七次全国神经病学学术会议，会上宣布，《脑死亡判定标准（成人）（修订稿）》和《脑死亡判定技术规范（成人）（修订稿）》已经通过了专家的审定。2005 年 3 月，全国人民代表大会代表、浙江台州医院院长陈海啸在全国两会上提出："脑死亡立法应尽快立法。"2006年3月7日，陈海啸表示，脑死亡器官移植的相关法律草案已经出台。同为全国人民代表大会代表的四川大学华西医院的麻醉学教授刘进表示，脑死亡需立法，但需谨慎。2009年4月2日，卫生部发布消息称，《脑死亡判定标准（成人）（修订稿）》和《脑死亡判定技术规范（成人）（修订稿）》即将发布。但时至今日，这两个标准也没有发布。2011年3月，卫生部副部长黄洁夫表示，鉴于目前紧张的医患关系，我国脑死亡立法时机仍未成熟。2011年5月3日，卫生部发布了参照《卫生部办公厅关于印发卫生部人体器官移植技术临床应用委员会第八次会议纪要的通知》（卫办医管函[2011]）234号确定的中国心脏死亡器官捐献分类标准，在该标准中规定，中国一类（C-I）：国际标准化脑死亡器官损害（DBD），即脑死亡案例，经过严格医学检查后，各项指标符合脑死亡国际现行标准和国内最新脑死亡标准，由通过卫生部委托机构培训认证的脑死亡专家明确判定为脑死亡。

2014年5月3日，"千里护送心脏，重病男孩获救"的感人消息出现在各大新闻媒体中，被确定为脑死亡后，某患者的还在跳动的心脏被取出移植到另外一个重症患者的体内。当大家都为患者及其家属的高风亮节深深感动时，部分法学专家却提出了质疑，在立法没有明确"脑死亡"作为死亡的认定标准时，这种做法是否合法。时至今日，我国虽然在技术标准上对脑死亡的认定已经成熟，但在法律上仍然没有明确将脑死亡作为死亡的认定标准，这使得在实践中出现了一些引起较大争议的案件[①]。

因此，即使我国有了明确的脑死亡诊断标准，但诊断标准也仅仅是医学上的标准，不具备任何法律效力，医生没有任何权利放弃一名已经被诊断为脑死亡的病人的治疗，或者摘除一名同意捐献器官的脑死亡病人的任何有用器官用于移植。而此时，决定权往往就是在病人家属手里，家属可以放弃治疗或者同意摘除脑死亡者的器官。而中国传统观念的制约，导致患者家属往往不能理解并接受脑死亡的现实，认为只要有一口气在人就是活的。总之，医学科技的进步总是先于伦理、法制的发展，导致伦理观念及法制的制定严重滞后。

三、确定脑死亡认定标准的意义

（一）有利于尊重生命的意义

救死扶伤，是医学的崇高使命。但医学并不是万能的，在真正的死亡面前，医学是无能为力的，"救死"的医学奇迹的出现，前提是患者没有真正的死亡。如果患者已经真正的死亡，这种奇迹是不会出现的，这就是医学作为自然科学的真相。但生命只有一次，对于死亡是生命的终结，是任何人都难于承受之重。中国人千百年来形成的生死观让患者家属在医生已经宣布患者脑死亡时，面对仍然自主跳动的心脏或者依靠医学手段仍然会跳动的心脏时无法接受或者同意患者已经死亡的事实。如果在这种情况下放弃治疗，不做最后

[①] 此事件中最大的争议就在于：脑死亡的标准与社会公众的普遍认知不符，如社会公众很难接受一个心脏尚在跳动的人已经死亡的事实；与综合认定标准相比，脑死亡的认定完全依靠仪器与医生的专业判断，普通人无法置身其间，对这种专业判断难以进行有效监督。特别是在受到诸如器官移植等潜在利益的驱动下，很难保证个别医务人员不会利用脑死亡的概念非法剥夺他人的生命。这不能不说是目前司法界尚难接受脑死亡标准的重要原因。

的努力是患者家属的心理无法接受的,所以在绝大多数的情况下,患者会接受医生的继续"治疗",依靠医学手段,进行徒劳的努力。但对于患者而言,已经没有任何的意义,只是在没有希望的情况下延长死亡的过程。对患者家属来说,是一种残酷的事实,但从医疗资源的使用来说,是一种浪费,如果将这些有限有医疗资源运用到其他患者的身上,可以给更多的人带来生的希望,生死之间的转换,对人类来说,是一种真正的人道主义。

(二)有利于器官移植的开展

确立脑死亡的意义并不仅仅是公布了一种在医学上认定生理死亡的标准,还有极大的社会意义。在医学上,器官移植是给某些患者带来生的希望的唯一手段,但每一年自愿捐献器官的数量和庞大的患者数量之间存在较大的差别。而且,器官移植要求时间越短越好,如果能尽早开展移植工作,将给需要移植的患者带来更多生的希望。而确定脑死亡标准,就可以尽早开展器官移植的工作,在实践中也可以达到给更多需要器官移植的患者带来生的希望的目的。

(三)有利于解决实践中的争议

目前,由于立法没有明确脑死亡中作为认定死亡的标准,但在实践中又出现这些情形,每一个案例的出现都带来巨大的争议,立法和实践矛盾一直存在。

2015年11月,在四川发生一件案例,母亲遭遇车祸后脑死亡,儿子取下母亲的呼吸管,对其行为是否构成犯罪引起了较大的争议,大部人对其做法表示理解,但在法律没有明确规定脑死亡作为死亡认定标准的前提下,其母亲在法律上仍然被认为是有生命的自然人,其拔掉母亲呼吸管的行为让母亲提前结束了生命,涉嫌构成了犯罪行为[1]。该案警方对其进行了监视居住。

为了解决这些争议,立法应该尽快出台相关的认定标准。除此之类,死亡认定标准在法律实践的其他方面都具有十分重要的意义,通过立法标准的确定,可以进一步明确指导司法实践对死亡认定的工作。

四、脑死亡立法的疑虑与争议

虽然脑死亡标准在世界上许多国家被认可也有许多国家立法确定了脑死亡标准的权威性,但是仍然有许多争议及反对的声音。其反对与争议主要围绕着以下两个方面。

(一)脑死亡标准与器官移植

20世纪60年代开始,器官移植技术开始起步,之后迅速发展应用,研究表明脑死亡供者的器官的质量及移植成功率高于心肺死亡者。因此,脑死亡与器官移植联系起来使得这个脑死亡标准有了功利主义的倾向,因此,英国皇家医学学院在1976年的《脑死亡的诊断》和1979年的《死亡诊断备忘录》中只字未提器官移植的问题。而英国卫生部1983

---

[1] 儿子拔掉脑死亡母亲呼吸管,该立法允许安乐死吗? http://news.163.com/15/1124/00/B957RLD200014AEE.html[2017-09-10]。

年公布的《遗体器官移植（包含脑死亡诊断的准则）》，却因为其名称强调了脑死亡标准的功利倾向而备受批评。而且关于医院未经同意擅自摘取、保存死者器官的丑闻更使得公众对医疗系统的信任缺失疑虑增加。脑死亡的标准建立是否只是为了增加器官移植成功率，医生宣告病人脑死亡是否符合标准，脑死亡标准的科学性及规范性如何保障。这些都是公众及反对脑死亡标准的学者疑虑的问题。

（二）死亡的伦理道德问题

我国一直沿用着心肺死亡的传统标准，虽然脑死亡被医学界承认，但法律上没有立法和伦理道德上也没有被普罗大众所理解和接受。当医务人员遇到已经诊断为脑死亡的病人时是否继续救治往往处于伦理与医疗的两难境地，如果继续救治，很显然是白白地浪费医疗资源，增加患者家庭的经济负担，但如果医务人员放弃治疗，又要面临着患者家属诉讼的风险，更别说在病人虽被诊断为脑死亡但是仍有呼吸心跳的情况下摘取愿意作器官移植供体患者的器官了。这就使医务人员陷于困惑的境地，也使部分理解接受脑死亡的患者家属放弃继续治疗后遭到其他家属的反对，造成患者家属的家庭内部矛盾。所以脑死亡标准的立法虽然可以使医生或者家属依法撤除对脑死亡者的维持措施，节省大量宝贵的卫生资源，减轻社会和家庭的负担，使卫生资源进行合理的利用，但是中国的传统思想导致人们的意识觉悟，对医疗知识的普及以及伦理学观念方面的发展远远跟不上现代医学科技的进步的脚步。同样，有反对者提出生命是没有高低贵贱之分的，因为经济水平的差异而导致有钱人就能得到继续救治，而没有足够经济实力的人就得停止救治，即使立法规定脑死亡者就是患者已经死亡，医务人员可以合法地停止一切救治措施，但是也不能阻挠有经济实力的家属选择继续花钱不撤除所有医疗设备维持患者的呼吸心跳直至所有器官最终衰竭生命体征完全消失。在这一点上，承认脑死亡标准也仿佛只是没有经济条件的人的无奈之举，当脑死亡患者因为家属有所选择或者根本没有家属时而得到不同等的对待，这本身也是对待生命的不平等。所以最终，脑死亡标准立法最关键的问题是观念转变的问题，这就意味着我国《脑死亡法》的最终出台还有很长的路要走，增强全体国民的死亡意识，引导他们树立正确的、科学的死亡观，使他们能了解死亡过程，最终接受更加科学的死亡判定标准，我们需要做的准备工作还有很多。

（三）在我国要立法确定脑死亡标准需要做的工作

尽管有质疑与争论，但脑死亡标准立法的关键性的核心问题是确保脑死亡判定的准确性与规范性。因此，要确保脑死亡判定的准确性与规范性，就必须立法明确脑死亡的概念、立法目的、判定主体、判定条件、宣告程序及相关法律责任。

首先，需要在全国范围内加大对脑死亡的宣传，让大众理解明白其科学意义，消除人们对脑死亡的错误认识，改变大家的传统观念，同时应广泛听取民众的意见，尤其是建立《脑死亡法》与人民大众的切身利益息息相关，应该在全国范围内倾听人民的意见和建议（王苏和上官丕亮，2012），整个过程以全国范围内的征求意见稿、专家论证会、立法听证会这种具体的法定形式来实行。目前国际上已经立法承认脑死亡标准的国家，也都是经过长时间的反复论证最终确立的。

其次，既然脑死亡标准要立法，那这个标准就必须公正、科学、客观、严谨、缜密，这就需要对判定脑死亡的主体、判定的流程、监督机制、相关法律责任等有着严格的规定。判定主体必然是具备专业医学知识的医疗机构，但是由于我国医疗机构的水平和规模参差不齐，因此，并不是所有医疗机构都可以作为脑死亡的判定主体，具体什么样的医疗机构能有权利去判定脑死亡必须要严格规定，譬如，医院的级别，医院的技术手段、医疗设备，判定脑死亡的医生职称、专业、工作年限等，甚至是需要几名符合条件的医生进行判定都需要有严格的规定。

符合条件的医生进行脑死亡的判定必须严格按照标准和流程进行。到目前为止，对脑死亡判定的标准都没有完全统一，但是其实质上却都大同小异，其中以"哈佛标准"得到了国际广泛的支持和赞同，我国可参照此哈佛标准，结合我国的临床医疗实际情况，制定出严格的脑死亡诊断标准。

医院应建立相应的监督机制，甚至是建立专门的机构和人员进行脑死亡的判定，同时《脑死亡法》应明确规定违反该法律的人员要承担的相应法律责任，如判定主体违规判定，医务人员不具备判定资格进行非法判定，判定过程没有严格按照法律规定的流程进行，抑或有非法的器官移植目的，或者通过虚假诊断实施故意杀人等可依卫生行政法律法规、侵权责任法和刑法等进行相应处理。

就世界范围而言，死亡立法的高潮已经过去，但仍然存在很多的问题。随着器官移植技术的不断提高，关于死亡标准的讨论只会越来越激烈而且这也是不可回避的一个医疗事实。我国由于传统观念的影响，愿意捐献器官的人更是少之又少，同时公众对脑死亡到底是怎么回事了解得非常少甚至有一些愚昧传统的偏见作怪，传统的心肺死亡标准本身并完全科学且不适应于日臻完善的器官移植技术，这些都阻碍了医学器官移植技术的发展。因此，尽可能地取得公众对脑死亡内容和意义的充分理解，才能最终真正实现脑死亡标准的立法。

第七章 临终关怀与生前预嘱的法律制度

第一节 临终关怀的界定

一、临终关怀的概念

临终关怀（hospice care 或 palliative care）是针对即将死亡的临终患者提供良好的治疗氛围、温馨的人际关系和有力的精神支柱，帮助患者走完生命最后阶段同时给家人以安抚、关怀的系统性医疗服务（Shaw et al., 2007）。世界卫生组织（WTO）对临终关怀所下的定义是："通过运用早期确认、准确评估和治疗身体疼痛及心理和精神疾患等其他问题来干预并缓解临终患者的痛苦，并使患者及其家属面对所患有的威胁患者生命的疾病所带来的问题，从而提高临终患者及其家属的生活质量。"[①]

临终关怀的目标是让临终患者意识到其疾病无法再依靠传统药物治疗的方式得以痊愈，为了减轻患者的心理负担，解除患者对疼痛与死亡的恐惧和不安，满足患者的生理、心理和社会的需要，通过为临终患者提供精神支持、疼痛控制等服务提升患者在生命末期的生活质量，从而使患者有尊严地度过人生的最后旅程。临终关怀的基本思想，就是重视临终病人最后的生命质量，其服务的目的不在于延长患者的生命，而是在于提高生命的质量，有利于国家卫生事业的进步。正如中国"临终关怀之父"崔以泰所说："让人们最后的旅程仍然是光辉灿烂的，人虽然哭着来到世界，要让他们笑着离开人间（章然，2015）。"

二、临终关怀的适用对象

临终关怀服务并非传统的医疗活动，其重点关注的是对临终患者和家属提供姑息性和支持性的医护措施，强调的是对临终的姑息性照护（care），而非治疗性照护（cure）（邢芳然和张芹，2004）。临终关怀的设置出于一种善的开端，但也不能排除少数人利用临终关怀实施侵犯患者生命权、危害社会的行为。因此，对临终关怀的适用对象进行规范也就成为必要。美国临终关怀医疗保险规定，临终关怀服务的对象是那些处于生命终末期的患

[①] WHO Definition of Palliative Care. http://www.Who.int/cancer/palliative/definition/en。

者，即在疾病正常发展情况下，经主治医生或提供照顾的临终关怀计划的医疗负责人确定生存期为6个月以内的临终患者。我国学者也提出过以下的医学标准：患有医学上已经判明在当前医学技术水平条件下治愈无望的疾病，估计在6个月内要死亡的人，称为临终患者。这样，临终患者就可以包括患晚期恶性肿瘤患者，并发危及生命疾病的中风偏瘫患者，伴有多种慢性疾病的衰老衰竭行将死亡患者，严重心肺疾病失代偿期危重患者，多脏器官衰竭危重患者以及其他因病处于濒死状态者[①]。因此，本章将临终关怀的适用对象限定为，在目前的医疗条件下，身患严重疾病，且病情出现不可逆转的恶化，经医生诊断为不可治愈或预期存活时间不满6个月，迫切需要临终关怀服务的人。

规范临终关怀适用对象的意义在于确定临终关怀机构接收患者的标准，对于那些未达到标准的患者则可以从其他机构接受相应的治疗或生活照顾，如长期照护（long-term care）等，同时也使临终关怀的服务资源可以得到高效率的运用，真正达到节约医疗资源。

三、临终关怀与其他相关概念的区别

（一）临终关怀与安乐死的区别

安乐死指患不治之症的晚期患者在生命垂危状态下，由于精神和躯体的极端痛苦，在患者和其亲属的要求下，经医生认可，用人道的方法使患者在无痛苦或尽量减少其痛苦的状态下提前结束其生命，其本质是死亡过程的文明化、科学化，不是授人以死，而是授死者以安乐。

安乐死和临终关怀，二者的差异主要体现在：第一，适用对象不同。临终关怀以临终患者为对象，是个大概念，而安乐死的对象只是少部分身心极度痛苦的临终患者。第二，时间过程不同。临终关怀是贯穿临终阶段的全程服务，时间过程较长，而安乐死一旦决定，则在极短时间内结束人的生命。第三，死亡方式不同。临终关怀不促使患者的死亡，而是通过疼痛治疗和心理安慰，对临终患者生命最后阶段的照护，使患者舒适安宁地自然死亡，安乐死则是用人为的方式使临终患者摆脱极端病痛的折磨，快速、无痛苦地死去。第四，安乐死作为少数临终患者的福音，在前进的道路上却是举步维艰，在伦理道德上难以让大众接受、在法律上其合法性等问题更是障碍重重，而临终关怀无论从道德、伦理、法律各方面，都更易被人接受。

（二）临终关怀与长期照护的区别

长期照护，一个经典的定义就是在持续一段时间内给丧失活动能力或从未有过某种程度活动能力的人提供一系列健康护理、个人照料和社会服务项目。长期照护主要是提高生活质量，而非解决特定的医疗问题。

临终关怀和长期照护存在一些差异：第一，二者适用对象不同。临终关怀的适用对象为，身患严重疾病，且病情出现不可逆转的恶化，经医生诊断为，在目前的医疗条件下，

---

① 孟宪武.优逝. 全人全程全家临终关怀方案. http://www.du8.com/readfree/16/04920/1.html。

不可治愈或预期存活时间不满 6 个月，迫切需要临终关怀服务的人。长期照护的适用对象是老年人、慢性病患者、残障人群。第二，二者适用时间不同。临终关怀适用于临终患者生命的最后阶段，而需要长期照护的人一般患有短期内难以治愈的疾患或者长期处于残疾、失能状态，因此照护一般要持续很长时间，甚至是无限期。第三，二者方式不同。临终关怀的目的在于提高临终患者的生命质量，因此临终关怀服务主要实施舒缓治疗和疼痛控制，而不在于延长患者的生命。长期照护的目标是满足那些患有各种疾患或者残疾人群对保健和日常生活的需求，其内容包括饮食起居照料、急诊、康复治疗等一系列正规、长期的服务。

第二节　临终关怀的起源

一、西方社会临终关怀的起源

临终关怀中"hospice"一词源自法语，起源于拉丁语中的"hospitium"，原意是"收容所""济贫院""招待所"（苏永刚等，2012）。"临终关怀"来源于人类对临终患者的关怀和供养，在西方有悠久的历史。传统的临终关怀服务主要由政府或教会等慈善机构，为年老体衰者和贫苦无依者提供的救助，并不具备医疗功能。现代的临终关怀形成于 20 世纪，强调人有选择死亡方式的权利，应当尊重临终患者生命自主权，强调对临终患者进行身体、心理、精神上的全方位照护，为患者的人生画上圆满的句号。

现代意义上的临终关怀运动起源于英国。1967 年 7 月，英国医生西塞丽·桑德斯（Dame Cicely Saunders）博士在伦敦创办圣·克里斯托弗临终关怀院（St. Christopher's Hospice），标志着现代临终关怀开始兴起。这是世界上第一家以医疗团队合作的方式照顾癌末患者，陪他们走完生命全程，并辅导家属度过哀痛时期的医院。1976 年圣·克里斯托弗临终关怀院的一组医疗人员前往美国康乃狄格州协助美国人建立第一座临终关怀医院（New Haven Hospice）。从此以后，欧美各国、亚洲的日本、新加坡及中国香港、中国台湾等 60 多个国家及地区相继开展临终关怀服务。历经半个多世纪的发展，临终关怀活动成为一门新兴的交叉学科——临终关怀学，涉及医学、心理学、社会学、法学等领域，旨在研究临终患者身体、心理的发展，并为临终患者提供全面照护。

二、我国传统文化中的"临终关怀"思想

从古至今，中国传统孝文化注重家庭，一切围绕家庭展开。随着时代的变迁、社会的发展，家庭意义的孝观念也有所发展，它要求为人子女者，对在世的父母要遵从、顺从，恪尽奉养之责，否则就是不孝，"刑兹无赦"（《尚书·康诰》）。孝敬和赡养老人是中华民族的传统美德，为老人竭尽全力送终是儿女应尽的义务，这是中国人普遍认同的"孝"。

孝的核心内涵是一种家庭伦理。父母为了抚育子女，日夜操劳，耗尽了心血，"哀哀父母，生我劬劳""哀哀父母，生我劳瘁""父兮生我，母兮鞠我。拊我蓄我，长我育我，顾

我复我,出入腹我"(《诗经·小雅·蓼莪》)。当父母年老的时候,儿女有赡养父母的责任。在传统孝文化中,对父母的孝包括:养亲、尊亲、谏亲、祭亲、续统等几个方面。正是受中国传统孝文化的影响,为体现孝道,很多年老危重患者在临终前抢救和治疗已经无效的情况下,儿女仍不顾老年患者的反对,对其进行抢救治疗,这种过度医疗的行为不仅浪费了医疗卫生资源,也使患者遭受着巨大的痛苦。人们固有的孝道意识,使得临终关怀在我国受冷落。

在中国传统儒家伦理文化中,死亡常常与不详、晦气、恐惧等贬义词相联系,人们忌讳说"死""临终"之类的词汇,对住院病人或临终患者,更是讳莫如深。儒家文化也塑造了中华民族的死亡观,对中国人的死亡习惯产生了重要影响。社会公众对于临终关怀往往采取回避和不接纳的负面态度。因此,社会公众能否树立科学的死亡观直接决定着他们对于临终关怀的接受程度。

第三节　当代中国建立临终关怀法律制度的重要性

一、人口老龄化

目前我国已迈入老龄化国家的行列,人口老龄化呈现出速度快、规模大,老年人口绝对数大等特点。根据国家统计局和全国老龄办资料统计,截至2014年,我国60岁以上的老年人已达1.78亿人,占全国总人口数的13.3%,到2015年,老年人口达到2.16亿人,老龄化水平16.7%;到2020年,老年人口将达到2.48亿人,老龄化水平将达到17.17%;到2050年,老年人口总量将超过4亿人,老龄化水平推进到30%以上(王星明,2014)。

2011年,我国有超过1.67亿的老年人,其中80周岁以上的高龄老人1899万人,失能老人1036万人,半失能老人2123万人(陈雄和徐慧娟,2011)。根据以上资料,可以看出我国的老龄化趋势发展快速,且计划生育政策实施的30多年来,家庭结构呈"四二一"形式,这些人在临终之际将会只有1个子女照护,其精力往往不够。临终老年患者对临终关怀的需求大大增加。

二、疾病谱和死亡原因的变化

我国81%的临终患者为60岁以上的老人(李义庭等,2003)。资料显示,1982~2010年我国公民主要死亡原因为恶性肿瘤、脑血管疾病、心脏疾病等慢性疾病(王星明,2014)。随着人口老龄化趋势的发展、社会经济环境的改变及生活方式的改变,将会进一步增加慢性疾病的发病率,而慢性疾病是缓慢发展的过程,慢性病发病率的增高,将会增加社会对临终关怀的需求量。

三、节约医疗卫生资源

美国1995年的一项研究显示,用于临终关怀的每1美元医疗保险支出可以节省1.52

美元的医疗保险费用。在生命的最后一年,临终关怀患者比不用临终关怀的人少用了 2737 美元——患者的治疗费、药费、住院费和护理费都得到了节约(徐勤,2000)。又如,在 2007 年的费用标准下,每位接受临终关怀服务期限为 15～30 天的临终患者减少的医疗支出为 6430 美元(章然,2015)。统计数字表明,在美国临终关怀服务会减少医疗保险项目的支出,所以受到美国政府的高度重视与支持,得以蓬勃开展。

在我国,将卫生资源大量运用于不治之症、生命质量十分低下、不可逆转死亡的生命个体上情况比比皆是,不仅降低了卫生资源的效益,而且对病人、家庭和社会也无法体现道德价值。临终关怀一改过去对任何病人一律实施医治的做法,承认医治对某些濒死病人来说是无效的客观现实,通过对他们提供舒适的照料来替代卫生资源的无谓消耗,实质上体现了对病人及大多数人真正的人道主义精神。因此,临终关怀不仅是社会发展与人口老龄化的需要,也是人类文明发展的标志(宋强玲,2009)。

第四节 域外临终关怀法律制度

一、英国的临终关怀模式和立法

(一)英国的临终关怀模式[①]

1. 服务内容全面

临终关怀服务常由医师、护士、社会工作者、家属、志愿者以及营养学、心理学工作者和宗教人士等多方面人员共同参与,其主要任务是控制疼痛、缓解症状、舒适护理、减轻或消除患者的心理负担和消极情绪。除了一般的综合性临终服务机构之外,还有专门针对癌症或者肾病患者的专科临终关怀机构。玛丽·居里癌症照护中心(Marie Curie Cancer Care)是英国最大的独立临终关怀院,主要服务对象是晚期癌症患者,在全英国共有 10 家,其中 7 家在英格兰,每年共接待大约 4000 位住院患者。

临终关怀不仅关注患者的生理需要、精神需求,同时重视晚期患者家属的情感和实际需求。在患者生病期间、病逝之后,临终关怀机构工作人员为其家人进行心理抚慰,开展心理咨询、健康教育、死亡教育、精神支持、社会支援及丧亲抚慰等心理救助服务。

2. 临终关怀机构齐全、规模大

英国临终关怀服务的形式包括住院服务、日间护理(day care)、社区服务、门诊预约、医疗陪护、暂休看护(respite care)及丧亲服务(bereavement counseling)等。英国临终关怀机构主要有以下类型:①独立的临终关怀服务机构;②隶属普通医院或其他医疗保健机构的临终关怀病房;③家庭临终关怀病房(home care)。以住院服务的方式为主,其中包括日间护理。

根据 2008 年英国国家审计署的统计,英格兰共有独立的成人临终关怀院(independent

---

① 本部分内容参考苏永刚等(2012)。

adult hospice）155 家，国民医疗保险体系（national health service，NHS）所属医院的临终关怀病房（hospice unit）共有 40 家，从业的专业医护人员共计 5500 人。这个数字还不包括配备注册护士的兼具关怀功能的老年全托病房（care home）以及一些教会开办的具有临终关怀性质的救助机构。

3. 资金募集渠道多样

英国实行全民公费医疗，病人就医费用基本由国家财政承担，临终关怀机构的住院患者可以享有各项免费服务，所以临终关怀机构都属于非营利性医疗机构。英国政府下属的国民医疗保险体系负责公民的基本医疗服务工作，规模较大的临终关怀院大约 70%以上的资金来源于国民医疗保险，剩余的资金来源于慈善团体的捐助及以各种方式筹集的资金。在英国，除了国家财政外，临终关怀院通过多种方式募集资金。很多行业和普通公民都捐助临终关怀事业，有些临终关怀院主要依赖慈善捐助经营。

（二）英国的临终关怀立法和规范

1967 年，英国伦敦市建立了世界首家临终关怀院——圣克里斯多弗临终关怀院（St. Christopher's Hospice）。英国政府从制度建设上加强对临终关怀的监管，1990 年英国发布了《国家卫生服务及社区关怀法》（National Health Service and Community Care Act），将临终关怀服务增加到医疗保险中；2006 年出台了《慈善法案》，明确规定了临终关怀机构模式之一的慈善机构的资质，并要求必须满足基本条件的组织才能申请注册。英国国家卫生部还制定了临终机构指南，要求临终关怀院重视公民的"死亡质量"（新华，2010）。作为公民基本医疗服务的临终关怀已被纳入国民医疗保险体系，政府已基本承担了患者就诊、住院等费用。

英国的临终关怀将服务对象及纳入标准规范化。临终患者的诊断通常由全科医生（general practitioner）或者医院医生（hospital doctor）根据规定做出，医生会根据患者的实际情况，建议患者转诊去临终关怀机构接受医疗服务。临终患者的诊断有着严格的规程，也就意味着临终关怀的整个服务过程是十分规范的。一般来说，从临终患者病情的诊断到居丧照护，整个过程可分为：病情诊断、病情评估、具体服务项目之间的协调、高质量的服务、临终照护和临终安排、居丧照护等。整个过程都环环相扣，不同医疗机构之间的衔接比较到位。

此外，英国对临终关怀机构实行专业人员和注册护士定期专业培训制度。一半以上的老年全托护理院将定期专业培训作为上岗的必备条件，或将其列为员工的正式资质考评。英国还实行社区护士的分级使用制度，培养社区全科护理团队，全科医生与社区护理人员密切合作，一起提供临终关怀服务。

二、美国的临终关怀模式和立法

1974 年美国成立了首家临终关怀医院，经过 40 多年的发展，2012 年美国已拥有 5500 家临终关怀机构。截至 2011 年，美国死亡人数约为 251.3 万人，其中接受临终关怀服务后死亡的患者约有 105.9 万人，占总死亡人数的 42.14%。美国的临终关怀产业化发展与其全面的服务体系和制度保障分不开(章然,2015)。

(一) 美国的临终关怀模式

1. 服务机构类型多样

为了满足不同临终患者的需求,美国的临终关怀机构的运营模式主要有以下四种:①独立的临终关怀机构;②综合医院内的临终关怀病房;③居家医护服务机构内的临终关怀病房;④养老院内的临终关怀病房。其中以独立的临终关怀机构为主。据统计,2012年美国的独立临终关怀机构占总数的57.4%(章然,2015)。

根据税收状况,提供服务机构又可被分为三个类别:不以营利为目的(慈善组织等)、以营利为目的(私有或公开上市)、政府(由联邦、州或当地政府拥有和经营)。其中,非营利性占30%、营利性占65%、政府及其他占5%(刘长缨和李梅,2015)。

2. 服务队伍专业

美国临终关怀服务由一支专业人员组成的队伍提供,人员通常包括临终关怀医生或护士、药剂师、社会工作者、丧亲顾问、神职人员或哀伤治疗师,创伤专家,精神病专家,以及志愿者。为了提高临终关怀服务人员的专业素质,美国自1993年开始实行专科护士资格认证。该制度规定,从事临终关怀服务的工作人员须通过资格认证考试(章然,2015)。

3. 资金来源多元化

美国的临终关怀资金主要来源于以下几个方面:①私人医疗保险(占6.2%);②医疗保险(占87.1%);③医疗补助(占3.8%);④无偿或慈善捐助(占0.9%);⑤自付(占0.8%);⑥其他资金来源(占1.2%),如社会保障救济金、退伍军人救济金等。

(二) 美国的临终关怀立法

美国制定出了一整套严密的法律规章制度,在保障临终关怀患者受益的同时,又从现实的财力出发,确保临终关怀服务健康、有序地运转。

1. 临终关怀服务的对象

1976年8月,加利福尼亚州通过了《自然死法案》(*Natural Death Act*),规定不对末期临终患者提供加剧苦痛和拖延死期的医疗。美国临终关怀医疗保险规定:临终关怀服务的对象是那些处于生命终末期的患者,即在疾病正常发展情况下,经主治医生或提供照顾的临终关怀计划的医疗负责人确定生存期为六个月以内的临终患者(章然,2015)。

2. 接受临终关怀服务患者的资格认定

美国卫生条例规定,接受临终关怀服务的患者必须定期进行重新资格确认。这样,在接受临终关怀服务期间病情好转的患者可以转至其他类型的机构,从而节省了临终关怀的服务资源以满足更多急需提供服务的患者。但是美国卫生条例的这项规定并没有限制临终患者享受临终关怀服务的时间期限。据统计,2007年美国临终关怀出院患者接受临终关怀服务的时间平均为65天(章然,2015)。

3. 临终关怀的医疗保险和医疗补助

当临终患者进入临终关怀计划后,医疗保险将不再为其支付常规、积极治疗等非临终关怀服务范畴内的治疗费用,除非患者退出临终关怀计划(滑霏等,2008)。这项规定使临终关怀在节约医疗资源方面发挥了重要的作用。

1986年，美国国会将临终关怀列入医疗补助计划。医疗补助是由各州和联邦政府资助的项目。医疗补助提供个人医疗护理并援助无法支付自己医疗费用的人。目前，超过40个州已将临终关怀包括在他们的医疗补助计划之中。1987年，纽约州通过了《纽约公共卫生法》，其中第29-B章中提出"不施行心肺复苏术法"（Do Not Resuscitate Law）的观念，从而确立了医师签发不施行心肺复苏术医嘱的合法性及免责性（李寿星，2013）。1990年，美国国会通过了《病人自主决定权》（Patient Self-Determination Act，PSDA），该法案于1991年生效，规定所有患者有权自主决定是否要保留或撤销不必要的维持生命的医疗技术（Bentur et al.，2012）。2010年，美国通过了《临终关怀通知法案》（Palliative Care Information Act），该法案明确规定所有临终患者均有权选择临终关怀或姑息疗法[①]。同年又出台了《患者保护与平价医疗法案》（Patient Protection and Affordable Care Act），允许那些被纳入国家医疗补助和儿童健康保健计划的患儿也可以享有临终关怀。

三、澳大利亚的临终关怀模式和立法

（一）澳大利亚的临终关怀模式

1. 为晚期患者提供"全人、全程、全队和全家"的四全服务

澳大利亚的临终关怀服务，不仅是晚期肿瘤患者作为服务对象，其他的"末期疾病"（艾滋病和其他功能减退性疾病）患者，也被纳入服务中。服务内容多样，包括基本的病房服务、门诊服务、日间服务，还有居家服务、居丧支持、善终服务、教育培训等。

2. 社会支持与经费开支大

目前，澳大利亚政府在老年长期照护上的花费约为95亿澳元，其中机构照护约占全部费用的71%，是目前长期照料中最昂贵的（王宇和黄莉，2015）。临终关怀机构具有福利性质，在服务项目上各种非政府组织、私营机构、慈善机构、教会机构、社会团体和个人等非营利机构扮演重要角色。澳大利亚政府有专门的经费运营，保证经费的正常合理使用的机制，其他资金筹集渠道的广泛支持，促进临终关怀事业的生存和发展。

3. 有专门的关怀机构与配套设施

澳大利亚建立以家庭和社区照护方式为主的临终关怀服务模式。在社区发展全科医疗的基础上，建立临终关怀病区，根据所在社区卫生服务中心规模和人口数决定具体床位数量，专门收治临终期患者，由病区的全科护士和全科医师提供专业的照护，患者也可按自己意愿选择在医院病床住院或家庭病床，应用现代医学为无望的临终患者提供便捷一体化关怀服务，使其能够舒适、安然地渡过生命最后期。

（二）澳大利亚的临终关怀立法

澳大利亚制定了相关法律、法规和政策为临终关怀服务在实际操作、治疗及管理评估

---

① New York State.Department of Health.Palliative Care Information Act.https://www.health. ny.gov/professionals/patients/ patient_rights/palliative_care/information_act.htm［2016-08-13］。

上提供法律依据，联邦的有关社会保障和老年人关怀方面的政策、法律很具体详细，使患者享受更多权利，加速临终关怀事业走向制度化、规范化。

澳大利亚在19世纪初提出了《国家姑息治疗策略》，从政策上为老年人提供了临终关怀保障。1994年，澳大利亚首次发布了《澳大利亚临终关怀标准》，以此评估末期患者有无受到应有的尊重和管理，之后又陆续出版了许多临终关怀指南，如《澳大利亚临终关怀服务指南》《基于人口学的澳大利亚临终关怀服务发展计划》《澳大利亚国家临终关怀策略》等。1998年，澳大利亚提出了《国家姑息保健项目》（National Palliation Care Program），以此提高临终关怀服务人员素质、改善服务质量，另外，国家还扩大了对社区护士、养老院护理工作人员和医疗辅助工作者的财政支持，鼓励他们进行专科进修，提升服务知识和技能，以便为临终患者及家属提供更加规范化的服务。

四、其他发达国家的临终关怀模式和立法

（一）德国

私立德国临终关怀基金会，于1965年成立，在柏林和慕尼黑都设有办公室，基金会的收入主要来自捐赠，少量来自政府资助。基金会提供的服务包括：提供相关领域的咨询服务、法律支持、为有需要的临终病人联系病床，以及解决付款等问题。2005年6月16日德国第一部《临终关怀法》，共包括七个方面，主要阐述了临终患者的认定标准；临终患者昏迷前的最终决定权、支配权；临终患者医疗费用的来源；从事此项服务相关人员的条件等。具体来讲，德国医生负责对临终病人的资质认定，包括所有癌症和其他临终者。临终者在明白时其最后的决定权也在于自己，包括选择在家或住院两种方式。住院费用一般为每人每天需支付20欧元，住院的其他费用均由医疗保险或护理保险支付；有关基金会可以提供<10%的资助。临终关怀费用可以纳入医疗保险报销，但在住院天数上却有2~3周较严格的限制；时限内假如没有死亡必须及时转出；或回家或转到其他照护机构。

德国临终关怀的基本要求是：一个地区的卫生和社会保障系统必须确保有一个网络组织机构，它们须和当地的社会义务联合会紧密联系在一起工作。在不断完善的专业化和标准化要求下，必须有一个适合的专业人士陪伴临终者。在自由选择照护前提下，至少有一个有资质的护理机构和一个有资质的医生一起工作，他们必须能够做到减轻临终者的痛苦或者非常专业地使用药物来减轻临终者的痛苦。要保证持续不断的义务陪伴时间和诱导临终者对未来的美好幻想。病人家属可以不参与治疗方案的确定，但事先要签订授权书。

从事临终关怀护理人员的条件一般是综合医院的护士或护理员，以及在卫生护理机构获得职称的人员。至少要有三年以上工作经验，大学毕业并且在卫生护理机构进修过的，或大学专业是社会教育或社会工作的毕业生，或其他专业领域但经过特殊测试的，至少要有3年以上工作经验，在缓解临终者疼痛、共同协调沟通等方面有非常娴熟的技能技巧（方嘉珂，2009）。

（二）法国

法国于2009年出台了《临终关怀法》，同年2月17日还制定了一个临终患者陪护补偿金的议案，该议案提出国家将向临终患者的一位家属提供小于三个礼拜、每天49欧元的补助金，以此使临终者更多地感受到家人的陪伴（尤金亮，2012）。

（三）日本

日本是亚洲最先进行缓和医疗的国家，1990年，政府将临终关怀纳入医疗保险（Kashiwagi，1991），从此，99%的日本人以此形式步入死亡，临终关怀在日本也进入了一个新时代。日本虽然没有单独的临终关怀法律，但却有一些相关法律如《国家健康保险法》《长期护理保险法》《癌症控制法案》等常被用来管理临终关怀服务（Lee et al.，2010），对临终关怀工作的开展发挥了十分重要的作用。

（四）其他国家

新加坡于1996年制定了《预先医疗指示法》（Advance Medical Directive Act），该法律使患者可以通过建立预先医疗指示来说明将来若自己失去意识时是否需要接受维持生命的治疗（孙也龙和郝澄波，2014）。匈牙利于2002年制定了临终关怀护理法律，并且每2~3年修订一次（徐丽等，2016）。2005年，以色列通过了《临终病人法案》（Steinberg and Sprung，2007）。2009年，以色列国家卫生部又制定了医院和健康计划中临终关怀护理服务的启用和服务标准（Bentur et al.，2012）。

五、我国台湾地区临终关怀模式和地区性立法

（一）我国台湾地区的临终关怀模式

1. 学科建设成熟

在学科建设方面，台湾地区已经设立了缓和医学（姑息医学）的专科，使得安宁疗护具有了长远发展的可能性。

2. 服务团队专业

在台中荣总安宁病区，病房护士与患者的比例为1∶1，使得护理人员与患者能够良好互动，产生更优质的照顾和关心。安宁疗护团队结构及作用明确，医生包括：主任、主治医生、会诊医生、家居医生、心理医生、研究助理等；护士包括：护士长、责任护士、病房护士、共照护士、家居护士等；另外，社工、心理师、义工（其他也包括宗教师、芳香治疗师等）以及专业丧葬公司等配置合理，均能各司其职，具有团队合作的优势（陈钒和张欢，2011）。

3. 服务人性化

"四全照顾"，即"全人、全家、全程、全队"照顾，台湾地区尤其强调在患者去世后对患者家属丧葬期的追踪关怀及心理辅导。医疗团队会定期召开"遗嘱"会议，逐一建档，

必要时将患者家属转介给心理照护师。安宁团队将此视为对逝去患者和家属的尊重,并认为是衡量安宁疗护质量的重要标准。

(二)我国台湾地区临终关怀的地区性"立法"

我国台湾地区有2000多万人口,具有姑息治疗职能的机构就有近80所。台湾地区能有如此之多的姑息治疗机构和规范化的服务,与其在亚洲地区最早制定姑息治疗的法律和丰富的实践有着密切的关系。

亚洲地区第一部关于临终关怀的"立法"是2000年我国台湾地区出台的地区性"安宁缓和医疗条例"(简称"条例")。

1. "立法"背景

20世纪90年代,一位植物人患者的母亲屡次向台湾"立法院"递交陈情书,要求准许女儿安乐死。之后,多名民意代表数次发起有关"条例"草案并举行公听会,其中具有代表性的有1996年8月3日举办公听会"尊严死条例草案"、1996年12月13日提出的"安乐死条例草案条例",以及1997年5月21日提出的"安宁死条例草案"。这三部草案主题均为安乐死。2000年5月23日,台湾"立法院"三读通过"安宁缓和医疗条例",与之前草案中"安乐死"不同,其内容已经演化为"自然死"。2000年6月7日,该条例发布实施。台湾"卫生署"于7月7日公告相关的《意愿书》等文书,要求各医疗机构配合实施。同年8月12日,"卫生署"对上述文书进行修正,最终确定为四款表单,即《预立选择安宁缓和医疗意愿书》《不施行心肺复苏术同意书》《医疗委任代理人委任书》《选择安宁缓和医疗意愿撤回声明书》。2001年4月25日,配合该"条例"的"安宁缓和医疗条例实施细则"(简称"实施细则")予以发布。2002年11月22日,台湾"立法院"三读通过修正案,同年12月11日公布实施。

2. "立法"内容

"条例"第一条指出"立法"目的是"为尊重不可治愈末期病人之医疗意愿及保障其权益"。

"条例"第三条对专用名词进行了定义。①"安宁缓和医疗"是指为减轻或免除末期病人之生理、心理及灵性痛苦,施予缓解性、支持性之医疗照护,以增进其生活品质。②"末期病人"是指罹患严重伤病,经医师诊断认为不可治愈,且有医学上之证据近期内病程进行至死亡已不可避免者。"实施细则"又进一步规定:经诊断为本"条例"第三条第二款之末期病人者,医师应于其病历记载下列事项:一治疗过程;二与该疾病相关之诊断;三诊断当时之病况、生病征象及不可治愈之理由。③"心肺复苏术"是指对临终、濒死或无生命征象之病人,施予气管内插管、体外心脏按压、急救药物注射、心脏电击、心脏人工调频、人工呼吸等标准急救程序或其他紧急救治行为。④"维生医疗"是指以维持末期病人生命征象,但无治愈效果,而只能延长其濒死过程的医疗措施。⑤"意愿人"是指立意愿书选择安宁缓和医疗或作维生医疗抉择之人。

"条例"第四条规定了预立选择安宁缓和医疗意愿书(表7-1),以"法律"形式最大限度地保障了患者的权利,体现了对患者选择死亡方式的权利的尊重。该条规定:①20岁以上具有完全行为能力的人才具有预立文书的"法律"资格。②行文格式见表3-1。③意愿书之签署,应有具完全行为能力者二人以上在场见证。但实施安宁缓和医疗之医疗机构所属人员不得为见证人。

表 7-1 选择安宁缓和医疗意愿书

选择安宁缓和医疗意愿书

　　本人_____因罹患严重疾病,经医师诊断认为不可治愈,而且病程进展至死亡已属不可避免,特依安宁缓和医疗"条例"第四条、第五条及第七条第一项第二款之规定,作如下之选择:
　　一、愿意接受缓解性、支持性之医疗照护。
　　二、愿意在临终或无生命征象时,不施行心肺复苏术(包括气管内插管、体外心脏按压、急救药物注射、心脏电击、心脏人工调频、人工呼吸或其他救治行为)。
　　立意愿人:
　　签名:　　　　　　　　身份证统一编号:
　　住(居)所:　　　　　电话:
　　在场见证人(一):
　　签名:　　　　　　　　身份证统一编号:
　　住(居)所:　　　　　电话:
　　在场见证人(二):
　　签名:　　　　　　　　身份证统一编号:
　　住(居)所:　　　　　电话:
　　日期:　　年　　月　　日

"条例"第五条规定了预立医疗委任代理人制度,是对第四条的补充,即当意愿人无法表达意愿时,由代理人代为签署。"条例"第六条规定意愿人可以通过《选择安宁缓和医疗意愿撤回声明书》来撤回意愿。意愿人可随时自行或由其代理人,以书面撤回其意愿之意思表示。

"条例"第七条规定不实施心肺复苏术的要件,是"条例"的核心条款。

不施行心肺复苏术,应符合下列规定:①应由二位医师诊断确为末期患者。②应有意愿人签署之意愿书。但未成年人签署意愿书时,应得其法定代理人之同意。

两位医师中,其中一位医师应具相关专科医师资格。针对专科医师概念的模糊,"实施细则"规定本"条例"第七条第二项所称相关专科医师指与诊断末期患者所罹患严重伤病相关专业领域范围之专科医师,但是两位医师不限于是在同一时间诊断或是同一医疗机构的医师。

末期患者意识昏迷或无法清楚表达意愿时,《不施行心肺复苏术同意书》可由其最近亲属出具同意书代替,不得与末期患者于意识昏迷或无法清楚表达意愿前明示之意思表示相反。最近亲属之范围如下:①配偶。②成人子女、孙子女。③父母。④兄弟姐妹。⑤祖父母。⑥曾祖父母或三亲等旁系血亲。⑦一亲等直系姻亲。最近亲属出具同意书,一人出具即可,如果最近亲属意思表示不一致时,依前项各款先后定其顺序。后顺序者已出具同意书时，与先顺序者意愿有冲突时，先顺序者有决定权。

"条例"第八条规定了医师的告知义务。医师为末期患者实施安宁缓和医疗时，应将治疗方针告知患者或其家属。但患者有明确意思表示欲知病情时，应予告知。《实施细则》规定本条例第八条所称家属，指医疗机构实施安宁缓和医疗时，在场之家属。

"条例"第九条规定了医师病历记载和保存的义务，即医师对末期患者实施安宁缓和医疗，应将第四条至第八条规定之事项，详细记载于病历；意愿书或同意书并应连同病历保存。

"条例"第十条规定了医师违反不实施心肺复苏术要件的处罚，即处新台币六万元以上三十万元以下罚款，并得处一个月以上一年以下停业处分或废止其执业执照。

《条例》第十一条规定了医师违反病历记载及保存的处罚，即处新台币三万元以上十五万元以下罚款。

3. 我国台湾地区关于适用"安宁缓和医疗条例"的争议和讨论

1）末期病人应当严格限定

实务上，安宁缓和医疗"条例"的主体常不适格。大部分的植物人、渐冻人、脑中风或呼吸衰竭患者并非"末期患者"。即使家属已经签署《不施行心肺复苏术同意书》，医师仍不能在患者尚处于"非末期患者"时放弃积极治疗。（"最高法院97年度台上字第741号民事判决书"参阅）。若非末期患者在仍可救活的情况下，医师受家属要求放弃急救，家属要定为"刑法"275条的"加工自杀罪"，医师则定为"刑法"276条的业务过失致死罪。对于非末期患者不予急救，在表面上虽然是在维护生命尊严，但极有可能为安乐死，甚至杀人，打开方便之门。"安宁缓和医疗条例"的末期患者应当严格限定，避免出现"滑坡效应"，避免尚未真正面临死亡的患者被不当地放弃（林萍章，2012a）。

2）亲属死亡同意权有违宪之嫌

美国加利福尼亚州1977年生效的《自然死亡权利法》中准许依照患者的意愿，不使用高科技维生方式来延长疾病末期状态的濒死阶段，让患者因疾病自然进行而死亡。这些法案的前提是"应有患者自己签署的意愿书"。患者的亲属可否代替患者做决定呢？答案是否定的。美国最高法院大法官1990年支持密苏里最高法院的判决："必须有明确而令人信服的证据，证明患者自己的意愿，方可停止医疗维生治疗，绝不可基于患者近亲的'替代性决定'。"美国大法官认为依据美国宪法第14条修正案的"正当法律程序"，不可以把拔管决定权寄托于患者以外的任何其他人之上。"安宁缓和医疗条例"的第7条可能造成以下情况：末期患者在意识昏迷或无法清楚表达意愿前并没有关于安宁缓和医疗的明示意思表示，末期患者被插管后，就更无法表达意愿，此时亲属可以签署同意书，进而拔管而移除呼吸器，有可能造成违反病人意愿的死亡。这样一来出现的漏洞是为了节约医疗资源、避免拖累家人，一些尚未真正面临死亡的患者，如植物人或准植物人（如头部外伤患者、慢性呼吸衰竭患者）被不当地放弃。因此，亲属死亡同意权违反"宪法"对人民生存权的保障、侵害无死亡意愿病人的人性尊严及其自主权。"安宁缓和医疗条例"应当修订确保患者成为告知说明的首要对象，由患者决定是否接受安宁缓和医疗。如果患者没有明确的意思表示，任何人无权为其实施安宁缓和医疗（林萍章，2012b）。

第五节 我国临终关怀的发展现状和法律制度

一、发展现状

近半个世纪以来,临终关怀作为一种对临终患者及其家属所提供的护理服务,在全球100多个国家和地区建立起了8000多所临终关怀服务机构。20世纪80年代,临终关怀正式传入我国,我国开始了临终关怀的实践探讨。1988年,天津医学院建立了国内首家临终关怀研究中心。目前,中国已相继创办临终关怀机构约200家,多数在天津、上海、广州等大城市。基本能够维持运营的数量一直在100家左右,从业人员的数量在4万~5万人(马娉和苏永刚,2013)。临终关怀在引入我国的20多年里,理论和实践都有了一定的发展,但总的来说,仍然处于临终关怀的初步发展阶段,发展的困境主要表现以下几个方面。

(一)传统观念阻碍发展

中国人对死亡的禁忌和传统的"孝道"影响到临终关怀的推广。人们已经形成在任何时候都要不惜一切代价去延续生命的道德观念。这与临终关怀的本质"旨在提高患者生命的质量,而非延长患者的生命"相悖。中国民众对临终关怀的了解程度较低,即使了解也难以接受。

(二)对临终关怀机构定位不清、管理不规范

目前,卫生行政管理部门对临终关怀的内涵、临终关怀医院与一般综合医院的区别缺乏界定。在缺乏临终关怀法律法规的情况下,在实践中,对临终关怀服务机构通常是参照一级综合医院和养老院的标准来注册、管理。模糊不清的定位导致临终关怀服务项目的开展、服务标准和价格由临终关怀机构自行决定,这进而导致了服务不规范、收费混乱等问题的出现。

(三)资金匮乏、社会保障机制欠缺

从发达国家及地区的实践来看,从政府层面确保临终关怀的费用来源,将其纳入社会保障体系中,在财政上为其提供支持和保障。在我国,21世纪初依托于综合医院的临终关怀机构纷纷倒闭,究其原因:首先是社会认可度不够;其次是国家政策不支持,未纳入基本医疗体系;再次是医院的经济效益问题(马娉和苏永刚,2013)。从临终关怀机构角度来看,在没有政府投入,也没有优惠政策的情况下,其发展只能靠自身的运营来实现,若向接受临终关怀服务的患者及其家属收取高昂的服务费用,势必会使患者望而却步。从临终关怀患者角度来看,按照我国现行医疗保险支付制度,患者只有在医院住院治疗护理,才能得到医保的支付,而在养老院、护理院或临终关怀机构里接受医疗护理服务是不享受医保的。因此,许多临终患者宁愿待在医院,也不愿去护理院或临终关怀机构。如此一来,一方面加剧了综合医院"看病难"的现象,医疗资源无法得到充分利用,另一方面,临终

关怀机构资源闲置，加剧了运营困难。

（四）临终关怀专业人才匮乏、服务质量不高

目前国内的医学院校还没有将临终关怀学科普及化，从事临终关怀的医护人员严重不足，临终关怀医院只能从普通医学院招聘人员，再进行老年病学、临终关怀学的培训。再者，病人临终期的医疗服务技术标准及操作也还未规范化。一项调查显示，有三分之二的医生并不了解如何使用吗啡[①]。根据经济学人信息部对世界部分国家和地区"死亡质量"的调查，"临终关怀照护质量"在参加调查的40个国家中，中国居第35位，得分为3.3分（马媁和苏永刚，2013）。这在一定程度上反映了晚期患者无法得到有效的医疗照护。

（五）法律风险和法律空白

从发达国家及地区的实践来看，从法律层面明文规定医生实施临终服务的合法性、免责性和应尊重患者的自主决定权，对于临终机构资质、机构服务指南、服务人员准入条件及技术水平、服务对象认定和临终服务评估评价等方面都制定了法案、政策来实现标准化和具体化。临终关怀引入我国已有20多年，在临终关怀引入我国的20多年时间里，我国未出台一部完整的规范临终关怀相关问题的法律法规。在医务人员对不积极治疗模式说明的义务，临终患者和家属放弃治疗决定程序等方面存在法律空白，极容易引发法律纠纷。由于没有统一的在服务对象、服务内容、机构准入标准、服务评估等方面的规范，各地的临终关怀服务差距较大，政府监管较为困难。

二、法律制度

从各国和地区的经验来看，加快立法是临终关怀的必经之路。严格地说，我国现有的关于临终关怀的国家和地方的政策文件，不属于法律，临终关怀没有得到法律的支持和保障。为确保临终关怀能够健康、持续、稳定的发展，为即将死亡的临终患者带来福音，从社会发展和人类文明进步的需要来看，把有利于国家卫生事业进步的临终关怀制度用法律固化下来，对建设和谐社会具有重要的意义（周霜等，2017）。

（一）临终关怀服务机构的准入标准

临终关怀服务机构的主要任务是控制疼痛、姑息治疗、安抚心灵。国家应制定标准规范设立临终关怀服务机构的基本条件，满足基本条件的，才允许开办。2017年2月9日国家卫生和计划生育委员会制定了《安宁疗护中心基本标准（试行）》，首次以部委规范性文件的形式对安宁疗护中心做了界定，它是为疾病终末期患者在临终前通过控制痛苦和不适症状，提供身体、心理、精神等方面的照护和人文关怀等服务，以提高生命质量，帮助患者舒适、安详、有尊严离世的医疗机构。根据要求，安宁疗护中心床位总数应在50张以上，病房每床单元基本装备应与二级综合医院相同。《安宁疗护中心基本标准（试行）》

[①] 外媒：中国临终关怀供给服务缺口巨大 跟不上老龄化速度. http://www.cankaoxiaoxi.com/china/20161009/1333929.shtml[2017-02-10].

规定了安宁疗护中心的床位、科室设置、人员、建筑要求、设备等基本条件和要求。

(二) 临终关怀服务的适用对象和资格审核

1. 适用对象

临终关怀的初衷是为了保障病人余下的生命质量，而非一种自杀行为，因为临终关怀不是主动提前结束自己的生命，放弃与坚持积极治疗都无法改变濒临死亡的客观事实，选择临终关怀模式并非是对自己生命权的处分，只是一种医疗方式的自决权（尤金亮，2012）。因此，对临终关怀适用对象根据医学标准进行立法限定是规范临终关怀的关键。

借鉴前述国家及地区立法例和参考我国临终关怀医疗实践的观点，临终关怀的适用对象应当严格限定在：患有在目前的医学技术水平条件下治愈无望，且病情出现不可逆转的恶化，经医生诊断为不可治愈或预期存活时间不满6个月，主观迫切需要临终关怀服务的人。这样的临终患者可以包括患晚期恶性肿瘤患者，并发危及生命疾病的中风偏瘫患者，伴有多种慢性疾病的衰老衰竭行将死亡患者，严重心肺疾病失代偿期危重患者，多脏器官衰竭危重患者及其他因病处于濒死状态者[①]。

植物人的情况非常复杂，因此各国临终关怀的立法和实践都主张植物人不适用临终关怀，因为植物人中，一部分会由于脑部病变的逐渐恢复，而重新获得意识，如脑外伤、煤气中毒等所导致的植物状态；而心跳复苏后的植物人（缺血缺氧性脑病），由于大脑皮层广泛性重度损伤，恢复意识的机会不超过20%。可见，植物人并非真正意义上的"临终患者"，他们有一定比例的治愈率，而且他们的生命能够延续多少时间一般难以判断，如果停止积极治疗而采取临终关怀的方式，就会极大可能剥夺患者的生命权（尤金亮，2012）。

脑死亡的人是否适用于严格意义上的临终关怀，关键要看以什么标准来判定人的生命的结束。如果以"脑死亡"作为判定死亡的法律标准，那么，脑死亡的人就不适用于临终关怀，因为临终关怀的对象是"临终患者"。这里的患者虽然患有重病但却具有生命的体征，是标准意义上的"人"，而脑死亡的人已经不是法律意义上的"人"了。如果采取"心肺死亡"作为死亡的标准，脑死亡的人依然是"人"，当然也适用于临终关怀。目前，由于我国没有脑死亡方面的明文立法，医疗实践中的脑死亡判定操作也引发了诸多非议（尤金亮，2012）。因此，在临终关怀领域，应当允许脑死患者或其家属自主选择以脑死亡或心肺死亡作为自己的死亡判定标准。在医生判定患者脑死亡而是否继续救治时，应当依据患者生前所选定的死亡标准或患者家属（在患者死后）的意愿而定：如果患者生前选择以脑死亡为自己的死亡判定标准或患者家属在患者生前未明确表态时同意以脑死亡标准作为其死亡判定标准，则医生可以放弃对脑死患者继续救治，否则，应当继续救治，但该继续救治不应当给第三人的利益带来损害。例如，某人因遭遇车祸而脑死亡，在医生告知其家属患者已脑死亡的情况下，其家属坚决要求医院继续上呼吸机与心脏起搏器以维持其呼吸与心跳，结果导致了一笔额外救治费用的支出。在这种情况下，如果因继续救治而需额外支出的费用需要由第三人（即肇事者）来承担而第三人又明确表示异议，则医生应当拒绝对患者继续施以救治，除非患者家属明确表示自行承担该费用（刘长秋，2008）。

[①] 孟宪武. 优逝. 全人全程全家临终关怀方案. http://www.du8.com/readfree/16/04920/1.html。

2. 临终患者的资格审核

1）患者本人决定申请临终关怀服务

具有完全民事行为能力的临终患者，可以根据自己的真实意思表示，向临终关怀机构提出申请或者预立接受临终关怀的预嘱，对将来特定情况下是否接受临终关怀预先做出安排，而且还可以委托代理人，当其不能正确表达时由代理人代为签字。当然，临终关怀机构在接到申请时，需要审核患者是否为自愿，是否存在威胁、误解等非真实自愿的情况，同时，还需要审核患者是否满足前文所述的临终关怀适用对象。有学者还提出患者本人自愿决定放弃积极治疗而选择临终关怀模式存在两种例外：①身患鼠疫、霍乱等属于强制治疗的患者不得任意放弃积极治疗；②无民事行为能力、限制行为能力的未成年人、精神病人、智障人不能自己决定（尤金亮，2012）。

2）患者监护人或其近亲属决定申请接受临终关怀服务

患者为无民事行为能力人、限制民事行为能力人，不能自己决定的，由监护人或近亲属决定接受临终关怀服务。此时，需要严格限制条件和程序来保障被监护人的权利。具体制度设计包括：①监护人或其近亲属达成一致意见。如果数名监护人或近亲属意见不能达成一致时，则可以借鉴宣告死亡程序的解决办法，即当存在在先顺位人时，在后顺位人不得申请。在后顺位人已出具同意书时，在先顺位人如有不同的意思表示，应在临终关怀实施前以书面作出。②监护人或其近亲属提出的申请不得与患者丧失民事行为能力之前的意思表示相背离。③申请需经医疗机构的医学伦理委员会审查通过。委员会应当审核患者家属是否为了"患者的最大利益"而选择接受临终关怀服务。审核内容具体包括：近亲属是否有义务救助而不救助、近亲属是否有能力救助而逃避救助义务、是否因不救助而发生危害社会的行为及患者是否满足临终关怀适用对象等。

3）鉴定患者是否属于临终关怀适用对象

患者是否属于临终患者，需要专业人员的鉴定，这是确保临终关怀依法进行的关键。借鉴我国台湾地区"安宁缓和医疗条例"第七条的规定，应由两位及以上的医师诊断确为末期病人，且至少一位医师具有相关专科医师资格。为防止有的临终关怀医院以盈利为目的而一律接收申请的情况，建议由该医院之外的二甲以上医院的医师进行鉴定。如果医师因不具有技术资格而擅自判断，把非临终病人诊断为临终病人而放弃积极治疗，导致发生严重危害的，构成"非法行医罪"。

3. 临终关怀服务的启动程序

第一，患者需书面申请（无、限制民事行为能力人由近亲属或患者代理人申请）接受临终关怀服务。未经申请程序，医方不得任意把正在接受积极治疗的患者转到临终关怀病房，否则就侵犯了患者的医疗自决权。

第二，由具有相应医师资格的两名以上的医生确诊为临终患者。

第三，为了避免患者在接受临终关怀服务后，因不了解临终关怀的性质而与临终关怀机构发生医疗纠纷，患者及其家属需签署临终关怀服务的知情同意书。知情同意书的内容包括临终关怀的性质、服务对象、服务内容，见表7-2。

表7-2 医疗机构临终关怀知情同意书

××医院（××安宁疗护中心）
临终关怀知情同意书

患者姓名	性别	年龄	病历号

尊敬的患者家属或患者的法定监护人/授权委托人：

您好！您的家人_____现在自愿来我院_____科住院进行临终关怀治疗。

目前诊断为_____。

患者患病以来已在院外经过反复治疗，诊断明确，目前已经无任何治愈好转的可能，患者病情危重，并且病情有可能进一步恶化，随时会出现以下一种或多种危及患者生命的并发症：（略）

鉴于目前本院（中心）的医疗工作主要是对老人常见慢性病的医疗护理，健康促进，无法对危重急症患者实施全面救治，建议转院治疗，特向家属亲友告知。

家属已知病人的具体病情，综合考虑，决定不转外院治疗，要求在本院给予临床对症处理和临终关怀性治疗，愿意承担一切风险及后果。

上述情况一旦发生会严重威胁患者生命，根据我国法律法规和单位的规章制度，医师提前征得您同意的情况下依据救治工作的需要对患者提供以下治疗方案（同意划√，不同意划×）：

1. 药物等无创抢救。

2. 包括气管切开、呼吸机辅助呼吸、电除颤、胸外心脏按压、安装临时起搏器等有创措施。

3. 放弃抢救。

我们的患病家人目前的病情危重，可能出现的风险和后果的严重性，医护人员已经向我们详细告知。我了解后做出以上选择，并对因此所发生的一切后果承担全部责任。

法定监护人、授权委托人签名：_____ 日期：___年___月___日___时___分

医师签名：_____ 签署日期___年___月___日___时___分

其他：

注：临终关怀知情同意书一式两份，一份归病历中保存，另一份交患方保存。

（三）临终关怀的服务内容和操作规范

1. 临终关怀服务的主要内容和操作规范

2017年2月9日国家卫生和计划生育委员会制定了《安宁疗护实践指南（试行）》，是国内第一个关于临终关怀服务内容和操作指南的政府性规范文件。安宁疗护实践以临终患者和家属为中心，以多学科协作模式进行，主要内容包括以下几个方面。

1) 疼痛及其他症状控制

临终关怀服务的本质是姑息治疗、疼痛控制，所以，将疼痛控制的具体操作过程标准

化是很有必要的。在疼痛控制上，世界卫生组织（WTO）推荐的三阶梯止痛治疗法：第一步，使用非麻醉性镇痛剂，如阿司匹林、布洛芬等，适用于患者出现的轻度疼痛；第二步，使用弱作用的麻醉性镇痛剂，适用于患者出现中度持续性疼痛；第三步，使用强效麻醉性镇痛剂，适用于患者出现重度和剧烈性疼痛。医务人员面对患者，应该寻找各种方式，为患者减轻疼痛。其他的症状还包括呼吸困难、咳嗽和咳痰、咳血、恶心和呕吐、呕血和便血、腹胀、水肿、发热、厌食、口干、睡眠或觉醒障碍、谵妄的评估治疗护理要点。

2）舒适照护

临终患者失去生活自理能力，护士、护工、家属、志愿者应提供患者身体各部位的全面护理和日常起居生活的照料。

3）心理支持和人文关怀

心理支持的目的是恰当应用沟通技巧与患者建立信任关系，引导患者面对和接受疾病状况，帮助患者应对情绪反应，鼓励患者和家属参与，尊重患者的意愿做出决策，让其保持乐观顺应的态度度过生命终期，从而舒适、安详、有尊严离世。具体工作包括：心理社会评估、医患沟通、帮助患者应对情绪反应、尊重患者权利、社会支持系统、死亡教育、哀伤辅导。

2. 临终关怀服务的管理

2017年2月9日国家卫生和计划生育委员会制定了《安宁疗护中心管理规范（试行）》，旨在全面加强安宁疗护中心的管理工作，保证医疗质量和安全。具体内容包括：

（1）机构管理。设置独立医疗质量安全管理部门或专职人员。

（2）质量管理。建立质量管理体系。建立患者登记及医疗文书管理制度。

（3）感染防控与安全管理。建筑布局做到布局合理、分区明确、洁污分开、标识清楚等基本要求。严格执行医疗器械、器具的消毒技术规范。依法对医疗废物进行分类和处理。建立跌倒、坠床、自杀、压疮等报告制度、处理预案等，防范并减少患者意外伤害。

（4）人员培训。开展工作人员岗前培训和在岗培训工作。

（四）临终关怀服务中的法律责任

1.临终关怀中的民事责任

监管机构、临终关怀服务机构、临终关怀从业人员、患者及其家属各方应按照规定行使各自的权利和义务。如果发生医疗纠纷，则按照民事法律规定，由过错方承担相应的法律责任，如医院明知是不符合特定标准的患者，或者在缺少医疗评估结论的情况下而任意接收临终患者的，造成延误患者医治的，应当承担相应的侵权责任。对于临终关怀的具体方式、服务水平等，可由医患双方签订具体协议确定，违反合同约定的，应当承担相应的违约责任；造成人身伤害的，形成违约责任与侵权责任的竞合，患方可以选择让医方承担违约或侵权责任。

2. 临终关怀中的行政责任

《安宁疗护中心管理规范（试行）》要求各级卫生计生行政部门加强对辖区内安宁疗护中心的监督管理，发现质量问题或安全隐患时，应当责令其立即整改。根据该规定，安宁疗护中心如果出现使用不具备合法资质的专业技术人员从事诊疗护理相关活动、质量管理和安全管理存在重大纰漏、造成严重后果等情形,卫生计生行政部门应当视情节依法依规从严从重处理。

3. 临终关怀中的刑事责任

少数人利用临终关怀实施危害社会的行为,应当受到刑法的制裁。如果患者的监护人或近亲属擅自把患者丢在临终关怀机构,在有可能救治的情况下而逃避救治义务,可能会涉嫌遗弃罪;如果主观上具有提前剥夺其生命权的主观故意,对尚有治愈可能性的非末期患者送到临终关怀医院,客观上造成了患者死亡的严重后果,就会涉嫌故意杀人罪。如果医师因不具有某种资格而擅自进行判断,把非临终患者诊断为临终患者而放弃积极救治,导致发生严重危害的,涉嫌非法行医罪;如果具有医师资格,因疏忽大意或过于自信误诊的,可能会涉嫌医疗事故罪;如果医师故意把非临终患者诊断为临终患者,意图剥夺其生命,就会涉嫌故意杀人罪。

临终关怀尊重生命,助人善终,节约医疗资源,是利国惠民的长远举措。受多种因素的影响,我国临终关怀事业的发展滞后,临终关怀法律制度建设更是刚刚起步。结合我国基本国情,坚持走本土化的道路,完善我国临终关怀的法律制度,确保临终关怀服务的法制化、规范化,实现国家重视、社会接受和国民参与的发展局面,是临终关怀事业健康、有序、持久地运转。

第六节 生前预嘱法律制度

一、生前预嘱概述

(一)生前预嘱的界定和分类

生前预嘱(living will),意即"生命遗嘱",是指人们在健康或意识清楚时签署的,说明在不可治愈的伤病末期或临终时要或者不要哪种医疗护理的指示文件(曾德荣等,2014)。生前预嘱,又称为"预先医疗指示"(advance medical directives)或"预立指示"(advance directives),是指任何人在精神上仍有能力行事的时候,通过"生前预嘱",指明未来一旦精神上无行为能力做出决定时所希望接受的健康护理或治疗的意思表示。生前预嘱的法律效力,建立于"人人都有自主权做出医疗决定的原则"和"知情同意权"之上(韦宝平和杨东升,2013)。

根据行使主体的不同可分为指令型指示和代理型指示,前者是根据立嘱人自身意愿决定是否给予某种治疗干预,后者是指在立嘱人丧失表达能力时由代理人代做决定。生前预嘱是一个书面计划,告诉医护人员如果患者不能为自己的医疗护理选择做决定时,他想要的是什么。生前预嘱告诉医护人员他是否想要手术,插管进食,或使用呼吸机来维持生命。患者必须在健康并且可以为自己作决定时写下自己的生前预嘱。在患者生病不能自己作选择的时候,生前预嘱将发挥作用。预立医疗代理人,指当患者生病不能自己作出选择时,指定的可以代替自己作选择的人,而这个人仅在他不能自己作选择时为他选择,告诉医生和护士他想接受什么治疗措施（American Academy of Family Physicians，2005）。

（二）生前预嘱与安乐死的区别与联系

生前预嘱主张患者自主选择临终医疗护理，这有悖于传统的死亡观念，加之人们对生前预嘱的概念认识不清，所以经常被混淆为安乐死，影响着医生的判断和患者的选择，一旦操作不当，便会引发很多法律及伦理问题（张建霞和苏振兴，2014）。因此，有必要厘清二者的界定与内涵，有助于公民对生前预嘱的选择。

安乐死是指患不治之症的患者，在危重濒死状态时，由于精神和躯体的极端痛苦，在患者及其家属的要求下，医生用人为的方法，使患者在无痛苦状态下度过死亡阶段而终结生命的全过程（赵桂增等，2014）。其实施对象都是生命末期状态且具有持续的、无法忍受的生理和心理痛苦的各类患者。安乐死分为积极安乐死（即主动安乐死）和消极安乐死（即被动安乐死）两种。积极安乐死是指通过医师给予药物或注射等方式加速患者死亡，消极安乐死是指终止维持患者生命的一切治疗措施，任其自然死亡。而生前预嘱的实施对象是医学上已确认患不治之症且丧失独立行为能力、不久将死亡，并在事先已决定出于尊严需求的考量而放弃生命维持系统的患者，强调尊严死亡（王凯强等，2017）。

著名公益网站"选择与尊严"创建人之一罗点点明确表示，"生前预嘱"的执行是尊严死，不是安乐死。当患者提出了某种要求，当其处在某种状态的时候，医生要用一种主动干预的方式帮助患者结束生命。而尊严死不涉及让任何人积极地致他人死亡，只是说一个患者处在不可治愈的生命末期的时候，我们不用生命支持系统来延长死亡的过程，让他的死亡过程尽量没有痛苦，尽量有尊严，能够以尽量自然的方式离开这个世界，提高死亡质量[①]。因此，"尊严死"实质就是自然死，不以任何主动的方式结束他人生命。安乐死是医生主动施行了医疗手段，而自然死是消极的、被动的，是医疗措施的不作为。目前世界上绝大多数国家，包括我国，法律都禁止安乐死，但是，对于不使用生命支持系统，如心肺复苏术、人工呼吸机等人工设备，则被认为是一种更接近自然状态的死亡。大多数国家的法律对这种"自然死亡"没有明令禁止，一些国家或地区还通过立法来确认和规范。

（三）实行生前预嘱的意义和必要性

1. 提高死亡质量

在无自主能力、身患疾病、依赖他人或遭受病痛折磨的时候，人的尊严会受到损害。在这种情况下，应用自己的医疗自主权，平静、自然地离世是可以维护尊严的唯一方式。有尊严的生活才具有一定的生活质量，没有质量的生活是有损尊严的。因此，近年来一些国际组织提出死亡质量的概念。死亡质量有很多参数，如说缓和医疗机构的提供、患者是否能够表达自己的临终愿望以及医疗机构中对于缓和医疗的普及程度，甚至包括止痛药物的使用剂量等。通过生前预嘱的形式，在一个患者处在不可治愈的生命末期的时候，医方根据其自主决定权，受到家属和法律的支持，不再使用生命支持系统来延长死亡的过程，

[①] 韩雪枫.罗点点.我的临终我做主. http://www.cankaoxiaoxi.com/china/20161009/1333929.shtml[2017-09-10].

让患者的死亡过程尽量没有痛苦，尽量有尊严，能够以尽量自然的方式离开这个世界，以此提高死亡质量。

2. 避免无效医疗纠纷

对一些现代医学难以治愈的重危患者和终期疾病患者，生命维持治疗仅能延长患者的生命，并不能提高其生命质量。医生往往认为这是无效的治疗；如果医生基于这种认识而终止对患者的治疗，患者的家人可能会因各种原因而难以接受，此时医患双方针对是否需要对患者继续施以生命维持治疗就容易产生争议，这就是医疗无效和医疗无效纠纷。医疗无效是指医生认为某种治疗对患者没有价值并且不应开具该种治疗，该种治疗多为生命维持治疗医患双方针对生命维持治疗是否具有医学和伦理上的适当性发生的冲突，即是医疗无效纠纷（龚学得，2015）。美国女植物人"泰利案"①促使美国社会更为重视生前预嘱在医疗无效纠纷解决中的重要作用。经过30年的发展，美国已经构建了一个完善的纠纷纠结机制，其中便有对"生前预立遗嘱"的相关规定，即在患者本人欠缺对治疗的决策能力，需要一个能够代表患者的代理人为其做出治疗选择，通过医患沟通，让患者自己做出选择，订立预立医疗遗嘱，将自己的后续医疗处置权交给信任的人，同时处理自己如果治疗失败后的相关事宜，有利于消除医生、患者、家属之间的治疗意见分歧，按照生前预嘱进行临终关怀也为医护人员的刑事违法、民事侵权责任的免除提供依据。这对解决我国医患纠纷，尤其是末期患者抢救与放弃治疗的矛盾冲突具有重要的参考价值。

3. 医疗资源的分配正义

通过生前预嘱，病患主张"消极自主权"，可以减少医疗成本，能够将有限的医疗费用的支出转向预防疾病和保健上来。临终患者所占医疗资源有过高比例现象，这是各国面临的普遍问题。"利用安宁医护、生前预立医嘱和不做心肺复苏术之声明，可以节省美国死亡前一个月医疗费用的 25%~40%（韦宝平和杨东升，2013）。"有资料表明，人一生 75%的医疗费都用在最后的抢救上，在香港甚至高达 90%（郝新平，2010）。分配正义所考虑的是医疗资源合理、有效的分配，让每个人都能得到最好的照顾，当医师面临医疗极限时如不经思索无止境地实施无效医疗，不但会伤害病患与家属的身心，延长死亡过程而且在医疗资源有限的情形下，亦有可能使其他生命失去被救治的机会（韦宝平和杨东升，2013）。

二、预立遗嘱的外国和我国港台地区立法

（一）美国

生前预嘱最初由美国伊利诺伊州一位名叫路易斯·库特纳的律师在 1969 年的一份法

---

① 泰利于1990年因医疗事故陷入脑死亡状态，成为永久性植物人，仅靠进食管维持生命。在被其丈夫迈克尔悉心照顾8年后，仍被认为恢复无望。因此，迈克尔于1998年向法官申请对其实施安乐死，但因其不符合安乐死的实施条件遭到其父母的反对。为此，双方开展了马拉松式的法律诉讼，医生也处于两难状态。在此期间，迈克尔一直以泰利生前曾表示"不希望以这种方式活着"为由坚持上诉，最终美国联邦法院于2005年，判决拔除泰利的进食管。事实上，泰利一案的关键在于是否停止使用生命支持系统，符合生前预嘱的实施范围。该案例给人们的启示是，若本人能事先签署"生前预嘱"，对自己临终时要不要使用生命维持系统，包括要不要用进食管来延缓死亡等做出明确指示，便能很好地维护其尊严和满足个人意愿，同时也避免了法律上的纠纷。

律期刊上提出。路易斯·库特纳参考财产法允许个人对自己身故后的财产事务提前做好安排的规定，提出了让个人提前表明在身体无法自主时想要得到的医疗护理要求（Kutner，1969）。美国加利福尼亚州于 1976 年 8 月通过了《自然死亡法案》（Nature Death Act），是世界上第一部让健康护理提供者能在执行生前预嘱时享有豁免权的法规，其规定医生根据"生前预嘱"停止使用生命支持系统，对患者的死亡不再承担法律责任，也不影响家属领取保险赔偿。此外，该法律还规定，公民可事先选定一名医疗行为代理人，在其失去行为能力时为其做出医疗决定。生前预嘱通常应拷贝一份放于病例中成为患者的医疗资料，但是，在立法初期，由于开展力度较小，影响范围有限，生前预嘱尚未得到广泛应用（Mahaneyprice et al.，2014）。1991 年，美国联邦政府《患者自主法案》（Patient Self-Determination Act）正式生效，确保患者的拒绝医疗权，在全美正式确立生前预嘱的法律地位。法案的内容也是尊重患者的医疗自主权，通过预立医疗指示维护患者选择或拒绝医疗处置的权利。1993 年，为了统一、简化各州的生前预嘱文书，避免各州法令之间的冲突，方便生前预嘱在各州之间的执行，在《统一末期病人权利法令》和《标准健康护理同意令》的基础上，新出台了《统一健康护理决定法令》（Uniform Health-Care Decisions Act）。至此，美国预设医疗指示的法律由归管生前预嘱和健康护理持久授权书的法例组成。美国几乎每一个州均已透过法律或案例法确认预设医疗指示的有效性。除马萨诸塞、密歇根及纽约三州之外，各州均已通过生前预嘱法例，并已有制定关于健康护理持久授权书的法例。各州之中有近 3/4 已制定旨在澄清家人在充任做决定代办人（surrogate decision maker）的时候享有的地位的法规（韦宝平和杨东升，2013）。此后，美国许多地区相继通过《自然死亡法》，生前预嘱的社会认可度不断提高，截至 2007 年，美国超过 41%的人已经拥有自己的生前预嘱。目前，美国已有 35 个州通过了《自然死亡法》，人们可用很少的花费通过网站、医院、社区诊所签署生前预嘱，并与医保制度相连，更好地维护了自己的尊严。

（二）德国

第二次世界大战后的德国对生死法律问题相对保守，但近年来的一些法院判例表明，有行为能力的患者的拒绝医疗权已得到确立，对于无行为能力的患者可以通过患者的书面或口头陈述、宗教信仰或价值观来推定患者的自主意愿。2003 年，德国联邦法院判决确立了"预立医嘱"的法律效力。2009 年德国对预立医嘱进行了修法，方法上采取将预立医嘱的理念整合到民法法典中，确立预立医嘱及医疗委托代理人、监督人对患者自主权的保障。另外，为了平衡患者自主权德国特别重视医师的专业判断以及医师与代理人、监护人之间透过对话来确认病人意愿的法律规范（孙效智，2012）。

德国修改的民法典主要条款有：任何有同意能力的成人得以书面方式订立预立医嘱，针对自己在失去能力时是否接受特定健康检查、治疗措施或侵入性医疗表示同意或不同意。患者自主权的效力与疾病的种类无关。患者之意愿表达或其代理人对其意愿之确认，均应以先掌握医学上专业意见为前提，依此，医师根据病人的整体状况与愈后所提出的医疗方案，应与代理人或监护人沟通。代理人应根据与医师的充分讨论后，再基于患者意愿做医疗决定；如果患者仍具表达意愿的能力，患者的意愿最首要的是当下所表达的意愿其次为写在预立医嘱里的想法，再次是根据他口头或书面表达过的思想、伦理或宗教信仰以及其他相关价值观所推定的意愿，然后是他的家人或依赖的朋友所表达的意见，如以上均不可得，最后则按医师专业的判断，做最有利于患者的医疗决定（孙效智，2012）。

（三）新加坡

1997年，新加坡通过《预先医疗指示法》（Advance Medical Act），即生前预嘱，主要针对疾病末期、没有任何治愈希望时，患者将停止还是维持特殊的生命措施，是否允许其就自然死亡事项作出指示（孙也龙和郝澄波，2014）。为防止被滥用，该法案规定，任何年满21岁（年）且意识清醒的人，如果不想在自己遭受末期疾病时接受特殊维持生命治疗，都有权在任何时候以法律规定的形式做出预先医疗指示。该法令为预先医疗指示提供了实质和程序保障，且预先医疗指示生效后，仍必须向患者提供适当的纾缓服务。预先医疗指示不应令末期患者无法享有纾缓治疗。纾缓治疗必须继续下去，并包括解除痛楚、痛苦及不适，以及合理地供给食物和水分。《预先医疗指示法》的适用范围较窄，只限于对康复无希望而正濒临死亡的末期患者不提供或撤去特殊维持生命治疗，借此让患者可自然死亡。法令要求两名见证人，其中之一必须是一名医生（且最好是患者的家庭医生），而且最好能在预先医疗指示做出之前先征询患者直系家属的意见。患者的医生是向患者家属解释预先指示并减轻其忧虑的最佳人选。

（四）我国香港和台湾地区

1. 香港地区

香港地区目前无法例或案例订明预设医疗指示的法律地位。但根据香港《专业守则》和自主原则，医生须尊重患者的预设医疗指示表达的意愿和"最佳利益原则"行事，除非有人以无行为能力、不当影响或非法行为（如安乐死）为理由提出质疑，否则这类指示均被视为有效。假如预设医疗指示与相关法例冲突，按照法例优先原则处理，如患者对此有争议则可以向法庭申请裁定。

香港法律改革委员会认为，预设医疗指示应谨慎逐步推进，因此至今尚未启动专门立法程序。2004年"代作决定及预前指示小组委员会"建议，最合适的方案是保留现有法律并以非立法方式推广"预前指示"。香港法律改革委员会于年就有关"医疗上的代作决定及预设医疗指示"作咨询及提交报告书，认为以非立法方式宣传推广预设医疗指示，在社会大众较为广泛熟悉预设医疗指示的概念后，再考虑相关立法问题。香港对预设医疗指示立法保持谨慎态度主要理由是：市民对生前预嘱这一新概念认识有限，尚不能为公众广泛接受，法律化不合理；法定预设医疗指示表格欠缺弹性；如果撤销法定的预设医疗可能会带来程序上的负担。

香港法律改革委员会就预设医疗指示提出的改革方案有以下几个：①扩大持久授权书的现有范围；②订立福利或持续授权书；③扩大监护委员会的职能；为预设医疗指示提供立法基础保留现有法律并以非立法的方式推广预前指示的概念。香港法律改革委员会认为预设医疗指示可以专门立法的理由是：预设医疗指示可加强病患的自主权。通过立法，可为精神上无行为能力成年人代作决定的所有事宜、预前指示的法定格式以及从实体和程序上提供法律保障，并可减少医生与病人家属之间发生争议的可能性。

2. 台湾地区

台湾地区于 2000 年通过了"安宁缓和医疗条例",即生前预嘱,成为亚洲第一个生前预嘱合法化的地区。"安宁缓和医疗条例"规定,20 岁以上且具有完全行为能力的公民有权预先设立生前预嘱,选择安宁缓和医疗的全部或一部分。目前,台湾地区患者死亡前选择安宁疗护的比例已达到 12.47%(王凯强等,2017)。

但随着民众尊严善终观念的发展,人们更希望能够进行医疗自主权利的选择。为此,在安宁缓和医疗的基础上,台湾于 2015 年又通过了"病人自主权利法",2019 年开始实施,它开启了"自己善终自己来"的新纪元。同时,它也是"安宁缓和医疗条例"的进阶版,再度强化了民众的安宁观念。"病人自主权利法"规定,未来台湾民众可以"预立医疗决定",针对不可逆转的昏迷状况、长期植物人状态、极重度失智且依当时的医疗水平无法解决者,医师可依患者预立意愿,终止、撤除、不进行维持生命的治疗或灌食,进一步扩大了生前预嘱的临床适用条件,使医疗资源得到更有效的利用。

三、我国生前预嘱的发展现状和立法空白

(一)发展现状

2006 年罗点点等人成立"选择与尊严网站",并进行了中国城市人口认知度的调查,结果显示,80%的人未曾听说过生前预嘱,75%的人愿意进一步了解生前预嘱。此后,该网站发展成为内地生前预嘱的开展平台[①]。2011 年 6 月,中国首个民间"生前预嘱文本"出现,以"我的五个愿望"为核心,明确表达一些重要的医疗意见,公民可针对什么情况下要或不要什么服务、使用或不使用生命支持治疗等做出决定,并登录"选择与尊严网站",自愿填写生前预嘱[②]。2010 年,全国政协委员胡定旭、凌锋、陶斯亮分别就"生前预嘱"提交提案(罗点点等,2011)。2012 年顾晋向十一届人大五次会议提交议案,建议制定行政法规或规章在全社会推广"尊严死",让"生前预嘱"具备法律效力(姚丽萍,2015)。2013 年 7 月 30 日,陈小鲁等成立生前预嘱推广协会,通过学术研究、问卷、组织志愿者活动等方法普及和推广尊严死的概念以及使用生前预嘱"我的五个愿望"的知识。著名外科专家吴蔚然以及曾任中央纪委常委、秘书长的王光老先生都在生前立下预嘱,对自己的临终医疗需求进行了选择。2017 年著名作家琼瑶更是立下"生前遗嘱",以公开信的形式,预先向儿子、儿媳表达了自己"尊严死"的意愿。此文一出立即引起了全社会对预立遗嘱和尊严死的关注与讨论。目前生前预嘱推广协会已有 2 万多注册者,其实践活动仅停留在北京、上海等大城市。个别医院在实务操作上正在引进生前预嘱医疗规范。例如,复旦大学附属华山医院引用美国《联合委员会国际部医院评审标准》中明确了医院应告知病人和

[①] 北京生前预嘱推广协会创办于年的"选择与尊严"(choice and dignity)公益网站。2013 年,该组织经北京市民政局审批正式成为公益社团组织,网址为 http://www.xzyzy.com/。该机构是我国唯一一家从事生前预嘱宣传推广的公益组织。

[②] 在"选择与尊严"网站上,"生前预嘱"由五个愿望组成,分别是:"我"要或不要什么医疗服务;"我"希望使用或不使用生命支持治疗;"我"希望别人怎样对待"我";"我"想让"我"的家人和朋友知道什么;"我"希望谁帮助"我"。因为在中国没有"生前预嘱"的相关立法,所以在"五个愿望"中还注明:填写"我的五个愿望",是对生命尽头的重要事项预先作出安排,能使您在最后时刻保持更多尊严。虽然按照中国现行法律这些愿望并不能被保证百分之百执行,但您明确说出这些愿望是您的神圣权利。会有更多人由于您曾明确地表达过这些愿望获得有效帮助。

家属在拒绝或终止治疗方面的权利和责任,并尊重病人终止复苏抢救和停止生命支持治疗的愿望和优生选择(王丽英和胡雁,2011)。

(二)立法空白

我国内地尚未制定生前预嘱法,但透过现行医事法中的"知情同意权"则可以推导出病患自主权利。例如《中华人民共和国执业医师法》第 26 条规定,医师应当如实向患者或者其家属介绍病情。《医疗事故处理条例》第 11 条规定,在医疗活动中,医疗机构及其医务人员应当将患者的病情、医疗措施、医疗风险等如实告知患者。《医疗机构管理条例》第 33 条、《侵权责任法》第 55 条都规定了,医疗机构施行手术、特殊检查或者特殊治疗时,必须征得患者同意。《侵权责任法》第 56 条规定:因抢救生命垂危的患者等紧急情况,不能取得患者或者其近亲属意见的,经医疗机构负责人或者授权的负责人批准,可以立即实施相应的医疗措施。根据该条规定的意思表示可以反推:如果患者或其近亲属有明确的"意见",即法律上所说的意思表示,则医疗机构和医务人员应当尊重其意愿。大多医生认为有的患者在病危失去意识的时候,完全靠呼吸机维持生命,管子一拔会立即死亡。现实情况是,一些家属因为经济压力要求停止使用呼吸机,但是这个管子由谁来拔,是医务人员面临的决策困境。在目前的现实情况下,如果医生来做最后的"拔管人",那么就会承担过多的应该由社会来承担的责任。当然这样的医疗行为也不能让患者家属去操作。这种情况下,医生可以做的是让患者以未死亡的状态出院。如果患者签署了生前预嘱,家属又全部尊重其意愿而无异议,那么在其临终时,医生遵照患者意愿"拔管"则可以避免不必要的医疗纠纷。

四、构建我国生前预嘱的法律制度

在传统文化的影响下,中国医院中的医疗决策过程并不是医生与患者之间的事情,而是牵涉了医生、患者和患者家属三方。患者自己的意见会得到考虑,但最终的决策将由整个家庭共同做出。特别是在临终患者的治疗上,患者家庭的决策权在实际上高于患者本人。无论患者能否让医生知道他本人的意愿,医生最终服从的都只能是患者家庭的决定。生前预嘱可以让家属知晓患者生前意愿,由此帮助家属更好地做出决定。但是如果不赋予生前预嘱法律效力和执行力,那么当患者家庭做出了与患者本人意愿相反的选择,医生就难以执行生前预嘱,因为家庭的意见是主导性的,如果不尊重家属的意见,则医生很有可能被告上法庭。所以,生前预嘱的立法目的不是强制性要求公民应用,而是认可其法律效力,对其进行规范和指导。

(一)生前预嘱的实施主体

1. 立嘱人

生前预嘱又可分为两种情况:当立嘱人丧失行为能力但意识清醒时,由其自身决定实施生前预嘱,接受、撤销或停止相应医疗干预;当立嘱人丧失行为能力而且意识不清时,处于以下三种情况中任何一种时,其家属便可以按照立嘱人事先签署的生前预嘱代为做出决定，家属包括其配偶、父母、成年子女及其他近亲属。这三种情形分别是：①生命末期，指因伤病造成的，不管使用何种医疗措施，死亡来临的时间都不会超过六个月的情况；②不可逆转的昏迷状态，即立嘱人已昏迷且没有改善或恢复可能的情况；③持续植物状态，即由于严重的脑损伤而处于持续植物状态，且没有改善或恢复可能的情况。若无家属，则由相关医疗机构根据生前预嘱代做决定①。

2. 代理人

在公民无近亲属的前提下，若其在签署生前预嘱的同时与关系密切的其他亲属、朋友、同事等签订了代理意愿书，并经过公证部门公证，代理人可在立嘱人丧失独立行为能力时对其临终治疗的选择全权代理（王凯强等，2017）。

（二）实施生前预嘱的要求

1. 立嘱目的与生前预嘱宗旨相符

生前预嘱主张尊严死，其宗旨是尊重公民的选择和权利，减轻临终患者的痛苦。如果出于其他目的，就违背了生前预嘱的初衷。生前预嘱推广协会等立嘱机构、医院等实施机构都应成立相应的伦理与法律委员会来对从立嘱到实施的全部程序做好监督工作，凡是带有为了自杀、逃避扶养义务、分割遗产等目的而实行生前预嘱的行为，法律都应禁止。

2. 符合严格的医学标准

法律应当明确规定只有确认患不治之症、不久将死亡，而且出于尊严需求的考量决定放弃生命维持系统的患者才可启动生前预嘱，并制定具体疾病的判定标准；该状态的患者应包括重度感染的患者、癌症晚期患者、多器官衰竭患者以及脑细胞死亡仅靠生命维持系统支撑的患者等濒临死亡者。关于植物人，一部分会因脑部病变的逐渐恢复而重新获取意识，如脑外伤、煤气中毒导致的植物状态；而心跳复苏后的植物人（缺血缺氧性脑病），由于大脑皮层广泛性重度损伤，恢复意识的机会不超过20%。因此，植物人有一定的治愈率，且存活时间不能确定，因此，只有被判定没有救治希望时才可被纳入生前预嘱的适用范围。

（三）生前预嘱的程序设置

基于国情和生前预嘱现状考虑，借鉴先行国家的经验，我国应制定严谨的立嘱、鉴定、实施、撤销程序，保障患者自愿选择（袁贻辰，2015）。

1. 立嘱

借鉴美国的立法经验，应规定凡满18周岁且具有完全行为能力的公民皆有权通过"选择与尊严网站"提前签署生前预嘱，并汇总到数据库。当其住院时，医生有权将其调出数据库，把纸质版生前预嘱与病例同放，并与家属及时沟通。这样既能按患者意愿实施相应的医疗行为，又能得到家属的理解，减轻其痛苦，避免医患纠纷。此外，立嘱人还可在其具有完全行为能力时委托一名医疗行为代理人，由律师起草一份代理委托书（委托书需有双方签字并经公证处公证），当其不能自行表达时由代理人代为签字。

---

① 对于植物人，基于医疗服务合同，医生负有实施维持生命的治疗和看护义务，如果没有生前预嘱，医生或家属都不能擅自放弃、中止维生医疗，否则造成患者死亡的，应当构成故意杀人罪的要件。

2. 鉴定

明确患者是否处于临终状，需要专业人员的鉴定。为避免因利益或其他原因造成的不必要纠纷，可借鉴新加坡的经验，规定至少两名其他医院的、具有丰富临床经验的医疗专家进行鉴定，医院等级在二级甲等以上，鉴定结束要经由医疗机构出示医师签字的书面证明。

3. 实施

若患者已经签订生前预嘱，且鉴定结果符合要求，医院一般不得拒绝。在具体执行之前，医务人员应向患者说明病情和医疗措施，并取得书面同意；不宜向患者说明的或患者意识不清时，应当向其近亲属及代理人说明，并取得其书面同意。若一切程序都按要求进行，但患者方事后表示异议或追讨院方责任，院方则可以受到法律保护。参与实施的医生应事先接受过专业培训，对生前预嘱有充分了解，以医疗机构的许可为前提，在家属监督下（若家属不参与则应保留当时的监控录像）实施。

4. 撤销

当患者出于任何原因想要撤销生前预嘱时，可随时到"选择与尊严网站"撤销；当患者行动不便利却又明确表达该意愿时，可由代理人或家属以其书面、音频、录像资料为依据代为撤销。自撤销时起，其与代理人签订的委托合同立即失效。

对签署生前预嘱的临终患者施以临终关怀，以减轻实施生前预嘱对其身体造成的疼痛和不适，提高患者的生命质量。基于我国国情和生前预嘱现状考虑，立法条件还不够成熟，当务之急是加强覆盖全民的生前预嘱网络服务建设和死亡教育，树立全新的死亡观，促进生前预嘱的推广。

第七节 死亡教育制度

一、死亡教育的概念界定和作用

（一）概念界定

关于死亡教育的定义，美国学者主要有以下几种代表性的观点：Bensley 认为，死亡教育是一个探讨生死关系的教学历程，这个历程包含了文化、宗教对死亡及濒死的看法与态度，希望借着对死亡课题的讨论，使学习者更加珍惜生命、欣赏生命，并将这种态度反映在日常生活中。Leviton 认为，死亡教育是一个传递死亡知识及处理死亡事件能力的过程。Fruehling 认为，死亡教育从不同层面，如心理学、精神、经济、法律等，增进人们对死亡的意识。死亡教育也是预防性教学，以减少各式各样因死亡而引发的问题，并进一步增进人们对生命的欣赏。Corretal 认为，死亡教育是有关死亡、濒死与丧恸的教育（唐鲁等，2012）。

我国《医学伦理学词典》对死亡教育的定义是指导人们如何认识和对待死亡而进行的特殊教育，旨在使其正确认识和对待自己以及他人的生死问题（杜政治和许志伟，2002）。另有研究者提出，死亡教育是一个探讨生死关系的教学历程，这个历程包含了文化、宗教对死亡及濒死的看法与态度，希望借着对死亡课题的讨论，使学习者更加珍惜生命、欣赏生命，并将这种态度反映在日常生活中[①]。死亡教育就是要帮助人们正确面对自我之死和他人之死，理解生与死是人类自然生命历程的必然组成部分，从而树立科学、合理、健康的死亡观；消除人们对死亡的恐惧、焦虑等心理现象，教育人们坦然面对死亡[②]。

（二）作用

中国，由于受到传统文化的影响，普遍存在对死亡及其相关话题避而不谈的现象。科学系统的死亡教育、实践训练比较缺乏，正确生死观的科学指导工作更无人涉及。在我国推动开展社会公众科学地认识死亡及相关的专业知识，将利于人们更好地处理与死相关事宜，构建具有中国文化特色的死亡教育。具体作用如下[③]。

1. 帮助人们正确面对死亡

死亡教育可促进人们树立正确的人生观、价值观。死亡会使人对人生的价值及意义作深刻的检讨，从而珍惜生命的每一天。每个人可以使用有效地解决问题的技术与策略，来处理内在的冲突和对死亡的恐惧。

2. 提升人们对死亡的认识

死亡文明有三个基本要求，即文明终（临终抢救要科学和适度）、文明死（要从容、尊严地优死）和文明葬（丧葬的文明化改革）。文明死是死亡文明中的中心环节部分，尚存在着盲目和愚昧，只有进行普遍的、健康的生死观和死亡文明教育，才能促进社会崇尚科学文明死亡的良好风尚。

3. 帮助患者正确理解死亡和迎接死亡

帮助临终患者，可缓解患者恐惧、焦虑的心理。死亡教育针对患者的心理特点，致力于提高患者对生命质量和生命价值的认识。通过死亡教育，使患者可以真实地表达内心的感受，得到家属的支持，认识到自己的价值意义，保持平衡的状态及健全的人格。

4. 给予临终患者的家属及护理人员情绪支持和安慰

因为亲人的离世，死者亲属会难以接受死亡的事实。有些人会悲痛欲绝，精神痛苦更为强烈，且时间持续很长。而良好的死亡教育可使死亡后亲友的心理得以平衡，给予家属以慰藉、关怀，疏导悲痛过程，减轻由于死亡引起的一系列问题。研究表明，死亡焦虑很大程度影响护理人员开展临终护理，而开展死亡教育可减轻这些焦虑与恐惧感，促进护理质量的提升（Peter et al., 2013）。

5. 帮助患者安然接受死亡的现实

当患者经过医生诊断疾病为不可治愈时，对患者进行死亡教育及临终关怀护理，使患者对死亡有正确的认识。理解生与死是人类自然生命里的必然组成部分，是不可抵抗的自然规律。能直言不讳地谈论有关死亡的问题，一方面有利于患者积极配合治疗，另一方面为自己的后事做妥善安排，帮助人们公开地为自己的死后作准备，如立遗嘱、说明自己希望选择什么样的丧葬仪式、遗体如何处理等。自始至终保持患者的尊严，从而提高生命最

---

① 什么是死亡教育？http://www.sohu.com/a/66281128_110686[2017-09-10]。
② 死亡教育何时能成人生必修课？http://news.xinhuanet.com/health/2016-06/28/c_129095907.htm[2017-09-10]。
③ 什么是死亡教育？http://www.sohu.com/a/66281128_110686[2017-09-10]。

后阶段的质量。特别是对于那些临终患者不堪忍受病痛折磨，在他们以死亡解除痛苦的要求得不到医生及家属同意的情况下，也会采用自杀的手段结束自己的生命。及时有效的死亡教育和干预可以预防不合理的自杀行为。

6. 提高临终关怀工作人员的素质

临终关怀工作者接受死亡教育，提高自身对死亡科学认识的同时，还能够提高对临终者及家属身心整体照护的能力。针对死亡不同阶段的心理特点，帮助临终者尊严地、安宁地死去，同事也可帮助丧亲者度过最困难的哀伤阶段。

二、死亡教育的兴起与发展

死亡教育起源于 20 世纪 20 年代的美国，并在 20 世纪中后期正式兴起、推广。1963 年，美国学者 Robert Fulton 在美国明尼苏达州立大学首设死亡教育课程，死亡教育便在各院校展开，逐渐成为美国高等教育的重要内容。而全美设立"死亡与死亡过程"相关课程的学校从 1974 年的 165 所，迅速发展到 1987 年的覆盖 85%的医药专业、126 家医学院和 396 家护理学院（唐庆和唐泽菁，2004）；到 2004 年，超过 50%的医学系及接近 80%的护理系均已开设了 3 个学分的死亡教育必修课（Wass，2004）。目前，美国的死亡教育在经历了探索、发展、兴盛后，形成较为成熟的全社会性的普及教育体系（周士英，2008）。英国在受美国死亡教育影响下，于 20 世纪 60 年代拉开"死亡觉醒"运动，并将死亡教育内容贯穿于宗教教育改革，且纳入课程大纲之中（周瑶瑶等，2013）。20 世纪 70 年代，日本通过各种媒介（如图书、音像资料等）传递死亡教育思想，强调"为死亡所做的准备性教育"；自 1983 年东京上智大学成立生死研究会后，死亡教育在高等学院开始推广，逐步融入高校教育体系。

我国港台地区死亡教育兴起于 20 世纪 90 年代，发展迅速。2006 年，香港大学行为健康科研活动中心开展大型活动——"完善生命计划"，提供死亡教育相关专业培训，使 7 万余人受益。此后，有关死亡和生命教育在香港蓬勃发展，香港中文大学、岭南大学等高等院校将死亡教育纳入通识课程。而台湾地区自引入死亡教育后，创造性地将其与本土特征结合称为"生死教育"，并将 2001 年称为台湾生命教育年，目前包括台湾东海大学、元智大学、辅仁大学在内的众多院校，均开设了相关生死教育课，并将其定性为必修课程（周瑶瑶等，2013）。

三、死亡教育的内容

美国学者 Leviton 提出死亡教育 3 个层面的内容，即死亡的本质教育、死亡及濒死相关态度及情绪教育、死亡及濒死调试能力的教育（Leviton，1969）。经过不断发展，其涵盖内容不断增加，包括对死亡和濒死的态度、临终护理沟通技巧、与死亡相关心理及社会和宗教问题、死亡体验、死亡权利、死亡相关伦理、慢性疼痛的止痛治疗、遗嘱处理等（Dickinson and Field，2002）。下面是对美国一些学者观点的归纳：①死亡的本质及意义。一是哲学、伦理学及宗教对死亡及濒死的观点；二是死亡在医学、心理、社会及法律上的定义或意义；三是生命的过程——老化；四是死亡的禁忌；五是死亡的跨文化比较。②对死亡及濒死的态度。一是儿童、青少年、成年人及老人对死亡的态度；二是儿童生命概念的发展；三是性别角色和死亡；四是了解及照顾垂死的亲友；五是濒死的过程与心理反应：死别与哀恸；六是为死亡做好准备；七是文学及艺术中的死亡描写；八是丧偶者及孤儿的心理调整。③对死亡及濒死的处理及调整。一是对儿童解释死亡；二是威胁生命重症的处理：与病重亲友间的沟通方法与看护；对病重亲友的安慰方式；三是器官的捐赠与移植；四是有关死亡的社会事务：遗体的处理方式、殡仪馆的角色及功能、葬礼的仪式及费用等；五是和死亡相关的法律问题，如遗嘱、继承权、健康保险等；六是生活状态和死亡状态的关系。④特殊问题的探讨。一是自杀行为；二是死亡的伦理与权利：安乐死、堕胎、死刑等；三是意外死亡、暴力行为、他杀死亡；四是艾滋病（AIDS）。⑤有关死亡教育的实施：一是死亡教育的发展及其教材教法的研究；二是死亡教育的课程发展与评估；三是死亡教育的研究与应用（袁峰和陈四光，2007）。

国内死亡教育主要内容有：死亡基本知识、死亡与生命辩证关系死亡心理学、死亡权利学等。具体包括：中西方死亡哲学、文学、美学、宗教等死亡文化；与死亡相关的伦理问题，如死亡的界定、安乐死及临终关怀、器官捐献等；死亡价值观的探讨，如自杀问题的相关因素，正确生命价值观的树立；生命与死亡关系的理解，正确认识死亡，珍惜敬畏生命（周德新，2009）。

四、死亡教育的社会制度

国外死亡教育远不仅局限于学校教育，还获得了政府教育部门的行政支持，更获得了不少社会专业机构及民间组织的自发整合规划，开始了系统的专业化师资培训。1977年美国的《死亡教育》杂志创刊。1978年，美国死亡教育与咨商协会（Association for Death Education and Counseling，ADEC）成立并构建了"死亡教育者"（death educator）及"死亡咨询师"（death counselor）的专业执照制度，极大地推动了死亡教育的发展。在美国的高等教育阶段，普遍开设死亡教育课，与死亡有关的院系（如医学院）开设得更为普遍。中小学中以正式或非正式的方式实施死亡教育课程。整个社会也逐渐关注这个主题，甚至已有大学设立了相关的硕士学位。有些大学还创办了专门的死亡学院系（袁峰和陈四光，2007）。与发达国家和地区相比，我国的死亡教育发展尚处于探索发展时期，政府教育部门仅出台有关生命教育的系列政策，但对死亡教育未有明确的发展整体规划；社会系统缺乏专业机构组织宣传，使死亡教育仍停留在少数学者研究，大众难以真正了解死亡教育的价值。

第八章　器官移植的法律制度

当今医学技术已经迈入细胞学研究领域，分子医学技术的飞速发展强烈地冲击着医学治疗的各个领域，生命科学领域中医疗技术的发展更是日新月异，器官移植技术的不断成熟，是 20 世纪医学的一项重大发现（刘长秋，2005）。据统计，自 1912 年卡鲁尔首获诺贝尔奖起，到 1996 年杜赫提和金格纳格尔获得诺贝尔奖，这 84 年中就有 20 位诺贝尔奖得主的研究和贡献直接与器官移植发展有关（黄丁全，2007）。器官移植技术挽救了诸多因器官衰竭而面对死亡的患者，该技术为外科学及生命科学领域注入了新的活力与生机，为外科学的发展及医疗事业的发展贡献了巨大力量。

据统计，2016 年，我国共有 4080 位公民在心脑死亡后，捐献了包括心脏、肝脏、肾脏、肺脏在内的共计 11296 个大器官。捐献器官的绝对数，已跃居全球器官捐献第二大国。但这只是绝对数，相对数比较来说，我们却排在全球最后五六位。目前，美国、西班牙等欧美国家的器官捐献占全人口比例，高达 20%~40%，而我国，这个比例仅为 2.98%（孙茜，2017）。

为进一步规范我国器官移植技术,我国于 2007 年 3 月 31 日颁布《人体器官移植条例》,该条例虽然对器官移植进行了规范并解决了法律空白的问题，但其对捐献行为的法律规制、供体来源、"脑死亡"相关标准、器官移植激励、器官获取及分配等相关内容，并未尽较全面的规制，故本章将根据我国目前器官移植现状分析器官移植法律制度。

第一节　器官移植概述

一、器官移植

（一）器官移植的定义

器官移植，是指用异位或异位器官置换功能衰竭或丧失器官的一种外科治疗方法（陈晓阳等，2006）。从医学角度讲，器官移植分为三种类型，自体移植、同体移植和异体移植。自体移植是把器官从生物体一个部位移植到他的另一个部位，同体移植是指把器官同一物种但不同个体的移植，异体移植则是把一种生物的器官移植到其他生物体内（陈本寒，2000）。法律上，则是指在必要的情况下，依据法律规定和当事人的意愿，以恢复人体器官功能和挽救人的生命为目的，移植健康器官给病人的合法行为（斯科特·伯里斯和申卫星，2005）。结合医学与法学关于器官移植的定义，法律上指的器官移植就是医学上的同体移植。《人体器官移植条例》第二条第 2 款则指出了器官的定义：本条例所称人体器官移植，是指摘取人体器官捐献人具有特定功能的心脏、肺脏、肾脏或者胰腺等器官的全部或者部分，将其植入接受人身体以代替其病损器官的过程。

（二）器官移植特征

根据《人体器官移植条例》第二条第 2 款对器官移植的定义，可以分析器官移植有以下特征：①具备捐献人和接受人，二者是一对一的关系，同时"捐献人"一词排除了器官的交易；②可移植器官的局限性，能够进行移植的器官只有"心脏、肺脏、肾脏或者胰腺等器官的全部或者部分"；③成为接受人必要条件是具备"病损器官"；④必须植入接受人体内，且替代功能衰竭的器官。普遍观点认为被移植的器官一旦与人身体脱离则具有物的属性，在植入接受者身体内前，权利人为捐献者，植入后的权利人为接受者。

二、我国器官移植现状

世界卫生组织所表明的，全世界需紧急器官移植手术的患者数量与所捐献人体器官的数量比为 20：1，还不包括那些靠药物维持可以等待但又必须接受器官移植手术的患者，因而供体器官缺口相当大。在中国，大约有 400 万例患有角膜病的患者可经角膜移植而重见光明，但每年只有 700 个供体；每年约有 50 万例患尿毒症的患者需要肾移植，但可用的肾源只有 4000 个；每年有 33000 多例白血病患者挣扎在死亡线上，骨髓移植是唯一有效的疗法，但目前国内唯一的中华骨髓库所能提供的只是微不足道的 2000 人的登记。中国目前需要做肾移植手术救助生命的约有 30 余万患者，供体严重不足，每年仅约 2000 余人得以施行，其比例为 0.7%。但随着我国普通外科学的不断发展以及免疫抑制药物的不断推陈出新，器官移植技术和器官保存技术得以不断地完善，在现代器官移植工作开展的 55 年中，虽然我国器官移植技术开展较晚，始于 20 世纪 60 年代末，与国外相比晚了十多年，但是我国器官移植技术发展非常迅速，在某些医疗机构，器官移植技术已达到国际水平。2010 年 3 月，卫生部进一步推行了死亡器官捐献工作（DCD），截至 2013 年 11 月，已完成捐献 1231 例，但受体数量的需求远远大于供体。

器官移植供体短缺和工作难以开展主要受到伦理相关问题的影响。主要原因有以下几点。

（一）传统的道德观念导致器官的短缺

在中国，在医学行业中并没有一个像西方国家一直奉行的"希波克拉底誓言"。但是医学伦理的价值体系在中国有着悠久的历史传统，并且中国自有的医学伦理价值体系也在不断指导并实践我国的器官移植工作。中国古代的哲学体系创建并影响着这些道德准则。儒家思想提出，"身体发肤，受之父母，不敢毁伤，孝之始也"，"孝"道以及"出生入死都需要拥有者完整的皮肤"等。许多家庭认为死后取出器官，便死无全尸，所以对器官移植相当排斥。哪怕部分了解器官捐献，但不理解具体的捐赠过程，也难以接受取出过世亲人的器官给其他人，所以此项工作很难在实践中推广。

（二）可利用的器官用于移植供不应求

由于捐赠器官数量有限，病人需要器官的数量相比捐献者捐出的器官数量，两者之间有巨大的差距。在中国每年约有150万终末期器官衰竭的患者需要器官移植，但每年只有1万人能够得到器官（廖友媛，2002）。器官的数量提供比例为150：1。器官移植率低于世界上大多数国家，不断地匮缺使中国面临严重的捐赠缺乏。

（三）器官移植的成本很高

肾移植在美国大约需要4万美元，心脏和肝脏移植分别需要约15万美元和20万～30万美元。器官移植成功后免疫抑制剂药物使用成本每年1万～2万美元。在中国，肾移植的费用是15万元，肺移植的费用是30万元，心脏移植的费用是50万元，肝脏移植的费用是60万～70万元。移植手术后，有一系列的护理、监护、服用免疫抑制剂等高额费用，这些费用将不可避免地使一个家庭承担巨大的经济负担。

（四）医务人员缺乏良好的沟通能力

在器官移植手术开展前，需要医疗机构器官移植伦理委员会对该项移植手术进行审查，伦理委员会审查工作往往需要与患者的家庭成员密切沟通。家庭成员面对亲人离去的悲痛的情绪下，加之中国传统文化和宗教的影响。医患沟通很容易引起家人的不理解和误解。虽然器官移植伦理委员会必须证实捐赠意愿的真实性，但如果医患沟通不恰当，捐献者家属很容易放弃捐献。

（五）法定的定位尚有争议

从法律的角度，器官移植依捐献者可分为活体及尸体器官移植。所捐献的器官组织的权利与归属在法律上亦有不同的意义。人体器官属于人体的组织，而人体组织其范围包含机体、脏器、组织、细胞。故人体器官的上位概念是"物"，然而器官组织在尚未离开人体之前仍属"人"的一部分（杨平，2004），故与物又有显著差别。人体是以有形物体的形式存在，在判定人体是否为法律上"物"的问题上尚有争议，至少活人的身体仍不得视为法律上的"物"。活体器官移植的器官组织在脱离人体后可视为物且所有权归原活人主体，不过因与人格权有密切关联，故与尸体器官移植有一定区别。在人体器官组织利用上，人格权高于一切权利。台湾学者史尚宽就认为，人身体的一部分从身体分离时，这部分就已经不再属于人身，而成为法律上的物，可以作为权力的标的，而这部分的所有权，属于脱离时所属的自然人（王保捷，2002）。这种器官属性变化造就了器官移植的可能性（吴家驳，2007）。活体器官的捐献需考虑捐献人的健康权、人格权及社会公益性，因此器官的捐献者处分其器官的决定仍受到限制。尸体器官捐献，具有财产权性质，当器官仅具备财产权的属性时，其法律定位及相关利用的限制及所有权归属亦应分清。

第二节 器官移植立法

一、器官移植国外立法

（一）美国

美国现今器官移植的法律制度起源于 1968 年的《统一尸体提供法》（*Uniform Determination of Death Act*），1980 年将死亡的定义范围扩大，除心肺功能的停止外，脑功能的丧失亦成为死亡判定的标准。美国国会于 1984 年 10 月通过全国性的器官移植法案，制定了《国家器官移植法》（*National Organ Transplantation Act*），以上为美国联邦规范器官捐献及移植的主要法律，随后建立一个全国器官劝募和移植网络（OPTN）及科学登记系统（SR），而且美国政府于 1986 年将 OPTN 及 SR 委托美国"器官分享联合网络"（United Network for Organ Sharing，UNOS）经营这个网络系统，目前仍是世界上最具规模的器官整合机制与分配系统。为了取得各种器官以进行移植，UNOS 建立了一套人类器官移植的标准，但有些器官分配仍具争议，其中最重要的就是"当地优先"原则和"紧急优先"原则的相冲突，紧急优先原则虽然比较符合正义，但是当地优先原则却更有利于器官的有效利用。另外，美国有些州立法让活体器官捐献者能享受税务优惠。威斯康星州及佐治亚州在 2004 年立法规定，活体器官捐献人能享受税务优惠，若威斯康星州捐器官者因捐器官而产生的旅行、住宿和薪资损失，可在纳税时扣减 1 万美元。但美国仍强调，捐献者不应为所捐器官"收费"，这是不能打破的界线。美国有些州亦有所谓 Required Request 的法律，即病人在医院临终时，医院的医护人员依法必须向家属提出器官捐献之建议，且美国各州的汽车驾驶执照反面可以填写器官捐献同意书，捐献同意书具有法律效力（李卡纳，2013）。

（二）日本

在日本，移植手术本身并不违法，但与美国等国家相比较却显得保守许多。虽然医生可为病人做眼角膜与肾脏移植，但从脑死亡捐献人身上取器官来移植的手术早期几乎没人做过。因为根据日本初期器官移植法律，心脏停止跳动时人才算死亡，并不承认脑死亡可用来作为器官移植的死亡判定。故眼角膜和肾脏移植在日本施行的经验相当普遍，但心脏、肺脏、肝脏等器官因无法提早取得使用且器官保存受到影响，故发展缓慢（李卡纳，2013）。1997 年 10 月 16 日新的《脏器移植法》修正施行，日本也从法律上接受了脑死亡等同人死亡的概念，除了原有肾脏及角膜移植外，从脑死亡病人身上取得的心脏、肺脏、肝脏、肾脏等器官也可以合法的进行移植，此举大大促进了日本器官移植工作的开展。

（三）新加坡

新加坡 1987 年通过《器官移植法》，规定新加坡公民及长期居住的居民，年龄在 21～60 岁，若在意外死亡时无生前明确表示拒绝器官捐献者，均视同自愿捐献。存放于医院或公共医护机构尸体于死亡后 24 小时无人认领者，依照《医疗法》第十二条规定，机构负责人有权以书面程序取用其尸体或部分器官（Rado，1981）。新加坡有上述器官捐献来源的半强制性措施，使其器官捐献率在亚洲地区最高。新加坡国会 2004 年通过《人体器官移植修正法案》。《人体器官移植修正法案》规定，可供移植的人体死者器官除了肾脏之外，另增加肝脏、心脏，并且允许医生自非意外死亡的患者经脑死亡认定后，由其身上取出器官作移植之用。新加坡医学界对脑死亡的定义是非常严格的，进行器官移植手术时，有三组不同的医生参与脑死亡的认定及移植手术，以发挥相互牵制和防止滥用的情况出现。《人体器官移植修正法案》中的条文指出，所有活人器官捐献者，都必须事先取得进行移植手术医院的道德委员会的书面批准。任何以捐献器官作为交易者，将会面对最高 1 万新元（约7200 美元）的罚款，或监禁不超过一年，或两者兼施（李卡纳，2013）。

（四）德国

1997 年 6 月 25 日，德国联邦议院通过了《器官和组织捐赠、摘取与移植法》[*Gesetz über die Spende，Entnahme und übertragung von Organen und Geweben（Transplantationsgesetz）*]。该项法律于 1997 年 12 月 1 日起正式施行，并于多年来经历了不断的法律实践与多次的修订完善。现行的《移植法》是在原来的法律基础上结合实际修订而成的，最新一次的修订稿于 2013 年 8 月 1 日起生效（Rossaint et al.，2012）。

德国《移植法》是针对人体器官和组织移植的立法。该法覆盖了被中国《条例》排除的"人体细胞和角膜、骨髓等人体组织"。同时规定在德国登记的生活伴侣（如同性恋者）和未婚夫妻可以作为活体器官受体。此外，中国"因帮扶等形成亲情关系的人员"有着严格的评判标准，而德国"其他具有明显特别的个人紧密关系者"的定义非常灵活。因此，相比较而言，德国《移植法》的活体器官受体范围更广（高媛等，2016）。自 2000 年，为了在全国 16 个州实施统一的脑死亡标准，德国以立法形式承认脑死亡为人体死亡的依据。并在《移植法》里作了明确规定。德国医学界认为，心脏停搏和呼吸中断能够通过急救措施使患者复苏，而脑功能的丧失是不可逆转的。因此，人体脑死亡是可靠的、内在的死亡信号。实际上，在德国医院里，每年有大约 40 万患者死亡，其中只有约 1% 的脑死亡先于心脏死亡（Bein，2011）。德国通过《移植法》对器官获取、分配及移植的每个步骤都做了详细的规定（Jox et al.，2015）。

二、器官移植国内立法

（一）立法现状

在全国性的器官移植法律出台之前，我国已存在若干地方性器官移植立法。我国第一部器官移植法律规范是 2001 年上海市颁布的《上海市遗体捐献条例》。2002 年贵阳市出台了《贵阳市捐献遗体和角膜办法》。2003 年深圳实施了《深圳经济特区人体器官移植条例》。卫生部于 2006 年颁布了我国首部全国性的器官移植法规——《人体器官移植技术临床应用管理暂行规定》。2007 年国务院出台了通行全国的《人体器官移植条例》（张旭，2017）。

虽然各地相继出台地方性法规，但随着我国器官移植技术发展迅速，临床移植范围不断扩大，应用也越来越普遍，与西方发达国家相比，我国立法的起步和发展相当落后。由此引起的医疗纠纷和不法行为日益增多，这就对现有的法律规范提出了严峻的挑战。2010年我国出现首例因器官移植涉嫌犯罪，因现行法律无相关条款规制，引发了关于器官移植犯罪的讨论。2010年我国出现首例因器官移植涉嫌犯罪，因刑法并无相关条款规制，引发了关于器官移植犯罪的讨论。

2009年4月至5月间，被告人刘强胜伙同杨世海、刘平、刘强等，在北京、河南等地招募出卖人体器官的供体。2009年5月13日，在海淀区某医院，刘强胜等人居间介绍供体杨刚与患者谢先生进行肝脏移植手术，收取谢先生人民币15万元。据被告人刘强胜通过一个叫"肾源世界"的网站，寻找供体、患者。不久，刘强胜同乡杨世海、刘平、刘强都加入进来。四人有明确分工，刘强胜在北京联系需要接受人体器官移植的患者，并向接受人体器官移植手术的患者收取费用；杨世海上网发布有偿捐献器官的帖子，并负责在河南租房解决供体的饮食起居和体检，并将体检合格的供体转给刘强胜；刘强协助杨世海进行上述活动；刘平则负责管理来京供体的饮食起居和带领供体前往医院体检。最终，法院以非法经营罪判处刘强胜、杨世海有期徒刑4年，罚金人民币10万元，判处被告人刘平、刘强有期徒刑2年，罚金人民币5万元。①

2011年2月25日全国人大常委会第十九次会议顺利通过并公布了《中华人民共和国刑法修正案（八）》，并决定于2011年5月1日实施。《中华人民共和国刑法修正案（八）》第三十七条对器官移植罪作了明确的定罪和法定刑设置。《中华人民共和国刑法修正案（八）》对《刑法》第二百三十四条后增加一条，将"组织他人出卖人体器官的"，处五年以下有期徒刑，并处罚金；情节严重的，处五年以上有期徒刑，并处罚金或者没收财产。未经本人同意摘取其器官，或者摘取不满十八周岁的人的器官，或者强迫、欺骗他人捐献器官的，依照本法第二百三十四条、第二百三十二条的规定定罪处罚。"违背本人生前意愿摘取其尸体器官，或者本人生前未表示同意，违反国家规定，违背其近亲属意愿摘取其尸体器官的，依照本法第三百零二条的规定定罪处罚。"刑法第二百三十四条明确规定了"组织出卖人体器官罪"，同时也设置了明确的量刑。

（二）我国人体器官移植立法存在的不足

1. 不能满足器官移植活动的需要

我国《人体器官移植条例》第二条指出器官移植的范围仅包括心、肺、肝、肾、胰等全部或部分移植器官。从条例可以看出：①移植器官的类型仅限于心、肺、肝、肾、胰等，不包括其他脏器和组织。然而目前我国已经出现的脾脏移植、角膜移植、输血、异体皮肤移植、人工授精代孕、骨髓移植等也在进行；②条例中虽然规定的捐献的无偿原则，但是就目前器官来源紧缺的问题，未提供一个可执行的方案加以解决；③移植器官仅能用于替代病损的器官，但是如果对该器官采用有效的方法进行拆分或克隆，将有可能使被移植的器官发挥最大效力。有学者认为器官移植技术的常规化是导致供体器官短缺的一种重要原

---

① http://health.sohu.com/20100916/n274968178.shtml

因（殷晓玲，2003）。据卫生部统计，中国每年约有150万人需要器官移植，但每年仅有1万人能够接受移植手术，有十多万患者因移植器官短缺在痛苦中死去（廖友媛，2002）。近年来，我国每年有800万人口死亡，即使只有十分之一的人选择捐献器官，也难以满足我国目前的150万等待器官移植患者的需求。拓宽器官捐献来源的根本途径在于，构建合理的捐献、分配制度及适当的捐献补偿制度，鼓励并引导普通民众走上自愿无偿捐献之路。

2. 亲缘指定的捐献方式限制活体器官捐献的合法性

器官获取的方式可分为预设同意、强迫抉择、例行询问、表态退出、表态加入等。为避免器官买卖，卫生部规定仅有活体捐献可指定对象，且指定捐献对象限捐献人的配偶、直系血亲或者三代以内旁系血亲，或者有证据证明与活体器官捐献人存在因帮扶等形成亲情关系的人员。但尸体捐献器官，就必须进入器官分配库，比对条件符合再由病患病情危急程度，决定器官要分配给谁。此种捐献模式虽可避免分配不符合公平正义及人为因素干扰，但也因此降低了病人或家属捐赠器官的意愿。目前提出器官捐献请求者多半来自家属，但是生前表示愿捐献器官、却遭家属反对，以致未能捐献成功。《人体器官移植条例》第十条规定：活体器官的接受人限于活体器官捐献人的配偶、直系血亲或者三代以内旁系血亲，或者有证据证明与活体器官捐献人存在因帮扶等形成亲情关系的人员。对于夫妻之间，父母与子女间，兄弟姐妹间等的移植是没有争议的，符合上述规定。在2007年以前，我国的移植器官主要来自于心跳停止的尸体。《人体器官移植条例》由国务院自2007年5月1日正式颁布实施，随着社会法制建设的完善和对人权维护的要求，对器官移植捐献和接受人条件的严格限制，移植器官的供需矛盾进一步激化，尸体捐献器官数量越来越少，以活体为捐献者的器官移植数量已超过移植手术量的半数。故在严格依法行医的同时，应对捐献器官来源的严重短缺，如何加入脑死亡捐献器官及控制活体亲属捐献器官移植安全有序的发展（何悦和刘云龙，2011），避免变相的器官买卖，已成为中国移植界极为关注的问题。

3. 对捐献人的后续权利保障不充分

《人体器官移植条例》第七条规定，人体器官捐献应当遵循自愿、无偿的原则。无偿原则是指器官捐献人捐献器官应完全处于帮助他人的内心意愿，而不得伴有任何金钱支付或其他货币价值的报酬。一旦器官捐献变成有偿行为，器官移植工作将商业化，这容易导致买卖人体器官等倾向。虽然器官捐献是无偿的，但这不等于说捐献人不能获得必要的补偿和保健。《世界卫生组织人体细胞、组织、器官移植指导原则》中的指导原则3中写道，"活体器官捐献在以下情况下才可接受：捐献人知情并获得其自愿同意，已保证对捐献人的专业照料和完善组织后续步骤"。我国《人体器官移植条例》并未详细规定捐献人获得后续保障的权利，权利规范的空白有待填补。捐献人捐献器官的行为不但对其自身是没有营利性的，而且捐献人的身体机能可能会因捐献器官而受到一定的不利影响。捐献人不应当为此再遭受其他损失（李卡纳，2013）。如果捐献人为完成捐献而支出了必要费用，但并不享有得到补偿的权利，那么这不利于公民器官捐献积极性的提高，供体器官的取得会变得更困难。

4. 供体器官违法分配现象较多

为了防止器官买卖，我国法律将活体器官移植限定在近亲属或者因帮扶而形成亲属关系的人之间，对此各国法律一般都有相似规定。供体器官的分配问题主要存在于死体器官移植中。由于在国际范围内供体器官的数量少于有器官移植需求的病人的数量，供体器官在各国、各地区都是一种有或多或少稀缺性的医疗资源。那么如何使有限的供体器官通过合理、透明的分配体制得到公开、公平、公正的分配，是器官移植的关键问题所在。合理的器官分配制度是维护器官移植工作的纯洁性、高尚性，获取群众的信任和支持，使器官移植工作有序开展的重要保障。《世界卫生组织人体细胞、组织、器官移植指导原则》中的指导原则 9 写道，"器官、细胞和组织的分配应在临床标准和道德准则的指导下进行，而不是出于钱财或其他考虑。由适当人员组成的委员会规定分配原则，该原则应该公平、对外有正当理由并且透明"。我国《人体器官移植条例》与此相关的规定为第二十二条，"申请人体器官移植手术患者的排序，应当符合医疗需要，遵循公平、公正和公开的原则。具体办法由国务院卫生主管部门制定"。对此，卫生部印发了《中国人体器官分配与共享基本原则和肝脏与肾脏移植核心政策》。但在实践中器官分配法律规范并未得到良好遵守，器官分配透明度不高，存在有钱和有权的人更容易优先获得器官移植的机会，甚至存在猖獗的器官黑市交易。有些地方将当地的供体器官视为本地的资源，只供本地器官移植使用，狭隘的地方保护主义阻碍了供体器官资源的优化配置。供体器官的无秩序分配偏离了增进整体社会效益的宗旨，违背了法律的公平正义精神。

5. 我国刑法上关于人体器官移植的犯罪立法上存在不足

2011 年 5 月 1 日生效的《中华人民共和国刑法修正案（八）》规定，一旦发现就要追究其法律责任，但是只是有条例之名，却没有相应对非法人体器官买卖打击处置之实，这就造成了非法分子的嚣张与纵容的最主要的原因。虽然规定了未经过本人同意不能摘取器官，或者强迫、非法欺骗他人捐献器官，但是也未将禁止人体器官买卖的行为纳入刑法严厉打击的范围之中，这就意味着，盗取或者非法进行器官买卖的人员就会钻法律的空子，自然就会逃脱法律的制裁。被害人当然就不能受到法律的有效保护。

第三节 器官移植涉及的伦理

一个濒死的人仍是一个"人"，仍须严格遵守脑死判定法定程序，虽然一个较宽泛的脑死亡标准可能可以救活很多人，但在"不伤害"的原则下，绝不应以草率的死亡判定来提早结束一个人的生命，因医生错误的死亡判定是存在的（Rado，1981）。罗尔斯在《正义论》中认为在医疗卫生领域中就程序正义来看，必须在实际上可被执行，建立一个公平的程序以达公平正义的结果，而其公平正义原则的实现主要在对病人的平等对待与均衡的资源分配上。《世界人权宣言》第二十五条核心原则即基于基本人权的保护，《中华人民共和国宪法》也强调人体健康权的平等，但此种平等应采取比例平等原则，而非机械式的形式平等，也就是同时考量医学、社会价值、家庭角色及寿命等标准来判断人体器官移植优先性与分配的合理差等原则，也才是实质平等（李卡纳，2013）。故患者应在公正、平等的条件下，适时地获得必要及有效的医疗。

一、伦理委员会

器官移植伦理委员会是由医学、伦理学等相关专业多学科专家依据一定的伦理学原则,为解决、论证、指导发生在医院及所属医疗机构内的器官移植实践中的伦理问题而设立的机构,它负责调节、咨询、讨论在器官移植技术临床应用中的伦理决定与政策。从《人体器官移植条例》所规定的纳入医学伦理委员会审查的事项来看,器官移植伦理委员会也体现了其作为伦理原则和伦理精神的载体和化身的性质,器官移植伦理委员会"对人体器官捐献人的捐献意愿是否真实、有无买卖或者变相买卖人体器官的情形"等情况的审查,实际上就是对器官捐献人人格尊严的维护以及对人体生命的尊重,不允许把人体器官当成商品进行买卖。否则,人格尊严就会受到亵渎,生命就会遭到践踏,也正是通过对器官捐献人捐献意愿的考证,使得器官捐献者无私助人的高尚品格得以确证、体现和弘扬(刘琼豪,2007)。所以器官移植在实施的过程中很大程度上受到伦理的保护,医院的伦理委员会或者医疗机构的器官移植伦理委员会在日常器官移植实施工作中扮演着极为重要的角色。每一例器官移植手术的实施,均需要伦理委员会对捐献者以及受捐者从伦理、道德、医学、法律、社会的角度进行全方位的判断,伦理委员会的判断决定着移植工作的开展,也影响着移植工作的开展。

二、器官移植伦理原则

(一)知情同意原则

知情同意权是患者的基本权利之一,只有患者签署知情同意,才可以进行器官移植。知情同意允许捐赠者知道器官移植的详细步骤,基于一个合理的风险评估,从而选择是否愿意捐赠器官。

(二)尊重原则

尊重原则也被称为独立的原则。每个人都应该尊重捐赠者的自主权。器官捐赠是一个伟大的人类文明进步的体现,它的功能不仅是医学的发展,更多涉及伦理、法律和社会科学的进步,它保护死亡同时也尊重死亡。

(三)无害原则

每个人都有生存的权利,生存是自然人的基本权利。《中华人民共和国民法通则》第98条规定,"公民享有生命健康权"。因此,人们应该尊重生命。器官移植伦理委员会在确保医疗技术的同时也在不断保护人的生命和尊严,使供体和受体的生命和生活不受到任何威胁。

(四)保密原则

为保护患者的个人信息和隐私,医疗机构开展器官移植在工作中应严格执行保密的义务,确保任何捐赠者和受体彼此不知晓,使移植工作不受到干扰,严格执行器官移植伦理委员所做的决定且不受任何公众舆论的影响。

（五）无偿的原则

既然人是目的，人身体中的任何部分都不能够成为商品而进行买卖。因此，伦理委员会应坚决反对器官买卖的行为，杜绝器官商品化现象的出现。

（六）器官移植供受体双方利益兼顾的原则

伦理委员会应兼顾器官移植供受体双方的利益，不应为了救活一个患者而牺牲一个健康人，应尽可能避免两败俱伤的情况出现。

（七）平等的原则

伦理委员会成员与申办器官移植的医务人员、器官移植供受体双方或其亲属人格上平等，伦理委员会成员应该把他们置于与自己平等的位置上讨论与器官移植的相关伦理问题，而不能够居高临下地对他们提问有关的伦理问题。

（八）公正的原则

由于等待器官移植的病人远远多于可供利用的器官，因此在器官的分配上应坚持公正的原则。生命与健康对于任何人来说都是无价的，自愿无偿地捐献自己生命的一部分、为了他人而自愿捐出自己的器官，这需要极大的勇气和博大的胸怀，故伦理委员会应严格把控公平原则，体现其作为伦理精神载体的性质（刘琼豪，2007）。

三、器官移植伦理的保护

（一）加强对伦理委员会成员在科学知识和沟通技能方面的初始培训和继续教育

伦理委员会的成员由不同的学科专业人员和代表社区、病人、特定的利益团体的代表组成，对伦理学、医药科学方面的知识掌握的程度明显不同，而对任何一方面知识的严重缺失，当然，我们并非要求所有成员都成为伦理学和医药学方面的专家，都会极大地影响伦理委员会功能的正常发挥。因此，要对伦理委员会成员进行有关生物医学研究与临床应用的伦理道德和科学方面的初始培训和继续教育。

此外，还要对伦理委员会成员进行沟通能力和沟通技巧方面的培训。沟通和提问不当，会严重伤害当事人的人格尊严和情感，打击器官捐献者的积极性，这与伦理委员会的宗旨和使命是相悖的。

（二）深入理解并进一步明确所需审查的内容

《人体器官移植条例》第十八条规定人体器官移植技术临床应用与伦理委员会收到摘取人体器官审查申请后，应当对下列事项进行审查，并出具同意或者不同意的书面意见：①人体器官捐献人的捐献意愿是否真实；②有无买卖或者变相买卖人体器官的情形；③人体器官的配型和接受人的适应证是否符合伦理原则和人体器官移植技术管理规范。故如果伦理委员会成员对这三方面的内容不能深入地理解,就会使审查流于形式和表面,导致审查无效。

另外,还要审查器官的移植是否符合相关器官移植的技术管理规范。例如,伦理委员会审查的是肝移植的申请,则要根据《肝脏移植技术管理规范》对提出器官移植申请的医疗机构的基本设施情况、人员配备情况、技术管理水平、培训的能力和水平、其他管理方面进行审查,审核这些方面是否符合《肝脏移植技术管理规范》的相关要求。

第四节 器官移植与相关法律

一、器官移植与民法

器官移植在现行法制下虽没有法律明文规定,但因其符合民法的基本精神,加之具有相当社会合理性的受害人同意而排除违法,也因此在实践中实施器官移植手术的医方并不对合理范围内的器官移植行为承担法律责任。然而,器官移植同任何高新技术一样是一把双刃剑,一方面它体现了人们乐于助人、团结友爱、舍己为人和救死扶伤的人道主义精神等人类崇高的精神文明,发展和实施这一技术,不仅有利于改善人民的生存与健康条件,而且有利于塑造良好的社会道德风尚。但另一方面,如果不加规范地滥施这一技术,不仅会直接造成人们的健康损害,甚至会威胁人们的生命安全和生存环境,更有可能破坏良好的社会秩序,恶化人权状况,造成社会的不安定和人们心里的恐慌。对此,我们需要对有关器官移植进行立法,既给人体器官移植以明确、积极、肯定的法律评价,又对实施器官移植行为进行明文规范和积极调整。

为保证器官移植的健康发展和立法科学化,首要的就是必须最充分地贯彻和体现民法的人本精神,坚决遵循民法的以下基本原则(李卡纳,2013)。

(一)主体平等和意思自治原则

立法应当确认,在器官移植所涉及的器官捐赠、器官摘取、器官植入三个过程中,器官捐赠人、器官接受人、医方三方当事人,具有完全平等的法律地位和独立人格。器官移植的全过程,无论是捐赠、摘取、植入都必须出于当事人自愿,即应实行意思自治,尊重由其自由意志做出的真实意思表示。对器官捐赠人来说,法律应确立"尊重本人自由意思"原则,保障他享有在真实自由的意志下做出同意或拒绝器官捐赠及器官摘取的意思表示的自由,活体捐赠时享有指定接受人的自由脑死亡器官捐献移植时享有选择或适用脑死亡标准的自由,以及保障权利人有撤回同意捐赠之意思表示的自由。对器官接受人来说,法律应保障他在传统医疗契约中享有的意思自由。同时法律也应保障医方在法律、职业道德规定的范围内行使自己的意思自治,而不受外来的非法干涉。

(二)贯彻利益权衡的民法原则

首先,应确立供体最小损害原则。器官移植中只有供方是纯受损害的一方,因此法律应尽可能减小对供体的可能损害。活体捐赠必须经过捐赠人和接受人的术前实际和术后预计健康状态比较；同时，为了尽可能避免供体生存质量的降低，还应建立术后保险制度及相应的国家援助制度。其次，应确立对行为能力欠缺人的特别保护制度。即原则上应禁止行为能力欠缺人成为活体器官捐赠人。例外情形则需要严格的条件限制，如捐赠器官只限于可再生器官或组织，同意意思表示须本人不反对、法定代理人同意、保护该类人权利的有权威机构的特别许可，特别尊重本人的拒绝权，不适用推定同意。

（三）建立知情同意制度

器官移植术是具有高技术性和高风险性的医疗技术，三方当事人掌握的信息并不对称，医方或者说医生具有相关的丰富专业知识，而捐赠人或接受人甚至对医学术语一窍不通，因此他们实质上并没有处于平等地位。器官移植立法应贯彻利益权衡的民法理念，对信息弱势者予以特别保护，寻求实质上的公平和平等。知情同意制度就是要求在器官摘取或器官植入前，必须由专业医生对捐赠人或接受人进行器官移植术相关信息的充分说明，使之在信息平等的基础上根据自己的真实意志做出拒绝或同意接受器官移植术的意思表示。

（四）坚持公序良俗原则

首先，应建立非常必需原则。活人对自身器官的让渡、医生从活人体内摘取器官、遗体权利人对遗体的处分以及医生对遗体的分割解剖取出器官等行为，本来为社会的公共秩序和善良风俗所不容，构成传统法观念上对人身权（活人）及财产权（遗体）的侵害，只是立法者经过利益权衡，肯定器官移植术具有给患者带来生的希望以及弘扬捐赠人"舍身为人"良好品德等积极的法学价值和社会价值，才赋予这种侵袭行为产生阻却违法的效力。因此，器官移植法应规定器官移植术须不得已而为之，即必须建立非常必需原则，规定只在为移植治疗目的、患者确实有临近的生命危险、除施行器官移植术别无拯救接受人生命或恢复其健康的其他办法等必要情形下，方能施行器官移植术。其次，应建立遗体不得用尽原则。如前所述，遗体是一种特殊的物，对遗体的处分应遵循一定的特殊规则。因此，法律应该规定在遗体器官移植时，禁止对遗体器官的"穷尽利用"，须尽可能维持遗体表面仪容的完整，实施手术中须尽可能尊重遗属的感情，采用适当的方法，保护善良风俗所要求的利益，尽可能避免对遗属造成精神损害和违背社会公序良俗。

（五）建立器官捐赠无偿原则

如果允许人体器官有偿让渡，必将伤及人的尊严，严重阻碍移植医学的发展，并造成公共秩序的混乱和善良风俗的遗失，甚至诱发人口买卖、器官交易等严重犯罪的发生。因此，器官移植立法应遵循世界通例，即禁止人体器官买卖，在器官移植中适用无偿赠予合同原理。此外，器官移植还应体现公平正义、诚实信用等民法的内在精神。对同意接受器官移植术的患者来说，法律应保障他们享有公平分配器官的权利，规定一定的量化标准确认器官分配的优先权。同时，在自然人的医疗信息已经成为隐私权保护的重要范畴的信息时代，法律还应规定医方以及器官移植管理机构对在器官移植过程中获取的有关捐赠人和接受人的医疗信息负有保密义务。

二、器官移植与刑法

尸体器官移植,是指医生摘取已经死亡人的尸体之器官,移植给其他需救治之患者的情形。医生为移植而实施的摘取尸体器官的行为,在何种条件下才为正当?如果是违规摘取尸体器官,能否构成盗窃、侮辱尸体罪?

在德日等国,刑法理论上的通说认为,为移植而摘取活体器官不构成犯罪的前提条件是:①必须向移植器官供者充分说明,摘取其器官可能对其身体健康带来危险性;②必须有移植器官供者基于真实意愿的承诺,即真诚同意捐献器官;③必须考虑移植器官供者自身的健康状况,只有在摘取器官对其不会有生命危险的条件下才能实行。如果采用欺骗、胁迫手段,使移植器官供者做出承诺,或者没有移植器官供者的承诺而摘取其器官,或者在对移植器官供者有重大生命危险的情况下摘取其器官,则有可能构成伤害罪或杀人罪。

在我国,一般认为,医生为移植而摘取尸体器官,应该以自愿捐赠为原则,不能违背死者本人或其近亲属的意愿,否则就是非法,应承担相应的法律责任。在通常情况下,医生摘取尸体器官前,必须充分考虑死者生前是否有捐献器官的意思表示,死者近亲属现在是否同意捐献死者的器官。对此,各国器官移植法往往都有明文规定,只不过具体规定有所不一。概括起来,主要有以下几种形式:①"反对意思表示方式",即死者本人生前如果没有表示反对的意思,就可以摘取器官。②"承诺意思表示方式",这又分为两种,一是所谓"狭义的承诺意思表示方式",即仅仅只有本人做出承诺,表示愿意死后捐献器官,才能为移植而摘取尸体器官;二是所谓"广义的承诺意思表示方式",即不仅有死者生前捐献器官的承诺,可以摘取尸体器官,而且在没有死者生前承诺的场合,如果有近亲属的承诺,也可以摘取尸体器官。其中,"狭义的承诺意思表示方式"又可分为"本来的狭义承诺意思表示方式"与"特殊的狭义承诺意思表示方式",前者是指通常的只有死者本人生前作出承诺,才能摘取尸体器官的情形;后者则是指既要有死者本人生前的承诺,又要有近亲属现在的承诺,才能摘取尸体器官的情形。并且,前者还可分为"书面的狭义承诺意思表示方式"(以书面形式为限)与"不问形式的狭义承诺意思表示方式"两种。③"通知方式",这是指即使死者生前无承诺,也并不一定就不能摘取尸体器官,只是医生必须将摘取尸体器官之事通知死者的近亲属。"通知方式"也包括两种类型:一是"北欧的通知方式",即死者生前虽无捐献器官的承诺,但如果死者的近亲属没有表示反对的意思,或者摘取器官并不违反死者及其近亲属的信仰,那就可以摘取死者的器官,只是摘取之前必须尽可能告诉死者的近亲属;二是"德国的通知方式",即死者没有做出是同意还是不同意捐献器官的意思表示时,医生先要将意图摘取死者器官之事通知死者的近亲属,在近亲属不反对的条件下,可以摘取死者的器官(刘明祥,2001;齐藤诚二,1998)。

三、器官移植与侵权行为法

人体器官移植当事人包括供体(或尸体供体的近亲属)、受体以及医疗机构三方,他们之间形成的医患关系比较特殊。在这种医患关系中，医疗机构作为一种专业机构，其对信息的占有以及物质技术条件的知悉程度，较作为患者的受体和作为器官捐赠者的供体（或尸体供体的近亲属）而言，无疑更占据优势地位。因此，在人体器官移植过程中，供体（或尸体供体的近亲属）和受体常常成为侵权行为的受害人。

（一）供体的侵权

活体器官移植有着特定的意义，它是指在不影响供体生命安全和不造成其健康损害的前提下，由健康的成人个体自愿提供生理及技术上可以切取的部分器官移植给他人，而绝不是以牺牲一个健康的生命来换取另一个生命或健康（管文贤和李开宗，2001）。作为器官来源的活人供体，本身就享有对自己身体进行处分和支配的权利，即身体权。这项权利包含两个重要权能：一是处分自己的肢体、器官或者组织的权利；二是保持自己身体完整的权利。医疗机构之所以能对活人的器官、组织进行切除和移植，乃是基于器官捐赠者对自己身体所享有的处分权利。对活人供体而言，虽然捐赠自己的器官极不利益，但是，只要是在活人供体知情并且同意的前提下进行的器官摘取就不会构成侵权，反之，就构成侵权。

对尸体器官移植而言，其实施基础乃是死者生前器官捐赠遗愿或者死者家属的同意。尸体，作为自然人死亡后遗留下来的躯壳，是一种客观的物质存在。自然人一旦死亡，其作为法律上的民事主体资格就会丧失。因此，有学者就认为，"与活体相比，人的遗体已经不再负担主体地位和价值，在法律上可以将之界定为物的范畴"（常鹏翱，2007）。但是，因遗体与死者生前以及近亲属所具有的密切联系，尸体能否作为一般意义上的"物"，却有待商榷。若尸体能够被任意地当作法律关系客体的物来处理，无论对死者还是对其近亲属而言都是一种亵渎和侮辱，即使尸体是"被判定为脑组织死亡的死刑犯"。因此，对尸体的不当处理以及未尊重死者生前遗愿的器官切除和摘取行为，均有可能构成侵权。

（二）受体的侵权

作为接受医疗机构所要救治的患者，受体与医疗机构建立的是一种医疗法律关系。对于是否接受器官移植，患者同样享有知情的权利。实施人体器官移植的一个前提是：患者的器官发生病损且不实施移植将丧失生命或者某些重要机能，如果患者并未丧失意志表达能力，医疗机构还需要征询患者的意见；如果患者尚未成年或者已经丧失意志表达能力，则应由其监护人或近亲属决定是否移植。对于需要移植什么器官、实施移植后的存活年限以及手术本身所具有的风险等问题，患者及其近亲属享有完整的知情权，医疗机构应履行据实告知的义务。否则，就可能构成侵权（宋宗宇和陈丹，2009）。当然，在某些时候，医疗机构会出于治疗的需要，对受体本人有所隐瞒，以安抚患者使其具有能够配合治疗的心理状态。只要这种行为不违背医德且不会给患者自身带来损害，就不应认定医疗机构存在过错，此种情形下医疗机构不构成侵权。

本 章 附 件

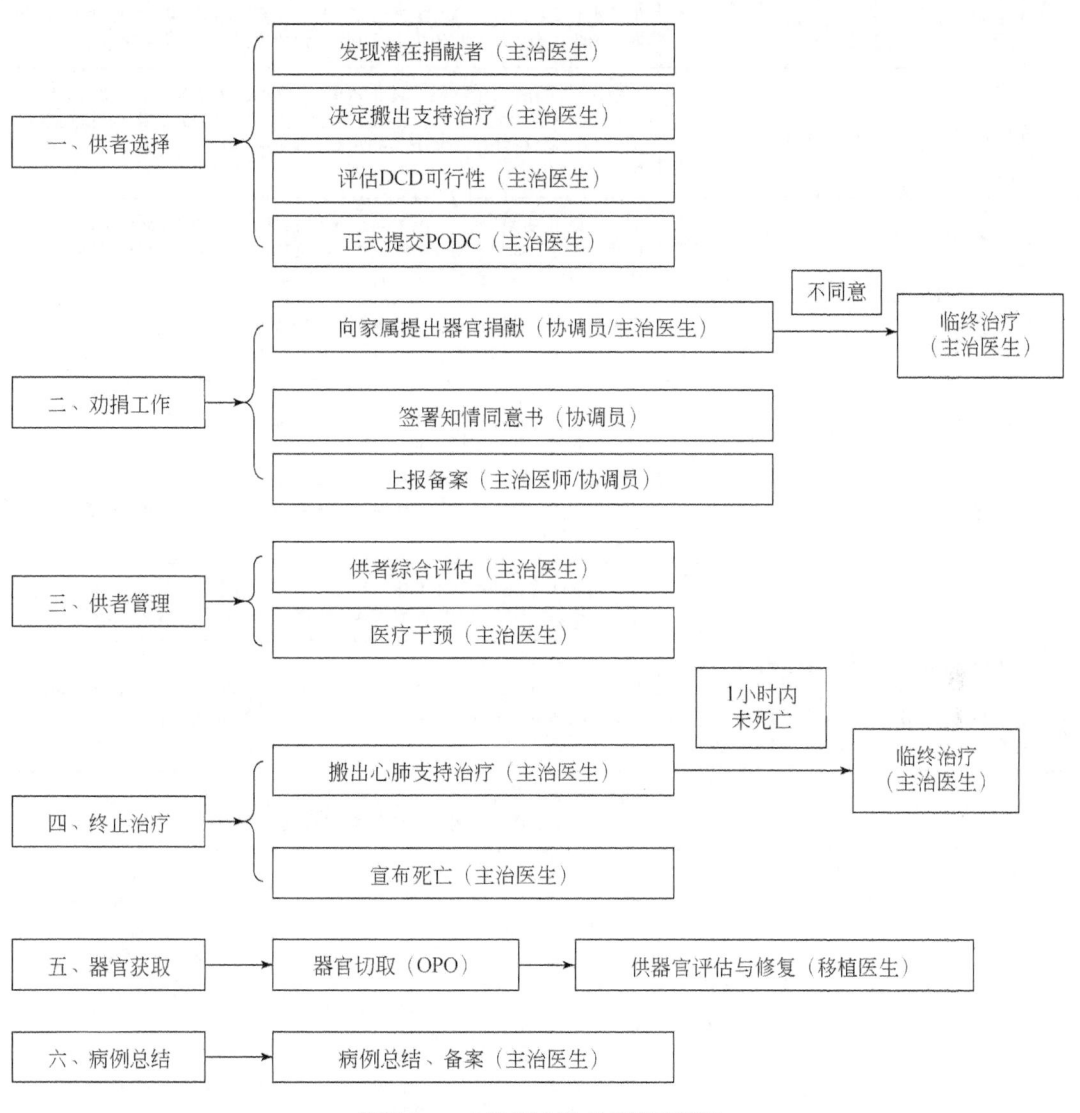

```
                ┌─ 发现潜在捐献者（主治医生）
一、供者选择 →  ├─ 决定搬出支持治疗（主治医生）
                ├─ 评估DCD可行性（主治医生）
                └─ 正式提交PODC（主治医生）

                ┌─ 向家属提出器官捐献（协调员/主治医生） ──不同意──→ 临终治疗（主治医生）
二、劝捐工作 →  ├─ 签署知情同意书（协调员）
                └─ 上报备案（主治医师/协调员）

                ┌─ 供者综合评估（主治医生）
三、供者管理 →  └─ 医疗干预（主治医生）

                ┌─ 搬出心肺支持治疗（主治医生） ──1小时内未死亡──→ 临终治疗（主治医生）
四、终止治疗 →  └─ 宣布死亡（主治医生）

五、器官获取 → 器官切取（OPO） → 供器官评估与修复（移植医生）

六、病例总结 → 病例总结、备案（主治医生）
```

附图 8-1　心脏死亡器官捐献流程图

附表 8-1 心脏死亡器官捐献工作要点简表

步骤	负责人员	注意事项
1.判定病人是否符合潜在捐献者标准	主管医生	对于即将发生心脏死亡的患者,如果预计患者在撤出心肺支持治疗60分钟后仍可能存活,则患者不适合DCD;对于脑死亡患者,应按心脏死亡器官捐献程序实施捐献工作
2.决定撤除生命支持治疗	主管医生	撤除生命支持治疗是DCD的必要条件、本指南不能代替临床医生的诊断,撤除生命支持治疗的决定须按照既定的原则和指导方针来进行
3.提交PODC	主管医生	将潜在器官捐献者的材料提交给PODC。PODC指派器官捐献协调员达到捐献医院,并指派OPO小组负责器官切取工作。OPO小组在医院捐献委员会/医院器官移植伦理委员会授权开始捐献后参与工作,并可以给予适当医疗干预建议
4.向家属提出器官捐献	主管医生/器官捐献协调员	向家属提出捐献的问题,家属同意行器官捐献后,告知家属全部器官捐献的相关问题。如果家属在决定撤除心肺支持治疗之前自行提出器官捐献,或病人清醒时提出捐献意愿,需要在医疗记录上详细记录
5.获得家属的知情(书面材料)	器官捐献协调员	获得家属的知情同意并与其签署正式的知情同意书。如果家属中有一方反对已知的潜在捐献者的意愿,应尊重家属的决定
6.上报备案	主管医生/器官捐献协调员/医院捐献协调员会/伦理委员会负责人	将潜在器官捐献者相关材料报医院器官捐献委员会/医院器官移植伦理委员会,备案,同时上报PODO
7.综合评估及医疗干预	主管医生	综合评估应包括病人的一般资料及实验室检查等。医疗干预必须遵守知情同意和无害原则
8.撤除生命支持治疗	主管医生	器官切取或移植的团队不能参与撤除生命支持治疗的过程。治疗小组负责准备并按照法律规定或医院政策执行临终护理和撤除生命支持治疗
9.若捐献者在特定时间范围内未死亡,则继续进行临终治疗	主管医生	捐献者在撤除心肺支持治疗后,60分钟内心跳未停止者,应终止器官捐献。在撤除心肺支持治疗前应考虑这种可能性并做好相应准备
10.心脏死亡	主管医生	心脏死亡的判定标;即循环呼吸停止,反应消失。在可能的情况下,可以应用有创动脉血压监测和血管多普勒超声进行确认。不以心电监测为准
11.观察期	主管医生	观察期至少为2分钟,不能大于5分钟
12.宣布死亡	主管医生	由主管医生宣布死亡,详细记录死亡过程及死亡时间。不能由移植医生或OPO小组宣布死亡。一旦宣布死亡,就不能采取恢复循环的措施
13.器官切取	OPO	宣布死亡后,OPO小组方可介入,尽快开始切取手术,尽量减少热缺血时间。妥善处理捐献者遗体
14.器官保存与修复	移植医生或OPO	供器官切取后一般采取单纯低温保存。如果条件允许,建议对热缺血时间较长的供器官及边缘供体器采取低温机械灌注
15、器官评估	移植医生或OPO	应综合供者/供器官特点进行评估,必要时可行病理检查,如有条件,可结合机械灌注及微量透析技术进行器官评估
16..病例总结回顾	主管医生	对已完成的DCD案例进行病例总结,整理相关文件,上报医院器官捐献委员会/医院器官移植伦理委员会和PODC,备案管理

附表 8-2　UNOS 评估系统

呼吸功能不全需要机械通气		
□无呼吸	□RR＜8 次/分	□脱机期间 RR＞30 次/分

严重氧合不足	
□PEEP≥10 且 SaO₂≤92%	□FiO₂≥0.50 且 SaO₂≤92%
□V-A ECMO	

依赖机械循环支持		
□LVAD	□RVAD	□无起搏器辅助时心率＜30 次/分
□V-A ECMO		

依赖药物来辅助循环
□去甲肾上腺素，肾上腺素，或去氧肾上腺素≥0.2 微克/（千克·分）
□多巴胺≥15 微克/（千克·分）

LABP 及收缩力支持
□LABP1：1 模式或多巴酚丁胺/多巴胺≥10 微克/（千克·分）且 CI≤2.2（升·分）/米²
□LABP1：1 模式且 CI≤1.5（升·分）/米²

注：①RR 为呼吸频率；LVAD 为左心室辅助装置；RVAD 为右心室辅助装置；V-A ECMO 为静-动脉体外膜肺氧合（肺支持）；PEEP 为呼气末正压；SaO₂ 为动脉血氧饱和度；FiO₂ 为吸入氧浓度；V-V ECMO 为静脉-静脉体外膜肺氧合（肺支持）；LABP 为主动脉内球囊反搏；CI 为心指数。

②该评估标准可以用于评估病人是否为潜在捐献者。同时，也可预测病人在撤除心肺支持治疗后 60 分钟内死亡的可能性。

附表 8-3　威斯康星大学评分系统

指标	分值	病人分数
脱机后 10 分钟后的自主呼吸		
频率＞12	1	
频率＜12	3	
TV＞200cc	1	
TV＜200cc	3	
NIF＞20	1	
NIF＜20	3	
无自主呼吸	9	
BMI		
＜25	1	

续表

指标	分值	病人分数
25～29	2	
>30	3	
升压药		
无升压药	1	
一种升压药	2	
多种升压药	3	
病人年龄		
0～30 岁	1	
31～50 岁	2	
>51 岁	3	
插管		
气管内插管	3	
气管切开	1	
脱机后 10 分钟后的按氧合		
$SaO_2>90\%$	1	
$SaO_2\ 80\%～89\%$	2	
$SaO_2<79\%$	3	
总计		
脱机日期、时间		
呼气日期、时间		
总时间		

注：①BMI 为身体质量指数；TV 为潮气量；NIF 为负吸气力。

②得分：8～12 为拔管后死亡的风险性低；13～18 为拔管后死亡的风险性中等；19～24 为拔管后死亡的风险性高。

⑤美国威斯康星大学标准（UW 标准）——预测病人在撤除生命支持治疗后 60 分钟内死亡的标准（DCD 评估工具）。

第九章　死者及其家属的法律权利

第一节　尸体的法律保护

一、"尸体"的概念

根据《辞海》的解释，"尸体"是指自然人和动物死亡后的身体（本书讨论的是自然人死亡后的相关法律问题，故这里的"尸体"指的是自然人的"尸体"），而"身体"是指"一个人或一个动物在生理组织的整体"。按此逻辑，"尸体"应是自然人死亡后的整体，而不是自然人死亡后的躯体残留物或转化物。作者认为，这是对"尸体"狭义的理解。在我国现行的法律条文中，仅有由卫生部、科技部、公安部、民政部、司法部、商务部、海关总署、国家工商行政管理总局、国家质量监督检验检疫总局联合颁布的于 2006 年 8 月 1 日起施行的《尸体出入境和尸体处理的管理规定》对"尸体"做出过明确的界定。该法律文件规定，"尸体"是指人去世后的遗体及其标本（含人体器官组织、人体骨骼及其标本）。在《中华人民共和国民法通则》中虽然没有有关"尸体"的规定，但在最高人民法院《关于确定民事侵权精神损害赔偿责任若干问题的解释》中规定了"非法利用、损害遗体、遗骨，或者以违反社会公共利益、社会公德的其他方式侵害遗体、遗骨"，死者的近亲属"遭受精神痛苦，向人民法院起诉请求赔偿精神损害的，人民法院应当依法予以受理"的内容。不难看出，我国现有的法律（广义的）对"尸体"都做出了适当的扩大解释。

在对盗窃、侮辱尸体罪中的"尸体"概念的认定上，我国学界存在诸多不同的观点，大致可分为以下三种：第一种是完全的狭义理解，即"自然人死亡之后所遗留的躯体，遗骨或遗发，不能称为尸体"。第二种是相对的狭义理解，即认为"尸骨或遗骨不等于尸体，但从实质上看，盗窃尸骨的行为也可能具有严重的社会危害性（徐翠翠，2013）；从法律解释上讲，将尸骨解释为尸体，也不存在违反罪刑法学原则之嫌"。第三种是完全的广义理解，即"尸体，既包括整具遗体，又包括尸体的部分、遗骨、遗发，还可包括遗灰、殓物等（赵秉志，2001）"。笔者认为，不管是从刑法还是从民法的角度，我们对"尸体"都应作广义的理解，即尸体既包括整具遗体，又包括尸体的部分、遗骨、遗发，还可包括遗灰。现行《中华人民共和国刑法》设立"盗窃、侮辱尸体罪"的目的就是在于"杜绝以侵害人体遗留物的方式破坏良风美俗的行为"；其客体是社会的善良风俗（高铭暄和马克昌，

2007）。即保护尸体的目的是要维护社会的善良风俗，保护死者亲属的精神利益，保护人类基本的伦理道德。如果按照狭义的理解，那么只有在对完整的"遗体"进行侵犯时，才可能构成"盗窃、侮辱尸体罪"；显然，这是与立法目的及现实情况相悖的——即使是采取土葬，自然人死亡后的生理组织也不可能长期维持，更何况火葬！遗骨、骨灰对死者亲属的价值和意义是相等的，如果只对完整的"尸体"进行保护，而对盗窃、侮辱遗骨、骨灰等行为不予处罚的话，那么，《中华人民共和国刑法》的立法意图是难以实现的。

但对于"殓物"是否属于"尸体"的范围，笔者持保留的态度，即笔者认为，"殓物"不应属于"尸体"的范围。虽然有的国家，如日本、韩国等明文把盗窃、侮辱尸体罪的行为对象扩大为包括遗发、殓物等，但并不代表该国就认为"尸体"包括殓物（且他国的法律对我国只起参考作用）。同时，"尸体"应是以自然人的生理组织为基础的，而"殓物"并非自然人生理组织的一部分；即使是作法理上的解释，也不能脱离这个基本的常识。故对于"殓物"的侵犯，根据《中华人民共和国刑法》的现行规定，并不构成"盗窃、侮辱尸体罪"。在司法实践中，如果行为人以非法占有为目的盗窃殓物，数额达到"盗窃罪"法定金额或者多次盗窃的，可以定盗窃罪；如果未达到定罪标准，也可以按照一般违法行为进行处理（陈家林，2003）。从民事法律的角度，死者亲属可以请求返回原物、赔偿和精神赔偿。

例如，被告人冯某某以非法占有为目的，伙同他人多次将被害人亲属坟墓挖开后，盗窃墓内陪葬的金饰，价值6080元。法院经审理后认定其犯盗窃罪，判处有期徒刑六个月，处罚金3000元，并对被害人的损失予以退赔。又如，被告人王某某伙同他人将崔某某的坟墓挖开，把坟墓内陪葬的一条钯金项链和一枚白金戒指盗走变卖平分赃款。经某物价认证中心鉴定，被盗物品总价值5365元。法院经审理后认定王某某犯盗窃罪，判处有期徒刑一年，并处罚金4000元。在上述真实判例中，被告人冯某某和王某某侵犯的都是"新坟"的"殓物"，并非文物，但法院在判决时并没有以"盗窃、侮辱尸体罪"来予以定性，而是以"盗窃罪"来定性；故可以反证笔者观点：在我国，"殓物"并不属于"尸体"的范围。

二、尸体的法律属性

自然人的尸体能否比照动物的尸体，定性为民法上的"物"呢？此问题在我国学界有不同的看法和观点。以是否为"物"，可将这些学说划分为两大类：认为"尸体"是"物"和认为"尸体"不是"物"。

（一）认为"尸体"是"物"

现在大多数国家和地区认为"尸体"是"物"，但是，对于尸体究竟是何种物，又存在着不同的学说和观点。

1. 可继承物说

在日本和我国台湾地区的学界普遍认为：尸体是物，是可以由死者的继承人所继承的物，继承人享有继承权[1]；但因尸体是特殊的物，其所有权应当受到限制。这一观点直接体现在日本的立法和判例中，如《日本民法》第897条规定，应由应为死者祭祀者继承尸体之所有权。

2. 准财产权说

美国对尸体属性的界定采用的是"准财产权说"。美国通过判例确定：尸体是物，但是属于特殊的物。埋葬死者尸体是死者亲属的法定义务，但死者亲属不拥有完全意义上的尸体财产权，而仅拥有尸体保护的财产权和尸体被侵犯时获得赔偿金的权利[1]，即死者亲属对死者尸体不享有完全的处分权，而只有保护它不受侵权的权利和当尸体遭受侵害时的损害赔偿请求权，因此是"准财产权"。

3. 延伸保护的人格利益说

这是我国学者杨立新（1996）提出的一个观点。该观点认为尸体作为丧失生命的人体物质形态，其本质在民法上表现为身体权客体在权利主体死亡后的延续法益，简称为"身体的延续利益"。法律对其进行保护，是保护身体权的延续利益。杨立新同时认为，最高人民法院《关于确定民事侵权精神损害赔偿责任若干问题的解释》中对遗体、遗骨法律保护的规定放在人格权保护的条文中，正是体现了我国立法采取的是"延伸保护的人格利益说"。

（二）认为"尸体"不是"物"

这一观点主要以德国的"人格残存说"为代表。根据日耳曼法，人死后则存于幽冥。受这一传统思想的影响，德国学界普遍认为：人死亡后仍有部分人格权存在于死者的躯体上，为了使人格尊严得到最大的尊重，应受到最严格的保护。德国的立法如1934年5月15日制定的《火葬法》，也采取了这样的立场，作了相应的规定[1]。在德国的民法中，"尸体"不属于"物"。死者亲属甚至包括死者本人对身体的任何部分都不享有所有权，即有关物的一般规则不适用于尸体和尸体的某一部分（包括固定在人体上的人造物如假肢、人工心脏等）。因此，死者家属对尸体不享有权利和义务，而只具有死者安葬权。我国台湾地区也有学者同意这种观点，认为人的尸体是死者生前人格残存，若以物来定性尸体，则是对死者人格尊严的亵视，认为丧主对尸体无所有权，唯有依习惯法为管理及葬仪之权利及义务[1]。

（三）本书观点

综上，对尸体的法律属性的观点不外乎两种：属于"物"与不属于"物"。那么，在我国现行法律框架内，应作何种定性呢。我国学界普遍认为，物的构成有四要素：一是存在于人身之外；二是能满足人们的社会需要；三是能为人所控制与支配；四是应当是有体存在（魏振廉，2000）。因为尸体是没有生命的肉体，故相对于死者以外的人（包括近亲属），也仅仅是"人身之外"。"尸体"符合物的第一个构成要素。在我国现行法律制度下，死者亲属可以通过捐献等合法途径对"尸体"进行利用，故"尸体"也符合"物"构成要素的第二、第三点。尸体为有体物，这点不用证明。故"尸体"符合我国民法意义上物的

---

[1] 杨立新，曹艳春. 论尸体的法律属性及其处置规则. http://www.yanglx.com/dispnews.asp? id=975. [2009-08-03].

特征，是属于"物"的范畴。但是，"尸体"是自然人死亡后留下的物质，该物质对在世的亲人有着非同一般的情感价值，故"尸体"是具有特殊性质的物，是包含人格利益、具有社会伦理道德内容的物（杨立新和曹艳春，2005）。不管其存在形式如何，"尸体"都是维系死者与其近亲属感情的纽带，在实践中也发生过犯罪分子利用"尸体"存在形式之一的"骨灰"对受害人进行敲诈勒索的案件。2010年9月，被告人付某在上网时看到有人偷取骨灰盒敲诈墓园老板的信息后心生歹意，遂在互联网上查找到西安市某墓园业务员周某某，与周联系后前往某墓园踩点，踩点后于2010年10月14日晚9时许潜入该墓园盗走了个性化区1排7号墓内的骨灰盒及陪葬品。此后即向该墓园负责人张某发短信，勒索30万元赎金，声称若不付赎金将通知墓主亲属到墓园闹事。经张某请求，付某将赎金额降至10万元。张某因无力支付赎金，遂报警，公安机关经侦查于2010年10月31日将付某抓获。经法院审理后判决被告人付某犯敲诈勒索罪，判处有期徒刑三年。

三、尸体的合法利用

（一）合法的尸体器官移植

国务院于2007年颁布的《人体器官移植条例》规定，人体器官移植包括活体器官移植和尸体器官移植。根据《人体器官移植条例》，不管是活体还是尸体器官移植，人体器官捐献应当遵循自愿、无偿的原则。人体器官捐赠供体必须签署自愿捐赠的纸面文书，医院也须对合法移植脏器来源上报卫生行政主管部门的器官登记系统，上级单位可循此倒查追责。这个自愿捐赠既可以是公民自身生前的意愿（公民对其身后的器官捐赠，不必取得其他近亲属的同意），也可以是该公民死亡后，其配偶、成年子女、父母达成共同意愿，以书面形式表示同意捐献该公民人体器官（公民生前明确表示不同意捐献其人体器官的除外）。

对于无主尸体的器官能否用于移植或教学，在我国学界存在争议。有学者认为，经民政部门和公安部门确认为无人认领的尸体的所有权应归国家享有，在不违背公共秩序和善良风俗的前提下，可以对无主尸体的器官进行合法利用（聂铄，2001）；但同时也有学者认为，无主尸体虽属无人认领的尸体，但事先未经本人同意，擅自将其器官用于移植或将其遗体用于教学，是违背自愿原则的，不应当提倡。

（二）合法的尸体解剖

根据解剖的目的不同，可将合法的尸体解剖分为学术解剖和司法解剖两种。前者主要用于科学研究、医学试验或医学教学，死者的死亡原因明确，且适用当事人自愿原则，即死者生前自愿捐献遗体用于学术解剖或其近亲属达成共同意愿（死者生前明确表示不愿捐赠的除外）将死者尸体用于学术解剖。后者以查明死者死因为目的，又分为强制性解剖和自愿解剖。根据原卫生部于1979年颁布实施的《解剖尸体规则》，在以下情况下必须进行强制性的法医解剖而不需要征求死者家属的同意：涉及刑事案，必须经过尸体解剖始能判明死因的尸体和无名尸体需查明死因及性质者；急死或突然死亡，有他杀或自杀嫌疑者；

因工、农业中毒或烈性传染病死亡涉及法律问题的尸体。而在其他死亡事件中，如猝死或医疗纠纷事件中，则需要取得家属同意，才可以对尸体进行解剖，以查明死亡的真正原因。由于受中国传统观念的影响和对我国器官捐献工作的不信任（柏宁等，2015），我国国民死后捐献遗体和器官的比例一直很低，这也直接影响我国的医学学术研究和医学教学工作。由于尸源紧缺，出于无奈，一些医学院校正在逐渐取消解剖课的实验环节，通过看录像或是解剖模拟人体来弥补，这直接导致医学生的动手能力和实践水平下降，成为在校医学生培养和教育中的"短板"。

（三）其他方面的合法利用

在不违背社会公共秩序和善良风俗的情况下，可以对尸体进行防腐处理试验和科学展览等科普活动。尸体在医科院校、教学医院，可以用于医学生的教学标本使用。尸体可以在医院用于青年医生提高医疗水平的教学，解剖实习使用。尸体在医院可以用于提高临床手术水平进行的科学研究使用，以及与尸体使用有关的其他研究使用。

四、侵害尸体的责任构成要件

（一）侵害尸体的行为

1. 非法侵害尸体的行为

"非法侵害尸体的行为"是指行为人为了达到某种目的，故意采用秘密窃取的方法非法占有尸体，或故意对尸体实施猥亵、破坏、丢弃等行为。行为人的动机和目的是多种多样的，有的是为了泄愤，有的是出于报复，有的是为了盗墓获取财物，有的是为了满足变态的心理，有的是为了敲诈勒索或非法牟利。侵害尸体情节严重的，可构成"盗窃、侮辱尸体"罪。

2. 非法利用尸体的行为

非法利用尸体的行为包括以下三种情况：一是未获取死者生前的同意或死者家属的同意，擅自利用尸体的行为；二是虽有死者遗愿或经死者家属同意对尸体进行利用，但在利用过程中超过同意规定的范围；三是超过了合法的强制性利用范围的行为。

3. 其他侵害尸体的行为

其他侵害尸体的行为主要包括：非法陈列、展览尸体，非法食用尸体器官，殡仪馆错误火化尸体，错发或遗失死者骨灰等。

（二）"盗窃、侮辱尸体罪"的构成要件

在1979年的《中华人民共和国刑法》中，并没有关于尸体犯罪的规定，对此类案件的处理不一，有的定为流氓罪，有的定为盗窃罪，有的定为扰乱社会秩序罪（周其华，1998）。在1997年《中华人民共和国刑法》进行修订时，增加了"盗窃、侮辱尸体罪"，认为侵犯尸体具有严重的社会危害性，但从其法定刑的设置上来看，该类犯罪并未被认为是严重的犯罪。《中华人民共和国刑法》第三百零二条规定：盗窃、侮辱、故意毁坏尸体、尸骨、

骨灰的，处三年以下有期徒刑、拘役或者管制。

1. 客体

该罪的客体是良好的社会秩序和善良风俗，犯罪对象是尸体。关于尸体的范围，如前所述，本书认为应包括骨骸，行为人对骨骸的侵犯也是对死者的不尊重，对良好社会秩序和善良风俗的破坏，故如果倒卖人类骨骸，应以"盗窃、侮辱尸体罪"定罪量刑。但在2009年发生的"美籍华裔博士丁某在中国收购人头骨"一案中，却以非法经营罪判决丁某有期徒刑8年，这一判决引发了众多争议。另外，误把活体当死体加以强奸的，不构成强奸罪而是侮辱尸体罪，但其是既遂还是未遂的侮辱尸体罪，在学界又有着不同的观点。认为是未遂的侮辱尸体罪的理由是行为人奸污"女尸"的行为符合侮辱尸体罪构成要件，但由于行为人意志以外的原因其奸污尸体时尸体并不存在，故构成侮辱尸体罪（未遂）。认为是既遂的侮辱尸体罪的理由是虽然行为人没有侵害活人的认识而不能构成强奸罪，但其行为已经造成了实际侵害。从处罚的必要性的角度来看，认定为既遂更加能体现刑法的保护宗旨。本书同意第二种观点，应对刑法作整体的理解而不能生搬硬套进行适用。

2. 客观方面

本罪客观方面表现为行为人实施了盗窃或侮辱尸体的行为。"盗窃尸体"是指行为人以非法占有为目的，从坟墓中、停尸间或其他任何存放尸体的地方，采取秘密手段，使尸体脱离原位或相关管理人员控制范围的行为。我国学界对这一行为的认识较为一致。该罪的目的是非法占有尸体，而前面所述的利用骨灰进行敲诈勒索的行为，行为人的目的是迫使被害人交出财物。关于什么是侮辱尸体的行为，法律上并没有明确的规定，学界对此行为的认识的差异在于是否以"公然"为其必要条件。笔者认为，侮辱尸体应是行为人使用各种方式对尸体加以凌辱的行为，不以公然为必要；但直接针对尸体为限，以书面、文字等方式侮辱死者名誉的，不构成本罪。侮辱尸体的具体方式，理论界和实践中都认为除了包括对尸体进行猥亵、毁损、丢弃等行为外，还包括采取违反传统殡葬习俗或宗教葬习的方法掩埋尸体、处理尸体等行为。例如，福建省南安市诗山镇安徽籍外来务工人员王某某在其母亲去世后，为节省开支、减少丧葬麻烦，将母亲遗体装入麻袋，沉入溪中"水葬"。王某某的行为涉嫌"侮辱尸体罪"而被警方刑拘。

3. 主体

本罪的主体为一般主体，即年满16周岁、具有刑事责任能力的自然人。单位不能构成本罪，单位犯罪的以自然人共同犯罪来处理。设置本罪的目的是维护良好的社会秩序和善良风俗，故只要行为人的行为有损死者尊严或对社会风气造成不良影响，侵犯社会公共秩序和善良风俗的，都应以本罪定罪量刑，不能因主体为死者家属而得以豁免。

4. 主观方面

本罪的主观方面为故意，而非过失。值得注意的是，行为人的动机不影响本罪的成立，但在量刑时可以适当考虑。

（三）侵害尸体的民事侵权责任构成要件和免责事由

1. 民事侵权责任构成要件

对尸体的侵害行为满足了民事侵权行为的四个构成要件，行为人就应当承担相应的民事侵权责任。这四个构成要件为：其一，有侵害尸体的行为。包括积极的侵害行为和消极的侵害行为。前者为行为人以积极作为的形式致尸体损害，如对尸体实施猥亵、破坏、丢弃、非法利用等。后者为行为人以消极不作为的形式致尸体损害，包括殡仪馆对存放的尸体保管不善等行为，且该行为导致尸体受损、腐化等情形。例如，张某某在死亡后，其尸体因医院和殡仪馆保管不善而被小动物（鼠类）噬咬损伤左眼部，后法院判决医院和殡仪馆共同承担赔偿责任，向张某某的父母赔偿精神损失费、误工费等共计三万余元。医院和殡仪馆的行为就属于消极的侵害行为。其二，有损害后果。对尸体的损害后果并不限于尸体遭受损害以及因此而支付的额外必要的费用开支，还包括因对尸体的侵害行为造成了死者家属的精神折磨和道义上的责难。其三，侵害尸体行为与损害后果之间有因果关系。其四，行为人主观上有过错或无论行为人主观上有无过错但属于法定的适用无过错责任原则的情形。基于过错责任原则认定的一般尸体侵权行为，行为人应有主观上的过错，即行为人主观上有侵害尸体的故意或过失。"故意"是指行为人预见到自己的行为可能产生毁损尸体或伤害死者近亲属感情的损害结果，仍希望其发生或放任其发生。"过失"是指行为人对其行为结果应预见或能够预见而因疏忽未预见，或虽已预见，但因过于自信，以为其不会发生，以致造成损害后果。基于无过错责任原则认定的尸体侵权行为，则无须要求承担责任人主观上有过错，只要发生了尸体损害的事实，而且这个损害事实又与行为人有因果关系的，责任人就应承担民事侵权责任。例如，饲养的动物将尸体咬损或造成其他损害的，无论动物饲养人或管理人主观上有无过错，其都应对尸体损害这一后果承担侵权责任。

2. 免责事由

《中华人民共和国侵权责任法》第二十六条至第三十一条规定了一般侵权免责事由：过失相抵、受害人故意、第三人原因、不可抗力、正当防卫、紧急避险。有学者提出，《中华人民共和国侵权责任法》规定的侵权责任免责事由存在缺陷，除了上述 6 种情形外，一般侵权免责事由还应包括意外事故、自甘风险和依法执行职务这三种免责事由（王健运和殷国维，2014）。笔者同意该学者的观点。同时认为，尸体侵权免责事由也应包括上述 9 种情形；只是在现实生活中，有些情形出现的概率极低。

五、侵害尸体的法律责任

侵害尸体的法律责任有民事责任、刑事责任和行政责任。刑事责任主要体现在《中华人民共和国刑法》第三百零二条有关"盗窃、侮辱尸体罪"的相关规定中，而行政责任主要体现在《解剖尸体规则》的相关规定中。有关侵害尸体的法律责任主要以民事责任承担为主，现分析如下。

根据《中华人民共和国侵权责任法》第十五条之规定，承担侵权责任的方式主要有：停止侵害、排除妨碍、消除危险、返还财产、恢复原状、赔偿损失、赔礼道歉、消除影响、恢复名誉。侵害他人人身权益，造成他人严重精神损害的，被侵权人可以根据该法第二十二条请求精神损害赔偿。同时，我国最高人民法院《关于确定民事侵权精神损害赔偿责任若干问题的解释》中也规定了"非法利用、损害遗体、遗骨，或者以违反社会公共利益、社会公德的其他方式侵害遗体、遗骨"，死者的近亲属"遭受精神痛苦，向人民法院起诉请求赔偿精神损害的，人民法院应当依法予以受理"。在司法实践中，对尸体的侵权责任主要适用《中华人民共和国侵权责任法》中的停止侵害、返还尸体、赔偿损失、恢复原状、赔礼道歉、消除影响和恢复名誉。

（一）停止侵害

"停止侵害"，是指权利人要求侵权人停止正在对其财产或权利进行的不法侵害，是行为人承担民事责任的一种方式。停止侵害的前提是侵害已经开始且正在进行过程中，如非法陈列展览尸体标本等。受害人可以直接向加害人提出停止侵害的请求，也可以向人民法院提出请求。为防止事态的进一步恶化，法院可依据受害人的申请或依职权先行做出停止侵害的裁定。如造成了一定损失，受害人除可以请求加害人停止侵害外，还可以请求其他责任承担方式，如请求赔偿损失和精神损害赔偿。

（二）返还尸体

由于对尸体是否属于"物"的认识不同，在司法实践中，法院对尸体的侵权责任是否适用"返还财产"这个规定的具体做法也不同。例如，有的法院认为：尸骨的本质不是"物"，其仅体现权利主体的人身利益在人死亡后的客观延续（笔者注：即延伸保护的人格利益说），仅体现权利主体本体所形成的社会属性功能影响的客观存在。故在判决中认定尸骨不具有财产法上"物"的属性，是其亲属寄托哀思的物质载体，不适用返还尸骨的保护方法。但同时，有的法院则认为：逝者的遗骨属于法律上的特殊物，包含着强烈的社会伦理意义，应受到公序良俗的限制，逝者与其近亲属之间有特殊的身份关系，逝者的遗骨应由逝者的近亲属保管、安葬和祭祀，逝者的近亲属对逝者的遗骨享有保管、安葬的排他性权利。尸体遭受侵权后，死者近亲属可要求行为人停止侵害、返还尸体。例如，广东省某市人民法院曾于2014年5月21日就侵害死者遗骨和金斗（即装遗骨的缸）案作出了停止侵害、返还遗骨和金斗的宣判。2010年11月，原告将张某某的遗骨（用金斗装住）安葬在位于某市某某镇某某村的山上。2011年农历九月，被告莫某甲认为张某某遗骨现所葬墓地位置是其安葬其大姐莫某丁遗骨的位置，并发现莫某丁的遗骨（用金斗装住）不见。因此，被告莫某甲认为莫某丁的墓地被入侵葬了新的金斗，其就将张某某的遗骨连同装遗骨的金斗挖起移走。法院经审理后认为：被告莫某甲将张某某的遗骨连同装遗骨的金斗从墓地挖起并移走，而使张某某的近亲属（原告）无法对张某某的遗骨进行安葬和祭祀，侵害了原告对张某某遗骨享有保管、安葬的排他性权利。最后法院判决：被告莫某甲应对张某某的遗骨连同装遗骨的金斗停止侵害，限被告莫某甲在本判决发生法律效力后五日内返还张某某的遗骨连同装遗骨的金斗给原告。

返还尸体的前提是"尸体"有可返还性，如果尸体已遭受毁损或已被利用，无法返还的，如非法摘取死者眼角膜移植给他人，那么受害人就只有请求赔偿损失。

（三）恢复原状

恢复原状的前提是必须有修复的可能性和必要性。尸体如已改变形态，则当然不能适用本责任方式。例如，杨某某在未与死者陈某（其前夫）近亲属取得联系的情况下，擅自将陈某的尸体火化一案。在本案中，由于被告杨某某已将死者陈某尸体火化，无法适用停止侵害、返还尸体和恢复原状等方式。法院考虑被告杨某某在处理陈某的尸体上并无恶意（为使死者陈某尽快入土为安），被告也无其他诋毁死者名誉造成死者名誉权遭受侵害的行为，故酌情判决杨某某支付原告陈某1（与死者陈某系兄弟关系）精神抚慰金5000元。

（四）赔偿损失

赔偿损失包括财产损害赔偿和精神损害赔偿两个方面。如前所述，"尸体"属于物，其所有权归死者近亲属所有。如果尸体被非法利用或遭受损害的且无法返还或恢复原状的，死者近亲属可以请求财产赔偿。如前所述的非法摘取死者眼角膜移植给他人这一情况，死者近亲属可以请求行为人按照当地移植该种器官的补偿标准进行赔偿。

精神赔偿是尸体侵权中最主要适用的责任方式，我国《最高人民法院关于确定民事侵权精神损害赔偿责任若干问题的解释》从法律上肯定了这种方式。该司法解释也是法院在判决类似案件中最经常引用的法律条文。人民法院在审理尸体侵权案件时，主要根据侵权人的过错程度、侵权的情节、侵害尸体所造成的后果、侵权人承担责任的经济能力、受诉法院所在地平均生活水平等具体情况，合理确定赔偿金额。例如，在一起义务修缮排水沟而损毁坟墓、骨灰盒丢失的案件中。法院经审理认为被告在义务进行排水沟施工过程中，造成了李某某的坟墓损毁应承担相应责任，但也并无证据证明被告某公司在施工过程中存在明知有坟墓存在而故意挖毁的恶意行为。故法院根据侵权人的过错程度判决被告给予原告精神损害抚慰金2万元。

（五）赔礼道歉、消除影响、恢复名誉

《中华人民共和国民法通则》第一百二十条第一款规定，公民的姓名权、肖像权、名誉权、荣誉权受到侵害的，有权要求停止侵害，恢复名誉，消除影响，赔礼道歉，并可以要求赔偿损失。据此，侵犯死者人格权的，其近亲属可以向法院提起诉讼，请求行为人赔礼道歉或消除影响恢复名誉。

第二节 死者的法律权利

一、死者权利概述

（一）"法律权利"的定义

自"权利"一词出现在古罗马"私法"中以来，对其究竟是什么的追问，各个时期的不同学者作出了不同的回答，但均未得到普遍的认可。关于权利的实质，资本主义国家的学者有过很多不同的论述。影响最大的权利学说是17～18世纪资产阶级启蒙思想家格劳秀斯、洛克等所主张的"天赋人权论"，亦称"自然权利说"。该学说认为在文明社会产生以前人类生活在"自然状态"中，人们具有天赋的自然权利。这种权利不可剥夺也不可

转让。当这种权利受到统治者破坏时，人们有权推翻其统治，恢复自己的"天赋人权"（惠哲，2013）。他们关于权利的观点鲜明地体现在资产阶级一些著名的政治纲领和宪法性文件上。美国《独立宣言》宣称，人人生而平等，都具有天赋人权，其中包括生命权、自由权和追求幸福的权利；法国人权宣言也把这种天赋人权规定为自由、财产、安全和反抗压迫四项权利。这一学说为资产阶级革命提供了思想武器，具有一定的历史进步作用。

在目前法学理论中，西方学者有关权利定义的学说主要有利益说、资格说、选择说、自由说和法力说。我国长期以来受苏联学者"权利"概念之可能性说的影响，认为"法律上的权利"是指法律规范所规定的法律关系主体所承担的某种行为的必要性或责任。此理论将法律权利等同于法定权利，而忽视了在实际生活中大量存在的实在权利。

笔者认为，"权利"和"法律权利"是两个不同的概念，不能将两者等同起来。在社会生活中，权利已在各种力量的博弈中形成而并非法律所创造的，只有被法律规范和调整的权利才能被称为"法律权利"。关于法律权利的基本特征，有学者将其概括为：法律权利是为了实现法律关系主体的利益，而被法律所确定的一种"能力或资格"，该权利集中体现了国家意志，是一种可以相对自由选择的权利（王健运和殷国维，2014）。

（二）我国学界关于死者是否享有法律权利的争论

我国传统民法认为人的权利能力始于出生，终于死亡，故在我国，通说认为死者不享有权利，有利于死者的法律规则被归结为对死者近亲属权利的保护。然而，对死者人格的保护已被各国法律所确认，在我国立法和司法中有关死者权利用语的坚持，也表明了法律对死者的尊重和对死者权利的肯定，故自20世纪80年代以来，我国学界关于死者权益保护问题进行了大规模的研究，并提出了死者权利保护说、死者法益保护说、近亲属权利保护说、人格利益继承说、死者生命痕迹保护说等学说。笔者赞同死者权利保护说。一个无法做出意思表示或选择的人也能成为法律权利主体，因为他们仍然享有利益——这是利益论者的观点（柯伟，2003）。

二、死者的法律权利

按照这一理论，虽然死者不能做出选择，但死亡并不必须消灭其所有的利益，并不妨碍其成为权利主体。当然，在自然人死亡后，只有部分利益受到法律的保护，且其权利的行使并非毫无限制和约束（柯伟，2003）。

（一）死者的身后权利

如前所述，权利已在各种力量的博弈中形成而并非法律所创造，法律确认其便可得到法律上的保护。按照美国学者柯尔斯登·R.斯莫伦斯基（2014）的理论，法律赋予死者生后权利取决于以下因素：不可能性、权利的重要性、权利时间点以及生者与死者之间的利益冲突。就不可能性而言，以宪法权利为例，选举权和结婚权虽然十分重要，但由于其具有"不可能性"而不被赋予权利。正因为此，在我国民间尚存的"阴婚"是不受法律保护的。

第九章 死者及其家属的法律权利

从权利的重要性这个角度来看，我国虽然没有在宪法中直接规定生育权，但作为公民的一项基本权利，理应在死者生后得到保护。在司法实践中，最常见的两类案件是：要求死刑犯享有生育权；使用冷冻精子或胚胎生育后代。关于前一类案件，以2001年发生的郑某某索要生育权案为典型。2001年浙江省某市某公司职工罗某因犯故意杀人罪被判处死刑。一审判决后，在罗某上诉期间，其妻郑某某先后向某市中级人民法院和浙江省高级人民法院提出请求，以人工授精的方法为丈夫罗某生育孩子，但遭拒绝。后罗某被执行死刑，郑某某的意愿也肯定没有实现。该案引发了极大的争议，在学界主要持三种观点：一是死刑犯无生育权；二是死刑犯有生育权；三是死刑犯及其妻子具有生育权，但因为缺乏行为能力而无法实现（即折中说）。本书赞同第二种观点，即死刑犯应该具有生育权。生育权作为死刑犯的一项基本权利，不应被剥夺，应通过现有的辅助生殖技术实现其生育权。

2003年卫生部修订《人类辅助生殖技术规范》，要求医疗机构在实施试管婴儿技术中，禁止给不符合国家人口和计划生育法规和条例规定的夫妇和单身妇女实施人类辅助生殖技术。根据此法条，妻子不能使用亡夫精子受孕（丈夫死亡后，夫妻关系即解除，妻子即成为单身女性）。如此立法，主要是考虑要对出生的孩子的负责。虽然我们传统的家庭观念，希望能够传宗接代，但是生出的孩子即将成长于一个单亲的家庭，这对于孩子的健康成长是不利的。全国首次且至今唯一在地方立法中规定单身女性可以接受人工辅助生殖技术的是吉林省2002年颁布的《吉林省人口与计划生育条例》，该条例在第四章第三十条第二款规定"达到法定婚龄决定不再结婚并无子女的妇女，可以采取合法的医学辅助生育手段生育一个子女"。但遗憾的是，该条例最终并未在全国被推广甚至没有被其他省市效仿。

在妻子尚不能使用亡夫精子接受人工生殖技术而受孕的情况下，死者父母是否有权决定将此胚胎进行代孕呢？2013年在我国发生的首例冷冻胚胎继承案，终审判决虽然确认死者父母享有冷冻胚胎监管和处置权；但是，按照现行法律，该胚胎不能接受代孕，即使可以代孕，死者父母决定代孕的法理基础又是什么呢？这些都是值得进一步探讨的问题。从国外立法例上，则不乏支持的声音。在美国，冷冻精子案中，审判实务高度重视死者的意图。一旦死者明确要求其精子于其死后用于孕育孩子，即便其近亲属反对，他的妻子也可行使这项权利（柯伟，2003）。但值得注意的是，法院一方面高度关注死者的意图；另一方面也创设了一个严格的缺席规则，即在没有任何证据证明死者意图的情况下，法院不得不求助于最佳利益原则（柯尔斯登·R.斯莫伦斯基，2014）。如2014年美国发生的一起胚胎继承案。美国一对夫妻被害死亡后留下了11个冷冻胚胎。他们既没有遗嘱，也没有给生育诊所留下任何如何处置这11个胚胎的指示。该案法官建议，在这对夫妻的唯一继承人——一位2岁小男孩——年满18周岁以前，胚胎由生育诊所负责保管；小男孩年满18周岁以后，他将获得关于该胚胎的所有处分权利。同样的准则在澳大利亚被适用，如里奥斯夫妇案。里奥斯夫妇飞机失事死亡，留有两个冷冻胚胎和800万美元遗产，两人生前未对胚胎的处理留有指示。后维多利亚议会上院通过《试管婴儿修正案》，同意把涉案胚胎植入代理母亲的子宫孕育，待该子女长大后继承遗产（满洪杰，2008）。

在我国，以法律的形式确定死者享有的权利有：人身权、个人财产处分权、丧葬仪式决定权、执行权和遗体处理权。当然，死者的这些权利是以不违反现有法律和公序良俗为前提，且只能通过不作为或要求他人作为（或不作为）来予以实现。

人身权包括人格权和身份权。"人格权"是指公民具有法律上的独立人格所必须享有的民事权利。人格权主要包括生命健康权、姓名权、名誉权、荣誉权、肖像权、自由权等。在上述权利中，生命健康权和自由权是随享有者的死亡而消灭的权利。另外一些人格权，如姓名权、名誉权、荣誉权和肖像权则是完全不消灭而永远享有的。"身份权"是指公民因特定身份而产生的民事权利。身份权主要包括著作权、发明权、专利权、商标权等知识产权中的人身权以及监护权、亲属权等。其中，监护权是随享有者死亡而立即消灭的权利，其他则永不消灭或在一段时间内不消灭。

（二）死者的人身权

1. 人格权

1）死者的姓名权

最高人民法院于 2001 年 3 月 8 日发布的《最高人民法院关于确定民事侵权精神损害赔偿责任若干问题的解释》第三条第（一）项规定，以侮辱、诽谤、贬损、丑化或者违反社会公共利益、社会公德的其他方式，侵害死者姓名、肖像、名誉、荣誉的，其近亲属向人民法院起诉请求赔偿精神损害的，人民法院应当受理。该司法解释明确了死者姓名也受法律保护。

死者姓名权不同于其生前的姓名权，其主要内容是禁止他人盗用和冒用死者姓名。"盗用死者姓名"是指未经死者近亲属同意或授权，擅自以死者的名义实施某种活动，以抬高自己身价或谋求不正当的利益。例如，《中国消费者报》曾于 2000 年报道了某个体经营户赖某侵犯一起刑事案件受害人——死者陈某某——姓名权的案件审理情况及结果。法庭审理后认为，被告未经原告（即死者陈某某的妻子、母亲、儿女等五名第一顺序继承人）的同意，以营利为目的，使用原告亲属陈某某的名义进行广告促销活动，侵犯了陈某某的姓名权。经调解后，被告当庭向原告致歉并当庭给付原告精神损害赔偿 3000 元。在本案中，法院在庭审过程中明确表示，"陈某某虽已死亡，但其在一定时期内仍享有姓名权"。但笔者认为，对死者姓名权的保护并不应以一定时期为限，如为营利而使用死者姓名特别是名人的姓名的，对死者姓名权的保护就不应有时间的限制。举例来说，北京市东城区人民法院曾于 2013 年受理了邓丽君胞兄邓长富诉北京天利时代国际演出策划有限公司侵犯邓丽君姓名权和肖像权一案。法院经审理认定，天利时代公司未经授权许可，在北京展览馆剧场举办"四小邓丽君——梦幻丽影宝岛情歌演唱会"时，擅自利用邓丽君姓名冠名，并且擅自在海报、售票广告、灯箱广告等位置使用邓丽君肖像照片等行为，侵犯了邓丽君姓名权和肖像权。最后法院判决：天利时代公司向邓长富书面致歉，并赔偿经济损失（孙茂成，2014）。

"冒用死者姓名"是指行为人完全以死者的身份从事活动，其危害往往甚于盗用他人姓名。例如，自 2011 年 3 月份开始，山东女子齐某以赌博为目的，多次利用山东单县人左某某（已死亡）的身份办理护照和港澳通行证，非法出入境 18 次。齐某的行为不仅涉嫌赌博犯罪，而且严重侵犯了死者左某某的姓名权。[1]又如，某老太太假冒死者身份，在派出所办理了假身份证，并将死者的房屋进行过户，造成了一房两卖的严重后果（此行为严重扰乱了社会公共秩序，属于违反违反社会公共利益、社会公德的其他方式）[2]。

2）死者的肖像权

常见的侵犯死者肖像权的行为，主要是未经死者身前同意或在其身后未经其家属同意、以营利为目的使用死者肖像做商业广告、商品装潢、书刊封面及印刷挂历等。如前所举案例，天利时代公司擅自在海报、售票广告、灯箱广告等位置使用邓丽君肖像照片等行为，就侵犯了邓丽君的肖像权。又如，在鲁迅的儿子周海婴诉绍兴鲁迅外国语学校侵犯姓名权一案中，周海婴认为，该校未经原告许可以营利为目的擅自使用鲁迅姓名构成侵权；将"鲁迅"字样用于校舍台阶是对鲁迅的严重侮辱，使原告精神遭受伤害，故请求法院停止以"鲁迅"作为该校校名并立即撤换；被告公开登报向原告赔礼道歉，被告赔偿原告精神损失 5 万元。绍兴市中级人民法院一审判决被告绍兴鲁迅外国语学校将鲁迅姓名用于学校的命名属于正当行为，而该校将铸有"鲁迅"字样的金属条镶嵌在校舍的台阶上，侵害了原告周海婴的利益，应在《绍兴日报》上向原告赔礼道歉。周海婴不服，提起上诉，后原被告双方在法院的调解下达成和解，校方以人民币 50 万元买下冠名权（韩晓艳，2013）。

3）死者的名誉权

所谓"死者名誉"，是指人们对死者生前的道德品质、生活作风、工作能力等诸多方面的社会评价。关于死者是否享有名誉权，法律是否应对其进行保护，在我国经历了长期的实践和理论探索。在《中华人民共和国民法通则》中并没有涉及死者的人格利益保护的问题，但在实践中却不断发生对死者人格权保护的一系列问题，如天津市中级人民法院受理的陈秀琴诉魏锡林、《今晚报》社侵害名誉权纠纷案。根据该案情况，最高人民法院做出了保护死者名誉权的司法解释。之后，海灯法师的养子范应莲诉敬永祥侵害海灯法师名誉权案，最高人民法院也做出了保护海灯法师名誉权的回复。其后，《最高人民法院关于审理名誉权案件若干问题的解释》第五条规定，死者名誉权受到损害的，其近亲属有权向人民法院起诉。2001 年 3 月最高人民法院在《关于确定民事侵权精神损害赔偿责任若干问题的解释》中，又将范围从死者的名誉权扩大到死者的姓名、肖像、荣誉、隐私及死者遗体、遗骨等方面。在司法实践中，法院认为构成侵害死者名誉权也须同时符合四要件，否则不能认定为侵害名誉权。这四要件为：确有名誉被损害的事实、行为人行为违法、违法行为与损害后果之间有因果关系、行为人主观上有过错。

在我国司法实践中，对死者名誉权法律保护在以下几个方面存在争议：一是已故公众人物名誉权保护问题；二是若死者名誉权遭受损失，但死者无近亲属或其近亲属不提起诉讼时，享有诉权的主体应如何确定的问题；三是保护期限及其设定的问题。对第一个问题，笔者认为，公众人物死亡后，除为了国家和公共利益（如前所述的周海婴诉绍兴鲁迅外国语学校侵犯姓名权一案中，被告绍兴鲁迅外国语学校将鲁迅姓名用于学校的命名类似情形外），对死者名誉利益的商业化利用，必须经过其近亲属同意；未经同意就使用或超过许

---

[1] 佚名.女子假冒死者身份 18 次非法出境前往澳门赌博 http://news.sohu.com/20120612/n345418526.shtml.[2015-12-09].
[2] 北京房产纠纷律师.老太太冒充死者过户房产被查处 http://blog.sina.com.cn/s/blog_51bc2df60100x9it.html. [2015-12-09].

可范围的，该使用即为侵权，应当承担侵权责任。但死者近亲属全部都不在世时，则任何人都可以在不违反公序良俗的原则下使用该名誉利益。对第二个问题，笔者认为，应由人民检察院来担任原告，在司法实践中也已有人民检察院担任民事诉讼原告的先例。对第三个问题，笔者认为，不应对死者的名誉权保护设限，只要故意造成了死者名誉权损害事实的，其近亲属（若无近亲属，则人民检察院）可以提起诉讼。

4）死者的荣誉权

荣誉权是公民、法人对自己依法获得的荣誉称号所享有的不受侵犯剥夺的权利。公民的荣誉权是通过生前自己的努力而获得的，公民死亡后不可能通过努力而获得（有关组织可以追授）。如果死者生前曾获得过某种荣誉，在其死亡后这种权利将被永远受到法律的保护，他人不得侵犯。

与死者的名誉权相比较，在司法实践中，以侵犯死者荣誉权为由提起诉讼的案件并不多见。如前所述，根据我国相关司法解释，死者的荣誉权也是受到法律保护的；但在具体案件中，应严格区别死者个人荣誉与集体荣誉。例如，在轰动一时的中华人民共和国成立以来首例因编写《矿志》而造成的荣誉侵权案件中，二审法院做出终审判决：山东金岭铁矿1983年编纂《金岭铁矿志》（第一卷）时，未将1956年重工业部和全国总工会授予山东金岭铁矿（死者）边某某代表的深孔錾岩小组先进集体的荣誉称号编入《矿志》"大事记""光荣册"中，系工作中的失误，但金岭铁矿主观上既未非法剥夺边某某荣誉权，亦未诋毁其荣誉称号的故意。金岭铁矿在诉讼过程中均表示再版《金岭铁矿志》第一卷或编纂第二卷时予以补充。且该荣誉是集体荣誉，非系个人荣誉，故金岭铁矿不构成对边某某个人荣誉的侵权。

虽然在这场诉讼中，死者的遗孀辛某某及其家属最终未能够完全胜诉，但一、二审法院在判决书中，均表明了一种态度，即死者的荣誉权应受到法律的保护。从这个层面上说，此场诉讼的意义也就超出了这个案件的本身，也可以说具有了更深层次的意义。

2. 身份权

本书仅探讨死者身份权中的著作人身权，其他身份权暂不作进一步阐述。著作权包括财产权和人身权。死者享有的仅是人身权而非财产权，人身权中又主要涉及署名权、修改权、保护作品完整权和发表权等内容。根据2013年修订的《著作权法实施条例》，作者死亡后，其著作权中的署名权、修改权和保护作品完整权由作者的继承人或者受遗赠人保护。从这项规定可以看出，作者的署名权、修改权和保护作品完整权并不能被继承或被赠予，而只能是由作者的继承人或者受遗赠人来加以保护。

其中，关于已故作者的署名权，在司法实践中有三种情况值得商榷：一是并没有参与作品创作的已故作者的继承人，擅自在作品上加上自己的姓名。该继承人的行为当然属于侵权行为，问题是，由谁提起诉讼来对已故作者的署名权进行保护。二是已故作者在身前对作品没有署名或署假名，在作者死亡后，作品的使用者（如出版商）在作品上署上了作者真名，是否属于侵权？三是已故作者署名权被侵犯后是否适用赔礼道歉这一责任方式？对第一个问题，本书认为，根据《著作权法实施条例》第三十七条的规定，应由地方人民政府著作权行政管理部门或国务院著作权行政管理部门行使查处权。关于第二个问题，有学者认为，除非作者继承人、受遗赠人证明该改变署名的方式的行为违反了一般习惯或行业惯例，损害了其对作者享有的相关权益，否则只要使用者是善意的，就可以进行善意的改变。但本书对此有不同的看法，署名权应是已故作者享有的权利，其继承人和受遗赠人只是基于委托关系而对该项权利享有保护权。作者在世时对作品的署名已表明了其鲜明的态度和选择，世人应该尊重这种选择，尊重死者的这项权利。故即使是善意的，也不应改变已故作者原来的署名。对第三个问题，在司法实践中则存在不同的认识和做法。有的法院认为赔礼道歉的承担有着严格的适用条件，既不宜由他人代为履行也不宜由他人代为接受履行。当已故作者的署名权被侵犯时，判令被告向作者赔礼道歉已无现实可能，而作者继承人并不因此而遭受精神上的损失，故在此类案件中不适用赔礼道歉这一民事责任。但相对的是，有的法院在判决书中认为被告的行为侵犯了已故作者的署名权、修改权和保护作品完整权等权利，应向原告公开致歉以消除侵权影响[①]。

已故作者的修改权和保护作品完整权有部分重叠，都是保护作品不被歪曲和篡改，故在此仅讨论对已故作者保护作品完整权的保护。不管是生者还是死者的作品完整权，学界的争议主要集中在保护的范围（或称为保护的限度），只有划清了保护的范围，才能进一步认定哪些行为是侵权行为，应承担侵权责任。《中华人民共和国著作权法》第十条第四项规定："保护作品完整权，即保护作品不受歪曲、篡改的权利。"按照该条规定，保护作品完整权并非意味着不允许他人对作品作善意的修改和完善，而是这种修改和完善应不歪曲、篡改作者的原意，即作者的保护作品完整权应受到一定的限制。

《伯尔尼公约》要求作品完整权受损应以"有损作者声誉"为前提，而《中华人民共和国著作权法》及实施条例对此并没有做出明确的规定。对于"有损作者声誉"是否应为侵权构成要件，无论在理论界还是在司法实践中都存在较大分歧。有的法官在审理案件中将此作为损害要件之一，认为"对作品的使用没有对作者声誉造成影响"即不构成侵权。在张某与某杂志社侵害著作财产权纠纷案中，被告某杂志社在其杂志某文中使用了张某在另一期刊公开刊发的作品中创作的漫画，但删除了文字，并将彩色印刷改为黑白印刷。一审法院广州市某区人民法院经审理认为：某杂志社侵犯了张某的保护作品完整权、复制权、发行权和获得报酬权等权利。二审法院广州市中级人民法院经审理后则认为：某杂志社的使用并没有破坏张某该幅漫画本身的完整性。二审法院该认定的基础就是被告并未"有损作者声誉"（王维，2014）。在邓某某1等与邓某等侵犯著作权纠纷上诉案中，邓某等的父亲创作完成了戏剧作品《刘三姐》，邓某某1等对其进行了增删和调整。二审法院南宁市中级人民法院在审理中认为：邓某某在编辑时本着认真负责的态度，主观上没有对邓剧本进行歪曲、篡改的故意，客观上删掉的内容主要是邓某某2（笔者注：即本案邓某的父亲，戏剧作品《刘三姐》的作者）修改尚未完整的部分。这种增删尚未达到对作品内容、观点进行歪曲、篡改的程度，没有损害作者的声誉、人格利益，不符合侵犯作者完整权的法律特征，不构成侵犯邓某某2作品的完整权。由此可见，该院在审理类似案件时，同样是以"有损作者声誉"为其侵权的前提条件的[②]。

---

① 王露平等诉北京惠丰酒家侵犯作品署名权、修改权、保护作品完整权、复制权和获得报酬权纠纷案一审民事判决书（2005）一中民初字第 10244 号. http://www.110.com/panli/panli_115835.html.

② 广西壮族自治区高级人民法院.邓凡平等与邓奕等侵犯著作权纠纷上诉案. http://china.findlaw.cn/chanquan/zhuzuoquanfa/zzqal/20371.html#p1. [2011-01-22].

与此相应的是，有些法院在审理类似案件时，并未以"有损作者声誉"作为其判定被告侵权的前提条件。

在某晚报社与胡某某著作权侵权纠纷一案中，安徽省高级人民法院明确提出：判明是否侵犯保护作品的完整权，则应当从作品的创作背景、作品的内容等方面进行审查，即应当查明被控侵权作品在整体和细节上究竟是否为作者的陈述，其作品是否受到歪曲或篡改。但作者的声誉是否受损并不是保护作品完整权侵权成立的条件，作者的声誉是否受损仅是判断侵权情节轻重的因素。并据此判定某晚报社侵犯了胡某某作品的完整权和修改权[①]。

除了上述两种情况外，还有的法院将"保护作品完整"理解为"不得对作品作任何改变"并进行相应的判决。对这种做法，笔者认为是刻板地理解和适用法律条文，不仅不能保护死者作者的权利，而且将造成权利的滥用，不利于文化的进步和传承。

笔者倾向于安徽省高级人民法院的做法，即认为作品完整权和人格权是不同的保护对象，对作品完整权的侵犯并不一定造成作者声誉的影响，两者之间没有必然的联系。我们应以"是否改变原告的创作本意"作为是否侵犯作品完整权的判断标准。

根据《著作权法实施条例》第十七条规定，作者生前未发表的作品，如果作者未明确表示不发表，作者死亡后50年内，其发表权可由继承人或者受遗赠人行使；没有继承人又无人受遗赠的，由作品原件的所有人行使。该条对有继承人或有受遗赠人情况下的行使死者作品发表权的情形做出了规定，但问题是：当既没有继承人又没有受遗赠人时，应由谁来行使发表权（以及行使保护发表权不被侵犯的消极权利）？笔者认为，仍应由地方人民政府著作权行政管理部门或国务院著作权行政管理部门来行使这一权利，即在作者在生前没有明确表示不发表，在作者死亡后50年内（50年后则不需要任何人的批准和同意），其没有继承人、受遗赠人的情况下，他人拟发表死者作品的，需向地方著作权行政管理部门（文化遗产由国家著作权行政管理部门）申请，得到批准后即可使用（著作权行政管理部门当然可自主决定是否发表）。

（三）个人财产处分权

被继承人在自己生前以遗嘱的形式宣布对自己财产的处分，这种行为是单方面的行为，不需要得到继承人的同意。为了鼓励人们积极创造财富，《中华人民共和国继承法》确立了遗嘱自由原则，但该原则应受到必留份制度的限制。

我国继承法中有关必留份制度的条款有：《中华人民共和国继承法》第十九条；《最高人民法院关于贯彻执行〈中华人民共和国继承法〉若干问题的意见》第二十八、第三十七条；《继承法执行意见》第四十五条第一款等。从上述条款可见必留份的权利主体只有两类法定继承人：一类是既缺乏劳动能力又没有生活来源（两者皆备，缺一不可）；另一类是胎儿。

虽然我国继承法确定了必要的遗产份额，但在司法实践中，却存在诸多问题，主

---

① 安徽省高级人民法院.羊城晚报社与胡跃华著作权侵权纠纷一案. http://www.exam8.com/zige/sifa/law/200611/1360333.html.［2006-11-03］。

要集中在两个方面：一是有关必留款制度的法律条文太过原则，缺乏可操作性；二是必留款制度保护的对象过于狭窄，不能体现民法的公序良俗原则和男女平等原则。例如，《中华人民共和国继承法》第十九条规定："遗嘱应当对缺乏劳动能力又没有生活来源的继承人保留必要的遗产份额。"首先，该条文规定为"双缺"人保留必要的遗产份额，但何为"必要"，继承法及相关司法解释中却没有规定确定的比例，法官在诉讼中只能发挥自由裁量权，从而导致同类案件判决结果却差异很大。其次，在实践中，同时满足上述两个条件的法定继承人并不多，在遇到被继承人将遗产处分给无关的第三方或不留任何份额给自己的儿女时，法官将面临尊重被继承人遗嘱还是遵循民法基本原则的两难选择。例如，我国首例"二奶"起诉"原配"分遗产案。50多岁的黄某认识了33岁的张某，同居并育有一女。2001年4月，黄某去世前立下遗嘱，并经公证，愿将其所得住房补贴金、公积金、抚恤金和卖房款的一半等共计6万元的财产给张某。后黄某去世，张某向黄某的妻子蒋某索要黄的遗产时遭拒绝，张遂向法院起诉蒋。法院经审理后认为，黄某与张某在非法同居关系下所立遗嘱是一种违反公序良俗、破坏社会风气的违法行为，终审判决驳回了张的诉讼请求（李红海，2005）。同年，发生了"杭州百万遗产案"，法院却做出了不一样的判决。2000年初，杭州老人叶某某病逝后，根据其生前所立遗嘱，将其全部百万元遗产赠给曾照顾其10年的小保姆吴某某。叶某某女儿不服，擅自取走遗产，受遗赠人吴某某遂向法院提起诉讼，要求返还遗产。一审法院判决认定，遗嘱合法有效，全部遗产应归吴某某所有（许玥和翁强，2014）。

（四）遗体处理权、丧葬仪式决定权

在不违反国家法律规定的前提下，生者既可以以遗嘱的形式要求法定被继承人按照自己的意愿来处理遗体或举办丧葬仪式；也可与他人（自然人或法人）签订特别的合同，对自己的遗体或身后的丧葬仪式做出约定，这一合同的履行是以一方当事人的死亡为前提条件的，没有一方当事人的死亡，就不会执行这一合同。对于遗体的处理，生者享有的权利内容主要包括保证身体（遗体）完整权、器官移植权和火化土葬选择权。不管是对生前的身体还是遗体，权利人对其都享有自我决定权和知情权，这其中就包括器官移植。而在我国台湾地区发生的死后取精事件不仅引发了一场关于死后人工生殖的法律争议，而且引发了对死后取精是否违反相关规定的争议。笔者认为，因死者在生前并未明确其死后可取精生子，故死后取精行为实质是对遗体的破坏，是对死者知情权的侵犯（杨芳和姜柏生，2006）。

对于火化土葬，则应在我国法律规定的情况下，作出选择。如根据《殡葬管理条例（2012年修正本）》第四条规定："人口稠密、耕地较少、交通方便的地区，应当实行火葬；暂不具备条件实行火葬的地区，允许土葬。"死者生前处于允许土葬的地区，选择火葬的，应尊重死者生前的意愿；但死者生前处于应当火葬的地区，则无论其意愿如何，在其死亡后，只能对其遗体进行火葬。

第三节 遗体捐献权

一、遗体的界定

（一）"遗体"的定义

"遗体"在不同的领域其定义并不一致，如在人文领域，遗体是人死后的躯体，是祭奠逝者的载体；在医学上，遗体是无生命的人体组织，可用于移植和解剖的对象；在法律领域，遗体是因自然人失去生命特征而转化而来的躯体，但是这并不意味着所有失去生命特征的躯体都可以被认定为遗体或尸体（刘欢，2013）。例如，在《中华人民共和国刑法》中，"侮辱尸体罪"中界定"尸体"还包括已经成形的死胎、尸体的部分及成为其内容的物。有的学者认为，遗体不应包含腐烂的躯体或躯体部分器官。笔者认为，为更好地将遗体为人类利用，推动人类科学的进步，维护社会公共秩序和道德风俗，"遗体"应专指自然人死后的完整或较为完整的躯体，但不包括组织、内脏器官、尸骨、骨灰以及残肢等。

在遗体捐献的实践中，关于如何判定死胎、流产的胎儿和产后立即夭折的胎儿是否是遗体而适用于遗体捐赠，其实质是界定死胎、流产的胎儿和产后立即夭折的胎儿是否具有"人"的属性。目前，我国以及世界上多数国家和地区主要以胎儿在剪断脐带后，是否具有独立的自主呼吸来予以界定——如果具有自主呼吸，即可认定为"人"。流产的胎儿、死胎不具备自主呼吸，因此不能作为遗体对待，产后立即夭折的胎儿可以作为遗体。流产的胎儿、死胎中存在的如脐带血、角膜等可以利用的组织与器官成分应界定为母体的一部分，应遵照母体的意愿加于处置。

关于死亡的标准，我国法律目前采取综合标准说，即自发呼吸停止、心跳停止、瞳孔机能停止。生命只能死亡后才能用于医学、科研和器官移植，如果按照现行法律标准对死亡的界定，这无疑是遗体价值的巨大损失。神经细胞属高度分化细胞，细胞死亡后是不能再生的，脑神经系统作为维持人体生命活动的基础与控制中心，当这一系统死亡或陷于濒死状态后，是无法逆转的。因此，笔者认为，将脑死亡作为判定死亡的依据是可行的，并不违背传统伦理和医学常规，且可以更好地服务于医学、科研和器官移植。例如，2015年某医院曾接受一判定为因车祸致脑死亡20岁青年小杰（化名）的遗体，成功使4名严重器官衰竭的患者得到救治。

值得注意的是，在某些重大环境事故中身亡、中毒死亡、罹患恶性传染病或不明原因死亡的人，因其遗体处于特殊的病理状态，当属不宜捐献，否则可能产生不可预料的严重后果。我国《解剖尸体条例》亦对此做出了明确的规定。

（二）"遗体"是具有人格利益的特殊物

在古罗马法的基本理论中，人与物体是对立的。身体是物质载体，不属于事物的类别。许多学者提出了尸体应为失去生命的物体，人格权应随着生命的结束不再存在，破坏或毁灭。同时，也有学者认为，主体的死亡消失，并不能破坏其权利。有些人格权并不完全根植于人的生命中，不应随着人的死亡而被消灭，如隐私权、名誉权、荣誉权等（刘欢，2013）。自然人在生前特定的社会关系中，有自己独特的外貌和名誉，会长期定植于遗体上，其具有特定的人格利益。笔者同意后者的观点，即生命死亡后，其人格利益仍存在于遗体上，应当得到相应的法律保护，不能被剥夺。

国外大多数国家的法律都承认遗体是具有人格利益的特殊物，遗体是人格权利的延续。《法国民法典》第十六条规定遗体包括那些身体火化后的骨灰，应该受到尊重、尊严和体面的对待，其具有独立的人格权益。《匈牙利民法典》规定当死者名誉受到侵犯时，可以由死者的近亲属或死者遗嘱受益人进行起诉。《捷克民法典》第七条规定保护死者人格权的主体应专属于死者的配偶和子女，没有配偶和子女的则为其父母。

人格利益不能因为人死亡而消灭。遗体是包含人格利益的特殊物，任何人在其生活中已经形成了独有的姓名、性别及外貌特征，是具有独立名誉的人格利益，根植于躯体这一表现形式中。一个人一旦停止呼吸，该人格利益因长期存在于遗体中，作为其特有的表现形式，即遗体是存在过的人死后本人人格权的残存。因此，所有遗体均包含确定意义的人格利益，应当得到法律保护。遗体是具有人格利益的特殊物，任何对遗体的侮辱与损害，都是对死者人格利益的亵渎，也是对其近亲属、社会乃至人类尊严的损毁（王伯文，2007）。之所以世界各国法律都强调对遗体进行保护，更重要的是保护遗体包含的人格利益。

在我国司法实践中，"荷花女案"是一个不可回避的经典案例。其核心问题是"死者有无名誉权"以及"应如何保护死者的名誉权"。法院在判决时，充分肯定死者的名誉权，故可以印证笔者的观点：遗体是具有人格利益的特殊物，应当受到法律的保护。

二、我国遗体捐献的现状述评及相关立法的紧迫性

（一）我国遗体捐献的现状

1. 遗体捐献数量稀缺

在我国，由于受到传统观念的影响，许多人仍然抱有入土为安、死后全尸的思想，严重阻碍了医学事业的发展。据有关资料显示：我国约有 100 万尿毒症患者，每年新增 12 万人，每年约有 50 万患者需要肾移植，而每年全国可供移植的肾源仅有 4000 个。尿毒症患者中的多数人，或过早地离开了人世，或依然只能依靠透析来维持生命，在苦苦等待的期间，每月的治疗费用高达 7000~8000 元元。我国患角膜病的 500 万人中，有 400 万元可经角膜移植重见光明，但每年只有 700 个角膜供体，角膜数量远远不能满足实际的需要。还有，我国每年有 33000 多名白血病患者挣扎在死亡线上，对于他们中的大多数，骨髓移植是最有效的治疗方法之一，而其前提是在骨髓库中能找到与患者相匹配的血液配型，但我国目前唯一的中华骨髓库仅有 2000 人次自愿捐献的骨髓登记[①]。国外一些发达国家，遗体捐献是十分普遍的，如美国，现在的器官移植等待比为 4∶1，捐赠者死亡后，42%~69%

---

① 佚名．浅议人体器官买卖与捐赠的法律分析.https://wenku.baidu.com/view/c9b9218084868762caaed5cc.html．[2012-12-05]。

的家庭同意捐赠；但如果捐助者死亡之前曾登记愿意捐献器官，家属的同意率会上升到95%～100%。在日本，尤其是近30年，日本人对生命的观念发生了很大的变化，同意器官捐献的人数已达数十万，甚至有些部门不得不控制志愿者的人数。

2. 遗体捐献流程及管理不够完善

一般而言，对于有捐献意愿公民，其捐献流程应为：首先，应该和红十字会（或有接受捐赠资质的医学院校）取得联系，领取表格，提供本人免冠照片，并如实填写自己的姓名、地址和联系电话。除了本人签字外，还须同时征得子女的全部同意，方才能得到认可；没有子女的，须由其直系亲属或所在单位、社区出面签字才能生效。这样的流程无疑是非常复杂的，尤其是对一些老年人或患有严重疾病的患者，其自身行动本就受限制，这样的流程对其来说是非常烦琐的。此外，对于那些有愿意捐赠的公民，却要征得其家庭成员的同意，如果其家庭成员不同意，受理机构就不能按照死者的意愿实施遗体捐献行为。

在我国，目前能够接受遗体捐献的机构是很少的，仅有北京首都医科大学志愿捐赠遗体接收站、北京协和医科大学遗体捐赠站、四川华西医科大学附一院病理科等11家机构（或医学院校），而就是在这些机构中，其机制和设施也十分不健全。愿意捐献的民众，在克服自己各种心理障碍后选择遗体捐献时，看到遗体接受或相关主管单位（部门）的设施与管理的无序，自然是会打退堂鼓的。对于遗体捐献的接受机构，在公众愿意捐献的那一刻，就应该全面地帮助捐赠者实施计划，但事实却是大多数捐助机构没有一套完整的制度体系。死者死亡后，死者家属需办理诸多手续，如死亡证明、户口注销等，如果再增加一项烦琐的手续，无疑会打击捐献者的积极性。笔者认为，只要签订了遗体捐赠协议，协议就应当在捐赠者死亡后立即生效，这些烦琐的程序应直接由遗体捐献接收机构来处理。例如，张某某，22岁，因罹患白血病，病情危重，萌生了捐献遗体的想法，在致电湖北某市红十字会时，却被告知不提供上门服务。这样的管理本身就不合理。

在遗体捐献中，政策法规是制约遗体捐献的最重要因素之一。没有完善的政策法规，遗体捐献就无法步入正轨从而实现有序、有效发展。国家没有对遗体捐献进行详细的立法，使得一些有捐赠意愿的民众，心存很多顾虑而放弃捐献。同时，在许多情况下，医学院校或遗体捐献接收部门，不知道该如何接受民众遗体捐献。没有成文的政策法律法规依据，医学院校或遗体接收部门，就没有办法办理捐献手续，也就只能选择放弃，这无疑又是一笔损失。

令人欣慰的是，目前，我国正在积极筹备建立和完善中国自己独有的遗体捐献体系，这将是一个良好的开端。有了一个自己专属遗体捐献体系，也有了一个行业标准。现行的遗体捐献体系，不仅仅体现在体制机制不健全上，许多基础设施建设也有很多问题。例如，捐赠者的死亡告别仪式自然是必不可少的——人在死亡以后还能对社会做出贡献，是多么的高尚和伟大，同时还可以改变人们多少年来因循守旧的丧葬礼仪。然而，我们却很少拥有精美的告别室，虽然我们开始有了遗体告别仪式，但仍缺乏对死者应有的尊重。

（二）我国遗体捐献相关立法的紧迫性

2013年，新华社《瞭望东方周刊》曾报道过"尸体工厂"事件，震惊全国。在国家级技术和产业创新基地的大连高新技术园区内，一座投资近1500万美元的"尸体工厂"，利用我国法律的空白，4年来，将尸体标本贩卖到世界各地，牟取暴利[①]。"尸体工厂"的曝光，不仅给遗体捐献工作带来了极大的阴影，也同时反映了我国相关法律和行政管理的缺失。当以人的尸体和器官为原材料的生物塑化技术已经飞速发展的时候，我国的相关立法却滞后，相关法律的制定已迫在眉睫。

目前我国各地正陆续开展遗体捐献工作，但大多仍属于刚刚起步阶段，依然存在诸多不足。例如，遗体捐赠双方的权利和义务难以界定，遗体捐赠志愿者担心捐献后不能真正用于医疗教学、器官移植和病理解剖等领域而放弃捐献。医学院校也将面临这样的尴尬：有捐赠意愿的捐赠者在和接收单位签订协议后，并在公证处进行了公证，但其近亲属却又反悔。因为没有相应的法律规定，要解决这些问题是非常困难的。完善遗体捐献相关法律，使遗体捐献有法可依，已成为当务之急（梅子，2013）。

三、遗体捐献难以实施的对策

（一）规范捐赠程序，加快立法进程

虽然我国已经制定《人体器官移植条例》，但其位阶低，且主要是针对器官移植，而不是遗体捐献。北京、上海、天津、重庆、黑龙江、山东、江苏、沈阳、武汉、广州等地相继出台了遗体捐献的地方性法规，但内容仍不完善，可操作性不强。没有法律的保护已成为无法妥善处理遗体的一个重要因素，遗体捐献法的制定已迫在眉睫。遗体捐献相关立法的必要性主要体现在：首先，有利于规范捐献程序，增强人民信任度，可有效地缓解当前尸体资源短缺的现状；其次，民众参与立法，有利于遗体捐献宣传，通过立法让遗体捐献建立于民主科学的基础上。

落实遗体捐献管理、监督机制，明确遗体捐献登记程序。目前，民众存在对接收点的信任危机，我们应让接受遗体的使用、管理等细节问题更加透明，接受民众的监督。设立捐助信息机构，定期跟踪，了解遗体适用过程或被安置情况，并妥善安排使用适用完毕后处置遗体的相关事宜，并通知其家属。例如，家住某医科大学附近的张大妈在晨练经过一垃圾桶旁时，猛然发现垃圾桶有一支死人的手臂，遂报警，经证实为附近医学院学生在结束人体解剖课后，随意丢弃，环卫工人顺便扔在垃圾桶所致。这无疑是对遗体捐献者的亵渎，是不可容忍的。

（二）加大遗体捐赠的宣传教育

目前，遗体捐献的宣传，仅仅是红十字会或医学院校的自发行为，社会参与度不高。为让人们真正了解遗体捐献的真实状态，应规定遗体捐献登记处、接收单位负责遗体、器官捐献，这些单位有宣教的义务，宣传遗体捐献的价值和遗体捐献程序。提高遗体捐献的宣传力度，营造捐赠的社会氛围；加强遗体捐献部门的监督，建立遗体捐赠中心网络资源，合理有效地利用遗体，减少资源的浪费。

[①] 康劲. 暴利"尸体工厂"凸显法律和行政的尴尬[EB/OL]. http://www.xici.net/d18614298.htm. [2004-04-06].

（三）尊重遗体捐献及其家属的合理要求

明确接受部门责任，降低捐赠者的负担。从人性化的角度看，捐赠者及其近亲属既已同意遗体捐献，其遗体运送、保存就应移交给相关接受部门，在运输和保存途中产生的费用，应由遗体接受单位负责。而对于遗体适用后的处理，应充分体现对遗体的尊重。如果能单独收集处理的，收集起来，交由家属处置；如果无法分开处理的，在集体的火化后，应该设置专门纪念的公共场所，让每一个捐助者有一个良好的归宿，让捐赠者的家人知道他们的至亲始终都是被尊重的[①]。

四、遗体捐献主体的合法权利保护

（一）知情同意权

1.遗体捐献主体之知情同意权

知情同意即告诉对方知道后进而同意，包括知情和同意两个部分。知情同意原则是遗体捐献领域的核心原则。遗体捐赠主体的同意是在全面认知的基础上做出的选择，这个选择是其经过深思熟虑，充分了解遗体去向等诸多问题后做出的抉择。如果这里的同意是不知道的前提下的同意或者是没有完全理解的前提下的同意，就不是真正意义上的同意，是不符合遗体捐献规范的，是不合法的。

到目前为止，我国尚没有制定全国统一的《遗体捐献法》，遗体捐献主体利益仍然得不到合法保护。2006年3月，卫生部颁布的《人体器官移植技术临床应用管理暂行规定》要求捐献者必须经过书面同意，医疗机构才能将移植的器官用于临床实践。然而，这部规定仅仅是部门规章，具有很大的局限性，需要在可操作性和规范性上进一步完善，否则无法有效地保护遗体捐献主体的知情权。

一般情况下，遗体捐献主体的知情权应包括以下五个方面：一是遗体捐献的使用动向。捐献人将自己的捐献意愿告知捐献接受单位后，捐献单位应将遗体适用的范围告知对方，包括采取的实施方案、内容等。二是提议的实施方案在实施过程中可能发生的意外。三是其他可取代提议方案的试行方案。四是遗体适用结束后，遗体的去向。例如，统一单个收集，交由直系亲属处置。或统一集体收集，经火化后，由接受单位安置于特定的区域等。五是建议其采取何种实施方案及理由。

2.近亲属之知情同意权

遗体捐献在世界大多数国家及地区采用个人的知情同意，而忽略了近亲属的知情同意权。根据我国社会传统观念以及各地习俗，近亲属是与捐献志愿者关系最亲密的人，捐献志愿者的捐献意志其近亲属应最为了解，取得近亲属的知情同意合理、合情、合法。在《中华人民共和国侵权责任法》第五十五条规定近亲属有权决定是否在罹患疾病的亲属身上进行医疗措施的权利，以法律的形式明确了近亲属在自然人身上的权利。同时，在遗体捐献

[①] 佚名.瞿佳代表：从敬畏生命的层面立法破解遗体捐献难. http://health.people.com.cn/n/2015/0315/c14739-26694858.html . [2015-03-15]。

中，近亲属仍然有对遗体捐献志愿者遗体的处分权，该权利应得到充分尊重。《人体器官移植条例》第八条第二款明确规定，公民生前表示拒绝捐献意愿的，任何人不得捐献器官。生前未做出表示的，其近亲属可以做出捐献意愿的表示。由此，笔者认为，近亲属应享有充分的知情同意权。具体理由如下。

伦理方面。目前，我国遗体捐献仍然未被大多数人接受，立法应充分考虑和尊重民间习俗。传统上，一般是人在死亡以后由其近亲属料理其后事，死者近亲属尤其是晚辈料理后事必须符合当地的风俗习惯，否则将被认为是不孝、不敬。近年来，虽然越来越多的人认识到遗体捐献的重要价值，但仍有反对遗体捐献的声音。即使是开明的人同意捐献自己的遗体，也并不意味着法律必须强制死者亲人也必须是"豁达"和"公开"对抗当地丧葬习俗而捐献遗体。更重要的是，近亲属本身就拥有决定是否捐献遗体的权利。从另一个角度来看，在如此严肃的话题面前，一味地遵守生者的意见而忽视生者的意愿，也未能达到"良法"的要求（刘欢和张宏，2013）。

实施方面。例如，游某某1诉其女游某某2侵犯其妻遗体捐献权一案中，一审江苏省某市某区法院经审理后认为：因遗愿未到有关接收机关进行登记，捐献意愿无法执行，虽原被告之间的《家庭协议书》具有法律效力，但被告火化遗体并无不当之处，且在告知原告死亡事实和火化事宜后并未提出异议。法院据此驳回原告诉讼请求。原告不服，遂上诉。二审某市中级人民法院审理后认为：被告游某某1未与上诉人就遗体处理进行协商，也未就郑某某（笔者注：即游某某1的妻子，游某某2的母亲）遗体捐献一事进行过任何的尝试，系违背郑的遗愿而对遗体做出新的处分，系侵权行为。遂改判被上诉人游某某1对上诉人做出书面赔礼道歉，驳回上诉人的其他诉讼请求。一审与二审出现了完全相反的判决，其争议焦点实质上应当是被告是否享有对其近亲属（即死者郑某某）的遗体捐献与否的决定权。笔者认为，近亲属应享有遗体捐献决定权。如果死者近亲属反对，遗体捐献是无法实施的。遗体承载着亲属的寄托与哀思，死者的逝去必定会给生者以沉重的打击。强制执行取得的遗体，必定会有强烈的反抗，可能会导致预想不到的后果。在实际操作中，大多数接收机构也是耐心地安慰、劝说，让近亲属知情，取得近亲属同意才得以顺利接受遗体，也免去了后顾之忧。

"隐私权"是指自然人享有的私人生活与信息依法受到保护，不被他人非法侵扰、知悉、收集、利用和公开的一种基本人格权利。捐献志愿者也应享有法律保护。一方面，遗体捐献本身就属于私人行为，只要符合法律规定，公众无权对其捐献行为进行干涉；另一方面，由于我国目前还未形成广泛的社会公共意识，捐赠人、接受机构的活动往往会受到来自社会的各种不理解。例如，2000年，贵州毕节张某父亲去世后，按照父亲的遗愿，将父亲的遗体捐赠给了当地的捐献机构。然而这一举动却打乱了张某的生活，张某所在村的村民纷纷议论，有的指责其将遗体卖给医院赚取利益，有的指责其不孝。无奈之下张某只能举家搬迁，居无定所。我国《人体器官移植条例》第二十条第三款规定，"登一记机构、相关单位以及工作人员对登记事项应当保密，不得泄露"。有学者认为，保密性也应包括使用单位在内的其他可以得知捐献人信息的单位和个人，同时捐献人及其亲属的个人信息、医疗档案、病历等所有隐私信息也必须予以保密。笔者同意此观点。

（二）名誉权

"捐献者的名誉权"是指捐献者或其近亲属享有名誉维护，客观公正对其评价，使其在社会中得到应有的尊重。制约我国遗体捐献一个重要的原因即是捐献志愿者常常被他人冠之以"大不敬""不孝"而心生畏惧。人们对遗体捐献的评价是自由的，这本来是可以理解的，但如果别人恶意诽谤、甚至侮辱，造成捐献者或近亲属的严重精神损害，就于法理不容；同时，为减轻捐献者的后顾之忧，在今后的相关立法中，务必应涉及捐献者享有名誉权，不会因为遗体捐献而遭到社会之毁谤、侮辱（刘欢和张宏，2013）。

（三）荣誉权

遗体捐献是一种高尚的道德行为，遗体捐赠者及其近亲属应享有遗体捐献而获得荣誉利益。我国地方性立法中有如下做法：如苏州、武汉、山东等地的《遗体捐献条例》均规定为捐献者设立纪念标志物，且镌刻姓名，以发给荣誉证书等形式，褒奖其行为。遗体捐献者在捐献遗体以后应获得荣誉，不得因任何理由被剥夺或撤销。

（四）悔捐权

在我国现行法律体系中，并无悔捐权的概念。悔捐权与捐献撤销权有一定的相似之处，但其构成的法律要件并不一致。笔者认为，"遗体悔捐权"是指在完成相应法律法规认定程序后，遗体捐献人在履行捐献行为时，做出不愿捐献的意愿表示。其理论基础是捐献自愿的原则，捐赠者可以自由决定是否捐献遗体，任何人不得强迫，强制捐款的行为被视为无效。遗体捐献行为属自然人对自己身体的处分和支配，不同于赠予他人财物等行为，需完全在捐献自愿的原则下进行，这体现了对捐献人的尊重。

设立遗体捐献悔捐权，能充分保护捐献者的权利，其行使因遗体的捐献方式而有所区别，捐献志愿者本人只要口头表述加之两名以上的见证人即可，而近亲属在悔捐中，要多数家属同意，签订书面协议，并到登记部门予以撤销登记，方可执行。其目的主要是防止任意悔捐而损害公共利益。同时，发生如下情况，捐献志愿者或其近亲属有撤销捐献的权利：一是捐献遗体未按照捐献者本意使用；二是捐献者遗体未获得应有的尊重；三是接收方未按照捐献遗体使用规范合理使用遗体；四是接收方未及时报告遗体使用情况和处置结果。

第十章 尸体处置的法律制度

第一节 尸体处置概述

一、个体死亡的发生

人的一生经历出生、发育、生长、衰老和死亡等多个生命环节,而死亡则是人体在整个生命过程中的终结产物。

死亡,是指生命的消失,指个体生命功能的永久性停止。死亡发生后,机体各器官、系统功能永久性终止,其特征是脑、心、肺生命器官及其他组织器官的功能永久性丧失。死亡一旦发生,机体就丧失了人体所具有的体温、呼吸、脉搏、血压等生命体征。

死亡可以根据不同的观察角度进行分类(赵子琴,2009)。从传统的观念而言,死亡可以分为心性死亡和肺性死亡。随着现代医学的发展,又出现了现代的脑死亡概念。从死亡发生的部位,死亡可以分为躯体性死亡和细胞性死亡,前者又称整体死亡,后者又称分子死亡。从法医学的角度死亡分为暴力性死亡和自然性死亡,前者包括自杀死亡、他杀死亡和意外死亡,后者包括病理性死亡(疾病死)和生理性死亡(衰老死)。

在法律上,死亡分为生理死亡和宣告死亡两类。生理死亡是指心跳、呼吸及脑功能停止时被确定的死亡,而宣告死亡是指人民法院对下落不明满一定时期的公民经利害关系人的申请而对其做出宣告的死亡。

死亡一旦发生,立即面临着死亡管理与尸体处置问题。死亡管理,指的是死亡问题的管理,它包含了死亡认定和尸体处置等方面的问题。死亡认定的内涵,包括死亡判定标准、死亡判定主体、死亡判定程序和死亡登记制度等。尸体处置的内涵,包括尸体权属、尸体解剖、尸体处理和殡葬管理等。随着社会的不断发展和法律的不断完善,尸体处置制度中又增加了器官(遗体)捐献、死亡赔偿等多种内涵。

二、尸体处置的内涵

(一)尸体权属

死者亲属及国家对于死者的尸体具有处置权。死者亲属具有对死者遗体或者骨灰进行处置的权利和义务。亲属对死者尸体的处置权限于对尸体的保护或利用，同时应承担起对尸体的安葬义务。此外，死者亲属具有尸体被侵害时获得民事赔偿的权利。一般情况下，死者的近亲属对其尸体的处置权优于国家。当涉及刑事案件或公共利益时，国家对尸体的处置权则优于死者亲属。

尸体是自然人死后身体的变化物，是具有人格利益、包含社会伦理道德因素、具有特定价值的特殊物。死者的近亲属作为所有权人，对尸体享有所有权。这种所有权的性质为准所有权，与一般的所有权有所不同。对于这样的特殊物，法律应当设置特殊的权利行使和保护的规则（杨立新和曹艳春，2005）。

（二）尸体处理

尸体处理的内容，包括尸体运送、尸体存放、尸体防腐、尸体整容、尸体火化、尸体处理人员资质等，其中一个重要的内容是尸体解剖。

一般情况下，在完成死亡认定、确定死因并出具死亡证明书后，应当对尸体进行妥善处理。针对不同情形，可以采取相应的处理方式。出具死亡证明书后，死者家属或有关单位应在规定时间内通知殡葬管理部门，由殡葬管理部门进行收运、暂存、火化、安葬。

当有特殊情况时，尸体处理可有特殊的情况。例如，允许土葬的地方可按照当地政策对尸体进行土葬处理；有民族风俗的少数民族的尸体，可由民政部门会同民族宗教部门按有关民族政策处理；涉外、涉港澳台的尸体，则由民政部门会同外事、对台等部门按有关政策处理。

无名尸体，在出具死亡证明书后，公安机关应发布公告，以便死者家属认领；如果超过公告期限无人认领，公安机关在取得能够确认遗传信息的检材后可以依法处理，并妥善存放处理后的骨灰，以便死者家属前来认领。

高度腐败或传染病尸体，有关单位在对现场勘查完毕、提取必要的生物检材、明确死因后，确定无保存必要的，应交予殡葬管理部门及时火化，并将具体情况通知死者家属。

死者生前有器官捐献意愿或死后家属同意捐献的，在出具死亡证明书后，器官授受单位可手术摘取相应器官。手术后，将尸体移交死者家属或有关单位，死者家属或有关单位通知殡葬管理部门，由殡葬管理部门进行收运、暂存、火化、安葬（有民族习俗和允许土葬的地方例外）。

对于死者生前有遗体捐献意愿或死后家属同意捐献的，在出具死亡证明书后，由省级人体器官捐献办公室协助联系遗体接收。不符合遗体接收条件的捐献者，由所在医疗机构将其遗体移交其家属，并由省级人体器官捐献办公室协助处理善后事宜。对于重大突发事件的尸体处理，参照无名尸体处理。

对死因不明的尸体，必须进行尸体解剖。尸体解剖通常由专门的病理医师或法医专业技术人员进行。尸体解剖目的，是查明死亡原因和死亡方式，提高临床医疗水平；及时发现传染病和任何可能存在的其他疾病或创伤；为科研和教学积累资料和标本。应当确保尸体解剖活动有序进行，制定有关尸体检验各方权利义务及共同遵守的规则、步骤、方法。

随着医疗科研水平的不断发展，器官（遗体）捐献成为尸体处理环节中的一个重要内容。器官（遗体）捐献坚持自愿、无偿原则。捐献的器官（遗体）只能用以治病救人、医学研究和医学教学，禁止他用。

（三）殡葬管理

殡葬事务必须遵循一定的管理原则，即殡葬管理原则。殡葬管理原则包括殡葬设施标准原则、国家殡葬监管原则、体面殡葬亡人原则、公序良俗原则、公共利益原则及环境保护原则等。尸体的运送、整容、防腐、火化等，由殡仪馆负责承办，其他任何单位和个人不得从事经营性殡葬服务业务。基于公共利益原则，应规范殡葬服务价格，包括尸体运输、尸体整容、尸体火化、骨灰瓮与墓地的价格，以及殡葬服务者的资格条件。

三、尸体处置现状对公共安全的危害

（一）医疗资源的巨大浪费

死亡认定相关法律法规的匮乏，造成了医疗资源的巨大浪费。一是对死亡原因有争议的，不能通过临床病理尸体解剖查明病因提高医疗水平，而是用经济补偿的方式化解医患双方争议造成的经济损失。二是对脑死亡的患者，对那些没有自主生命活动、仅靠机械设备维持生命的个体，因不能进行个体死亡的报告，不能有效地终止医疗抢救而一味盲目进行"抢救"，从而消耗巨大的医疗资源。

（二）尸体处置的经济损失

有学者通过对公安机关和殡葬机构的调查发现，一年以上未处理的尸体占到43.0%，最长的尸体保存竟达15年之久。按照现有的行政区划推算，中国有2856个县级行政区划单位，若以调研单位长期存放尸体的平均数计算，则每年尸体处置费用造成的经济损失达到了1亿元以上。因此，尸体处置造成的经济损失不容忽视。

（三）尸体处置的生态破坏

目前现有的尸体处置现状，对生态环境造成了严重危害。通过学术调研发现，殡仪馆大都使用煤油火化尸体，并且在殡葬活动中焚烧大量随葬品，焚烧产物严重污染自然环境。殡仪馆大多数经营安葬骨灰的墓地，每个墓穴为1平方米左右的水泥结构。骨灰安葬不仅占用大量的土地，而且使土地不可复垦，对环境资源影响巨大。

四、我国尸体处置的研究进展

我国是人口大国，每年死亡人数平均达820万人。长期以来，我国普遍存在着"重生轻死"的问题。在人的出生、养育等方面，我国政府管理部门颁布了相对完善的法律制度。与之相比，我国在人的死亡管理方面则缺乏相应的法律法规，譬如在死亡认定标准和尸体处置方法等方面均存在诸多问题，使死亡问题成为影响社会和谐稳定的重要因素。完善死亡管理规范，制定死亡管理制度，是保障我国公民权利、加快法治化进程所面临的一项重要课题。

当前由于我国死亡认定制度和尸体处置制度的不健全，以及由之所致种种危害的存在，我国相关部门开始在全国广泛调查的基础上，着手死亡立法的相关工作。鉴于目前的尸体处置现状，中国工程院于 2012 年启动了我国人体死亡认定、尸体处置现状对公共安全的危害及对策研究的咨询项目，成立了由我国医药卫生学部刘耀院士担任组长、17 位院士和 20 多位专家组成的项目研究组。该项目研究组主要通过问卷调查和统计学分析方法对我国人体死亡认定及尸体处置现状问题进行系统研究，在查阅国内外人体死亡认定、尸体处置相关文献资料的基础上，对全国 31 个省、自治区及直辖市的医院、学校、基层社会组织（居委会、村委会）及殡仪馆等单位进行系统调研。通过调查统计，将回收的全国 3726 份调查问卷制作成 EpiData 数据库文件，采用 SPSS 软件进行综合分析，从而揭示出我国人体死亡认定、尸体处置存在的问题及社会危害。2015 年 7 月，我国学者完成了"我国人体死亡认定、尸体处置现状对公共安全的危害及对策的研究"课题。

目前我国人体死亡认定和尸体处置存在的问题主要有以下方面。第一，缺乏死亡认定标准及医学操作规范。我国人体死亡认定没有明确的标准，在执行死亡认定的操作方面也没有技术规范或操作指南。在国内医院被认定死亡的个体，到殡仪馆后发现个体没有死亡的情况并不罕见。第二，缺乏死亡认定管理法规和制度。我国人体死亡认定管理混乱，有死因争议的尸体有死亡认定不规范的情况，而且缺少对死亡认定人员的管理监督制度。第三，缺乏尸体处置法律法规。我国目前没有太多尸体解剖及人体防腐、组织保存、包装、运输、火化、埋葬等方面的相关规定，缺乏有争议尸体的处置、个体死亡信息的发布等尸体处置相关的法律法规，导致一些与尸体有关的事件无法得到有效处置。第四，缺乏尸体器官移植的规范引导。我国每年需要器官移植的患者超过 150 万人，其中 99%的人都在痛苦的等待中死去，只有约 1 万人能够得到供体。在世界发达国家，因交通事故死亡的尸体是器官移植的主要来源，我国目前在交通事故中死亡或因意外事件死亡的尸体因相关法律法规的匮乏而未得到有效的利用，无法缓解我国器官移植中的供需矛盾。

第二节　我国尸体处置的法律制度

一、无人认领尸体处置的法律制度

（一）无人认领尸体的概念

无人认领尸体是指所发现的姓名不详、身份不明的尸体，或者是姓名、身份清楚，但家属或单位在冷藏保存满 15 天后仍不到殡仪馆办理手续的尸体。从概念上来说，认定为无人认领尸体必须满足以上两个条件中的一个条件。

（二）无人认领尸体处置的相关法律法规

1. 法律法规

我国在无人认领尸体处置问题上并未出台相关的法律，只有地方政府为了有效管理和妥善处置该类尸体，根据《殡葬管理条例》和地方殡葬管理规定并结合本地的实际情况，制定了相应的管理办法。我国现行比较早的是广州市制定的《无人认领尸体处理办法》，其中共有 16 条，分别规定了无人认领尸体的概念、医院内外尸体的处理程序、需要出具的相关证明、防腐时限、公告时间、非正常死亡的无人认领尸体处理、无须公告殡仪馆可处理尸体的情况、火化后骨灰的保留期限、少数民族和涉外尸体的处理、经费核拨以及相关部门或工作人员的违法究责等内容。与此相类似的处理规定，还有《襄阳市区无人认领尸体处理暂行办法》《钦州市无人认领尸体处理暂行办法》《珠海市处理无人认领尸体管理办法》《麻江县无人认领尸体暂行处理办法》《乌鲁木齐市无人认领尸体管理暂行办法》等。这些各地方暂行办法条款基本相同，只有少数条款根据当地的具体情况稍有不同。

2. 其他法律法规中的部分条款

无人认领尸体处置的专门性规定除了上述的地方暂行办法，还在不同法律法规中出现了部分规范性条款。

1）《殡葬管理条例》第十三条规定，"遗体处理必须遵守下列规定：（一）运输遗体必须进行必要的技术处理，确保卫生，防止污染环境；（二）火化遗体必须凭公安机关或者国务院卫生行政部门规定的医疗机构出具的死亡证明"。

2）《交通事故处理程序规定》第四十一条规定，"对未知名尸体，由法医提取人身识别检材，并对尸体拍照、采集相关信息后，由公安机关交通管理部门填写未知名尸体信息登记表，并在设区市级以上报纸刊登认尸启事。登报后三十日仍无人认领的，由县级以上公安机关负责人或者上一级公安机关交通管理部门负责人批准处理尸体"。

3）《四川省殡葬事务管理办法》第十三条规定，"无名尸体在公安机关向社会公告后 30 日内仍无人认领的，殡仪馆（火葬场）向公安机关备案后，可以火化。火化后的骨灰，30 日内无人认领的，由殡仪馆（火葬场）进行处理"。

4）《乌鲁木齐市城市生活无着的流浪乞讨人员、危重病人医疗救助及无名尸体处理工作实施意见》中关于无名尸体处理程序的规定，"第一，对无名尸体，由当地公安部门进行勘查，通知市殡葬服务中心接运、保存尸体，同时填写《无名尸体接运单》；市殡葬服务中心凭《无名尸体接运单》及时接运、保存无名尸体，并通知发现地区（县）民政局，于 3 日内（特殊情况可适当延长）到市殡葬服务中心对无名尸体进行核实认定。公安部门应在一月内对死者身份进行核实，卫生、民政部门应协助配合；对已核实身份的无名尸体，由公安部门负责通知死者亲属认领，超过 3 个月不来认领，视为无人认领；对保存 3 个月无人认领的无名尸体，由市殡葬服务中心书面通知无名尸体发现地公安部门，公安部门应根据通知要求及时出具《无名尸体处置通知单》，并及时将《无名尸体处置通知单》送达无名尸体发现地民政部门，民政部门收到《无名尸体处置通知单》后，应及时出具《无名尸体处理通知单》，并于 3 日内送达市殡葬服务中心和市民政局。市殡葬服务中心根据《无名尸体处理通知单》对无名尸体火化或土葬（穆斯林尸体）；对无法确认民族的无名尸体，按穆斯林尸体处置。第二，涉及刑事案件的无名尸体，由市公安局管辖区分局或刑科所进行检验鉴定，并出具检查报告。其间尸体由市公安局刑科所解剖室保存1个月，超过1个月仍无法核实身份或无人认领的，公安机关需确认已采集无名尸体指纹及DNA样本保存后，由公安机关通知市殡葬服务中心运送、保存，保存期满2个月无人认领的，按照本实施意见规定处理"。

（三）我国无人认领尸体处置的基本程序

我国无人认领尸体处置的基本程序，主要按照以下的程序和步骤进行（图10-1）。

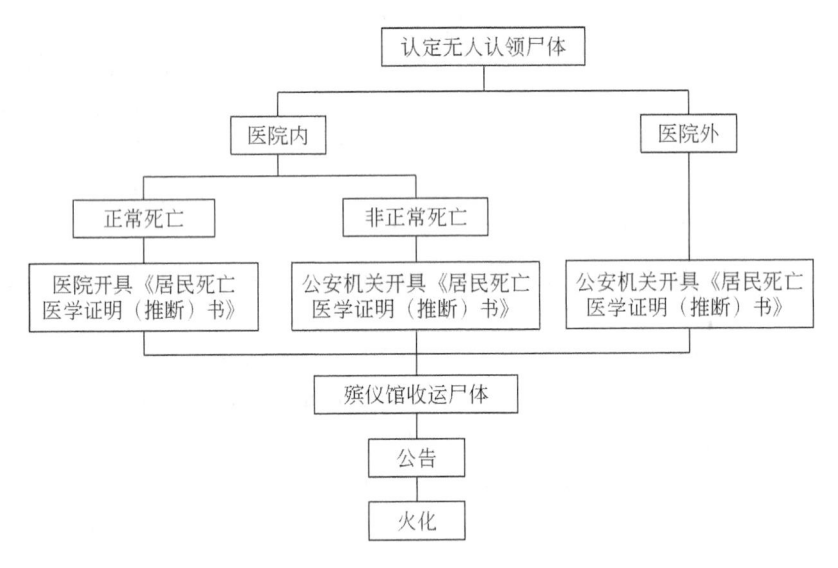

图 10-1 我国无人认领尸体处置的基本程序

（四）我国无人认领尸体处置的法律制度的现状和问题

现行的规范只限于地方出台的暂行处理办法，法律约束力较弱。各个地区政府根据本地的实际情况，参照《殡葬处理条例》制定了相应的《无人认领尸体处理办法》，其办法的制定部门大部分是政府，其法律属性是地方性的政府规章，其效力等级低，法律约束力较弱。

制定部门等级差别大，法律制度缺乏系统性。例如，前面提到的《广州市无人认领尸体处理暂行办法》《钦州市无人认领尸体处理暂行办法》《麻江县无人认领尸体暂行处理办法》三个处理办法，广州属于副省级城市、钦州属于地级市，而麻江仅是一个县级，三个不同行政级别的地区制定并出台了同一个处理办法，不利于无人认领尸体处理的法制管理和建设。

各地方《无人认领尸体处理办法》条款规定不一致，缺乏一定的公信力。虽然办法都有相同的法律依据（《殡葬处理条例》），且大部分条款相同，但少部分差异的条款或者增减的条款都存在很大的实质上争议。例如在关于公告的时限规定上，就存在很大差别。例如，《广州市无人认领尸体处理办法》第八条规定，"无人认领尸体由民政部门在本部门公众服务网和殡仪馆公告栏进行公告,自公告之日起 60 天内仍无人认领的,殡仪馆可以对尸体进行处理",以及第十一条规定,"无人认领尸体火化后,自火化之日起骨灰保留 3 个月,在骨灰保留期间如有家属、单位认领的,殡殓处理费由认领者负责"。

《钦州市无人认领尸体处理暂行办法》并未对公告之日做出具体规定,并且第十条的规定"无人认领尸体火化后,骨灰依法保存 6 个月",也与广州市的办法规定不一致。《襄阳市区无人认领尸体处理暂行办法》中规定,"无人认领尸体自发现之日起在民政部门官方网站公告;15 日后仍无人认领的,先由公安部门确认,然后由殡仪馆对尸体进行火化;公告期间,尸体由殡仪馆保存;无人认领尸体火化后,骨灰保留 3 年"。

《四川省殡葬事务管理办法》对公告时限和骨灰的保存时间规定是,"无名尸体在公安机关向社会公告后 30 日内仍无人认领的,殡仪馆(火葬场)向公安机关备案后,可以火化;火化后的骨灰,30 日内无人认领的,由殡仪馆(火葬场)进行处理"。从以上条款可以看出,我国各地无人认领尸体的公告时间不尽相同,分别有 15 日、30 日或者 60 日,有的办法中甚至没有明确的时间限制,而对骨灰的保存期限也从 3 个月到 6 个月再到 3 年的时间不等。笔者认为,法律规定在一定层面上要具有同一性,特别是在处理办法中如果各地方规定差异较大,其法律的公信力就会减弱,相关的指导作用和执行力也会随之降低。

二、尸体运输管理的法律制度

(一)尸体运输的概念

尸体运输,是指尸体的市内运输、本地运往外地、外地运入本地、国内运往境外、境外运入国内。尸体运输只能由各市的殡仪馆或者中国殡葬协会国际运尸网络服务中心承办,其他任何部门(包括外国人在中国设立的保险或代理机构),均不得擅自承揽此项业务。

(二)尸体运输管理的相关法律法规

1. 《关于尸体运输管理的若干规定》[民事发(1993)2]

该规定由民政部、公安部、外交部、铁道部、交通运输部、卫生部、海关总署、民用航空局联合规定并发文,旨在完善殡葬法规,加强殡葬管理。该项规定的条款涉及了国际尸体运输、火葬实施地区或土葬改革地区的尸体运输和异地死亡者尸体运输,涉及外国人、海外华侨、港澳台同胞尸体运输以及相关各部门的协助职责等内容。

2. 《民政部关于国际间尸体运输有关问题的通知》

在《关于尸体运输管理的若干规定》的基础上,我国民政部门对国际间的尸体运输做了进一步的规定。该通知有三个条款,包括中国殡葬协会国际运尸网络服务中心的成立及分管范围,规定国际间的所有运尸业务均由中国殡葬协会国际运尸网络服务中心的四个办事处负责承办以及运尸的价格问题。

3. 《关于遗体运输入出境事宜有关问题的通知》

为进一步贯彻落实《关于尸体运输管理的若干规定》,切实做好涉外殡仪服务工作,加强国际间遗体运输管理,该规定主要针对国际运尸业务中《尸体、棺柩、骸骨、骨灰入、出境许可证》的申报手续及有关申报材料的内容和式样,做出了具体的规定。

4.《上海市尸体运输管理办法（试行）》

上海市根据以上的相关规定和通知并结合本地实际情况,对尸体运输的管理规定进行了细化,其内容主要包括尸体运输的目的和依据、适用范围、主管部门、配合部门、承运和承办机构、本市居民的尸体运输和外省市居民的尸体运输,以及华侨,香港、澳门、台湾同胞,外国人的尸体运输、境外内运、严禁外运和尸体出入境等。此办法在《关于尸体运输管理的若干规定》的基础上,还增加了对尸体运输车辆以及高腐尸体和传染病尸体的运输规定。

5.《大连市关于尸体运输管理的若干规定》

大连市对于尸体运输管理的规定也有自己的改革创新之处,主要体现在对尸体运输车辆的相关规范。例如,"运尸车辆应悬挂省民政厅统一制作的殡仪车牌","对偏远山区殡仪馆车辆不能按时接尸的,由县级殡葬管理部门明确划定地域,报请市民政局批准,可由其他车辆运输"。

（三）尸体运输的基本程序

我国尸体运输的基本程序,主要按照以下的程序和步骤进行（图10-2）。

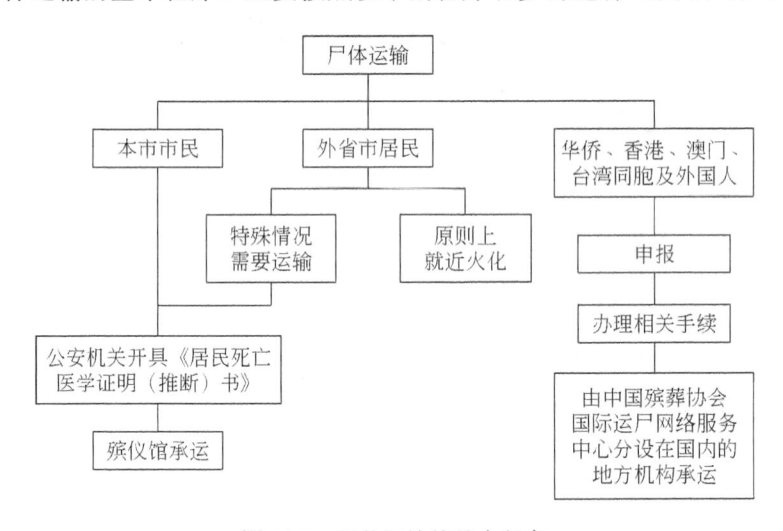

图 10-2 尸体运输的基本程序

（四）我国尸体运输管理法律制度的现状及问题

1.《关于尸体运输管理的若干规定》中并未涉及对尸体运输工具规范的相关规定

《关于尸体运输管理的若干规定》中并未涉及对尸体运输工具规范的相关规定。尸体运输大多数情况下都需要借助运输工具来实现,运输可分为海运、陆运和空运,其中不同运输方式所承载的运输工具也不尽相同,有轮船、飞机、汽车等。在《关于尸体运输管理的若干规定》中,并未对运输工具的标准和要求进行具体的规范,只有在第三条条款提到

"殡仪馆专用车辆"几个字:"凡属异地死亡者,其尸体原则上就地、就近尽快处理。如有特殊情况确需运往其他地方的,死者家属要向县以上殡葬管理部门提出申请,经同意并出具证明后,由殡仪馆专用车辆运送"。

只有像上述提到的《上海市尸体运输管理办法(试行)》及《大连市关于尸体运输管理的若干规定》这样的地方性规章制度,对尸体运输工具有了宽泛的规范条款。《上海市尸体运输管理办法(试行)》第六条规定,"本市市民死亡后,其家属凭公安部门开具的《居民死亡殡葬证》到殡仪馆办理运尸手续,市区接运尸体须用殡殓专用车;郊县自送尸体的,殡仪馆火葬场须对其运载工具进行消毒,应努力创造条件,提高郊县殡殓专用车的接尸率"。

《大连市关于尸体运输管理的若干规定》第二条规定,"尸体运输一律由殡仪馆承办,其他任何单位和个人不得擅自运输;运尸车辆应悬挂省民政厅统一制作的殡仪车牌";第三条规定,"运输尸体,一律使用经市殡葬管理部门批准生产的专用卫生纸棺封闭进行";第四条规定,"对偏远山区殡仪馆车辆不能按时接尸的,由县级殡葬管理部门明确划定地域,报请市民政局批准,可由其他车辆运输"。上述这些条款虽然对《关于尸体运输管理的若干规定》中运输工具相关的空白条款进行了补充,但都显得相对浅显,没有太大的实践操作规范作用,同时也缺少运输工具的资质认定、归口管理、登记制度、规格要求、技术指标等内容。上述问题的存在,必将导致遗体运营车辆管理混乱的问题。

2. 法律规定中缺乏尸体运输过程中的防腐及消毒操作规范

我国法律规定中缺乏尸体运输过程中的防腐及消毒操作规范。尸体运输按路途长远可分为市内运输,国内运输、国际运输,市内运输因为路程较短,尸体一般不会发生严重的腐败现象,但异地运输或者国际运输,其在路途上所耗时间长,且区域间温度、湿度差异大,很容易造成尸体的腐败现象。尸体的完好性无论对于医疗机构、科研单位还是个人,都具有非常重要的价值作用,所以尸体的防腐和消毒措施是整个运输过程中的重要的工作。但在相应的规章制度中,并未涉及防腐、消毒具体的规定条款和处理规范,使运输过程中尸体的防腐、消毒处置没有相应的法律法规或者操作规范来指导和参照。

3. 我国相关法律法规没有对运输过程中尸体损坏进行归责

我国相关法律法规没有对运输过程中尸体损坏进行归责。尸体在运输过程中不免遭到意外情况的发生导致尸体损坏,这里暂且不论尸体的物权属性或是尸体运输行为是否是一个契约行为,但因为意外导致的尸体损害结果应该如何处置在上述的法律法规中得不到有效的解释,其中处置包括归责、处罚和赔偿。

三、尸体出入境管理的法律制度

(一)尸体出入境的内涵

尸体出入境指的就是尸体的出境和入境,具体而言就是尸体因遗体殡葬或医疗科研的需要,经批准从本国出境进入其他国家地区,或者从其他国家或地区返回本国境内。尸体的出入境管理是指国家主管机关依据法律法规,对尸体的出入境事务行使管辖权的一种法律行为。随着我国对外开放以及国际交往的日益扩大,来华经商、旅游的人越来越多,在我国境内因各种原因死亡，遗体需出境的情况增多，海外华人遗体、骸骨回国安置的数量呈现逐年上升的趋势。近年来，国际空难、沉船、战争等突发灾难事件也时有发生，尸体的出入境管理也日趋频繁和重要。

（二）尸体出入境管理的相关法律法规

1.《尸体出入境和尸体处理的管理规定》（2006年第47号令）

该规定对尸体出入境及尸体的处理做出了针对性的和较为具体的规定。条款中把尸体出入境分为两种情况，一种是因遗体殡葬需要，二是因医学科研需要。其他尸体，一律不得由境内运出或者由境外运进。该规定还明确了两种不同的出入境所参照的法律法规和申请程序，以及出入境检验检疫机构和海关的职责范围。

2. 规范其具体行为的法律法规

（1）需要入境或者出境对遗体进行殡葬的，应当按照《关于尸体运输管理的若干规定》和《关于遗体运输入出境事宜有关问题的通知》以及国家其他有关规定，向民政部门、海关、出入境检验检疫机构办理有关殡葬和出入境手续。

（2）因医学科研需要，由境内运出或者由境外运进尸体，应当按照《人类遗传资源管理暂行办法》和《关于加强医用特殊物品出入境卫生检疫管理的通知》的规定，办理相关审批手续。

3. 其他法律法规

尸体的出入境管理还需要参照以下法律法规的规定，如《中华人民共和国国境卫生检疫法》《中华人民共和国海关法》《实施中华人民共和国国境口岸卫生监督办法的若干规定》《关于对尸体、棺柩和骨灰进出境管理问题的通知》等。

（三）尸体出入境的基本程序

尸体的出入境，主要按照以下的程序和步骤进行（图10-3）。

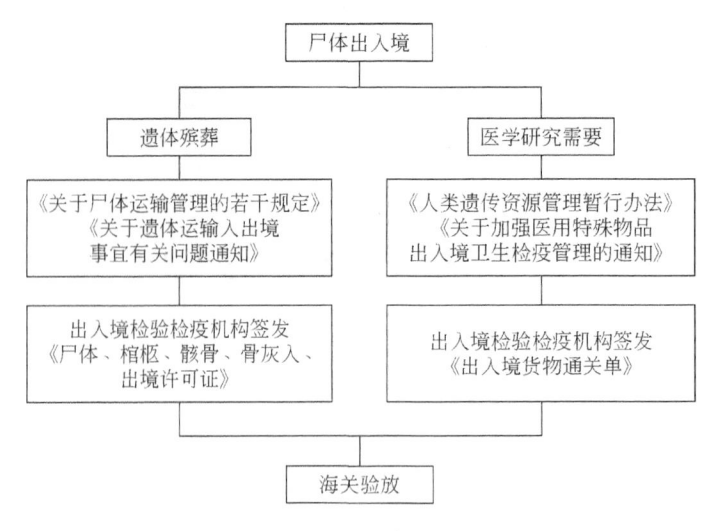

图10-3 尸体出入境的基本程序

四、交通事故死亡尸体处置的法律制度

（一）交通事故尸体处置的内涵

交通事故死亡尸体，顾名思义就是在交通事故中丧失生命的遗体。据统计，中国于2015年在交通事故中死亡的人数为9万人，占总死亡人数比例为1.5%，大大高于其他国家的交通事故致死率。面对如此庞大的交通事故死亡数据，处理处置是交通事故处理中不可忽视的一项工作，它关系到安抚死者亲属、正确处理交通事故和稳定社会秩序。交通事故尸体处置是一项政策性很强的工作，必须依照有关的法律、法规和政策的规定，认真妥善地处理。一般交通事故死亡尸体处置，应该注意三个主要问题。

交通事故尸体处置首先应注意的问题，是尸体处置的程序。交通事故的处置程序是先勘查现场，再进行火化尸体和善后处理。交通事故的现场勘查和调查工作，与善后处理相比是两个不同阶段的工作。前者是为了查清事实，弄清原因，分清责任；后者是根据"以责论处"的原则，确定各方当事人对事故所造成的损失应承担的补偿义务。

交通事故尸体处置其次应注意的问题，是尸体处置的期限。原则上，因交通事故死亡的尸体，当查清死亡原因之后，死者的亲属及死者所在单位会及时予以火化。但在实践中，有的家属却不这样做，使尸体处理的问题一拖再拖。为了改变这种情况，有关交通事故处理办法规定，"公安机关对交通事故的尸体进行检验或者鉴定后，应当通知死者家属在十日内办理丧葬事宜。逾期不办理的，经县以上公安机关负责人批准，尸体由公安机关处理，逾期存放尸体的费用由死者家属承担"。

交通事故尸体处置最后应注意的问题，是尸体处置的方法。根据国家有关行政法规的规定，凡有条件的地区尸体一律火化处理，对交通事故尸体的处置当然也不例外。当然，对少数民族死者的尸体处置，应尊重当地民族的风俗习惯。

（二）交通事故死亡尸体处置的相关法律法规

1.《道路交通事故处理程序规定》

《道路交通事故处理程序规定》涉及尸体处置的条款，有第二十二条、第三十七条、第四十条以及第四十一条，这些条款的内容包括尸体的存放、需要检验鉴定尸体的程序、需要解剖尸体的相关规定以及尸体的处理方法。

2.《道路交通事故社会救助基金管理试行办法》

《道路交通事故社会救助基金管理试行办法》第十七条规定，"发生本办法第十二条所列情形之一需要救助基金垫付丧葬费用的，由受害人亲属凭处理该道路交通事故的公安机关交通管理部门出具的《尸体处理通知书》和本人身份证明向救助基金管理机构提出书面垫付申请。对无主或者无法确认身份的遗体，由公安部门按照有关规定处理"。

3.《司法鉴定程序通则》

《司法鉴定程序通则》规定，"对需要进行尸体解剖的，应当通知委托人或者死者的近亲属或者监护人到场见证"。

4.《司法鉴定执业分类规定（试行）》

《司法鉴定执业分类规定（试行）》对法医病理鉴定进行了具体阐述，即运用法医病理学的理论和技术，通过尸体外表检查、尸体解剖检验、组织切片观察、毒物分析和书证审查等，对涉及与法律有关的医学问题进行鉴定或推断。法医病理学工作的主要内容，包括死亡原因鉴定、死亡方式鉴定、死亡时间推断、致伤（死）物认定、生前伤与死后伤鉴别和死后个体识别等（李桢等，2008；许冰莹等，2008）。

（三）交通事故死亡尸体处置的基本程序

交通事故死亡尸体处置的基本程序，主要按照以下的程序和步骤进行（图10-4）。

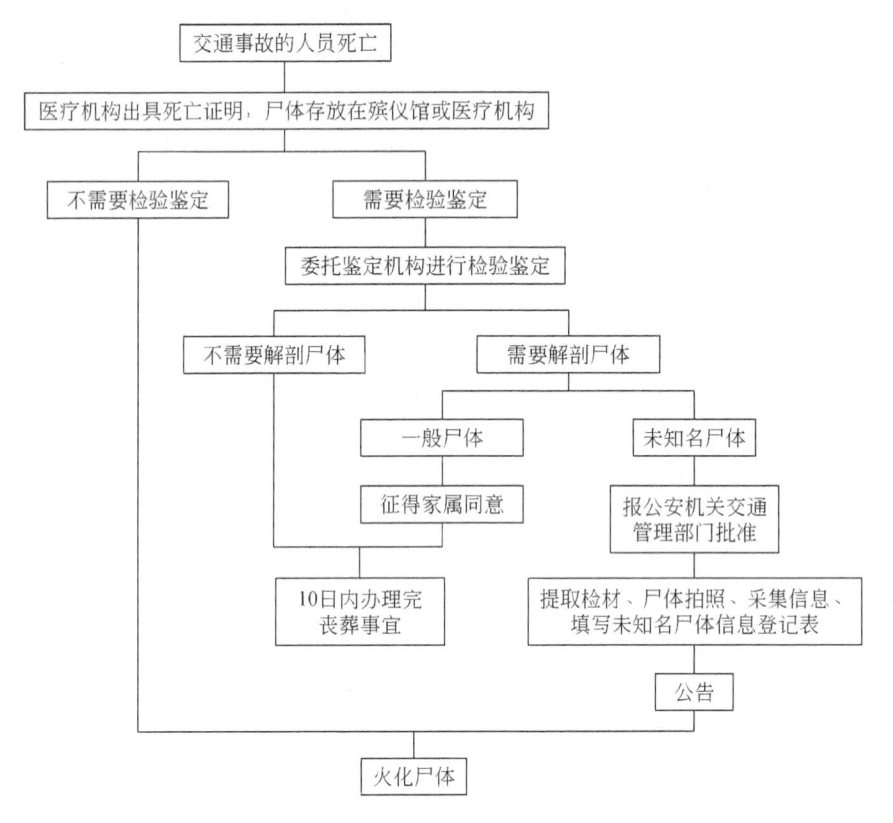

图 10-4　交通事故死亡尸体处置的基本程序

五、非正常死亡尸体处置的内涵

非正常死亡在法医学上指的是由外部因素作用导致的死亡，包括火灾、溺水等自然灾难；或工伤、医疗事故、交通事故、自杀、他杀、受伤害等人为事故致死。非正常死亡不是正常规律导致的死亡，需法医检验之后才可以确定。原因不明的死亡先被列为非正常死亡，在确定死因之后可能被重新归为正常死亡（如心肌梗死）。非正常死亡会涉及很多医疗纠纷、民事案件和刑事案件，其死亡原因的认定与民事赔偿和刑罚处罚息息相关。为了保证尸体检验的客观性和公正性，以及维护社会良好的治安秩序，出台或完善非正常死亡尸体处置的法律法规显得尤为重要。

（一）非正常死亡尸体处置的相关法律法规

1. 相关法律规范

现我国还未对非正常死亡尸体处置有专门的法律法规，对该类尸体处置的相关规定在其他法律条款中有所涉及。《中华人民共和国刑事诉讼法（1996年修正）》第104条规定，"对于死因不明的尸体，公安机关有权决定解剖，并通知死者家属到场"。这里所说的死因不明，属于非正常死亡的范畴。

《解剖尸体规则》第二条规定，"尸体解剖分为下列三种。（1）普通解剖：限于医药院校和其他有关教学、科研单位的人体学科在教学和科学研究时施行。下列尸体可收集作普通解剖之用：①死者生前有遗嘱或家属自愿供解剖者；②无主认领的尸体。（2）法医解剖：限于各级人民法院、人民检察院、公安局以及医学院校附设的法医科（室）施行。凡符合下列条件之一者应进行法医解剖：①涉及刑事案，必须经过尸体解剖始能判明死因的尸体和无名尸体需查明死因及性质者；②急死或突然死亡，有他杀或自杀嫌疑者；③因工、农业中毒或烈性传染病死亡涉及法律问题的尸体。（3）病理解剖：限于教学、医疗、医学科学研究和医疗预防机构的病理科（室）施行。凡符合下列条件之一者应进行病理解剖：①死因不清楚者；②有科学研究价值者；③死者生前有遗嘱或家属愿供解剖者；④疑似职业中毒、烈性传染病或集体中毒死亡者。上述1、2项的尸体，一般应先取得家属或单位负责人的同意。但对享受国家公费医疗或劳保医疗并在国家医疗卫生机构住院病死者，医疗卫生机构认为有必要明确死因和诊断时，原则上应当进行病理解剖，各有关单位应积极协助医疗卫生机构做好家属工作"。该部分阐述的非正常死亡尸体，符合第二种法医解剖和第三种病理解剖的规定。

《医疗事故处理办法》第十条规定，"凡发生医疗事故或事件、临床诊断不能明确死亡原因的，在有条件的地方必须进行尸检。尸检应在死后48小时以内，由卫生行政部门指定医院病理解剖技术人员进行，有条件的应当请当地法医参加。医疗单位或者病员家属拒绝进行尸检，或者拖延尸检时间超过48小时、影响对死因的判定的，由拒绝或拖延的一方负责"。2002年9月1日起实施的《医疗事故处理条例》第十八条规定，"患者死亡，医患双方当事人不能确定死因或者对死因有异议的，应当在患者死亡后48小时内进行尸检；具备尸体冻存条件的，可以延长至7日。尸检应当经死者近亲属同意并签字。"

2. 地方性规章制度

地方政府为了妥善处理非正常死亡尸体，制定并出台了专门的规章制度。《上海市公安局、上海市民政局关于处理非正常死亡尸体的施行办法的通知》，自贡市民政局在市政府法制办指导下，会同公安和卫生部门联合出台了《非正常死亡尸体处置暂行规定》。

3. 其他规定

为了及时处理非正常死亡人员尸体，维护工作秩序、生产秩序和社会秩序，很多地方出台了《关于非正常死亡尸体火化的暂行办法》，来对逾期未火化的尸体进行强制火化的规定，例如《天津市非正常死亡尸体火化规定》及《青岛市非正常死亡尸体火化规定》等。

（二）非正常死亡尸体处置的基本程序

非正常死亡尸体处置的基本程序，主要按照以下的程序和步骤进行（图10-5）。

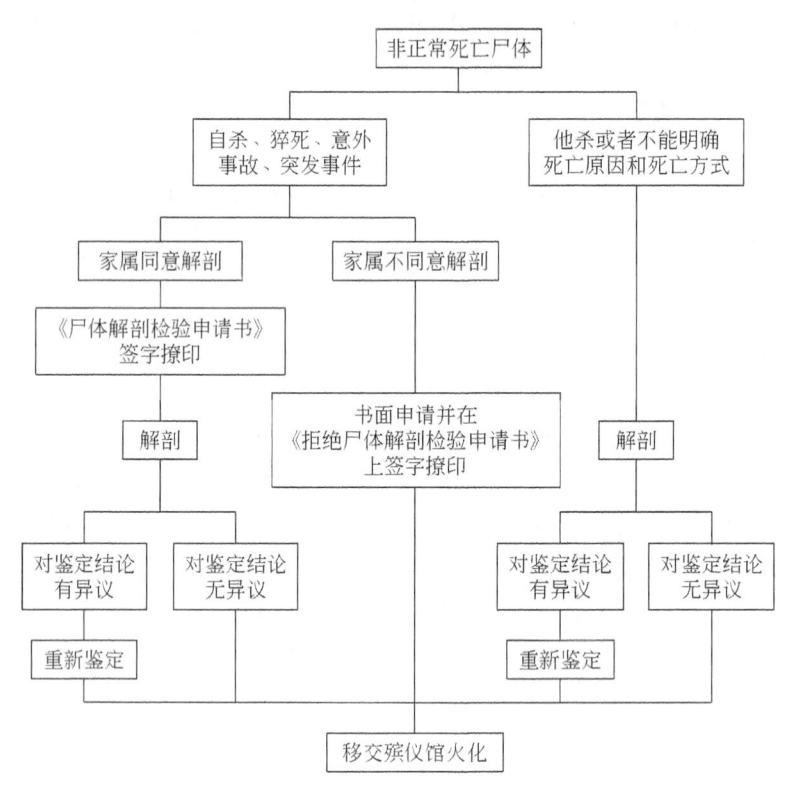

图10-5 非正常死亡尸体处置的基本程序

（三）非正常死亡尸体处置的现状及问题

1. 法律制度存在缺陷

全国人大立法关于非正常死亡尸体的处置立法空白，导致出现了很多相关的法规和地方规章，条款五花八门，因为无上位法，所以并不存在抵触或废止的可能，且处理尸体的时间和赔偿费用也没有具体标准可循。法律法规及制度上的缺陷，使非正常死亡尸体的管理极不规范。

2. 部分规定值得商榷

公权力强制火化非正常死亡尸体的规定，值得商榷。《天津市关于非正常死亡尸体火化的暂行办法》规定，"对各种尸体，一经检验、鉴定完毕，要立即进行火化处理。对逾期没有火化的尸体，或虽未逾期，但保留尸体有碍社会治安、危害公众利益的，要动员死者家属及时火化",也就是说,如果家属拒绝火化,可强制火化。按上述第二条分工规定,"由主管局写出强制火化报告,送市公安局审查批准。决定强制火化的尸体,由市公安局下达强制火化通知书,殡葬部门执行火化。对阻挠强制火化的,由公安机关依法处理。情节恶劣、触犯刑律的,提请司法部门,追究刑事责任"。

随着人们法律意识的提高,各种涉及人身权益的矛盾纠纷大幅上升,尤其在各种非正常死亡的矛盾纠纷中,人们对尸体的证据保存意识不断加强,甚至演变为利用尸体进行要挟来争取利益,更甚者上升为恶性群体事件。相关部门为了维护社会治安、维持良好的社会秩序以及减少资源的浪费,对逾期的非正常死亡尸体做出了强制火化的规定。但是,现行的法律制度对这种公权力行为无任何限制,很可能造成公权力的滥用,导致人民矛盾激增,更不利于社会的稳定和法治的建设。

六、涉外尸体处置的法律制度

(一)涉外尸体处置的内涵

涉外尸体,指的是在我国境内的外国人遗体。近年来,来华外国人每年死亡几百人,其中属正常死亡的占了三分之二,属非正常死亡的不到三分之一,而非正常死亡中因意外情况和自身原因造成的占多数。由于公安机关在处理外国人死亡事件时要按照国际公约履行照会使领馆的义务,需要回答使领馆及死者家属提出的各种问题,因而由此引起的外交交涉所占的比例是较高的。对外交涉主要集中在因意外情况造成的非正常死亡事件上,而交涉的焦点是死因问题,由此引起的来信来访也经常发生。对外交涉主要有两种情况,一是领馆和死者家属对公安机关认定的死因不满;二是为了有利于在国外取得更高的保险赔偿。涉外尸体的妥善处置已然成为解决涉外案件纠纷、对外交涉矛盾的重要内容,而完备的法律制度是涉外尸体处置的前提和保障。

(二)涉外尸体处置的相关法律法规

《外国人在华死亡后的处理程序》对外国人死亡的确定、通知外国驻华使、领馆及死者家属的通知单位、通知时限以及通知内容、尸体解剖的情况、出具证明的相关事项、对尸体的处理、骨灰和尸体运输出境、遗物的清点和处理,以及《死亡善后处理报告》的书写单位和内容都做了详细的规定。《外交部、最高人民法院、最高人民检察院、国家安全部、司法部关于处理涉外案件若干问题的规定》对外国人在华死亡事件或案件的内部通报问题以及通报单位做了规定。《关于遗体运输入出境事宜有关问题的通知》《尸体出入境和尸体处理的管理规定》《关于尸体运输管理的若干规定》,对涉外尸体的运输问题做了相应的规范。

(三)涉外尸体处置的基本程序

涉外尸体处置的基本程序,主要按照以下的程序和步骤进行(图10-6)。

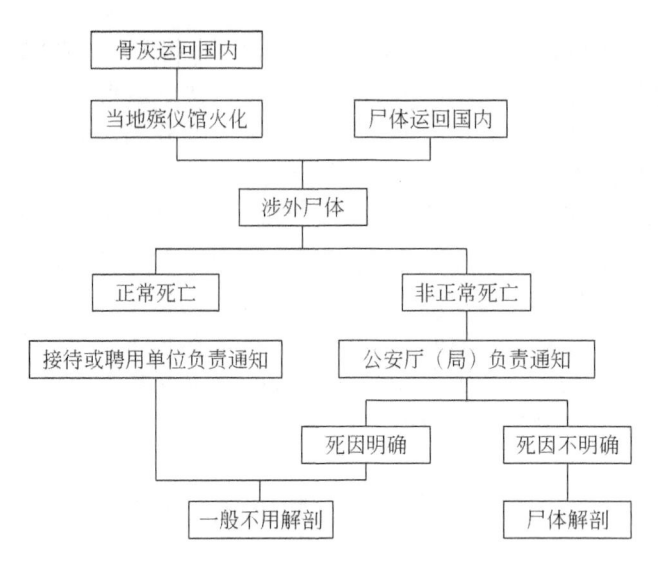

图 10-6　涉外尸体处置的基本程序

（四）涉外尸体处置的现状及问题

在医院以外的地方死亡外国人的处理问题。外国人的正常死亡包含两类人群，一类人群是经医疗机构诊治并明确死者死亡的病因；另一类人群是发生在医院以外的地方死亡（大多数为尸体发现案）的死因。经公安刑侦部门现场勘验和对死者尸体体表检查并排除暴力致死因素，但又未确定死者死亡病因的，或在医院以外地方死亡（多为送往医院的抢救途中死亡），经医疗部门初步认定是死者因健康原因导致死亡的，医疗部门所给予的死者死亡结论为"猝死"或不下任何医学结论，而在（居民死亡医学证明书）上只写"车倒人亡"。目前，对于外国人在医院以外地方死亡，法律上没有明确规定如何处理，也没有规定对这类死亡进行相应的法医和医学检查程序。再者，外国人在医院以外的地方死亡的情况往往比较复杂，这类死者的死因确实难以认定。

目前在出具外国人死亡证明材料中，医疗部门出具的外国人"死亡证明书"是用卫生部、公安部、民政部规定的我国公民死亡时使用的《居民死亡医学证明书》所替代，没有外国人专门的"死亡证明书"不仅有损法治的严谨性，还会造成外国人尸体处置的混乱，并与国际惯例相违背。随着外国人死亡现象的增多，无国籍人在华死亡也时有出现。但无国籍人是否就等同于"外国人"，其尸体的处理程序也是否一样？这些问题在法律法规中都没有相关的规定和解释。

七、传染病尸体处置

（一）传染病尸体处置的内涵

传染病是由各种病原体引起的能在人与人、动物与动物或人与动物之间相互传播的一类疾病。有些传染病，防疫部门必须及时掌握其发病情况，及时采取对策，因此发现后应按规定时间及时向当地防疫部门报告，称为法定传染病。中国目前的法定传染病有甲、乙、丙 3 类，共 39 种，其传播途径可以通过空气传播、水源传播、食物传播、接触传播、土壤传播、垂直传播等。传染病尸体指的是传染病病人的尸体或者疑似传染病人。为了查明病因、有效控制传染病流行、防止疫情扩散，要对传染病尸体的处置进行专门的规定和规范的处理。

（二）传染病尸体处置的相关法律法规

《中华人民共和国传染病防治法》第四十六条规定，"患甲类传染病、炭疽死亡的，应当将尸体立即进行卫生处理，就近火化。患其他传染病死亡的，必要时，应当将尸体进行卫生处理后火化或者按照规定深埋。为了查找传染病病因，医疗机构在必要时可以按照国务院卫生行政部门的规定，对传染病病人尸体或者疑似传染病病人尸体进行解剖查验，并应当告知死者家属"。

《传染病病人或疑似传染病病人尸体解剖查验规定》提出，医疗机构为了查找传染病病因，对在医疗机构死亡的传染病人或疑似传染病病人，经所在地设区的市级卫生行政部门批准，进行尸体解剖查验，并告知死者家属，做好记录。《传染病病人或疑似传染病病人尸体解剖查验规定》明确，传染病病人或者疑似传染病病人尸体解剖查验工作应当在卫生行政部门指定的具有传染病病人尸体解剖查验资质的机构内进行。查验机构具备 5 个具体条件。《传染病病人或疑似传染病病人尸体解剖查验规定》强调，除解剖查验工作需要外，任何单位和个人不得对需要解剖查验的尸体进行搬运、清洗、更衣、掩埋、火化等处理。《传染病病人或疑似传染病病人尸体解剖查验规定》还对解剖查验后尸体、标本、医疗废物的处理、消毒防护、医院人感染控制等做出详细规定。

（三）传染病尸体处置的基本程序

传染病尸体处置的基本程序，主要按照以下的程序和步骤进行（图 10-7）。

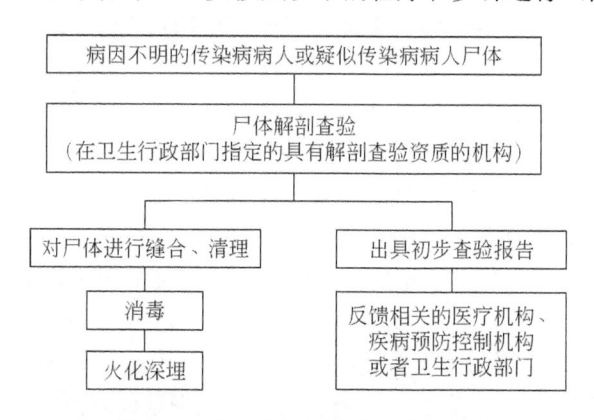

图 10-7 传染病尸体处置的基本程序

八、民族地区尸体处置

(一) 民族地区尸体处置的内涵

我国拥有 56 个民族,各民族在漫长的历史岁月中形成了不同的丧葬形式。按照尸体埋葬的形式大致可分为土葬、火葬和水葬等多种方式,不同的民族又对尸体有不同的处理方式。这些丧葬习俗作为一种民族文化的传递仪式,是各民族文化的记忆,也是少数民族人权的一部分。尊重和保护少数民族的丧葬习惯,妥善处置少数民族的尸体,对凝聚各少数民族的情感、维系其民族意识、保障少数民族人权、传承民族文化以及维护社会稳定具有积极作用。

(二) 涉及民族问题尸体处置的相关法律法规

我国目前尚无少数民族尸体处置的统一立法,对其有法律规定的主要是《殡葬管理条例》和国家民族事务委员会 1993 年制定实施的《城市民族工作条例》等的一些行政法规规章中。

1. 《殡葬管理条例》

《殡葬管理条例》第 6 条规定,"尊重少数民族的丧葬习俗;自愿改革丧葬习俗的,他人不得干涉"。该条款相对笼统,没有具体的执行标准,因而民政部、国家民族事务委员会、卫生部又于 1999 年 6 月对其进行了解释。

2. 《关于国务院<殡葬管理条例>中尊重少数民族的丧葬习俗规定的解释》

《关于国务院<殡葬管理条例>中尊重少数民族的丧葬习俗规定的解释》的具体内容包括:"第一,在殡葬管理中要尊重少数民族保持或者改革自己丧葬习俗的自由。第二,在火葬区,对回、维吾尔、哈萨克、柯尔克孜、乌孜别克、塔吉克、塔塔尔、撒拉、东乡和保安等 10 个少数民族的土葬习俗应予尊重,不要强迫他们实行火葬;自愿实行火葬的,他人不得干涉。第三,对患有鼠疫、霍乱、炭疽死亡的病人遗体,按照《中华人民共和国传染病防治法》的规定,必须立即消毒,就近火化。对患其他传染病死亡的上述 10 个少数民族的病人遗体,凡是在其户口所在地死亡的允许土葬,但要按规定对遗体进行严格消毒后深埋;不在户口所在地死亡的病人遗体,按照有关规定进行严格消毒后,原则上就地、就近尽快深埋,不得将遗体运往外地。自愿要求火葬的,他人不得干涉。"

3. 《城市民族工作条例》

《城市民族工作条例》中关于尊重、保护少数民族丧葬习惯的规定集中在第二十四和二十五条中,具体如下:"第二十四条 城市人民政府应当保障少数民族保持或者改革民族风俗习惯的自由";"第二十五条 城市人民政府应当按照国家有关规定,对具有特殊丧葬习俗的少数民族妥善安排墓地,并采取措施加强少数民族殡葬服务"。

4. 其他相关规定

我国各地方专门针对少数民族殡葬事务管理,进行了相关法律规定。依据《殡葬管理条例》并结合本地实际情况制定的地方性殡葬管理规定和《少数民族权益保障条例》,进行了相关规定。《黑龙江省殡葬管理规定》第十七条规定，"实行土葬的信奉伊斯兰教的少数民族，应当在当地政府指定的墓地入葬。对自愿实行火葬的应当给予鼓励和支持，任何人不得干涉"；第二十一条规定，"火葬区内死亡者的遗体，除第十七条规定的少数民族外，一律实行火化，严禁土葬"。《北京市少数民族权益保障条例》第三十五条规定，"本市各级人民政府以及有关部门应当按照国家和本市有关规定，为具有特殊丧葬习惯的少数民族公民提供必要的条件，做好殡葬服务和管理工作"。

除了地方性殡葬法规，各地市、自治州保护少数民族丧葬习惯的法律规定还体现在各地市、自治州根据《殡葬管理条例》《城市民族工作条例》和各省的《少数民族权益保障条例》等有关法律规定，制定了专门针对少数民族殡葬事务管理的法规。例如，《南京市回族等少数民族殡葬管理规定》《昆明市回族等少数民族殡葬管理办法》等。

第三节 尸体检验的法律制度

一、我国尸体检验的法律制度

尸体解剖是一种特殊的尸体处置方法，旨在通过对遗体全面系统的检查和剖验，查明死者的死亡原因以及死亡机制，有效地解决各种医疗纠纷、民事案件纠纷，并为刑事案件的侦查提供方向，为司法审判提供客观、公正的科学证据。俗话说，无规矩不成方圆。尸体解剖工作也要在一定的规则、约束和管理下才能有序地进行开展。现我国对尸体解剖进行了相关规定的是 1979 年卫生部发布的《尸体解剖规则》，该规则仅仅是一个部门的行业规定，还没有上升的法律层面，并且条文规定的内容已远远落后于实践需求，所以尸体解剖立法已然成为生命法学和相关卫生立法的一项重要工作和目标，也是我国推进社会主义法治建设的要求。

（一）我国尸体检验法律制度的发展历程

我国人体检验发源很早（李天莉，1997；贾静涛，1986）。早在商周或者更早以前，关于尸体检验的规定和制度也伴随着解剖实践的不断深入而发展起来。但因为封建传统习俗以及朝代主流思想的影响，各个历史时期对尸体解剖的规定也不尽相同，对实际的尸体检验行为有着推动或阻碍的作用。但总体而言，人体尸体检验是在一个曲折的法制化轨道上前进的。

1. 人体解剖法制的抑制时期

秦朝的法律规定，"凡是毁损对方的耳、鼻、唇、指等要处以'耐刑'。耐刑是剃去双鬓和胡须，保留头发。但如果割去别人的胡须和头发，就要判重刑"。可见，在秦朝毁人容貌不仅是被法律所禁止的，而且还要受到严重的刑罚。唐律是我国现存最完整、最早的一部封建法典，它集前朝历代制定和解释法典的蓝本。

唐宋法典都规定"残害死尸（肢解形骸，割绝骨体），常人减计杀人罪一等，尊长则不减"。《唐律疏议》也有"残害尸体"的详细规定，即"如果杀死人，再肢解，或焚烧尸体，不但处死刑最高刑——斩刑，妻子还要流二千里"，"如果不杀人仅残害死尸（焚烧或肢解），或弃尸于水中，处减斗杀罪一等"，以及"如果割去尸体的头发，或不同程度地损伤尸首，要处减斗杀罪二等"。唐代的法律相较秦朝对毁损尸体进行了更加明确的规定和更严厉的惩罚，可见这种将毁损尸体视为不仁、不孝的封建思想更加根深蒂固。法律的明文禁止使得人体解剖行为受到了阻碍和限制，更别提用来规范解剖行为的规范和制度，而这种现象一直持续到清朝末年。

2. 人体解剖法制的雏形时期

随着中西方交流的发展，很多西方的医学知识传入中国，许多医学院校逐步开始尝试开设尸体解剖的课程，现实解剖事业的发展已经在慢慢突破封建思想和传统法律法规，人体解剖的相关规定也呼之欲出。1911年，辛亥革命推翻了腐朽落后的清王朝，新成立的中华民国政府于民国元年颁布了"刑事诉讼律"。该"刑事诉讼律"的第120条规定，"遇有横死人或疑为横死之尸体应速行检验"；第121条规定，"检验得发掘坟墓，解剖尸体，并实验其余必要部分"。可以说，这是我国法律首次规定准许解剖尸体。它不仅为法医解剖奠定了法律基础，也为中国的解剖学发展创造了条件。但它也指出，"解剖究属非常处分，非遇不得已情形，不宜草率从事也"。

为了解决新建医学院校在尸体解剖教学过程中出现的问题，北洋政府于1913年11月也公布了一份关于准许尸体解剖的文告，主要内容如下。

第一条，医生对于病死体，得剖视其患部，研究病原。但须得该死体亲属之同意，并呈明该管地方官，始得执行。

第二条，警官及检察官，对于变死体，非解剖不能确知其致命之由者，得指派医生执行解剖。

第三条，凡刑死体及监狱中病死体，无亲属故旧收其遗骸者，该管官厅得将尸体付医士进行解剖，以供医学实验之用。但解剖后，须将原体缝合，并掩埋之。

第四条，凡志在供学术研究，而以遗言付解剖之死体，得由其亲属呈明该管官厅，得其许可后，送交医士解剖之。但解剖后，须将原体缝合，还其亲属。

在此以后，由于解剖条例过于简单且在实行起来各个医学院校多有疑义，内务部又于1914年4月颁布了《解剖规则施行细则》。《解剖规则施行细则》第一条规定，"凡国立公立及教育部认可各医校暨地方病院，经行政官厅认为组织完全，确著成效者，其医士皆得在该院该校内执行解剖"，明确限定了可执行解剖的医学院校范围，比解剖规则更严格、完备。《解剖规则施行细则》第二条指出，医生解剖尸体应按原则办理，但在炎暑时，得一面共同呈报该管官厅，一面执行解剖。比前项规定有所变通，注意到了四时气候变化有可能对尸体造成影响，避免一些不必要的麻烦。《解剖规则施行细则》第三条，规定了向司法机关领取尸体的手续。《解剖规则施行细则》第四条规定，"应行解剖之尸体，如非死于病院，须将医士诊断书，呈送官厅验明，始得送付医士解剖之"，从而弥补了前次规定的缺漏。第五条规定"凡经解剖之尸体，得该亲族之同意，始得酌留标本"，"医术上认为必要时，得酌留该尸之数部或一部，以作标本"，使得尸体解剖的目的和任务得以部分或全部完成。

"刑事诉讼律"和《解剖规则施行细则》两个法令的颁布，是我国解剖法制化道路的一个重要里程碑,它不仅得到了官方政府的承认和许可,还将具体的操作和规定具体化、文字化、规范化。虽然解剖规则在实践应用的过程中还存在很多的不足和考量,但它却是解剖法制上的一个开端。

3. 人体解剖法制的发展时期

1928年,国民党南京政府颁布新的"刑事诉讼律",规定医师可以兼行尸体解剖。1928年5月15日又颁布了《国民政府新订解剖规则》13条,大部分内容与第一个解剖规定相一致,稍有进步的地方是第三条规定了"为研究病源和以遗嘱付解剖之尸体,得其亲属之同意并呈该地方行政官署后,地方官须于21小时内处理之"。第二个不同点是第十条规定解剖后要埋葬之尸体如系传染病尸体,其附近地方设有火葬场者得付之火化,火化后进行埋葬并加以标识。这个解剖规则对前朝的法规没有做大的改动,因此公布不久,要求重新修订的呼声即起。几经商定,1933年国民政府内政部就颁布了《修正解剖尸体规则》,使第二个解剖规则更周密、更合理,其内容具体如下。

第一条,主要还是规定可行解剖的医学院校范围。

第二条,明确提出解剖分普通解剖及病理剖验二种,而且规定前者限于医学院校行之,后者凡前条所规定之医学院校及医院均可行之。

第三条,规定可以付诸解剖的尸体范围。

第四条,尸体付解剖前,除由官署交付外,均须填具呈报书,呈报该管地方官署。

第五条,凡尸体须于呈报该管地方官署后,经过6小时方可执行解剖。如该地方官署认为必要时,在据报后6小时内得以书面命其停止解剖。

第六至十条,主要规定尸体解剖的具体手续和善后事宜。

这些法令的公布,对解剖的发展起到了一定的推动作用。但是,由于人们的观念转变还需要一个过程,且可供解剖的尸体少之又少,尸解规则基本上形同虚设。

4. 人体解剖法制的确立时期

1949年,中华人民共和国成立。1950年,我国在党和政府的领导下颁布了《暂行尸体解剖规则》,又于1952年和1957年对之进行了修订。1979年,我国颁布了《中华人民共和国刑法》和《中华人民共和国刑事诉讼法》,公布了《解剖尸体规则》。作为现行的尸体解剖法规,我国对过去的尸解规则进行了修正和有益的补充。它在第二条明确规定尸体解剖分为普通解剖、法医解剖和病理解剖,并明确规定了不同解剖适用的情形,相较于以前的尸解规则更细致、更科学、更严密。

值得一提的是,《解剖尸体规则》第九条规定,病理解剖应尊重少数民族风俗习惯,要积极宣传病理解剖的科学意义,提倡移风易俗。它既照顾了各民族各地区的特点,也符合因时因地因人制宜的医学原则。这个法令的颁布,成为我国法医学事业的里程碑,进一步推动了医学事业的发展,使我国的卫生法律体系进一步走向系统化和正规化。

(二)我国尸体检验法律制度的现状

我国一直秉承古人的传统思想"死者为大"。死者的遗体是否得到妥善的处置不仅仅事关死者及家属的尊严,也是社会稳定和谐的重要因素。因此,关于尸体处置的规定在很多法律规范中都有所体现。

1996年颁布的《中华人民共和国刑事诉讼法》第一百零一条规定，"侦查人员对于与犯罪有关的场所、物品、人身、尸体应当进行勘验或者检查。在必要的时候，可以指派或者聘请具有专门知识的人，在侦查人员的主持下进行勘验、检查"。《中华人民共和国刑事诉讼法》第一百零四条规定，"对于死因不明的尸体，公安机关有权决定解剖，并且通知死者家属到场"。

1999年颁布的《人民检察院刑事诉讼规则》第一百六十八条规定，"人民检察院决定解剖死因不明的尸体时，应当通知死者家属到场，并让其在解剖通知书上签名或者盖章。死者家属无正当理由拒不到场或者拒绝签名、盖章的，不影响解剖的进行，但是应当在解剖通知书上记明。对于身份不明的尸体，无法通知死者家属的，应当记明笔录"。

《外交部最高人民法院最高人民检察院公安部国家安全部司法部关于处理涉外案件若干问题的规定》（1995年6月20日）在附件一（外国人在华死亡后的处理程序）中规定，"正常死亡者或死因明确的非正常死亡者，一般不需作尸体解剖。若死者家属或其所属国家驻华使、领馆要求解剖，我可同意，但必须有死者家属或其所属国家驻华使、领馆有关官员签字的书面要求。死因不明的非正常死亡者，为查明死因，需进行解剖时由公安、司法机关按有关规定办理"。

《最高人民检察院、公安部关于加强检察、公安机关在查办刑讯逼供案件中密切配合的通知》（1993年1月6日）也有如下规定，即在执法办案中，如果发现当事人、证人或其他与案件有利害关系的人发生重伤或非正常死亡的，应当立即通知检察机关，检察机关应当立即到达现场。送受伤者到医院救治的同时，发案单位应当负责保护好现场。检察机关为查明案情，需要进行人身或尸体检验时，应当组织法医进行鉴定。如公安机关对鉴定结论有异议的。应当报请双方的上级机关会商解决。必要时，亦可聘请权威部门做出鉴定结论。

《人民检察院侦查贪污贿赂犯罪案件工作细则（试行）》（1991年4月8日）第九十一条规定，"检察人员对于与贪污、贿赂犯罪有关的场所、物品、人身、尸体，可以进行勘验或者检查。进行勘验、检查的检察人员，应当持有人民检察院的《勘验、检查证》"。

《人民检察院法医工作细则（试行）》（1988年1月28日）第九条规定，"尸体检验鉴定的目的，是确定死亡原因、判断死亡时间、判断致死方式和手段、推断致死工具和认定死亡性质（他杀，自杀，意外，或疾病死亡）"。第十条"尸体检验的对象，包括①涉及刑事案件，必须经过尸体检验方能检明死因的尸体；②被监管人员中非正常死亡的尸体；③重大责任事故案件中死亡，需要查明死因的尸体；④医疗责任事故造成死亡，需要查明死因的尸体；⑤体罚虐待被监管人员，刑讯逼供，违法乱纪致人死亡，需要查明死因的尸体；⑥控告申诉案件中涉及人身死亡，需要查明死因的尸体；⑦其他需要检验的尸体"。第十一条指出，"尸体检验包括尸表检验和解剖检验。检验要求全面、系统，应提取有关脏器和组织做病理学检验。必要时提取胃内容物，内脏，血液，尿液等做毒物分析和其他检验；提取心血作细菌培养。对已埋葬的尸体，血液查明死因者，要进行开棺检验"。第十二条指出，"尸体解剖可遵照一九七九年卫生部重新颁发的解剖尸体规则的有关规定执行"。第二十三条指出，"法医鉴定人进行各种检验时，必须全面、细致，要按检验的步骤、方法，严守操作规程，对检验中发现的各种特征和出现的结果，要做综合分析，判断，同时要进行复核。检验过程中，必须认真做好检验记录、拍照。对尸体和法医物证检验时，应留取一定数量的检材，以备诉讼阶段复核，或重新阶段"。第二十六条指出，"活体检查，文证审查。物证检验自送检时间始，应在一周内做出鉴定结论。尸体检验需做毒物分析，病理组织学检验的，一应在两周内做出结论。特殊情况可适当延长时间，对疑难案件的鉴定，需进行复核和会诊时，可根据具体情况，尽快作出鉴定结论"。

《公安机关办理刑事案件程序规定》（1998年5月14日）第一百九十九条规定，"为了确定死因。经县级以上公安机关负责人批准，可以解剖尸体或者开棺检验，并且通知死者家属到场，并让其在《解剖尸体通知书》上签名或者盖章。死者家属无正当理由拒不到场或者拒绝签名（盖章）的，不影响解剖或者开棺检验，但是应当在《解剖尸体通知书》上注明。对于身份不明的尸体，无法通知死者家属的应当在笔录中注明"。

《火灾事故调查规定》（1999年3月15日 公安部发布）第二十一条规定，"火灾现场提取的痕迹物证如果需要进行技术鉴定的，应当送交公安消防机构技术鉴定部门或者其委托的专业技术部门进行。对在火灾事故中死亡的人员，应当经法医进行鉴定"。

前面所提到的《尸体解剖规则》，其相关法律法规对于尸体的处置在一定程度上有规范作用，但条款都分散于不同的法律法规中，其系统性、连贯性、全面性较差，有些甚至会造成不同部门之间的冲突和抵触。另外，关于尸体解剖，只有《尸体解剖规则》进行了较为系统的规定，但该规则只是卫生部的部门规章，不是国家法律，其强制性和约束性都有所欠缺，并且该规则制定颁布的时间较早，很多条款内容不全，已不适应当今实践操作的需要。

另外，我国法医病理学现有的八个行业标准以法医学尸表检验、法医学尸体解剖、法医病理学检验的提取、固定、包装及送检方法为主轴，辅以机械性窒息尸体检验、机械性损伤尸体检验、中毒尸体检验规范、猝死尸体的检验和新生儿尸体检验。其范围按需要所规定的界限较为具体和完整，但这八个标准更像是指导如何操作的作业指导书。

二、国外尸体处置的状况

国外在尸体处置方面，具有严格的管理制度。发达国家对于尸体处置具有严格的管理制度，具备相应的管理部门，明确规定了在不同死因、不同死亡地点情况下，尸体处置应该采取的措施。对于持证殡葬服务设施的设立、改扩建、废止、经营管理等方面都制定了严格标准。

（一）加拿大尸体处置状况

加拿大采用验尸官制度，对在不同死因和不同地方的尸体采取不同的处置方式。在死亡原因方面，对于暴力、灾难、疏忽、行为不端、玩忽职守等原因造成的死亡，或者由于突发事件、意外事故造成的死亡，或者由于非法医师治疗疾病所导致的死亡以及由于其他非疾病的原因或者需要深入调查的情况，由以上任何原因引起的死亡，会立即通知与死亡案件相关的验尸官或警察。如果警察得到了通知，立即将此案件或事实通知给验尸官。在死亡地点方面，对于在医院、养老院、慈善机构、居住地或者在家里，则这些机构的负责人应该立即将死亡情况通知验尸官,由验尸官对死亡情况进行调查。如果验尸官认为调查结果显示有必要执行验尸程序的,验尸官将出具验尸理由并尸体执行验尸程序。

对于那些死在精神病院、监禁教养机构中的人,也应该通知验尸官,并由验尸官经过调查之后决定是否需要启动验尸程序。当死者处于拘留状态、看守所关押的监护状态时,治安官员、看守所负责人应该根据案件情况,立即向验尸官发出死亡通知,验尸官将会出具正当理由对死者尸体进行验尸程序。如果在建筑工地、矿山、矿场等由于意外事故导致死亡的,单位负责人应该立即向验尸官发出死亡通知,验尸官出具正当理由后启动验尸程序。在案件进展过程中,有验尸官签字的通知或者非通知性说明,才能作为证据使用。

如果验尸官认为没有必要进行验尸,而死者亲属认为有必要进行验尸的,亲属可以通过书面形式请求验尸官对尸体进行检验。在此过程中,验尸官听取死者亲属要求验尸的原因,并在收到验尸请求后的 60 天内,将最终决定通知申请人,如果验尸官决定不进行尸体检验的,应该将不予检验的原因以书面形式送达给验尸申请人。其中,首席验尸官做出的验尸与否的决定是最终决定。

(二)美国尸体处置状况

如果本市人员由于自然原因死于医院,由医院负责人向本市人员管理部门报告。由于自然原因死于医院外其他地方的,则由有资格的医师或者其授权的医疗助手出具报告,其中医疗助手报告死亡前应该查看死者的医疗记录,以证明没有发现可疑情况。在上述两种情况下,报告人会提交一份死亡证明和机密医疗报告。但是如果死亡是由首席医疗检察官办公室进行调查的,并且遗体的管理权由该办公室承担,那么死者的死亡则由首席医疗检察官办公室进行汇报,该办公室汇报时只需提供一份死亡证明。这两种死亡报告方式,都应该在死亡或者遗体被发现的 24 小时内向市人员管理部下辖或指定部门进行汇报。

然而在要求提交死亡证明和机密医疗报告时将其立即提交给殡葬管理人员或者被授权负责遗体的殡葬人员,如果遗体埋葬在本市的墓地上,则提交给本市殡葬管理人员,这些方式都视为完成了死亡证明和机密医疗报告的提交。殡葬管理人员应当在死亡或者遗体被发现 72 小时内向市人员管理部汇报,除非是市人员管理部授权的人,否则殡葬管理人员不应该将关于死亡的机密医疗报告中的信息泄露出去,死亡证明和机密医疗报告可以用市人员管理部指定、提供或者授权的计算机软件进行电子格式的发送。对于遗体的处置时限,也有明确规定。例如,纽约市规定,遗体应该在死亡后 4 日之内进行埋葬、火化或者运出本市,或者将遗体安放在墓地的安防厅内,但是安放时间不能超过 10 天;如果想要延长尸体存放时限,必须得到管理部门的允许。

(三)德国尸体处置状况

死亡管理制度及法医学尸体检验制度,各国有所不同[①](Fujimiya, 2009;Lugli et al.,

---

① 哈市警察致死案进行尸检,家属指定专家参与解剖. http://www.chinanews.com/gn/news/2008/10-25/1425382.shtml. [2011-03-05]。

1999；Mcphee，1996）。借助于早年欧洲尸体解剖制度的推行，德国的法医学发展一直处于世界领先地位。早于1650年，德国莱比锡大学Michaelis首次开设了系统的法医学教程。1722年，Valenlini出版了《法医学大全》。1782年，Uden和Ply在柏林出版了《法医学杂志》。Casper（1796～1864年）出版的《实用法医学手册》，成为19世纪著名的法医学著作之一。时至今日，德国的法医学尸体检验程序和制度仍然堪称是世界上最为严谨的尸检程序和尸检制度之一。

在德国，人体死亡后医生需要填写两种表格，一个是《死亡证明》，另一个是《死亡登记报告信息表》。《死亡证明》填写的内容包括死者的个人信息，以及死亡原因、疾病名称、死亡时间、死亡方式等，以明确属于自然性死亡还是暴力性死亡。一般情况下，《死亡证明》由医院的医生在医院工作时间填写，但也有部分医院的临床医生需出诊至院外，帮助私立医生完成尸表检验后的《死亡证明》填写。《死亡登记报告信息表》的填写目的与《死亡证明》不同，它属于另一个关于疾病或死亡数据统计的上报体系，主要用于德国死亡情况的统计。该表需层层填写上报，最终汇总至国家级疾病与死亡数据统计体系。目前该体系是世界范围的，由世界卫生组织统一部署完成，所以每个国家都应具有自己国家相应的疾病与死亡数据统计体系。

德国有着自己国家独特的与死亡有关的法律体系。联邦德国共有16个联邦州，各州设有自己的州政府，并拥有本州自己的立法制度和法律体系。德国各州大多数法律如刑法和民法等的法律适用范围都是全国性的，而部分各州法律规定如卫生法也有着自己本州的法律条款，如尸体处理条例等（陈新山，2003）。德国16个州中所涉及的与死亡相关的法医学领域法律法规不尽相同，如尸体处理、尸体外部检验及如何出具死亡证明的相关规定等。

（四）澳大利亚尸体处置状况

过去作为英联邦的殖民地，澳大利亚的法医学尸体检验体系长期受着英国法医学尸检体系的影响，其死亡管理制度及尸体检验的程序和方法也与英国颇为相似。迄今为止，世界上最大的法医尸体解剖室位于澳大利亚的新南威尔斯州法医研究中心，澳大利亚仍然沿袭着英国的验尸官法医尸检制度。

澳大利亚的法医尸体检验主要受其刑法、证据法、验尸官条例和司法鉴定程序法等法律法规的规范。澳大利亚长期沿用验尸官制度（coroner system），而英国则是验尸官制度的发源地。验尸官是独立的司法人员，主要主持验尸官法庭（coroner court，又称"死因裁判法庭"）的调查工作。验尸官负责调查非自然死亡、原因不明猝死以及狱中死亡等案件的调查并提交死亡报告，同时通过对法医病理学家提交的尸体检验报告的分析做出进一步工作指令。

澳大利亚验尸官对于排除暴力性死亡的案件，做出免于尸体解剖、准予尸体埋葬或火葬的决定；对于那些未能排除暴力性死亡的案件则做出尸体解剖的指令，同时再依据法医学尸体检验报告的分析研究结果，最终考虑是否启动案情调查程序（案情调查工作交由警方开展），考虑是否由陪审团介入并启动验尸官法庭询问程序。此外，验尸官还可以签发搜查令。澳大利亚的验尸官条例规定，验尸官的资格应为执业5年以上的律师，或者是取得执业医师资格的医师,并要求他们必须具备丰富的司法实践经验。

根据澳大利亚验尸官条例规定,澳大利亚必须向验尸官法庭报告的死亡情况。必须向验尸官报告的死亡情况有以下几个方面,包括医生不能准确做出死因诊断;死者死亡前14日内未经执业医生诊治(曾被诊断为疾病晚期者除外);意外或受伤导致死亡;全身麻醉中或麻醉后24小时内发生的死亡;手术导致的死亡或术后48小时内的死亡;职业病导致的死亡;胎儿死亡;孕妇在分娩、堕胎或流产30日内发生的死亡;原因不明的败血症所致死亡;可疑自杀;拘禁期间发生的死亡;具有法定逮捕或羁押权的公职人员在执行公务时导致相关人员死亡;发生在具有法定逮捕或羁押职权部门的死亡;精神病院或疗养院内发生的死亡;他杀死亡;中毒死亡;虐待、饥饿或疏忽导致的死亡,等等。

澳大利亚尸体检验受其刑法、证据法、验尸官条例和司法鉴定程序法等法律规范的制约,这就决定了该国尸体检验的社会属性。在澳大利亚,只要案件进入到尸体检验程序,尸体解剖就必须按照规定程序完成;那些"死者家属不同意尸检"的意愿,已经不能构成阻碍尸体检验的客观条件。在澳大利亚看来,尸体检验不仅关乎着死亡个体本身,它更关乎着整个群体的社会利益与生命安全。尸体检验不受死者家属的约束,这在澳大利亚早已成为一种共识。

第十一章　殡葬法律制度

第一节　殡 葬 文 化

殡葬，是人类社会活动中不可或缺的一部分，殡葬文化承载了人类历史的印记，反映了不同历史时期的社会特点和不同阶层人物的追求及向往。随着人类社会不断发展变迁，殡葬作为人类文明传承的载体，对社会文明进步产生了不可忽视的影响。

自有人类以来，文明日益昌盛，但人们对逝者无不抱着尊敬的态度，人们在先人墓前虔诚的祭祀，会生发出一种超越性和神圣性，孕育出一种浓厚的伦理情怀。中华民族历来被认为是世界上最为"养生送死操心的民族"，中国传统的丧葬礼仪经过几千年的发展，形成了具有极强民族特色、多样化的殡葬文化。"丧""殡""葬""祭"等活动蕴含了独特的宗教精神，被赋予了血缘、文化、道德意义和精神追求，殡葬方式和殡葬仪式纷繁而充满着独特的中华传统文化气息。

中国殡葬文化以"慎终追远，民德归厚"为精神核心。殡葬活动要求后人必须慎重、严肃地对待亲人的丧事。在人年老或病重时，其亲属就要开始认真考虑和准备亲人的善终之事，认真总结逝者过去为这个家庭、家族，乃至社会所做的全部贡献，不能有丝毫怠慢轻视之心。在其逝去后，要在不同的阶段按照不同的程序和礼仪完成各种祭奠活动，表达哀思，缅怀逝者，以此来延续逝者的人文生命，唯有如此，才能彰显后人对逝者的尊敬和"爱亲、思亲、孝亲"的伦理之情。

殡葬文化的发展在一定程度上强化了中国传统伦理教化的功能，对人们的道德水平起到稳固和提升的积极作用，从而促进社会更加和谐稳定。随着殡葬礼仪与传统文化融合的加深，殡葬文化的教化功能被统治阶级所看中，逐步发展转移，形成了有着丰富内涵且具有一定强制性的社会规范体系，对社会各阶层的具体行为产生了极强的法律约束力。当丧葬具备了礼仪和法制的双重形态后，便从道德层面的提倡上升为法律层面的限制。上自皇亲贵族士大夫，下至平民百姓贩夫走卒，殡葬的礼仪程式已经不再仅仅被视为民间活动，而逐渐成为统治阶级加强统治，维护社会稳定的重要手段和方式，同时成为人们日常生活行为必须遵守准则中不可或缺的部分。在礼、法的双重制约下有效的控制和管理社会民众成为历代统治者的理念，丧葬成了维护社会秩序，维护国家政权的重要制度。

第二节　殡葬法律渊源

一、我国殡葬法律

（一）古代殡葬立法

我国历代统治者都非常重视殡葬祭祀的立法，将其视为与户、礼、兵、刑、民同等重要的法律组成，共同承担着教化民众，维护统治的重要功能。在古代立法体系中，殡葬祭祀的法律调整以殡葬礼仪和程序的规范为主要内容，并没有单独成法，而是将其内容放入其他法律制度中加以体现，如在律的部分中引入"令"的形式对丧葬祭祀行为进行具体规范。以唐代为例，《唐律》的"名例""职制""户婚""杂律"等部分中都有与丧葬相关的内容（齐东方，2006），同时还特别制订了《丧葬令》《祠令》对丧葬礼仪程序加以规定，如对丧葬礼仪习俗中举哀要哭、不许饮酒食肉、不能同房等模糊不清、无法监督的规定，明确规定为丧葬期间不许参加吉宴，不许嫁娶、不许居丧生子等法律条文[①]。这些行为从伦理教化的内在约束到礼仪行为的外在表象，通过具体行为的法律化，使得人们对伦理道德的遵守情况可以被准确判断并能被有效监督，同时，实现了统治者将理想化的伦理道德变成实用化的法律的目的，从而完成了道德法律化的过程。

（二）现行殡葬立法

中华人民共和国成立后，为了更好地对殡葬行为进行规范，国家对殡葬进行了立法。1985年2月国务院颁布了《关于殡葬管理的暂行规定》。该规定确定了积极地、有步骤地推行火葬，改革土葬，破除封建迷信丧葬习俗，提倡节俭、文明办丧事的殡葬管理工作方针，明确了殡葬工作是社会行政管理的一部分，殡葬业务归民政部门管理，并设立了从中央到地方，省、市、县的多层级专门机构负责殡葬管理。为了配合政府，加强殡葬行业管理，1989年9月，中国殡葬协会成立，它在中华人民共和国民政部的指导下独立开展与殡葬事务有关的活动，其主要职能是配合政府开展调查研究并提出合理化建议，维护殡仪职工的合法权益，开展国内外的业务培训与交流。另外，受政府委托，中国殡葬协会还成立了以负责国际间尸体运输凭证的发放和对承运人的管理和监督为职责的"中国殡葬运尸网络服务中心"。1997年7月，国务院颁布实施了《殡葬管理条例》，各省、自治区、直辖市也相继出台了地方殡葬管理法规和规定，这标志着中国的殡葬管理工作走上了依法管理的新阶段。为了配合该条例的实施，民政部先后出台了《民政部关于禁止利用骨灰存放设施进行不正当营销活动的通知》（1997年12月21日）、《国务院办公厅转发民政部关于进一步加强公墓管理意见的通知》（1998年5月19日）、《民政部关于贯彻执行〈殡葬管理条例〉有关条款解释的函》（1998年9月16日）等七个规章制度。2007年《殡葬管

[①] 《唐律疏义·职制律》和《唐律疏议·户婚律》。

理条例》修订稿草案向社会公开征求意见，引起了社会广泛的关注。然而，该草案因未能对现行条例中的核心问题进行修改而未获通过。2012年11月9日，国务院令第628号公布了对现行《殡葬管理条例》第二十条的修改，将其改为"将应当火化的遗体土葬，或者在公墓和农村的公益性目的以外的其他地方埋葬遗体，建造坟墓的，由民政部门责令限期改正"，并于2013年1月1日起开始生效。2011年4月，民政部正式向社会发布《殡葬服务术语》《殡仪接待服务》《遗体保存服务》《遗体火化服务》《骨灰寄存服务》《骨灰撒海服务》等七项推荐性行业标准。这是我国殡葬行业首次发布服务标准，对提升殡葬服务水平，满足群众日益多样的殡葬需求产生了积极影响。2017年3月，民政部、公安部、交通运输部、卫生计生委联合下发《关于印发〈重大突发事件遇难人员遗体处置工作规程〉的通知》对突发事件遇难人员遗体的应急准备、接运保存做出了具体的规定。

二、国外殡葬法律

与我国殡葬法规简单抽象，仅仅侧重行政管理为主不同，国外的殡葬法律内容更为详尽，门类众多，综合性较强，涉及面更广泛，且立法较早，已经形成了较为完善的立法体系。例如，美国的殡葬法律制度，其内容既有公法意义上的规定，如行政审批许可、监督检查、违法处罚等，还有私法意义上的调整，如殡葬合同、风险保证基金、金融信托等；不仅有许可条件程序、当事人权利义务等大量实体法的规定，还有听证、申诉等大量程序法方面的要求。同时，国外殡葬法规，如德国、日本等，对殡葬服务经营主体、殡葬从业人员、殡葬设施的建设、殡葬设备的标准、殡葬服务经营管理的规则、殡葬服务的对象、违法行为处罚措施和救济途径等都有具体详尽的规定，规范内容全面，操作性很强，较好地实现了对殡葬服务监督管理的他律和自律。

第三节 我国的殡葬立法的思考

一、我国殡葬法律制度的缺陷

虽然我国初步完成了殡葬管理的法制化基础建设，形成了以《殡葬管理条例》为基础，相关行为规范为辅助的殡葬管理制度，但是经过多年的实践，我们发现殡葬制度仍然存在着较大的缺陷，社会矛盾比较突出。究其原因，主要集中在以下几点。

第一，立法缺乏民主性。现有的《殡葬管理条例》是由民政部起草，国务院颁布实施的，民政部门同时又是殡葬管理专门机关，具有殡葬行业许可和监管职权，在条例规范中不可避免的出现强化职权的设计，导致现有殡葬行业的经营市场化程度不够，客观上导致行业垄断出现，殡葬市场价格虚高，社会矛盾产生。

第二，立法层级低，权威不足。我国现有的殡葬法律以国务院颁布的条例为主，辅以主管部门的部门规章及规范性文件，总体立法层级较低，法律规范的权威性不足。

第三，法律条文的科学性不足，规范执行的可操作性不强。主要表现为以下五个方面：

①目前，我国关于殡葬管理的法律文件主要是国务院发布的行政法规《殡葬管理条例》，内容过于简单抽象，在执行中难以有效实施。例如，《殡葬管理条例》设定的违法者所应承担的法律责任形式多为"责令改正""责令恢复原状"等，处罚力度偏弱、违法成本偏低。②殡葬执法程序方式不明确、不统一，导致各地在违规殡葬行为的查处上存在标准尺度不一、宽严力度有别、自由裁量权过大等问题。③殡葬方式单一，不能满足不同文化信仰的需求，导致社会矛盾突出。④殡葬管理和殡葬服务界限不明确，殡葬行业市场化不足，行业垄断问题突出、殡葬执法机制未建立等。⑤2012年，我国行政强制法颁布实施后，《殡葬管理条例》修改取消了民政部门对非法土葬、乱埋乱葬行为可以强制执行的条款，然而新的执法机制还没有建立，殡葬执法难度进一步加大。

第四，殡葬立法以行政管理为主要内容，民事法律调整缺失。我国的殡葬立法以行政监督管理作为主要的立法基础，以行政许可为主要的管理手段，制度设计单一，对殡葬服务的市场化法律调控缺失，无法真正有效地实现殡葬公益化和市场化融合，无法保障消费者权益。

二、我国殡葬立法的建议

为了应对我国日益突出的殡葬社会矛盾，有效解决目前所面临的社会问题，我们应该从不同的角度，结合我国的实际，借鉴国外相关立法的成功经验，重新审视和建立符合社会发展需求和国家管理的殡葬法律体系。

自20世纪20年代开始，许多学者对殡葬立法进行了多角度的深入研究，逐渐形成了多种学说，如国家干预学说、市场调节学说、可持续发展学说等。国家干预学说认为应当通过制定专门的法律对殡葬行业进行调整，从而确立殡葬各项事务依法管理的制度基础；市场调节学说则提出在殡葬经营服务方面，应当建立以政策手段和法律手段相结合的方式进行调控的管理机制，合理划分确定国家与个人在殡葬服务中的关系和地位，充分发挥市场机制的自我调节功能，推动殡葬经营服务在市场化基础上的有序竞争和发展；可持续发展学说侧重于兼顾殡葬行业与环境保护，兼顾公共利益与个人利益，提出实现遗体处理方式自主与资源环境的可持续利用相结合是殡葬立法的基本原则。综合各方观点，并结合我国实际情况，在殡葬立法中，应当注意建立和完善以下几个方面的规范。

1. 殡葬立法主体的独立性

目前，我国的殡葬法律是由国务院授权民政部门起草的，然后由国务院颁布实施，具有浓厚的部门化色彩，是行政管控思维下的产物。民政部门作为我国殡葬管理的专门机关，其在法律起草中难以保持中立、客观的立法地位，难免会夹杂一些部门利益，导致制度设计偏重行政利益的实现，从而导致了具体实施过程中部门利益割据，公共利益和社会公平受到损害，引发较为激烈的社会矛盾。因此，有效的分割殡葬的立法权和管理权，是实现殡葬立法公平正义的首要任务。

在实践操作中，殡葬立法主体应当注意避免行政管控思维的干扰，回避管理部门与立法主体的一体化，可探索采用直接委托、公开招标等开门的程序机制，将法规规章草案交由专业人士或者组织起草，以避免制度建设过程中的部门化倾向，避免立法成为部门创收、获利等垄断行为的手段，确保法案出台的"程序正义"（耿荡舟，2007）。

2. 殡葬方式多样化引导

土葬一直以来都是我国主要的殡葬方式，作为一项传统的殡葬方式，它产生于母系氏族社会，是人类为了抗拒大自然的力量，寻求生存与安定的生活而寻找的精神寄托方式。"入土为安"是我国传统殡葬文化的核心价值取向，人们常常认为逝者的遗体唯有回归大地才能获得永久的安全和保障。原始社会末期，土葬已经相当普遍。虽然在历史的发展中，我们也能看到火葬的影子，但火葬多随着佛教的传播而出现，适用人群也多见于佛教徒或得道高僧等，社会人群的接受程度远低于土葬。然而，随着人类社会人口总量的飞速增长，死亡人口数量日益增加，传统的殡葬方式所带来的负面影响日趋明显。《殡葬绿皮书：中国殡葬事业发展报告（2014—2015）》提出，我国殡葬事业的热点难点，主要体现在：基本公共服务有效供给不足；个别地区片面追求火化率；墓地价格虚高、清明祭扫和墓地规划无序。2014年中国死亡人数为1000多万人，随着人口老龄化的加剧，预计2025—2030年前后，这个数字将会达到2000万，全国大部分省份的现有墓穴都将在十年内用完。除此以外，传统殡葬模式对水源、空气、生态环境的影响也非常严重。

关于殡葬方式，我国《殡葬管理条例》确立了火葬替代土葬的基本立法思路，但提出殡葬管理应以积极地、有步骤地实行火葬为目标，在人口稠密、耕地较少、交通方便的地区，应当实行火葬，暂不具备条件实行火葬的地区，允许土葬。这样的规范造成了两方面的不利后果：一方面，以火葬为主导的殡葬方式法制化与我国宪法规定的风俗习惯自主原则相抵触；另一方面，不利于多样环保殡葬方式的推广。其实，在多元文化融入的现代社会，人们对于殡葬的理念已经有了较大的变化，不再拘泥于接受单一的殡葬方式，而更愿意自主选择更有意义的殡葬方式，如海葬、树葬等，多样化殡葬方式的应用更符合殡葬管理的初衷，实现殡葬环保和可持续发展的目标，因此，在殡葬立法中坚持以环保和可持续发展为基本原则，对殡葬方式采用引导推广为主的立法模式，远比强制设立更为有效和有意义（唐云红，2008）。

3. 公共利益至上原则

殡葬服务业究竟应该进行单一的行政管理和规范还是引入市场化的经营模式，一直以来都是学者们争论的焦点。无论是属于纯粹的商业服务业，还是公共服务的一部分，殡葬设施无论是市场化的经营性质还是公益性质，殡葬立法都无法回避。殡葬作为人类社会的基本需求，必须以公共利益的保障为前提，法律在对从业者和经营者以及政府主管机关做出相应的具体要求时，都必须设计公共利益保护的基本条款，必须以保护消费者权益，促进公平竞争，促进行业进步与发展，保护公共安全和公众利益，保护环境和公共资源等为出发点和目的。

重视维护公共利益，是国外殡葬法规的一个鲜明特点，也是我国殡葬立法必须加以确立的基本原则。例如，加拿大安大略省殡葬服务理事会的主要目标是依法履行职责并由此为公共利益服务、保护公共利益。德国勃兰登堡州的殡葬法规也将不得危害公共安全作为殡葬行业的基本准则。日本规定，殡葬设施的建设管理和殡葬活动必须从公共卫生和公共福利方面考虑。此外，在殡葬设施的选址兴建、殡葬服务经营许可的授予条件等具体规定中，公共利益的保障也都必须是其中重要的考虑因素。

4. 维护死者尊严和公序良俗

殡葬活动往往与人类情感紧密相关，常常会触动人类灵魂的最深处，殡葬习俗往往是一个民族文化传承的结晶，寄托了整个民族的精神信仰和道德追求。我国古代即有"死者为大、死者为尊、事死如事生"的生死文化思想，中国传统的殡葬祭祀活动也多以"以人为本"的基本理念来实施。例如，孔子在《论语·雍也》中提出"未能事人，焉能事鬼"，"未知生，焉知死？"将死后世界、侍奉鬼神置于"生"之后进行讨论，要求人们应当以人性的朴素情感来对待死亡和死者。唐代《丧葬令》中明确规定"士卒遭父母丧者，非在疆场，皆得奔赴"等。由此可见，如何对待死亡对我们来讲是非常重要的人生价值观体现，殡葬立法自然也不能忽视对死者尊严的维护和对社会公序良俗的保护（高海生等，2006）。国外亦是如此。德国殡葬法明确规定，死亡人员得到体面的殡葬是一项公共责任。同时，明确要求在殡葬过程中，任何人不得因任何事由损害死者的尊严，破坏公众的风俗习惯。日本殡葬法规定，殡葬设施的建设管理和殡葬活动必须符合国民对宗教的感情需要。俄罗斯联邦殡葬法同样规定了保障按照死者生前的意愿及其亲属的愿望殡葬死者的权利。由此可见维护死者尊严和社会公序良俗是所有殡葬立法的基本原则。

5. 实现殡葬服务市场化

殡葬服务是否应当市场化一直以来都是我国殡葬制度改革和立法中多方争议的焦点。我国现行殡葬条例中，虽没有明文限制非公资本投资经营殡葬行业，当前也的确有民营资本注入殡仪馆或者合营墓园的情况，但是民营资本的份额相较于整个殡葬市场非常有限，且经营状态不佳。条例的规范实际将民政部门的"准入审批权"转化为部门化的"经营独占权"，从而实际形成了管理者对殡葬经营权的垄断。民政部门常常通过区域设置规划、准入审批等职权变相限制民营资本的进入，制约殡葬服务市场化的发展，为自营企业创造有利条件，从而实现行业垄断。这些管理规范的设计违背了行政管理以监管为主的管理理念，打破了市场公平竞争的规则，破坏了行业的健康有序发展，推高了殡葬服务的市场价格，损害了消费者的权益。因此，殡葬服务回归市场的重要基础是民政部门还位于其应尽的基本监管职能（程寿，2005）。

在以上观点的基础上，殡葬立法的完善应当注意以下几个方面内容的构建。

1）殡葬服务经营许可制度——事先许可制度

殡葬服务经营许可制度是指申请人依照法律规定，向管理机构申请从事经营殡葬服务，经管理机构审核批准取得许可证后，可从事相关活动的一项基本殡葬管理制度。"事先许可"制度的设计更多地强调政府的监管职责，大多数国家在殡葬管理制度中采用这一制度作为行业行政管理的主要手段。它不同于其他经济活动所实行的事后认可制度。全面、完善的"事先许可"制度要求无论是一个人在从事殡葬服务工作之前，还是法人在经营殡葬设施或提供殡葬服务之前，都需要依照法律的规定，事先提交相关的申请，在取得有关部门的许可后，相关活动和行为才能开展和实施。实行"事先许可"制度主要是因为殡葬活动是对人类尸体这一特殊物质形态进行彻底的、最终的、不可逆转的处置，是人类全部社会活动中极为特殊而重要的一项活动。殡葬过程中的任何差错或过失，无论是物质还是精神，对当事人来讲都意味着难以弥补和接受的损害，因此，殡葬立法中历来都对殡葬服务采取全方位、全过程的"事先许可"制度，目的在于保证殡葬服务这一不同于其他商业服务的特殊行业保持较高的起点和专业水准，有效地防范各种道德和社会风险。

基于其重要性，殡葬服务经营许可制度应当注重以下几点。

第一，保障殡葬服务经营主体的多样化。

经营主体的确立是制度体系的基本内容。殡葬服务经营主体是实现殡葬服务市场化的重要组成保障。单一的经营主体常常带来行业垄断的风险，因此殡葬服务要想克服市场垄断的产生，必须保障殡葬服务经营主体的多样性。英美法系国家在其殡葬服务体系中设计了多种经营主体，准予符合法律条件的个人、合伙人、商业性机构提出申请，并不特别强调经营主体的统一。同时，在经营许可的监管中注重详细界定服务种类，统一服务标准，注重对殡葬服务经营项目的许可，强调经营主体的资质和经营能力，而非强调经营主体身份地位和法律性质。这些经验提示我们，殡葬服务经营主体的多样性往往与行业监督管理的动态性紧密联系，如经营主体的经营资格不能是固定不变的，行业监管机构可以充分发挥监管职权，通过考核、处罚等手段形成灵活的准入和退出机制，同时设定细致实用的相关保障措施，使其符合市场经济规律和国家法制统一的内在要求。

第二，殡葬服务经营资格的明确化。

殡葬服务经营主体资格的获得应当满足法律所规定的条件，许可条件和程序的设定能够体现公共事务管理的公平性、公开性、公正性和效率性。同时，许可条件的拟定应该符合市场经济规律的要求和殡葬行业的具体特点，突出对申请者专业资质和服务能力的要求。以华盛顿哥伦比亚特区的有关规定为例，经营者资格包括：①在本区开业主营殡葬业务，必须依法被授予了经营许可证，该许可证将被视为A级公共健康殡葬机构许可证。②任何个人都不能经营殡葬服务机构，除非此人是被授予了殡葬工作者许可证的个人。③任何公司、合作人或其他商业实体都不能被授权经营一个殡葬服务机构，除非殡葬服务机构的一个所有者已经获取了殡葬工作者许可证，并且商业实体已经指定了一个已经被授予了许可证的殡葬工作者（殡葬主管）负责人，此负责人应该负责殡葬服务机构的日常事务。被授予了经营殡葬服务许可证的公司、合作人或其他的商业实体必须遵守法律要求，在商业关系结束时，将免去"得到许可的殡葬工作者的所有者"的职位，或免去"得到许可的殡葬工作者"的职位。

第三，严格的申请程序。

严格的申请程序是实现公平正义的重要保障。一个申请是否应当获得批准，首要的考虑因素就是该申请是否符合公众利益，而非行政管理的需求。与其他的行政管理法律相同，为了保证行政权力的公开透明，听证可以作为殡葬服务许可审批的必经程序，以这种公开的形式让公众参与，由公众对所提申请是否有利于公众利益做出更好地判断。同样，听证程序还可以适用于对殡葬违法行为的行政执法过程中，因为这涉及殡葬工作者的执业资格或服务单位的经营资格是否能够继续存在。例如，华盛顿特区殡葬法就规定，当以诉状的形式向区长控告被告人违背了有关法律规定，那么区长应该展开调查。并且，在有正当理由的情况下，应该依法并指定具体的时间和地点举行听证会。可见，严格的申请程序是对公众利益的维护，是殡葬服务经营许可制度设计的基本出发点。

第四，管理职权的分权制约。

殡葬立法的核心是如何界定行政管理与市场自律的界限。在以行政监督管理为主的殡葬法律制度中，行政职权的膨胀导致了行业垄断的产生，进而破坏了行业的健康发展和稳定。因此，新的殡葬立法应当对殡葬行政管理机构的行政职权加以限制，引入非行政化行业管理机构的管理进行分权制约，明确经营许可权和监督管理权的权限范围及内容，充分实现行政管理和行业自治管理的有机结合。

为了避免监管权力被滥用，维护经营者的合法权利，还需规定较为完备的救济制度。例如，在做出处罚命令前，监管主体必须给予当事人听证申辩的时间和机会等；对于生效的处罚决定，当事人还可以依法进行申诉，直至获得司法救济。

2）实行殡葬行业从业人员执业资格制度

由于殡葬服务是关系社会稳定，人身权利的重要社会活动，其服务人员不同于一般行业服务人员，必须具备相关的专业技能和职业素质，才能保证服务目的和当事人权益的保障。因此，对殡葬行业从业人员实行执业资格制度有利于该行业的健康发展，减少服务纠纷的产生。美国殡葬法律要求从事殡葬服务的殡仪师必须是具有专业知识和基本技能，并取得执业资格的高素质人员，其社会地位与医生和律师一样令人羡慕和尊敬。从广义角度，殡葬从业人员包括所有从事与殡葬服务活动有关的人员。从业人员职业资格制度的设定应当包括执业资格标准、执业资格的取得、检查和撤销程序、行为准则和职业道德规定、培训与继续教育规定以及制裁和救济规定等。例如，美国法律规定，只有依法取得执业资格许可证的人员，方可从事殡葬服务工作。如对于尸体防腐学徒，其具体注册条件要求必须良好的道德品质，受过中等教育，受雇于一家殡葬服务单位并支付了法定费用等，并且对从业人员的培训与继续教育等内容提出了要求（宋悦华和刘秀伟，2011）。

6. 规范行业经营

在殡葬服务市场化过程中，行业的自律和他律同样非常重要。因此，在完善行政管理法律构建的同时，还应当注重完善对行业经营行为的规范化要求。例如，墓地及火葬场的规范化管理、有关法律文件的保管和使用的具体要求以及殡葬服务的行为规范，包括预先殡葬服务合同的具体原则和规定、殡葬服务设施设备的标准、殡葬服务标准和殡葬用品标准、当事人双方应遵守的原则和准则等（曾涛，2008）。

第一，规范化的殡葬服务能够有效地保障消费者权益，我国可借鉴其他国家的经验，引入生前预约殡葬服务合同制度，通过合同的约定明确双方的权利义务。各国对生前预约殡葬服务合同这一概念的表述不尽相同：英国称为"预付款计划"，德国称为"殡葬预先关心"，尽管叫法不一，其实质内容却基本相同，都是指当事人依照自己的愿意，在生前与有资格的殡葬服务经营者签订的，以本人或他人去世后所需殡葬服务为基本内容的合同。通过签订相关合同，双方当事人可对殡葬服务中的权利义务及其他事项进行约定，并形成书面文件，有效的保障双方当事人的利益（唐飞，2013）。

目前，很多国家通过法律确立生前预约殡葬服务合同制度，并形成配套完善，且较为严格的规定。例如，美国对生前预约殡葬服务合同的管理，对合同的内容、服务和物品的价格、谈判的方法、资金的收取与退回等都做了详细的规定，与其他民事法律中的合同不同，特别突出强调政府的管制作用，经营者的自主经营受到一定的限制，更多强调的是经营者的义务，经营者像是在执行政府的法规和命令，双方的权利和义务严重不对等。例如，法律规定生前殡葬服务提供者无权撤销合同，除非购买人未按约定付款。而购买人在殡葬服务合同未履行前，无须任何理由，有权随时以书面的形式撤销合同。这样的规定，加强了对消费者的保护，强化了服务提供者的义务。这种表面上的不对等，突出体现了立法的目的在于追求实质意义上的平等和对消费者权益的保护。同时，法律针对服务提供方设计了监督处罚措施的规定，主要包括：撤销或中止许可证书，或者暂时中止许可证书；罚款；冻结经营者的资产或殡葬信托资金等。

第二，建立完善殡葬档案制度。法律文书的规范和统一，殡葬档案管理制度的建立健全，不仅能有效地保证殡葬服务在法律的监督下依法进行，而且能够为当事人双方合法权益的维护提供保障。殡葬档案制度中应当包括注册许可、违规处罚、墓地安葬记录、殡葬合同、火化记录、死亡证明书等各类业务档案的内容、保管主体与保管期限、为公众提供查询服务等详细的规定。

第三，殡葬服务设施的经营许可。殡葬服务设施的经营许可通常与殡葬服务资格许可紧密结合，殡葬服务行业的准入审查往往包括对其殡葬服务设施的审查。

第四，殡葬经营服务保证金、职业保险制度的建立。殡葬服务经营机构的服务行为贯穿于整个殡葬服务过程中，为了保障殡葬服务经营的稳定性和持续性，可通过立法确立服务经营保证金、职业责任保险等制度，设立完整、细致的处罚救济规则，实现对公共利益和消费者权益的保障。

7. 殡葬行为管理法律制度

中国传统殡葬祭祀文化不仅针对生死，而且关乎人、鬼、神等关系，导致存在于现实生活中的传统殡葬祭祀夹杂了许多鬼神迷信等内容。因此，殡葬行为立法应主要以殡葬文化中的精神追求作为基本内容，对其中的符合人类基本情感表达的礼仪规范加以整理，剔除不符合我国法制理念，违背公序良俗、基本人伦的封建迷信、陈规陋习，保留传统文化中"以人为本"的良善伦理道德，并将其法制化。这有利于弘扬传统中华文化，维护社会基本的精神信仰和道德追求，因此法律的制定应以限制或禁止不良行为发生，并保留公众选择宗教信仰和遵从风俗习惯的自由权利为基本目的。与此同时，符合时代发展、符合民族精神要义的殡葬行为，也宜使之在新殡葬法中有所体现。

综上所述，同一领域部门的法律，在不同国家，其内容并不完全相同。之所以如此，是因为不同国家传统文化不同，法律文化不同，其法律意志和法律理念也便不同。新的殡葬法制订，应当以我国的传统文化为基础，注重体现殡葬文化在历史发展中所形成的民族精神特征，注意尊重具体国情和传统习俗，在法律与礼仪民俗之间寻找平衡点，坚持"逝者安、生者慰"以及"以人为本，传承文化"的立法理念，坚持尊重民俗习俗、注重生态、环保的殡葬基本原则，通过法律的规范，实现可持续发展与文化传承的立法双赢，在法律的基础上构建一套符合中国国情的殡葬管理模式。

第十二章 关于死亡的国内外经典案例评析

判例法在法学实践中具有重要意义。本章选择了国内外有关死亡问题有影响及典型的案例,进行了详细的分析说明,以期对类似案件的审理及在关于死亡问题的立法方面提供参考。

第一节 国外经典案例

案例一 死亡选择权第一案——昆兰案

一、基本案情[①]

1975年4月,美国一位21岁的妇女克伦·昆兰(Karen Quinlan)不明原因地失去意识并停止呼吸,尽管医院努力提供人工呼吸急救,但昆兰还是因为缺氧遭受严重的脑损伤,她成了永久的植物人,只有借助呼吸机才能呼吸。三个月后,其父母被告知女儿再也无法恢复意识时,她的父母亲要求撤掉呼吸机,允许自己的女儿自然死亡。然而,医院表示拒绝,因为根据当时大家普遍接受的医疗规范和法律标准,昆兰并没有死亡。于是,昆兰父母主张行使对女儿的法定监护权,停止维持女儿生命的呼吸机。昆兰父母的请求受到州政府官员和特别指定代理人的一致反对,大家都同意医院的观点,即应该继续维生治疗。新泽西州高等法院同样拒绝昆兰父母的请求,理由是他们的女儿享有宪法保护的死亡权。然而,新泽西州最高法院推翻了下级法院的判决,并任命昆兰的父亲约瑟夫(Joseph)为法定代理人,他有权基于女儿的利益做出是否继续治疗决定。

在昆兰案中,昆兰父母援引了大量宪法规定,包括宗教自由、免受残酷且异常的惩罚、隐私权等。新泽西州最高法院拒绝接受昆兰父亲根据宪法第一修正案"宗教自由"和第八修正案"免于残酷且异常的惩罚"提出的诉求,但是支持了昆兰父母基于隐私权提出的诉求,允许他们享有做出治疗决定的特权,但这种决定必须符合女儿的利益。具体地说,对于前二者,法院认为政府保护生命的强大利益优于昆兰的宗教信仰自由权,而第八修正案禁止残忍且异常的惩罚仅适用于强加刑事制裁的情形,不适用于昆兰案,昆兰目前的状况是命运和自然意外造成,尽管这种状况在本质上是残忍且最不同寻常的,但无法等同于任

[①] Costello, John A. 1976. In re Quinlan, 355 A. 2d. 647.

何宪法意义上的"惩罚"。在对该案拒绝适用美国宪法第一和第八修正案后,法院做出如下重大决定,即个人享有的宪法隐私权允许人们在特定情况下拒绝治疗,并援引联邦最高法院最近的两次判决。联邦最高法院最近的两次判决,将个人的宪法隐私权扩展至避孕药具使用和堕胎领域,新泽西州最高法院主张,隐私权在特定情况下也应该运用到包括个人有权拒绝治疗的领域。法院在判决理由中写道:"我们毫不犹豫地判定,州不存在任何外在的强制性利益来迫使昆兰忍受无法容忍的痛苦,让她处于植物人状态再生活几个月,而没有任何恢复认知和意识的现实可能。"

值得注意的是,本案中,法院采用一种"按比例增减法"证明隐私权的优先性,即随着身体侵犯程度的增加和预后的恶化,州的利益随之减弱,而个人的隐私权随之增加,达到某个特定点之后,个人的权利就超过州的利益。更为重要的是,法院明确反对加速另一个人死亡的任何行为都将承担杀人的刑事责任。法院认为,在该案情形下,不存在任何杀人的刑事犯罪行为:首先,随之而来的死亡不是被杀害的结果,而是现有状态的自然终止。其次,即使它被认为是一种杀人行为,也是合法的。非法剥夺另一个人的生命与根据自治权而终止人工生命支撑系统之间存在明显的区别。而且,法院进一步判定,考虑到昆兰神志不清,她的父亲作为监护人有权为了保护昆兰的利益而主张隐私权。在判决之后的几个星期,昆兰的呼吸机在其父亲的要求下被撤掉。此后,她依靠人工营养和水合作用又活了9年,最终在1985年7月死于肺炎。

二、案件评析

1976年宣判的昆兰案标志着死亡权运动的开始。在本案之前,几乎没有法院做出有关个人有权拒绝维生治疗的判决。早期大多数案例涉及的病人因为宗教信仰而拒绝治疗,法院都是援引宪法第一修正案的宗教自由权和普通法的自治权作为支撑。这是州的最高法院第一次基于宪法第十四修正案的隐私权允许病人拒绝维生治疗。昆兰案的重要之处在于,它赋予个人更大的临终决定自治权,从而推动死亡权运动向前发展。昆兰判决的反应迅速且广泛,后来美国有100多个法律判决延伸自昆兰判决,大量有关临终决定的州立法也获得通过。其中有很多立法就是对昆兰案的直接回应。不断积累的个案和制定法形成了一种法律共识,即个人拒绝维生或救命治疗从而选择死亡是可以接受的。昆兰判决对死亡权的争论具有重要的转折意义。

案例二 昆兰案的联邦最高法院延伸——克鲁赞案

一、基本案情[①]

昆兰案的审理法院对个人有权拒绝维生治疗的解释只局限于新泽西州,其他州的初审

---

① Cruzan V. 1990. Director, Missouri Dept. of Health, 497U. S. 261。

和上诉法院并不受制于昆兰案确立的先例。在昆兰案 15 年后,"死亡权"案例——克鲁赞案才到达联邦最高法院。

1983 年 1 月,密苏里州一位 25 岁妇女南希·克鲁赞(Nancy Cruzan)因为在一次驾驶过程中因汽车失控而严重受伤。和昆兰一样,克鲁赞也因为缺氧而遭受不可逆的脑损伤,并开始永久植物人状态。几个星期后,在其丈夫的要求下,医院工作人员为她插入一根进食管以提供人工营养和水合物。在接下来的几年里,克鲁赞的状况没有发生任何变化,因为人工营养和水合物为她提供了足够的食物维持其生理生存。直到 1987 年 5 月,她的父母恢复了法定监护人的地位,要求医院撤掉进食管允许她死亡。医院表示拒绝,随后,克鲁赞夫妇提起诉讼。密苏里州巡回法院判决支持克鲁赞夫妇,法院主张,克鲁赞的自由权胜过州保护其生命的利益,该权利要求所有的维生干预应该终止。

法院的判决在一定程度上基于克鲁赞的前室友提供的证词,该室友声称,克鲁赞曾经告诉她:"如果她病了或受伤了,她不希望继续生活,除非她能至少在半正常状态下活着。"随着案件上诉到州最高法院,上述判决被推翻,理由是该院认为室友的证词"对于决定克鲁赞的目的而言是不可靠的"。州最高法院宣称,密苏里州法律规定,即使为了神志不清病人的利益而做出终止维生治疗的决定,也必须具有"清晰且有说服力的证据"。1989 年,美国联邦最高法院发出调案复审令,首次表示同意审理关于"死亡权"的争论。1990 年 6 月,美国联邦最高法院以 5 比 4 的票决支持密苏里州的判决。联邦最高法院认为,个人的"自由利益"并不是绝对的,它必须与相关州的利益进行平衡。密苏里州享有保护和维护人类生命的利益,考虑到生死决定具有明显的终局性,密苏里州在允许神志不清病人撤销维生治疗之前提高证据要求既是正当的,也是合宪的。因此,联邦最高法院支持密苏里州最高法院的判决,并主张第十四修正案对个人自由的保护并未禁止密苏里州要求"神志不清病人希望撤销治疗的证据应该清晰且有说服力"。

尽管如此,首席大法官伦奎斯特(Rehnquist)在撰写多数意见时陈述到,"如下原则——即神志清醒者在拒绝不需要的治疗时享有宪法保护的自由利益——可以从我们先前的判决中推断出来"。因此,尽管拒绝克鲁赞终止维生治疗的请求,但克鲁赞案的判决意见支持如下观点,即有些终止生命的行为可以是一种受到宪法保护的权利。在引用早期的判例时,法院援引新泽西州大法官卡多佐(Benjamin N. Cardozo)的观点,他认为:"任何一个心智健全的成年人都有权决定如何处置自己的身体。"尽管在其意见中明确表示支持病人的自治权,但联邦最高法院仍然授予各州足够的回旋余地,在涉及神志不清病人的决定和拒绝维生治疗的决定时,由州自己确定应该采取何种标准和程序。

联邦最高法院的判决之后,克鲁赞继续依靠进食管而生活在永久植物人状态。但是,几个月后,克鲁赞的一些朋友突然回忆起她们与克鲁赞之间的对话,其中有一次她明确表示,如果处于类似于当下的情形,她不愿意继续活着。克鲁赞的医生也不再坚持反对撤掉进食管。当本案再次回到法院时,初审法官判定,现在已经具备了"清晰且有说服力的证据",即在目前情况下,克鲁赞并不希望继续活着。第二天,进食管被拔掉。1990 年 12 月 26 日,南希·克鲁赞去世,此时已是她受伤之后的第 7 年。

二、案件评析

克鲁赞案的判决虽然允许密苏里州在缺乏充分证据的情况下继续为克鲁赞提供维生治疗，这似乎限制了她的死亡权，但实际上，该判决大大推动了死亡权运动向前发展。首先，虽然联邦最高法院允许密苏里州对神志不清病人规定严格的临终决策标准，但它并没有要求其他州也采取同样的标准。事实上，只有纽约州效仿密苏里州的做法。其他大多数州采取的标准是"承认病人有权控制自己身体的完整性，并以此作为决定利益相对平衡的关键"。其次，更为重要的是，联邦最高法院判定，神志清醒病人可以根据第十四修正案的自由权利拒绝治疗。尽管大多数州法院和一些联邦初审法院已经得出这样的结论，但该判决使先前的设想成真，与只对新泽西州法院具有直接约束力的昆兰案相比，克鲁赞案为整个国家判定死亡决定权提供了依据。

案例三　争取安乐死的权利——鲁克斯伯格案

一、基本案情[①]

1996年，一个饱受癌症痛苦长达8年之久患者的安乐死请求案，上诉到美国联邦第九巡回上诉法院。该患者就是鲁克斯伯格（Glucksberg），当时已经69岁，癌细胞扩散至全身，濒临死亡。当时美国华盛顿州法律禁止医生协助濒临死亡的患者自杀，因而受到某些医生的起诉，他们认为这项法律违反了第14修正案的正当程序条款，剥夺了为神志清醒的晚期病人授权医生实施"安乐死"的自由。经审理，法院明确裁定华盛顿州禁止医师帮助患者自杀的法律违反了宪法第14修正案。法官认为，旷日持久和难以忍受的病痛折磨，大大损害了人的尊严，濒临死亡的患者有请求加速死亡进程的自由。患者在行使这一项宪法权利时，通常向医师提出协助其自杀的请求，所以，行使拒绝延长生命的医疗措施的权利，和医师帮助神志清醒的临终患者自杀的界限是难以区分和界定的。因而法院裁决，华盛顿州禁止帮助患者自杀的法律，禁止医生对那些神志清醒的、希望加速死亡进程的成年临终患者采取结束生命的医疗措施，违反了宪法第14修正案的平等保护条款。这一裁决同时影响了9个州的相关法律。但在纽约，法律同样将帮助他人自杀或企图自杀规定为犯罪，同时法律同样认为患者可以拒绝维持生命的医疗措施。

联邦巡回上诉法院的裁决似乎给安乐死合法化问题带来了一线生机，可是好景不长，一年以后的1997年6月26日，联邦最高法院即罕见地以9比0的表决结果一致推翻了第九巡回上诉法院院在"Washington v. Glucksberg"中所作出的裁决，认定禁止自杀的州法律并不存在违宪的问题。联邦最高法院一致维持了这项法律的合宪性，并明确区别了"让"（let）一个人死亡和"使"（make）一个人死亡的本质区别。首席大法官伦奎斯特代表最高法院指出，华盛顿州与纽约州禁止"导致"或"帮助"自杀的禁令并没有违反《美国宪法》

---

① Glucksberg V. Washington. 117 S. Ct 37（1996）.&Washington V. Glucksberg. 117 S. Ct . 2258，138L. Ed. 2d772（1997）。

第 14 修正案规定的正当程序条款。在仔细考察了美国的历史、法律传统和司法实践后，最高法院发现，无论是盎格鲁-撒克逊普通法的传统，还是联邦与各州现在的制定法，都明确禁止实施协助自杀的行为，即使对濒临死亡的人也不例外。

因此，最高法院认为，首先疾病患者所主张的协助自杀的"权利"不是正当程序条款所保护的基本自由权利。如果要支持这一诉讼请求，就得推翻数个世纪以来的法律学说和实践以及几乎所有州都予以确立的政策选择。

其次，最高法院认为，平等保护条款要求任何州都不能放弃对其管辖的任何人的平等法律保护。平等保护条款创制的是非实体性的权利，它蕴涵着一条基本原则，同类情形同样对待，不同情形区别对待。这也是法治的基本要求。华盛顿州这样一个平等地适用于所有人的法律毫无疑问是符合平等保护条款的要求的。

再次，最高法院强调指出：第一，华盛顿州与纽约州禁止帮助自杀的法律与州的合法权利具有合理的相关性，州的这些权利包括禁止故意谋杀和保护人的生命、禁止涉及危及公众健康问题的自杀、保护医疗职业的整合性和合伦理性、维持医生作为患者守护者的角色，保护穷人、老人、残疾人、病入膏肓等社会弱势群体免受强制、歧视、冷漠或者其他不公正的对待等；第二，州也可以合理地担心如果允许帮助自杀将助长自愿安乐死乃至非自愿安乐死的倾向。如果支持安乐死，显然存在着对这些重要而合理的权利的侵犯。基于以上论证与推理，最高法院推翻了联邦第九巡回上诉法院的判决，裁定将案件发回重审。但是，最高法院确认了"双重效果"的概念，公开承认只要是为了减轻患者痛苦的目的，通过加强实施镇痛措施从而加速患者的死亡并不构成被禁止的帮助自杀。同时，最高法院也认为："在全国范围内，美国人正在进行一场关于医生帮助的自杀的道德性、合法性与实用性的热烈与影响深远的讨论，我们的意见是允许继续进行这样的讨论，一个民主社会应当允许这样的讨论"。

尽管美国各州一般都不认为拒绝继续治疗构成传统法律所禁止的自杀，但某些州仍然可以合宪地禁止帮助自杀行为。1997 年，美国国会通过了《联邦帮助自杀基金限制法》，禁止使用联邦基金资助在医生帮助下的自杀，表明了联邦政府对"安乐死"的态度。

二、案例评析

美国联邦最高法院所做的裁决禁止医生对濒临死亡的患者实施安乐死的裁决，等于剥夺了临终患者选择"安乐死"的权利。这里谈论的是在医生的积极协助下加速死亡，属于主动的或积极的安乐死。最高法院的裁决，激起了人们对主动安乐死合法化问题的探讨。

1993 年 2 月 9 日荷兰议会上院以 37 票对 34 票的微弱差距，通过了关于"没有希望治愈的病人有权要求结束自己生命"的法案，从而使荷兰成为全球第一个规范医生实施积极的死亡协助行为的国家。2001 年 4 月 10 日，荷兰议会上院以 46 票赞成、28 票反对，一票弃权的结果通过安乐死法案。该法案将荷兰长期以来的安乐死判例加以条文化、规范化、法律化，不仅承认被动安乐死，更为重要的是有条件地承认了主动安乐死。

虽然荷兰的立法比较激进和"超前"，在美国看来，可借鉴和吸收的合理成分，还需要仔细比较和分析。华盛顿州宣称其禁止医生帮助患者自杀的行为是为了阻止安乐死所带来的不利影响，并且担忧如果允许医生帮助患者自杀会为公民自愿甚至非自愿的安乐死打开方便之门。为了判断这种担忧是否具有合理基础,法院考察了荷兰的经验,因为荷兰是唯一一个允许医生帮助自杀和安乐死的国家。借助荷兰政府的相关调查报告,法院发现,1995年荷兰有大约9700位病人请求医生协助自杀和安乐死,其中3700例实施了安乐死。此外,约1000例患者没有行为能力,也被医生主动地实施了安乐死。在了解荷兰安乐死立法的社会效果后,法院因此认为,"尽管存在各种的报告程序,但是安乐死在荷兰并没有被有效限制在那些经受着病痛折磨、符合一定条件和身患绝症的患者中间适用,这表明对安乐死的规范并没有防止安乐死被滥用于那些容易受到伤害的人身上……"。法院最后判决道:"华盛顿州为了防止那种危险,采取禁止而不是规范医生辅助患者自杀是合理的。"

可见,安乐死的原本意义,是赋予濒临死亡的主体有选择安宁、有尊严地离开人世的权利。但是,安乐死在实施层面,受到了伦理、道德、法律,尤其是刑法的多重拷问和挑战。因为从权利层面,每个人既是权利的主体,又是义务的主体,个体在享有依法赋予的权利时,不得侵害他人权利的行使。患者不能因为无法忍受病痛的折磨,动辄要求医生对其实施某些措施或者协助死亡。正是因为这个理由,安乐死波及患者和医生、患者家属和整个市民社会的权利。

世界各国,除荷兰外,比利时在2002年正式颁布了《安乐死法》。澳大利亚的安乐死立法活动颇费周折。其北部地区于1996年通过了《晚期病人权利法案》,但于1997年3月参议院将此法案废除。日本是亚洲第一个在司法上有条件地认可安乐死的国家,但迄今为止尚未颁行有关安乐死的成文法典。

就我国而言,还尚未将安乐死问题纳入立法计划。人的生命只有一次,珍惜和尊重人的生命在各个阶段,包括在濒临死亡的阶段。因此,各国包括中国在内对安乐死的立法慎之又慎的态度是非常合理和明智的。在现阶段,安乐死的合法化还有以下问题需要明确。首先,是安乐死的定义。目前安乐死还处于地方性的实践阶段,且主要默许患者放弃治疗的被动安乐死。那么需要严格界定主动与被动安乐死的基本含义。其次,是严格限制安乐死实施对象,这是安乐死立法的核心问题。应该限制在"身患目前医学上无可医治的绝症或者生理衰竭的患者,因难以忍受病痛折磨"且"事先主动申请"的患者。再次,实施安乐死的方法,一般来说,安乐死的方法应当由医师根据患者的具体情况来选择适合具体患者的医学方法。最后必须明确实施安乐死的程序。建议涵盖申请程序、审查程序,执行安乐死的人员和具体的执行程序等。

第二节 国内典型案例

案例一 我国首例安乐死案——夏素文案

一、基本案情[①]

1986年6月23日,陕西汉中的夏素文因为肝硬化变腹水,病情恶化,被其子女王明

[①] 王锲夫.2010.追忆中国安乐死第一案.公民导刊,(2):40-41。

成等送往医院救治，因病情恶化，夏素文疼痛难忍，喊叫想死。6月28日上午，王明成要求主治医生蒲某给夏素文实行安乐死，蒲某先是不同意，后经王明成一再请求，并表示承担一切责任，蒲某对夏素文以注射复方"冬眠灵"的方式，致夏素文死亡。夏素文死后不久，其大女儿、二女儿让汉中市公安机关、检察机关控告蒲某故意杀人。遂汉中公安立案调查，9月20日以故意杀人罪将医生蒲某、李某、夏素文子女等四人逮捕。1991年4月6日汉中市人民法院做出一审判决："被告人王某在其母夏素文病危难愈的情况下，再三要求主治医生蒲某为其母注射药物，让其无痛苦地死去，其行为显属剥夺其母生命权的故意行为，但情节显著轻微，危害不大，不构成犯罪。被告人蒲某在夏素文儿子王某的再三要求下，同其他医生先后向重危病人夏素文注射促进死亡的药物，对夏的死亡起了一定的促进作用，其行为已属剥夺公民生命权利的故意行为，但情节显著轻微，危害不大，不构成犯罪。依照《中华人民共和国刑法》第十条，宣告蒲某、王某二人无罪。"一审判决后，汉中市人民检察院对一审判决两名被告行为不构成犯罪提起抗诉，蒲某和王某则对一审判决认定其行为属于违法行为不服提起上诉。汉中地区中级人民法院于1992年3月25日二审裁定驳回汉中市人民检察院的抗诉和蒲某、王某的上诉，维持汉中市人民法院一审刑事判决。

二、案例评析

夏素文案是中国首例安乐死案，该案的公开审理，加快了我国安乐死发展的步伐。更值得一提的是，该案一审判决理由使用了刑法中著名的但书"情节显著轻微，危害不大，不构成犯罪"进行判决说理，体现法官的智慧，在面对对于当时社会敏感和前沿的"安乐死"问题，既审慎又保持开放的态度。此后，全国范围内陆续召开了有关安乐死研究的研讨会。1989年在我国人大第七届二次会议上，11位人大代表提出制定安乐死法案，卫生部以当前立法条件不成熟予以答复，但同时委托了《健康报》等报刊对安乐死问题展开调研和讨论。《健康报》在1989年4~8月进行了专刊专栏讨论，调研结果显示90%的读者对安乐死持赞同态度，广大群众期望早日实行安乐死的呼声越来越多，并多次出现自发安乐死行为。第八届全国人民代表大会第四次会议期间，北京、上海等地的人大代表均提出关于尽快立法制定安乐死实施法规的议案。

案例二　孝子弑母案——邓明建案

一、基本案情[①]

邓明建的母亲李术兰年过七旬，20年前因脑中风致半身不遂，生活基本不能自理，那时候儿子邓明建刚刚成家。在她的4个子女中，邓明建一直照顾服侍她。长期的病痛折磨

[①]韩跃广. 2013. 论刑法教义学视野下的"帮助自杀行为"——以我国"孝子弑母案"为例. 中国刑事法杂志，(6)：37-44.

让邓母不堪忍受,多次产生轻生念头。"老天爷为什么不收了我呀!"亲戚朋友时常听到邓母这样说。2011年5月16日,邓明建在多种疾病缠身、瘫痪近20年的母亲的反复要求下,在其租住地广州市番禺区石基镇南浦村附近购买了一瓶农药。买回农药后,邓明建按照母亲要求将农药瓶拧开,邓母接过农药瓶喝了几口,几分钟后毒发身亡。邓母死亡后,邓明建前往石基派出所报告,称其母自然死亡。后经公安机关调查,邓母死于有机磷中毒,邓明建因涉嫌故意杀人被逮捕。2012年5月30日,广州市番禺区人民法院对该案做出一审判决,以故意杀人罪判处邓明建有期徒刑3年,缓刑4年。邓明建当庭表示不上诉。尽管法院综合各方因素对邓明建从轻量刑,但仍将其买农药帮助母亲自杀的行为定性为故意杀人。本案被媒体称为"孝子弑母案"。

二、案例评析

这起案件不仅涉及法律对相关罪行的认定,还是一起令人心痛的家庭伦理悲剧。案件中邓明建是听从了一直卧病在床的母亲的请求,在明知农药有剧毒可能会致人死亡的情况下,仍然帮助母亲购买和服食农药,他的行为已经触犯了刑法,在大量的证人和证据面前,法院判决认定邓明建构成故意杀人罪,是毋庸置疑的,也是合乎法律程序的。但是,作为一个普通人,邓明建二十年如一日恪守"孝道",而且,邓明建在长期的精神和经济压力之下,在母亲的强烈请求之下,一时冲动才会做出弑母的行为。法院综合考虑该案的特殊案情,对被告人适用缓刑。

据国家卫生和计划生育委员会的有关统计,我国每年死亡人数近千万,十分之一以上的是在极度痛苦的病痛煎熬中离开人世,他们其中不乏要求以安乐死来结束生命的人们,但大多会因无相关法律可依而被拒绝。我们知道法律是作为一种调整各种社会关系的行为规则出现在人们日常生活中的,当"安乐死"这种社会关系出现时,立法者却行动缓慢没能以立法的形式来调整和适应这种社会关系,使得实施安乐死的行为无法可依,导致各地法院对协助安乐死行为人的处理模式有所不同。

随着社会的发展,人们对死亡的意识也慢慢地由恐惧变得从容。人们对死的观念也随着生物学和医学的发展和进步发生了转变,对生命的理解已经不再局限于以往活着的生存状态,而是更注重于提升生命的质量。从提出对生命开端优化的"优生学"到关注和重视生命的另一端——死的优化,无疑是上述观念转变的印证。另外,老龄化社会的到来,联合国国际人口学会的《人口学词典》这样定义人口老龄化:"当老年人在人口中比例增大时,我们称为人口老龄化。"导致人口老龄化的直接原因无外乎两个原因:一是各种原因导致生育率的下降;二是科技的发展使得人类寿命得到延长。在中国社会科学院财政与贸易经济研究所2010年9月10日发布的《中国财政政策报告2010/2011》中指出,2011年以后的30年里,中国将呈现人口老龄化加速发展的态势。到2050年,社会将进入深度老龄化阶段。中国老龄事业发展基金会会长也曾公开表示:预计在2050年,中国60岁以上的老年人将占3成,达到31%。

我们不能说衰老就伴随着死亡,但衰老距离死亡更近;同时因衰老引发的老年性疾病占中青年病人的发病率也将会上升趋势。我国古语云"床前百日无孝子""久痛无亲人",

就此我们应该清醒地看到,在这个时代大背景下,死以及如何死将会是更多的人要面对和思考的问题。最后,死亡的特征在现代意义上已经发生了改变。人们在享受科技带来的成果时,也成为科技产品的实验者,因生存的环境遭到破坏而带来的疾病和病痛已不再是少数,虽然医学在某种程度上予以干预,模糊了生与死的界限,但同时也使得死亡不再局限于生老病死,而是出现了其他的死亡特征,如因先天性畸形儿的死亡、因外伤致的脑死亡、因癌症、因艾滋病等死亡形式。当先进的医疗技术面对这些病症束手无策时,当家人承受巨额医药费的同时还要眼睁睁地看着被病痛一次次折磨不成形的亲人时,简单而无痛苦的安乐死或许是一种解脱。

参考文献

安·兰德. 2007. 自私的德性. 焦晓菊译. 北京：华夏出版社.
Bagheri A, 王德顺. 2014. 无效医疗：全球审视. 医学与哲学, (12)：1-4.
柏宁, 任华玉, 王萍. 2015. 中国人不愿身后捐献器官的原因分析. 医学与法学, (5)：19-21.
曹力, 侯世科, 樊毫军, 等. 2010. 中国国际救援队赴海地救援中实施尸体处置与传染病预防. 中华医院感染学杂志, 20 (23)：3721-3722.
曹树平, 张国瑾. 2004. 脑死亡标准研究的历史回顾. 临床神经病学杂志, 17 (2)：146-148.
常鹏翱. 2007. 物权法的展开与反思. 北京：法律出版社.
陈本寒. 2000. 医疗纠纷法律事务. 北京：农业读物出版社.
陈钒, 张欢. 2011. 台湾地区姑息医学制度的建立及法律实践. 医学与哲学（临床决策论坛版）, (1)：18-19.
陈家林. 2003. 盗窃、侮辱尸体罪若干问题研究. 当代法学, (10)：145-155.
陈倩. 2012. 被展示的尸体. 神州, (32)：254
陈容基. 2010. 预立遗嘱/签署 DNR 意愿, 以预约善终. 健康世界, 294：30-33.
陈晓阳, 沈秀芹, 曹永福. 2006. 医学法学. 北京：人民卫生出版社.
陈新山. 2003. 德国柏林自由大学法医学研究所简介与考察见闻. 中国法医学杂志, 18 (5)：320-321.
陈雄, 徐慧娟. 2011. 对老年人临终关怀的法理思考. 成都行政学院学报, (73)：59.
陈兆荣, 李守军. 1998. 张掖丧葬仪式. 丝绸之路, (5)：36.
陈忠华. 2009. 以呼吸机为中心, 重新定义脑死亡——启动我国《脑死亡判定标准》的必要性、可行性建议. 第二届全国器官捐献与移植学术研讨会.
陈忠华, 袁劲. 2007. 脑死亡临床判定指南. 武汉：湖北科学技术出版社.
陈忠华, 张苏明, 卜碧涛, 等. 2003. 脑死亡判定与实践一例. 中华医学杂志, 83 (19)：1723-1724.
程寿. 2005. 我国殡葬业发展的路径选择与制度安排. 探求, (5)：26-27.
初晓娜. 2007. 我国的遗嘱继承制度. 河北理工大学学报（社会科学版）, 7 (增刊)：55-56.
川口敦司, 杨国栋. 2001. 试论广东壮汉民族捡骨重葬所隐含的宜/忌与投资功利理念. 广西民族研究, (1)：55-59.
邓盛木, 徐正东. 2003. 关于死亡标准的医学和法学思考. 泸州医学院学报, 26 (3)：278-279.
丁春艳. 2006. 英国法上"死亡"定义之考察. 证据科学, 13 (3)：175-180.
董映萱, 韩建业. 2009. 浅谈宠物尸体处理路在何方之我见. 经济研究导刊, (25)：218.
杜政治, 许志伟. 2002. 医学伦理学词典. 郑州：郑州大学出版社.
樊长春. 2008. 我国死刑执行程序的若干问题反思. 法学杂志, (6)：146-148.
方嘉珂. 2009. 德国养老新动向：公司化 保险化 法制化 外籍化. 社会福利, (7)：55-56.
冯秀云. 2006. 安乐死权的性质及伦理法理评价. 杭州师范学院学报（医学版）, 26 (2)：116-118.
付再方, 胡家伟, 黄光照, 等. 1994. 涉外案件的法医病理学鉴定 2 例. 法律与医学杂志, 1 (3)：115-116.
高海生, 史广峰, 裴清芳. 2006. 论殡葬文化的内涵、形态和特征. 河北师范大学学报（哲学社会科学版）, 5 (29)：140-143.
高铭暄. 1998. 新编中国刑法学. 北京：中国人民大学出版社.

高铭暄，马克昌. 2007. 刑法学. 北京：北京大学出版社，高等教育出版社.
高媛，张世胜，吕毅，等. 2016. 中国与德国器官移植现状比较. 器官移植，7（2）：159-162.
龚学德. 2015. 美国医疗无效纠纷解决机制及其对我国的启示. 医学与法学，(4)：31-37.
关宝瑞，朱勇喆. 2008. 确立脑死亡鉴定标准的伦理学意义探究. 南京医科大学学报：社会科学版，8（1）：
   9-12.
管文贤，李开宗. 2001. 开展活体器官移植的伦理学思考. 医学与哲学，(6)：8-11.
郭瑞祥. 2004. 丧葬礼仪的演变与"破迷". 科学与无神论，(5)：21-22.
郭兴利，周洪雨. 2006. 死刑犯器官或尸体捐赠的立法保护. 法学杂志，(3)：145-147.
郭自力. 2001. 死亡标准的法律与伦理问题. 政法论坛，(3)：23-30.
涵铭. 1993. 脑死亡的最新认识和展望. 中国急救医学，(6)：45-49.
韩东屏. 2005. 脑死亡与死亡判定方案的抉择. 华中科技大学学报：社会科学版，19（1）：120-124.
韩晓艳. 2013. 死者人格标识商业利用之利益保护. 上海：华东政法大学.
郝新平. 2010-12-21. 香港医院管理局主席胡定旭的"两会"提案：倡导"生前预嘱". 中国医学论坛报.
何芳珍. 2014. 让生命放射最后的光芒——我看"尊严死". 家庭医药，(2)：88-89.
何悦. 2014. 科技法学（第二版）. 北京：法律出版社.
何悦，刘云龙. 2011. 中国人体器官移植立法之完善，中国发展，6（11）：3.
侯世方. 2000. 浅析医疗无效病例的产生原因及对策. 解放军医院管理杂志，(4)：302.
滑霏，徐燕，袁长蓉. 2008. 中美临终关怀计划相关政策的比较研究. 解放军护理杂志，25（7）：26-28.
黄丁全. 2007. 医疗法律与生命伦理. 北京：法律出版社.
惠哲. 2013. 中西方思想政治教育理论基础比较探. 陕西行政学院学报，(02)：94-97.
贾静涛. 1986. 辛亥革命以后的法医学. 中华医史杂志，16（4）：205.
蒋卫君. 2008. 论我国二元死亡标准的确立. 山东社会科学，(12)：111-113.
金莉，邓志会，李波. 2004. 采用脑死亡标准的社会意义. 齐齐哈尔医学院学报，25（6）：655-656.
金晓方. 1995. 殡葬改革缘何举步维艰. 今日中国：中文版，(11)：18-20.
康德英，洪旗，李幼平，等. 2008. 地震后遇难者的尸体处置与传染病预防的系统评价. 中国循证医学杂
   志，8（8）：575-580.
柯尔斯登·R. 斯莫伦斯基，张平华，曹相见. 2014. 死者的权利. 法学论坛，29（1）：26-37.
柯伟. 2003. 法律权利概念探析. 蒙自师范高等专科学科学报，(02)：6-8.
雷瑞鹏. 2004. 脑死亡：概念和伦理学辩护. 华中科技大学学报：社会科学版，18（2）：34-37.
李长兵，许晓娟. 2012. 论我国刑法中的死亡标准. 江西社会科学，(8)：132-136.
李红海. 2005. 判例法中的区别技术与我国的司法实践. 清华法学，(01)：195-204.
李惠. 2011. 生命、心理、情境：中国安乐死研究. 北京：法律出版社.
李卡纳. 2013. 论我国人体器官移植法律制度的完善. 大连：大连海事大学.
李开复. 2015. 向死而生：我修的死亡学分. 北京：中信出版社.
李寿星. 2013. 不施行心肺复苏术法：《纽约不施行心肺复苏术法》与台湾地区"安宁缓和医疗条例"的比较.
   金陵法律评论，(1)：205-233.
李舜伟，张国瑾. 2003. 国外脑死亡研究近况. 中华医学杂志，83（20）：1837-1840.
李天莉. 1997. 中国人体解剖法史略. 中华医史杂志，27（3）：160.

李义庭，李伟，刘芳，等. 2003. 临终关怀学. 北京：中国科学技术出版社.
李桢，雷普平，曾晓锋，等. 2008. 法医病理鉴定中的医学伦理学问题探讨. 昆明医学院学报，(5)：185-188.
梁建生，邓兵，黄星，等. 2007. 一起人感染禽流感病例尸体消毒处理情况报告. 中国消毒学杂志，24(5)：471.
廖友媛. 2002. 我国器官移植面临的困境及立法探讨. 株洲工学院学报，(5)：23-24.
林萍章. 2012a. 病人自主权：从安宁缓和医疗条例谈起，医事法专题讲座. 台北：台湾法学出版股份有限公司.
林萍章. 2012b. 从安宁缓和医疗条例之亲属死亡同意权谈病人自主权之突变. 医事法专题讲座. 台北：台湾法学出版股份有限公司.
林瑞娟. 2009. 关于脑死亡的伦理反思. 工会博览：理论研究，(5)：138-139.
林世章. 2011. 无效医疗去留之间. 中国医院院长，(6)：88-89.
铃木忠. 2002. 脑死亡判定法. 日本医学介绍，(10)：456-459.
刘长秋. 2005. 器官移植法研究. 北京：法律出版社.
刘长秋. 2008. 刑法学视野下的脑死亡及其立法. 中国刑事法杂志，(3)：49.
刘长缨，李梅. 2015. 看美国如何临终关怀. 中国卫生，(11)：100.
刘欢. 2013. 遗体捐献民事法律问题研究. 福州：福建师范大学.
刘欢，张宏. 2013. 论遗体捐献自我决定权与近亲属决定权的冲突与协调. 泰山学院学报，(1)：108-111.
刘明祥. 2001. 器官移植涉及的刑法问题. 中国法学，(6)：99-106.
刘明祥. 2002. 脑死亡若干法律问题研究. 现代法学，24(4)：57-64.
刘晴. 2012. 论我国人体器官捐献与移植立法之完善. 重庆：西南政法大学.
刘琼豪. 2007. 器官移植伦理委员会实践难题的伦理思考. 医学与哲学，28(23)：10-12.
刘善书. 2006. 论人的尸体的物权属性. 上海政法学院学报：法治论丛，21(3)：37-39.
刘世华. 2004. 脑死亡——人死亡标准的新界定. 生物学教学，29(5)：33-35.
刘鑫. 2015. 医事法学. 2版. 北京：中国人民大学出版社.
刘永有，王正，周小平，等. 2010. 首都机场口岸出境尸体/棺柩、骸骨、骨灰监测分析. 中国国境卫生检疫杂志，33(3)：164-167.
卢晓华. 2009. "脑死亡"引发的伦理学思考. 生物学通报，44(4)：38-41.
罗点点，等. 2011. 我的死亡谁做主. 北京：作家出版社.
马凯，辽金. 1998. "骷髅碗使用习俗说"初探. 西藏民俗，(01)：9-11.
马娉，苏永刚. 2013. 中国临终关怀困境及立体化人文关怀模式研究进展. 齐鲁护理杂志，(13)：44-45.
马新伟，戴波，靳国华. 2013. 尸库建设中的几大要素和注意事项. 中国临床解剖学杂志，31(4).
满洪杰. 2008. 人类胚胎的民法地位刍议. 山东大学学报（哲学社会科学版），(06)：97-102.
梅子. 2013. 遗体捐献：生命延续遭遇现实尴尬. 人人健康，(24)：14-15.
莫洪宪，杨文博. 2011. 脑死亡的法律解读及刑事法效应探究. 甘肃政法学院学报，(3)：104-110.
牧晓阳，李晓伟. 2003. 论死亡标准中的法律问题. 华北水利水电学院学报：社科版，19(3)：68-71.
聂铄. 2001. 论对尸体的合法利用和保护. 河北法学，(5)：32-36.
欧阳康. 2004. "脑死亡"的价值与挑战. 华中科技大学学报：社会科学版，18(1)：54-58.
潘昕. 2002. 脑死亡的判定标准. 徐州医学院学报，22(3)：254-256.
彭美慈，Volicer L，梁颖琴. 2005. 美国晚期老年痴呆症患者放弃维持生命治疗病例分析. 中华老年医学杂志，24（4）：300-304.

彭燕. 2012. 从传统殡葬文化解析中西生死观. 哈尔滨职业技术学院学报，（2）：120-121.

齐东方. 2006. 唐代的丧葬观念习俗与礼仪制度. 考古学报，（1）：59-82.

齐藤诚二. 1998. 德国的器官移植. 西原春夫先生古稀祝贺论文集（第三卷）.

邱仁宗. 1987. 生命伦理学. 上海：上海人民出版社.

任新宇. 2009. 对生命终结的宣判——脑死亡. 科学之友，（4）：104-105.

沈峰平. 2011. 护士死亡教育培训知识体系的构建. 上海：第二军医大学.

沈跃萍. 2003. 藏族神话及其远古丧葬习俗. 柴达木开发研究，（3）：62-64.

盛慧球，史以珏. 1999. 脑死亡的诊断. 中国急救医学，19（9）：572-573.

施美企，吴和堂. 2012. 预立遗嘱初探. 咨商与辅导，318：42-44.

施敏，薛惠. 2003. 关于"脑死亡"立法科学与伦理的纷争. 医学与哲学，24（5）：36-38.

斯科特·伯里斯，申卫星. 2005. 中国卫生法前沿问题研究. 北京：北京大学出版社.

宋强玲. 2009. 老龄化社会的临终关怀. 中国老年学杂志，（10）：2696.

宋儒亮. 2008. 脑死亡与器官移植：关联、争议与立法. 北京：法律出版社.

宋儒亮. 2009a. 出台脑死亡判定标准对医院及医生的影响. 中国处方药，（5）：52-53.

宋儒亮. 2009b. 死亡标准取代的全方位解读. 中国处方药，（4）：48-49.

宋儒亮，成岚，陈群飞，等. 2009. 中国大陆"器官移植与脑死亡立法"的策略与思考. 中国循证医学杂志，9（4）：400-407.

宋儒亮，崔小花，高霜，等. 2009. 脑死亡与器官移植立法课堂调查问卷分析. 中国循证医学杂志，9（12）：1296-1301.

宋儒亮，邓绍林，李幼平. 2007. 脑死亡和器官移植问题解决需要立法直接介入. 中国循证医学杂志，7（11）：816-826.

宋儒亮，袁强，李玲，等. 2009. 中国"器官移植与脑死亡立法"的现状与挑战. 中国循证医学杂志，9（2）：187-194.

宋悦华，刘秀伟. 2011. 我国殡葬政策执行中存在的问题及对策探析. 法制与社会，（4）：183-184.

宋宗宇，陈丹. 2009. 人体器官移植侵权法律问题探析. 科学经济社会，27（3）：107-110.

苏永刚，马娉，陈晓阳. 2012. 英国临终关怀现状分析及对中国的启示. 山东社会科学，（2）：48-51.

苏镇培. 2008. 论心、脑死亡标准不能分割. 中国神经精神疾病杂志，34（3）：183-184.

宿英英，叶红，王琳，等. 2008. 我国脑死亡判定标准的可行性研究及建议. 中国脑血管病杂志，5（12）：531-535.

孙茂成. 2014. 营利使用死者姓名肖像的法律问题 兼评邓长富诉北京天利时代国际演出策划有限公司人格权纠纷一案. 中国律师，（11）：70-71.

孙茜. 2017. 从器官捐献大国到移植大国还有多远. 中国医院院长，（9）：28-29.

孙秋云，陈宁英. 2004. 社会学视野下的"脑死亡"标准及立法问题. 华中科技大学学报：社会科学版，18（1）：59-65.

孙效智. 2012. 安宁缓和医疗条例中的末期病患与病人自主权，政治与社会哲学评论，41：61-62.

孙也龙，郝澄波. 2014. 论新加坡《预先医疗指示法》及其对我国的启示. 东南亚之窗，1：25-30.

谭恩惠，李玲芳. 2009. 港澳台与大陆遗嘱形式比较及借鉴. 山西省政法管理干部学院学报，22（4）：75-77.

唐冰杉，郭毅. 2004. 脑死亡诊断的研究进展. 国际脑血管病杂志，12（8）：609-611.

唐飞. 2013. 殡葬制度改革正义及立法构建探讨——以《殡葬管理条例》修改为背景. 中州学刊，12：89-93.

唐鲁，李玉香，赵继辉. 2012. 死亡教育研究内容概述. 中华现代护理杂志，18（5）：597-598.

唐庆，唐泽菁. 2004. 死亡教育漫谈. 国外中小学教育，（12）：28-33.

唐云红. 2008. 可持续发展视野下的殡葬改革. 衡阳师范学院学报，29（5）：60-63.

汪玉. 2010. 论尸体的法律地位. 大众商务，（16）：251.

王保捷. 2002. 法医学. 北京：人民卫生出版社.

王伯文. 2007-01-15. 对遗体民法保护中人身权延伸理论的合理运用. 人民法院报，006.

王宏，尹琦，许文平. 2004. 引入 CEPA 理念，探讨珠海口岸出入境尸体棺柩骸骨的卫生检疫措施. 旅行医学科学，10（4）：25-27.

王宏，尹琦，许文平. 2005. 珠海口岸出入境卫生检疫措施：尸体·棺柩·骸骨. 中国国境卫生检疫杂志，28（3）：121-122.

王健运，殷国维. 2014. 侵权责任免责事由的缺陷与完善. http://www.chinacourt.org/article/detail/2014/05/id/1302517.shtml.[2014-05-23].

王介明，李宏建，张国瑾. 2002. 各国制定成人脑死亡标准的现状与差异. 脑与神经疾病杂志，（5）.

王凯强，白羽，常翰玉，等. 2017. 论我国生前预嘱的立法保护. 医学与哲学，38（6A）：66-68.

王丽英，胡雁. 2011. 预立医疗计划的国内外发展现状. 医学与哲学，3：24.

王良铭. 2003a. 脑死亡标准问题刍议. 中国医学伦理学，16（2）：7-8.

王良铭. 2003b. 死亡标准的伦理研究. 医学与社会，16（2）：24-25.

王期枫. 2006. 尸体的法律保护. 济南：山东大学.

王士平. 1982. 日本庆应大学医学院的尸体处理法. 解剖学杂，5（Z1）：154.

王苏，上官丕亮. 2012. 脑死亡立法的宪法界限. 医学与法学，4（6）：6-9.

王维. 2014-02-26. 保护作品完整权的侵权认定标准——评张滨与特别关注杂志社侵害著作财产权纠纷案. 中国知识产权报，009.

王蔚，张琦，徐节惠，等. 2011. 关于脑死亡标准的伦理学分析. 医学信息旬刊，24（11）：403.

王晓萍，李方明，郭毅，等. 2006. 脑死亡判定标准在临床的应用及价值. 现代护理，12（18）：1679-1681.

王星明. 2014. 法律视角下推进我国临终关怀事业发展的若干思考. 中国卫生事业管理，（8）：605.

王宇，黄莉. 2015. 澳大利亚慢性病患者临终关怀政策对中国的启示. 中国全科医学，18（19）：2253-2256.

王云岭，徐萍，王书会，等. 2009. 伦理学视域中的死亡尊严问题. 山东社会科学，（8）：60-62.

王治军. 2013. 论殡葬的生命教育功能. 江西青年职业学院学报，22（4）：37-39.

韦宝平，杨东升. 2013. 生前预嘱的法理阐释. 金陵法律评论，（2）：48-62.

卫生部脑死亡判定标准起草小组. 2004. 脑死亡判定标准（成人）. 现代实用医学，16（4）：262.

魏振瀛. 2000. 民法. 北京：北京大学出版社，高等教育出版社.

吴国平. 2010. 遗嘱自由及其限制探究. 海峡法学，12（3）：43-50.

吴家馼. 2007. 法医学. 北京：中国协和医科大学出版社.

吴金禄，陈亦农，苏小华. 2002. 对入/出境尸体棺柩，骸骨卫生监管工作的探讨. 中国国境卫生检疫杂志，（1）：53-55.

吴俊艳，吴俊蓉. 2007. 中国传统孝文化探析. 云南师范大学学报，（4）61-66.

吴明灿, 陈世洁, 闵杰, 等. 2007. 脑死亡的研究进展. 长江大学学报: 自然科学版, 4（4）：411-413.
吴鹏程. 2012. "脑死亡"或"心肺死亡"是工伤认定标准吗?. 中国医疗保险,（7）：63-64.
席学强. 2004. 关于检验过尸体力行火葬的建议. 法律与医学杂志, 10（4）：194.
肖国民, 危静. 2004. 脑死亡的概念与现代进展. 杭州医学高等专科学校学报, 25（6）：314-315.
肖晓. 2004-12-08. 宠物进墓园引出管理"真空". 四川日报.
新华. 2010. 英国人讲究"死亡质量". 冶金企业文化,（4）：27.
邢芳然, 张芹. 2004. 临终关怀护理探讨. 中华临床医学,（5）：125.
熊永明. 2010. 论死亡标准的冲突对刑法适用的影响——兼评我国死亡标准的取舍. 南昌大学学报: 人文社会科学版, 41（2）：39-44.
徐翠翠. 2013. 刑法立法中的伦理诉求. 中国检察官,（2）：27-29.
徐丽, 李英梅, 王建雷. 2016. 匈牙利与中国临终关怀的对比与探讨. 中国卫生标准管理, 2016, 7（1）：23-24.
徐凝. 2007. 积极推动立法承认脑死亡判定标准. 中国医学伦理学, 20（4）：121-123.
徐勤. 2000. 美国临终关怀的发展及启示. 人口学刊,（3）：52-54.
徐晓. 2006. 盛"宠"时代宠物殡葬也赚钱. 现代营销: 经营版,（4）：37.
许冰莹, 曾晓锋, 邓冲, 等. 2008. 法医学司法鉴定中吸毒与艾滋病群体隐私权与知情权的伦理学问题探讨. 现代生物医学进展, 8（9）：1736-1738.
许玥, 翁强. 2014.《法国民法典》中的特留份制度研究——兼评对我国建立特留份制度的启示. 河北工业大学学报（社会科学版）,（03）：57-62.
许志伟. 2000. 判断医疗无效: 医学与哲学的分析. 医学与哲学, 21（12）：1-5.
薛静, 李学斌. 2009. 关于死刑执行中的几个问题. 石家庄铁道学院学报: 社会科学版, 3（4）：50-53.
闫书森. 2006. 使用灌注器处理尸体十年的经验总结. 卫生职业教育, 24（22）：128-128.
阎军让. 2000. 死亡界限标准的法律研究. 医学与哲学, 21（7）：33-35.
杨芳, 姜柏生. 2006. 死后人工生殖的民法问题研究——兼谈台湾地区人工生殖立法新趋向. 河北法学, 24（11）：111-114.
杨涵铭. 2003. 对"脑死亡判断标准"（成人）的建议. 中华急诊医学杂志, 12（8）：570-570.
杨慧艳. 2008. 论我国脑死亡立法的现状及面临的问题. 中国医药指南, 6（23）：208-210.
杨立新, 曹艳春. 2005. 论尸体的法律属性及其处置规则. 法学家,（4）：76-83.
杨立新. 1996. 人身权法论. 北京：中国检察出版社.
杨培景. 2008. 略论我国继承法的修订与完善. 商丘师范学院学报, 24（1）：86-90.
杨平. 2004. 卫生法学. 北京：人民军医出版社.
姚丽萍. 2015-12-30. 人大代表提出"让生前预嘱具备法律效力"成正式议案. 中国青年报,（9）.
伊萨克. 马克斯. 2000. 克服恐惧. 张红, 译. 北京：中央编译出版社.
殷晓玲. 2003. 器官移植技术的发展与伦理道德的困惑. 郑州铁路职业技术学院学报, 15（1）：69-70.
尤陈俊. 2013. 尸体危险的法外生成——以当代中国的藉尸抗争事例为中心的分析. 华东政法大学学报,（1）：146-160.
尤金亮. 2012. "临终关怀"的法律之维: 法律基础、宪法依据与实体法规制. 法学论坛, 2012, 27（4）：77-84.
袁峰, 陈四光. 2007. 美国死亡教育发展概况. 湖北教育学院学报, 24（1）：95-96.

袁会. 2007. 论尸体的法律性质. 法制与社会,（7）：122.

袁贻辰. 2015-12-30. 病人生死谁做主. 中国青年报, 009.

曾德荣, 范以桃, 刘鑫, 等. 2014. 生命预嘱制度建构初探. 中国卫生法制, 22（1）：8-14.

曾涛. 2008. 我国殡葬立法初探——兼论殡葬方式与环境保护. 西安：西安建筑科技大学.

张爱艳. 2009. 脑死亡立法之探究. 科技与法律, 80（4）：17-21.

张建霞, 苏振兴. 2014. 对个人生命权的辩护：从自由意志出发. 医学与哲学, 35（9A）：34-35.

张岚, 王振栋. 2009. 完善罪犯死亡认定程序的思考. 法制与社会,（29）：346-346.

张胜前. 2001. 试论闹丧事件的特点及处置策略. 湖北公安高等专科学校学报, 65（2）：63-66.

张天锡. 2003. 对"脑死亡"诊断标准的认识. 中华神经外科疾病研究杂志, 2（2）：97-99.

张天锡. 2004. 关于脑死亡临床诊断标准的刍议. 中华内科杂志, 43（4）：246-248.

张伟. 2003. 谈死亡标准的转变——脑死亡问题研究. 中国卫生法制,（2）：9-11.

张伟. 2005. 论尸体侵权的民事责任. 长春：吉林大学.

张兴智. 1999. 死亡成本和殡葬改革. 中国国情国力,（1）：14-15.

张旭. 2017. 论我国器官移植中的若干法律问题. 河北企业,（2）：120-121.

章然. 2015. 美国临终关怀服务的发展及对中国的启示. 浙江万里学院学报,（4）：47-50.

赵秉志. 2001. 中国刑法适用. 郑州：河南人民出版社.

赵桂增, 黄乾海, 介崇崇, 等. 2014. 河南省公众对安乐死的认知、态度及意向调查. 医学与社会, 27（10）：10-12.

赵可式. 2005. 为生命的终点做好准备. 癌症康复,（5）：31-33.

赵琳琳, 曹英. 2005. 医院"霸尸"起纷争. 政府法制,（12）：38-39.

赵笑春. 2004. 医学伦理视野中的死亡. 青海医药杂志, 34（3）：51-53.

赵瑛. 2005. 认识脑死亡. 生物学通报, 40（6）：17-18.

赵子琴. 2009. 法医病理学. 北京：人民卫生出版社.

郑晓江. 2001. 论死亡焦虑及其消解方式. 南昌大学报（人社版）, 32（2）：11-18.

周德新. 2009. 论死亡教育的作用内容及途径. 学理论,（19）：56-57.

周其华. 1998. 新刑法各罪适用研究. 北京：中国法制出版社.

周士英. 2008. 美国死亡教育研究综述. 国外中小学教育,（4）：44-47.

周霜, 王海容, 程文玉等. 2017. 临终关怀立法现状及探索. 医学与哲学, 38（11）：57-60.

周瑶瑶, 黄泽政, 苗波. 2013. 国外与港台高等学校生命教育发展启示. 沈阳农业大学学报, 15（13）：318-321.

周祖木, 魏承毓. 2010. 自然灾害后尸体对传染病流行的危险性及其处理. 中国消毒学杂志, 27（4）：463-464.

朱珉, 陈实, 陈栋, 等. 2003. "脑死亡"立法的伦理学思辩. 医学与哲学, 24（5）：39-41.

宗绪志. 1999. 论尸体权属. 人民司法, 9（3）：45-46.

宗政. 1997. 西藏葬俗疏议. 西藏民俗,（3）：62-64.

American Academy of Family Physicians. 2005. Information from your family doctor: advance directives. American Family Physician, 72（7）：1270.

Bein T. 2011. Hirntod，Klinikmanual Intensivmedizin. Behandlung von Organspendern. Berlin：Springer Berlin

Heidelberg.

Bentur N, Emanuel L L, Cherney N. 2012. Progress in palliative care in Israel: comparative mapping and next steps. Isr J Health Policy Res, 1 (1): 9.

Bibeau D, Eddy J M. 1985. The effect of a death education course on dying and death knowledge, attitudes, anxiety, and fears. Health Edu, 17 (1): 15-18.

Bruno M K, Kimura J. 2002. Brain death worldwide: accepted fact but no global consensus in diagnostic criteria. Neurology, 58 (3): 470.

Caffrey C, Sengupta M, Moss A, et al. 2011. Home Health Care and Discharged Hospice Care Patients: United States, 2000 and 2007. National Health Statistics Reports, 38 (38): 1.

Dickinson G E, Field D. 2002. Teaching end-of-life issues: current status in United Kingdom and United States medical schools. Am J Hosp Palliat Care, 19 (3): 181-186.

Fujimiya. T. 2009. Legal medicine and the death inquiry system in Japan: A Comparative study. Legal Medicine, (11): 56-58.

Hoyert D L, Xu J D. 2011. Preliminary Data for 2011, National Vita l Statistics Reports. National Center for Health Statistics.

Jastremski M, Powner D, Snyder J, et al. 1978. Problems in brain death determination. Forensic Science, 11 (3): 201-212.

Jennings P D. 2006. Providing pediatric palliative care through a pediatric supportive care team. Pediatric Nursing, 32 (1): 95.

Jox RJ, Assadi G, Marckmann G. 2015. Organ Transplantation in Times of Donor Shortage. Switzerland: Springer International Publishing.

Kashiwagi T. 1991. Hospice care in Japan. Postgrad Med J, 67: S95-S98.

Kutner L. 1969. The Living Will. A Proposal. Indiana Law Journal, 44 (1): 539-554.

Lee C Y, Komatsu H, Zhang W, et al. 2010. Comparion of the hospice systems in the United States, Japan and Taiwan. Asian Nurs Res, 4 (4): 163-173.

Leviton D. 1969. The need for education on death and suicide. Journal of School Health, 39 (1): 270-275.

Lugli A, Anabitarte A, Beer J H. 1999. Effect of simple interventions on necropsy rate when active in formed consent is required. Lancet, 354: 1391.

Machado C. 2010. Diagnosis of brain death. Neurology International, 2: e2.

Mahaney price A F, Hilgeman M M, Davis L L, et al. 2014. Living will status and desire for living will help among rural alabama veterans. Research in Nursing & Health, 37 (5): 379-390.

McCarthy M. 2002. Study surveys brain-death guidelines in 80 nations. Lancet, 359 (9301): 139-139.

Mcphee S J. 1996. Maximizing the benefits of autopsy for clinicians and families. Arch of Pathol & Lab Med, 120: 743-747.

Pamela D. 2005. Providing pediatric palliative care through a pediatric supportive care team. Pediat Nurs, (3): 195-200.

Peters L, Cant R, Payne S, et al. 2013. How death anxiety impacts nurses' caring for patients at the end of life: a review of literature. Open Nursing Journal, 7 (1): 14-21.

Rado L. 1981. Death redefined: social and cultural influences on legislation. Journal of Communication, 31 (1): 41.

Rossaint R, Werner C, Zwiβler B. 2012. Die Ansthesiologie. Berlin: Springer Berlin.

Shaw S, Meek F, Bucknall R. 2007. A framework for providing evidence-based palliative care. Nurs Stand, 21 (40): 35-38.

Steinberg A, Sprung C L. 2007. The dying patient act, 2005: Israeli innovation legislation. Isr Med Assoc J, 9 (7): 550-552.

Wass H A. 2004. Perspective on the current state of death education. Death Stud, 28 (4): 289-308.

Wijdicks E F. 1995. Determining brain death in adults. Neurology, 45 (5): 1003-1011.

附　　录

我国人体死亡认定、尸体处置现状对公共安全的危害及对策的研究报告

"我国人体死亡认定、尸体处置现状对公共安全的
危害及对策的研究"项目组
二〇一六年三月

摘 要

长期以来，我国普遍存在着重生轻死的问题，在人的出生准备、接生、养育等方面，不仅家庭成员重视，而且政府管理部门也颁布了相对完善的法律制度。与之相比，我国每年平均死亡人口达 820 万人，但在人的死亡管理方面则缺乏相应的法律法规，如对死亡认定的标准和监管制度缺失。在尸体处置方面也存在许多问题，成为影响社会和谐稳定的重要因素。因此，制定和完善死亡管理规范，是保障公民权利、加快国家法治化进程面临的一项重要课题。

为此，中国工程院于 2012 年启动了"我国人体死亡认定、尸体处置现状对公共安全的危害及对策的研究"重点咨询项目，成立了由医药卫生学部刘耀院士担任组长、17 位院士和 20 多位专家组成的项目组。项目组主要通过问卷调查和统计学分析方法对我国人体死亡认定、尸体处置现状进行系统研究，在查阅国内外人体死亡认定、尸体处置相关文献资料的基础上，对全国 31 个省、自治区、直辖市[①]的医院、学校、基层社会组织（居民委员会、村民委员会）及殡仪馆等单位进行系统调研，并通过调查统计，将回收的全国 3726 份调查问卷制作成 EpiData 数据库文件，采用 SPSS 软件进行综合分析，从而揭示出我国人体死亡认定、尸体处置存在的问题及对社会的危害。

人体死亡认定和尸体处置存在的主要问题：

（1）缺乏死亡认定标准及医学操作规范。我国人体死亡认定没有明确的标准，在执行死亡认定的操作方面，也没有技术规范或操作指南。在国内医院被认定死亡的个体，到殡仪馆后发现个体没有死亡的情况并不罕见。

（2）缺乏死亡认定管理法规和制度。我国人体死亡认定管理混乱，有争议的尸体死亡认定不规范，而且缺少对死亡认定人员的管理监督制度。

（3）缺乏尸体处置法律法规。我国目前没有尸体解剖、防腐、保存、包装、运输、火化、埋葬、有争议尸体的处置、个体死亡信息的发布等尸体处置相关的法律法规，导致一些与尸体有关的事件无法得到有效处置。

（4）缺乏尸体和器官移植的规范引导。我国每年需要器官移植的患者超过 150 万人，但只有约 1 万人能够得到供体，99%的患者都在痛苦的等待中死去。在发达国家，因交通事故死亡的尸体是器官移植的主要来源。目前我国在交通事故中死亡或因意外事件死亡的尸体，未得到有效利用，无法缓解我国器官移植中的供需矛盾。

我国人体死亡认定和尸体处置现状对公共安全的危害：

---

① 暂不包括港澳台地区。

（1）死亡认定争议引起医患纠纷，使医患矛盾难以解决，主要表现在两个方面：一是缺乏对死亡认定的规范管理，将假死的患者误认为死亡及家属对死亡原因有争议，造成医患纠纷；二是没有保留确定死亡的诊断依据，如急救过程的心电图等，家属对急救时患者是否死亡提出质疑，引发医患纠纷。

（2）死亡认定的法律法规的缺失造成医疗资源的巨大浪费，主要表现在两个方面：一是对死亡原因有争议的，不能通过临床病理尸体解剖查明病因提高医疗水平，而是用经济补偿化解争议造成的经济损失；二是对脑死亡的患者，对没有自主生命活动、仅靠机械设备维持生命的个体以及临终关怀的个体，不能进行个体死亡的报告，从而消耗医疗资源。

（3）尸体处置现状造成巨大的经济损失。通过对公安机关和殡葬机构的调查发现，多数尸体存放4年以上，最长的尸体存放15年之久。按照现有的行政区划推算，我国有2856个县级行政区划单位，以调研单位长期存放尸体的平均数计算，每年尸体处置费用造成的经济损失在1亿元以上。由于尸体长期存放不能处理造成的间接经济损失更是无法估计。

（4）尸体处置现状对生态环境造成严重危害，主要表现在两个方面：一是对自然资源的浪费；二是对自然环境的污染。通过调研发现，殡仪馆大都使用煤油火化尸体，并且在殡葬活动中焚烧大量随葬品，焚烧产物严重污染自然环境。殡仪馆大多数经营安葬骨灰的墓地，每个墓穴为1平方米左右的水泥结构，不仅占用大量的土地，而且不可复垦，对环境资源影响巨大。

（5）现有遗体处置方式造成严重资源浪费。由于没有明确的关于如何利用遗体的法律法规，如交通事故等遇难者的新鲜尸体，未得到有效利用，浪费了大量可以用于器官移植的尸体。在科研及医科院校的教学方面，不能有效地利用无名尸体，影响了医学水平的提高。

基于我国在死亡管理方面存在的问题以及对公共安全造成的危害，项目组建议由全国人民代表大会常务委员会牵头研究制定《中华人民共和国死亡管理法》（简称《死亡管理法》）。主要立法方案建议如下：

（1）《死亡管理法》应当以一般法的形式，明确死亡管理的法律属性和效力。《死亡管理法》涉及死亡判定、尸体解剖、尸体处置、器官和遗体捐献等制度，是一个综合性的立法。

（2）《死亡管理法》的立法目的是规范死亡管理，依法保障公民权利，维护社会秩序，保护生态环境。

（3）《死亡管理法》的适用范围包括死亡判定、死亡登记、公民殡葬祭祀活动、医疗行为、侦查机关的尸体处置、尸体解剖、尸体、器官利用、殡葬管理、土地保护、医学教育、环境保护等。

（4）《死亡管理法》的主要内容包含四个方面：

第一，人体死亡判定制度，包括死亡判定标准、死亡判定主体、死亡判定程序和死亡登记制度等。

第二，尸体处置制度，包括尸体权属、尸体解剖、尸体处理和殡葬管理等。

第三，器官和遗体捐献制度，包括捐献登记、捐献评估、确认捐献、器官获取、器官分配、器官移植、遗体处理以及器官移植医师资格的明确等。

第四，法律责任制度，包括行政部门在公民死亡管理事务上的行政责任，由此侵害公民合法权益而承担的国家赔偿责任；公民和法人违法实施与死亡、尸体相关的事项，违法使用人体器官等产生的民事责任、刑事责任等。

前　言

人类如何面对死亡，对死亡进行理智、科学的管控，是现代医学及社会科学研究的热点和难点，越来越引起社会的广泛关注。古往今来，无论医学科学如何发达，健康保健、疾病诊疗水平先进到何种程度，人类都不可避免地走向终点——死亡，死亡是人类永恒的宿命。人生的价值体现在人的整个生命活动中，从生到死都应受到关注、关怀、重视与保护。个体死亡一般有三个问题需要关注：一是生命终极状态，包括植物人、安乐死、非自然生存状态（人工装置及手段维持生命持续状态）等；二是死亡的状态，包括心脏死亡和脑死亡；三是死亡后状态，包括后事处理（丧葬）、生前遗嘱、尸体处置权限、尸体处置方式、殡葬习俗等。每个人的死亡过程及尸体处置受多种因素影响，虽然表现形式多种多样，但都不可避免地要经历这三个阶段。悠悠万事，生死为大，生要优生，死要优死。死亡管理问题是一个非常复杂的问题，涉及人类学、社会学、伦理学、医学等多个学科，涉及社会道德风俗、宗教信仰、经济文化、生态文明等诸多方面。死亡管理问题也是我们目前面临的重大社会问题，不仅对个人和家庭有着重大影响，而且直接影响社会和谐稳定，事关每个人的切身利益，事关经济社会发展及国家长治久安。

在人体生命结束到最后尸体处理完成的整个过程，目前国内尚缺乏统一、明确的法律法规规定，由此引发诸多问题，如认定个体死亡的标准及签发死亡证明人的资格尚未规范。人体死亡证明，尤其涉及医院外死亡时，由于各地实际情况的差异，尚无统一规范的确证人体死亡的程序方法，尤其边远山区、民俗风气较重的地区及少数民族地区，情况更加混乱，村支书或村里有威信的人认可后就可以处理尸体。这不仅是死亡认定不规范的问题，也可能存在以此掩盖杀人犯罪的情形。

在尸体解剖方面，目前的尸体解剖规则是 20 世纪 50 年代颁布的，已不适应新形势发展的需要，在解剖操作实践中存在很多需要解决的问题。临床方面病理解剖率低，不仅使很多患者死亡原因不清，影响了医学的发展，而且为医患纠纷埋下了隐患。在医院外死亡的尸体，对尸体解剖没有法律规定，造成法医尸体解剖率低，不仅影响了案件的处理，而且影响社会稳定。无名尸（包括交通事故的尸体）的处置没有法律规范，全国各地大量无名尸无法处理，不仅造成公共资源的浪费，而且影响了器官移植的供体来源，使众多需要器官移植的患者得不到所需要的器官而失去被救助的机会，并造成了人体器官的黑市交易，甚至引发犯罪。

对于尸体在处理前的监管和后期的处理方式，目前也缺乏相应的制度规范。全国各地的殡仪馆都存有数量不等的陈旧尸体，耗费了大量的人力、物力、财力。特别是对死亡原因有争议的尸体，虽然经过多方检验后出具了结论，但亲属仍不处理尸体，抬着尸体冲击政府、冲击医院的情况时有发生，有的甚至酿成重大群体性事件。有争议的尸体成为影响社会稳定的重要因素。

随着我国对外开放程度的逐步扩大，国际交往日益加深，涉外案件逐年增加，尤其是近年随着经济的发展，我国同周边国家的交往日益增多，边民的人口流动剧增，个体死亡的涉外案件相应增加。如何处理此类案件中的尸体，也亟待研究并加以规范。

我国是人口大国，死亡管理问题是重大社会问题，制定人体死亡认定和尸体处置领域的法律法规是推进依法治国理念的应有之举。本项目研究的目的，就是为制定《中华人民共和国死亡管理法》提供理论依据和数据支撑，为进一步立法研究奠定基础。

第一章　人体死亡认定和尸体处置现状

项目组通过实地调研、专家座谈、专题研讨和发放调查问卷等形式，在全国范围内对我国人体死亡认定、尸体处置情况进行系统、深入研究，按照东北、西北、西南、华北、华中、华东、华南等行政区划及陆路边境口岸城市，选取有代表性的地、市、县，针对不同民族的不同群体人体死亡认定和尸体处置的现状展开调研；另外在甘肃、新疆、宁夏、青海、云南、贵州、四川等少数民族集中地区，进行少数民族尸体处理风俗习惯的专项调研并进行研究分析。

我国在人体死亡认定方面，至今没有明确的法律规定。为了器官移植的医学操作，相关课题组制定了脑死亡判定标准（成人）和判定规范，供相关医疗机构作为判定个体脑死亡后提取捐献器官的依据，但没有上升到国家相关部门规范性文件层面，更没有上升到法律层面。目前，国内关于死亡判定标准的依据主要来源于医科院校统编教材、有关专著及医生的临床经验。死亡认定标准在法律层面上属于空白，急需组织有关专家制定相关的标准及技术规范。

一、我国人体死亡认定的现状

（一）我国人体死亡认定、尸体处置的法规正逐步完善

1992年，卫生部、公安部、民政部联合下发了《卫生部、公安部、民政部关于使用〈出生医学证明书〉、〈死亡医学证明书〉和加强死因统计工作的通知》（卫统发〔1992〕第1号）。《出生医学证明书》主要由医院执行和使用，与公安、教育、计划生育委员会等部门关系密切。项目组在调查中发现，《死亡医学证明书》并没有得到有力执行。

2013年12月31日，国家卫生和计划生育委员会、公安部、民政部联合下发《关于进一步规范人口死亡医学证明和信息登记管理工作的通知》（国卫规划发〔2013〕第57号），自2014年1月1日起执行。通知规定了人口死亡医学证明的签发、使用及信息报告，有全国统一的表格，规定了填表人员，正常死亡由执业医师填写，非正常死亡由公安机关填写。《居民死亡医学证明（推断）书》一份4联，第一联由填写部门保存（医疗机构），第二联由公安机关保存，作为注销户口的依据，第三联由死者家属保存，第四联由殡仪馆保存，作为尸体处理的依据。新文件较好地规范了医学死亡证明的填写、使用及保管，但没有明确上报政府的具体主管部门，信息的统计汇总工作难以落实。

（二）我国人体死亡认定的部门多元化

死亡认定是从个体进入濒临死亡期开始，经医生抢救无效后，宣布个体死亡，经签发死亡证明书后，完成死亡认定，开始尸体处置。附图 1-1 为我国目前关于死亡认定程序。

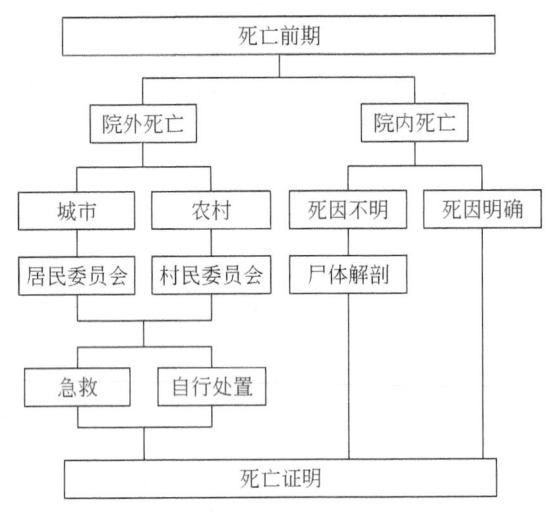

```
                    死亡前期
                  ┌─────┴─────┐
              院外死亡        院内死亡
            ┌────┴────┐    ┌────┴────┐
          城市      农村   死因不明  死因明确
            │        │       │
         居民委员会 村民委员会 尸体解剖
            │        │       │
          急救    自行处置    │
            └────────┴───────┘
                    死亡证明
```

附图 1-1　我国目前死亡认定程序

国内对于人体死亡的认定程序并没有统一的规定，正常人自然死亡，按照死亡地点的不同，进行死亡认定的机构与人员有所不同。在医院死亡的，由医生进行死亡认定；医院外死亡有急救医生参与的，由急救医生进行死亡认定；在城市居民家中死亡的，居民委员会可进行死亡认定；在农村家中死亡的，由村民委员会进行死亡认定；在公共场所死亡的，由法医进行死亡认定。非正常死亡通常由法医进行死亡认定。

我国死亡认定涉及医疗机构、居民委员会、村民委员会、公安机关等多个部门。在进行死亡认定方面，不同部门之间信息沟通不畅，管理各自为政，问题颇多。

（三）我国缺乏人体死亡认定的标准及医学操作规范

传统意义上认定人体死亡的标准主要为心脏死亡和脑死亡。根据中华医学会器官移植分会制定的《中国心脏死亡器官捐献工作指南（第二版）》，心脏死亡的标准为：呼吸、循环停止，反应消失；需要应用检查设备判断循环停止，观察时间不少于 2 分钟，不多于 5 分钟。我国目前通常使用的判定个体死亡的标准为心脏死亡。调查问卷的统计分析结果表明，绝大多数受访者，包括医护人员、殡葬工作人员、社会不同职业的人员及在校的大学生，在死亡认定标准方面，均选择了呼吸与心跳停止，占调查问卷的 95%，选择其他死亡认定标准的，如脑死亡、生物学死亡的不足 5%。调查结果表明，以呼吸、心跳停止作为个体死亡的确认标准是社会大众的共识。

心脏死亡诊断标准的确证依据是急救监护设备及心电图持续显示为一条直线。在实际操作中，认定死亡指标的设备记录的持续时间能否达到 2 分钟以上，是否有客观记录存档，在医疗机构内死亡认定标准操作规范需要严格把握。在医院外死亡如何执行心脏死亡诊断标准也存在问题，通常是触摸脉搏，用听诊器听心音确定，其可靠性无法保证。国内关于脑死亡的标准需要明确立法。濒临死亡的个体，如生命的人工维持（指个体没有自主呼吸，依赖呼吸机维持生命）、安乐死、植物生存状态、临终关怀（医学或医疗），均需要立法或提出医学操作规范。

在医院内，由于医生技术水平及医疗设备等客观条件相对完备，出现问题较少。在医院外死亡的个体，如果死亡认定结果有争议，后果相对严重。调研中发现，某地乡镇发生一起煤气中毒事件，家属报称新婚儿子、儿媳煤气中毒死亡。急救中心的医生赶到后，认定其中一人死亡，另一人有抢救的可能，随后将其用急救车运回医院，在高压氧舱进行抢救，最后挽救了他的生命。但是，令人没有想到是，家属对此提出质疑，当时为什么不将两人都拉到医院进行抢救，医生凭什么认定一个人死了，说不定两个人都能救活。家属上访，占领医院，包围当地政府讨说法。由此看出，只要是牵扯到人命，就成了老大难问题，可能会影响社会稳定。

调查中还发现，对于医院外死亡，很多死亡认定都是由居民委员会、村民委员会中的工作人员完成的，因为死亡认定争议引起的问题会更大。在农村有人死亡，村民委员会或乡村医生都可以签发死亡认定书，村民可自行处置尸体。大多数情况是就近土葬，死亡认定书主要用于注销户口。农村死亡认定程序方面存在的漏洞和监管的缺失，会对社会造成潜在的危害。在实际侦办案件中，凡是开棺验尸的案件，都是死亡原因有争议的，很多案件发生的根源就是在死亡认定方面出现问题。在南方的某农村，曾出现了一起系列死亡案件，村里谣言四起，传说谁家的房屋风水不好，谁家就会死人，连续死亡多人。后来有村民发觉事情蹊跷，在村里又有人死亡后，向公安机关报案，经开棺验尸，发现死者是由于鼠药中毒死亡。有人提出以前死亡人的情况类似，值得怀疑，随后将以前死亡的个体进行开棺验尸，在死者的棺内均检验出毒物，他们都是鼠药中毒死亡。案件迅速侦破，造谣者就是犯罪嫌疑人。犯罪嫌疑人作案多年，如果在死亡认定方面有法律法规或标准，就不会出现这样的问题。

（四）我国缺乏人体死亡认定的规范化管理

死亡认定管理，包括认定机构、认定人员、认定人数及认定结果审核，我国在死亡认定管理方面没有相关规定。项目组研究发现我国在死亡认定管理方面存在很多问题，如人体死亡认定机构不规范，导致具体操作混乱；缺乏对参与死亡认定的机构和人员以及认定签字人数的管理等。具体情况如下：

在社会实践中，参与死亡认定的人员通常是在一个特定的机构中完成该项工作。我国参与死亡认定的机构较多，不同地区的情况有所差别，总体情况大致相近，认定机构主要有医院、急救中心、公安机关的派出所、公民自治组织（居民委员会、村民委员会）、殡仪馆及社会鉴定机构等。项目组通过调查及问卷分析，发现个体死亡认定由医院完成的为90.4%，由急救中心完成的为33.6%，由公安机关的派出所完成的为29.7%，公民自治组织或基层政权组织（居民委员会、村民委员会）完成的为12.3%，由殡仪馆完成的为3.6%，其他单位（社会鉴定机构）完成的为14.2%，如附图1-2所示（在调查问卷中，死亡认定机构有多个选项，受访者可以进行多项选择，故参与死亡认定机构的百分数之和大于

100%）。

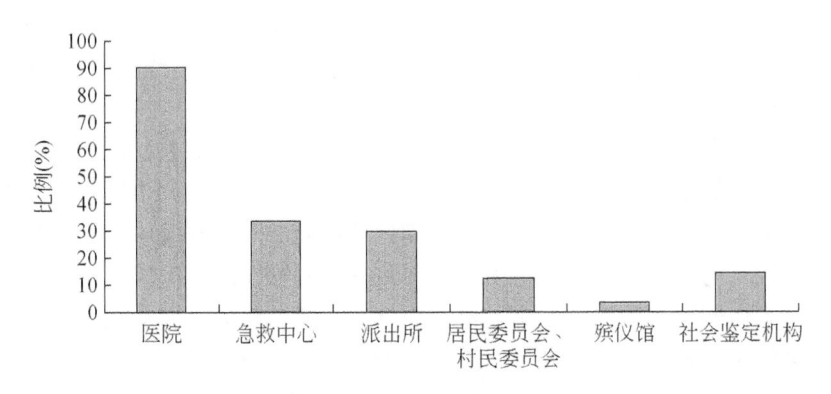

附图1-2 出具死亡证明的单位情况

统计分析结果表明，我国大多数死亡情况的认定是由医院及急救中心完成的。在现实生活中，由医院及急救中心完成的死亡认定，大多数是在医院内死亡或由急救中心参与抢救的个体。这种情况相对比较规范，也符合国际惯例。情况比较复杂的是医院外没有医务人员在场情况下的死亡，由谁认定？如何认定？调查发现，在医院外死亡的个体，死亡认定大多数是由派出所、居民委员会、村民委员会、殡仪馆及社会鉴定机构的工作人员完成。在死亡认定人员的资质、签字人数、工作年限及复核情况等方面，目前没有统一的标准，这容易导致在具体操作中出现混乱。例如，村民委员会是否有权利进行死亡认定，是否需要接受培训；医生进行死亡认定需要几人签字，对死亡认定进行复核的人数、次数及复核的时间等，这些问题都需要明确和规范。

在具体工作方面，我国参与死亡认定的人员主要是出具个体死亡证明书，在个体死亡证明书上签字，并加盖公章，这是作为尸体火化及注销户籍的依据。项目组在调查中发现，在实际工作中不同地区及单位使用的死亡证明书并没有统一的格式，也没有统一的管理单位，有的在医院保管，有的在公安机关保管，有的在殡仪馆保管。调查结果表明，我国由医生与法医共同签字认定死亡证明的为53.0%，由居民委员会（村民委员会）主任签字认定死亡的为4.0%。在签字认定个体死亡证明的人员中，43.0%有关于死亡认定签字的授权，57.0%没有授权。调查问卷中的授权是指签字人员所在单位对工作人员的授权，通常是指具有医师或法医师职称的人员。调查结果显示，大多数参与个体死亡认定的工作人员没有专业技术职称，也没有所在单位有关部门的授权。进一步调查发现，在参与死亡认定的工作人员中，仅31.5%的工作人员有关于死亡认定的资质证书。工作人员死亡认定资质证书由所在单位的管理部门发放，主要是在通过国家卫生主管部门等级评定的正规医院存在，绝大多数参与死亡认定工作的机构，没有对参与死亡认定的工作人员进行有关死亡认定资质的管理。

死亡认定工作人员的经验，对死亡认定结果的可靠性十分重要，参与死亡认定工作的人员的实际工作年限是衡量实际工作经验的重要指标。对参与死亡认定工作的人员工作年限的调查结果进行统计分析后发现，有4～6年工作经验的人员为9.0%，有1～3年工作经验的人员为18.5%，无工作经验参与个体死亡认定工作的人员为72.5%。调查结果表明，参与个体死亡认定工作的人员中，有实际工作经验的人员占少数，大多数参与个体死亡认定工作的人员没有死亡认定方面的经验，从事该项工作的人员所在单位对人员也没有工作年限要求。

通常具有法律效力的文件，需要有两人或两人以上共同签字才能具有法律效力。个体死亡认定书是法律文件，在死亡认定书上的签字人数，表明对个体死亡认定书的重视程度。调查结果表明，在我国现今出具的死亡证明书上签字人数以 1～2 人为主。在医院进行的分组调查结果显示，医院内死亡的个体，死亡认定书签字人数以 2～3 人为主，占调查总数的 80.0%。在殡葬类分组调查的结果显示，殡仪馆火化尸体依据的死亡证明书中，签字人数为 1 人的占调查总数的 48.8%。

对死亡认定进行复核，是防止死亡认定出现差错的重要环节。在我国对死亡认定结果进行复核的单位及签字人的比例都很低。调查问卷的统计分析结果显示，在医院内死亡的个体，进行死亡认定时，有复核人员及复核单位的，分别占调查总数的 29.5% 及 19.3%。由此可见在医院内，对个体死亡认定进行复核的签字人及单位的比例均不高。在医院外死亡的个体的死亡认定，既没有关于死亡认定结果的复核人，也没有对结果进行复核把关的单位。对死亡认定复核情况进一步的调查发现，对死亡认定结果的复核次数，在医院内死亡的个体，对死亡认定结果进行复核的签字人及单位中，对死亡认定结果复核两次的为 4.0%，复核一次的为 29.3%。绝大多数个体死亡认定结果是没有复核的（占 66.7%）。在医院内进行死亡认定的人员多为急诊科、ICU（重症加强护理病房）、CCU（冠心病重症监护病房）病房医生完成，绝大多数的死亡认定的复核是由上一级的医生进行的。从死亡认定结果到对结果进行复核的间隔时间的调查结果表明，初次对个体完成死亡认定至二次对个体死亡结果进行复核的时间间隔，1～3 小时的为 50.4%，3～6 小时的为 20.3%，6～12 小时的为 29.3%。

调查中发现，我国人体死亡认定签字人数的管理混乱，由 2 人签署死亡认定的居多，占到 60.0%，1 人的占 21.6%，3 人的占 16.5%，4 人的较少，占 3.1%。

死亡认定是专业性、专门性的工作。没有专门接受过死亡认定培训的人员，是很难胜任这项工作的。要有专门的机构对参与死亡认定工作的人员进行相关专业的培训，内容包括急救医学、法医学、相关法律知识、殡葬文化等。对参与死亡认定工作的人员，要由专门的机构统一管理，包括培训、资质认证、考核及监督。

二、我国尸体处置的现状

我国关于尸体处置的情况复杂，涉及部门多，牵扯面广，涉及医学、法学及人类学等多个学科。处理与尸体有关的问题，对个人、家庭及社会都有很大的影响。我国尸体处置程序如附图 1-3 所示。

（一）我国尸体处置没有相关的法律法规

尸体处置包括尸体解剖、防腐、保存、包装、运输、火化、埋葬，以及有争议尸体的处置和个体死亡信息的发布。

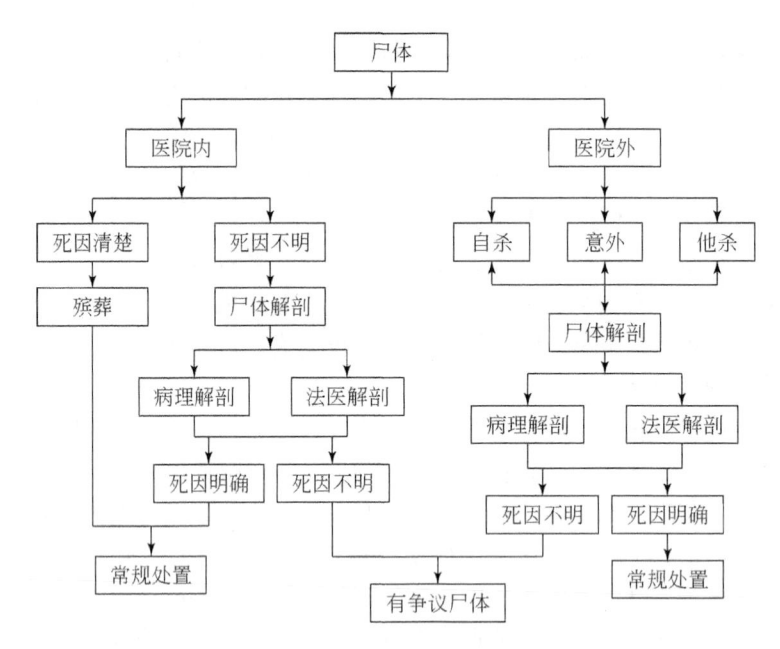

附图1-3 尸体处置程序

目前关于尸体解剖的规范性文件主要是卫生部于2012年制定的《尸体解剖规则》。卫生部最早曾经在1957年7月15日发布过《尸体解剖规则》，在1979年9月10日修订后以（79）卫教字第1329号文再次发布，公安部于9月22日发布《关于转发卫生部重新发布试行〈解剖尸体规则〉的通知》。对普通解剖、法医解剖、病理解剖做出了明确规定。但是，在实践中尸体解剖率不高，很多情况并不能开展尸体解剖。另外，关于尸体解剖，还有一些行业标准。例如，《法医学尸体解剖》（GA/T 147—1996）、《新生儿尸体检验 GA/T 151—1996)、《中毒尸体检验规范》（GA/T 167—1997）、《机械性损伤尸体检验》（GA/T 168—1997）、《机械性窒息尸体检验》（GA/T 150—1996）等。

除了尸体解剖有相关规定外，个体死亡到尸体处置过程中的多个环节都存在诸多的问题，主要表现在：常规处置中尸体的储藏、运输、监管法律法规缺失，造成尸体运输车管理混乱；有争议尸体的处置方式及存放时限失控；无名尸体及涉及案件的尸体的处置方式及存放时限法律法规缺失；有关死亡、尸体方面媒体报告情况法律法规缺失；意外死亡尸体处置方式法律法规缺失；尸体丧葬方式法律法规缺失。

在医院内不能按照常规进行处置的尸体，主要是发生医疗纠纷的尸体和无名尸。无名尸主要是指社会人士送医急救的人员，在医院内死亡后，成为无名尸，导致尸体长期不能处理。对无名尸体的处置，目前依据的是公安部发布的《全国未知名尸体信息管理工作规定（试行）》。调查发现，太平间内有长期不能处理的无名尸的医院，占医院总数的46.9%。

另外，由于医患关系问题长期不能解决，目前调查的医院中，病理学的临床尸体解剖率为零，远低于20世纪60年代以前。医院不能进行正常的病理学解剖，严重制约了我国医学科学的发展。

（二）我国缺乏尸体保存的规范化管理

中国的丧葬传统，入土为安，是对死者的尊敬，也是对生者的安慰。在参与调查的全国 2300 个县级公安机关中，有 50%的单位涉及存在长期未处理的尸体。在殡葬机构的调查中发现，有 88%的单位有长期未处理的尸体，无长期未处理尸体的单位仅占 12.0%。

按照中国的丧葬习俗，尸体存放时间一般不超过一周。调查发现，未处理尸体存放 1 年及以下的占调查总数的 26.2%，1~2 年的占 12.7%，2 年以上的占 31.8%。在存放 2 年以上的选项中，多数尸体存放 4 年以上，最长尸体存放的年限达 15 年。在对殡仪馆的实地调查中发现，殡仪馆长期存放的尸体，以两年以上为多数，达到 60.0%以上。尸体长期存放的数量，对在殡仪馆回收的调查问卷及实地调研收集的问卷合计统计，尸体存放 1 年的，有效问卷 581 份，合计尸体数量 1949 具，存放最多的单位有 80 具；尸体存放 1~2 年的，有效问卷 396 份，合计尸体数量 1048 具，存放最多的单位有 43 具；尸体存放 3 年的，有效问卷 268 份，合计尸体数量 584 具，存放最多的单位有 47 具；尸体存放 4 年的，有效问卷 185 份，合计尸体数量 398 具，存放最多的单位有 37 具；尸体存放 4 年以上的，有效问卷 197 份，合计尸体数量 740 具，存放最多的单位有 60 具。有的殡仪馆由于大量长期存放的尸体不能处理，不仅耗费了大量的人力、财力、物力，而且影响了殡仪馆的正常工作。

长期未处理尸体存放地点的调查发现，存放在殡仪馆的为 68.0%，存放在医院的为 13.0%，存放在公安机关尸体检验中心及当事人自行保管的为 4.0%，其他存放地点不清的为 15.0%。尸体不处理，存放在当事人或其他未知地点的尸体，是影响社会安定的重大隐患。

对于尸体未处理的原因的调查表明，涉及案情、医疗纠纷的占 66.1%，无名尸占 54.4%，其次是家属利益纠纷占 47%，家庭困难，难以支付费用占 22.8%，另有其他原因的占 8.8%，原因主要是家属不配合处理或对死因不认同，需要进行司法程序及赔偿未谈妥等，如附图 1-4 所示。

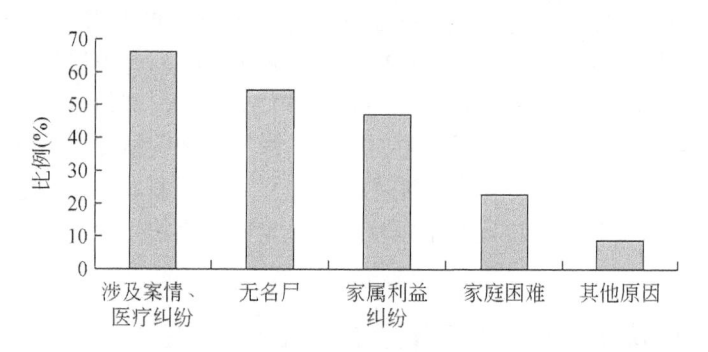

附图 1-4 尸体未处理的原因的调查

医院外的尸体不能正常处理的，主要是指有争议的尸体和无名尸体。由于缺少相关法律法规，殡仪馆、太平间等尸体存放机构不敢处理有关尸体，存放的尸体逐年累加，挤占冰柜。有的殡仪馆，长期存放的尸体甚至占满冰柜，使得应该进入殡仪馆正常处置的尸体无处存放，严重影响殡仪馆的正常运营，影响了尸体处理进程，扰乱了死者家属的正常生活。没有存放在殡仪馆的医院外死亡的尸体,大多是与死者有关的矛盾没有得到有效解决,造成尸体不能入土为安,这是危害社会稳定的因素。尤其以尸体为筹码达到自身目的的情况时有发生,常常会引起更深层次的社会矛盾。

对长期未处理尸体存放原因的调查分析发现,因案件、医疗纠纷等问题没有得到解决而存放的遗体,有效问卷605份,占总数的60.5%;死者亲属利益纠葛,造成遗体长期存放的,有效问卷463份,占总数的46.3%;其他,包括与死者亲属无法取得联系或拒绝认领等,有效问卷94份,占总数的9.4%。在涉及案件、利益纠纷、无人认领尸体的处置方面,目前没有相应的法律依据,急需制定规则。

(三) 我国缺乏处置有争议尸体方面的法律法规

有争议的尸体长期不能处理是影响社会稳定的重大隐患。长期存放的尸体大多数都是有争议尸体。调查发现,经公安机关参与处置的有争议的尸体,占长期未处理尸体总数的43.0%。有争议尸体问题解决的前提是对尸体进行医学、法医学鉴定。调查结果的统计分析表明,有争议尸体的鉴定情况,已经完成鉴定的为86.8%,尚待鉴定的为14.6%,未鉴定的为5.8%,不打算鉴定的为3.3%。已经鉴定的有争议尸体和不打算鉴定的有争议尸体,长期存放,如何处理无章可循,成为当前急需解决的问题。《医疗事故处理条例》第19条规定,患者在医疗机构内死亡的,尸体应当立即移放太平间。死者尸体存放时间一般不得超过2周。逾期不处理的尸体,经医疗机构所在地卫生行政部门批准,并报经同级公安部门备案后,由医疗机构按照规定进行处理。然而,现实中基本上无法执行。主要原因在于,医疗机构是一个提供诊疗服务的专业技术单位,或者是事业单位,或者是企业单位,并没有行政职能,亦无执法权。对长期存放尸体进行强制处理,显然超出了医疗机构的能力范畴。

有争议尸体鉴定机构身份的调查表明,由司法机关完成鉴定的为48.4%,由司法机关和社会鉴定机构共同完成鉴定的为15.0%,由司法机关、社会鉴定机构、医学会和医科院校共同完成鉴定的为6.1%。有争议尸体鉴定次数的调查结果表明,完成1次鉴定的为53.0%,完成2次鉴定的为38.0%,完成3次鉴定的为9.0%。有争议尸体的鉴定原因,主要有刑事案件、交通事故及医疗纠纷,占总数的80.0%以上,其他为财产纠纷、丧葬费分摊争议等。有的案件经司法机关、社会鉴定机构、医学会和医科院校等单位共同实施鉴定后,死者家属仍然不处理尸体。由此表明案件经过多单位重复鉴定,问题仍然没有得到解决。有争议尸体的鉴定次数、鉴定费用以及申请鉴定的原因等方面的问题,需要法律法规进行约束。

(四) 我国的法律法规对于尸体运输没有明确规定

尸体的运输是尸体处置的重要环节。民政部对于运输尸体的车辆有质量标准的要求,卫生部及民政部对运输尸体的单位也有相关的要求,目前执行的是民政部、公安部、外交部、铁道部、交通部、卫生部、海关总署、民用航空局八部门联合发布的《关于尸体运输管理的若干规定》(1993年3月30日 民事发〔1993〕2号),但没有在法律、法规方面予以明确。在医院内死亡及有医疗急救部门参与救治的患者的尸体,是由殡仪馆或急救中心的车辆进行运输。医院外死亡的尸体，由患者家属自行运输的情况十分常见。患者在居住地以外就医客死他乡的，遗体多数由家属自行解决车辆，运送回到居住地。这种情况在北京的各大医院附近是常见现象。民政部组织专家起草的《殡仪车通用技术条件》（2001年）、《国际运尸技术规范》（2006 8407-T-314）、《遗体接运服务》（2007-T-314）等国家标准，并不能解决有关问题。

（五）我国现有的丧葬方式存在严重问题

我国殡葬管理所依据的法律主要是《殡葬管理条例》（2012年11月9日中华人民共和国国务院令第628号公布、2013年1月1日起施行），该条例于1997年7月11日经国务院第60次常务会议通过，1997年7月21日中华人民共和国国务院令第225号发布，于2012年进行修订。实地调研中发现，在殡仪馆尸体均使用煤油火化，同时伴有大量的焚烧随葬品。焚烧每具尸体平均需要25升煤油，随葬品露天直接焚烧，环境污染严重。殡仪馆大多数经营墓地，安葬骨灰的墓地，每个墓穴为1平方米左右的水泥结构。农村大多数在村中的集体墓地土葬，或埋葬在自家的自留地中，尸体火化后二次埋葬的情况很常见。土葬均有坟头，每个坟头占地约10平方米。殡仪馆大多数有多种丧葬方式，如海葬、树葬等，但选择的人很少，现有丧葬方式对环境的危害很大。2015年5月22日，民政部发布了《开展殡葬管理服务专项整治活动工作方案》，加强了对违法违规殡葬活动整治的力度，但是要从根本上整治，还需要从立法、执法层面下工夫。

三、关境外国家和地质人体死亡认定、尸体处置简介

（一）在死亡认定主体方面，境外国家和地区有明确的规定

1. 英国开立死亡证明的主体规定

世界各国的通行做法，当医师可以明确死因或确认为自然死亡时会开立死亡证明，当无法确认死因时会由司法人员介入调查，只是由于国家地区不同，负责调查的可能是验尸官、检察官、医验官又或者是法官。在英国，实行验尸官法院或死因裁判制度。

验尸官法院，也翻译为死因裁判法庭（Coroners Court），1194年的英国《巡回法院规章》最早确立死因裁判这一特殊的司法制度，后亦被那些曾经受到英国统治的香港、美国、加拿大、澳大利亚等国家和地区所沿袭。在英国，验尸官（coroner）是一个独立的司法官职，起源于11世纪。其职责是调查突然死亡、有暴力致死嫌疑或者英国和威尔士公民在英国和威尔士以外地区死亡的死亡原因。确定死亡原因后，验尸官只能将犯罪嫌疑人移交相关的刑事法院依法定罪判刑，而无权直接对疑犯进行审判。所有在医疗机构中死亡的案例必须向死亡登记处通报，在死亡证明文件不齐全或者遇到非自然死亡案例时，死亡登记处（the Registrar of Deaths）必须向验尸官通报。通常情况下在非自然死亡的案例中医师也会主动及时通报验尸官。一个人如果不是在接受治疗时死亡或死亡时医师不在场，其死亡的事实可以由护士、医务技术人员及其他健康看护专家与医师一起确认。这种情况下，通常警察会先勘查死亡现场和周围环境，并将调查结果向验尸官或司法主管人员报告。警察

不会进行尸体剖验，验尸官或检察官主持剖验尸体。验尸官会通过官方途径找到死者的家庭医师询问相关细节，若获悉死者有自然死亡的疾病且在死亡现场与周围环境没有发现可疑的迹象，则可以由家庭医师开立死亡证明。如果找不到家庭医师，或者医师不愿意开立死亡证明书，则验尸官将会请求病理医师或大学的法医学教授解剖验尸，查明死因后开具死亡证明。但在苏格兰，验尸官的职责只能做尸体的外部检查，即所谓的"观察尸体，提出死因"。

在英格兰与威尔士，多数的案件都是由医师、警察及公众转介给验尸官调查，不过无论是否为他人转介，验尸官都要对管辖区域内发现的尸体负责，而且如果医师开立的死亡证明书不被死亡登记处接受，则案件将会转介给验尸官，其原因包括：①开立死亡证明书的医师并非是从事治疗引起死亡疾病的医师。②死者在死亡后或在死亡前14天不曾被医师探视过。③死因不明。④死因似乎是由中毒或工业伤害所引起。⑤非自然死亡，或因暴力或医疗疏失或流产引起的死亡。⑥在死者的周围环境有可疑的迹象。⑦死者在手术操作过程中死亡或在麻醉恢复前死亡。

2. 香港地区开立死亡证明的主体规定

在香港任何人于死前最后患病期间经由一名注册医生诊治，则该名医生须在该人死后随即签署死亡证明书，出具死因医学证明书的医生必须曾亲自检视该人的尸体，并确信该人已死亡。在证明中需详细述明其所知及所信，具体包括在该患者最后患病期间曾否施用麻醉药，麻醉药名称，死因，同时将该证明书送交申报该宗死亡个案的人，由申报人将该死因医学证明书及相关资料送交生死登记官员。如在最后患病期间，没有经由任何注册医生诊治，则登记官有责任进行或安排进行查询，以确定真正的死因。此外登记官欲核实死因证明书的正确性，可在任何个案中进行或安排进行查询。

在香港实行责任人报告制度，在死亡个案发生后相关责任人向死因裁判官报告，尸体就会被送往医院或公众殓房。首先由病理学家依照规定内容进行外部检验，而后向死因裁判官提出书面报告，可同时建议免将尸体剖验。如果死因裁判官进行验尸后认为合适，可命令在死亡登记之前埋葬或火葬任何尸体。在此种情况下，由死因裁判官（向死者亲属，或其他安排埋葬或火葬尸体的人，或殡葬承办人或负责殡葬的其他人）亲笔签发埋葬或火葬尸体命令证明书，接获证明书的人须将该证明书送交登记死亡所在地区警署的主管人员；若不能明确死因或死因裁判官认为需要进行进一步勘验的，则会发出尸体剖验命令。尸体剖验必须由身为病理学家的注册医生进行并提交报告，死因裁判官根据剖验报告决定是否需要调查，倘若死因裁判官决定对该宗死亡个案进行调查，则调查由警方开展并于其后提交死亡调查报告，死因裁判官考虑是否进行死因研讯。

死因裁判官根据警方的调查报告决定是否研讯或征求专家意见。根据《死因裁判官条例》，共有20种情形的死亡案件需向死因裁判庭报告。死因裁判法庭既可以是由死因裁判官组成的独任法庭，也可以是由死因裁判官会同由五人组成的陪审团组成。死因裁判官在就某人的死亡个案进行研讯前，可就该宗死亡个案进行研讯前检讨，以决定研讯的合理切实可行的范围以及如何以公正和迅速的方式完成该项研讯。研讯前检讨不得在公开法庭进行。在研讯结束时，死因裁判官须以订明格式记录他的裁断或陪审团的裁断，如有陪审团，则每名陪审员均在裁断上签署。研讯后的资料和结论递交登记官员进行登记后，随后死因裁判官须签署死亡证明书,送交申报该宗死亡个案资料的人或殡葬承办人或负责殡葬的其他人,由这些人将证明书送交登记死亡所在地区警署的主管人员。根据法例,死因裁判官或陪审团拟定裁断时,不得做出任何有关民事法律责任问题的决定。所有赔偿及民事法律责任的申诉,应向处理民事诉讼的法庭提出,并在该庭聆讯。针对死因裁判官做出的不研讯决定,相关利害关系人可以向高等法院申请展开死因研讯,对研讯结果不服的还可申请再次研讯。

有两种情况下必须进行死亡研讯:①凡有人在受官方看管时死亡,包括有人在受警务人员看管时死亡或有人在警务人员履行其职责的过程中死亡,此种情况下必须进行研讯且需有陪审团的参与,做出的裁断经死因裁判官和陪审团成员的共同签署后送交该负责看管的人。②律政司司长要求就某人的死亡进行研讯,死因裁判官须进行该研讯。

研讯中如果发现死亡事件涉及谋杀、误杀、杀婴或危险驾驶引致他人死亡等刑事罪行,死因裁判官将会中止有关死因的研讯,并将此事转送律政司司长处理,这也就意味着有关此例事件将引起刑事诉讼程序。在刑事诉讼程序终结前,有关死因的研讯不能重新展开。

3. 台湾地区开立死亡证明主体

台湾地区的法令规定,除因意外而死亡(非自然死亡,因意外、自杀或凶杀而死亡),无论死亡处所是在家里、意外现场、送医途中或医院里,都要由当地警方报请地检署检察官会同法医验尸,在查明死亡原因后,由地检署检察官开立相验尸体证明书,如因疾病在医院、诊所死亡或就诊、转诊途中死亡,依法应由该医院或诊所开立死亡证明书。检察机关、军事检察机关、医疗机构出具相验尸体证明书、死亡证明书或法院做出死亡宣告判决后,将证明书或判决送达当事人户籍地"直辖市"、县(市)主管机关。法令对于不同的死亡情形(死亡方式、原因或处所),开立死亡证明书也有不同的规定。

1)因疾病在医院、诊所死亡或就诊、转诊途中死亡

通常情况下因病医治无效在医院或诊所死亡,依法应由该医院或诊所开立死亡证明书。若是在就诊、转诊途中死亡,该医院或诊所应参考原诊治医院、诊所的病历记载内容,经过检验尸体后,死者家属或关系人可以向该医院或诊所申请开立死亡证明书。开立死亡证明书的医师需取得医师证书,台湾地区的医师证共包括三种:普通的医师证书、中医医师证书和牙医师证书。若经医师检验尸体为非病死或可疑为非病死,或为死产儿,应报请检察机关依法相验。医师非亲自检验尸体,不得交付死亡证明书或死产证明书。医师如果没有法定理由,也不得拒绝交付死亡证明书或死产证明书。医师出具与事实不相符的死亡证明书或死产证明书,处新台币十万元以上五十万元以下罚金(6万~10万人民币),可以并处限制执业范围、停业处分一个月以上一年以下或废止其执业执照;情节严重者可以废止其医师证书。医师惩戒事件移交医师惩戒委员会处理。

2)在家里死亡或送医院途中死亡

因年老而自然在家中逝世(寿终正寝),或因疾病在家休养而病故,或因疾病在家中猝死,家属应向当地派出所或卫生所申请验尸。经警方排除非病死,或可疑为非病死,或有犯罪嫌疑情形后,由卫生所的医师或当地市或县政府主管机关指定的医疗机构的医师检验尸体后开立死亡证明书。

3）意外死亡

因意外而死亡（非自然死亡，因意外、自杀或凶杀而死亡），无论死亡处所是在家里、意外现场、送医院途中或医院里，都要由当地警方报请当地检署检察官会同法医验尸。在查明死亡原因后，由地检署检察官开立相验尸体证明书（其意义等同于死亡证明书）。

4）死亡宣告

若亲人失踪超过一定期限，则与其有关的权利义务如财产的管理、继承或婚姻关系等都无法确定。若长此以往，不利于利害关系人和社会管理。为此，利害关系人或检察官可以向法院申请死亡宣告。我国台湾地区规定，通常情况下失踪满七年后，利害关系人或检察官可以向法院申请宣告失踪者死亡。若失踪者已满八十周岁则三年后即可宣告死亡。在特别的灾难中失踪满一年可以宣告死亡。经法院审理，情况属实，法院会发给"死亡宣告判决书"，其意义也等同于死亡证明书。

死亡资料是指相验尸体证明书、死亡证明书、死亡宣告判判书及其裁判确定证明书的书面或电子资料。法院应于做成死亡资料十五个工作日内，以网路传输至"司法主管部门"，"司法主管部门"应于接收通报后每日以网路传输至"内政主管部门"。医疗机构、检察机关、军事检察机关应在做成死亡资料七日内，以网路分别传输至"卫生福利主管部门""法务主管部门""防务主管部门"，这些部门应于接收通报后以七日为一周期，再以网路传输至"内政主管部门"。"内政主管部门"取得死亡资料后，将死亡者的身份证统一编号（身份证号）、出生年月日与"内政主管部门"户政资讯系统资料库比对符合后，再下传其户籍地户政事务所。不符或有错漏的将发回传输机关核查。

台湾地区总体上形成了体系化的死亡管理制度，关于死亡资料的传输、登记和尸体解剖的规定也很详细明确，但是由于台湾法医人数不足，为方便民众取得死亡证明书，台湾开创了独有的死亡管理措施——行政相验，即死者临终前未经医师诊疗，可由地方卫生行政机关或医师开立死亡证明。检察官在侦办案件过程中就此向卫生行政机关发函询问，没想到得到的答案竟然是："除牙科医师和兽医外，所有的医师都有权开立死亡证明"。此规定在某种程度上同大陆的规定有一样的缺陷：没有明确规定开具死亡证明的医师资质，很难保证某些医师不滥开死亡证明从而谋取不法利益。

（二）在脑死亡认定方面，国外有明确的认定标准

美、英、法、德、芬兰等国已制定了诊断标准和法律。脑死亡不仅涉及死亡现象和死亡标准等技术性问题，而且与人类社会的承受力和接受力有着密切的关系，受到宗教和文化的深刻影响。一般来说，英国、美国等信奉基督教的国家容易接受脑死亡的观念，而且，这些国家的一元脑死亡标准也是较早确立的。但是，长期受到儒家伦理影响的东亚社会却截然不同。东亚社会具有浓厚的宗族观念和先人崇拜意识，具有伦理关系的家属特别是子女很难将仍然具有体温、心脏仍然跳动的患者看作是死者。中国应当加快脑死亡立法工作，但脑死亡的立法是对中国几千年传统观念的重大突破，必须十分慎重，同时必须依据相关法律程序。

关于脑死亡认定的标准，具有代表性的标准有哈佛标准、协作组标准、英联邦皇家学院标准和日本脑死亡标准。哈佛标准是1968年美国哈佛大学医学院死亡意义审查特别委

员会拟定的比较科学的脑死亡标准。即"无反应性"——对刺激，包括最强烈的疼痛刺激毫无反应性；"无自发性呼吸"——观察至少 1 小时无自发性呼吸；"无反射"——包括瞳孔散大、固定、对光反射消失，转动患者头部或向其耳内灌注冰水而无眼球运动反应；"无眨眼运动"——无姿势性活动、无吞咽、咀嚼、发声，无角膜反射和咽反射，通常无腱反射；"平线脑电图"——即等电位脑电图。记录至少持续十分钟。上述所有试验在 24 小时后重复一次，并且应排除低温、中枢神经系统抑制剂等情况后，以上结果才有意义。

协作组标准是美国神经病研究所组织 9 家医院提出的标准，此标准基本与哈佛标准相同，主要差别是取消 24 小时后重复试验。无反射指无脑反射，不需要观察脊髓反射。哈佛标准至少观察 24 小时才可宣布死亡。协作组标准认为如果昏迷原因明确，或者通过确证实验，则 6 小时足够；对缺氧性脑损害者，经 24 小时观察比较适当。英联邦皇家学院标准是 1976 年提出的，该标准主张仅需临床检查即可，不需烦琐的脑电图和脑血管造影。凡存在下列情况者，可诊断脑死亡：瞳孔固定，无对光反射；无角膜反射；无前庭反射；给躯体以强刺激，在颅神经分布区无反应；无咀嚼反射，对吸引管插入气管无反射；撤去人工呼吸机，其时间足以使二氧化碳张力上升到呼吸刺激阈以上时，仍无呼吸运动出现。日本脑死亡标准是 1973 年提出的，包括原发性大面积脑损伤、深度昏迷、双侧瞳孔扩大、无瞳孔和角膜反射、等电位脑电图、血压降低到 44 毫米汞柱以下并持续 6 小时。

（三）在死亡认定方面，国外有规范的管理程序

法国关于死亡证明文件的规定要求，死亡证明必须在 48 小时内完成。医学信息由医生完成，加密后传送到国立健康与医学研究所或由国立健康与医学研究所委托的机构。如果死亡证明的信息有变化，医生必须将改变的内容上传到国立健康与医学研究所或由国立健康与医学研究所委托的机构。死者个人信息在严格规定条件下进行保存。如果在媒体关注的情况下，必须在媒体兴趣小组的批准下，按照相应的法规处理（R.条 161-54 款）。以电子文书传输的档案，需按 2006 年 7 月 27 日颁布的第 2006-938 号法令执行。

美国死亡认定由几个方面构成：①报告死亡。由于自然原因在医院死亡的个体，由负责医生报告。由于自然原因在医院外死亡的个体，由有行医许可证的医生或其授权的医疗助手报告。医疗助手需查看死者的医疗记录，证明没有异常情况。其他情况，死亡由首席医疗检察官办公室调查，遗体由首席医疗检察官办公室负责，并报告死亡。报告要求在指定的时间内提交给殡葬管理人员。殡葬管理人员在 72 小时内向政府管理人员报告。死亡证明及机密医疗档案可以用政府授权的计算机软件以电子文档的格式发送。②死亡证明及机密医疗档案的制作。死亡证明及机密医疗档案由报告个体死亡的医生或负责报告死亡的有关专家制作。死亡证明及机密医疗档案的表格，由政府管理部门制作，由于自然原因在医院死亡的个体，报告要求的信息须在个体的病历记录中取得。内容包括死亡原因、医疗诊断情况、医生意见等。③死亡证明。包括死者的姓名、性别、死亡日期、死亡地点及报告获得的死亡记录号码。有需要死亡证明的均有权获得，由市政管理部门出具。

（四）在尸体处置方面，国外具有严格的管理制度

国外发达国家对于尸体处置具有严格的管理制度，具备相应的管理部门，明确规定了

在不同死因、不同死亡地点情况下，尸体处置应该采取的措施。对于持证殡葬服务设施的设立、改扩建、废止、经营管理等方面都制定了严格标准。

加拿大尸体处置现状。加拿大采用验尸官制度，对于不同死因和不同地方的尸体采取不同的处置方式。在死亡原因方面，对于暴力、灾难、疏忽、行为不端、玩忽职守等原因造成的死亡，或者由于突发事件、意外事故造成的死亡，或者由于非法医师治疗疾病所导致的死亡以及由于其他非疾病的原因或者需要深入调查的情况，会立即通知与死亡案件相关的验尸官或警察，如果警察得到了通知，立即将此案件或事实通知给验尸官。在死亡地点方面，对于在医院、养老院、慈善机构、居住地或者在家里，则这些机构的负责人应该立即将死亡情况通知给验尸官，由验尸官对死亡情况进行调查，如果验尸官认为调查结果显示有必要执行验尸程序的，验尸官将出具验尸理由并执行验尸程序。对于那些死在精神病院、监禁教养机构中的人，也应该通知验尸官，并由验尸官经过调查之后决定是否需要启动验尸程序。当死者处于拘留状态、看守所关押的监护状态时，治安官员、看守所负责人应该根据案件情况，立即向验尸官发出死亡通知，验尸官将会出具正当理由后启动验尸程序。如果在建筑工地、矿山、矿场等由于意外事故导致死亡的，单位负责人应该立即向验尸官发出死亡通知，验尸官出具正当理由后启动验尸程序。在案件进展过程中，有验尸官签字的通知或者非通知性说明，才能作为证据使用。如果验尸官认为没有必要进行验尸，而死者亲属认为有必要进行验尸的，亲属可以通过书面形式请求验尸官对尸体进行检验。在此过程中，验尸官听取死者亲属要求验尸的原因，并在收到验尸请求后的60天内，将最终决定通知申请人，如果验尸官决定不进行尸体检验的，应该将不予检验的原因以书面形式送达给验尸申请人。其中，首席验尸官做出的验尸与否的决定是最终决定。

美国尸体处置现状。如果本市人员由于自然原因死于医院，由医院负责人向本市人员管理部门报告。由于自然原因死于医院外其他地方的，则由有资格的医师或者其授权的医疗助手出具报告，其中医疗助手报告死亡前应该查看死者的医疗记录，以证明没有发现可疑情况。在上述两种情况下，报告人应当提交一份死亡证明和机密医疗报告。但是如果死亡是由首席医疗检察官办公室进行调查的，并且遗体的管理权由该办公室承担，那么死者的死亡则由首席医疗检察官办公室进行汇报，该办公室汇报时只需提供一份死亡证明。这两种死亡报告方式都应该在死亡或者遗体被发现的24小时内向本市人口管理部门下辖或指定的部门进行汇报。在要求提交死亡证明和机密医疗报告时，将其立即提交给殡葬管理人员或者被授权负责遗体的殡葬人员，如果遗体埋葬在本市的墓地上，则提交给本市殡葬管理人员，这些方式都视为完成了死亡证明和机密医疗报告的提交。殡葬管理人员应当在死亡或者遗体被发现72小时内向本市人口管理部门汇报，除非是本市人口管理部门授权的人，否则殡葬管理人员不应该将关于死亡的机密医疗报告中的信息泄露出去，死亡证明和机密医疗报告可以用本市人口管理部门指定、提供或者授权的计算机软件进行电子格式的发送。对于遗体的处置时限也有明确规定。例如，纽约市规定，遗体应该在死亡后4天之内进行埋葬、火化或者运出本市，或者将遗体安放在墓地的安放厅内，但是安放时间不能超过10天；如果想要延长尸体存放时限，必须得到管理部门的允许。

（五）在殡葬服务方面，国外有严格的标准

国外的殡葬服务设施主要是持证的殡葬服务设施，是指提供殡葬服务的专门设施，这类设施的对外经营必须获得国家有关部门或国家授权的专门委员会的特许批准，并由经过登记注册的专业人士进行管理、提供服务。国家对持证殡葬服务设施的设立、改扩建、废止、经营管理等方面都制定了严格标准。这些殡葬服务设施标准立法的原则有：国家监管的原则、体面殡葬亡人的原则、符合公序良俗的原则、确保公共利益的原则、保护环境的原则。例如，美国德克萨斯州对于殡葬工作者实行许可证考试制度。除非具有殡葬工作者的许可证书，否则任何人不得从事或声称从事殡葬服务业务，也不得将此人以殡葬工作者的身份向公众推荐。想要申请许可证书，必须先向殡葬服务委员会提交书面的许可申请书，并支付申请费用，在此过程中，申请人至少和委员会的一位委员见面，然而许可申请的批准则需要全体委员审查才能通过，委员会应该对申请书进行永久性记录，这份记录还必须包括已发放许可的阶段情况。

许可证申请者必须满足以下条件：①年满 18 周岁；②高中以及高中同等学力或者毕业于有资质的殡葬学校；③在殡葬工作者亲自监督和指导下，以临时许可证持有者的身份服务至少 1 年的时间。许可证考试主要内容包括：殡葬服务的艺术与技巧、死亡的迹象、死亡的确认方法、卫生设施学和卫生学、殡葬管理与殡葬学法律、业务与职业道德；有资质的殡葬学校或者大学可能讲授的其他课程；以及与遗体有关的重要统计数据的适用法律和遗体处理、运输、护理及处置相关的法律法规。殡葬工作者许可证书考试应当至少每年举行一次。委员会应该在考试后 30 天之内将考试结果通知考生，然而如果该考试由考试服务中心进行评分或者阅卷，那么委员会应当自收到考试服务中心的分数结果之日起 14 日之内将分数结果通知考生，如自考试之日起，该考试结果的通知被延迟超过 90 天，那么委员会应该在第 90 天之前将其延迟通知的原因告知该考生。除此之外，委员会还可以要求考试服务中心通知考生的考试结果。如果没有通过许可证考试的考生提出质疑，那么委员会应当向该考生提供其在该考试中的成绩分析。除此之外，美国对棺材价目表、价格标签、价格范围及其展示也有明确规定。他们将棺材按照成人用、婴幼儿用与租用分成三类，并规定每一类的价格范围。

殡葬服务设施的设立标准有：①国家审批和总量控制；②经营主体资格限制（包括资金限制、跨行业经营限制、管理层限制、信息披露的要求、职业责任保险的要求、程序的要求）；③对土地的限制（保护环境的需求，周边居民的意见，土地所有权，地下水情况和地质情况，殡葬本身的需要，规划，交通情况）；④申请文件的要求（申请人个人信息，用地及附近土地地理情况的简图，详细的可操作的设施内部建设总体规划，可行性报告，土地状况证明文件，正式决议，申请人资金实力证明文件）；⑤公共利益。对于尸体埋葬，美国绝大部分土地私有，除国家公墓外，绝大部分墓地是私人墓地，建立墓地需要通过政府审批，若周围有人员居住，还需通过周围居民同意。

（六）国外遗体与器官捐献

随着社会文明的不断进步，越来越多的人愿意在人生走向尽头时，把器官捐献给濒临死

亡、等待器官移植的患者，让自己的生命得以延续。国外在遗体与器官捐献方面各不相同。

新加坡的器官捐献模式为推论同意捐献模式：逝世后不愿意成为器官捐献者的公民必须到政府规定的部门填表、登记，否则一律视为"同意在逝世后捐献器官的志愿者"。

法国行业医师学会集体抵制活体移植，尤其是非亲属活体移植，而力推公民逝世后器官捐献，认为这样才能回归到医学"无害至上论"的人文精神的本质。1994年后，法国已明确停止任何形式的非亲属活体移植。目前亲属活体肾移植数较少，亲属活体肝移植数几乎降到零。

伊朗是全世界唯一没有移植等待者名单的国家。伊朗非亲属活体器官买卖模式主要包括以下内容：专业医师评估患者是否需要移植；由移植患者和肾透析协会组成的专门机构负责匹配患者和捐献者；捐献者获得大概1200美元的一次性补偿，另加一份一定时限的生命保险和健康保险；捐献者可长期接受特设"捐献者门诊"随访和随诊；最重要的是允许供、受者见面，其他条件如现金交易，可直接面议。

泰国是全世界唯一一个由红十字会负责器官捐献的国家，但该模式下器官捐献成功率极低。

加拿大2006年针对控制型心脏死亡器官捐献（DCD）制定了器官捐献流程，控制型DCD器官捐献流程分5个环节：达成放弃治疗共识，同意器官捐献并签署知情同意书，撤除生命支持治疗，死亡判定，移送手术室获取器官。

澳大利亚2010年发布了国家DCD操作规程，分10个步骤实施：入选标准，捐献意愿，签署知情同意书，捐献计划和筹备，死亡前干预，撤除心肺支持治疗，死亡判定，遗体告别移送手术室，器官获取，案例回顾总结。

美国2004年针对控制型DCD建立了器官捐献流程，其中关键性流程分为5个阶段：选定供体并评估1小时死亡可能性，达成放弃治疗共识并与器官获取组织（OPO）联系，OPO与家属讨论并签署知情同意书，全面评估实施细节，撤除生命支持治疗、死亡判定、遗体告别、器官获取。

在美国旧金山地区，遗体与器官的捐献由美国斯坦福大学医学院负责管理实施。司机申领驾照时，填写遗体与器官捐献志愿书。遗体与器官捐献是志愿的，在旧金山地区没有相关的法律规定。填写遗体与器官捐献志愿书也可以在网上完成。捐献的遗体与器官由专门的器官库（organ bank）负责保存，供体的组织配型国际联网，为需要的人提供服务。受体可以有偿接受器官，也可以无偿接受器官，具体情况可根据捐献者的意愿及双方协商而定。

第二章 我国人体死亡认定和尸体处置现状对公共安全的危害

我国人体死亡认定的现状对社会安全稳定带来的影响和危害较大，包括人体死亡认定管理混乱，人体死亡认定标准缺失及有争议的尸体死亡认定不规范等，这些问题都是影响社会公共安全的不稳定因素。例如，缺少对死亡认定人员的管理监督制度，有些人员不知该由谁对其进行死亡认定，有争议的尸体到底应该如何进行死亡认定，这些问题如不能解决好，任由其发展，将加深社会矛盾，对我国的社会公共安全和经济发展带来消极影响。

一、死亡认定争议引起医患纠纷，使医患矛盾难以解决

死亡认定争议引起医患纠纷，主要表现在两个方面：一是缺乏对死亡认定的规范管理，将假死的患者误认为死亡及家属对死亡原因有争议，造成医患纠纷；二是没有保留确定死亡的诊断依据，如急救过程的心电图等，家属对急救时患者是否死亡提出质疑，引发医患纠纷。

我国临床使用的死亡认定标准为心脏死亡，即呼吸、循环停止，机体反应消失。需要应用检查设备判断循环停止，观察时间不少于2分钟，不多于5分钟。此后，临床医生可以通知家属，患者死亡。但在实际工作中，由于死亡认定程序没有明确的技术规范，心电监护设备在个体心脏停止跳动后，持续监测2分钟以上的情况并不多。在国内医院内被认定死亡的个体，到殡仪馆后发现个体没有死亡的情况并不罕见。假死是法医学领域中常规的检查内容，技术手段并不复杂，出现问题的原因是进行死亡认定的人员没有进行基本常识的训练。如果按照心脏死亡的标准严格操作，不会出现对死亡误判的问题。此类问题必然会引起医患纠纷。此外，不能严格按照心脏死亡的标准对个体死亡进行认定，也是对生命的漠视。

在医院外死亡的个体，对心脏死亡的认定，很少使用科学的仪器设备监测心脏的活动情况，大多是根据主观的检测，通过触摸脉搏、心脏听诊等来确定个体的死亡。一旦出现对死亡认定的争议，解决问题的难度会更大。

二、死亡认定的法律法规缺失，造成国家医疗资源的巨大浪费

死亡认定的法律法规缺失造成医疗资源的浪费，表现在两个方面：一是对死亡原因有

争议的患者，不能进行临床病理尸体解剖查明病因提高医疗水平，而是用经济补偿化解争议造成经济损失；二是对脑死亡的患者，对没有自主生命活动、仅靠机械设备维持生命的个体以及临终关怀的个体，不能进行个体死亡的报告，耗费医疗资源。

由于死亡认定方面法律、法规及操作规范的缺失，一旦个体处于濒临死亡阶段，很多医学措施不能进行操作，不仅给患者及家属带来极大的身心折磨和经济负担，也造成了国家医疗资源的巨大消耗。

（一）脑死亡问题

脑死亡是国际上很多国家已经立法的死亡认定标准，脑死亡作为人的死亡标准已被许多国家的人们所接受。截止到2000年底，联合国189个成员中已经有80个国家颁布了成人脑死亡标准，其中约70个国家有相应的实施指南或法规。脑死亡的立法，可以为器官移植供体的器官提取提供法律方面的帮助。脑死亡标准立法后，也可以对已经确定脑死亡的患者停止医学措施，可以减轻家属有关医学伦理学方面的心理压力及支付医疗费用的经济负担，也可以节省医疗资源及国家负担的医保资金。

（二）安乐死或者尊严死问题

安乐死也需要在立法方面予以认真的思考。在患者精神与肉体承受巨大痛苦，医学科学技术不能提供有效帮助的情况下，提供安乐死的帮助，不仅是人道的，可以减轻家属有关医学伦理学方面的心理压力及支付医疗费用的经济负担，也可以节省医疗资源及国家负担的医保资金。关于安乐死要参考发达国家的经验，结合中国的实际情况深入研究。

安乐死问题极其复杂，世界各国一直存在广泛争议。目前，从世界范围内来看，安乐死立法问题表现出以下5种形式：自愿安乐死合法、消极安乐死合法、同一国家部分地区允许安乐死、安乐死非法、没有涉及安乐死立法。与此相关的概念有尊严死、积极安乐死、消极安乐死、被动安乐死、医师协助自杀、放弃抢救等概念。

1. 积极安乐死合法的国家

积极安乐死合法的国家有荷兰、比利时、卢森堡、瑞士、加拿大和日本。除了荷兰（2001年）、比利时（2002年）和卢森堡（2009年）有明确的立法允许安乐死之外，瑞士和日本虽然允许安乐死，但是情况比较特殊。瑞士辅助自然及被动安乐死为合法，主动安乐死为非法。日本虽然没有成文法认可安乐死，但在其司法上认可积极安乐死，只不过提出了严格的限制条件。2015年2月6日，加拿大最高法院的大法官们一致裁定，现行的禁止安乐死法案侵犯人权，那些患有不治绝症且神志清醒的成年人有权接受"医生协助自杀"。不过，这些安乐死合法化的国家也面临烦恼，这些国家成了"安乐死旅行"的目的地。

2. 消极安乐死合法的国家和地区

虽然世界上大部分国家和地区对协助自杀和积极安乐死持反对态度，但对消极安乐死则没有太多的异议，消极安乐死在印度、爱尔兰、哥伦比亚、瑞典、德国和意大利被认为合法。值得一提的是，近年来印度、法国以及我国台湾地区都明确规定了实施消极安乐死的法定程序和要求。

2011年3月7日，印度最高法院使消极安乐死合法化，即通过为永久性植物状态的患者撤除生命支持设备,但实施过程须有高等法院法官在场。

2015年3月17日,法国议会通过法案,允许临死患者停止治疗、进入深度睡眠状态直至死亡,评论者表示这个法案等同于在法国允许安乐死合法化,不过仍然是消极安乐死。

在我国台湾地区,"立法"主管部门从2000年制定"安宁缓和医疗条例"至今,其已经经历了3次修订,并且"卫生署"制定有"安宁缓和医疗条例实施细则",内容日益完善。值得一提的是,关于几个家属同意、是否需要伦理委员会审查的问题确认,经历了一个曲折的过程。最开始规定要求包括配偶、父母、成年子女、成年孙子女在内的全体近亲属同意,由医院伦理委员会开审查会,审查会成员必须包含医学、伦理、法律专家及社会人士,其中后三者比例不得低于1/3;审查通过后,医生才能进行拔管、终止生命。值得一提的是,2013年1月9日将近亲属同意做了重大修改,在患者没有"生命预嘱""生命预立委托书"的情况下,由其最近亲属一人同意即可,如果出现亲属意见不一致时,按照亲属顺序确定效力,并且取消了医学伦理委员会审查的要求。

3. 分地区允许安乐死的国家

该类型以美国为代表。美国联邦和地方州有不同司法制度,特别在2006年最高法院裁定,医疗行为包括协助自杀由各州自行管理后,积极安乐死在美国大部分地区是非法,患者有拒绝治疗的权利,在他们的要求下可获得适当的疼痛管理,即使患者的选择会加速他们的死亡(即被动安乐死),此外,无效的治疗方法如生命支持仪器,根据联邦法律和大多数州的法律只有得到患者的知情同意,或在患者无行为能力,让他的监护人知情同意的情况下才可以撤回。协助自杀在俄勒冈州、佛蒙特州、华盛顿州、新墨西哥州和蒙大拿州这五个州是合法的。

2002年2月下旬,夏威夷州众议院允许神志清醒的晚期患者要求医生开具致命药剂死亡处方,但禁止使用注射或其他协助完成安乐死的方式。1994年11月,俄勒冈州选民通过了第16号法案:安乐死在有限制的条件下是合法的。

4. 安乐死非法的国家

英国、西班牙和澳大利亚至今未有安乐死立法,相反,却有立法或者司法判决认定安乐死违法或是犯罪行为。在英国,安乐死是非法的,任何人发现有协助自杀行为都是违反法律的,可能因协助自杀或试图这样做而被判刑。1996年5月25日,澳大利亚北部地区议会通过了《晚期病人权利法》,从而使安乐死在该地区合法化,但1997年又宣布废除这部安乐死法。

从立法上来说,我国不认可安乐死,即视安乐死非法。我国民众对安乐死的态度复杂。安乐死在我国的争论由来已久,支持者与反对者同样众多,理由充分,见仁见智。中央电视台《东方时空》曾经在2005年3月23日做过调查,其中认为应该实行"安乐死",减轻患者痛苦的占62%;不赞成"安乐死",认为应该尽量延长生命的占30%;说不清的占8%。有趣的是,在20世纪八九十年代的几个调查中,赞成安乐死的比例都在90%以上。不过仔细阅读这些调查报告可以发现,对是否支持安乐死的表态,与被调查对象所在地域和从事职业有着密切关系。医务人员和经济发达地区的被调查对象,支持安乐死的比例相对较高。

必须明确的是,关于安乐死,无论是允许还是禁止,在我国无论是哪个效力层次的立法中均没有相关内容,也没有立法计划,甚至立法调研都没有。但是在现实生活中却屡屡发生积极安乐死的案例,既有主动安乐死的案例,也有被动安乐死的案例,不过都是进入司法程序后才引起人们的注意。

我国最早的安乐死启动刑事诉讼程序的案例是 1986 年陕西汉中安乐死案,该案最终以最高人民法院于 1991 年 2 月 28 日做出批复:"你院请示的蒲连升、王明成故意杀人一案,经高法讨论认为,'安乐死'的定性问题有待立法解决,就本案的具体情节,不提'安乐死'问题,可以依照《中华人民共和国刑法》第十条的规定,对蒲连升、王明成的行为不做犯罪处理。"

我国人口众多,每年有成千上万的人在极度痛苦(如癌症晚期的剧烈疼痛)中离开人世,而这些人都曾经有过安乐死的想法或者要求,但因无法律根据和保护而被拒绝,因此他们也只能在痛苦中死去。当然也有相当一部分人是悄悄地选择各种方式的"安乐死"结束生命。

"安乐死"是个相当复杂的问题,它涉及社会的许多方面,也牵连着社会、家庭、医院等诸多关系,尤其是在人们缺乏法律意识,整个国家的法治程度不是很发达的情况下,不可草率为之。

在现实中因很多原因,很多家庭对于疾病晚期患者或濒临生命终末期的人,往往采取消极不治疗的态度,但缺乏对患者临终状态施予必要的医疗处置,包括减轻疼痛,对恐惧、焦虑做心理疏导等,让患者在痛苦挣扎中"等死",这反而是极不人道的。

(三)临终关怀问题

人工生命维持状态是指患者没有自主呼吸,需要依靠呼吸机维持生命的状态。人工生命维持状态对患者及家属而言是巨大的负担。同时,国家对患者要负担多方面的支出。人工生命维持状态对患者、对家庭、对国家很难说有何意义,有关部门应该组织专家,提出解决方案,包括制定法律、法规及操作规范。

生命的植物状态,造成许多家庭一贫如洗,甚至无限期地占用国家有限的医学资源。如何兼顾患者、家庭及国家利益,需要组织专家提出切实可行的解决方案。

临终关怀(医学或医疗)是指重症患者的晚期,现代医疗技术对治疗不能提供帮助,仅是延缓死亡的状态。临终关怀制度的实施,首先有赖于我国立法上对医疗的内容和目的予以修订。截至目前,《中华人民共和国执业医师法》第 3 条仍然规定,医学的目的是"防病治病,救死扶伤"。临终关怀是让一个无救治可能的患者安详无痛苦地走向人生的终点,与防病治病、救死扶伤背道而驰。事实上,当今世界医学理念已经发生了很大的变化,医学的目的在于:预防疾病和损失,促进和维护健康;解除由疾病引起的疼痛和不幸;照顾和治愈有病的人,照料那些不能治愈的人;避免早死,追求安详死亡。如何建立临终关怀的医学体系,减轻患者痛苦,提供合理的医学服务,在进入老龄化的中国是更加需要认真考虑的问题,也需要组织专家提出一个可行的解决方案。

死亡认定的问题,内容复杂,涉及多个学科,多个政府部门,需要动员社会各界资源,统筹解决。

三、尸体处置现状造成巨大的经济损失

尸体处置现状造成的经济损失,是指尸体不能处置所消耗的人力、物力、财力等直接损失,不包括其造成的间接损失及社会危害。

有争议尸体和无名尸的长期存放,不仅挤占了正常尸体的殡葬渠道,更造成了巨大的经济消耗。尸体的存放,不仅需要消耗电力,还要人工维护。本次调研过程中,发现不少殡仪馆中都存放有部分长期未处理的尸体,包括无名尸体及有争议不能处理的尸体。有争议尸体通过协商处理的,火化的占 30.0%,土葬的占 6.0%,自行处置的占 15.0%,长期保存的占 49.0%。每年尸体存放及处置的费用,10000 元以上的占 44.3%,还有部分尸体每年消耗的费用巨大,在几万~几十万元不等。每具尸体的年存放费用大约在 20000 元,而这部分费用大多由殡仪馆或地方政府承担,给殡仪馆正常运行造成不小的压力。按照现有的行政区划推算,中国有 2856 个县级行政区划单位,以调研单位长期存放尸体的平均数计算,结果每年尸体的处置费用造成的经济损失在 1 亿元以上。由于尸体长期存放不能处理造成的间接经济损失更是无法估计。

每具尸体存放年收费标准,有效问卷 1325 份,选择"小于 1000 元"的有 212 份,占 16.0%;选择"1000~5000 元"的有 215 份,占 16.2%;选择"5000~10000 元"的有 158 份,占 11.9%;选择"10000 元及其以上"的有 517 份,占 38.0%;选择"其他"的有 237 份,占 17.9%,如附图 2-1 所示。

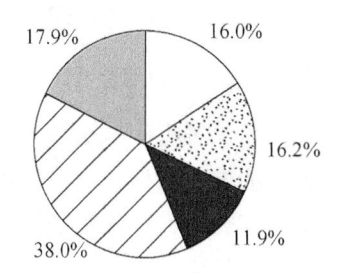

附图 2-1　每具尸体存放年收费情况

四、我国尸体处置现状对生态环境造成严重危害

尸体处置不当造成的生态危害具体包括两个方面:

一是对自然资源的浪费。受中国传统风俗习惯的影响,安葬方式大都选择在田间地头土葬,或火葬后将骨灰盒安葬的二次土葬,用混凝土建造永久性墓地。我国是农业大国,全国有 18 亿亩耕地,居世界第三位,由于我国人口众多,人均耕地面积仅为 1.32 亩,不到世界平均水平的 1/3,加上生产力水平有限,可利用耕地和土地的产出率也明显不足。仍在持续增长的人口数量以及日益严重的人口老龄化问题,使得我们的生存空间越来越小,大量的土地资源被不断侵蚀。近几年来,我国年死亡人口超过 820 万,土葬率为 47.3%,

即每年有400多万死亡人口实行土葬，以每个坟丘占地4平方米计算，每年损失的土地就达五六万亩。如果没有一套文明、节俭、科学的殡葬方式，任凭尸体处置，我国可利用的土地资源将越来越少。

二是对自然环境的污染，主要表现在对土地、森林、水资源、大气以及生物环境的影响。

1. 对土地资源的影响

我国主要实行土葬和火葬两种殡葬方式，都对土地有不同程度的污染。土葬是将尸体直接掩埋于土壤之中，任尸体自然腐败，因尸体腐败而产生的细菌和有害化学物质会直接污染土壤。据测定，尸体腐败产生的有害物质的作用时间长达20年以上。火葬是对尸体经过高温焚烧，将火葬的残留物质埋入土壤，也会污染土壤。

2. 对森林资源的影响

森林的生态作用明显，我国每年死亡人口如果都选用木质棺材的话，每个棺材平均使用木材0.5立方米，每年仅丧葬耗费木材就高达400万立方米。实际上每年400多万人实行土葬，消耗木材200万～300万立方米，比我国四大林区之一的福建省一年的采伐量还要多，加之一些火葬区还有火化后骨灰装棺的二次埋葬现象，使原本紧张的森林资源问题又雪上加霜。如果每年把这些做棺材的木材用于修建房屋，可以建成200万间房屋或可建成教学楼1.4万栋。

3. 对水资源的影响

现有的许多安葬方式都可能污染水源。水葬是将尸体丢入水中，尸体腐败产生的有害物质，会直接污染江、河、湖、海这些地表水源。而土葬则会污染地下水，火葬产生的重金属类化合物也会污染地表水和地下水。此外，焚烧并不能彻底杀灭体内的病原菌，这就使得殡葬对环境的污染又加重一层。

4. 对大气和生物环境的影响

尸体的腐烂或者火化过程都将产生多种有害气体，例如：烟尘和众多有机气态污染物。这些气体排入大气，严重危害着人类的健康。另外，尸体在存放、运输时，尤其是土葬等自然腐败的情况下，还会释放出细菌和病毒，产生生物污染，传播病菌甚至发生瘟疫。

五、现有遗体处置方式造成严重资源浪费

由于没有明确的关于如何利用遗体的法律法规，如交通事故等遇难者的新鲜尸体，未得到有效利用，浪费了大量可以用于器官移植的尸体。在科研及医科院校的教学方面，不能有效的利用无名尸体，影响了医学水平的提高。

据卫生和计划生育委员会的统计数据显示，我国每年等待器官移植的患者超过150万人，但只有约1万人能够得到供体，99%的患者都在痛苦的等待中死去。在发达国家，因交通事故死亡的尸体是器官移植的主要来源。因交通事故死亡尸体的器官，如何应用于器官移植，需要有完善的法律法规及技术规范支撑。目前我国在交通事故中死亡或因意外事件死亡的尸体，未得到有效利用，无法缓解我国器官移植中的供需矛盾。

在很长一段时间内，我国器官移植的供体主要来源于死刑犯的捐献，使我国的器官移植事业长期得不到国际认可。2005年，我国政府在世界肝移植大会上坦陈，90%移植供体

来源于死刑犯捐献，并承诺将不断规范我国器官移植管理。

　　遗体处理和器官捐献方面存在的各类问题，造成了我国器官需求量与供体数量之间存在巨大差异，绝大多数患者在等待的煎熬中痛苦地死亡，造成了很多家庭的不幸和痛苦。我国器官需求量与供体数量之间的巨大失衡，也造成了严重的社会问题，催生了人体器官的黑市交易，甚至是盗取人体器官，伤人害命。

第三章 制定中华人民共和国死亡管理法的建议

党的十八届四中全会提出，依法保障公民权利，加快完善体现权利公平、机会公平、规则公平的法律制度，保障公民人身权、财产权、基本政治权利等各项权利不受侵犯，保障公民经济、文化、社会等各方面权利得到落实，实现公民权利保障法治化。人口死亡管理是国家和社会治理的重要组成部分，也是国家及相关部门的一项重要工作。制定死亡管理方面的法律是贯彻党的十八届三中、四中全会精神，推进社会治理体系和治理能力现代化、全面推进依法治国的重要举措。在法治层面解决有关死亡认定及尸体处置问题，有利于保障公民的合法权利，有利于消除因死亡问题处置不当给社会造成的不稳定因素，有利于促进生态文明建设。基于我国在死亡管理方面存在的问题，建议由全国人大人民代表大会常务委员会牵头制定《死亡管理法》。其主要立法方案建议如下：

一、立法主体

《死亡管理法》应当以法律的形式立法，明确死亡管理的法律地位、法律要求和法律效力，从而为形成和创立我国死亡管理的基本制度提供法律依据。在《死亡管理法》中，将会涉及医疗救治、户籍管理、刑事侦查、治安处置、死亡判定、尸体解剖、尸体处置、器官和遗体捐献、殡葬处理等制度，是一部涉及专业广泛包含内容众多的综合性法律，这些问题事关社会管理秩序，关系到公民生命健康保障等基本权利，根据《中华人民共和国立法法》第8条的规定，应由全国人民代表大会常务委员会进行立法。另外，由全国人民代表大会常务委员会立法，有利于为行政立法和地方立法制定执行性和实施行动立法，提供法律根据。

二、立法目的

规范死亡管理，依法保障公民权利，维护社会秩序，保护生态环境，为死亡判定、尸体解剖、尸体处置、器官和遗体捐献等提供法律依据。

三、适用范围

《死亡管理法》的适用范围包括死亡判定，死亡登记，公民殡葬祭祀活动，医疗行为，侦查机关的尸体处置，尸体解剖，尸体、器官利用，殡葬管理，土地保护，医学教育，环境保护等方面。

四、主要立法内容

（一）人体死亡判定

1. 死亡标准

参照国外立法、结合中国实际，接受二元化死亡标准，建议将个体死亡分为心肺死亡和脑死亡，但脑死亡只能在特殊情况下依特定程序实施。

脑死亡是指包括脑干在内全脑机能完全、不可逆转地停止。脑死亡标准针对的是脑死亡之后，心脏等器官的功能仍然依靠人工医疗设备加以维持的那些病例；而对于绝大多数的脑死亡后心脏和呼吸停止相伴出现的病例，依据呼吸和心脏不可逆的停止认定死亡即可。

2. 死亡判定主体

判定死亡的主体需要予以规范。判断死亡的主体必须具备医学专业的资格条件和实施判断活动的能力条件，只有具备认定能力的人方可进行死亡认定。

结合中国实际，建议立法将死亡认定的主体限定为医疗卫生机构现职执业医师、法医鉴定机构执业的法医等专业技术人员，其他人员无权认定。但死亡时间过长，已经出现明显死亡征象的尸体除外。

对脑死亡判定主体资格做出更为严格和详细的规定，明确实施摘取（器官）或进行移植手术的医生不得参与死亡认定。

3. 死亡判定程序

判定死亡是一项医学技术行为。因此，死亡判定的技术标准、技术条件、技术操作程序应有具体规定。

4. 死亡登记制度

任何自然人在中国境内死亡均应进行登记。死亡登记以死亡认定人员出具《死亡证明书》为准。《死亡证明书》是自然人死亡的法律认定依据，是处理因个体死亡而引发的法律事件的前提。在未出具《死亡证明书》之前，任何人不得随意处置尸体。死亡判定人员在判定死亡、明确死因后应当出具《死亡证明书》。

明确《死亡证明书》的格式。《死亡证明书》的格式应由民政部、卫生计生委、公安部等联合制定。

明确《死亡证明书》的用途。《死亡证明书》是办理户口注销登记、银行账户注销、社保基金注销、殡葬事宜等的凭证。

明确《死亡证明书》的出具主体。《死亡证明书》由死亡判定人员出具。凡死于医疗卫生单位内的，《死亡证明书》由医生签发；死于家中的，由负责该地区基层医疗卫生机构的医生签发；死于公共场所的，由负责救治的医生签发；在医务人员到达之前属于正常死亡的，由接诊医生根据死者家属或知情人提供死者生前病史或体征，进行推断后签发。凡非正常死亡或卫生部门不能确定是否属于正常死亡的，需经公安司法部门判定死亡性质并出具死亡证明；经尸体解剖确定死因的，由实施解剖的医师或法医签发《死亡证明书》。

（二）尸体处置

1. 尸体权属

死者亲属及国家法定部门依法定情形分别对死者的尸体有相应的处置权。

明确死者亲属对遗体或者骨灰的权利和义务。亲属对死者尸体的处置权限于对尸体的保护、利用权利以及尸体被侵害时获得民事赔偿的权利，同时应承担起对尸体的安葬义务。

一般情况下，死者的近亲属对其尸体的处置权优于国家；当涉及刑事案件或公共利益时，国家对尸体的处置权则优于死者亲属。

2. 尸体解剖

尸体解剖目的是：确定诊断，查明死亡原因和方式，提高临床医疗水平；及时发现传染病和任何可能存在的其他疾病或创伤；为科研和教学积累资料和标本。应当确保尸体解剖活动有序进行，制定有关尸体检验各方权利义务及共同遵守的规则、步骤、方法。对死因不明的尸体应当进行尸体解剖，尸体解剖通常由专门的病理医师或法医进行。

3. 尸体处理

在完成死亡认定、确定死因并出具《死亡证明书》后，应当对尸体进行妥善处理。针对不同情形，采取相应的处理方式：

出具《死亡证明书》后，死者家属或有关单位应在规定时间内通知殡葬管理部门，由殡葬管理部门进行收运、暂存、火化、安葬。例外情况有：允许土葬的地方，按照当地政策处理；有民族风俗的少数民族的尸体，由民政部门会同民族宗教部门按有关民族政策处理；涉外、涉港澳台的尸体，由民政部门会同外事、对港澳台等部门按有关政策处理。

无名尸体，在出具《死亡证明书》后，公安机关应发布公告，以便死者家属认领；如果超过公告期限无人认领，公安机关在采取能够确认死者遗传信息的检材后可以依法对死者遗体予以处理，并妥善存放死者的骨灰，以便死者家属日后认领。

高度腐败或传染病尸体，有关单位在对现场勘查完毕、提取必要的生物检材、明确死因后，确定无保存必要的，应交予殡葬管理部门及时火化，并将具体情况通知死者家属。

死者生前有器官捐献意愿或死后家属同意捐献的，在出具《死亡证明书》后，器官授受单位可手术摘取相应器官。手术后，将尸体移交死者家属或有关单位，死者家属或有关单位通知殡葬管理部门，由殡葬管理部门进行收运、暂存、火化、安葬（有民族习俗和允许土葬的地方例外）。

对于死者生前有遗体捐献意愿或死后家属同意捐献的，在出具《死亡证明书》后，由省级人体器官捐献办公室协助联系遗体接收。不符合遗体接收条件的捐献者，由所在医疗机构将其遗体移交其家属，省级人体器官捐献办公室协助处理善后事宜。

对于重大突发事件的尸体处理，参照无名尸体的处理。

规定尸体强制处理的主体、条件、程序等相关问题。

4. 殡葬管理

殡葬管理原则包括设施标准原则、国家监管原则、体面殡葬亡人原则、公序良俗原则、确保公共利益原则、保护环境原则。尸体的运送、防腐、整容、火化等，由殡仪馆负责承办，其他任何单位和个人不得从事经营性殡葬服务业务；基于公共利益原则，应规范殡葬服务的价格，即尸体运输、尸体整容、尸体火化、骨灰瓮以及墓地的价格；明确从事殡葬服务的资格条件。

尸体运送。殡仪馆或县级民政部门殡葬管理所负责尸体的运送；殡仪馆、火葬场凭《死亡证明书》收运尸体；对尸体包裹以及运送车辆等应有明确规定。

尸体存放。明确尸体的存放地点以及存放期限，尸体存放地点应有条件限制。

尸体防腐。应明确尸体防腐的条件和期限，以及防腐的技术方法。

尸体整容。尸体整容现已成为殡葬服务工作中的重要一环。

尸体火化。尸体火化是丧葬方式之一，殡仪馆应当将火化后的骨灰如实归还死者亲属，并附随火化证明书。

明确尸体防腐、整容等技术专业人员的任职条件。

（三）器官、遗体捐献

器官、遗体捐献坚持自愿、无偿原则。捐献的器官、遗体用以治病救人、医学研究和医学教学，禁止它用。

1. 器官捐献

捐献登记。自愿死后无偿捐献器官的，可在户籍所在地、居住地或接受治疗地的人体器官捐献登记机构办理捐献登记手续。捐献者需填写由人体器官捐献办公室统一制作的《人体器官捐献自愿书》，登记机构向办理捐献登记的公民颁发统一制作的"人体器官捐献卡"，并负责将捐献者相关资料录入人体器官捐献登记管理系统。

器官捐献的法定情形：①捐献者生前明确表示愿意在死后将其器官捐出；②捐献者生前未明确表示拒绝捐献，死后由其近亲属（配偶、成年子女、父母）同意将死者的器官捐献。对于情形①，捐献者需具有完全民事行为能力，并应当出具书面形式的捐献意思表示；对于情形②，死者的近亲属在表示同意捐献该死者人体器官时，应当具有完全民事行为能力，同时应当出具书面形式的捐献意思表示。

捐献评估。如果本人有捐献意愿或家属有捐献意愿，则可以由家属或医院的主管医生联系所在医院的信息员或协调员，并上报省级人体器官捐献办公室。捐献办公室安排专职协调员和专家评估小组前往捐献者所在医院开展工作，工作人员负责核实捐献行为是否违反有关法律、伦理等；向家属确认捐献的意向，介绍捐献的相关政策；评价捐献者是否患有器官捐献禁忌症。

确认捐献。评估工作完成后，在协调员见证下，由捐献者配偶、成年子女或父母等直系亲属填写《人体器官捐献登记表》，确认器官捐献。协调员汇集捐献者的户口本、身份证（或其他身份证明）、结婚证、死亡证明书及其配偶、父母、成年子女的身份证等文件资料（复印件），并上报捐献者所在医院伦理委员会和省级人体器官捐献办公室。

器官获取。人体器官获取组织由人体器官移植外科医师、神经内外科医师、重症医学科医师及护士等组成。摘取尸体器官，应当在依法判定器官捐献人死亡后进行。从事人体器官移植的医务人员不得参与捐献人的死亡判定。对于已办理确认捐献登记的患者，经所在医院确认已经死亡后，器官捐献协调员将捐献者的相关信息报送省级人体器官捐献办公室，由省级人体器官捐献办公室通知器官获取组织获取器官，器官捐献协调员见证获取过程，只能摘取捐献者同意捐献的器官或组织。人体器官捐献协调员负责组织协调器官获取与运送的工作安排，见证捐献器官获取全过程，核实和记录获取的人体器官类型及数量。负责人体器官移植的执业医师在尸体器官捐献人死亡前，需要向所在医疗机构的人体器官移植技术临床应用与伦理委员会提出摘取人体器官审查申请，如果该委员会不同意摘取人体器官的，医疗机构不得做出摘取人体器官的决定，医务人员不得摘取人体器官。人体器官移植技术临床应用与伦理委员会收到摘取人体器官审查申请后，应当对下列事项进行审查，并出具同意或者不同意的书面意见：①人体器官捐献人的捐献意愿是否真实；②有无买卖或者变相买卖人体器官的情形；③人体器官的配型和接受人的适应症是否符合伦理原则和人体器官移植技术管理规范。经 2/3 以上委员同意，人体器官移植技术临床应用与伦理委员会方可出具同意摘取人体器官的书面意见。

器官分配。为确保公民捐献的器官能够得到公平、公正、透明的分配，所有公民捐献的身故后尸体器官（捐献器官）必须通过器官分配系统进行分配，任何机构、组织和个人不得在器官分配系统外擅自分配捐献器官。器官分配系统将严格遵循器官分配政策（《人体器官分配与共享基本原则和肝脏与肾脏移植核心政策》），实行自动化器官匹配，以患者病情的紧急程度和供体器官匹配的程度等国际公认医学需要、指标对患者进行排序，通过技术手段最大限度地排除和监控人为因素的干扰。

器官移植。在获取捐献器官后，人体器官获取组织应当按照人体器官捐献专家委员会制定的相关技术规范规定，进行保存和运输，并按照器官分配系统的分配结果，与获得该器官的人体器官移植等待者所在的具备人体器官移植资质的医院进行捐献器官的交接确认。医疗机构从事人体器官移植，应当依照《医疗机构管理条例》的规定，向所在地省、自治区、直辖市人民政府卫生主管部门申请办理人体器官移植诊疗科目登记。医疗机构从事人体器官移植，应当具备下列条件：①有与从事人体器官移植相对应的执业医师和其他医务人员；②有满足人体器官移植所需要的设备和设施；③有由医学、法学、伦理学等方面专家组成的人体器官移植技术临床应用与伦理委员会，该委员会中从事人体器官移植的医学专家不超过委员人数的 1/4；④有完善的人体器官移植质量监控等管理制度。实施人体器官移植手术的医疗机构及其医务人员应当对人体器官捐献人进行医学检查，对接受人因人体器官移植感染疾病的风险进行评估，并采取措施，降低风险。此外，还需要明确从事器官移植工作的医师资格。

遗体处理。器官获取组织对摘取器官完毕的尸体应当进行符合伦理原则的医学处理，除用于移植的器官外，应当恢复尸体原貌。对于有遗体捐献意愿的捐献者，由省级人体器官捐献办公室协助联系遗体接收。

2. 遗体捐献

捐献登记。自愿死后无偿捐献遗体的，可在户籍所在地、居住地或接受治疗地的人体遗体捐献登记机构办理捐献登记手续。捐献者需填写由人体遗体捐献办公室统一制作的《人体遗体捐献自愿书》，登记机构向办理捐献登记的公民颁发统一制作的"人体遗体捐献卡"并负责将捐献者相关资料录入人体遗体捐献登记管理系统。遗体捐献的法定情形：①捐献者生前明确表示愿意在死后将其遗体捐出；②捐献者生前未明确表示拒绝捐献，死后由其近亲属（配偶、成年子女、父母）同意将死者的遗体捐献。对于情形①，捐献者需具有完全民事行为能力，并应当出具书面形式的捐献意思表示；对于情形②，死者的近亲属在表示同意捐献该死者遗体时，应当具有完全民事行为能力，同时应当出具书面形式的捐献意思表示。

捐献评估。如果本人有捐献意愿或家属有捐献意愿，则可以由家属或医院的主管医生联系所在医院的信息员或协调员，并上报省级负责遗体捐献的部门。负责遗体捐献的部门安排专职协调员和专家评估小组前往捐献者所在医院开展工作，工作人员负责核实捐献行为是否违反有关法律、伦理等；向家属确认捐献的意向，介绍捐献的相关政策。

确认捐献。评估工作完成后，在协调员见证下，由捐献者配偶、成年子女或父母等直系亲属填写《遗体捐献登记表》，确认遗体捐献。协调员汇集捐献者的户口本、身份证（或其他身份证明）、结婚证、死亡证明书及其配偶、父母、成年子女的身份证等文件资料（复印件），并上报捐献者所在医院伦理委员会和省级负责遗体捐献的部门。

（四）规定法律责任

由于死亡关系到公民的基本权利，与死亡相关的法律活动必须要设立相关的法律责任予以保障，包括行政法律责任、民事法律责任、刑事法律责任和国家赔偿法律责任四个方面。行政法律责任，包括行政部门不作为、乱作为所应当承担的法律责任，相关公民和法人所应当承担的行政处罚责任；民事法律责任主要是公民或者法人在涉及与个人死亡相关事务上不当作为，侵犯他人的合法权益，给其他民事主体造成损害或者经济损失所应当承担的以赔偿为主体的法律责任；刑事法律责任是指相关管理部门工作人员、公民或者法人在涉及个体死亡相关事务上不作为、乱作为，严重侵犯了我国刑法保护的社会关系，给社会造成了极坏的影响，行为人的行为符合犯罪构成，对行为人处以的刑事处罚；国家赔偿法律责任是指行政部门和司法机关在实施法律赋予的职权或者开展司法活动中，给他人造成损害或者损失，由国家依据《中华人民共和国国家赔偿法》对受害人给予相应的经济赔偿。

在承担责任的内容方面，应当包括以下几个方面。

1）国家关于公民死亡宏观管理层面的法律责任，主要是行政责任，包括国家相关部门在死亡管理投入、死亡管理事务规划、死亡政策、标准、法律的制定等方面，存在不作为的情形，对相关责任人员追究行政责任。

2）相关行政部门在实施法律授予的行政职权上不作为、乱作为，主要涉及在公民死亡判断、尸体处置、器官捐赠与使用、医疗救治等方面，给公民、法人造成损害或者损失，对责任人员追究相应的行政责任、刑事责任，对公民、法人的损伤给予国家赔偿。承担死亡判定职责的工作人员未能遵循死亡判定的行业要求，违反其对患者所担负的义务，并导致患者死亡或发生其他损害，则须承担相应的刑事或民事责任。另外，针对器官移植、殡葬管理等方面的违法违规行为，也做出明确的处罚规定。

3）公民或者法人，违反法律规定实施了公民死亡判断、尸体处置、器官捐赠与使用，或者是承担医疗救治义务的单位不履行医疗救治义务等，相关行政部门应对相关公民或者法人给予行政处罚，严重的可以追究刑事责任。给其他公民或者法人造成损失或者损害的，行为人承担民事责任。

4）公民或者法人违反法律规定处理、使用尸体，给其他公民或者法人造成损害或者损失的，依照我国民事法律的规定，依法承担相应的法律责任，包括民事责任、行政责任、刑事责任，在立法中将这些违法情形应予以具体化。主要针对盗窃、侮辱尸体的行为；非法利用、损害遗体或遗骨，或者以违反社会公共利益、社会公德的其他方式侵害遗体、遗骨的行为；在公共场所停放尸体或者因停放尸体影响他人正常生活、工作秩序，不听劝阻的行为；弃尸、抛尸等行为。

5）与医疗服务活动有关的单位和人员，违法实施脑死亡判断、器官摘取、器官移植，或者违法选取接受器官移植的患者，对尚未死亡的患者不予救治等，对相关单位和人员予以处罚，包括追究其民事责任、行政责任、刑事责任等。

项目组人员名单

项目组长

刘　耀　公安部物证鉴定中心　　　　　　　　中国工程院院士

项目成员

丛　斌　河北医科大学　　　　　　　　　　　中国工程院院士
高润霖　中国医学科学院阜外心血管病医院　　　中国工程院院士
郝希山　天津医科大学　　　　　　　　　　　中国工程院院士
李连达　中国中医科学院西苑医院　　　　　　中国工程院院士
付小兵　解放军总医院　　　　　　　　　　　中国工程院院士
王正国　第三军医大学　　　　　　　　　　　中国工程院院士
刘德培　中国医学科学院　　　　　　　　　　中国工程院院士
陈洪铎　中国医科大学附属第一医院　　　　　中国工程院院士
郑树森　浙江大学附属第一医院　　　　　　　中国工程院院士
郭应禄　北京大学第一医院　　　　　　　　　中国工程院院士
谢立信　山东省眼科研究所　　　　　　　　　中国工程院院士
夏家辉　中南大学　　　　　　　　　　　　　中国工程院院士
孙　燕　中国医学科学院肿瘤医院　　　　　　中国工程院院士
郑静晨　武警总医院　　　　　　　　　　　　中国工程院院士
郎景和　北京协和医院　　　　　　　　　　　中国工程院院士
王　辰　中日友好医院　　　　　　　　　　　中国工程院院士
张继宗　公安部物证鉴定中心　　　　　　　　主任法医师
周　红　公安部物证鉴定中心　　　　　　　　研究员
刘　鑫　中国政法大学　　　　　　　　　　　医事法学教授
孙　萍　公安部法制局　　　　　　　　　　　处长
徐获荣　公安部物证鉴定中心　　　　　　　　副主任法医师
杨超朋　公安部物证鉴定中心　　　　　　　　法医师
申子瑜　卫生部医政司　　　　　　　　　　　研究员
敖英芳　北京大学　　　　　　　　　　　　　教授
唐军民　北京大学医学部　　　　　　　　　　教授

张春生	北京大学医学部	解剖学实验技师
王英元	山西医科大学	教授
任广睦	山西医科大学	教授
孙俊红	山西医科大学	副教授
王世全	中国刑警学院	教授
林子清	中国刑警学院	教授
霍长野	中国刑警学院	教授
刘新社	西安交通大学	副教授
潘友杰	北京市八宝山殡仪馆	主任
刘　洋	北京市八宝山殡仪馆	项目经理
魏树兴	北京市公安局	副主任法医师
王北榆	北京市公安局	主任法医师
孙德江	北京市公安局	主任法医师
王爱平	北华大学	教授
金　正	延边大学	教授
康秋君	吉林省公安厅	博士
赵建波	吉林市公安局	主检法医师
沈　鹏	中国政法大学	博士
孙振文	公安部物证鉴定中心	副研究员

执笔人

张继宗	公安部物证鉴定中心	主任法医师
刘　鑫	中国政法大学	医事法学教授
周　红	公安部物证鉴定中心	研究员

中国工程院关于报送《我国人体死亡认定、尸体处置现状对公共安全的危害及对策的研究报告》的函

全国人大常委会法制工作委员会、公安部、民政部、国家卫生和计划生育委员会、国务院法制办公室：

长期以来，我国普遍存在着重生轻死的问题，在人的出生准备、接生、养育等方面，不仅家庭成员重视，而且政府管理部门也颁布了相对完善的法律制度。与之相比，我国每年平均死亡人口达 820 万人，但在人的死亡管理方面则缺乏相应的法律法规，如对死亡认定的标准和监管制度缺失，在尸体处置方面也存在许多问题，成为影响社会和谐稳定的重要因素。因此，制定和完善死亡管理规范，是保障公民权利、加快国家法治化进程面临的一项重要课题。

为此，中国工程院于 2012 年立项开展了"我国人体死亡认定、尸体处置现状对公共安全的危害及对策的研究"咨询项目，成立了由中国工程院医药卫生学部刘耀院士担任组长、17 位院士和 20 余位专家组成的项目组。项目组主要通过问卷调查和统计学分析方法对我国人体死亡认定、尸体处置现状进行系统研究，在查阅国内外人体死亡认定、尸体处置相关文献资料的基础上，对全国 31 个省、自治区、直辖市的医院、学校、基层社会组织（居委会、村委会）及殡仪馆等单位进行系统调研，并通过对回收的全国 3726 份调查问卷进行统计学分析，从而揭示出我国人体死亡认定、尸体处置存在的问题及对社会的危害。

我国人体死亡认定和尸体处置存在的主要问题：

一、缺乏死亡认定标准及医学操作规范。我国人体死亡认定没有明确的标准，在执行死亡认定的操作方面，也没有技术规范或操作指南。在国内医院被认定死亡的个体，到殡仪馆后发现个体没有死亡的情况并不罕见。

二、缺乏死亡认定管理法规和制度。我国人体死亡认定管理混乱，有争议的尸体死亡认定不规范，而且缺少对死亡认定人员的管理监督制度。

三、缺乏尸体处置法律法规。我国目前没有尸体解剖、防腐、保存、包装、运输、火化、埋葬、有争议尸体的处置、个体死亡信息的发布等尸体处置相关的法律法规，导致一些与尸体有关的事件无法得到有效处置。

四、缺乏尸体利用和器官移植的规范引导。我国每年需要器官移植的患者超过150万人，但只有约1万人能够得到供体，99%的患者都在痛苦的等待中死去。在发达国家，因交通事故死亡的尸体是器官移植的主要来源。目前我国在交通事故中死亡或因意外事件死亡的尸体，未得到有效利用，无法缓解我国器官移植中的供需矛盾。

我国人体死亡认定和尸体处置现状对公共安全的危害：

一、死亡认定争议引起医患纠纷，使医患矛盾难以解决，主要表现在两个方面：一是缺乏对死亡认定的规范管理，将假死的患者误认为死亡及家属对死亡原因有争议，造成医患纠纷；二是没有保留确定死亡的诊断依据，如急救过程的心电图等，家属对急救时患者是否死亡提出质疑，引发医患纠纷。

二、死亡认定的法律法规的缺失造成医疗资源的巨大浪费，主要表现在两个方面：一是对死亡原因有争议的，不能通过临床病理尸体解剖查明病因提高医疗水平，而是用经济补偿化解争议造成的经济损失；二是对脑死亡的患者，对没有自主生命活动、仅靠机械设备维持生命的个体以及临终关怀的个体，不能进行个体死亡的报告，从而消耗医疗资源。

三、尸体处置现状造成巨大的经济损失。通过对公安机关和殡葬机构的调查发现，多数尸体存放4年以上，最长的尸体存放15年之久。按照现有的行政区划推算，我国有2856个县级行政区划单位，以调研单位长期存放尸体的平均数计算，每年尸体处置费用造成的经济损失在1亿元以上。由于尸体长期存放不能处理造成的间接经济损失更是无法估计。

四、尸体处置现状对生态环境造成严重危害，主要表现在两个方面：一是对自然资源的浪费，二是对自然环境的污染。通过调研发现，殡仪馆大都使用煤油火化尸体，并且在殡葬活动中焚烧大量随葬品，焚烧产物严重污染自然环境。殡仪馆大多数经营安葬骨灰的墓地，每个墓穴为1平方米左右的水泥结构，不仅占用大量的土地，而且不可复垦，对环境资源影响巨大。

五、现有遗体处置方式造成严重资源浪费。由于没有明确的关于如何利用遗体的法律法规，如交通事故等遇难者的新鲜尸体，未得到有效利用，浪费了大量可以用于器官移植的尸体。在科研及医科院校的教学方面，不能有效地利用无名尸体，影响了医学水平的提高。

基于我国在死亡管理方面存在的问题以及对公共安全造成的危害，项目组建议由全国人民代表大会常务委员会牵头研究制定《中华人民共和国死亡管理法》（简称《死亡管理法》）。主要立法方案建议如下：

一、《死亡管理法》应当以一般法的形式，明确死亡管理的法律属性和效力。《死亡管理法》涉及死亡判定、尸体解剖、尸体处置、器官和遗体捐献等制度，是一个综合性的立法。

二、《死亡管理法》的立法目的是规范死亡管理，依法保障公民权利，维护社会秩序，保护生态环境。

三、《死亡管理法》的适用范围包括死亡判定、死亡登记、公民殡葬祭祀活动、医疗行为、侦查机关的尸体处置、尸体解剖、尸体和器官利用、殡葬管理、土地保护、医学教育、环境保护等。

四、《死亡管理法》的主要内容包含四个方面：

1. 人体死亡判定制度，包括死亡判定标准、死亡判定主体、死亡判定程序和死亡登记制度等。

2. 尸体处置制度，包括尸体权属、尸体解剖、尸体处理和殡葬管理等。

3. 器官和遗体捐献制度，包括捐献登记、捐献评估、确认捐献、器官获取、器官分配、器官移植、遗体处理以及器官移植医师资格的明确等。

4. 法律责任制度，包括行政部门在公民死亡管理事务上的行政责任，由此侵害公民合法权益而承担的国家赔偿责任；公民和法人违法实施与死亡、尸体相关的事项，违法使用人体器官等产生的民事责任、刑事责任等。

现将报告送上，供参考。

附件：我国人体死亡认定、尸体处置现状对公共安全的危害及对策的研究报告

中国工程院
2016 年 3 月 14 日